Urteilsbildung
in der Fahreignungsbegutachtung

Beurteilungskriterien

Urteilsbildung in der Fahreignungsbegutachtung

Beurteilungskriterien

Überarbeitete und erweiterte

4. Auflage

Herausgegeben

von

Jürgen BRENNER-HARTMANN als Federführender
der Ständigen Arbeitsgruppe Beurteilungskriterien (StAB)
beider Fachgesellschaften

Wolfgang FASTENMEIER als Präsident der DGVP

Matthias GRAW als Präsident der DGVM

KIRSCHBAUM VERLAG BONN

PAKT FÜR
VERKEHRS-
SICHERHEIT

ISBN 978-3-7812-2047-8

Siegfriedstraße 28, 53179 Bonn, Telefon: 02 28/9 54 53-0, Internet: www.kirschbaum.de
Satz: Anja Eichen – eichenartig.de, Bonn; Karina Waedt – karinawaedt.com, Nümbrecht
Druck: johnen-druck GmbH & Co. KG, Industriegebiet Bornwiese 5, 54470 Bernkastel-Kues
November 2022 · Best.-Nr. 2047

Geleitwort des BMDV zur 4. Auflage

Die Beurteilungskriterien erscheinen nun bereits in der 4. Auflage. Dies unterstreicht ihre enorme Bedeutung in der Praxis und zeigt, wie wichtig es ist, bei der Fahreignungsbegutachtung über einheitliche und aktuelle Kriterien für die Urteilsbildung zu verfügen, ohne den konkreten Einzelfall außer Blick zu lassen.

Elementarer Grundsatz des Straßenverkehrsgesetzes und ein zentraler Pfeiler der Gewährleistung der Sicherheit im Straßenverkehr ist, dass am Straßenverkehr nur teilnehmen darf, wer die hierfür notwendigen körperlichen und geistigen Anforderungen erfüllt und nicht erheblich oder wiederholt gegen verkehrsrechtliche Vorschriften oder gegen Strafgesetze verstoßen hat. Die Anforderungen an die Fahreignung und ihre Beurteilung werden dabei in der Fahrerlaubnis-Verordnung und den von der Bundesanstalt für Straßenwesen herausgegebenen Begutachtungsleitlinien zur Kraftfahreignung näher konkretisiert.

Diese Regelungen bedürfen jedoch fachwissenschaftlicher Grundlagen und Empfehlungen aus verschiedenen Bereichen, welche die gestellten Anforderungen an die Fahreignungsbeurteilung aktuell und in der fachlichen Tiefe untermauern. Die Beurteilungskriterien leisten einen wertvollen fachlichen Beitrag, eine sachgerechte und einheitliche Umsetzung der o. g. Regelungen in der Praxis zu ermöglichen und eine einheitliche Urteilsbildung im Rahmen der medizinischen und medizinisch-psychologischen Fahreignungsbegutachtung zu gewährleisten.

Den Herausgebern und Mitwirkenden dieses umfangreichen Werkes gebührt Dank und Respekt für diesen nicht zu unterschätzenden Beitrag zur Erhöhung der Sicherheit im Straßenverkehr.

Hartmut Höppner
Staatssekretär im
Bundesministerium für Digitales und Verkehr

Geleitwort des Deutschen Verkehrsgerichtstages zur 4. Auflage

Die Begutachtung der Fahreignung erfordert bundesweit dem jeweils jüngsten Stand der Forschung entsprechende Kriterien. Nur transparente sowie schlüssige Kriterien sind geeignet, mit Überzeugungskraft für Rechtseinheit und -sicherheit in Deutschland zu sorgen. Mit der nun erschienenen 4. Auflage legen die Deutsche Gesellschaft für Verkehrspsychologie (DGVP) sowie die Deutsche Gesellschaft für Verkehrsmedizin (DGVM) einen weiteren Grundstein. Erneut wird unter anderem den Behörden ein auf den neuesten Erkenntnissen der Wissenschaft sowie Praxis fußendes Instrumentarium an die Hand gegeben, um Zweifel an der Fahreignung beurteilen zu können. Aber auch aus Sicht der betroffenen Bürgerinnen und Bürger erweist sich das vorliegende Werk als wertvolle Handreichung, um für Gleichheit und Gerechtigkeit zu sorgen.

Die Urteilsbildung in der Fahreignungsbegutachtung ist zweifelsohne ein zentrales Element der Verkehrssicherheit. Es bedarf keiner prophetischen Gabe, dass ebenso diese 4. Auflage auf große Zustimmung stoßen und sicherlich nicht die letzte Auflage sein wird. Den Herausgebern sowie sämtlichen an dieser 4. Auflage Mitwirkenden sei ausdrücklich gedankt. Der Ansatz, anhand von wissenschaftsbasierten einheitlichen Kriterien eine verlässliche Urteilsbildung zu gewährleisten, hat sicherlich in Europa Vorbildcharakter.

Auch mit dieser 4. Auflage haben es die Herausgeber sowie Beteiligten wieder einmal geschafft, den Anforderungen an die Rechtsstaatlichkeit ebenso nachzukommen wie einen gewichtigen Beitrag zur Straßenverkehrssicherheit zu liefern.

Prof. Dr. Ansgar Staudinger
Präsident des Deutschen Verkehrsgerichtstages

Geleitwort des ETSC zur 4. Auflage

In 2021, there were 19,923 deaths on EU roads. Many more were seriously injured, with European Commission data from 2019 putting the figure at around 120,000.

The EU and its Member States have agreed to reduce the number of deaths and serious injuries by 50 % by 2030, an ambitious target that will require a multi-faceted approach across all areas of traffic safety.

Driver licensing, and the associated assessment of "medical and psychological fitness to drive", can play an important role and the European Commission is in the process of revising the EU rules in this area. So this new edition of the assessment criteria for fitness to drive in Germany comes at a timely moment.

The European Transport Safety Council's (ETSC) own most recent research into fitness to drive procedures found that current EU minimum standards need an overhaul.[1] Many European countries still take the driver's age as the starting point for assessing fitness to drive, despite ample evidence that specific medical conditions, substance abuse, mental disorders, epilepsy and diabetes are more important factors than age when it comes to fitness to drive.

ETSC supports the introduction of a screening protocol in order to increase consistency in assessing driver's fitness to drive across the EU.

Moreover, ETSC supports the development and promotion of evidence-based guidelines for family doctors and psychologists involved in assessing the functional capabilities of someone suspected of being an unfit driver.

A lack of good data on the role played by medical conditions and behaviour disorders in road collisions is also a significant problem. Pan-European in-depth collision investigation data could help – but currently only a small number of countries systematically collects such data.

ETSC is also calling for a change in the driving license legislation to allow drivers with alcohol dependency to participate in rehabilitation programmes, and be issued with a conditional licence (code 69) with mandatory use of an alcohol interlock. Effective alcohol interlock programmes can save lives. Ideally, they should be combined with medical supervision and also psychological follow-up before and counselling during the programme.

This new edition, which examines the state of the art in medical-psychological assessment in Germany, takes an interdisciplinary approach in order

1 Siehe https://etsc.eu/pinflash40 (abgerufen am 19.9.2022).

to ensure that every assessment in Germany is undertaken according to the latest research. It represents an important contribution to the current discussions at the European level on fitness to drive and driver licensing, and we welcome its publication.

Ellen Townsend,
Policy Director European Transport Safety Council (ETSC)

Vorwort der Herausgeber zur 4. Auflage

Die Verkehrspsychologie ist eine der ältesten psychologischen Disziplinen, in deren Mittelpunkt das Erleben und Verhalten von Menschen in Verkehrs- und Transportsystemen und den ihnen zugrunde liegenden psychischen Prozessen steht. Seit Hugo Münsterbergs Untersuchungen an Straßenbahnfahrern (1912) stellt im deutschsprachigen Raum das Hauptarbeitsfeld von Verkehrspsychologen die Diagnostik der Eignung zum Führen von Kraftfahrzeugen und in ihrem Gefolge die Verbesserung oder Wiederherstellung der Fahreignung (Nachschulung, Driver Improvement) dar.

Aber auch die Verkehrsmedizin beschäftigt sich seit Beginn des letzten Jahrhunderts mit der Erforschung des Einflusses von Behinderungen, Krankheiten, Alkohol oder Medikamenten auf das Unfallgeschehen. Sind Verkehrsmedizin und Verkehrspsychologie zunächst getrennte Wege gegangen, um Verkehrsrisiken, die vom Fahrer ausgehen, angemessen begegnen zu können, wurde spätestens mit der Veröffentlichung der gemeinsam entwickelten „Begutachtungs-Leitlinien zur Kraftfahrereignung" im Jahr 1999 die interdisziplinäre Sicht auf die Fahreignung auch nach außen klar kommuniziert.

Die interdisziplinäre Kooperation von Verkehrspsychologie und Verkehrsmedizin war bei der Erstellung von medizinisch-psychologischen Gutachten stets eine Selbstverständlichkeit. Soll die Begutachtung zunächst die Frage beantworten, ob die Betroffenen über die notwendige geistige und körperliche Eignung verfügen, muss daraufhin bewertet werden, ob sie in Zukunft bereit und in der Lage sind, sich an Gesetze und Vorschriften im Straßenverkehr zu halten. Zumeist handelt sich hierbei um eine „negative Stichprobe" derjenigen, die in der Vergangenheit durch z. B. Verkehrsdelikte, strafrechtliche Delikte, Trunkenheitsfahrten, Alkohol-, Drogen- oder Medikamentenmissbrauch aufgefallen sind. Damit sich Betroffene von der einmal festgestellten Nichteignung entlasten können, muss mit ausreichender Gewissheit angenommen werden können, dass sie nicht nur körperlich und geistig gesund und leistungsfähig sind; vielmehr ist auch ein grundlegender Wandel in Einstellungen und Verhalten erforderlich. Hinzu kommen Fragestellungen, welche eine Überprüfung der Eignung erforderlich machen, etwa das Bekanntwerden chronischer fahrsicherheitsrelevanter Erkrankungen.

Um bei der Vielzahl möglicher Begutachtungsanlässe Standards für die Begutachtungspraxis zu setzen, wurden unter Federführung der Fachgesellschaften DGVP und DGVM Beurteilungskriterien für die Fahreignungsdiagnostik entwickelt und beständig überarbeitet. Sie haben einen wichtigen Beitrag zur Gleichbehandlung und zur fairen Chancenwahrung für ungeeignete Fahrer, die Bemühungen zur Wiederherstellung ihrer Fahreignung unternommen haben, geleistet und sind aus dem Begutachtungsalltag in den Begutachtungsstellen für Fahreignung oder bei ärztlichen Gutachten nicht mehr wegzudenken.

In die nun mittlerweile 4. Auflage der „Urteilsbildung in der Fahreignungsbegutachtung – Beurteilungskriterien" ist wiederum eine Vielzahl von Anregungen aus Wissenschaft, Begutachtungs- und Interventionspraxis, Leitlinienentwicklung sowie Rechtsprechung eingegangen. Die Fachgesellschaften veranstalten regelmäßig und in wechselnder Federführung gemeinsame Symposien, auf denen wissenschaftliche Entwicklungen vorgestellt und in Workshops mit Praktikern diskutiert werden. Davon gehen wichtige Impulse für die Weiterentwicklung der Beurteilungskriterien aus. Seit Erscheinen der 3. Auflage im Jahr 2013, die auf dem 9. Gemeinsamen Symposium der DGVP und DGVM in Heringsdorf vorgestellt wurde, haben inzwischen sieben weitere Symposien in München, St. Gallen, Rostock, Leipzig, Saarbrücken, Bonn und Dresden stattgefunden, auf denen viele relevante Fahreignungsthemen intensiv erörtert wurden. Das im Jahr 2020 geplante 16. Gemeinsame Symposium in Salzburg musste aufgrund pandemiebedingter Beschränkungen leider abgesagt und durch Online-Angebote ersetzt werden. Auf dem nunmehr 18. Gemeinsamen Symposium in München wurde die vorliegende 4. Auflage dem Fachpublikum vorgestellt.

Erstmalig wurden im Zuge der Erstellung der Neufassung im Januar, März und Juni 2021 auch drei „Stakeholder-Workshops" durchgeführt, zu denen gezielt Vertreter von Begutachtungsstellen für Fahreignung, Anbieter von verkehrspsychologischen Maßnahmen, Vertreter von Suchtverbänden sowie Toxikologen eingeladen wurden, um geplante Änderungen vorzustellen und zu diskutieren. Hier konnten wertvolle Anregungen gewonnen und in die Beurteilungskriterien eingearbeitet werden.

Die Vielzahl der Themen, die in die Entwicklung der Beurteilungskriterien eingeflossen ist, kann zusammenfassend dem folgenden Einleitungskapitel entnommen werden.

Der besondere Dank der Vorstände von DGVP und DGVM gilt den Mitgliedern der „Ständigen Arbeitsgruppe der DGVP und DGVM zur Weiterentwicklung der Beurteilungskriterien" (StAB) für das Zusammenstellen der Änderungsvorschläge, die Organisation und Durchführung einer Vielzahl von Workshops sowie die umfangreiche inhaltliche Ausarbeitung der Texte.

Mitglieder der StAB, die für die Erstellung der 4. Auflage von den Fachgesellschaften berufen wurden, sind (in der Reihenfolge der Dauer ihrer Zugehörigkeit):

Dipl.-Psych. Jürgen BRENNER-HARTMANN (Ulm) – Federführender

Dr. med. Hannelore HOFFMANN-BORN (Frankfurt a. M.) – bis 2020

Dr. med. Sabine LÖHR-SCHWAAB (Stuttgart) – bis 2021

Prof. Dr. rer. nat. Frank MUSSHOFF (Bonn und München)

Dr. rer. nat. Thomas WAGNER (Dresden)

Dr. rer. nat. Joachim SEIDL (Dresden) – bis 2017

Dipl.-Psych. Rüdiger BORN (Hamburg) – seit 2018

Carmen LINGE-GRIMM (Stuttgart) – seit 2021.

Bedanken möchten wir uns auch bei den Kolleginnen und Kollegen, welche die StAB bei der Abfassung einzelner Kapitel beraten und unterstützt haben. Dieser Dank gilt insbesondere Frau Prof. Dr. Gisela SKOPP und Herrn Prof. Dr. Stefan TÖNNES, die bei der Abfassung des Kapitels C.3 (CTU) ihre Expertise unermüdlich zur Verfügung gestellt haben, Herrn Dipl.-Psych. Dr. Peter STROHBECK-KÜHNER, der wesentliche Anregungen und Textvorschläge für Kapitel C.4 (PTV) beigetragen hat, sowie Herrn Dipl.-Psych. Thomas PIRKE und Frau Dipl.-Psych. Dr. Birgit KOLLBACH-FRÖHLICH, deren Anregungen und Textentwürfe in das neue Kapitel C.5 (FFI) eingeflossen sind. Für die Durchsicht und für die konstruktiven Rückmeldungen zu den neuen M-Hypothesen (Kapitel B.5) bedanken wir uns besonders auch bei Herrn Prof. Dr. Anil BATRA, dessen Expertise im Bereich des Medikamentenfehlgebrauchs und der Arzneimittelabhängigkeit uns sehr geholfen hat. Unser Dank gilt auch Frau Dipl.-Psych. Iris PLÜCKHAHN, die uns bei der Formulierung der M-Kriterien sehr unterstützt hat. Die neuen Regelungen zum „Kontrollierten Trinken" in Hypothese A 2 (Kapitel B.2) hätten ohne die fachliche Diskussion mit und die hilfreiche Unterstützung durch Herrn Prof. Dr. Joachim KÖRKEL nicht in dieser Form erstellt werden können.

Bedanken möchten wir uns außerdem bei allen Mitarbeiterinnen und Mitarbeitern des Kirschbaum Verlages, insbesondere bei Herrn Bernhard Kirschbaum, für die effektive Betreuung und drucktechnische Umsetzung des Werkes.

Für die Fachgesellschaften

Dipl.-Psych. Jürgen Brenner-Hartmann
Federführender der Ständigen Arbeitsgruppe Beurteilungskriterien
der DGVP und DGVM

Prof. Dr. phil. Wolfgang Fastenmeier
Präsident der DGVP

Prof. Dr. med. Mathias Graw
Präsident der DGVM

Hinweis auf gendergerechte Sprache

Pluralformen gelten in der deutschen Sprache generell als geschlechtsneutral. Aus Gründen der Flüssigkeit und besseren Lesbarkeit der Texte werden auch singuläre Formen in der Regel nicht gegendert. Mit der Verwendung des generischen Maskulinums sind in jedem Fall Personen jeden Geschlechts angesprochen. In Passagen in den Teilen B und C, wo sich der/die Leser:in als handelnde Person (Gutachter:in/ Therapeut:in etc.) direkt angesprochen fühlen dürfte, haben wir uns bemüht, im Singular eine gendergerechte Schreibweise zu wählen. Darauf wurde verzichtet, wenn erkennbar nur Rollen, Funktionen oder Berufsbezeichnungen gemeint sind (z. B. Arzt, Psychologischer Psychotherapeut). Sollte diese Unterscheidung nicht durchweg gelungen sein, bitten wir dies zu entschuldigen.

Inhaltsverzeichnis

TEIL B – SPEZIELLER TEIL

TEIL C – METHODISCHER TEIL

Einleitung

1 Historischer Abriss[1]

Die Entwicklung der Beurteilungskriterien ist eng mit der Entwicklung der Fahreignungsüberprüfung in Deutschland verknüpft. Diese nahm in den 1950er-Jahren ihren Anfang mit der schwerpunktmäßigen Beurteilung von körperlich-geistigen Mängeln (26 % der Anlässe), Führerscheinbewerbern – vorzeitige Erteilung, Erteilung bei über 60-Jährigen und Prüfungsauffällige machten zusammen weitere 25 % der Anlässe aus – und Fahrern mit besonderer Verantwortung (Fahrlehrer, Fahrgastbeförderer, Eignungsuntersuchungen für Betriebe). Verkehrsauffällige oder strafrechtlich auffällige Kraftfahrer stellten nur 17 % der Untersuchungsanlässe dar. Ende der 1980er-Jahre war diese Fragestellung mit 77 % der Anlässe bereits zum Schwerpunkt der Begutachtungstätigkeit geworden (HAMPEL, 1990). Mit der Veränderung der Fragestellungen rückten persönlichkeits- und verhaltensbezogene Aspekte gegenüber der rein körperlich-geistigen Eignung immer mehr in den Mittelpunkt des gutachterlichen Entscheidungsprozesses.

Die Technischen Überwachungsvereine als Träger der Begutachtungsstellen erkannten hierbei früh die Notwendigkeit, die Beurteilung der Fahreignung auf die Basis einheitlicher Methoden und Maßstäbe zu stellen. Am 18. Februar 1960 wurde der „Fachausschuss Medizinisch-Psychologische Arbeitsgebiete" (FA-MPA) gegründet, der sich zunächst in verschiedenen Arbeitsgruppen um einen Überblick über die wissenschaftliche Literatur und eine einheitliche Untersuchungsmethodik bemühte. Die vielfältigen Informationen und Festlegungen wurden 1977 im umfassenden TÜV-Informationssystem (TÜVIS) zusammengefasst und den Gutachtern zur Verfügung gestellt (HAMPEL, 1990).

In den Anfangsjahren der Eignungsbegutachtung stimmten die rechtliche und die fachliche Auffassung darin überein, dass die Eignung zum Führen von Kraftfahrzeugen allgemein und umfassend zu untersuchen sei. Es wurde eine Persönlichkeitsdiagnostik betrieben, bei der psychofunktionale Aspekte einen hohen Stellenwert hatten. Sie führte zu gutachtlichen Aussagen, die sich wesentlich auf hypothetische Konstrukte (Fähigkeiten, Eigenschaften, Verhaltensdispositionen) bezogen.

Um die Mitte der 1970er-Jahre gab es eine deutliche Neuorientierung, nachdem KUNKEL (1975a, 1975b, 1977) empirische Untersuchungen zur Bedeutsamkeit biografischer Daten für die Rückfallprognose bei Trunkenheitstätern im Straßenverkehr gesichtet und nach dem Prinzip kriminologischer Prognoseverfahren ein System von Leit- und Bestimmungssätzen entwickelt hatte. Damit lagen bereits Kriterien vor, die sich allerdings – soweit sie sich aus der Aktenanalyse ergaben – zumeist auf die Vergangenheit bezogen.

1 Dieser Abschnitt enthält einige Textpassagen, die einem Vortrag von G. KAJAN (1986) auf dem 13. Kongress für Angewandte Psychologie in Bonn entnommen sind.

Beispiel eines Bestimmungssatzes[2]**:** Je häufiger ein Kraftfahrer wegen Trunkenheit am Steuer vorbestraft ist, desto höher ist bei ihm die Rückfallwahrscheinlichkeit.

Dieses an biografischen Daten orientierte Beurteilungssystem musste notwendigerweise ergänzt werden durch Explorationsdaten, welche die gegenwärtige Situation kennzeichneten. Die Kriterien waren zu gewichten, zueinander in Beziehung zu setzen und ergaben letztlich einen Beurteilungsvorschlag.

Einen weiteren wichtigen Meilenstein in der Entwicklung der Fahreignungsdiagnostik stellte die Einführung der Nachschulungskurse in der zweiten Hälfte der 1970er-Jahre dar. Dadurch war eine differenziertere Diagnostik gefordert, die sich nicht nur an einer Schnittstelle (geeignet – nicht geeignet) zu orientieren hatte. Vielmehr war eine Abgrenzung zwischen positiver Beurteilung auf der einen Seite und der Möglichkeit zur Beseitigung der Mängel in einer Nachschulung („Kursfähigkeit") sowie der gänzlich negativen Beurteilung auf der anderen Seite erforderlich.

Um dieser Aufgabe gerecht zu werden, installierte der FA-MPA 1980 den Arbeitskreis (AK) „Beurteilungskriterien", der zunächst die Indikation für die Kursteilnahme und ein System von Kursausschlusskriterien entwickelte. Diese Kriterien folgten einer Entscheidungsstrategie, nach der die Gutachter zunächst beurteilten, ob Fahreignung gegeben ist („positive Beurteilung"), und nach der andernfalls geprüft wurde, ob die festgestellte Problematik grundsätzlich einer Bearbeitung in einem Nachschulungskurs zugänglich ist. In diesen Fällen waren dann individuelle Hinderungsgründe für eine Kursteilnahme auszuschließen (etwa fehlende Bereitschaft zur Selbstreflexion oder mangelnde Sprachkenntnisse).

Eine weitere praktische Umorientierung ergab sich aus der neuen Auffassung über die Rechtsbeziehungen zwischen Verwaltungsbehörde, Betroffenem und Gutachter, die MENKEN (1980) dargestellt hat. Diese Auffassung wurde bestätigt durch die Eignungsrichtlinien aus dem Jahre 1982. Darin wurde unter anderem betont, dass der Klient Auftraggeber des Gutachtens ist und dass sich Untersuchung und Gutachten auf die Fragen beschränken, die zur Aufklärung der Eignungszweifel beantwortet werden müssen. BARTHELMESS & EHRET (1986) haben die sich daraus ergebenden Konsequenzen für die Untersuchungstätigkeit dargelegt. Sie kommen – wie übrigens auch MÜLLER (1984) – zu dem Ergebnis, dass unter den gegebenen Voraussetzungen für den Gutachter bessere Möglichkeiten eines problembezogenen und problemlösenden Arbeitens geschaffen wurden, und zwar unter Beachtung der größeren Eigenverantwortlichkeit des Probanden.

Es hat sich also – im Sinne von GOLDFRIED & KENT (1990) – eine Entwicklung vollzogen von der klassischen Diagnostik zu einer de facto verhaltensorientierten (und damit an der Fragestellung der Behörde orientierten) Diagnostik. Unter einem anderen Aspekt kann auch von einer Entwicklung von einem Begutachtungssystem, in dem Eignungsmängel und die Bedeutung für Risiken im Straßenverkehr

2 Vgl. KUNKEL (1975 b), S. 22.

beschrieben wurden, hin zu einer Begutachtung, bei der, wenn möglich, Lösungsansätze zur Behebung der Eignungsmängel aufgezeigt werden, gesprochen werden.

Wenn sich die medizinisch-psychologische Untersuchung nicht mit allen Facetten der Persönlichkeit zu beschäftigen hat, sondern nur mit dem Verhaltensbereich, in dem Probleme gesehen werden, wenn sich die Untersuchung also auf den Anlass zu beziehen hat, müssen auch die der Beurteilung zugrunde liegenden Kriterien in dem fraglichen Verhaltensbereich liegen. Sie sollten sich ferner möglichst direkt auf das konkrete Verhalten und auf die das Verhalten aufrechterhaltenden Bedingungen beziehen. Weiterhin ist von den Kriterien zu fordern, dass sie auf die Gegenwart, auf den status quo, Bezug nehmen und die Vergangenheit lediglich den Hintergrund oder den Ausgangspunkt für den heutigen Zustand und die Entwicklung bis hierhin bildet.

Beispiel: Nicht die Tatsache, dass ein Proband bisher dreimal alkoholisiert aufgefallen ist, gilt als Kriterium für eine negative Beurteilung, sondern die Tatsache, dass dieser Proband eine erhebliche Alkoholgewöhnung entwickelt bzw. beibehalten hat oder dass er auch heute noch den gleichen deliktauslösenden Bedingungen ausgesetzt ist wie bei seinen früheren Auffälligkeiten.

Die Deliktschwere und Häufigkeit hat sich damit vom ehemals diagnostischen Kriterium hin zum Kriterium für die Formulierung von Eignungsbedenken durch die Behörde gewandelt und dient dem Gutachter nunmehr nur noch als Basis für die Gewinnung von Hypothesen hinsichtlich der Ursachen früheren sowie der Erwartung zukünftigen Verhaltens. Diese kann dann anhand eigener diagnostischer Kriterien aktuell überprüft und entweder bestätigt oder verworfen werden.

Vor diesem Hintergrund entwickelte der AK Beurteilungskriterien für die wesentlichen Fragestellungen (Zielgruppe der Alkohol- und Verkehrsauffälligen) einen Katalog von Beurteilungskriterien, der von den Gutachtern als Entscheidungsgrundlage herangezogen werden sollte. Der FA-MPA hat dabei folgenden Leitsatz beschlossen, der zunächst bei allen TÜV-Trägern von Begutachtungsstellen und später auch bei der DEKRA allgemein verbindlich war:

> *„Jeder Gutachter hat diese Beurteilungskriterien und Indikatoren zu berücksichtigen. Wenn davon im Einzelfall abgewichen wird, ist eine ausführliche Begründung erforderlich."* [3]

Die theoretische Grundlage dieser Kriterien und ihrer Systematik wurde 1989 auf dem ersten bundesweiten Kolloquium der Verkehrspsychologen amtlich anerkannter medizinisch-psychologischer Untersuchungsstellen vorgestellt und einer interessierten Fachöffentlichkeit zugänglich gemacht (NICKEL, 1990).

3 TÜVIS-Prüfgrundlagen MPU, Band 1, Kap. 50, S. 14 (Fassung Juni 1998).

2 Evaluationsstudien zu den Beurteilungskriterien

Nachdem der Arbeitskreis IV des 17. Deutschen Verkehrsgerichtstags beklagt hatte, dass es zu wenig Untersuchungen *„über die Brauchbarkeit der Verfahren, die bei der Beurteilung der Fahreignung verwendet werden"* gebe und eine Langzeituntersuchung der Richtigkeit der Aussagen der medizinisch-psychologischen Untersuchungen angeregt hatte (DEUTSCHE AKADEMIE FÜR VERKEHRSWISSENSCHAFT, 1979), stimmte sich der FA-MPA mit dem Bundesverkehrsministerium über die Bildung eines neutralen Gremiums zur Durchführung einer derartigen Bewährungsstudie ab. Auf Vorschlag des FA-MPA beschloss daraufhin die Vereinsleiterkonferenz der TÜV, im Rahmen eines VdTÜV-internen Forschungsvorhabens eine Evaluationsstudie durchzuführen. Dieses Forschungsvorhaben Nr. 178 mit dem Titel „Evaluation von medizinisch-psychologischen Fahreignungsbegutachtungen – EVAGUT" wurde in drei Teilprojekten durchgeführt (vgl. JACOBSHAGEN & UTZELMANN, 1996).

Nach einer retrograden Auswertung von beim TÜV Hannover wegen Trunkenheit am Steuer begutachteten Personen aus den Jahren 1969–1972 wurden die prognostischen Variablen in **Teilprojekt A** systematisiert (JACOBSHAGEN, NICKEL & WINKLER, 1987). In **Teilprojekt B** wurden dann 3.344 Begutachtungsfälle aus dem Bereich des TÜV Hannover, des RWTÜV sowie des TÜV Rheinland, die wiederholt durch Trunkenheit am Steuer aufgefallen waren, hinsichtlich ihrer Legalbewährung in den folgenden drei Jahren überprüft (HAMPEL & BRÜGGEN, 1987).

In beiden Untersuchungen wurde eine deutliche Prognoseverbesserung bei positiv beurteilten Probanden gegenüber den ohne Selektion zu erwartenden Rückfallwerten gefunden. Die Rückfallzahlen konnten nach den Ergebnissen von Teilprojekt B durch die Beiziehung medizinisch-psychologischer Gutachten um mehr als die Hälfte reduziert werden. Ein weiteres Ergebnis dieses Teilprojekts war, dass auch die Gruppe der negativ Beurteilten, die nach der Begutachtung an einem Nachschulungskurs teilgenommen hatten, nicht häufiger rückfällig wurden als positiv Beurteilte. Mit diesen Studien war zwar die Effizienz des Begutachtungs- und Schulungssystems insgesamt bestätigt worden, zur Treffsicherheit einzelner Beurteilungskriterien konnte jedoch aufgrund dieser Daten noch keine Aussage gemacht werden.

Um dies leisten zu können, wurde **Teilprojekt C** weitaus umfänglicher konzipiert und dokumentierte für alle untersuchten Fälle die wesentlichen Rückfallprädiktoren aus der Vorgeschichte, die wesentlichen Untersuchungsbefunde und das Entscheidungsverhalten der Gutachter (BRÜCKNER ET AL., 1994). Dieser Untersuchung lagen bereits die nach Hypothesen und Kriterien gegliederten Beurteilungskriterien des VdTÜV für die Fallgruppen der Alkoholauffälligen und der Fahrer mit hohem Punktestand zugrunde. Die Gutachter wurden vor Durchführung der Studie in bundesweit angebotenen Veranstaltungen in die Kriterien eingeführt und in deren Anwendung trainiert. In den Jahren 1987 bis 1990 wurden dann die Daten von insgesamt 4.219 Verkehrsauffälligen ohne Alkohol und von 3.039 Alkoholauffälligen erhoben und die Fälle über einen Bewährungszeitraum von jeweils drei Jahren nach der Begutachtung beobachtet.

Als eines der Ergebnisse konnte zunächst festgestellt werden, dass sich das Entscheidungsverhalten der Gutachter in hohem Maß an den Beurteilungskriterien orientiert hatte. Die einzelnen Kriterien wurden dabei mit unterschiedlicher Gewichtung zur Bewertung herangezogen. Eine besonders hohe Bedeutung kam den Kriterien bezüglich der Alkoholgewöhnung, der psychofunktionalen Leistungsausstattung, der Veränderungen in den Bedingungen des Trink- und Fahrverhaltens und der Kontrolle des Trinkverhaltens zu (jeweils mehr als 90 % Berücksichtigung bei der Begutachtung). Die Prognosesicherheit wurde erneut durch eine um die Hälfte gesunkene Rückfallquote bei den positiv Beurteilten und Nachgeschulten gegenüber einer unausgelesenen Klientel dokumentiert.

In EVAGUT - Teil C - konnte neben diesem generellen Effekt nun auch überprüft werden, ob die Wiederauffälligkeit mit den einzelnen Entscheidungskriterien ebenfalls in Beziehung stand. Es fand sich eine Reihe hoch signifikanter Zusammenhänge. Für die alkoholauffälligen Fahrer lagen die höchsten Korrelationen bei den folgenden Kriterien vor:

- **Veränderung der Alkoholgewöhnung** (veränderte Alkoholverträglichkeit nach der Auffälligkeit, reduzierte Trinkmengen)
- **Stabilität aktueller Trinkmuster** (Trinkregeln werden auch bei besonderen Anlässen eingehalten, wirksame Trinkkontrolle erscheint dem Gutachter erreichbar)
- **Verhaltenssteuerung im Trink-Fahr-Konflikt** (Organisation der Alkoholtrinkanlässe, realistische Einschätzung der Trinkmengen)
- **Motivation und Stabilisierung von Veränderungen** (Festigung neuer Verhaltensgewohnheiten, längerfristig wirksames Motiv für die Verhaltensänderung, günstige äußere Bedingungen).

Für die medizinischen Befunde waren die Zusammenhänge etwas schwächer ausgeprägt, aber noch nachweisbar. Das Fehlen psychofunktionaler Leistungsmängel erbrachte keinen Beitrag zur Verhaltensprognose. Beide Bereiche zeichnen sich jedoch dadurch aus, dass sie klassische Untersuchungsteile zur Feststellung der körperlich-geistigen Eignung sind und bereits vom Ansatz her nicht die Verhaltensprognose (erneute Alkoholauffälligkeit) ermitteln, sondern Personen mit gravierenden Gesundheits- und Leistungsmängeln von der Verkehrsteilnahme (und damit auch aus der Bewährungsstichprobe) ausschließen.

Bei der Überprüfung der Fahrer mit hohem Punktestand wurden verschiedene, abgestufte Rückfallkriterien zugrunde gelegt (Auffälligkeit mit 1 Punkt, mit 4 Punkten, 7 Punkten sowie mit einem Unfall).[4] Erwartungsgemäß wies das Unfallkriterium aufgrund der Seltenheit dieses Ereignisses die geringsten Korrelationen

4 Das zum Zeitpunkt der Studie geltende „Punktsystem" des § 4 StVG sah andere, zumeist höhere Punktbewertungen für Verkehrszuwiderhandlungen vor als das aktuell gültige „Fahreignungsbewertungssystem". Das Erreichen von 4–6 Punkten im Rahmen des alten Punktsystems war mit zwei bis drei Ordnungswidrigkeiten (Bewertung je Schweregrad mit jeweils 1–3 Punkten) oder einer Straftat möglich (Bewertung mit 4–6 Punkten).

mit einzelnen Beurteilungskriterien auf (hohe Signifikanzen allerdings mit dem Gesamturteil in diesem Bewertungsblock).

Die Zusammenhänge mit der erneuten Auffälligkeit durch Verkehrsdelikte, die mit 4 – 6 Punkten bewertet wurden, waren hingegen bei fast allen Kriterien hoch signifikant. Besonders deutlich zeigte sich die Korrelation im Bereich der

- **kritischen Selbstreflexion** (Erkennen eigener Fehler und richtige Bewertung, keine Einnahme eines Opferstandpunkts),
- **sozialen Anpassungsbereitschaft** (Einsicht in die Notwendigkeit regelkonformen, partnerbezogenen Verhaltens),
- **Verhaltensplanung** (Organisation der Fahrt, Fahrtvorbereitung),
- aber auch der **äußeren Einflüsse** (Bedingungen, die früheres Verhalten erklärten, haben sich deutlich verändert).

Zusammenfassend kann festgestellt werden, dass EVAGUT-C bestätigt hat, dass die vom Fachausschuss MPA entwickelten Beurteilungskriterien von den Gutachern erwartungskonform angewendet wurden und dass ihnen damit ein Instrument zur Verfügung stand, dessen Entscheidungskriterien mit dem zu prognostizierenden Verhalten in gesichertem Zusammenhang stehen.

Seit der Zeit von EVAGUT-C haben sich eine Reihe von gesetzlichen Änderungen und auch Weiterentwicklungen im System der Beurteilungskriterien ergeben. Aus diesem Grund wurde im Jahr 2010 durch den Verband der Technischen Überwachungsvereine (VdTÜV) mit seiner Kommission Fahreignung und den seinerzeit darin zusammengeschlossenen Trägern von amtlich anerkannten Begutachtungsstellen eine Evaluationsstudie zur Legalbewährung nach einer MPU (EVA-MPU) durchgeführt, die vom Zentrum für Evaluation und Methoden (ZEM) der Universität Bonn wissenschaftlich begleitet und ausgewertet wurde (HILGER ET AL., 2012). Bei den Begutachtungsstellen der beteiligten Träger wurden im untersuchungsrelevanten Zeitraum in Deutschland insgesamt mehr als 75 % der medizinisch-psychologischen Untersuchungen (MPU) im Bereich Alkoholfragestellungen durchgeführt.

Untersucht wurde die Verkehrsbewährung von 1.600 Personen, die zwischen November 2005 und Oktober 2006 Fahreignungsbegutachtungen (MPU) wegen Alkoholauffälligkeiten in den beteiligten Organisationen absolvierten. Die Bewährung wurde über einen Zeitraum von drei Jahren nach der MPU anhand von Abfragen aus dem Verkehrszentralregister (VZR) beim Kraftfahrt-Bundesamt (KBA) überprüft.

Die Gruppe der Teilnehmer an der Studie (MPU-Gruppe) hatte jeweils zur Hälfte bei der MPU eine positive Prognose oder eine Empfehlung zur Teilnahme an einem Kurs für alkoholauffällige Fahrer erhalten. Als Vergleichsgruppe (OWi-Gruppe) wurde mit Unterstützung des KBA eine zeitlich und räumlich parallelisierte Stichprobe von 3.200 Kraftfahrern gezogen, die mit Alkohol im Straßenverkehr auffällig geworden waren, ohne dass die Fahrerlaubnis entzogen oder die Eignung infrage gestellt worden wäre. Als Rückfallkriterium wurde jede in Verbindung mit Alkohol stehende Tat gewertet, die innerhalb von drei Jahren nach Wiedererteilung der Fahrerlaubnis bzw. nach der letzten Ordnungswidrigkeit begangen wurde.

Bei der Auswertung der Ergebnisse zur Legalbewährung zeigte sich, dass sich die Rückfallquoten aller betrachteten MPU-Fallgruppen weder untereinander noch von den Rückfallquoten der – durch eine deutlich bessere Ausgangslage charakterisierten – Kontrollgruppe wesentlich unterschieden. Die Rückfallquoten der MPU-Gruppen fielen im Vergleich zu den Ergebnissen früherer Studien wie ALKOEVA und EVAGUT noch einmal deutlich niedriger aus.

Im Einzelnen zeigten sich für die gewählten Gruppen folgende Ergebnisse hinsichtlich der Wiederauffallensrate:

- positiv begutachtete, erstauffällige Alkoholfahrer: 6,5 %
- Erstauffällige nach MPU und Kursteilnahme: 8,0 %
- positiv begutachtete, wiederholt Auffällige: 8,3 %
- wiederholt Auffällige nach MPU und Kursteilnahme: 6,8 %
- Kontrollgruppe (OWi-Gruppe): 8,2 %.

Die MPU-Gruppen zeigten also trotz ihrer schlechteren Ausgangslage, welche die Anordnung einer MPU aufgrund erheblicher Eignungsbedenken begründet, keine höheren Rückfallzahlen als die OWi-Gruppe, bei welcher außer einer Geldbuße und einem Fahrverbot keine weiteren Führerscheinmaßnahmen erfolgt waren und die Fahreignung nicht infrage gestellt worden war.

Insgesamt war also im Vergleich zu früheren Studien eine weitere Verbesserung der Legalbewährung bei alkoholauffälligen Kraftfahrern nach erfolgreicher MPU zu beobachten. Dies kann als deutlicher empirischer Beleg für die Prognosesicherheit der MPU bei alkoholauffälligen Fahrern interpretiert werden. Zugleich belegt das Ergebnis der EVA-MPU den rückfallprotektiven Effekt des gegenwärtigen Verfahrens bei der Wiedererteilung der Fahrerlaubnis in Deutschland, bei dem im Vorfeld der MPU eine Reihe von Maßnahmen zur Verhaltensmodifikation in Anspruch genommen werden. Die MPU und damit auch deren Entscheidungsgrundlage, die Beurteilungskriterien, werden seit nunmehr vielen Jahrzehnten immer wieder als erfolgreiches und treffsicheres Instrument zur individuell ausgerichteten Beurteilung der Fahreignung und damit zur Erhöhung der Verkehrssicherheit bestätigt.

3 Die Beurteilungskriterien der DGVP und der DGVM

Es ist ein wesentliches Merkmal der Beurteilungskriterien, dass sie laufend an neuere wissenschaftliche Erkenntnisse und Anforderungen der Begutachtungspraxis angepasst werden müssen. Zudem sollen sie einheitlich im Rahmen der Begutachtung der Fahreignung berücksichtigt werden. Da seit den 1990er-Jahren zunehmend Träger von Begutachtungsstellen für Fahreignung (BfF) anerkannt wurden, die nicht im VdTÜV organisiert waren und die somit auch keinen Zugang zu den dort entwickelten Beurteilungskriterien hatten, war die Begutachtung nach einheitlichen Maßstäben in Deutschland in Gefahr. Am 9. September 2004 fand eine Sondersitzung der Kommission Fahreignung des VdTÜV statt, auf der beschlossen wurde, die Beurteilungskriterien zur weiteren Entwicklung, Pflege und Verbreitung an die DGVP und die DGVM zu übergeben. Somit wurden sie allen Trägern von BfF zugänglich. Im Zusammenhang mit der Veröffentlichung der 3. Auflage wurde vom Bundesministerium für Verkehr und digitale Infrastruktur festgestellt, dass die Beurteilungskriterien der DGVP und DGVM den Stand der Wissenschaft im Bereich der Fahreignungsbegutachtung zusammenfassen.[5] Somit stelle die Anwendung der Beurteilungskriterien sicher, dass die Begutachtung nach den in Anlage 4a FeV geforderten anerkannten wissenschaftlichen Grundsätzen durchgeführt werde.

In den folgenden Abschnitten werden die wesentlichen fachlichen Entwicklungen, die im Vorfeld der 1. Auflage relevant waren und die zwischen den jeweiligen Auflagen die Änderungen der Beurteilungskriterien bedingt haben, kurz umrissen.

3.1 Entwicklungen bis zur 1. Auflage

Hervorzuheben ist sicherlich die von STEPHAN (z. B. 1988) hervorgerufene Diskussion um den „trinkenden Fahrer vs. fahrenden Trinker" und die von ihm vertretene Auffassung, dass bei einem hohen Grad an Alkoholgewöhnung in der Vorgeschichte (bei 1,3 ‰ und mehr) nicht mehr die Trennung von Trinken und Fahren, sondern eine Überprüfung und Veränderung des eigenen Alkoholkonsums – mit fachlicher Hilfe – gefordert werden müsse. Bei dieser selbstkritischen Überprüfung dürfte nach seiner Überzeugung die Mehrheit zu dem Ergebnis kommen, dass völlige Alkoholabstinenz erstrebenswert sei. Bezüglich der Beurteilungskriterien war nun zu prüfen, in welchen Fällen eine positive Bewertung im Rahmen einer Begutachtung vom Vorliegen einer Abstinenz abhängig zu machen sei. Der AK Beurteilungskriterien entwickelte deshalb Anfang der 1990er-Jahre „Kriterien zur Abstinenzforderung", um auch hier eine einheitliche Beurteilung vor dem Hintergrund der zum Teil kontrovers geführten Diskussion zu erreichen. Diese Kriterien sind nach einer Neugliederung der gesamten Alkoholkriterien-Struktur im Jahr 1998 in Hypothese 2 eingeflossen. In Vorbereitung auf die Herausgabe der 1. Auflage wurde in einer intensiven fachlichen Diskussion zwischen den Autoren und STEPHAN eine gemeinsame Position zur Notwendigkeit des völligen Alkoholverzichts bei alkoholauffälligen Kraftfahrern gefunden (vgl. Vorbemerkung zu Hypothese A 2 „Verkehrsbezogene Notwendigkeit des Alkoholverzichts" in Kapitel 5 der 1. Auflage bzw. Kapitel B.2 der vorliegenden Auflage).

Die Erfahrungen, die im Rahmen der Durchführung des EVAGUT-C Projektes mit der Anwendung der systematisierten Beurteilungskriterien gemacht wurden, führten bei den Gutachtern zu dem Wunsch, die Kriterien mit einer Reihe von Indikatoren zu hinterlegen, die auf der Ebene konkreter Befunde, Sachverhalte und Aussagen die Entscheidung hinsichtlich des Erfüllens oder Nichterfüllens eines Kriteriums unterstützen. Ein derartiger Indikatorenkatalog wurde zur Operationalisierung der Kriterien daraufhin für die Beurteilung von Alkohol- und Verkehrsauffälligen (AV-Kriterien) entwickelt.

5 Az 21/7323.2/10-01 vom 9.1.2014.

Gleichzeitig war Anfang der 1990er-Jahre eine Zunahme an Fragestellungen mit Drogenmissbrauch als Untersuchungsanlass festzustellen. Diese Fälle, die bisher vorrangig unter dem Suchtaspekt (Drogenabhängigkeit) von den ärztlichen Gutachtern bearbeitet worden waren, warfen zunehmend Fragen hinsichtlich des Verhaltensaspekts auf. Mit der stärkeren Bedeutung psychologischer Befunde für die Verhaltensprognose reichten die einschlägigen Diagnoseschemata (z. B. ICD) und das Gutachten „Krankheit und Kraftverkehr" als Beurteilungsgrundlage nicht mehr aus. Es wurde deshalb für die Gutachter eine Reihe von Drogenkriterien (D-Kriterien) entwickelt, die ebenfalls mit differenzierten Indikatoren als Entscheidungshilfe versehen waren. Da die Abstinenzforderung als zwingende Voraussetzung für die Annahme der Fahreignung von Drogenkonsumenten, zumindest bei Cannabiskonsumenten, von der Rechtsprechung zunehmend infrage gestellt wurde, waren die Kriterien entsprechend anzupassen und auch die Frage des Trennverhaltens zu berücksichtigen.

Mit der Einführung der Fahrerlaubnis-Verordnung im Jahr 1999 bekam zudem der Grundsatz Verordnungsrang, dass gelegentliche Cannabiskonsumenten in der Regel zum Führen von Kraftfahrzeugen geeignet sind und dass bei dieser Gruppe nur noch die Fähigkeit zur Trennung von Konsum und Fahren geprüft werden muss. Für die Beantwortung der immer komplexer werdenden Fragestellungen an die Gutachter waren und sind die Begutachtungs-Leitlinien zur Kraftfahrereignung (heute: Begutachtungsleitlinien zur Kraftfahreignung, BASt, 2022) in ihren Aussagen und Hilfestellungen nicht immer ausreichend (BRENNER-HARTMANN, 2000). Die Drogenkriterien waren demzufolge der neuen Rechtslage und neuen empirischen Erkenntnissen angepasst und 1998 völlig überarbeitet worden.

In Vorbereitung auf die Veröffentlichung der 1. Auflage der Beurteilungskriterien im Jahr 2005 wurden gegenüber dem Stand von 1998 nur wenige Korrekturen in der Struktur der Kriterien vorgenommen. Die Ergebnisse der EVAGUT-Studie haben dabei ebenso Berücksichtigung gefunden wie fachwissenschaftliche Diskussionsprozesse. Sämtliche Kriterien wurden hinsichtlich ihrer Übereinstimmung mit den Leitsätzen der Begutachtungs-Leitlinien zur Kraftfahrereignung überprüft und gegebenenfalls. angepasst. Auch der im Jahr 2002 erschienene Kommentar zu den Begutachtungs-Leitlinien (SCHUBERT ET AL., 2002; erschienen in 3. Auflage 2018) stellt eine für die Interpretation der Begutachtungsleitlinien relevante Quelle für die Weiterentwicklung der Beurteilungskriterien dar.

Eine einheitliche Formulierung von Hypothesen, Kriterien und Indikatoren in die gleiche Fragerichtung wurde durchgehend umgesetzt. Rückmeldungen aus dem Kreis der Gutachter zur Aussagekraft bestimmter Indikatoren oder zu einer unklaren Zuordnung zu dem jeweiligen Kriterium wurden berücksichtigt und die Indikatorenstruktur übersichtlicher und eindeutiger gefasst. Die bei den D-Kriterien bewährte Unterteilung in „Kriterien zur Feststellung einer Problematik" und „Kriterien zur angemessenen Problembewältigung" wurde auch auf die Hypothesen 1 und 2 der Alkoholkriterien übertragen.

Damit lag erstmals eine umfassende und in der Anwendung zunehmend „benutzerfreundlich" gestaltete Übersicht über alle Kriterien und Indikatoren in einem

Band vor. Die Fülle der in der Untersuchung möglicherweise erhobenen Test-, Labor- oder Gesprächsbefunde konnte damit zuverlässig einer übersichtlichen und stringenten Entscheidungsstruktur zugeordnet werden.

Mit dem ergänzten Kapitel 7 „Auswahl von Untersuchungsmitteln und Interpretation der Befunde" wurden die Kriterien um einen Teil erweitert, der durch die Festlegung von Anforderungen an die Untersuchungsmethoden den Begutachtungsprozess auch in diesem Bereich vereinheitlichen sollte. Einen ersten Schritt machte der Abschnitt 7.1 „Chemisch-toxikologische Analysen", der dem Gutachter in Verbindung mit den entsprechenden Verweisen in den Kriterien und Indikatoren eine große Hilfe bei der Interpretation selbst erhobener, aber auch bereits aktenkundiger Befunde bieten sollte.

3.2 Änderungen in der 2. Auflage

Die 2. Auflage der Beurteilungskriterien hat eine Reihe von Anregungen aus Wissenschaft und Praxis aufgenommen und umgesetzt. Insbesondere Entwicklungen im Bereich der Suchttherapie (Langzeitmaßnahmen in der ambulanten Therapie, Einsatz von Medikamenten gegen „Suchtdruck") machten Anpassungen, etwa bei der Bewertung von Abstinenzzeiträumen, erforderlich. Die Beurteilungslogik und der Aufbau der Alkoholhypothesen wurden besser mit den Drogenhypothesen in Einklang gebracht, sodass die Orientierung und Anwendbarkeit der Kriterien weiter gewonnen hatten. Bei der Diagnostik von Alkoholabhängigkeit wurde ein deutlicherer Bezug zu den einschlägigen Diagnoseschemata ICD-10 und DSM-IV hergestellt. Auch dem gewachsenen Stellenwert der Abstinenzdiagnostik durch die Bestimmung des Ethylglucuronid (EtG) musste Rechnung getragen werden. Völlig überarbeitet worden war zudem Hypothese 3 zur Alkoholproblematik, in der nun ebenfalls in einer ersten Gruppe von diagnostischen Kriterien das dort angesprochene Trinkmuster („Alkoholgefährdung") differenziert beschrieben wurde. Die medizinischen Befunde sind hinsichtlich ihrer Aussagerichtung als differenzialdiagnostische Hinweise (Zeichen für früheren Alkoholmissbrauch) oder als Hinweise auf einen aktuellen Alkoholmehrkonsum den entsprechenden Kriterien neu zugeordnet worden.

Innerhalb der D-Kriterien beschränkten sich die Anpassungen auf die notwendigen Parallelisierungen zum Alkoholbereich.

Eine vollständige Überarbeitung hatte Abschnitt 7.1 „Toxikologische Untersuchungen" erfahren. Im einleitenden Teil wurde eine Vielzahl zusätzlicher Erläuterungen aufgenommen, die eine für alle fachkundigen Anwender lesbare und nachvollziehbare Begründung für die in der Hypothese CTU getroffenen Regelungen darstellten. Die Funktion der Laboruntersuchungen im Rahmen einer Abstinenzkontrolle sowie bei der MPU wurde deutlicher differenziert und die Anforderung an verwertbare Befunde klarer gefasst (Definition von Grenzwerten für die Untersuchungsmethoden, Akkreditierungsanforderung an Labore etc.). Durch die zusätzliche Aufnahme eines Abschnitts 7.2 „Psychologische Testverfahren" mit der Hypothese PTV sind in den Beurteilungskriterien seitdem auch Erläuterungen und Festlegungen zur Anwendung von Testverfahren und der Fahrverhaltensbeobachtung zu finden.

3.3 Änderungen und Ergänzungen in der 3. Auflage

Mit der 3. Auflage der Beurteilungskriterien war eine Neugestaltung der Kapitelstruktur verbunden. Die Beurteilungskriterien spiegelten in ihrem Aufbau teilweise noch ihre Entstehungsgeschichte wider, was die Orientierung in den einzelnen Kapiteln und Abschnitten erschwerte. Die Vermischung von einerseits Alkoholauffälligkeiten, andererseits verkehrs- bzw. strafrechtlichen Zuwiderhandlungen in einer Hypothesenstruktur (H 1 bis H 9 alt) ließ sich ohne historischen Rückbezug nicht verstehen. Sie wurde aufgegeben und eine klarere Trennung der Hauptanlassgruppen vorgenommen, die sich auch in der verständlicheren Bezeichnung der Hypothesen A 1 bis A 7 (Alkoholproblematik), D 1 bis D 7 (Drogenproblematik) und V 1 bis V 5 (Verkehrsauffälligkeit und Straftaten) niederschlug. Damit war es auch möglich, die „Doppelzugehörigkeit" der alten Hypothesen 7 und 8 zu unterschiedlichen Anlassgruppen aufzugeben und sie damit inhaltlich besser auf den jeweiligen Untersuchungsanlass zu beziehen.

Der Aufbau der Beurteilungskriterien war also insgesamt einer Überarbeitung unterzogen worden. Die einleitenden Kapitel 1 und 2 wurden grundlegend überarbeitet und unter Berücksichtigung aktueller wissenschaftlicher Literatur in wesentlichen Teilen neu verfasst. In Kapitel 1 wurde die Übersicht über behördliche Fragestellungen erstmals auch um Formulierungen im Zusammenhang mit der Anordnung ärztlicher Gutachten erweitert, wie sie sich in der Praxis fanden. Aufgrund zunehmend differenzierter Anlässe waren neben der klassischen Entlastungsdiagnostik (bei bestehender Nichteignung) und der Nachweisdiagnostik (zum Erfüllen besonderer Voraussetzungen) auch Untersuchungsanlässe zu berücksichtigen, die eine Begutachtung aufgrund von noch zweifelhafter Fahreignung erforderlich machten (z. B. Kraftfahreignung nach einer Verkehrsteilnahme unter erheblichem Alkoholeinfluss mit einem Fahrrad). Hier wurde in Abschnitt 1.1 der Begriff der „Überprüfungsdiagnostik" neu eingeführt.

Im neu formulierten Kapitel 3 wurde eine Übersicht über die zu klärenden Hypothesen sämtlicher Fragestellungen aufgenommen, gefolgt von einer Übersicht über die ausformulierten Hypothesen und Kriterien der Hauptanlassgruppen Alkohol, Drogen und Verkehrsauffälligkeiten sowie der Hypothese 0 (Verwertbarkeit der Befunde). Damit konnte Kapitel 3 einen anlassübergreifenden Überblick über die Entscheidungsstruktur bei der Begutachtung bieten. Die ausführliche Darstellung der anlassbezogenen Kriterien und Indikatoren folgte dann jeweils separat in eigenen Kapiteln für die Hypothese 0 (Kapitel 4), die Alkoholauffälligkeit (Kapitel 5), Drogenauffälligkeit (Kapitel 6) und verkehrs- und strafrechtliche Auffälligkeiten (Kapitel 7).

Damit hatte sich die Anzahl der Kapitel um eins erweitert, sodass das frühere Kapitel 7 zu Kapitel 8 wurde. In diesem Kapitel war der Abschnitt 8.1 zur chemisch-toxikologischen Untersuchung (Hypothese CTU) umfangreich überarbeitet worden. Neben Ergänzungen im erläuternden Teil, etwa zur Verwertbarkeit von gefärbten Haaren, wurde auch die Hypothese CTU selbst erweitert und konkretisiert. Dies betraf einerseits die Durchführungsbedingungen, die im Kriterium CTU 1 ausführlicher beschrieben wurden, was eine Reihe von Unklarheiten beseitigen half und zur Einheitlichkeit der Durchführung eines Drogenkontrollprogramms beitrug. Im Kriterium CTU 2 wurde etwa gefordert, dass die Organisation des Programms und die Abnahme der Laborprobe durch eine neutrale und kompetente Stelle erfolgen sollen. Hier wurde einerseits Erfahrungen aus der Praxis Rechnung getragen, die gezeigt haben, dass es trotz akkreditierter Analytik in den Laboren zu einer Vielzahl von nicht verwertbaren Bescheinigungen aufgrund manipulierter Vorgehensweisen bis hin zu gefälschten Befundberichten gekommen war, und es wurde andererseits der Verwaltungsrechtsprechung gefolgt, die zunehmend hohen Wert auf eine nachvollziehbare und neutrale Identitätsprüfung bei der Probennahme legte. Auch die Anforderungen an die vorgelegten Bescheinigungen, die in CTU 4 definiert sind, mussten deshalb klarer gefasst werden. Der Umfang der Analytik, wie sie in CTU 3 beschrieben ist, wurde im Bereich der Benzodiazepine und der Opiate etwas erweitert.

Abschnitt 8.2 zu den psychologischen Testverfahren wurde um ein Kriterium PTV 7 zur verkehrspsychologischen Fahrverhaltensbeobachtung erweitert und damit vervollständigt.

Neu in Kapitel 8 aufgenommen worden sind die Abschnitte 8.3 zur medizinischen Fahreignungsuntersuchung mit der Hypothese MFU und 8.4 zum Psychologischen Untersuchungsgespräch mit der Hypothese PUG. Damit waren mit der 3. Auflage auch alle methodischen Teile der medizinisch-psychologischen Untersuchung beschrieben und die Grundlagen für die Träger von Begutachtungsstellen für Fahreignung geschaffen, ihre Prozesse an allgemeingültigen Standards auszurichten.

3.4 Die aktuelle, 4. Auflage

Seit Erscheinen der 3. Auflage der „Beurteilungskriterien" im Jahr 2013 haben sich in den relevanten fachlichen Grundlagen, in der wissenschaftlichen Diskussion und in der Rechtsprechung eine Vielzahl von Entwicklungen ergeben, die in der Begutachtungspraxis zu berücksichtigen waren und die auch in die Beurteilungskriterien einfließen mussten. Zudem wurden in den letzten Jahren relevante S3-Leitlinien zur Behandlung alkoholbezogener Störungen und zur Substitution bei Opioidabhängigkeit überarbeitet und eine neue S3-Leitlinie zu medikamentenbezogenen Störungen entwickelt, die bei den entsprechenden Kriterien, insbesondere bei den Anforderungen an eine Aufarbeitung von substanzbezogenen Problemen, zu beachten waren.

Was den Anwendern der Beurteilungskriterien besonders ins Auge stechen wird, ist die erneut überarbeitete Gliederung und die Änderung in der Kapitelstruktur. Die Beurteilungskriterien erfahren mit der 4. Auflage eine Neugestaltung und erhalten einen Aufbau mit drei Teilen. **Teil A** (Allgemeiner Teil) enthält die Kapitel, die sich mit den rechtlichen und fachlichen Grundlagen der Fahreignungsbegutachtung sowie mit dem grundlegenden Aufbau der Beurteilungskriterien befassen. Somit umfasst Teil A die wesentlichen Inhalte der bisherigen Kapitel 1 bis 3, erweitert um eine deutlich ausführlichere fachliche Erörterung zur Entstehung und Veränderung auffälligen Verhaltens in Kapitel A.2. In Kapitel A.3 wird der diagnostische

Prozess dargestellt und in Kapitel A.4 sind die Hinweise zur Anwendung der Beurteilungskriterien enthalten. Die im früheren Kapitel 1 enthaltene Übersicht über gebräuchliche behördliche Fragestellungen wurde nicht mehr aufgenommen, da die zunehmende Heterogenität der formulierten Fragen dies nicht mehr mit einem angemessenen Aufwand ermöglicht hätte. Zudem ist dieser Bereich auch nicht originäre Aufgabe der Beurteilungskriterien, die sich primär an die Fachgutachter wenden.

In **Teil B** (Spezieller Teil) werden die anlassbezogenen Anforderungen an die Fahreignung in der bekannten und bewährten Form der Hypothesen und Kriterien mit den zugehörigen Indikatoren dargestellt. Die bisherigen Kapitel 4 bis 7 sind in die Kapitel B.1 bis B.4 übergegangen. Ergänzt werden die bisher schon behandelten Anlässe durch neu entwickelte Hypothesen zu Fahreignungsproblemen im Zusammenhang mit einer leistungsbeeinträchtigenden Dauermedikation, der Entwicklung eines Fehlgebrauchsmusters oder der Diagnose einer Abhängigkeit von Arzneimitteln. Diese werden in einem neuen Kapitel B.5 „Dauermedikation und Medikamentenmissbrauch" beschrieben. Hier hat auch die neue S3-Leitlinie zu den medikamentenbezogenen Störungen (DGPPN & DG-SUCHT, 2020) Berücksichtigung finden können. Für Anlässe, die nicht in diesen Hauptkapiteln angesprochen wurden, waren die zu klärenden Hypothesen bisher, etwas schwer auffindbar, in Abschnitt 3.2 dargestellt. Um die Orientierung in den Beurteilungskriterien zu erleichtern, wurde für diese Anlässe ein eigenes Kapitel B.6 „Weitere Anlassgruppen und zu klärende Hypothesen" eingerichtet.

Bei der Neufassung der Alkohol- und Drogenhypothesen musste die geänderte fachliche Sichtweise des DSM-5 (FALKAI & WITTCHEN, 2015) auf die substanzbezogenen Störungen diskutiert und berücksichtigt werden. Insbesondere der Wegfall der diagnostischen Kategorie des „Missbrauchs" führte zu einer grundsätzlichen Anpassung in den A- und D-Hypothesen. Nach langer fachlicher Diskussion unter anderem in Workshops auf den gemeinsamen Symposien der DGVP und DGVM wurden in Hypothese A 2 die Kriterien zur Problembewältigung um die Option des therapeutisch unterstützen „Kontrollierten Trinkens" (KT) erweitert. Im neuen Kriterium A 2.7 N werden sowohl die Ausschlusskriterien als auch die Rahmenbedingungen dieser Konzepte und Anforderungen an die Stabilisierung des KT beschrieben.

Weitreichend zu überarbeiten waren die Kriterien im Zusammenhang mit einer Substitutionstherapie bei Opioidabhängigen, da auch die Richtlinien zur Durchführung der substitutionsgestützten Behandlung (BUNDESÄRZTEKAMMER, 2017) neu gefasst wurden. Insbesondere das Erreichen von Abstinenz ist als primäres Therapieziel in den Hintergrund getreten, sodass nach ausreichender Stabilisierung die Substitutionstherapie den Charakter einer Dauermedikation annimmt. Hinsichtlich der Beurteilung von Cannabiskonsumenten wurde dem Thema des Trennverhaltens mit den Komponenten des Trennvermögens und der Trennbereitschaft in Hypothese D 4 besonderes Augenmerk geschenkt. Aber auch bei der Beurteilung von Verkehrsauffälligen waren aktuelle fachliche Diskussionen zu berücksichtigen und neue Risikophänomene, wie Raser und Poser, in die Struktur der V-Hypothesen einzuordnen. Einen besonderen Stellenwert haben neben den verschiedenen Graden von Anpassungsproblemen nun auch aggressives Verhalten und (mangelnde) Impulskontrolle erhalten.

Teil C der Beurteilungskriterien (Methodischer Teil) enthält die bisher in Kapitel 8 dargestellten Abschnitte 8.1 bis 8.4 mit den Hypothesen PUG, MFU, CTU und PTV. Sie wurden durchweg aktualisiert und mit neuen Inhalten angereichert. Eine besonders grundlegende Überarbeitung haben die PUG-Kriterien (Kapitel C.1) und die CTU-Kriterien (Kapitel C.3) erfahren. In der fachlichen Einleitung zu den PUG-Kriterien wird nun ausführlich auf Methoden der Verhaltensanalyse und der Veränderungsdiagnostik eingegangen, welche die Hypothesenbildung und die Gesprächsführung unterstützen sollen. Neu hat die PEth-Bestimmung im Blut Eingang in die CTU-Kriterien gefunden, die sowohl im Rahmen des Belegs der Alkoholabstinenz als auch zur Verlaufskontrolle des KT eine Alternative zu Urin- und Haaranalysen darstellt. Intensive Diskussionen zwischen analytischen Laboren und Anwendern der Ergebnisse von Abstinenzbelegen führten zur Entscheidung, künftig die Festlegung von analytischen Mindestbestimmungsgrenzen durch einheitliche Cut-off-Werte zu ersetzen und so zu einer besseren Vergleichbarkeit von Befunden beizutragen. Ebenfalls weiterentwickelt wurden die Anforderungen an die Durchführung und Bescheinigung von Abstinenzkontrollen, die im Rahmen der Fahreignungsbegutachtung berücksichtigt werden sollen. Vor allem musste sichergestellt werden, dass die Verantwortlichkeiten für eine neutrale Programmdurchführung und eine qualitätsgesicherte Analytik transparent gemacht werden und nachvollziehbar sind.

Auch bei den Methoden hat eine Neuerung Einzug in die Beurteilungskriterien gefunden. Es werden in den FFI-Kriterien (Kapitel C.5) die wissenschaftlichen Erkenntnisse zur Wirksamkeit von Fahreignungsfördernden Interventionen zusammengefasst und daraus die Anforderungen an eine angemessene professionelle Betreuung und Therapie auffälliger Verkehrsteilnehmer abgeleitet. Dieses Kapitel wendet sich gleichermaßen an die Gutachter wie an professionelle verkehrspsychologische und suchttherapeutische Anbieter von Unterstützungsmaßnahmen und soll dazu beitragen, dass den Betroffenen eine problemangemessene und wirksame Unterstützung zuteilwird.

Literatur

BARTHELMESS, W. & EHRET, J. (1984). Fahreignungsbegutachtung in einer Konzeption der Problemlösung. Blutalkohol 21, 71–85.

BRENNER-HARTMANN, J. (2000). Die Begutachtungs-Leitlinien zur Kraftfahrereignung aus (medizinisch-) psychologischer Sicht. In: KRÜGER, H.-P. (Hrsg.): Drogen im Straßenverkehr – ein Problem unter europäischer Perspektive. Freiburg: Lambertus-Verlag.

BRÜCKNER, M. ET AL. (1994). Evaluation von Medizinisch-Psychologischen Fahreignungsbegutachtungen. Projekt Teil C: Prospektive Studie/Fahrgastbeförderer. Unveröffentlichter Bericht zum VdTÜV/Forschungsprojekt Nr. 178 „EVAGUT". München, 1994.

BUNDESANSTALT FÜR STRASSENWESEN (Hrsg.) (2022). Begutachtungsleitlinien zur Kraftfahreignung – Fassung vom 17.2.2021 (VkBl. S. 198), in Kraft getreten am 1.6.2022 mit der Fünfzehnten Verordnung zur Änderung der Fahrerlaubnis-Verordnung und anderer straßenverkehrsrechtlicher Vorschriften (BGBl. I Nr. 11 vom 25. März 2022). https://www.bast.de/DE/Verkehrssicherheit/Fachthemen/U1-BLL/BLL-Download.html (abgerufen am 10.9.2022).

BUNDESÄRZTEKAMMER (2017). Richtlinie der Bundesärztekammer zur Durchführung der substitutionsgestützten Behandlung Opioidabhängiger. Download unter https://www.bundesaerztekammer.de/fileadmin/user_upload/downloads/pdf-Ordner/RL/Substitution.pdf (abgerufen am 10.9.2022).

DEUTSCHE AKADEMIE FÜR VERKEHRSWISSENSCHAFTEN e.V. (Hrsg.) (1979). 17. Deutscher Verkehrsgerichtstag, Hamburg.

DGPPN & DG-SUCHT (2020). S3-Leitlinie „Medikamentenbezogene Störungen". 1. Auflage. Version 1.2020. https://www.dgppn.de/_Resources/Persistent/9dd86f97183aae0e5e3258fcf2d9bfb53031feb6/038-025_medikamente_langfassung.pdf (abgerufen am 10.9.2022).

FALKAI, P. & WITTCHEN, H.-U. (Hrsg.) (2015). Diagnostisches und Statistisches Manual Psychischer Störungen DSM-5® – American Psychiatric Association. Deutsche Ausgabe. Göttingen: Hogrefe.

GOLDFRIED, M. R. & KENT, R. N. (1990). Herkömmliche gegenüber verhaltens-theoretischer Persönlichkeitsdiagnostik: ein Vergleich methodischer und theoretischer Voraussetzungen. In: SCHULTE, D. (Hrsg.): Diagnostik in der Verhaltenstherapie. München: Urban & Schwarzenberg.

HAMPEL, B. & BRÜGGEN, H.-J. (1987). Retrospektive Analyse der Legalbewährung von medizinisch-psychologischen Begutachtungen der Fahreignung. Bericht zum Forschungsprojekt des VdTÜV Nr. 178 Teil B, Köln.

HAMPEL, B. (1990). Dreißig Jahre Fachausschuss Medizinisch-Psychologische Arbeitsgebiete bei der Vereinigung der Technischen Überwachungsvereine (VdTÜV) – Ein Beitrag zur Geschichte der angewandten Psychologie. In: NICKEL, W.-R. (Hrsg.): Fahrverhalten und Verkehrsumwelt. Köln: Verlag TÜV Rheinland; Bonn: Deutscher Psychologen Verlag.

HILGER, N., ZIEGLER, H., RUDINGER, G., DEVOL, D., JANSEN, J., LAUB, G., MÜLLER, K. & SCHUBERT, W. (2012). EVA-MPU – Zur Legalbewährung alkoholauffälliger Kraftfahrer nach einer medizinisch-psychologischen Fahreignungsbegutachtung (MPU). Zeitschrift für Verkehrssicherheit 58(1), 1–6.

JACOBSHAGEN W., NICKEL, W.-R. & WINKLER, W. Evaluation von Medizinisch-Psychologischen Fahreignungsbegutachtungen – Retrospektive Analyse einer Datensammlung des TÜV Hannover e. V. (unveröffentlicht).

JACOBSHAGEN, W. & UTZELMANN, H.-D. (1996). Medizinisch-Psychologische Fahreignungsbegutachtung bei alkoholauffälligen Fahrern und Fahrern mit hohem Punktestand – Empirische Ergebnisse zur Wirksamkeit und zu deren diagnostischen Elementen. Verband der Technischen Überwachungsvereine e. V. (Hrsg.). Köln: Verlag TÜV Rheinland.

KAJAN, G. (1986). Beurteilungskriterien für Tatauffällige bei einer medizinisch-psychologischen Untersuchung. In: SCHORR, A. (Hrsg.): 13. Kongress für angewandte Psychologie, Band I. Bonn: Deutscher Psychologen Verlag.

KAJAN, G. (1990). Systematik der Beurteilungskriterien. In: NICKEL, W.-R., UTZELMANN, H.-D. & WEIGELT, K.-G. (Hrsg.): Bewährtes sichern – Neues entwickeln. 1. bundesweites Kolloquium der Verkehrspsychologen amtlich anerkannter Medizinisch-Psychologischer Untersuchungsstellen. Köln: Verlag TÜV Rheinland.

KUNKEL, E. (1975a). Akten- und Explorationsanalyse – Theoretischer Teil; Bericht zum Forschungsvorhaben Nr. 67 der VdTÜV: „Untersuchungen über die Brauchbarkeit biographischer Daten als Prädiktoren der Fahreignung". Köln: Verlag TÜV Rheinland.

KUNKEL, E. (1975b). Akten- und Explorationsanalyse - Praktischer Teil: Alkoholauffällige Kraftfahrer; Bericht zum Forschungsvorhaben Nr. 67 der VdTÜV: „Untersuchungen über die Brauchbarkeit biographischer Daten als Prädiktoren der Fahreignung". Köln: Verlag TÜV Rheinland.

KUNKEL, E. (1977). Biographische Daten und Rückfallprognose bei Trunkenheitstätern im Straßenverkehr. Köln: Verlag TÜV Rheinland.

MENKEN, E. (1980). Die Rechtsbeziehungen zwischen Verwaltungsbehörde, Betroffenem und Gutachter bei der Medizinisch-Psychologischen Fahreignungsbegutachtung. Köln: Schriftenreihe des MPI des TÜV Rheinland.

MÜLLER, A. (1984). Verkehrspsychologie: Begutachtung der Fahrtauglichkeit. In: HARTMANN, H.A. & HAUBL, R. (Hrsg.): Psychologische Begutachtung. München, Wien, Baltimore: Urban & Schwarzenberg.

NICKEL, W.-R. (1990). Beurteilungskriterien - Wege zu Transparenz und Vereinheitlichung. In: NICKEL, W.-R., UTZELMANN, H.-D. & WEIGELT, K.-G. (Hrsg.): Bewährtes sichern - Neues entwickeln, 1. bundesweites Kolloquium der Verkehrspsychologen amtlich anerkannter Medizinisch-Psychologischer Untersuchungsstellen. Köln: Verlag TÜV Rheinland.

SCHUBERT, W., SCHNEIDER, W., EISENMENGER, W. & STEPHAN, E. (Hrsg.) (2002). Begutachtungs-Leitlinien zur Kraftfahrereignung - Kommentar. Bonn: Kirschbaum Verlag.

SCHUBERT, W., HUETTEN, M., REIMANN, C. GRAW, M., SCHNEIDER, W. & STEPHAN, E. (Hrsg.) (2018). Begutachtungsleitlinien zur Kraftfahreignung - Kommentar. 3. Auflage. Bonn: Kirschbaum Verlag.

STEPHAN, E. (1988). Trunkenheitsdelikte im Verkehr und Alkoholmissbrauch - Ein Abschied von individuellen und gesellschaftlichen Illusionen ist notwendig. Blutalkohol 25, 201–207.

Anhang – Die Ständige Arbeitsgruppe Beurteilungskriterien (StAB)

Die Fachgesellschaften DGVP und DGVM haben eine Ständige Arbeitsgruppe Beurteilungskriterien berufen, um sicherzustellen, dass die Weiterentwicklung der vom VdTÜV den Fachgesellschaften zur weiteren Verwendung übergebenen Beurteilungskriterien für die Fahreignungsbegutachtung unter deren Verantwortung in nachvollziehbarer Weise geregelt verläuft. Jede Fachgesellschaft beruft maximal drei ständige Mitglieder in die StAB, die neben fachwissenschaftlicher Qualifikation auch über die praktische Erfahrung bei der Anwendung von Beurteilungskriterien verfügen sollen. Sachverständige sowie Gäste können bedarfsweise ohne Benennung durch die Fachgesellschaften vom Federführenden der StAB zu den Besprechungen der StAB eingeladen werden.

Die der 1. Auflage zugrunde liegenden Beurteilungskriterien des VdTÜV wurden allerdings bereits seit den 1980er-Jahren im „Arbeitskreis Beurteilungskriterien" (vgl. Abschnitt 1) erstellt und kontinuierlich weiterentwickelt.

Die Mitglieder des AK Beurteilungskriterien waren (in der Reihenfolge ihrer Zugehörigkeit):

Dipl.-Psych. Wolf-Rüdiger NICKEL, Hannover (federführend bis 1993)

Dipl.-Psych. Gerd KAJAN, Köln (federführend bis 1996)

Dipl.-Psych. Jürgen BRENNER-HARTMANN, Stuttgart (seit 1991, federführend seit 1996)

Dipl.-Psych. Angelika SCHELL, Hannover (1992 bis 1996)

Dipl.-Psych. Dominik HAMMER, Passau (seit 1992 bis 2005)

Dr. med. Dipl.-Psych. Uwe BUCHHOLTZ, München (1992 bis 1997)

Dr. med. Jürgen MÜLLER-WICKOP, Hamburg (1992 bis 1995)

Dr. med. Sabine LÖHR-SCHWAAB, Stuttgart (1994 bis 1997)

Dr. med. Hannelore HOFFMANN-BORN, Frankfurt a. M. (1994 bis 1997)

Dipl.-Psych. Dr. Wolfgang SCHUBERT, Berlin (seit 1995 bis 2005)

Dipl.-Psych. Uli VELTGENS, Düsseldorf (1996 bis 1998)

Dipl.-Psych. Wolfgang REDDEMANN, Göttingen (1997)

Dipl.-Psych. Dr. Hans JANSEN, Hamburg (seit 1997 bis 2005)

Dipl.-Psych. Sylvia MARZAI, Berlin (1998 bis 2002)

Dipl.-Psych. Dr. Karin MÜLLER, Berlin (seit 2003).

Die erste konstituierende Sitzung der StAB fand am 1.2.2006, also bereits kurz nach Erscheinen der 1. Auflage der Beurteilungskriterien (BK) im Kirschbaum Verlag, in Frankfurt am Main statt. Sie wurde mit dem Zusammenstellen der Änderungsvorschläge und der Ausarbeitung der Texte für eine 2. Auflage beauftragt.

In die StAB berufen worden sind

seitens der DGVP:

Jürgen BRENNER-HARTMANN, Ulm (federführend),

Dr. Karin MÜLLER, Berlin,

Anita MÜLLER, Hamburg,

seitens der DGVM:

Dr. Hannelore HOFFMANN-BORN, Frankfurt a. M.,

Dr. Sabine LÖHR-SCHWAAB, Stuttgart,

Prof. Dr. Frank MUSSHOFF, Bonn.

Nach Erscheinen der 2. Auflage im Januar 2009 hat Frau Dr. Karin MÜLLER ihre langjährige Mitarbeit bei der Erstellung der Beurteilungskriterien beendet und es wurde an ihrer Stelle

Dr. Thomas WAGNER, Dresden,

in die StAB berufen; Dipl.-Psych. Anita MÜLLER folgte nach ihrem Ausscheiden im Jahr 2011

Dr. Joachim SEIDL, Dresden,

nach und wirkte über das Erscheinen der 3. Auflage im September 2013 hinaus in der StAB mit. Nach seinem Ausscheiden im Jahr 2017 wurde an seiner Stelle

Dipl.-Psych. Rüdiger BORN, Hamburg,

berufen. In den Jahren 2020 und 2021 haben Dr. Hannelore HOFFMANN-BORN und Dr. Sabine LÖHR-SCHWAAB ihre Mitarbeit in der StAB beendet. Ihnen folgte im Jahr 2021 als Vertreterin der DGVM

Carmen LINGE-GRIMM, Stuttgart,

nach.

Teil A

ALLGEMEINER TEIL

A. 1 Rahmenbedingungen der Fahreignungsdiagnostik

A. 1.1 Form und Ziel der Fahreignungsdiagnostik

Die Eignung zum Führen von Kraftfahrzeugen wird als zeitlich weitgehend stabile, von aktuellen Situations- und Befindlichkeitsparametern unabhängige Fähigkeit verstanden, die neben gesundheitlich-konstitutionellen Voraussetzungen auch Aspekte der Persönlichkeit und psychophysische Variablen im Sinne einer Disposition umfasst (BERGHAUS & BRENNER-HARTMANN, 2012).

In diesem Kapitel soll schwerpunktmäßig die Fahreignungsdiagnostik im Rahmen einer medizinisch-psychologischen Untersuchung (MPU) an einer amtlich anerkannten Begutachtungsstelle für Fahreignung (BfF) dargestellt werden. Fahreignungsdiagnostik wird als ein Prozess der systematischen Sammlung und Aufbereitung von in der Regel interdisziplinär erhobenen Informationen mit dem Ziel eines integrativen Ergebnisses verstanden. Das Gutachten hat die Aufgabe, behördliche Entscheidungen zu unterstützen und daraus resultierende Handlungen zu optimieren, sodass ein Höchstmaß an Sicherheit für die Verkehrsgemeinschaft bei gleichzeitiger Einzelfallgerechtigkeit gewährleistet ist (vgl. JÄGER & PETERMANN, 1999).

Der diagnostische Prozess folgt in seiner grundlegenden Aufbau- und Ablaufstruktur auch bei der Fahreignungsbegutachtung der vorherrschenden Lehrmeinung (z. B. FISSENI, 2004; KROHNE & HOCK, 2007; KUBINGER, 2009; SCHMIDT-ATZERT & AMELANG, 2012; WESTHOFF & KLUCK, 2014), übertragen auf die spezifische Fragestellung an das Gutachten und deren rechtliche Verankerung. Das resultierende Gutachten ist somit ein Produkt, in dem Untersuchungsbefunde nach dem Stand der Wissenschaft erhoben, integriert und nach fachlich anerkannten Regeln zu einem neuen Datum (Ergebnis) verarbeitet werden (weitere Ausführungen finden sich im Kommentar zu den Begutachtungsleitlinien zur Kraftfahreignung, SCHUBERT ET AL., 2018, sowie im Handbuch des Fahreignungsrechts, PATERMANN ET AL., 2015). Das Untersuchungsergebnis stellt die Beantwortung einer von der Behörde formulierten Fragestellung dar, soweit diese operationalisiert werden und somit als Grundlage für die nach wissenschaftlichen Grundsätzen geplante Datenerhebung und -interpretation dienen kann (WESTHOFF & KLUCK, 2014).

Besonderes Kennzeichen des diagnostischen Prozesses der medizinisch-psychologischen Untersuchung ist die Interdisziplinarität der Datensammlung und -integration. Die Kombination aus unterschiedlichen Datenqualitäten, -formaten, -skalierungen innerhalb der jeweiligen Disziplin (Psychologie, Medizin, Toxikologie, Ingenieurwissenschaft) sowie deren unterschiedlicher inhaltlicher und zeitlicher Aussagehorizont schaffen eine konfigurale Schnittmenge mit dem Ziel der höchstmöglichen Validität des „Datensatzes", also der vorliegenden Befundkombination. Dieses interdisziplinäre, multimodale methodische Vorgehen ermöglicht bessere Prognosen, als dies jedes Fachgebiet für sich allein leisten könnte. So konnte SAWYER (1966) eine verbesserte Vorhersage belegen, wenn Interviews und psychomotorische Daten verknüpft wurden, und es gibt eine Reihe von Hinweisen auf verbesserte Vorhersagequalitäten bei einer integrativen Methodik zur Kriminalprognose (vgl. BLIESENER, 2007; DAHLE, 2005). HEHLEN ET AL. (1993) sowie HUBACHER (1995) konnten zeigen, dass eine Kombination aus ingenieurwissenschaftlichen und psychologischen Bewertungskriterien die Sicherheitsanalyse unfallträchtiger Verkehrsabschnitte verbessert.

In diesem Sinne ist die Fahreignungsdiagnostik als entscheidungsorientierte Diagnostik (TÜVIS, 1996; WESTHOFF & KLUCK, 2014; EID & PETERMANN, 2006) zu verstehen und erfüllt, abhängig von der Ausgangslage, drei verschiedene Aufgaben:

1. Nachweisdiagnostik

Von Nachweisdiagnostik kann gesprochen werden, wenn der Klient darlegen möchte, dass er die spezifischen Anforderungen erfüllt, die an die Übernahme einer besonderen Verantwortung oder Berechtigung im Straßenverkehr gebunden sind (z. B. Fahrgastbeförderung). Dies gilt gleichermaßen für eine angestrebte Befreiung von bestehenden Verkehrsvorschriften (z. B. Mindestalter). In beiden Fällen soll der positive Nachweis erbracht werden, dass die gestellten spezifischen Anforderungen von der überprüften Person (bereits) erfüllt werden. Auch Untersuchungen nach Anlage 5 und 6 FeV oder Gutachten oder Zeugnisse nach § 4 Abs. 3 FahrlG dienen dem Nachweis bestimmter körperlich-geistiger Eignungsvoraussetzungen, die häufig jedoch einen Screeningcharakter haben und nur orientierende Untersuchungen vorsehen.

2. Entlastungsdiagnostik

Von Entlastungsdiagnostik hingegen spricht man, wenn die Nichteignung einer Person bereits zu einem bestimmten Zeitpunkt vorgelegen hatte, etwa festgestellt in einem strafrechtlichen Urteil oder einer behördlichen Entscheidung über die Entziehung der Fahrerlaubnis, und zum Zeitpunkt der Begutachtung erneut überprüft wird. Mithilfe der Entlastungsdiagnostik will sich der Klient also von der Annahme einer fortbestehenden Ungeeignetheit befreien (zum Begriff der Entlastungsdiagnostik vgl. auch WINKLER, 1986). Er macht für sich günstige Entwicklungen oder Umstände und somit eine Veränderung geltend, welche die Eignungsbedenken entkräften sollen. Im Fokus der Entlastungsdiagnostik stehen also Veränderungsprozesse seit einem kritischen Ereignis (z. B. letzte Tat, Fahrerlaubnisentzug). Diese ressourcenorientierte Veränderungsdiagnostik (vgl. zum Begriff EID & PETERMANN, 2006)[1] setzt den Vergleich zweier Zustände und die Beschreibung von Entwicklungsverläufen bei fahreignungsbezogenen Variablen voraus.

Ausgangspunkt ist die Feststellung der relevanten Bedingungen für früheres Fehlverhalten. Hier soll eine Aussage über die Zugehörigkeit des untersuchten Kraftfahrers zu einer kategorialen Variablen getroffen, gleichsam eine Klassifikation einer Problemausprägung vorgenommen werden (z. B. bei Alkoholfragestellungen eine der folgenden Problemausprägungen: Alkoholabhängigkeit, fortgeschrittene

1 Weitere Literaturhinweise und Ausführungen zur Psychologie von Veränderungsprozessen finden sich ausführlich in Kapitel A.2.

Alkoholproblematik, Alkoholgefährdung, unzureichendes Trennverhalten im Hinblick auf Alkoholkonsum und Fahren). In dieses diagnostische Prozedere sind aktenkundige Sachverhalte aus den zur Verfügung stehenden Unterlagen und aktuell zu erhebende Daten im Untersuchungsverfahren einzubeziehen.

Steht die diagnostische Einordnung im Ergebnis des ersten Prüfschrittes fest, liegt ein zweiter Schwerpunkt der Begutachtung auf der Überprüfung und Bewertung des Veränderungsprozesses. Dieser ist notwendig, da z. B. in einem Neuerteilungsverfahren durch den Antragsteller der Nachweis geführt werden muss, dass die eignungsausschließenden Umstände und Risikobedingungen zwischenzeitlich behoben wurden (PATERMANN ET AL., 2015). In Anlage 4 FeV sind die Veränderungsziele sowie weitere Anforderungen an die Wiederherstellung der Eignung definiert. So wird beispielsweise für den Untersuchungsanlass „Alkohol" unter Punkt 8.2 verlangt, dass der Missbrauch von Alkohol – definiert im fahrerlaubnisrechtlichen Sinn als unzureichendes Trennen zwischen Alkoholkonsum und Fahren – beendet wurde und die Änderung des Trinkverhaltens gefestigt ist. Dies wird durch die in Anlage 4a Nr. 1 f) FeV formulierte Forderung, dass

> *„dem Betroffenen [...] die Fahrerlaubnis nur dann erteilt werden [kann], wenn sich bei ihm ein grundlegender Wandel in seiner Einstellung zum Führen von Kraftfahrzeugen unter Einfluss von Alkohol oder Betäubungsmitteln oder Arzneimitteln vollzogen hat",*

unterstrichen.

Die gutachterliche Diagnose von Veränderungsprozessen, die im günstigen Fall zu diesem geforderten grundlegenden Einstellungswandel geführt haben, setzt gezielte Annahmen über Entwicklungs-, Zeit- und Interventionsverläufe und deren Wirksamkeit sowie veränderungssensitive Erhebungsverfahren voraus. Im Kern beschreibt diese Form der Überprüfung die vom Klienten umgesetzten Bemühungen zur Problembewältigung, wobei die Entlastungsdiagnostik in diesem Sinne auf die Suche nach positiven Ressourcen fokussiert, um z. B. eine Wiedereingliederung von auffällig gewordenen Kraftfahrern in die Verkehrsgemeinschaft begründen zu können. Die Diagnostik von „Ressourcen" ist in diesem Zusammenhang jedoch nicht als Feststellung einer Quelle für optionale Veränderungen misszuverstehen. Vielmehr soll in der Entlastungsdiagnostik dem Klienten die Gelegenheit gegeben werden, darzulegen, welche Ressourcen er nutzen konnte, um einen letztlich als stabil einzuschätzenden Wandel zu vollziehen. Diese Teilaufgabe der Fahreignungsdiagnostik bezieht sich somit auf die Prognose zukünftigen Verhaltens und zielt darauf ab, vorherzusagen, ob auch in Zukunft mit einem ähnlichen Fehlverhalten wie in der Vergangenheit gerechnet werden muss.

Der Begriff der Entlastungsdiagnostik lässt sich somit weiter eingrenzen auf die Zielsetzung eines ressourcen- und kriterienorientierten Vorgehens (vgl. EID & PETERMANN, 2006), bei dem entscheidungsrelevante Variablen aus der Erlebniswelt des Kraftfahrers mit Anforderungskriterien verglichen werden.

Die Stabilität des geänderten Verhaltens meint im Kontext der Fahreignungsbegutachtung schließlich die Prognose der Legalbewährung und bewertet, inwieweit die

Verhaltensänderungen aufrechterhalten werden können und somit auch nachhaltig dazu beitragen, vorherzusagen, dass es zu keinen weiteren relevanten Auffälligkeiten bei der Verkehrsteilnahme kommt.

3. Überprüfungsdiagnostik

Von Überprüfungsdiagnostik kann immer dann gesprochen werden, wenn die Behörde zum gegebenen Zeitpunkt die Nichteignung des Betroffenen nicht bereits aufgrund der aktenkundigen Vorfälle allein annehmen kann, aber Tatsachen erhebliche Zweifel an der Fahreignung nahelegen (z. B. Drogenbesitz, Verkehrsteilnahme unter Alkoholeinfluss mit einem Fahrrad, Verdacht auf gesundheitliche Beeinträchtigungen im Alter etc.). Zudem können sich Untersuchungsanlässe auch auf Sachverhalte beziehen, die sich außerhalb des Straßenverkehrs ereignet haben: Straftaten mit Aggressionspotenzial (z. B. gefährliche Körperverletzung, Widerstand gegen Vollstreckungsbeamte, Beleidigung, Nötigung, Bedrohung oder Sachbeschädigung), Auffälligkeit durch schwere Alkoholintoxikation in der Öffentlichkeit mit Verdacht auf Alkoholmissbrauch (z. B. bei BAK > 2,0 ‰), jugendlicher Drogenkonsum oder leistungsbeeinträchtigende Dauermedikation. Es liegen in diesen Fällen jeweils ein fahreignungsrelevantes Fehlverhalten oder diagnostische Hinweise vor, die jedoch für sich allein genommen noch nicht ausreichen, die Fahreignung zu verneinen. Informationsquellen für solche Auffälligkeiten sind vor allem Mitteilungen der Polizei gemäß § 2 Abs. 12 StVG.

Da die Nichteignung in diesen Fällen nicht feststeht, besteht hier das Untersuchungsziel schwerpunktmäßig nicht in der Veränderungs- und Entlastungsdiagnostik (Frage nach der Wiederherstellung der Eignung), sondern in einer Feststellungsdiagnostik, also der Klärung der Frage, ob ein relevanter Eignungsmangel besteht. Wird dies bestätigt und aus diesem Grund vonseiten der Behörde eine Nichteignung angenommen, kann zu einem späteren Zeitpunkt eine Entlastungsdiagnostik folgen.

Ein Beispiel soll dies verdeutlichen: Ein Fahrerlaubnisinhaber, der außerhalb des Straßenverkehrs infolge einer schweren Alkoholintoxikation bei hoher Blutalkoholkonzentration einen Kreislaufkollaps erleidet, notfallärztlich versorgt wird und dabei aggressive Handlungen vollzieht, indem er um sich schlägt und die Rettungskräfte verbal und körperlich attackiert, löst mit diesem Verhalten durchaus Zweifel an seiner Fahreignung aus (hohe Alkoholgewöhnung in Verbindung mit Aggressivität und geringer Impulskontrolle). In einem solchen Fall ist zeitnah zur Auffälligkeit anhand einer differenzierten Analyse des Trinkverhaltens, möglicher Trink-Fahr-Konflikte und des Vermeidungsverhaltens zunächst abzuklären, ob sich aus den Befunden ableiten lässt, dass das Trennungsgebot gefährdet ist und sich die Gefahr eines Kontrollverlusts ergibt, der auch eine Trunkenheitsfahrt mit einem Fahrzeug oder andere Verkehrsauffälligkeiten befürchten lässt. Erst wenn dies bejaht wird, wenn also Nichteignung angenommen und die Fahrerlaubnis von der Behörde entzogen wird, ist in weiterer Folge und zu einem späteren Zeitpunkt die Wiederherstellung der Fahreignung zu prüfen und somit die Notwendigkeit des Nachweises eines Veränderungsprozesses gegeben.

Hoher Alkoholkonsum für sich allein bietet keinen ausreichenden Anhalt für die Schlussfolgerung, dass eine Person durch Alkoholmissbrauch im verkehrsrechtlichen Sinn in Erscheinung treten wird, begründet jedoch gegebenenfalls Eignungsbedenken, die überprüft werden müssen – insbesondere wenn weitere Umstände hinzukommen, welche Alkoholmissbrauch im Sinne des fehlenden Trennverhaltens wahrscheinlich machen. Sofern in einer Begutachtung festgestellt wird, dass aufgrund fehlender Vermeidungsstrategien künftig auch mit Trunkenheitsfahrten gerechnet werden muss, wird die zuständige Verwaltungsbehörde auf Nichteignung schließen und gegebenenfalls gemäß § 46 Abs. 1 FeV die Fahrerlaubnis entziehen. Weitere Beispiele für eine Überprüfungsdiagnostik wären etwa Verkehrsauffälligkeiten mit dem Fahrrad und einer BAK über 1,6 ‰ oder die Ordnungswidrigkeit der Verkehrsteilnahme trotz eines THC-Gehalts von 1 ng/ml im Blut (§ 24a StGB).

Ähnlich liegt der Fall bei Straftaten im Zusammenhang mit Aggressionspotenzial: Die gutachterliche Aufgabe besteht nicht darin, eine forensische Bewährungsprognose für das Verhalten in der Sozialgemeinschaft abzugeben, sondern die Relevanz des strafrechtlichen Fehlverhaltens für eine künftige mögliche Verkehrsgefährdung bei der Teilnahme am öffentlichen Straßenverkehr zu überprüfen. Dabei sind Zusammenhänge zwischen Impulssteuerung, Emotions- und Verhaltenskontrolle, Delinquenzbereitschaft und deren Auswirkungen auf das konkrete Verhalten bei der Verkehrsteilnahme als Kraftfahrzeugführer wesentlich.

Eine Überprüfungsdiagnostik (Feststellungs- oder Statusdiagnostik) ist auch regelmäßig die Zielstellung ärztlicher Gutachten, wenn gesundheitliche Mängel bekannt werden und nach ihrem Ausprägungsgrad, der Relevanz für die Fahreignung und hinsichtlich des weiteren klinischen Verlaufs bewertet werden müssen.

A. 1.2 Aufgabenverteilung in der Fahreignungsbegutachtung

Aus den Zielsetzungen in der Fahreignungsdiagnostik leiten sich die Aufgaben für die Anordnung und Durchführung von Untersuchungsaufträgen sowie die Mitwirkung der am Datenerhebungsprozess Beteiligten (Behörde, Gutachter und Klient) ab.

Die Rechtsgrundlagen für die Anforderungen und Überprüfung der Eignung sind in § 2 Abs. 4, 7 und 8 StVG geschaffen worden. Auf der Basis der Verordnungsermächtigung in § 6 Abs. 1 Nr. 1 b) StVG sind Rechtsverordnungen über die erforderliche Eignung von Personen für die Teilnahme am Straßenverkehr, das Mindestalter und sonstige Anforderungen und Voraussetzungen hierfür erlassen worden, die in der Fahrerlaubnis-Verordnung (FeV) zusammengefasst sind. Für die Fahreignungsbegutachtung sind hierbei insbesondere folgende Regelungen der FeV von Bedeutung:

§ 3 Einschränkung und Entziehung der Zulassung
Enthält die Regelung, dass bei Nichteignung das Führen von Fahrzeugen zu untersagen, zu beschränken oder die erforderlichen Auflagen anzuordnen sind. Bei Eignungszweifeln finden §§ 11–14 Anwendung.

§ 10 **Mindestalter**
Enthält die Regelungen über das zum Erwerb bestimmter Fahrerlaubnisklassen erforderliche Mindestalter. Hier findet sich zudem die Regelung, dass die körperlich-geistige Eignung bei frühzeitigem Erwerb der Fahrerlaubnis im Rahmen der Ausbildung zum Berufskraftfahrer in einem medizinisch-psychologischen Gutachten nachzuweisen ist.

§ 11 **Eignung**
Beschreibt die Eignungsvoraussetzungen, die Anordnung von Gutachten zur Klärung von Eignungszweifeln und die verschiedenen Begutachtungsformen. Die unterschiedlichen Anlässe für die Begutachtungen werden hier, sofern sie nicht in weiteren, spezielleren Regelungen normiert sind, genannt. Es wird auch geregelt, dass die Behörde festlegt, welche Fragen zu klären sind, wie in Fällen zu verfahren ist, in denen die Nichteignung feststeht, und welche Rolle den Kursen zur Wiederherstellung der Fahreignung zukommt.

§ 12 **Sehvermögen**
Enthält einen Verweis auf Anlage 6 FeV, wo die Anforderungen an das Sehvermögen beschrieben werden.

§ 13 **Klärung von Eignungszweifeln bei Alkoholproblematik**
Enthält spezielle Regelungen zur Anordnung von Gutachten bei Alkoholauffälligkeiten.

§ 14 **Klärung von Eignungszweifeln im Hinblick auf Betäubungsmittel und Arzneimittel**
Enthält spezielle Regelungen für die Klärung von Eignungszweifeln bei Einnahme von Drogen, Medikamenten und anderen psychoaktiv wirkenden Stoffen.

§ 46 **Entziehung, Beschränkung, Auflagen**
Enthält Regelungen über die Entziehung und Beschränkung der Fahrerlaubnis oder Überprüfung der Fahreignung bei Inhabern einer Fahrerlaubnis.

Anlage 4 **Eignung und bedingte Eignung zum Führen von Kraftfahrzeugen**
Enthält eine Übersicht der Krankheiten oder Mängel, die abhängig von ihrem Ausprägungsgrad Eignungsbedenken auslösen bzw. die Nichteignung begründen können.

Anlage 5 **Eignungsuntersuchungen bei den Klassen C, C1, D, D1 sowie zur Fahrgastbeförderung**
Enthält die besonderen Anforderungen an die dort genannten Leistungsvoraussetzungen (Belastbarkeit, Orientierungsleistung, Konzentrationsleistung, Aufmerksamkeitsleistung und Reaktionsfähigkeit) sowie die Regelung, dass die Eignung der eingesetzten Testverfahren von einer unabhängigen Stelle bestätigt worden sein muss.

Auf der entsprechenden Rechtsgrundlage bewertet die Behörde bekannt gewordene, also aktenkundige Fehlverhaltensweisen oder Auffälligkeiten hinsichtlich ihrer Relevanz für die Fahreignung. Sie steuert das Vorgehen im Begutachtungsverfahren und legt die Fragestellung gemäß § 11 Abs. 6 FeV fest. Diese behördlichen Ermittlungsaufgaben übernehmen somit eine steuernde Funktion, die unter anderem auch die Auswahl der Begutachtungsart und durch den Anlassbezug den Umfang der Befunderhebung in der Fahreignungsbegutachtung bestimmt. Sie wirken damit gleichzeitig einem allgemeinen Ausforschen der Persönlichkeit des Betroffenen entgegen.

Die Behörde beeinflusst den diagnostischen Prozess in der Begutachtung nicht nur durch die Festlegung der Fragestellung, sondern auch durch den Umfang der zur Verfügung gestellten Unterlagen. Es obliegt ihr dabei, die Führerscheinakte hinsichtlich der Verwertbarkeit früherer Registereinträge und Gutachten zu sichten und nach den Vorschriften der §§ 2 Abs. 9 und 29 Abs. 7 StVG entsprechend zu bereinigen bzw. nicht verwertbare Einträge als solche zu kennzeichnen.

Für den Klienten selbst besteht die Notwendigkeit der aktiven Mitwirkung bei der Überprüfung der Fahreignung, die sich im Rahmen der Nachweisdiagnostik aus den rechtlichen Regelungen für die angestrebte Fahrerlaubnis, etwa zur Fahrgastbeförderung, ergibt. Kann keine ausreichende Befunderhebung erfolgen, kann auch der Nachweis nicht erbracht werden, dass die geforderten Voraussetzungen erfüllt werden. Im Rahmen der Entlastungsdiagnostik liegt die Mitwirkung ohnehin in seinem Interesse, da ihm ja aufgrund der früher bereits festgestellten Nichteignung die Beweislast bei der Ausräumung der behördlichen Eignungsbedenken zufällt. Aber auch bei der Überprüfungsdiagnostik kann vom Klienten erwartet werden, dass er in dem Maße mitwirkt, wie es für die Befunderhebung im Rahmen der behördlichen Fragestellung erforderlich ist.[2] Andernfalls kann der Gutachter aufgrund der Weigerung, sich ausreichend untersuchen zu lassen, kein Gutachten erstellen bzw. wird er die Einschränkungen in der Befunderhebung und im Erkenntnisgewinn im Gutachten entsprechend darlegen. Dies kann in der Folge dazu führen, dass die Behörde nach § 11 Abs. 8 FeV auf Nichteignung schließt.

Die Begutachtung ist anlassbezogen vorzunehmen (Anlage 4a Nr. 1 a) FeV). Der Grundsatz des Anlassbezugs bei der Begutachtung entspricht auch dem Ökonomieprinzip, wonach durch die Gutachter nur so viele Informationen erhoben werden, wie zur Beantwortung der Fragestellung erforderlich sind. Eine eigenmächtige Erweiterung der Fragestellung – auch mit Einverständnis des Klienten – ohne behördliche Anordnung widerspricht diesem Prinzip. In diesem Sinne kann die Mitwirkungsobliegenheit auch „überschießen" oder die Anlassbezogenheit verlassen werden, wenn der Gutachter zusätzliche Befunde erhebt, die für die Aufklärung einer Fragestellung nicht notwendig sind. Eine derartige einseitige Erweiterung der Fragestellung widerspricht den Festlegungen des § 11 Abs. 6 FeV, wonach der Behörde die Aufgabe zukommt, nach Prüfung von Tatsachen festzulegen, welche Fragen zu klären sind, und damit implizit den Untersuchungsumfang zu begrenzen.

2 Zur Mitwirkungspflicht des Betroffenen vgl. auch BayVGH, Urteil vom 1.10.2012 – 11 BV 11.1464; VG Gelsenkirchen, Urteil vom 2.12.2015 – 7 K 3627/15.

Neben dem Ökonomieprinzip müssen die erhobenen Daten und Befunde sachlich adäquat der Beantwortung der Untersuchungsfrage dienen (vgl. SCHMITT & GSCHWENDER, 2006). Gleichzeitig wird durch die Anpassung des Umfangs der diagnostischen Informationen und deren Beschränkung auf die Spezifität des Untersuchungsanlasses dem Verhältnismäßigkeitsgrundsatz auch bei der Auswahl der Untersuchungsmethoden (Umfang, Art und Auflösungsgrad der Befunddaten usw.) in angemessener Form Rechnung getragen. Daraus folgt aber auch, dass die Datenerhebung abgeschlossen werden kann, sobald das Ergebnis feststeht und die Fragestellung beantwortet werden kann.

Die Anlassbezogenheit der Untersuchung beeinflusst die nachgelagerten diagnostischen Strategien, welche eine planvolle und auf die Fragestellung abgestimmte Behandlung von Daten und Befunden sowie deren schrittweise Bearbeitung, unter Berücksichtigung wissenschaftlicher Kriterien, definieren (EID & PETERMANN, 2006; WESTHOFF & KLUCK, 2014).

Weiterhin sind mit der Durchführung einer Fahreignungsbegutachtung Rollenanforderungen an Gutachter und Klient sowie die Berücksichtigung von rechtlichen Rahmenbedingungen verbunden. Letztere werden immer stärker durch europäisches Recht beeinflusst. Die Umsetzung der EU-Führerscheinrichtlinie in nationales Recht bei Verfahren zur Eignungsüberprüfung erfolgt in Deutschland über das Straßenverkehrsgesetz (StVG) und die Fahrerlaubnis-Verordnung (FeV) einschließlich der diesbezüglichen Anlagen, vor allem der Anlagen 4, 5 und 6. Die Begutachtungsleitlinien zur Kraftfahreignung (BGL) (BASt, 2022) greifen die Normierungen der Anlage 4 auf und führen diese weiter aus. Die in den BGL niedergelegten Leitsätze begründen einerseits die Eignungsbedenken bei bestimmten Krankheiten und Mängeln und formulieren andererseits Anforderungen an eine Überwindung oder Kompensation von Eignungsmängeln. Mittlerweile haben die BGL gemäß Anlage 4a Satz 1 FeV einen normativen Stellenwert für die Beurteilung der Eignung. Demgegenüber stehen die Beurteilungskriterien als fachwissenschaftliche Grundlage außerhalb des Normierungsprozesses, da sie nicht intendieren, das Behördenhandeln zu beeinflussen. Sie richten sich explizit an den Gutachter und geben den Stand der Wissenschaft in den für die Fahreignung relevanten Urteilsbereichen wieder, nach dem die Untersuchungen durchzuführen und Untersuchungsergebnisse zu bewerten sind. Dadurch wird die Vorgabe, dass eine Untersuchung nur nach anerkannten wissenschaftlichen Grundsätzen vorgenommen werden darf (Anlage 4a Nr. 1 c) FeV), abgesichert. Wie von SCHUBERT & MATTERN (2006) erstmals ausgeführt, beinhalten diese wissenschaftlichen Grundsätze anerkannte Regeln der Begutachtung, die vor dem Hintergrund des derzeitigen Erkenntnisstandes

- als theoretisch richtig gelten,
- sich in der Praxis über eine längere Zeit bewährt haben und
- von einschlägigen Fachkreisen allgemein anerkannt sind.

Abweichungen von diesen regelhaften Beurteilungsgrundsätzen sind zu begründen. Dies gilt nicht nur in Übereinstimmung mit den Festlegungen in den BGL, sondern spiegelt auch die „Philosophie" der Entwicklungsgeschichte der Beurteilungskriterien wider:

> *„Jeder Gutachter hat diese Beurteilungskriterien und Indikatoren zu berücksichtigen. Wenn davon im Einzelfall abgewichen wird, ist eine ausführliche Begründung erforderlich."* (TÜVIS, 1996)

Die Abweichung von regelhaften Begutachtungsgrundsätzen ist gegebenenfalls unter Verwendung von Fachliteratur zu begründen (vgl. hierzu auch die Unterscheidung von „Regelfall" und „Ausnahmen" nach Anlage 4 Vorbemerkungen Nr. 3 FeV). Dieser individuelle gutachterliche Bewertungsspielraum wird begrenzt durch geltendes Recht, wenn etwa bei der Argumentation von einem unrichtigen Sachverhalt ausgegangen wird, allgemein gültige Bewertungsmaßstäbe verletzt oder sachfremde Erwägungen in Ansatz gebracht werden (GEIGER, 2009).

Schließlich mündet die Urteilsbildung in die Beantwortung der zugrunde liegenden Fragestellung. Dabei werden die fachlichen Schlussfolgerungen und Begrifflichkeiten in den verwaltungsrechtlichen Sprachgebrauch übersetzt und dazu häufig eine Prognose im Sinne einer Erwartung künftigen Verhaltens erstellt. Diese stellt im strengen Sinn nur eine Wahrscheinlichkeitsaussage dar, müsste wissenschaftlich korrekt also mit „Es ist mit überwiegender Wahrscheinlichkeit zu erwarten, dass ..." beantwortet werden. Die Antwort auf die Fragestellung wird in der Regel jedoch dichotom im Sinne einer Ja-Nein-Entscheidung erfolgen, da sie als Frage entsprechend formuliert war und im Kern die behördlich geforderte Entscheidungshilfe darstellt, die den diagnostischen Prozess abschließt.

Durch die BGL und die Beurteilungskriterien ist eine hohe Standardisierung des diagnostischen Vorgehens gewährleistet. Dadurch wird die Neutralität der Begutachtung und damit die Einzelfallgerechtigkeit sichergestellt. Die Beschränkung auf solche Untersuchungsbereiche, die direkt mit dem Anlass für die medizinisch-psychologische Begutachtung zusammenhängen, garantiert zudem den geringstmöglichen Eingriff in die Persönlichkeit des Kraftfahrers und damit die Verhältnismäßigkeit des Vorgehens. Auch die Chancengleichheit und der Gleichbehandlungsgrundsatz müssen gewahrt werden, weshalb die Wahlfreiheit des zu Begutachtenden durch fachlich gleichermaßen anzuwendende Grundsätze zu Datenerhebung und -würdigung zu begrenzen ist, um den Einfluss auf das Begutachtungsergebnis durch die Wahl des Gutachters möglichst gering zu halten (SCHUBERT, 2010; MADEA ET AL., 2012).

A. 1.3 Anlässe und Fragestellungen für die Begutachtung der Fahreignung

Anlässe für die Begutachtung der Fahreignung

Die Anlässe zur Anordnung eines ärztlichen Gutachtens oder einer medizinisch-psychologischen Untersuchung an einer Begutachtungsstelle für Fahreignung sind im Wesentlichen im Straßenverkehrsgesetz in den §§ 2a (Fahrerlaubnis auf Probe) und 4 (Fahreignungs-Bewertungssystem) sowie in der Fahrerlaubnis-Verordnung in den §§ 10 (Mindestalter), 11 (Eignung), 13 (Alkoholproblematik), 14 (Betäubungs- und Arzneimittel) und 48 (Fahrgastbeförderung) in Verbindung mit den Anlagen 4, 5 und 6 beschrieben (vgl. auch Abschnitt A 1.2). Welche Sachverhalte zu berücksichtigen sind, ermittelt die Fahrerlaubnisbehörde nach dem Grundsatz der Verwertbarkeit von Verurteilungen oder Ordnungswidrigkeiten sowie anderer Informationsquellen (z. B. Polizeiberichte, Atteste etc.). Hier sind unter anderem die Regelungen in den §§ 2 Abs. 9 und 29 Abs. 7 Satz 1 StVG zu berücksichtigen.

Selbstverständlich lösen nicht alle Verkehrsauffälligkeiten, sondern nur bestimmte Häufungen und Ausprägungsgrade Eignungszweifel aus, denn der Gesetzgeber und die Gesellschaft nehmen in Kauf, dass am grundsätzlich gefahrenträchtigen Straßenverkehr auch solche Kraftfahrer teilnehmen können, die in einem tolerierbaren Rahmen Verkehrsverstöße begangen haben. Dieses Prinzip schlägt sich am deutlichsten im Fahreignungsbewertungssystem des § 4 StVG nieder. Das System mit Punktvergabe und definierten Konsequenzen bei Erreichen bestimmter Punkteschwellen sorgt für eine Gleichbehandlung von wiederholt aufgefallenen Kraftfahrern und setzt die „Umkehr durch Einsicht" nach Ermahnungen und Verwarnungen vor die repressive Maßnahme des Fahrerlaubnisentzugs.

Besondere Umstände des Einzelfalls rechtfertigen es allerdings, vor Erreichen der gesetzlich geregelten Punkteobergrenze eine Fahreignungsüberprüfung anzuordnen. Die Besonderheiten des Einzelfalls müssen hierbei ein frühzeitiges Eingreifen der Behörde zum Schutz der allgemeinen Verkehrssicherheit außerhalb der Regelungen des Punktsystems erforderlich machen. Diese Abwägung ist durch die Verwaltungsbehörde vorzunehmen und bedarf einer sorgsamen Begründung mit Bezugnahme auf die gültige Rechtsnorm wie z. B. § 11 Abs. 3 Nr. 4–7 FeV (siehe auch WAGNER ET AL., 2018).

Daneben können relevante Sachverhalte, auch wenn eine Einstellung des Strafverfahrens gemäß §§ 153 ff. StPO erfolgte, durchaus Eignungsbedenken auslösen. Aus der Einstellung eines Straf- oder Ordnungswidrigkeitsverfahrens folgt lediglich, dass der Staat auf seinen Strafanspruch verzichtet; Feststellungen zur Kraftfahreignung werden dadurch nicht automatisch getroffen. Werden solche Feststellungen durch ein Gericht jedoch gemacht, sind sie in der Regel für die Behörde bindend. Auch werden bei Verfahrenseinstellung die zugrunde liegenden tatsächlichen Ereignisse nicht in einer abschließenden Beweiswürdigung überprüft.

Die Fahrerlaubnis-Verordnung enthält in § 11 eine weitere Reihe von Regelungen zur Eignungsüberprüfung, so etwa in Absatz 2 zur Anordnung eines ärztlichen Gutachtens bei Erkrankungen oder Mängeln nach Anlage 4. In Absatz 3 sind die Anlässe für die Anordnung eines Gutachtens einer Begutachtungsstelle für Fahreignung (medizinisch-psychologisches Gutachten) normiert. Das sind vor allem wiederholte und erhebliche Verkehrsauffälligkeiten oder Straftaten im Zusammenhang mit dem Straßenverkehr oder mit erhöhtem Aggressionspotenzial. Aber auch Fragestellungen zu Ausnahmen von den Vorschriften über das Mindestalter, bei Auffälligkeiten in der Fahrerlaubnisprüfung oder im Zusammenhang mit der besonderen Verantwortung bei der Beförderung von Fahrgästen können eine MPU begründen. Da es sich hierbei jeweils um „Kann-Vorschriften" handelt, obliegt der Behörde hier das Ausüben eines Ermessens, in das die Besonderheiten des Einzelfalls einfließen.

Die §§ 13 und 14 FeV sind Spezialregelungen, welche die Eignungsüberprüfung bei Anlässen mit Alkohol-, Drogen oder Arzneimittelmissbrauch regeln. Hier finden sich in § 13 FeV (Alkoholproblematik) ausschließlich ermessensfreie Untersuchungsanlässe, etwa die Anordnung eines medizinisch-psychologischen Gutachtens bei einer Trunkenheitsfahrt mit mindestens 1,6 ‰ BAK oder bei wiederholten Zuwiderhandlungen unter Alkohol im Straßenverkehr. Auch eine einmalige Verkehrsteilnahme mit einer BAK unter 1,6 ‰ mit Anzeichen hoher Alkoholtoleranz kann Eignungsbedenken begründen, wenn „zusätzliche aussagekräftige Umstände"[3] vorliegen, die gegen ein verlässliches Trennverhalten sprechen (ausführlich dazu: DGVP, 2017).

§ 14 FeV (Betäubungsmittel und Arzneimittel) führt sowohl ermessensfreie Sachverhalte wie die Einnahme eines Betäubungsmittels nach dem BtMG an (Anordnung eines ärztlichen Gutachtens) als auch Tatbestände, die der Behörde einen Ermessensspielraum bei der Anordnung einräumen, wie der Besitz von Betäubungsmitteln. Dies gilt auch für die Anordnung eines medizinisch-psychologischen Gutachtens, das ohne Ermessensspielraum anzuordnen ist, wenn

- die Fahrerlaubnis bereits wegen Drogenproblematik entzogen war,
- zu klären ist, ob der Betroffene noch abhängig ist oder BtM weiter einnimmt, sowie
- wiederholt Zuwiderhandlungen nach § 24a StVG begangen wurden.

Bei gelegentlicher Einnahme von Cannabis **kann** eine MPU nach einer Einzelfallprüfung angeordnet werden, wenn weitere Tatsachen Zweifel an der Eignung begründen.

Weitere Ausführungen zu dem Themenkomplex Anlassbezogenheit einer Begutachtung und Anforderungen an die Anordnung von Gutachten sind im Handbuch des Fahreignungsrechts (PATERMANN ET AL., 2015), dem Kommentar zu den BGL (SCHUBERT ET AL., 2018), einschlägigen Kommentaren zum Verkehrsrecht (HENTSCHEL ET AL., 2021) sowie der ständigen Rechtsprechung zu entnehmen.

Anforderungen an die Fragestellungen

Die Behörde legt gemäß § 11 Abs. 6 FeV in der Anordnung zur Beibringung eines Gutachtens fest, welche Fragen im Hinblick auf die Eignung zu klären sind. Diese Fragestellung sollte – neben dem klar erkennbaren Bezug zu den anlassgebenden Tatsachen – so formuliert sein, dass sie den wissenschaftlichen Erkenntnismöglichkeiten angepasst ist. Die im Gutachten zu klärenden Fragen müssen also eindeutig interpretierbar und operationalisierbar sein. Die Interpretierbarkeit meint hier die Verständlichkeit der Zielvorstellungen hinsichtlich der Fahreignung (die

3 BVerwG, Urteil vom. 6.4.2017 – 3 C 24.15; 3 C 13.16.

unauffällige Befundlage bzw. Verhaltensprognose betreffend), die Operationalisierbarkeit meint die Umsetzbarkeit der Fragestellung in konkrete, wissenschaftlich fundierte Untersuchungsmethoden bei der Begutachtung.

Die Fragestellungen müssen zudem ausreichend bestimmt und anlassbezogen angemessen sein. Dabei muss sich aus dem Schriftsatz zur Begutachtungsanordnung für den Betroffenen eindeutig ergeben, welcher Sachverhalt aufgeklärt werden soll, damit er entscheiden kann, ob er sich einer Begutachtung unterziehen und eine Begutachtungsstelle oder einen ärztlichen Gutachter mit der Erstellung des Gutachtens beauftragen möchte. Die von der Behörde formulierte Fragestellung ist somit Grundlage des Begutachtungsauftrags und verbindlicher Bestandteil des Werkvertrages zwischen Begutachtungsstelle bzw. Gutachter und Klient im Sinne des § 631 BGB. Deshalb ist es erforderlich, dass der Schriftsatz der Anordnung auch der Begutachtungsstelle bekannt ist. Der Auftraggeber (Klient) hat somit gegenüber dem Vertragspartner (Begutachtungsstelle) einen zivilrechtlichen Anspruch auf Erstellung eines vollständigen und mängelfreien Gutachtens, das nach den in Anlage 4a FeV formulierten Grundsätzen erstattet wurde. Diese vertraglichen Ansprüche bestehen nur zwischen den Vertragsparteien. Die Fahrerlaubnisbehörde ist in diesem Verhältnis nicht Vertragspartei, sodass der Gutachter gegenüber der Verwaltungsbehörde keine Form von „Berichtspflicht" hat. Vielmehr unterliegt er als Arzt oder Psychologe der beruflichen Schweigepflicht (§ 203 StGB).

An die Anlassbezogenheit sowie die Verhältnismäßigkeit der Fragestellung sind strenge Anforderungen zu stellen.[4] Besteht die Fragestellung in einer Gutachtensanordnung etwa aus mehreren sich inhaltlich überschneidenden Teilen, führt bereits die teilweise Fehlerhaftigkeit nach der Rechtsprechung zur Fehlerhaftigkeit der Fragestellung insgesamt und damit zur Unwirksamkeit der Gutachtensanordnung. Dies begründet sich mit den weitreichenden Folgen, die eine fehlende Vorlage eines Gutachtens gemäß § 11 Abs. 8 Satz 1 FeV für den Klienten nach sich zieht, nämlich den Schluss auf die Nichteignung des Antragstellers. Dieser Schluss ist grundsätzlich nur bei einer vollständig rechtmäßigen Gutachtensanordnung zulässig, welcher sich „zweifelsfrei entnehmen lassen [muss], welche Problematik auf welche Weise geklärt werden soll"[5]. Die rechtmäßige Begründung einer Beibringungsaufforderung für ein Fahreignungsgutachten wird dem Betroffenen vor seiner Entscheidung, sich begutachten zu lassen, mitgeteilt und kann grundsätzlich nicht im Vertragsverhältnis zwischen Klient und Begutachtungsstelle nachträglich korrigiert oder gar ausgetauscht werden. Änderungen bedürfen vielmehr einer erneuten Anordnung und Begründung.

Die von der Behörde aufgeworfenen Fragen müssen grundsätzlich auch im Rahmen der angeordneten Begutachtung geklärt werden können. Mit anderen Worten: Die von den Gutachtern auf der Grundlage der vorliegenden Beurteilungskriterien zu prüfenden Hypothesen die Fahreignung betreffend müssen sich aus der Fragestellung ableiten lassen. In der gutachterlichen Praxis kommen mitunter auch in

---

4 Vgl. z. B. OVG Schleswig-Holstein, Beschluss vom 4.8.2021 – 5 MB 18/21.

5 BVerwG 3 B 16.14, Beschluss vom 5.2.2015.

diesem Sinn problematische Fragestellungen (z. B. Überprüfung der Indikationsstellung bei Einnahme von Cannabisblüten aus medizinischen Gründen) oder über die Grenzen der Anlassbezogenheit hinausgehende Fragestellungen (z. B. Überprüfung des Erfüllens körperlich-geistiger Anforderungen bei Verurteilung wegen Raubes ohne Bezug zum Straßenverkehr) immer wieder vor.

Andere Beispiele sind unvollständige Fragestellungen (z. B. Ignorieren des aktenkundigen Missbrauchs von Cannabis in der Vorgeschichte nach Verschreibung von Medizinal-Cannabis) oder inhaltlich fehlerhaft formulierte Fragestellungen (z. B. die Frage, ob auch künftig mit Trunkenheitsfahrten zu rechnen sei, obwohl nur eine schwere Alkoholintoxikation außerhalb des Straßenverkehrs aktenkundig ist). In solchen Fällen ist vor Auftragsannahme zu prüfen, ob ein fachlich fundiertes Gutachten angesichts der dem Gutachter zur Verfügung stehenden Möglichkeiten überhaupt erstellt werden kann, bzw. es ist im Gutachten zu begründen, warum Teilaspekte der Fragestellung nicht oder nicht vollständig beantwortet werden können.

Mitunter wird die Formulierung der Fragestellung mit an die Begutachtungsstelle gerichteten Nebenbestimmungen versehen, beispielsweise der Aufforderung, dass als Beleg von Drogenfreiheit eine Haar- oder Blutanalyse durchzuführen sei. Hier ist klarzustellen, dass die Behörde zwar als Herrin des Verfahrens festzulegen hat, welche Fragen zu klären sind, dass es jedoch in die Kompetenz des Gutachters fällt, mit welchen Methoden und auf der Basis welcher Datenerhebung er diese Fragen nach wissenschaftlichen Grundsätzen untersucht und beurteilt. Eine derartige Einschränkung der Freiheit des diagnostischen Handelns und der Auswahl geeigneter Erhebungsinstrumente ist fachlich unzulässig (WESTHOFF & KLUCK, 2014). Die Auswahl der Untersuchungsmethoden und die Festlegung des Untersuchungsumfangs orientiert sich unter Beachtung der Verhältnismäßigkeit (geringstmöglicher Eingriff in die Persönlichkeit) an den Festlegungen in den Begutachtungsleitlinien zur Kraftfahreignung sowie den vorliegenden Beurteilungskriterien.

Die Behörde setzt dem Antragsteller in der Regel eine Frist zur Vorlage des Gutachtens. An diese ist auch der Gutachter im Rahmen des Werkvertragsverhältnisses gebunden, sofern eine Fristüberschreitung nicht durch Verschulden des Klienten verursacht wurde. Diese Frist liegt in vielen Fällen bei mehreren Wochen bis Monaten, wobei eine Vorlagefrist von zwei Monaten noch als angemessen betrachtet wird (vgl. SächsOVG, Beschluss vom 25.8.2011 – 3 B 329/10). Sie wird bei Inhabern der Fahrerlaubnis zumeist kürzer gefasst, da bestehende Eignungsbedenken möglichst rasch abgeklärt werden sollen, um Verkehrsrisiken zu vermeiden. Vor allem bei Neuerteilung einer Fahrerlaubnis wird seitens der Behörde hingegen auf Antrag des Betroffenen häufig auch eine angemessene Verlängerung der Frist eingeräumt. Dies zu bewirken, obliegt jedoch nicht dem Gutachter oder der Begutachtungsstelle, sondern ist vom Betroffenen selbst herbeizuführen.

Literatur

BERGHAUS, G. & BRENNER-HARTMANN, J. (2012). Fahrsicherheit und Fahreignung – Determinanten der Verkehrssicherheit. In: MADEA, B., MUSSHOFF, F. & BERGHAUS, G. (Hrsg.): Verkehrsmedizin – Fahreignung, Fahrsicherheit, Unfallrekonstruktion. Köln: Deutscher Ärzteverlag.

BLIESENER, T. (2007). Psychologische Instrumente für Kriminalprognose und Risikomanagement. Praxis der Rechtspsychologie 17(2), 323–344.

BUNDESANSTALT FÜR STRASSENWESEN (Hrsg.) (2022). Begutachtungsleitlinien zur Kraftfahreignung – Fassung vom 17.2.2021 (VkBl. S. 198), in Kraft getreten am 1.6.2022 mit der Fünfzehnten Verordnung zur Änderung der Fahrerlaubnis-Verordnung und anderer straßenverkehrsrechtlicher Vorschriften (BGBl. I Nr. 11 vom 25. März 2022). https://www.bast.de/DE/Verkehrssicherheit/Fachthemen/U1-BLL/BLL-Download.html (abgerufen am 26.8.2022).

DAHLE, K.-P. (2005). Psychologische Kriminalprognose. Wege zu einer integrativen Methodik für die Beurteilung der Rückfallwahrscheinlichkeit bei Strafgefangenen. Herbolzheim: Centaurus.

DGVP (2017). Positionspapier 04/2017 „Alkoholmissbrauch – Eignungszweifel bei einmaliger Trunkenheitsfahrt". https://www.dgvp-verkehrspsychologie.de/positionspapier-042017-eignungszweifel-bei-einmaliger-trunkenheitsfahrt (abgerufen am 26.7.2022).

EID, M. & PETERMANN, T. (2006). Aufgaben, Zielsetzungen und Strategien der Psychologischen Diagnostik. In: PETERMANN, F. & EID, M. (Hrsg.): Handbuch der Psychologischen Diagnostik. Göttingen: Hogrefe.

FISSENI, H.-J. (2004). Lehrbuch der Psychologischen Diagnostik. Göttingen: Hogrefe.

GEIGER, H. (2009). Die Zulässigkeit unbestimmter Rechtsbegriffe dargestellt an ausgewählten Beispielen aus dem Verkehrsverwaltungsrecht. In: MILTNER, E., MATTERN, R. & SCHUBERT, W. (Hrsg.): Unbestimmte Begriffe in der Begutachtung von Fahrtüchtigkeit und Fahreignung. Tagungsband zum 4. Gemeinsamen Symposium der Fachgesellschaften DGVM und DGVP, 24.–25.10.2008 in Neu-Ulm. Bonn: Kirschbaum Verlag.

HEHLEN, P., HUBACHER, M., HUBER, C. A., HUGUENIN, R. D., SCHERER, C. & THOMA, J. (1993). Verkehrstechnische und -psychologische Sicherheitsanalyse von Straßenabschnitten. Pilotstudie. Bern: Schweizerische Beratungsstelle für Unfallverhütung (Manuskript).

HUBACHER, M. (1995). Verkehrstechnische und -psychologische Sicherheitsanalyse von Straßenabschnitten. 34. bdp-Kongress für Verkehrspsychologie (Tagungsband). Bonn: Deutscher Psychologen Verlag.

HENTSCHEL, P., KÖNIG, P. & DAUER L. M. (2021). Straßenverkehrsrecht – Kommentar zu § 11 FeV. 46. Auflage. München: Verlag C. H. Beck.

JÄGER, R. S. & PETERMANN, F. (1999). Psychologische Diagnostik. 4. Auflage. Weinheim: Psychologie Verlags Union.

KROHNE, H. & HOCK, M. (2007). Psychologische Diagnostik: Grundlagen und Anwendungsfelder. Stuttgart: Kohlhammer.

KUBINGER, K. D. (2009). Psychologische Diagnostik. Theorie und Praxis psychologischen Diagnostizierens. 2. Auflage. Göttingen: Hogrefe.

MADEA, B., MUSSHOFF, F. & BERGHAUS, G. (Hrsg.) (2012). Verkehrsmedizin – Fahreignung, Fahrsicherheit, Unfallrekonstruktion. 2. Auflage. Köln: Deutscher Ärzteverlag.

PATERMANN, A., SCHUBERT, W. & GRAW, M. (2015). Handbuch des Fahreignungsrechts – Leitfaden für Gutachter, Juristen und andere Rechtsanwender. Bonn: Kirschbaum Verlag.

SCHMIDT-ATZERT, L. & AMELANG, M. (2012). Psychologische Diagnostik. 5. Auflage. Berlin, Heidelberg: Springer.

SCHMITT, M., & GSCHWENDER, T. (2006). Regeln der Dateninterpretation. Handbuch der Psychologischen Diagnostik. Göttingen: Hogrefe.

SCHUBERT, W. (2010). Die Medizinisch-Psychologische Untersuchung auf dem Prüfstand. Blutalkohol 47(3), 161–188.

SCHUBERT, W. & MATTERN, R. (2006). Criteria for the evaluation of future assessment models of physical and mental fitness of drivers. In: Nickel, W.-R. & Sardi, P. (Hrsg.): Fit to Drive – 1st International Traffic Expert Congress in Berlin from May 3rd – 5th 2006. (Tagungsband). Bonn: Kirschbaum Verlag. 106 ff.

SCHUBERT, W., HUETTEN, M., REIMANN, C., GRAW, M., SCHNEIDER, W. & STEPHAN, E. (Hrsg.) (2018). Begutachtungsleitlinien zur Kraftfahreignung – Kommentar. 3. Auflage. Bonn: Kirschbaum Verlag.

SAWYER, J. (1966). Measurement and prediction, clinical and statistical. Psychological Bulletin 66, 178–200.

TÜVIS (1996). Prüfgrundlagen Medizinisch-Psychologische Untersuchungen. Kap. 50 Beurteilungskriterien. Essen: VdTÜV.

WAGNER, T., STROHBECK-KÜHNER, P. & KOEHL, F. (2018). Straftaten und Verstöße gegen verkehrsrechtliche Vorschriften – Kommentar zu den Begutachtungsleitlinien zur Kraftfahreignung, Kapitel 3.16 und 3.17. In: SCHUBERT, W., HUETTEN, M., REIMANN, C., GRAW, M., SCHNEIDER, W. & STEPHAN, E. (Hrsg.). Begutachtungsleitlinien zur Kraftfahreignung – Kommentar. 3. Auflage. Bonn: Kirschbaum Verlag.

WESTHOFF, K. & KLUCK, M.-L. (2014). Psychologische Gutachten schreiben und beurteilen. 6. Auflage. Heidelberg: Springer.

WINKLER, W. (1986). Aktuelle Fragen der verkehrspsychologischen Fahreignungsbegutachtung. Zeitschrift für Verkehrssicherheit 32, 163–167.

A. 2 Theoretische Grundlagen der Fahreignung

Die Praxis der Fahreignungsbegutachtung bildet sich als diagnostischer Prozess ab, der die Fragestellung der veranlassenden Behörde (vgl. Kapitel A.1) in Untersuchungsverfahren „übersetzt" (vgl. Kapitel A.3) und damit organisatorische und strategische Handlungsoptionen des Gutachters zwischen der vorgegebenen Fragestellung sowie deren Beantwortung beschreibt (JÄGER, 2006; vgl. auch WESTHOFF & KLUCK, 2014; KUBINGER, 2009; SCHMIDT-ATZERT & AMELANG, 2012). Zunächst ist jedoch zu betrachten, was „Fahreignung" eigentlich ausmacht und mit welchen diagnostischen Strategien eine Überprüfung der Eignung erfolgen kann.

Dem Eignungskonstrukt liegen unterschiedliche Annahmen zugrunde. Im Straßenverkehrsgesetz (StVG) wird in § 2 Abs. 2 Nr. 3 als Voraussetzung für die Erteilung einer Fahrerlaubnis gefordert, dass der Bewerber zum Führen von Kraftfahrzeugen geeignet ist. Eignung besteht nach Abs. 4 dann, wenn die notwendigen körperlichen und geistigen Anforderungen erfüllt werden und wenn keine erheblichen oder wiederholten Verstöße gegen verkehrsrechtliche Vorschriften oder Strafgesetze vorliegen. Die Klärung, welche Anforderungen „notwendig" sind und unter welchen Umständen Verstöße gegen Vorschriften verkehrsgefährdendes Verhalten erwarten lassen, ist Aufgabe der Wissenschaft, des Gesetzgebers und der Rechtsprechung. Die Fahreignungsdiagnostik hat dann die Aufgabe, im Einzelfall zu überprüfen, ob alle erforderlichen Voraussetzungen erfüllt werden oder gegebenenfalls (wieder-)hergestellt werden konnten.

A. 2.1 Eignungsvoraussetzungen

Einen Kernbereich der Eignung stellt die Frage nach dem Vorliegen möglicher Erkrankungen und Mängel dar, welche die Leistungsfähigkeit des Verkehrsteilnehmers unter das erforderliche Maß herabsetzen. Das sichere Führen eines Kraftfahrzeuges (Kfz) erfordert ein Mindestmaß an körperlicher und geistiger Leistungsfähigkeit, aber auch einen verantwortungsbewussten Umgang mit Regeln, Vorschriften und Normen sowie Rücksichtnahme auf andere. Leistungsbeeinträchtigungen können die Fähigkeit zum sicheren Führen eines Kfz dauerhaft beeinträchtigen und damit die Eignung ausschließen, sie können jedoch auch nur zeitweise auftreten oder kompensierbar sein. Ein verantwortlicher Umgang mit solchen Einschränkungen kann dazu beitragen, dass die Fahreignung trotzdem aufrechterhalten bleibt. Fahreignung ist stets ein Zusammenspiel aus den vorhandenen Leistungsmöglichkeiten einer Person (körperlich-geistige Eignungsfaktoren) und deren verantwortungsbewusstem Einsatz bei selbstkritischer Wahrnehmung möglicher Defizite (Persönlichkeitsfaktoren).

Verkehrsverhalten ist auch soziales Verhalten, bei dem auf die Mobilitätsbedürfnisse und die Sicherheitsinteressen anderer Verkehrsteilnehmer Rücksicht genommen werden muss. Bei Hinweisen auf ein Verhalten, das dem widerspricht, können aus solchen Tatsachen ebenfalls Eignungszweifel entstehen. Bei der Beurteilung der Eignungsrelevanz von aktenkundigen Tatsachen sind die Festlegungen in §§ 11,

13 und 14 FeV verbindlich anzuwenden. § 11 FeV zeigt auf der Grundlage von § 2 Abs. 8 StVG drei Gutachtenformen zur Abklärung zweifelhafter Fahreignung auf, die für bestimmte Fragestellungen festgeschrieben sind. Dies sind:

- das ärztliche Gutachten (Abs. 2)
- das Gutachten einer amtlich anerkannten Begutachtungsstelle für Fahreignung (medizinisch-psychologisches Gutachten, Abs. 3) sowie
- das Gutachten eines amtlich anerkannten Sachverständigen oder Prüfers (Abs. 4).

Die Zuordnung der Gutachtenformen ist abhängig von den unterschiedlichen Anlässen für Eignungsbedenken. Sie erfolgt einerseits nach dem Erkenntnisgewinn, der mit einer bestimmten Gutachtenform verbunden ist, andererseits aber auch aufgrund der Abwägung, wie mit einem geringstmöglichen Eingriff in die Persönlichkeitsrechte die bestehenden Bedenken geklärt werden können.

Zur Klärung möglicher Eignungszweifel aufgrund von Erkrankungen und Mängeln nach Anlage 4 FeV ist in der Regel die Beibringung eines ärztlichen Gutachtens zu fordern (§ 11 Abs. 2 FeV). Es ist jedoch nicht jede Erkrankung eignungsrelevant, sondern nur solche Erkrankungen oder gesundheitliche Beeinträchtigungen, die in Anlage 4 FeV aufgelistet sind oder von denen im Einzelfall ein besonderes Gefährdungspotenzial ausgeht. Ebenfalls in Anlage 4 aufgenommen wurde der missbräuchliche oder leistungsbeeinträchtigende Umgang mit Alkohol, Drogen und Arzneimitteln.

Anlage 4 FeV stellt keine abschließende Liste dar, sondern umfasst häufiger vorkommende Erkrankungen und Mängel, welche die Fahreignung über eine längere Zeit beeinträchtigen oder aufheben können. Gleichzeitig erfolgt in den Vorbemerkungen zu Anlage 4 FeV eine Abgrenzung zu nicht eignungsrelevanten Erkrankungen, wie z. B. grippale Effekte, Migräne oder Heuschnupfen. Konkret bilden das Ausmaß der Leistungseinschränkung sowie Art, Schwere, Verlauf und Behandlung der Krankheit, Kompensationsmöglichkeiten und gegebenenfalls assoziierte weitere Risikofaktoren den Rahmen für die Beurteilung der Fahreignung (HENTSCHEL ET AL., 2021). Die Begutachtungsleitlinien zur Kraftfahreignung (BGL) (BASt, 2022) greifen die Festlegungen in Anlage 4 FeV auf, leiten die Eignungszweifel ausführlich ab und differenzieren nach bestimmten Ausprägungsgraden von Erkrankungen und Mängeln. Gleichzeitig werden in den BGL Anforderungen an eine günstige Bewältigung von Eignungsmängeln ausgeführt. Das ärztliche Gutachten erläutert den Eignungsmangel (vgl. Seite 10 der BGL) und stellt den Bezug zu Einschränkungen der Fahrsicherheit her. Es erfolgt mithin eine Status-Diagnostik mit Bezug auf die zu betrachtenden Fahrerlaubnisklassen. Diese Status-Diagnostik kann beispielsweise darin bestehen, dass

- Einnahme, Missbrauch oder Abhängigkeit von psychoaktiven Substanzen festgestellt werden sollen,
- die Beurteilung der Relevanz einer Krankheitsdiagnose, einschließlich Verlaufsbeurteilung und Behandlungsregime, abzuklären ist oder

- mögliche entwicklungsbedingte Leistungseinschränkungen im Zusammenhang mit einer Unfallbeteiligung eines älteren Kraftfahrers beurteilt werden müssen.

Neben dem ärztlichen Gutachten ist gemäß § 11 Abs. 4 FeV bei Behinderungen des Bewegungsapparats auch die Anordnung eines Gutachtens eines amtlich anerkannten Sachverständigen oder Prüfers für den Kraftfahrzeugverkehr möglich. Diese Gutachten werden zumeist von Ingenieuren einer Technischen Prüfstelle im Zusammenhang mit technischen Anforderungen an die Umrüstung von Fahrzeugen bei Personen mit körperlichen Einschränkungen erstellt. Der amtlich anerkannte Sachverständige oder Prüfer (aaSoP) begutachtet die verbliebenen Fähigkeiten mit Bezug auf das praktische „Fahrzeughandling" und empfiehlt technische Änderungen durch Bedienhilfen, Zusatzausrüstungen am Fahrzeug oder besondere technische Hilfsmittel. Diese Gutachtenform kann z. B. nach einem ärztlichen Gutachten erforderlich werden und wird in den vorliegenden Beurteilungskriterien nicht näher betrachtet.

Bei verhaltens- und/oder einstellungsbezogenen Eignungszweifeln kann (§ 11 Abs. 3 FeV) bzw. muss (§ 13 Abs. 2, § 14 Abs. 2 FeV) ein medizinisch-psychologisches Gutachten angeordnet werden. In solchen Fällen haben vor allem individuelle Fehlentwicklungen delinquentes Verhalten begünstigt, sodass der erste Schwerpunkt von medizinisch-psychologischen Gutachten auf der Diagnose von Bedingungen des aktenkundigen Fehlverhaltens liegt. Ein zweiter Schwerpunkt verfolgt die Überprüfung des Veränderungsprozesses. Dieser prognostische Anteil der Überprüfung fokussiert auf Umstände und innere Bedingungen einer Person, die eine Aussage über zukünftiges Verhalten absichern sollen. Diese Veränderungsdiagnostik ist notwendig, da z. B. in einem Neuerteilungsverfahren durch den Antragsteller der Nachweis geführt werden muss, dass die eignungsausschließenden Umstände und Risikobedingungen zwischenzeitlich behoben wurden. Für den Gutachter ist daher sowohl die Kenntnis von Risikofaktoren wichtig, die sozial unangepasstes Verhalten auslösen und aufrechterhalten (Abschnitt A.2.2), als auch das Wissen darüber, welche diagnostischen Klärungsschritte notwendig sind (Abschnitt A.2.3). Nur so lässt sich beurteilen, ob eine erforderliche Verhaltensänderung erfolgt ist und welche Schutzfaktoren zur Einhaltung der Belange der Verkehrssicherheit wirken.

A. 2.2 Faktoren der Entstehung sozial unangepassten Verhaltens

Sozial auffälliges oder normabweichendes Verhalten ist nicht per se fahreignungsrelevant, sondern es schöpft die Zuschreibung von Eignungsrelevanz aus gesetzlichen Normierungen und der juristischen Bewertung von Tatsachen. Dabei bildet die Beurteilung der Gefährlichkeit des Kraftfahrers für die allgemeine Verkehrssicherheit den Bewertungsmaßstab. Ob in einer Verkehrssituation oder bei Umständen außerhalb des Straßenverkehrs auffällig und somit regelwidrig reagiert wird, hängt von einer Vielzahl an zusammenwirkenden Einflussfaktoren ab, die sich in verhaltensnahe (z. B. Einstellungen, Werte, Bewertungsdispositionen) und verhaltensferne Faktoren (dysfunktionale Persönlichkeitsmerkmale wie Extraversion, Impulsivität, Aggressionsneigung) unterteilen lassen. Deren Einfluss auf das Verhalten ist zudem von Lernprozessen (Gewohnheitsbildung) und soziodemografischen Einflussgrößen (soziales Umfeld, kultureller Hintergrund) abhängig (vgl. das Modell für deviantes Verhalten nach WAGNER ET AL., 2018, S. 356). Zudem spielt die unmittelbare Informationsverarbeitung der aktuellen Situation (Wahrnehmung, Interpretation, Attribution, Regel- und Normenakzeptanz) eine wesentliche Rolle.

Diese Risikofaktoren veranschaulichen das Auslösen unangemessenen Verhaltens und erklären, weshalb solches Verhalten dauerhaft beibehalten wird, also eine hohe Stabilität über die Zeit besitzt, und warum gleichartiges Verhalten in unterschiedlichen Situationen gezeigt wird. Auch kriminologische Erkenntnisse unterstreichen das Zusammenwirken unterschiedlicher Gruppen an Risikofaktoren. In diesen Modellen werden statische, also unveränderliche Risikofaktoren (z. B. die delinquente Vorgeschichte als Ausdruck mangelnder Anpassungsbereitschaft und -fähigkeit) von dynamischen Risikofaktoren (z. B. aktuelle Lebenssituation, antisoziale Einstellungen, antisoziales Umfeld, antisoziale Persönlichkeitsmuster, Ehe- und Familiensituation, Arbeit, Freizeitaktivitäten) abgegrenzt (WARD, 2017; BEECH & CRAIG, 2012; HEFFERNAN & WARD, 2017).

Für die Analyse der **Ursachen** auffälligen Verhaltens im Kontext der Fahreignung sollte der Gutachter vor allem folgende Einflussgrößen im Blick haben:

- biografische Einflüsse aus der persönlichen Entwicklung
- Dispositionen bzw. Störungen der Persönlichkeit
- Einfluss psychoaktiver Substanzen
- Einfluss des sozialen Umfelds
- positive Verstärkungsmechanismen
- negative Verstärkungsmechanismen
- dysfunktionale Denkschemata und Bewertungsstile
- kulturelle Einflüsse
- psychische Erkrankungen
- Motive (instrumentell, coping-bezogen, handlungsbegleitend wie das „Flow-Erleben" beim Schnellfahren)
- kognitive und emotionale Faktoren.

Die Lern- und Entwicklungsbedingungen von Kraftfahrern mit Eignungsmängeln sowie das zuvor genannte Bündel an Risikofaktoren haben in den meisten Fällen zu einer Verfestigung von Verhaltensgewohnheiten mit hoher Änderungsresistenz geführt. Die Ablösung von diesen Einstellungen und Verhaltensmustern verläuft daher nicht komplikationslos „auf Knopfdruck", sondern ist „harte Arbeit", die Zeit und persönlichen Einsatz erfordert und durch Rückschläge erschwert wird. Ein Veränderungsprozess kann durch Schutzfaktoren unterstützt und erleichtert werden.

Zu den Schutzfaktoren gehören beispielsweise Interpretationsstile (im Sinne von erklärenden Attributionen), kognitive Ressourcen wie Optimismus oder Selbstwirksamkeitserwartungen, Merkmale der Selbstidentifikation, aber auch soziale Unterstützung durch wichtige Bezugspersonen (SERIN ET AL., 2016; SAMPSON & LAUB, 2005).

Dreh- und Angelpunkt eines nachhaltigen Veränderungsprozesses ist ein individuelles und adäquates **Problembewusstsein**. Dieses facettenreiche Konstrukt setzt sich zusammen aus den Komponenten Akzeptanz von Fehlern, Verantwortungsübernahme, Bedauern der Folgen sowie künftige Regel- und Normenakzeptanz. Diese Faktoren fließen in ein individuelles Erklärungsmodell ein, das die Deliktmerkmale und -dynamik des Fehlverhaltens mit inneren Faktoren der Persönlichkeit des Betroffenen verbindet. Getragen und aufrechterhalten wird geändertes Verhalten vor allem durch eine adäquate Motivation. Intrinsische Motivation, die auf einem Problembewusstsein basiert, gilt dabei der extrinsischen Motivation als überlegen. Wer intrinsisch motiviert ist, führt eine Handlung mit Überzeugung und ohne äußeren Druck aus, bei extrinsischer Motivation besteht das Interesse hingegen vor allem an der Nützlichkeit des Tuns zur Erreichung äußerer Zwecke, beispielsweise die Wiedererlangung der Fahrerlaubnis. Dieser Zweck und damit auch die Motivation entfallen, wenn z. B. die Fahrerlaubnis neu erteilt und damit diese Quelle der Motivation beim Betroffenen nicht mehr wirksam ist. Beide Motivationsarten können zeitgleich vorhanden sein, wobei am Tag der Begutachtung auf das Vorhandensein intrinsischer Motivation als Voraussetzung für eine stabile positive Prognose fokussiert werden sollte.

Eine für das Durchhalten im Veränderungsprozess wesentliche psychologische Ressource wird in der sogenannten Positiven Psychologie vor allem im anglo-amerikanischen Bereich als „Grit" bezeichnet (DUCKWORTH ET AL., 2007). Grit beschreibt die Fähigkeit, gesetzte Ziele langfristig mit Nachdruck und Leidenschaft zu verfolgen, einschließlich einer erfolgreichen Bewältigung von damit verbundenen Rückschlägen und Herausforderungen. Grit setzt sich aus den Facetten „Beharrlichkeit" („perseverance of effort"; Ziele auch trotz Rückschlägen weiterzuverfolgen und fleißig daran zu arbeiten) und „beständiges Interesse" („consistency of interest"; ohne „die Lust zu verlieren" auf langfristige Ziele hinarbeiten zu können) zusammen. Die zuletzt genannte Facette unterstützt die Unterdrückung von Ablenkungen. „Beharrlichkeit" ist insbesondere relevant, wenn zur Erreichung eines übergeordneten Ziels alternative Ziele generiert werden müssen, da die ursprünglichen blockiert wurden (SCHMIDT, 2021).

Für die Bewertung von **Veränderungen** im Kontext der Fahreignung sollte der Gutachter vor allem auf folgende Einflussgrößen achten:

- intrinsische vs. extrinsische Attribution
- Umgang mit den relevanten Einflussfaktoren
- Distanzierung vom Einfluss psychoaktiver Substanzen
- Rückfallsensitivität verbunden mit vorbeugenden Maßnahmen

- Problemsicht (naives Erklärungsmodell des Klienten), bewertet im Hinblick auf die Unterstützung bei der Veränderung und Stabilisierung
- Umgang mit Scheitern der Verhaltensänderung
- unterstützende Ressourcen und intrinsische Motivation
- Commitment.

A. 2.3 Wesentliche Elemente der Fahreignungsdiagnostik

Da bei der Begutachtung von Tatauffälligen der Veränderungsdiagnostik eine besondere Bedeutung zufällt, soll am Beispiel der Entlastungsdiagnostik erläutert werden, welche diagnostischen Ebenen im Begutachtungsprozess grundsätzlich zu unterscheiden sind. Die folgenden Ausführungen orientieren sich demnach an der Anlassgruppe von Personen, bei denen vonseiten der Behörde begründete Bedenken gegen die Eignung zum Führen von Kraftfahrzeugen (z. B. nach einer Verkehrsauffälligkeit oder aufgrund einer Suchtproblematik) bestehen, und sind insbesondere hinsichtlich der medizinisch-psychologischen Untersuchung näher spezifiziert. Diese Gruppe ist bei der Fahreignungsbegutachtung am häufigsten vertreten. Für die weiteren Anlassgruppen von Personen, die eine Untersuchung in Auftrag geben, weil Eignungszweifel bestehen, gelten die Ausführungen sinngemäß, auch wenn nicht alle nachfolgend beschriebenen Elemente im gleichen Maße Bedeutung haben.

Der diagnostische Prozess bei der Frage nach einer möglichen Entlastung von bestehenden Bedenken umfasst die Überprüfung folgender wesentlicher Elemente:

a) Überprüfung der Verwertbarkeit von Angaben und Befunden

Können in einer Untersuchung keine ausreichend aussagekräftigen Befunde erhoben werden oder fehlt es gar gänzlich an Kooperationsbereitschaft seitens des Klienten, so können keine gesicherten Aussagen darüber gemacht werden, ob sich der individuelle Fall günstig von der Anfangserwartung (vgl. Abschnitt A.2.2) unterscheidet bzw. ob Anforderungen erfüllt sind. Das Gutachten muss sich in einem derartigen Fall auf die Bewertung der Vorgeschichtsdaten sowie der wissenschaftlichen Literatur und der daraus abzuleitenden Risiken für den Straßenverkehr beschränken. Allenfalls könnten noch Aussagen über mögliche Ursachen einer nicht verwertbaren Befundlage gemacht und Empfehlungen daraus abgeleitet werden. Die eigentliche Fragestellung der Behörde bleibt jedoch in wesentlichen Teilen unbeantwortet bzw. die Antwort bleibt auf gruppenstatistische Aussagen beschränkt.

Folglich lassen sich in solchen Fällen keine ausreichenden Entlastungsargumente finden, um den Klienten in seinen Bemühungen, die behördlichen Eignungsbedenken auszuräumen, zu unterstützen. Auch in Fällen der Nachweis- oder Überprüfungsdiagnostik (vgl. Kapitel A.1) ist bei fehlender Mitwirkungsbereitschaft bei der Befunderhebung explizit im Gutachten darauf hinzuweisen. Ist eine Beantwortung der behördlichen Fragestellung oder der Nachweis besonderer Eignungsvoraussetzungen aus diesem Grund nicht möglich, kann die Verkehrsbehörde auch zu keiner günstigen Entscheidung im Sinne des Antragstellers gelangen.

b) Ausschluss aktueller Beeinträchtigungen der Fahrfähigkeit

Ein Teil der bestehenden Bedenken bezieht sich häufig auf aktuell vorliegende Beeinträchtigungen der Fahrfähigkeit oder Fahrsicherheit, etwa infolge eines Leistungsabbaus bei chronischem Alkoholmissbrauch oder aufgrund körperlicher Folgeschäden. In den Begutachtungsleitlinien zur Kraftfahreignung wird dabei unterschieden zwischen überdauernden Beeinträchtigungen und einem absehbar zu erwartenden plötzlichen Versagen der Leistungsfähigkeit bei bestimmten Erkrankungen. Die Durchführung funktionspsychologischer und ärztlicher Untersuchungen dient der Entlastung von einer solchen Annahme und ist erforderlich, wenn sie aus der Vorgeschichte nachvollziehbar abgeleitet werden konnte. In welchen Fällen im Gutachten zu diesem Bereich Stellung genommen werden muss, ist der behördlichen Fragestellung in Verbindung mit den Begutachtungsleitlinien zur Kraftfahreignung und den vorliegenden Beurteilungskriterien zu entnehmen.

c) Bewertung eines Veränderungsprozesses

Vor allem bei verkehrsauffälligen Kraftfahrern wird die Bewertung von Veränderungen, die seit der vergangenen Auffälligkeit eingetreten sind, die zentrale Schlüsselrolle im Gutachten einnehmen. Der Begutachtete möchte sich schließlich von der Annahme entlasten, er werde sich entsprechend der statistischen Erwartung zukünftig ebenso verhalten wie in der Vergangenheit, habe also an seinen Einstellungen und am Verhalten nichts verändert.

Kann der Klient die aus der Vorgeschichte abgeleiteten Bedenken nicht entkräften, sind damit in der Untersuchung implizit „Defizite" erkannt worden, die einer positiven Beurteilung ebenso entgegenstehen, wie es festgestellte Beeinträchtigungen der Fahrfähigkeiten täten.

Die Diagnose von Veränderungsprozessen konzentriert sich hierbei auf die Variablen Motivation, Zweckdienlichkeit, Umsetzungsgrad und Stabilisierung, um gegebenenfalls zu der prognostisch günstigen Aussage gelangen zu können, dass für die Zukunft die Wahrscheinlichkeit einer Wiederholung des problematischen Verhaltens gering ist. Insbesondere die Variable der Zweckdienlichkeit oder auch Angemessenheit der Veränderung kann nur adäquat bewertet werden, wenn zuvor eine Einordnung des Schweregrads der Problematik mittels diagnostischer Kriterien erfolgt. Weitere wesentliche Elemente von Veränderungen sind die Zielbildung, die Selbstmotivation, das Einüben und das erfahrungsbedingte Lernen, z. B. nach einem Rückfall in frühere Verhaltensmuster.

Als erklärungsstark hat sich in der Literatur das Transtheoretische Modell (TTM) der Veränderung nach PROCHASKA & DICLEMENTE (1982; 1986) erwiesen, das als bewährt gelten kann und auch in therapeutische Modelle, wie etwa die Motivierende Gesprächsführung, Eingang gefunden hat, wo es vor allem in der Suchttherapie verbreitet Anwendung findet (MILLER & ROLLNICK, 1991). Dieses Modell wird nachfolgend als Orientierungshilfe für Gutachter zur Feststellung des „Status quo" im Entwicklungsprozess der zu begutachtenden Person eingeführt. Zur Illustration werden – wie bereits zuvor – auch nachfolgend Beispiele aus dem Untersuchungsanlass „Alkohol" verwendet.

Verhaltensänderungen umfassen nach dem TTM nicht nur den aktiven Zeitraum während der Umstellung des Verhaltens, sondern berücksichtigen gleichfalls Aspekte vor Bewusstwerden des Problemverhaltens bis hin zum Zeitpunkt, an dem das Problem nicht länger besteht. Auch das Erkennen von künftigen „Glatteisstellen" und Strategien zu deren erfolgreicher Bewältigung sind wesentliche Komponenten im TTM (PROCHASKA & DICLEMENTE, 1986).

Die Stadien der Veränderung aus dem Transtheoretischen Modell lassen sich sowohl auf therapiegestützte Veränderung von Suchtverhalten als auch auf eigenständige Änderung von problematischen Verhaltensweisen sowie auf nicht substanzgebundene Veränderungen anwenden. Jede der Phasen stellt die handelnde Person vor unterschiedliche Aufgaben und Herausforderungen, die bewältigt sein sollten, bevor der Übergang zur nächsten Phase erfolgt. Ein „Überspringen" einzelner Phasen ist vor allem bei überstürzten und von außen geforderten Veränderungen nicht unüblich, kann jedoch die Stabilität einer Verhaltensänderung gefährden. Es ist dann erforderlich, zu einem späteren Zeitpunkt, quasi retrograd, gute, selbstbezogene Gründe für die bereits getroffene Entscheidung zu erkennen, um sie tragfähig zu machen.

Das TTM beschreibt fünf aufeinanderfolgende Phasen der Veränderung (PROCHASKA ET AL., 1993).

Stadium der Absichtslosigkeit (Precontemplation). Dieses Stadium steht vor einer Veränderung. Es beschreibt einen Zustand, der durch keinerlei Intentionen zur Verhaltensänderung in absehbarer Zukunft gekennzeichnet ist. Personen in dieser Phase sind sich ihrer Problematik nicht oder nur unzureichend bewusst. Dies kann auf einem verzerrten oder fehlenden Problemverständnis bezüglich der eigenen Trinkhistorie, auf mangelndem Gefahrenbewusstsein über Alkohol und seine Auswirkungen auf das Unfallrisiko oder grundsätzlich alkoholaffinen Einstellungen basieren. Selbst wenn das Verhalten zu gravierenden Folgen geführt hat (z. B. Entzug der Fahrerlaubnis), müssen die zugrunde liegenden Verhaltensgewohnheiten nicht zwingend hinterfragt werden. Dies kann durch eine externalisierende Ursachenzuschreibung der Verhaltensauffälligkeit („Ich hatte nur Pech, die Polizei wollte mich unbedingt hochnehmen und hat regelrecht auf mich gewartet.") verhindert werden. Derartige dysfunktionale Denkschemata und Bewertungsstile „verzerren" eine realistische Selbstwahrnehmung und legitimieren dadurch die Beibehaltung der gegenwärtigen Verhaltensmuster. Dieses Stadium der Absichtslosigkeit bzw. der Änderungsresistenz ist sozialpsychologisch erklärbar durch Prozesse der kognitiven Dissonanzreduktion (FESTINGER, 1957). Kognitive Dissonanz entsteht beispielsweise, wenn das eigene Verhalten von eigenen Zielen wie Selbstbestimmung oder Kontrolle abweicht. Um einer Bedrohung des Selbstbildes entgegenzuwirken, kommt es zu Umdeutungen. Am Beispiel eines Trunkenheitstäters könnte ein weiterhin andauernder übermäßiger Substanzkonsum zum Ausdruck eines selbstlegitimierten Verhaltens werden, z. B. wegen Dauerstress am Arbeitsplatz oder weil ein regelmäßiger Alkoholkonsum in der Peergroup dazugehört.

Auch mangelnde Offenheit verbunden mit einer Neigung zur Verharmlosung des Fehlverhaltens („Ich hatte doch nur drei kleine Bier") oder die Ablehnung der

Verantwortungsübernahme („Das war ein einmaliger Ausrutscher"; „Andere hat es auch schon getroffen"; „Ich kenne keinen, der auf dem Bau nicht trinkt, da kann man gar nicht anders als mittrinken") verhindern eine Überwindung dieses Stadiums der Absichtslosigkeit. Gleichzeitig kann das Beibehalten gesundheitsschädlicher Verhaltensweisen auch attraktiv sein. Dies wird als „Krankheitsgewinn" bezeichnet und beschreibt den subjektiven Vorteil, den sich eine Person vom Beibehalten bisheriger Verhaltensgewohnheiten verspricht (AMBACH, 2021). Ohne „Leidensdruck" ist eine Verhaltensänderung unwahrscheinlich („Ohne Führerschein geht für mich die Welt nicht unter"; „Meiner Frau macht es gar nichts aus, mich abzuholen, wenn ich mal über den Durst getrunken habe"). Erst wenn der Leidensdruck den Krankheitsgewinn übersteigt, wird eine Verhaltensänderung angestoßen. Dann kann das Wissen über notwendige Umsetzungsmaßnahmen und erforderliche Schritte zur Zielerreichung den Veränderungsprozess lenken. Diese Methodenkompetenz bildet den dritten Einflussfaktor im Signum-Modell (AMBACH, 2021). Die Richtung von Veränderungsprozessen wird dabei durch die Signumfunktion (sgn) abgebildet:

Veränderung = sgn (Leidensdruck – Krankheitsgewinn) * Methodenkompetenz.

Absichtsbildung (Contemplation). Die Absichtsbildung ist das zweite Stadium im Modell von PROCHASKA & DICLEMENTE. Der betroffenen Person ist nun die Existenz eines Problems und seiner negativen Aspekte bewusst. Sie denkt ernsthaft über die Überwindung des Problems nach, jedoch besteht noch kein verpflichtender Entschluss („Commitment"), Maßnahmen auch wirklich zu ergreifen. Bezeichnend für diese Phase ist das Abwägen von Vor- und Nachteilen des Problems sowie von dessen Lösung. Aus dieser Bilanzierung leiten sich Wünsche, Ziele und die Entscheidung zur Einleitung einer Veränderung ab. Das Rubikon-Modell der Handlungsphasen (GOLLWITZER, 1990) beschreibt unter anderem diesen Prozess der Zielbildung und Handlungsauswahl. Die Zielbildung wird unter Abwägung der Realisierbarkeit und der Beurteilung von positiven und negativen erwarteten Konsequenzen verschiedener Wünsche vollzogen, wobei auch die subjektiv empfundene Aufgabenschwierigkeit bei der Umsetzung des künftigen Zielverhaltens mit der Einschätzung eigener Kompetenzen für die Zielerreichung ins Kalkül gesetzt wird (KRAU, 1982, nach BRUNSTEIN & HECKHAUSEN, 2018; vgl. das „COM-B-System" im Sinne von MICHIE ET AL., 2011). Am Ende dieses Abwägungsprozesses steht die Entscheidung für ein konkretes Ziel, welches mithilfe verbindlicher Absichten nun auf die Umsetzung ausgerichtet wird. Dieser Punkt wird als „Überschreiten des Rubikons" bezeichnet. Es entsteht die Selbstverpflichtung („Commitment") zur Umsetzung dieses Ziels (ACHTZIGER & GOLLWITZER, 2010), also das innere Einverständnis und die mentale Selbstverpflichtung zur Umsetzung (AMRHEIN ET AL., 2003; vgl. ausführlich dazu auch Ausführungen in Kapitel C.1). Für die Selbstmotivation können in dieser Phase des TTM durchaus noch externale Motive ausschlaggebend sein, die mit positiven Verhaltensfolgen verknüpft sind. Externale Motive sind beispielsweise Wiederherstellen von Mobilität, Sicherung des Arbeitsplatzes oder Erleichterungen im Alltag wie das Abholen der Kinder von der Schule. Gleichzeitig kann in diesem Stadium noch eine Form einer externalisierten Problemsicht vorliegen, z. B. die Erkenntnis „lediglich" ein Trink-Fahr-Problem zu haben, nicht jedoch ein Problem übermäßigen Trinkens.

Handlungsvorbereitung (Preparation). Nach der Absichtsbildung schließt sich im TTM nun die Phase der Vorbereitung an. In diesem dritten Stadium planen Personen konkret, zeitnah ihr Verhalten zu ändern und unternehmen erste Schritte in Richtung einer Verhaltensänderung. Aus ersten positiv erlebten Folgen des neuen Verhaltens kann sich bereits eine Quelle positiver Verstärkung bilden. So erlebt jemand durch reduzierten Alkoholkonsum keinen Kater mehr, zeigt bessere Leistungen am Arbeitsplatz und ist ausdauernder bei sportlichen Aktivitäten. Indem direkte Erfahrungen mit einem neuen Verhalten spür- und erlebbar werden, kann sich auch das Problembewusstsein erweitern. Durch Erfahrungsbildung erkennt die Person, wie stark sie früher getrunken und dass sie oftmals keine ausreichende Kontrolle über den Alkoholkonsum ausgeübt hatte. Diese „angereicherte" Motivation lenkt die Auswahl zieldienlicher Alltagssituationen und der dazu passenden Handlungen.

Zudem werden einzelne Handlungsschritte zeitlich sequenziert und Aktionspläne entwickelt, die konkret bestimmen, wann, wo und wie die Person eine zielführende Handlung ausführen will. Solche Pläne werden als „Implementation Intentions" bezeichnet. Die Unterscheidung zwischen Zielintentionen („Goal Intentions"/ Absichten) und Durchführungsintentionen („Implementation Intentions"/Vorsätze) erklärt, warum das alleinige Setzen von Zielen noch nicht ausreicht, um ein neues Verhalten tatsächlich umzusetzen (ACHTZIGER & GOLLWITZER, 2010). Zielintentionen definieren zunächst nur gewünschte Endzustände (z. B. „Ich will weniger Alkohol trinken"). Vorsätze sind Pläne, welche die Realisierung der Ziele unterstützen (z. B. „Wenn ich im Restaurant bin, dann bestelle ich mir ein alkoholfreies Bier"). Vorsätze können helfen, relevante Situationen leichter zu erkennen, und begünstigen, dass zielförderndes Verhalten automatisch initiiert wird. Durch die konkrete Verknüpfung von alternativem Verhalten mit Situationen, in denen bisher problematisches Verhalten gezeigt wurde, können die neuen Stimulus-Response-Ketten nach vielfacher Wiederholung automatisiert werden und somit eine neue Gewohnheit formen (ACHTZIGER & GOLLWITZER, 2010).

Handlungsphase (Action). Im vierten Stadium, der Handlungsphase, vollzieht eine Person ihre Verhaltensänderung. Diese Phase ist mit erheblichem Zeit- und Energieeinsatz verbunden und wird vor allem angetrieben durch den Motor „Selbstverpflichtung" („Commitment"). In diesem Veränderungsstadium müssen effektive Strategien erarbeitet werden, um Fehlern vorzubeugen und einen Rückfall zu verhindern. Dazu kann unter anderem das Prinzip der Selbstverstärkung („Reinforcement Management") genutzt werden.

Phase der Aufrechterhaltung (Maintenance). Nach PROCHASKA & DICLEMENTE ist Aufrechterhaltung das Stadium, in dem schließlich daran gearbeitet wird, einen Rückfall zu verhindern und das neue Verhalten zu konsolidieren, um so eine Stabilisierung der Verhaltensänderung zu erzielen. Spätestens in dieser Phase sollte ein individuelles und adäquates Problembewusstsein vorhanden sein, da nur dann alternative Strategien dauerhaft etabliert werden können, wenn jene persönlichen, motivationalen und situativen Bedingungen (Auslöser und Konsequenzen), die zu Alkoholmissbrauch in der Vorgeschichte geführt und diesen aufrechterhalten hatten, klar identifiziert und im Selbstbild verankert wurden.

Determinanten einer nachhaltigen Veränderung. Die fünf Stadien des Modells sind idealtypisch dargestellt. Ein nur einmaliges, stringentes und lineares Durchlaufen der Stufen ist eher die Ausnahme als die Regel. Eine nachhaltige Verhaltensänderung gelingt nicht immer mit dem ersten Versuch, häufig kommt es zu Durchsetzungsschwächen und Rückfällen. Nach einem Rückfall ist ein erneutes „Durchlaufen" der Stufen notwendig. Die Stadien werden oft also eher „spiralförmig" durchlaufen, und ein Veränderungsprozess kann sich in mehreren Schleifen vollziehen. Dabei kann ein Zurückfallen sowohl in die Precontemplation- als auch in die Contemplation- oder die Preparation-Stufe erfolgen. Ebenfalls zu beobachten sind Verläufe, bei denen die Stadien zeitlich parallel verlaufen, sich also z. B. die konkrete Planung mit der Absichtsbildung überschneidet.

Die motivationale Basis sollte sich im Verlauf der Veränderungsstadien von einer extrinsischen zu einer intrinsischen Qualität entwickeln, einschließlich eines adäquaten Problembewusstseins als wesentlichem „Katalysator" für künftiges Verhalten.

Neben den Stufen der Veränderung beschreibt das TTM weiterhin Prozesse der Veränderung, welche Personen im Rahmen einer Verhaltensänderung durchlaufen, und wie Menschen Veränderungen in Gang setzen. Eine effiziente Verhaltensänderung ist davon abhängig, zur richtigen Zeit (Stadien) die richtigen Dinge (Prozesse) zu tun. Die Dauerhaftigkeit einer Verhaltensänderung ist vor allem dann gefährdet, wenn eine Veränderung ohne ein ausreichendes Problembewusstsein angestrebt wird oder Personen in der Ziel- und Absichtsbildung „verharren", ohne das neue Verhalten ausreichend zu planen, einzuüben und zu stabilisieren. Eine plötzlich einsetzende Verhaltensänderung, z. B. mit dem Start eines Abstinenzkontrollprogramms, ohne das vorherige Durchlaufen der Phasen 1 bis 3, wird sozusagen von „hinten aufgezäumt", sodass Problembewusstsein, intrinsische motivationale Absicherung und Entwicklung von Strategien zur Rückfallvermeidung flankierend erarbeitet werden müssen.

Im Rahmen einer Fahreignungsbegutachtung werden also stets die Fragen nach dem Zeitpunkt und dem Auslöser der Veränderung, der zwischenzeitlichen Erfahrungsbildung und der Entwicklung einer intrinsischen Motivation bis zum Erreichen eines tragfähigen Commitment zu klären sein (vgl. Kapitel C.1).

d) Bewertung von Kompensationsfaktoren

Die gutachterliche Aufgabe besteht nach den Ausführungen in den Begutachtungsleitlinien zur Kraftfahreignung auch darin, stets die Kompensationsfrage zu prüfen (in den BGL Seite 7 und 8) und gegebenenfalls Auflagen und Beschränkungen zu empfehlen. Diese können im Einzelfall dazu beitragen, die Mindestvoraussetzungen für die sichere Verkehrsteilnahme zu erfüllen, damit das individuelle Mobilitätsbedürfnis mit den Belangen der Verkehrssicherheit in Übereinstimmung gebracht werden kann. Kompensation kann auf mehrere Arten erfolgen, beispielsweise mittels medizinischer Hilfsmittel (Sehhilfe, Prothese) oder medizinischer Behandlung, durch technische Veränderungen am Fahrzeug (Umrüstung auf einen behindertengerechten Betrieb) oder mittels unterstützender psychischer Qualitäten und Ressourcen beim „Faktor Mensch". Dazu wird in Anlage 4, Vorbemerkung, Ziffer 3 FeV ausgeführt:

> *„Kompensationen durch besondere menschliche Veranlagung, durch Gewöhnung, durch besondere Einstellung oder durch besondere Verhaltenssteuerungen und -umstellungen sind möglich."*

Kompensation in diesem Sinn bezieht sich auf Vorkehrungen oder Umstände, die dafür sorgen, dass bestehende Leistungsverluste oder Leistungsminderungen das Ziel einer möglichst hohen Sicherheit aller Verkehrsteilnehmer nicht gefährden. Ein angemessenes Behandlungsregime bildet eine Voraussetzung für die eigenkritische Überprüfung aktueller Fahrsicherheit vor Fahrtantritt, denn jeder Kraftfahrer muss stets sicherstellen, dass er in allen Verkehrssituationen ein stabiles Leistungsniveau gewährleistet und die Gefahr des plötzlichen Versagens der körperlich-geistigen Leistungsfähigkeit durch sorgfältige und vorsorgende Planung hinreichend sicher ausgeschlossen werden kann. Motivation (z. B. bewusst erhöhte Anstrengung als Ausgleich zu den bemerkten Schwächen) ist neben einer geringen Risikobereitschaft, einem ausgeprägten Verantwortungsbewusstsein, Krankheitskenntnis/Problembewusstsein und persönlicher Zuverlässigkeit im Sinne von Gewissenhaftigkeit wesentlich für eine erfolgreiche Umsetzung von Kompensation.

Es ist sinnvoll, zwischen zwei Arten von Kompensierbarkeit von Leistungseinschränkungen zu unterscheiden. Zum einen kann zum Zeitpunkt der Begutachtung geprüft werden, ob bestehende oder frühere Einschränkungen durch persönliche Einstellungen, durch eine verantwortliche Verhaltenssteuerung, durch eine gut abgestimmte medizinische Behandlung oder durch gute und stabile Leistungen in anderen Bereichen ausgeglichen werden können und so eine positive Prognose uneingeschränkt gestellt werden kann. Zum anderen kann es auch erforderlich sein, Leistungsbeeinträchtigungen durch Beschränkungen und Auflagen auszugleichen, welche den Umfang der Gültigkeit der Fahrerlaubnis einschränken (z. B. Beschränkung der Klasse B auf Fahrzeuge mit mehr als zwei Rädern) oder dem Fahrer bestimmte Maßnahmen (z. B. Tragen einer Brille oder Kontaktlinse) auferlegen. Ein Katalog solcher möglichen Beschränkungen, Auflagen und Zusatzangaben, die mithilfe von Schlüsselzahlen in den Führerschein eingetragen werden, findet sich in Anlage 9 FeV.

Im Zusammenhang mit der Diskussion der Kompensierbarkeit von Mängeln kommt auch dem Begriff der „bedingten Eignung" Bedeutung zu. Er zielt darauf ab, ob in der Tabelle der Anlage 4 FeV in den Spalten 2 und 3 die Eignung mit einem klaren „ja" oder „nein" beschrieben wird oder ob Bedingungen für die Eignung formuliert sind, dort also ein „ja, wenn ..." oder ein „ja, bei ..." steht.[1] In diesen Fällen finden sich in den Spalten 4 und 5 Eintragungen zu Beschränkungen und Auflagen. Im Umkehrschluss bedeutet dies auch, dass bei klaren Angaben zur Eignung/Nichteignung auch vom Gutachter keine bedingte Eignung vorgeschlagen werden kann.

1 Vgl. VGH Baden-Württemberg Urteil vom 11.12.2017 (10 S 2263/16).

Bei Erkrankungen gemäß Anlage 4 FeV und der Einnahme von Medikamenten, die erforderlich ist, um die krankheitsbedingten Einschränkungen zu kompensieren, ist die Behandlungscompliance oder Adhärenz des Patienten von besonderer Bedeutung. Compliance und Adhärenz werden mitunter synonym verwendet. Der Begriff Compliance wird allerdings zunehmend vom Begriff Adhärenz abgelöst. Hinter dem Adhärenz-Konstrukt steckt gegenüber dem Compliance-Gedanken einer reinen „Befolgung" ärztlicher Anordnungen die Idee der aktiveren und verantwortungsbewussteren Rolle des Patienten beim Umgang mit der Erkrankung und bei der Planung, Gestaltung und dem Erreichen des Therapiezieles (StAB, 2018). Auch hier könnte man von „Commitment" sprechen, das heißt der Selbstverpflichtung, gewissenhaft und aus innerer Überzeugung die Behandlung in Abstimmung mit den behandelnden Ärzten umzusetzen. Die Weltgesundheitsorganisation (WORLD HEALTH ORGANIZATION (WHO), 2003) nimmt an, dass Adhärenz von fünf Faktoren beeinflusst wird. Dazu gehören krankheitsbezogene Faktoren (z. B. Symptomschwere oder Komorbiditäten), patientenbezogene Faktoren (z. B. Angst vor Nebenwirkungen oder negative Einstellungen zu Medikation und/oder der Behandlung), soziale/ökonomische Faktoren (z. B. Alter oder Bildungsniveau), therapiebezogene Faktoren (z. B. Komplexität der Therapie oder Nebenwirkungen) sowie gesundheitssystembedingte Faktoren (z. B. das Vertrauen zum Arzt). Diese potenziell eine Adhärenz vermindernde Faktoren können verstärkt oder abgemildert werden durch die bereits beschriebenen Voraussetzungen für eine erfolgreiche Kompensation.

Im Falle einer Dauerbehandlung mit Medikamenten ist auch zu beachten, dass es Schwankungen in der Schwere der Krankheitssymptome sowie im Wirkungsverlauf der Medikation geben kann, die dazu führen können, dass eine sichere Verkehrsteilnahme nicht zu jedem Zeitpunkt möglich ist. Hier kann auch der Verzicht auf eine Fahrzeugführung in verkehrsunsicherem Zustand einen Beitrag zur Kompensation darstellen. Dieser Verzicht auf die Verkehrsteilnahme in unsicherem Zustand wird als Einhaltung des Trennungsgebots umschrieben, das fahrerseitig durch die Trennungsbereitschaft und das Trennungsvermögen sichergestellt wird. Fasst man Trennvermögen als Fähigkeit im Sinne einer Kompetenz auf, so ließe sich die Trennbereitschaft vor allem als Motivation zur Anwendung des Trennvermögens definieren. Sinngemäß gilt dies auch nach der Einnahme von Betäubungsmitteln, z. B. Cannabis. In beiden Fällen bedarf es zur Einhaltung des Trennungsgebotes einer Selbstverpflichtung („Commitment"). In diesem Zusammenhang sind Normen- und Regelakzeptanz von Vorschriften im Straßenverkehr, eine ausgeprägte Sicherheitsorientierung sowie Gewissenhaftigkeit und umsichtiges Planungsvermögen mit differenzierter Vorsatzbildung gleichsam wesentlich.

e) Empfehlungen zur Unterstützung einer günstigen Entwicklung

Ist eine zum Zeitpunkt der Untersuchung noch ungünstige Befundlage durch aktives Mitwirken des Klienten veränderbar, kann die gutachterliche Beantwortung der Fragestellung durch eine Empfehlung ergänzt werden. Der Gutachter hat hierbei bei bestimmten Fragestellungen (Alkohol- oder Drogenauffälligkeit) zunächst dazu Stellung zu nehmen, ob ein anerkannter Kurs zur Wiederherstellung der Fahreignung (vgl. § 70 FeV) geeignet ist, die verbleibenden Bedenken auszuräumen. Eine

Kursempfehlung ist grundsätzlich dann angezeigt, wenn trotz einer belastenden Vorgeschichte Anzeichen dafür vorhanden sind, dass eine Einstellungs- und Verhaltensänderung

- angestrebt wird und erreichbar ist,
- in Ansätzen bereits zustande gekommen ist, aber vervollständigt werden muss oder
- vollzogen wurde, aber der Systematisierung und Stabilisierung bedarf.

Hierbei ist zu berücksichtigen, dass auch Verhaltensänderungen, die primär bei fehlendem Problembewusstsein aus vordergründigen Motiven (z. B. sozialer Druck, Wunsch nach der Fahrerlaubnis) eingeleitet wurden, bei der Kursteilnahme durch die eingeleiteten Einsichtsprozesse eine motivationale Umorientierung und Festigung erfahren. Eine Kursempfehlung stellt für den (noch) nicht geeigneten Klienten die am geringsten belastende Maßnahme zum Erreichen des Ziels der Fahreignung dar und greift auch nicht unangemessen in seine persönliche Sphäre ein (Übermaßverbot). Sie ist in jedem Fall zu prüfen und kann bei fehlenden Eignungsvoraussetzungen regelmäßig ausgesprochen werden, wenn die in Hypothese A 7 bzw. Hypothese D 7 (vgl. Kapitel B.2 und B.3) formulierten Anforderungen erfüllt werden.

Die Wirksamkeit ist derzeit für die von durch die BASt begutachteten Trägern angebotenen Kursmodelle

- für alkoholauffällig gewordene Kraftfahrer und
- für Fahrer mit Drogenauffälligkeit

anzunehmen und für eine Reihe von Modellen durch Wirksamkeitsstudien belegt. Die aktuell jeweils angebotenen Kursmodelle sind der Liste der begutachteten Träger zu entnehmen (www.bast.de; Menüpunkt: Verhalten und Sicherheit/Qualitätsbewertung). Da eine Teilnahme an diesen Kursen nur möglich ist, wenn die Erfolgsaussichten hinsichtlich erforderlicher Einstellungs- und Verhaltensänderungen in einem vorausgehenden Gutachten für den Einzelfall bestätigt wurden, führt die Teilnahme in der Regel zur Wiedererlangung der Fahrerlaubnis. Zu beachten ist jedoch die Einschränkung, dass eine Kursempfehlung aus formal-juristischen Gründen nur ausgesprochen werden kann, wenn der zu Begutachtende nicht Inhaber einer Fahrerlaubnis ist, da eine Kursempfehlung die Nichteignung zum Zeitpunkt der Begutachtung impliziert.

Kann bei noch bestehenden Eignungsbedenken keine Teilnahme an einem derartigen Kurs empfohlen werden, so kommen individuell sehr unterschiedliche Möglichkeiten einer Intervention in Betracht (vgl. hierzu auch Kapitel C.5), deren Erfolg im Einzelfall jedoch nicht vorhersehbar ist und einer weiteren Überprüfung durch eine Fahreignungsbegutachtung bedarf.

Zur Verbesserung der Eignungsvoraussetzungen vor einer späteren Untersuchung können in diesen Fällen empfohlen werden:

- aufarbeitendes, klientenzentriertes Gespräch (z. B. Beratungsstellen)

- rehabilitative verkehrspsychologische Einzel- oder Gruppenmaßnahmen
- psychotherapeutische Einzel- oder Gruppeninterventionen (nach dem PsychThG)
- Selbsthilfegruppen
- ärztliche Betreuung.

Es wird hierbei nicht übersehen, dass vereinzelt auch eine Selbstkorrektur (Spontanremission) in der Lage sein kann, die Eignungsvoraussetzungen zum Führen von Kraftfahrzeugen zu verbessern.

Literatur

ACHTZIGER, A. & GOLLWITZER, P. M. (2010). Motivation und Volition im Handlungsverlauf. In: HECKHAUSEN, J. & HECKHAUSEN, H. (Hrsg.): Motivation und Handeln. 4. Auflage. Berlin, Heidelberg: Springer.

AMBACH, C. (2021). Wie funktioniert Veränderung? Neue Impulse durch das „Signum-Modell". Report Psychologie 46(5), 2–5.

AMRHEIN, P. C., MILLER, W. R., YAHNE, C. E., PALMER, M. & FULCHER, L. (2003). Client commitment language during motivational interviewing predicts drug use outcomes. Journal of Consulting and Clinical Psychology 71(5), 862-878. doi:10.1037/0022-006X.71.5.862.

BEECH, A. R., & CRAIG, L. A. (2012). The current status of static and dynamic factors in sexual offender risk assessment. Journal of Aggression, Conflict and Peace Research 4(4), 169–185. https://doi.org/10.1108/17596591211270671.

BRUNSTEIN, J. C., & HECKHAUSEN, H. (2018). Leistungsmotivation: In: HECKHAUSEN, J. & HECKHAUSEN, H. (Hrsg.): Motivation und Handeln. Berlin, Heidelberg: Springer. 163–221.

BUNDESANSTALT FÜR STRASSENWESEN (Hrsg.) (2022). Begutachtungsleitlinien zur Kraftfahreignung – Fassung vom 17.2.2021 (VkBl. S. 198), in Kraft getreten am 1.6.2022 mit der Fünfzehnten Verordnung zur Änderung der Fahrerlaubnis-Verordnung und anderer straßenverkehrsrechtlicher Vorschriften (BGBl. I Nr. 11 vom 25. März 2022. https://www.bast.de/DE/Verkehrssicherheit/Fachthemen/U1-BLL/BLL-Download.html (abgerufen am 27.8.2022).

DUCKWORTH, A. L., PETERSON, C., MATTHEWS, M. D. & KELLY, D. R. (2007). Grit: Perseverance and passion for long-term goals. Journal of Personality and Social Psychology 92(6), 1087–1101. doi: 10.1037/0022-3514.92.6.1087.

FESTINGER, L. (1957). A theory of cognitive dissonance. Stanford: Stanford University Press.

GOLLWITZER, P. M. (1990). Action phases and mind sets. In: HIGGINS, E. T. & SORRENTINO, J. R. (Hrsg.): The Handbook of Motivation and Cognition. New York: Guildford Press. 53–92.

HEFFERNAN, R. & WARD, T. (2017). A comprehensive theory of dynamic risk and protective factors. Aggression and violent behavior 37, 129–141.

HENTSCHEL, P., KÖNIG P. & DAUER, P. (2021). Straßenverkehrsrecht. 46. Auflage. München: C. H. Beck.

JÄGER, R. S. (2006). Diagnostischer Prozess. In: PETERMANN, F. & EID, M. (Hrsg.): Handbuch der Psychologischen Diagnostik (erschienen in der Reihe „Handbuch der Psychologie"). Göttingen: Hogrefe.

KRAU, E. (1982). Motivational feedback loops in the structure of action. Journal of Personality and Social Psychology 43, 1030–1040.

KUBINGER, K.D. (2009). Psychologische Diagnostik. Theorie und Praxis psychologischen Diagnostizierens. 2. Auflage. Göttingen: Hogrefe.

MICHIE, S., VAN STRALEN, M. M. & WEST, R. (2011). The behaviour change wheel: A new method for characterising and designing behaviour change interventions. Implementation Science 6(42). https://doi.org/10.1186/1748-5908-6-42.

MILLER, W. R. & ROLLNICK, S. (1991). Motivational interviewing: Preparing people to change addictive behavior. New York: Guilford Press.

PROCHASKA, J. O., & DICLEMENTE, C. C. (1982). Transtheoretical therapy: Toward a more integrative model of therapy. Psychotherapy: Theory, Research, and Practice 19, 276–288.

PROCHASKA, J. O. & DICLEMENTE, C. C. (1986). Toward a comprehensive model of change. In: MILLER, W. R. & HEATHER, N. (Hrsg.): Treating addictive behaviors: Processes of change. New York: Plenum Press. 3–27.

PROCHASKA, J. O., DICLEMENTE, C. C. & NORCROSS, J. C. (1993). In Search of How People Change: Applications to Addictive Behaviors. Journal of Addictions Nursing 5(1), 2–16. https://doi.org/10.3109/10884609309149692.

SAMPSON, R. J. & LAUB, J. H. (2005). A life-course view of the development of crime. The Annals of the American Academy of Political and Social Science 602(1), 12–45.

SCHMIDT, F. (2021). Beharrlichkeit und beständiges Interesse: Die Bedeutung von Grit für den Bildungserfolg. Report Psychologie 46(4), 12–15.

SCHMIDT-ATZERT, L. & AMELANG, M. (2012). Psychologische Diagnostik. 5. Auflage. Berlin, Heidelberg: Springer.

SERIN, R. C., CHADWICK, N. & LLOYD, C. D. (2016). Dynamic risk and protective factors. Psychology, Crime & Law 22(1–2), 151–170.

STÄNDIGE ARBEITSGRUPPE BEURTEILUNGSKRITERIEN (2018): Fahreignungsbegutachtung bei Cannabismedikation. Handlungsempfehlung der Ständigen Arbeitsgruppe Beurteilungskriterien. In: SCHUBERT, W., HUETTEN, M., REIMANN, C., GRAW, M., SCHNEIDER, W. & STEPHAN, E. (Hrsg.): Begutachtungsleitlinien zur Kraftfahreignung – Kommentar. 3. Auflage. 440-448. Bonn: Kirschbaum Verlag.

WAGNER, T., STROHBECK-KÜHNER, P. & KOEHL, F. (2018). Straftaten und Verstöße gegen verkehrsrechtliche Vorschriften – Kommentar zu den Begutachtungsleitlinien zur Kraftfahreignung, Kapitel 3.16 und 3.17. In: SCHUBERT, W., HUETTEN, M., REIMANN, C., GRAW, M., SCHNEIDER, W. & STEPHAN, E. (Hrsg.): Begutachtungsleitlinien zur Kraftfahreignung – Kommentar. 3. Auflage. Bonn: Kirschbaum Verlag.

WARD, T. (2017). Prediction and agency: The role of protective factors in correctional rehabilitation and desistance. Aggression and violent behavior 32, 19–28.

WESTHOFF, K. & KLUCK, M.-L. (2014). Psychologische Gutachten schreiben und beurteilen. 6. Auflage. Heidelberg: Springer.

WORLD HEALTH ORGANIZATION (WHO) (2003). Adherence to long-term therapies: evidence for action. https://apps.who.int/iris/handle/10665/42682 (abgerufen am 27.8.2022).

Weiterführende Literatur

BRENNER-HARTMANN, J., WAGNER, T., MUSSHOFF, F., HOFFMANN-BORN, H., LÖHR-SCHWAAB, S. & MÜLLER, A. (2011). Grundriss Fahreignungsbegutachtung – Einführung in die Beurteilungskriterien der medizinisch-psychologischen und ärztlichen Begutachtung. Bonn: Kirschbaum Verlag.

CHALOUPKA-RISSER, C., RISSER, R. & ZUZAN, W.-D. (2011). Verkehrspsychologie – Grundlagen und Anwendungen. Wien: facultas.wuv Universitätsverlag.

JACOBSHAGEN, W. & UTZELMANN, H.D. (1996). Medizinisch-Psychologische Fahreignungsbegutachtung bei alkoholauffälligen Fahrern und Fahrern mit hohem Punktestand – Empirische Ergebnisse zur Wirksamkeit und zu deren diagnostischen Elementen. Köln: Verlag TÜV Rheinland.

JÄGER, R. S. & PETERMANN, F. (Hrsg.) (1999). Psychologische Diagnostik. 4. Auflage. Weinheim: Psychologie Verlags Union.

KAJAN, G. (1986). Beurteilungskriterien für Tatauffällige bei einer medizinisch-psychologischen Untersuchung. In: SCHORR, A. (Hrsg.): Bericht über den 13. Kongress für angewandte Psychologie, Bonn, September 1985. Bonn: Deutscher Psychologen Verlag. 373–376.

KLEBELSBERG, D. (1982). Verkehrspsychologie. Berlin, Heidelberg, New York: Springer.

KRÜGER, H.-P. (Hrsg.) (2009). Anwendungsfelder der Verkehrspsychologie – Verkehrspsychologie Bd. 2. In der Reihe: Enzyklopädie der Psychologie, Serie IV. Göttingen, Bern, Toronto, Seattle: Hogrefe

MADEA, B., MUSSHOFF, F. & BERGHAUS, G. (Hrsg.) (2012). Verkehrsmedizin – Fahreignung, Fahrsicherheit, Unfallrekonstruktion. 2. Auflage. Köln: Deutscher Ärzteverlag.

SCHLAG, B. (1994). Risikoverhalten im Straßenverkehr. In: FLADE, A. (Hrsg.): Mobilitätsverhalten. Weinheim: Beltz, Psychologie Verlags Union.

VOLLRATH, M. & KREMS, J. (2011). Verkehrspsychologie – Ein Lehrbuch für Psychologen, Ingenieure und Informatiker. In der Reihe: Standards Psychologie. Stuttgart: W. Kohlhammer.

A. 3 Der diagnostische Prozess und die Erstellung des Gutachtens

Die Fahreignungsbegutachtung findet auf der Basis behördlicher Fragestellungen (vgl. Kapitel A.1) nach einer Bewertung von Auffälligkeiten in der Vorgeschichte durch die Fahrerlaubnisbehörde statt. Die rechtlichen Rahmenbedingungen haben auch Einfluss auf den diagnostischen Prozess, der in der Regel vor dem Hintergrund einer vorgegebenen (Nicht-)Eignungsvermutung dazu beitragen soll, bestehende Zweifel durch objektiv erhobene Befunde und auf wissenschaftlicher Grundlage abgeleitete Schlussfolgerungen abzuklären.

Grundsätzlich nimmt jeder diagnostische Prozess seinen Ausgangspunkt bei einer Fragestellung und endet mit deren Beantwortung. Die Zwischenstufen sind dabei in der Regel die Operationalisierung der Fragestellung, die Definition von Entscheidungskriterien, die Auswahl der Untersuchungsmethoden, die Befunderhebung, die Zuordnung der Befunde zu den Entscheidungskriterien sowie die abwägende Gewichtung der Ergebnisse, um zu einer Schlussfolgerung hinsichtlich der Beantwortung der Fragestellung zu kommen. KUBINGER beschreibt diesen Prozess so:

> *„Zunächst wird eine Vielfalt von idiografischen, also den Einzelfall betreffenden Hypothesen entwickelt, wie sie im Zusammenhang mit der konkret gegebenen Fragestellung denkbar sind. Dann werden Methoden und Verfahren gesucht und eingesetzt, die ein Prüfen dieser Hypothesen ermöglichen. Schließlich dienen die der Überprüfung standgehaltenen und insofern nach Popper [1989] bewährten Hypothesen der Begründung der Diagnose bzw. genauer: machen die Diagnose aus."* (KUBINGER, 2019, S. 8)

Aufgrund der gesetzlich fixierten Rahmenbedingungen und der hier vorliegenden Beurteilungskriterien können bei der verkehrspsychologischen Fahreignungsdiagnostik im Unterschied zu anderen Teilgebieten der Psychologie einige Teilschritte dieses Prozesses entfallen (vgl. SCHÜTZHOFER & BRENNER-HARTMANN, 2021). So wird etwa die Operationalisierung der Fragestellung teilweise vom Gesetzgeber durch verbindliche Begutachtungsleitlinien zur Kraftfahreignung (BASt, 2022) und durch die Rechtsprechung vorgenommen. Auch die Erstellung eines Anforderungsprofils kann durch die in Anlage 4 FeV und in den Begutachtungsleitlinien verbindlich geregelten Bedingungen für die Annahme der Fahreignung weitgehend entfallen bzw. bedarf nur noch der differenzierten Ausgestaltung und Operationalisierung auf Befundebene. Hinzu kommt, dass nur durch eine anerkannte „Unabhängige Stelle für die Bestätigung der Eignung der eingesetzten psychologischen Testverfahren und -geräte" (Anlagen 14 Absatz 2 Nr. 7 und 14a FeV) geprüfte und als geeignet bestätigte Testverfahren zur Anwendung kommen dürfen. Auch dies schränkt die gutachterliche Freiheit bei der Planung der Untersuchung und der Gestaltung des diagnostischen Prozesses ein.

Die wesentlichen Elemente des spezifisch verkehrspsychologischen diagnostischen Prozesses sollen vor diesem Hintergrund in den folgenden Abschnitten näher betrachtet werden. Dies sind vor allem

- die Akten- und Vorgeschichtsanalyse,
- die Hypothesenbildung,
- die Auswertung von Informationen und
- die Befundzuordnung anhand von Anforderungskriterien (Hypothesenprüfung).

A. 3.1 Akten- und Vorgeschichtsanalyse

Die Akten- und die Vorgeschichtsanalyse ist gleichermaßen für behördliches und gutachterliches Handeln wichtig. Die aktenkundige Verkehrsvorgeschichte begründet nicht nur die behördlichen Eignungsbedenken und bedingt, welche Fragen in der Begutachtung zu klären sind, sondern sie liefert auch dem Gutachter wichtige Informationen zur Art und den Umständen des früheren Fehlverhaltens oder einer früheren Symptomatik. Um eine Begutachtung von Personen mit Eignungszweifeln sinnvoll durchführen zu können, bedarf es der Kenntnis des Akteninhalts durch den Gutachter. Im Straßenverkehrsgesetz ist deshalb in § 2 Abs. 14 geregelt, dass den nach § 2 Abs. 13 amtlich anerkannten Stellen Daten übermittelt werden dürfen, sofern sie diese für die Erfüllung ihrer Aufgaben benötigen.

Für den Gutachter finden sich in der Akte der Behörde häufig bereits wichtige Hinweise auf die Ausprägung einer Problematik und das Vorliegen von Verhaltensgewohnheiten. Der Gutachter wird daher die Verkehrsakte sorgfältig auswerten, um sich wiederholende Muster im Verhalten oder besondere Ausprägungsgrade auffälligen Verhaltens zu erkennen. So spielen bei einer Alkoholauffälligkeit etwa die Höhe der Blutalkoholkonzentration (BAK), die dokumentierte Beeinträchtigung aufgrund der Alkoholisierung, die Tageszeit der Auffälligkeit oder die Entwicklung bei wiederholter Alkoholauffälligkeit eine Rolle. Dies gilt gleichermaßen für Auffälligkeiten unter Drogeneinfluss, wo Wirkstoffgehalte im Blut oder der Nachweis von Metaboliten Hinweise auf das Einnahmeverhalten vor der Tatauffälligkeit oder auf Gewöhnungseffekte geben können.

Die in Kapitel B.2 bis B.6 ausgeführten Kriterien und Indikatoren zu den verschiedenen Fallgruppen enthalten selbst eine Vielzahl von Bezügen zu Vorgeschichtsdaten, etwa wenn es um die diagnostische Einordnung des Trinkverhaltens in die Kategorien der Alkoholabhängigkeit (Hypothese A 1), des nicht kontrollierbaren Trinkens (Hypothese A 2) oder der Alkoholgefährdung (Hypothese A 3) geht (vgl. Kapitel B.2).

Selbstverständlich wird sich der Gutachter nicht mit der Auswertung der Verkehrsakte begnügen. Vor allem die verkehrspsychologischen Gutachter werden im Untersuchungsgespräch aus der Besprechung des Ablaufs und der Hintergründe der aktenkundigen Vorfälle wertvolle Informationen zum Trinkverhalten, zu Trinkmengen, Steuerungsmechanismen und sozialen Einflussgrößen erhalten. Aber auch medizinische Befunde, die im Zusammenhang mit der Vorgeschichte erhoben wurden (z. B. Suchtstoffnachweise im Blut), fließen in die Vorgeschichtsanalyse mit ein. Die genannten Befunde dienen zunächst der diagnostischen Abklärung der Problemausprägung. Es sind also vor allem die diagnostischen Hypothesen, die mithilfe der Vorgeschichtsanalyse bereits in einem ersten Schritt überprüft werden können, sodass die weitere Befunderhebung einer gezielteren Untersuchungsstrategie folgen kann. Dabei helfen die Ergebnisse der Aktenanalyse dem psychologischen Sachverständigen bei der Planung des Untersuchungsgespräches und liefern die Grundlage für die Gesprächsinhalte. Dies erleichtert eine erste Hypothesenbildung bezüglich der Dynamik des früheren Verhaltens. So werden beim Auftreten sporadischer Impulshandlungen andere Hypothesen hinsichtlich der persönlichen Verhaltensursachen gebildet als bei planmäßigem Vorgehen oder bei Verhaltensmustern, die über einen langen Zeitraum habituiert wurden.

Häufig finden sich in der Akte auch medizinische oder toxikologische Verlaufsbefunde aus der Vorgeschichte, etwa bei einer Drogenauffälligkeit oder wenn bereits im Vorfeld eine Begutachtung erfolgte und das Gutachten aktenkundig ist. Eingang in die Akte erhalten dann auch Belege über zwischenzeitliche Verhaltensänderungen (Abstinenzkontrollen, Therapiebescheinigungen), die nicht mehr primär der diagnostischen Aufklärung der Problemausprägung dienen, sondern bereits in die Veränderungsdiagnostik einfließen. In diesem Sinne sind auch Belege zu verstehen, die vom Betroffenen zur Untersuchung mitgebracht werden, also noch nicht Teil der behördlichen Akte geworden sind (sogenannte beigestellte Befunde).

Die Aktenanalyse erfüllt jedoch noch eine weitere wichtige Funktion: die Realitätsprüfung von Aussagen des Klienten. Seine Angaben zur Vorgeschichte und zur Verhaltensänderung dürfen nicht im Widerspruch zu den objektiv erfassten Tatmerkmalen und Messdaten stehen. Dies ist vor allem Thema der Hypothese 0, die sich mit der Verwertbarkeit der Angaben des Klienten beschäftigt (vgl. Kapitel B.1). Insbesondere das Kriterium 0.3 N enthält eine Reihe von Hinweisen zur Überprüfung der Stimmigkeit der Klientenangaben durch den Vergleich mit gesichertem Erfahrungswissen, wissenschaftlichen Erkenntnissen und der Aktenlage, bezieht sich also ebenfalls auf die Befundquelle **Vorgeschichtsanalyse**.

Zusammenfassend ist festzustellen, dass eine Begutachtung alleine auf der Grundlage aktuell erhobener medizinischer und psychologischer Befunde ohne Aktenkenntnis die Interpretation und Einordnung der Befunde und die Erstellung einer Verhaltensprognose erheblich erschweren und vor allem die Überprüfung der Nachvollziehbarkeit und Verwertbarkeit von Aussagen des Klienten fast unmöglich machen würde.

A. 3.2 Hypothesen als Grundlage der Untersuchung

Die Ergebnisse der Aktenanalyse führen zur Entwicklung von ersten diagnostischen Arbeitshypothesen hinsichtlich der Problemausprägung und deren Auswirkungen auf die Fahreignung sowie in Bezug auf die bisherige Lerngeschichte des Klienten. Mitunter findet sich bereits eine diagnostische Einordnung in Vorgutachten oder Arztberichten, die der Gutachter dann zur Grundlage für eine weitere diagnostische Abklärung machen wird (Prüfung der Nachvollziehbarkeit der Diagnose, Bewertung der Fahreignungsrelevanz der Diagnose, Feststellungen zu Veränderungen seit

Diagnosestellung). Zusammen mit der Fragestellung der Behörde ergeben sich aus den Arbeitshypothesen auch die erforderlichen Untersuchungsschritte, also die Planung der Befunderhebung, die anlassbezogen zu erfolgen hat (Anlage 4a Nr. 1 a) FeV). Es ist also zu entscheiden, welche Befunde relevant sind, um die spezifische Fragestellung der Behörde beantworten zu können, da bei der Fahreignungsdiagnostik ja kein allgemeiner „Fahreignungsstatus" erhoben wird. Dabei kann es auch vorkommen, dass im Prinzip eignungsrelevante Auffälligkeiten in der Vorgeschichte vorliegen (z. B. eine Fahrt unter Cannabiseinfluss), die trotzdem nicht in dem in Auftrag gegebenen Gutachten durch eine gezielte Befunderhebung aufgeklärt werden dürfen, da sie nicht Gegenstand der Fragestellung der Behörde (z. B. Frage nach der Fahreignungsrelevanz einer ADHS-Erkrankung bei Verordnung von Medizinalcannabisblüten) sind. Die Anlassbezogenheit steht einer allgemeinen Ausforschung des Klienten hinsichtlich möglicher Eignungsmängel somit entgegen und schützt ihn vor einem zu weitgehenden Eingriff in seine Persönlichkeitsrechte.[1]

Die behördliche Fragestellung kann auch Hinweise auf spezifische Überprüfungsnotwendigkeiten (z. B. Leistungsüberprüfung bei Alkoholfragestellung, Prüfung der Compliance bei Dauermedikation, Durchführung toxikologischer Untersuchungen zur Aufklärung eines Drogenkonsums) enthalten. Das Erfordernis zur Klärung bestimmter Anforderungen ergibt sich in der Regel jedoch aus den Festlegungen der Begutachtungsleitlinien zur Kraftfahreignung und der vorliegenden Beurteilungskriterien bezogen auf bestimmte Problemausprägungen und die damit verbundenen Kriterien zur Problembewältigung. Die hierzu erforderlichen Untersuchungsmethoden können von der Verkehrsbehörde nicht bereits in der Fragestellung spezifiziert werden, sondern sind Teil des diagnostischen Prozesses und bedürfen spezifischen Fachwissens.

Die Beurteilungskriterien unterscheiden in den Kapiteln B.2 bis B.5 zwischen **diagnostischen Kriterien** und **Kriterien zur Problembewältigung**. Es wird also zunächst durch die Anwendung von Entscheidungskriterien die kategoriale Zuordnung der Problemausprägung zu einer bestimmten Hypothese diagnostisch überprüft.

Aus der statistischen Erwartung einer (erneuten) Verkehrsauffälligkeit für eine Tätergruppe (wissenschaftliche Hypothese) können für den Einzelfall Anforderungen an notwendige Veränderungen oder Voraussetzungen abgeleitet werden, die überprüfen lassen, ob die statistische Erwartung auf den Einzelfall zutrifft (diagnostische Hypothese). Eine diagnostische Hypothese ist eine begründete Annahme, die in ihrer Formulierung eine diagnostische Wertsetzung mit daraus abgeleiteten Voraussetzungen für eine positive Beurteilung verknüpft (Kriterien zur Problembewältigung). Eine Hypothese soll durch die erhobenen Befunde bestätigt oder entkräftet werden (zur Systematik der Hypothesenprüfung vgl. WESTHOFF & KLUCK, 2014; GREUEL, 2002; STELLER & VOLBERT, 2000).

Den rechtlichen Überlegungen zur Fahreignung liegt die generelle Annahme zugrunde, dass das Verhalten im Straßenverkehr auch wesentlich durch Faktoren

1 BVerfG, Beschluss vom 24. Juni 1993 – 1 BvR 689/92.

beeinflusst wird, die mit der Person des Fahrers im Zusammenhang zu sehen sind, welche überprüft, bewertet und gegebenenfalls auch verändert werden können. Neben den Umweltfaktoren des Verkehrsgeschehens sind es vor allem individuelle psychische und körperlich-geistige Faktoren, die das menschliche Verhalten im Regelkreis des Verkehrs modifizieren. Auch bei der Erforschung von Unfallursachen kommt dem „Faktor Mensch" eine wesentliche Rolle zu, wobei die Interaktion von ungünstigen Umweltfaktoren und Leistungslimitierungen des Fahrers diskutiert werden (vgl. z. B. EWERT, 2021). Die Rolle der Persönlichkeit des Fahrers nimmt in der Unfallforschung eine eher geringe Rolle ein, muss jedoch bei der Eignungsüberprüfung in den Vordergrund gestellt werden, da es ja nicht ein „Augenblicksversagen" aufzuklären gilt, sondern die Ursachen einer ungewöhnlichen Häufung oder Ausprägung von Verhaltensauffälligkeiten, die eine hohe Wiederauffallens- und Unfallwahrscheinlichkeit erwarten lassen (vgl. z. B. SCHADE, 2005).

In der Fachliteratur wird in Modellen des Fahrverhaltens meist das komplementäre Zusammenwirken von hierarchisch angeordneten Anforderungsformen unterschiedlicher Fahraufgaben beschrieben, denen auf der Ebene der Handlungsregulation des Kraftfahrers ebenfalls hierarchisch abgestufte Bewältigungsstile im Sinne von kognitiven Handlungsprogrammen gegenüberstehen (z. B. MICHON, 1985; SCHLAG, 1994). Im Folgenden sollen zur Veranschaulichung die wesentlichen Handlungsebenen kurz angesprochen werden.

Die **Navigationsebene** beinhaltet die Fahrziel- und Routenfestlegung sowie die Wahl des zu benutzenden Fahrzeugs. In der nachfolgenden Abstufung folgt die **Bahnführungsebene** mit Fahrmanövern im enger definierten Fahrraum, z. B. Verhalten an Knotenpunkten oder die Geschwindigkeitswahl, abhängig von der Straßenführung oder der Regelung durch Verkehrszeichen. Auf der **Ebene der Stabilisierung** geht es schließlich um die unmittelbare Auswahl und Ausführung von Manövern zur Aufrechterhaltung eines ungestörten Verkehrsflusses bzw. zur Gefahrenabwehr, z. B. das Wechseln der Fahrspur, Abbiegevorgänge oder das Ausweichen vor plötzlich auftauchenden Verkehrshindernissen.

Neben diesen Handlungsebenen, welche die Anforderungen aus der Fahraufgabe umfassen, die notwendig sind, um das Fahrzeug verkehrssicher zu führen und das Mobilitätsziel zu erreichen („Was soll der Fahrer tun?"), werden die **personenbezogenen Steuerungsebenen der Fahrzeugführung** beschrieben. Damit werden wissens-, regel- und fertigkeitsbasierte Steuerungsbereiche angesprochen, die erkennen lassen, welche personenbezogenen Ressourcen der Fahrer zur Bewältigung dieser Anforderungen nutzen kann. Diese Ressourcen verlangen vom Kraftfahrer somit körperliche, geistige und verhaltensbezogene, also charakterliche Mindestvoraussetzungen zum sicheren Führen von Kraftfahrzeugen. Sofern ein Kraftfahrer diese Voraussetzungen über Situationen hinweg und im Zeitverlauf dauerhaft stabil erfüllt, gilt er als geeignet. Die Eignung zum Führen von Kraftfahrzeugen stellt hierbei keinen statischen, unveränderlichen Zustand dar, sondern kann sich über die Zeit im günstigen oder ungünstigen Sinne verändern, etwa abhängig von persönlichen Entwicklungsprozessen oder dem Fortschreiten von Erkrankungen.

Unumstritten ist auch, dass Eignungsdefizite, Grundeinstellungen und Verhaltensdispositionen mit wissenschaftlich begründeten medizinischen und psychologischen Methoden diagnostiziert werden können (vgl. z. B. JACOBSHAGEN & UTZELMANN, 1996). Hierbei kommt neben der Überprüfung des körperlichen und psychofunktionalen Status (Gesundheitszustand, Leistungsfähigkeit) der Bewertung von Einstellungen und Verhaltensgewohnheiten oft zentrale Bedeutung zu, um Aussagen zu einer Verhaltensprognose machen zu können. Gegenstand der Untersuchung ist dann der vom Betroffenen meist bereits eingeleitete Änderungsprozess. Dieser ist dahingehend zu überprüfen, ob er im Sinne der Anforderungen an eine sichere Verkehrsteilnahme Erfolg versprechend, hinreichend umgesetzt und stabil ist.

Durch die Evaluationsforschung kann die Hypothese als ausreichend belegt gelten, dass Eignungsdefizite effektiv aufgearbeitet werden können, wenn Veränderungen von der Person selbst gewünscht und durch geeignete, individuell therapeutische oder spezifisch rehabilitative Maßnahmen unterstützt werden (z. B. WINKLER ET AL., 1991; vgl. hierzu auch Kapitel A.2). Dass eine fundierte diagnostische Einordnung in Verbindung mit der Überprüfung einer Verhaltensänderung zu einer zutreffenden Prognose gelangen kann, wurde am Beispiel von Alkoholauffälligen eindrucksvoll in der Evaluationsstudie von HILGER ET AL. (2012) gezeigt.

A. 3.3 Auswertung von Informationen und Zuordnung von Befunden

Bei den Daten aus der Verkehrsvorgeschichte (Aktenanalyse), den relevanten biografischen Daten, den Testbefunden, den Angaben in nicht standardisierten Verfahren (z. B. Fragebögen zur Biografie und Konsumvorgeschichte), den körperlichen Befunden sowie den Angaben in der medizinischen Anamnese und dem psychologischen Untersuchungsgespräch handelt es sich jeweils um Daten, welche geeignet sind, die in den Beurteilungskriterien beschriebenen Anforderungen zu überprüfen.

Für eine Entscheidung über die Annahme oder die Zurückweisung einer Hypothese oder die Erfüllung eines Kriteriums sind in der Regel einzelne Befunde nicht ausreichend. Entscheidend sind vielmehr die Beziehungen, in denen die einzelnen Befunde stehen, sowie deren Gewichtung. Soweit es sich um standardisierte Verfahren handelt, erfolgt eine normative Testauswertung. Die Aufgabe des Gutachters ist es, die ermittelte individuelle Befundausprägung im Vergleich zur Testnorm im Beurteilungsprozess richtig einzuordnen.

Der Gutachter muss bei der Interpretation eines auffälligen Testbefundes etwa folgende Fragen berücksichtigen:

- Haben situative Faktoren das Testergebnis beeinflusst?
- Wirken sich Sprachprobleme auf das Testergebnis aus?
- Spielen Intelligenzdefizite eine Rolle?
- Waren Kultureinflüsse wirksam?

Testbefunde lassen zudem bei grenzwertiger Ausprägung oft für sich allein genommen keine abschließende Entscheidung zu, ob das Leistungsvermögen für eine sichere Verkehrsteilnahme noch ausreichend ist. Vielmehr sind weitere Fragen zu klären, die eher dem Bereich der Persönlichkeit und der Einstellungen zuzuordnen sind, wie z. B.:

- Können die festgestellten Defizite durch eine besondere Vorsichtshaltung kompensiert werden?
- Kann der Klient seine Leistungsfähigkeit situationsangemessen einsetzen?
- Nimmt der Klient seine Einschränkungen wahr und steht er ihnen selbstkritisch gegenüber?

Die Anforderungen an ein ausreichendes Leistungsvermögen werden anlassbezogen in den Hypothesen A 6 (Kapitel B.2), D 6 (Kapitel B.3) und V 6 (Kapitel B.4) sowie im Kriterium M 1.3 N (Kapitel B.5) beschrieben. Die methodischen Anforderungen an die Leistungstestung und an die Kompensation von Leistungsdefiziten sind ausführlich im Kapitel C.4 dargestellt.

Befunde, die in einem entscheidungsorientierten Gespräch (zur Definition siehe WESTHOFF & KLUCK, 2014, S. 90 ff.) gewonnen werden, sind in besonderem Maß von der Methodik der Befunderhebung abhängig. Um falsche Befunde zu verhindern und Fehlinterpretationen zu vermeiden, kommt der Methode der Gesprächsführung eine besondere Rolle zu. Die korrekte Zuordnung von Befunden zu den Kriterien setzt voraus, dass Befunde hinreichend abgesichert sind. Dies geschieht in der Regel durch Anwendung der Techniken des Nachfragens (Konkretisieren, Präzisieren) und der Konfrontation (Aufklärung von Widersprüchen).

Es ist zudem zu beachten, inwieweit ein Befund einen Beitrag zur Aufklärung eines diagnostischen Kriteriums leistet und/oder ob er als Hinweis auf eine stattgefundene Änderung (Kriterien zur Problembewältigung) zu werten ist. Wird vom Klienten etwa geschildert, dass er seit längerem kein Cannabis mehr konsumiere und dass er gemerkt habe, dass er nun wieder interessiert am Unterricht in der Berufsschule teilnehme und dass er neue Freizeitinteressen entwickelt habe, spricht dieser Befund einerseits für die Nachvollziehbarkeit und Stabilisierung einer Veränderung (vgl. Kriterium D 2.6 N in Kapitel B.3), er kann – verifiziert durch entsprechende Nachfragen – jedoch auch ein Beitrag zur diagnostischen Einordnung des früheren Konsumverhaltens sein (vgl. Kriterium D 2.1 N in Kapitel B.3).

Eine weitere Unterscheidung bei der Interpretation von Explorationsbefunden ist die Zuordnung des Befundes zu einer faktischen Ebene (Tatsachenaufklärung, „Verhalten und Erleben") oder zu einer Ebene der individuellen Ursachenattribution, also der (nachträglichen) Erklärungsmodelle des Klienten selbst für sein Verhalten. Führt ein Klient etwa eine Häufung von Geschwindigkeitsüberschreitungen auf die beruflichen Bedingungen („Druck des Chefs") zurück, kann dies einerseits auf der Faktenebene betrachtet und überprüft werden (Zuordnung der aktenkundigen Verstöße zu beruflichen Fahrten, zwischenzeitlicher Wechsel des Arbeitsplatzes etc.), muss aber zusätzlich hinsichtlich der persönlichen Motive und deren Auswirkungen auf das künftige Verhalten gewertet werden (z. B. mangelnde Durchsetzungsfähigkeit vs. inneres Einverständnis mit „Schnellfahren als Leistung und Kompetenz"). Eine ausführliche Darstellung der Anforderungen an die Verhaltensanalyse und die Methodik des Untersuchungsgesprächs findet sich in Kapitel C.1 (Hypothese PUG).

Befunde, die nicht am Untersuchungstag selbst erhoben werden (können), sondern gesondert vorgelegt werden (beigebrachte Befunde), müssen den Vorgaben der Anlage 4a Satz 2 Nr. 6 FeV entsprechen, wenn sie im Gutachten berücksichtigt werden sollen. Sie müssen im Original vorliegen und vom Aussteller unterzeichnet sein. Besonderes Augenmerk liegt dabei auf toxikologischen Befunden, die eine Abstinenz belegen sollen. Die differenzierten Anforderungen an Untersuchungsumfang und -methodik sowie an die Bescheinigungen sind in Kapitel C.3 beschrieben.

Nach dem Begutachtungstermin werden nachträglich nur solche Befunde angefordert, die der anlassbezogenen Klärung der Befundlage dienen und die zur Beantwortung der Fragestellung erforderlich sind. Steht eine ungünstige Bewertung bereits fest, werden in der Regel keine weiteren Befunde mehr angefordert. Dies wird im Gutachten gegebenenfalls begründet.

A. 3.4 Grundsätze der Gutachtenerstellung

Die hier beschriebenen Grundsätze der Gutachtenerstellung sollen eine einheitliche Begutachtungspraxis fördern unter gleichzeitiger Berücksichtigung des aktuellen Erkenntnisstandes der beteiligten Fachdisziplinen (Psychologie, Medizin, Toxikologie, Rechts- und Ingenieurwissenschaften). Die Grundsätze sind somit nicht statisch zu verstehen, sondern gemäß den rechtlichen Anforderungen an die jeweiligen formalen Wissenschaftsstandards anzupassen und fortzuschreiben.

Der Begutachtungsprozess ist im Gutachten transparent darzulegen. Dazu gehört, dass in Umsetzung der Festlegungen in Anlage 4a Nr. 2 c) FeV zwischen der Vorgeschichte und dem aktuellen Befund unterschieden wird und bereits im Gutachtenaufbau die unterschiedliche Dokumentation von Daten aus der Vorgeschichte und aus der aktuellen Befunderhebung ersichtlich wird.

A. 3.4.1 Gutachtenaufbau

Jedes Gutachten enthält im Grundsatz folgende Elemente, die in ihrer Reihenfolge ein Aufbauschema darstellen. Diese sind aus allgemeingültigen Regeln der Gutachtenerstellung abgeleitet, die sich in der Praxis bewährt haben und somit die Forderung nach Transparenz und Nachvollziehbarkeit des Begutachtungsprozesses umsetzen. Die in mehreren Publikationen enthaltenen Ratschläge und Empfehlungen (ZUSCHLAG, 2006; PROYER & ORTNER, 2010; WESTHOFF & KLUCK, 2014) werden, angepasst an die Belange der Fahreignungsdiagnostik, in einem standardisierten Gutachtenaufbau berücksichtigt (dargestellt an einem Beispielfall bei BRENNER-HARTMANN, 2021). Folgende Gliederung der Gutachten ist hierbei zu beachten (vgl. auch BASt, 2020, S. 14):

I Anlass und Fragestellung der Untersuchung

II Überblick über die Vorgeschichte

- Aktenübersicht
- Fachliche Bewertung der Vorgeschichte (Darlegung der Eignungszweifel)
- Voraussetzung für eine günstige Prognose (Darlegung der geprüften Hypothesen)

III Untersuchungsbefunde

A Medizinische Untersuchungsbefunde
(Darstellung der Methoden, Befunde: Anamnese, körperlicher Befund, Laboranalytik)

B Psychologische Untersuchungsbefunde
(Darstellung der Methoden, Befunde; Psychologisches Untersuchungsgespräch, Leistungstests einschließlich gegebenenfalls durchgeführter psychologischer Fahrverhaltensbeobachtung, Fragebogenverfahren)

IV Bewertung der Befunde
(Interdisziplinäre Interpretation der Befunde und ihrer Bedeutung für die Annahme oder Zurückweisung der unter II angeführten Hypothesen (Voraussetzungen), Darlegung der Problemausprägung und des Veränderungsprozesses)

V Beantwortung der behördlichen Fragestellung (und Empfehlungen).

Die Gutachten werden nach Niederschrift und Endkorrektur von den an der Begutachtung beteiligten (ärztlichen und/oder psychologischen) Gutachtern eigenhändig mit blauem Schriftzug unterschrieben (BASt, 2020, S. 15).

A. 3.4.2 Interdisziplinarität

Grundsätzlich ist die medizinisch-psychologische Untersuchung eine ganzheitliche Untersuchung mit einer integrativen Bewertung aller vorliegenden medizinischen und psychologischen Befunde. Nur so können Wechselwirkungen und Kompensationsmöglichkeiten zwischen biologischen, körperlichen, psychischen, sozialen und gegebenenfalls fahrtechnischen Einflussgrößen fachdisziplinübergreifend erfasst werden.

Sind im Rahmen eines Antragsverfahrens bereits vor der Untersuchung auf Veranlassung der Behörde externe Befunde erhoben worden (etwa im Rahmen eines ärztlichen Gutachtens) und liegen diese vor, kann das bei der Planung der Untersuchung und beim Umfang der Befunderhebung in der gegebenenfalls nachfolgenden medizinisch-psychologischen Untersuchung entsprechend berücksichtigt werden. Ein vollständiger Verzicht auf den medizinischen oder psychologischen Teil der Untersuchung ist jedoch unter fachlichen Gesichtspunkten nicht sinnvoll, da immer aktuelle Befunde zu erheben sind bzw. die Befunde des Vorgutachtens von der zuständigen Fachdisziplin gewertet und im (neuen) Gesamtkontext eingeordnet werden müssen. Auch die zumeist erforderliche Abstimmung zwischen den psychologischen und ärztlichen Gutachern kann in diesem Fall nicht erfolgen. Ein solcher Verzicht wäre nur bei expliziter Anordnung durch die Behörde möglich, schränkt aber die Erkenntnismöglichkeiten und die Prognosesicherheit auch dann erheblich ein. Darauf ist gegebenenfalls im Gutachten hinzuweisen.

Auch bei Auffälligkeiten, die eine medizinische Ursache oder körperliche Folgeschäden zunächst nicht nahelegen (z. B. Eintragung einer hohen Punktzahl im Fahreignungsregister), ist der medizinische Teil der Untersuchung erforderlich, um dem Klienten zumindest die Möglichkeit zu geben, eventuelle medizinische Ursachen für Verhaltensauffälligkeiten anzusprechen. Die medizinische Untersuchung ist jedoch unter Beachtung der Anlassbezogenheit der Begutachtung in der Befunderhebung weitgehend eingeschränkt (etwa auf die anamnestische Befragung), wenn sich aus der Akte oder den Angaben keine entsprechenden konkreten Hinweise auf körperliche Ursachen von Verhaltensauffälligkeiten ergeben sollten.

A. 3.4.3 Beantwortung der Fragestellung

Die von der Behörde formulierte Fragestellung ist vollständig zu beantworten, das heißt, zu allen in der Frage angesprochenen Aspekten ist Stellung zu nehmen. Wenn möglich, wird die Frage wörtlich in einen Antwortsatz übertragen. Dabei wird jedoch auf die inhaltliche und grammatikalische Richtigkeit des Antwortsatzes geachtet.

Fragen sind zumeist dichotom im Sinne einer Trifft-zu-/Trifft-nicht-zu-Aussage formuliert („Ist zu erwarten, dass ...“; „Erfüllt Herr N. die Voraussetzungen ...“). Dementsprechend wird in diesen Fällen der Antwortsatz ebenfalls eine dichotome Aussage im Sinne des Erfüllens oder Nichterfüllens von Anforderungen oder der Erwartung oder Nichterwartung einer erneuten Auffälligkeit enthalten. Auch wenn in die Entscheidung des Gutachters eher Wahrscheinlichkeitserwägungen eingeflossen sind, wird dies im Antwortsatz als Ergebnis des Gutachtens nicht deutlich gemacht, sondern kann aus der Befundbewertung nachvollzogen werden.

Sind die festgestellten Mängel nach Überzeugung der Gutachter durch einen Kurs zur Wiederherstellung der Fahreignung nach § 70 FeV zu beheben, kann bei Alkohol- oder Drogenfragestellung eine solche Maßnahme empfohlen werden, sofern der Klient nicht Inhaber der Fahrerlaubnis ist (Anlage 4a Nr. 1 f) FeV).

Lässt sich eine Frage aufgrund der (unzureichenden) Befundlage nicht beantworten, wird dies deutlich formuliert. Es wird dann auch dazu Stellung genommen, ob dies auf eine mangelnde Mitwirkung des Betroffenen bei der Befunderhebung zurückzuführen ist.

Da die Gutachten den Verwaltungsbehörden nur als Hilfsmittel für eine eigene Urteilsbildung dienen, darf das Gutachten in seinem Ergebnis dieser in eigener Verantwortung zu treffenden Entscheidung der Behörde nicht vorgreifen (BASt, 2020, S. 15). Insbesondere sind keine abschließenden Aussagen zur Eignung bzw. Nichteignung des Klienten zu machen.

A. 3.4.4 Empfehlungen

Werden in einem Gutachten Mängel festgestellt oder können Eignungszweifel nicht ausgeräumt werden, soll dem Klienten eine Empfehlung im Sinne einer orientierenden Hilfestellung gegeben werden. Darin können Wege aufgezeigt werden, wie der Untersuchte seine jeweiligen Fahreignungsdefizite beheben kann (z. B. Nachschulung, ärztliche Behandlung, psychologische Intervention oder sonstige Verhaltensmodifikationen). Die Empfehlungen sind in allgemeiner Form zu fassen und können zwar Hinweise auf erforderliche Qualifikationen von Therapeuten, Fachärzten oder Anbietern von Maßnahmen beinhalten, dürfen dabei jedoch keine konkreten Stellen oder Träger nennen. Art, Inhalt und Zielstellung der erforderlichen Maßnahmen können, soweit dies anhand der vorliegenden Befundlage eingeschätzt werden kann, ebenfalls angesprochen werden.

A. 3.5 Gütekriterien des Gutachtens

A. 3.5.1 Nachvollziehbarkeit

Das Gutachten muss nachvollziehbar sein. Die Nachvollziehbarkeit betrifft die logische Ordnung (Schlüssigkeit) des Gutachtens. Sie erfordert die Wiedergabe der wesentlichen Befunde und die Darstellung der zur Beurteilung führenden Schlussfolgerungen.

Insbesondere ist zu beachten:

- Entscheidungsrelevante Argumente müssen sich auf den gegenwärtigen Status beziehen. Empirische oder statistische Fakten stellen lediglich den Hintergrund der Entscheidung dar (sie sind damit aber für die Objektivität der zugrunde gelegten Anforderungen unverzichtbar). Sie bleiben jedoch als Regelvermutung bestehen, wenn sich die individuell erforderlichen Befunde nicht erheben lassen.
- Positive Beurteilungen müssen bei Anlässen aus dem Bereich der Entlastungsdiagnostik auf Grundlage deutlicher positiver (innerer und/oder äußerer) Veränderungen beim Klienten getroffen werden.
- Werden Befunde aufgeführt, die der abschließenden Eignungsaussage zunächst widersprechen, muss verdeutlicht werden, warum sie zugunsten der gegenläufigen Befunde hintangestellt werden.
- Eine bewertende Aussage weist einen eindeutigen Bezug zu dem Befund – bzw. der Befundquelle – auf, von dem sie abgeleitet wurde (Testergebnis, Beobachtung, Äußerungen zum Tathergang etc.).
- Äußerungen des Klienten müssen, soweit sie entscheidungsrelevant sind, inhaltlich (in der Regel in indirekter Rede) wiedergegeben werden. Werden von den Gutachtern Fragen gestellt, sind diese im Gutachten zumindest sinngemäß erkennbar.

- Sofern ein Vorgutachten vorliegt, das bei der aktuellen Begutachtung einsehbar war, ist eine davon abweichende Beurteilung vor dem Hintergrund der damaligen Argumentation zu begründen, das heißt, die Veränderung der Befundlage z. B. bezüglich der Leistungsfähigkeit, des Verhaltens, der Einstellung oder der Lebensbedingungen muss deutlich werden.

Die Anforderung der Nachvollziehbarkeit kann dabei nicht so weit gehen, dass jeder Leser des Gutachtens eine eigene Entscheidungsbildung vornehmen kann und zu demselben Schluss kommen muss. Nachvollziehbarkeit bedeutet vielmehr, dass die Schlussfolgerungen, welche die Gutachter aus den Befunden ziehen, schlüssig und in sich logisch sind. Gerade die abwägende Gewichtung einzelner Befunde bei einer zumeist komplexen Gesamtbefundlage liegt letztlich in der Verantwortung und Kompetenz der untersuchenden Gutachter, welche die vollständige Befundlage überschauen. Widersprüche zwischen einzelnen Befunden, nicht abzusichernde Befunde oder vage Äußerungen eines Klienten zu einem Sachverhalt bedeuten dabei nicht per se mangelnde Nachvollziehbarkeit der Gesamtbefundlage. Es muss in solchen Fällen jedoch aus der Argumentation im Gutachten erkennbar werden, warum bestimmte Schlussfolgerungen trotzdem gezogen werden konnten und auf welchen verwertbaren Befunden sie beruhen.

A. 3.5.2 Nachprüfbarkeit

Das Gutachten muss nachprüfbar sein. Die Nachprüfbarkeit betrifft die Wissenschaftlichkeit der Begutachtung. Sie erfordert, dass die Untersuchungsverfahren einschließlich der verfügbaren Normbereiche und die erhobenen Befunde angegeben sind. Bei der Darstellung des Untersuchungsgesprächs genügt jedoch die Wiedergabe der für die Bewertung wesentlichen Gesprächsinhalte. Soweit die Schlussfolgerungen im Gutachten auf Forschungsergebnisse gestützt sind, sollen diese als Quellen genannt werden. Darauf kann verzichtet werden, wenn sich das Gutachten auf die in diesen Beurteilungskriterien aufgeführten Grundsätze bzw. auf die Begutachtungsleitlinien zur Kraftfahreignung bezieht. Das Gutachten braucht auch nicht im Einzelnen die wissenschaftlichen Grundlagen für die Erhebung und Interpretation der Befunde wiederzugeben. Diese sind in den methodischen Kapiteln des Teils C der hier vorliegenden Beurteilungskriterien zusammengefasst.

A. 3.5.3 Verständlichkeit

Die Gutachten sind, soweit es die Terminologie der einzelnen Fachdisziplinen zulässt, in allgemein verständlicher Sprache abzufassen. Diese Vereinfachung der Darstellung ist notwendig, um sowohl dem Betroffenen als auch der Behörde zu ermöglichen, das Gutachten und seine Schlussfolgerungen nachzuvollziehen. Fachtermini und wenig gebräuchliche Fremdwörter sollen möglichst vermieden oder, wenn sie unvermeidbar sind, so weit wie möglich erklärt werden. Dies gilt in besonderem Maße für Empfehlungen, die sich direkt an den Klienten richten.

Literatur

BRENNER-HARTMANN, J. (2021). Verkehrsauffälligkeit ohne Substanzbeteiligung – Herr E., 28 Jahre. In: ORTNER, T. M. & KUBINGER, K. D. (Hrsg.): Psychologische Diagnostik in Fallbeispielen. 2. Auflage. Göttingen: Hogrefe.

BUNDESANSTALT FÜR STRASSENWESEN (2020). Richtlinie über die Anforderungen an Träger von Begutachtungsstellen für Fahreignung (§ 66 FeV) und deren Begutachtung durch die Bundesanstalt für Straßenwesen vom 27. Januar 2014 (VkBl. S. 110), zuletzt geändert durch Verlautbarung vom 11. März 2020 (VkBl. S. 217). https://www.bast.de/DE/Verkehrssicherheit/Qualitaetsbewertung/Begutachtung/pdf/Rili.html (abgerufen am 21.8.2022).

BUNDESANSTALT FÜR STRASSENWESEN (2022). Begutachtungsleitlinien zur Kraftfahreignung – Fassung vom 17.2.2021 (VkBl. S. 198), in Kraft getreten am 1.6.2022 mit der Fünfzehnten Verordnung zur Änderung der Fahrerlaubnis-Verordnung und anderer straßenverkehrsrechtlicher Vorschriften (BGBl. I Nr. 11 vom 25. März 2022). https://www.bast.de/DE/Verkehrssicherheit/Fachthemen/U1-BLL/BLL-Download.html (abgerufen am 16.8.2022).

EWERT, U. (2021). Der Mensch hat immer Schuld – Geschehen fast alle Unfälle durch menschliches Versagen? In: FASTENMEIER, W., EWERT, U., KUBITZKI, J. & GSTALTER, H.: Die kleine Psychologie des Straßenverkehrs – Mythen, Vorurteile, Fakten. Bern: Hogrefe.

GREUEL, L. (2002). Qualitätsstandards aussagepsychologischer Gutachten zur Glaubhaftigkeit von Zeugenaussagen. In: BARTON, S. (Hrsg.): Verfahrensgerechtigkeit und Zeugenbeweis. Baden-Baden: Nomos. 67–88.

HILGER, N., ZIEGLER, H., RUDINGER, G., DEVOL, D., JANSEN, J., LAUB, G., MÜLLER, K. & SCHUBERT, W. (2012). EVA-MPU – Zur Legalbewährung alkoholauffälliger Kraftfahrer nach einer medizinisch-psychologischen Fahreignungsbegutachtung (MPU). Zeitschrift für Verkehrssicherheit 1, 1–6.

JACOBSHAGEN, W. & UTZELMANN, H. D. (1996). Medizinisch-Psychologische Fahreignungsbegutachtung bei alkoholauffälligen Fahrern und Fahrern mit hohem Punktestand – Empirische Ergebnisse zur Wirksamkeit und zu deren diagnostischen Elementen. Verband der Technischen Überwachungsvereine e. V. (Hrsg.). Köln: Verlag TÜV Rheinland.

KUBINGER, K. D. (2019). Psychologische Diagnostik. Theorie und Praxis psychologischen Diagnostizierens. 3. Auflage. Göttingen: Hogrefe.

MICHON, J. A. (1985). A critical view of driver behavior models: what do we know, what should we do? In: EVANS, L. & SCHWING, R. C. (Hrsg.): Human behavior and traffic safety. New York: Plenum Press. 485 ff.

POPPER, K. (1989). Logik der Forschung. 9. Auflage. Wien: Literas.

PROYER, R. T. & ORTNER, T. M. (2010). Praxis der Psychologischen Gutachtenerstellung: Schritte vom Deckblatt bis zum Anhang. Bern: Huber.

SCHADE, J. (2005). Lebt gefährlich, wer im Verkehrszentralregister steht? Das Verkehrszentralregister als Prädiktor des habituellen Verkehrsrisikos. Zeitschrift für Verkehrssicherheit 1, 7–13.

SCHLAG, B. (1994). Risikoverhalten im Straßenverkehr. In: FLADE, A. (Hrsg.): Mobilitätsverhalten. Weinheim: Beltz, Psychologie Verlags Union.

SCHÜTZHOFER. B. & BRENNER-HARTMANN, J. (2021). Psychologische Diagnostik III – Verkehrspsychologische Diagnostik. Studienbrief 7 PD3. Hamburger Fern-Hochschule.

STELLER, M. & VOLBERT, R. (2000). Anforderungen an die Qualität forensisch-psychologischer Glaubhaftigkeitsbegutachtungen – Das BGH-Urteil vom 30. Juli 1999. Praxis der Rechtspsychologie, Sonderheft 1 – Glaubhaftigkeitsbegutachtungen. Bonn: Deutscher Psychologen Verlag. 102 ff.

WESTHOFF, K. & KLUCK, M.-L. (2014). Psychologische Gutachten schreiben und beurteilen. 6. Auflage. Heidelberg: Springer.

WINKLER, W., JACOBSHAGEN, W. & NICKEL, W.R. (1991). Rückfälligkeit von Teilnehmern an Kursen für wiederholt auffällige Kraftfahrer nach fünf Jahren. Bericht zum Forschungsprojekt 7714/10 der Bundesanstalt für Straßenwesen, Heft 224.

ZUSCHLAG, B. (2006). Richtlinien für die Erstellung psychologischer Gutachten. Bonn: Deutscher Psychologen Verlag.

Weiterführende Literatur

BRENNER-HARTMANN, J., WAGNER, T., MUSSHOFF, F., HOFFMANN-BORN, H., LÖHR-SCHWAAB, S. & MÜLLER, A. (2011). Grundriss Fahreignungsbegutachtung – Einführung in die Beurteilungskriterien der medizinisch-psychologischen und ärztlichen Begutachtung. Bonn: Kirschbaum Verlag.

BRENNER-HARTMANN, J. (2000). Die Begutachtungs-Leitlinien zur Kraftfahrereignung aus (medizinisch-) psychologischer Sicht. In: KRÜGER, H.-P.: Drogen im Straßenverkehr – ein Problem unter europäischer Perspektive. Freiburg: Lambertus-Verlag.

CHALOUPKA-RISSER, C., RISSER, R. & ZUZAN, W.-D. (2011). Verkehrspsychologie – Grundlagen und Anwendungen. Wien: facultas.wuv Universitätsverlag.

JÄGER, R.S. (1982). Diagnostische Urteilsbildung. In: GROFFMANN, K.-J. & MICHEL, C. (Hrsg.): Grundlagen psychologischer Diagnostik. Göttingen: Hogrefe. 295–375.

JÄGER, R.S. (1986). Der diagnostische Prozess. Eine Diskussion psychologischer und methodischer Randbedingungen. Göttingen: Hogrefe.

JÄGER, R.S. (2006). Diagnostischer Prozess. In: PETERMANN, F. & EID, M. (Hrsg.): Handbuch der Psychologischen Diagnostik. Göttingen: Hogrefe.

KAJAN, G. (1986). Beurteilungskriterien für Tatauffällige bei einer medizinisch-psychologischen Untersuchung. In: SCHORR, A. (Hrsg.): Bericht über den 13. Kongress für angewandte Psychologie, Bonn, September 1985. Bonn: Deutscher Psychologen Verlag. 373–376.

KLEBELSBERG, D. (1982). Verkehrspsychologie. Berlin, Heidelberg, New York: Springer.

KRÜGER, H.-P. (Hrsg.) (2009). Anwendungsfelder der Verkehrspsychologie – Verkehrspsychologie Bd. 2. Göttingen, Bern, Toronto, Seattle: Hogrefe.

MADEA, B., MUSSHOFF, F. & BERGHAUS, G. (Hrsg.) (2012). Verkehrsmedizin – Fahreignung, Fahrsicherheit, Unfallrekonstruktion. 2. Auflage. Köln: Deutscher Ärzteverlag.

RETTLER, H. (1988). Verschränkung von Methode und Theorie. In: JÄGER, R.S.: Psychologische Diagnostik. München: Psychologie Verlags Union. 224–232.

SCHLAG, B. (1994). Risikoverhalten im Straßenverkehr. In: FLADE, A. (Hrsg.): Mobilitätsverhalten. Weinheim: Beltz, Psychologie Verlags Union.

SCHMIDT-ATZERT, L. & AMELANG, M. (2012). Psychologische Diagnostik. 5. Auflage. Berlin, Heidelberg: Springer.

SCHUBERT, W., HUETTEN, M., REIMANN, C., GRAW, M., SCHNEIDER, W. & STEPHAN, E. (2018). Begutachtungsleitlinien zur Kraftfahreignung – Kommentar. 3. Auflage. Bonn: Kirschbaum Verlag.

WINKLER, W. (1986). Aktuelle Fragen der verkehrspsychologischen Fahreignungsbegutachtung. Zeitschrift für Verkehrssicherheit 32, 163–167.

VOLLRATH, M. & KREMS, J. (2011). Verkehrspsychologie – Ein Lehrbuch für Psychologen, Ingenieure und Informatiker. Stuttgart: W. Kohlhammer.

A. 4 Aufbau und Anwendung der Beurteilungskriterien

A. 4.1 Operationalisierung der diagnostischen Hypothesen

In den Beurteilungskriterien unterscheiden sich die in Teil B dargestellten diagnostischen Hypothesen und die in Teil C zusammengestellten methodischen Anforderungen, welche ebenfalls in der Struktur von Hypothesen, Kriterien und Indikatoren beschrieben werden, hinsichtlich ihres Anforderungscharakters. Die im Folgenden dargestellten Überlegungen gelten zunächst für die auf den zu begutachtenden Einzelfall anzuwendenden diagnostischen Hypothesen. Sofern eine Erläuterung sich auf den methodischen Teil bezieht, ist dies explizit beschrieben.

Nachdem die Akten- und Vorgeschichtsanalyse erste wichtige Hinweise auf die Notwendigkeit der Überprüfung anlassspezifisch unterschiedlicher Hypothesen gegeben hat, sind diese für den weiteren Untersuchungsverlauf zu konkretisieren bzw. zu operationalisieren (vgl. auch Abschnitt A.3.2).

Die Operationalisierung der verkehrspsychologischen/-medizinischen Hypothesen über das Fahr- bzw. Trink-Fahr-Verhalten von Fahrerlaubnisinhabern bzw. -bewerbern erfolgt, indem den begründeten Annahmen (= diagnostische Hypothesen) Beurteilungskriterien und Indikatoren bis zur Ebene konkreter Fragen und Untersuchungsverfahren zugeordnet werden, die einzeln oder in ihrer Gesamtheit eine Entscheidung über die Richtigkeit der Annahmen herbeiführen können. Unter Operationalisierung verstehen WESTHOFF & KLUCK (2014) die Überführung der Fragestellung in die Festlegung der Vorgehensweise bei einer Untersuchung durch Ableitung spezifischer Untersuchungsvariablen.

Wie es Aufgabe des Diagnostikers ist, im diagnostischen Prozess auf den Einzelfall bezogene, differenzierte Fragestellungen und Hypothesen zu formulieren, so ist es auch seine Aufgabe, die Operationalisierung einzelfallbezogen vorzunehmen.

Es ist zu entscheiden, wie die notwendigen Daten bzw. Befunde konkret erhoben werden sollen, um

a) zunächst im Verlauf der Untersuchung – soweit dies nicht schon vor deren Beginn feststeht – festlegen zu können, welche diagnostischen Hypothesen im Einzelfall geprüft werden müssen,

b) die erforderlichen Informationen zu erhalten, um die diagnostischen Kriterien überprüfen zu können, und schließlich

c) eine Entscheidung treffen zu können, ob die den jeweiligen Hypothesen zugeordneten Anforderungskriterien für eine günstige Bewertung erfüllt sind oder nicht.

Die in Kapitel B.2 bis B.6 dargestellten Hypothesen und Kriterien folgen deshalb einem einheitlichen Aufbau und führen zunächst zu

- **Kriterien zur Diagnose einer Problemausprägung,**

  um dann die zugeordneten

- **Kriterien für eine angemessene Problembewältigung**

aufzulisten. Dieses Schema findet sich immer dort, wo eine Veränderungsdiagnostik erforderlich ist, und wird nicht angewendet bei der Überprüfung der Verwertbarkeit der Befunde (Kapitel B.1) oder der Erfüllung bestimmter gesundheitlicher oder Leistungsvoraussetzungen (z. B. Kapitel B.5, Hypothese M 1).

Nach Vorliegen der Untersuchungsbefunde, die am Untersuchungsanlass und damit an den Beurteilungskriterien orientiert erhoben werden, erfolgt deren Auswertung im Zusammenhang mit den aus der Analyse der Vorgeschichte bekannten Daten.

In der Regel lassen sich die Hypothesen mithilfe der aus der Akte ersichtlichen Sachverhalte bzw. Vorbefunde und der in der Untersuchung erhobenen Befunde, gegebenenfalls unter Hinzuziehung externer beigestellter Belege, unter Anwendung der diagnostischen Kriterien absichern.

Die behördlichen Eignungszweifel können nicht ausgeräumt werden, wenn eine der in Bezug auf die Fragestellung und festgestellte Problemausprägung zutreffenden Anforderungen (Kriterienebene) nicht erfüllt ist.

Die behördlichen Eignungszweifel sind widerlegt, wenn die Kriterien aller für den Einzelfall relevanten Hypothesen bestätigt werden konnten und somit alle an den Untersuchten zu stellenden Anforderungen erfüllt sind.

Eine kompensatorische Argumentation zwischen relevanten Kriterien ist dabei nicht möglich, wohl aber unterhalb der Kriterienebene, also bei der Diskussion, ob die in einem Kriterium formulierte Anforderung bei uneinheitlicher, unvollständiger oder widersprüchlicher Befundlage erfüllt wird oder nicht.

Die Kriterien werden deshalb durch die Zuordnung von **Indikatoren** präzisiert. Bei diesen Indikatoren handelt es sich um diagnostische Elemente (Befunde, Daten), die auf einem niedrigen Abstraktionsniveau stehen und somit eine Brücke schlagen zwischen einem Sachverhalt, der in der Untersuchung ermittelt wurde (z. B. anhand einer Äußerung des Klienten im psychologischen Untersuchungsgespräch), und dem Kriterium.

Indikatoren haben keine einheitliche Funktion. Sie konkretisieren oder präzisieren die Inhalte der Kriterien und können allein keine Entscheidung tragen. Dies ist den Kriterien vorbehalten. Indikatoren haben, wie die Bezeichnung schon nahelegt, Hinweischarakter und können in ihrer Gewichtung abgewogen werden. Sie sind jedoch immer dann, wenn sie konkrete Anforderungen definieren (z. B. Abstinenzzeiträume, quantitative Angaben zu Trinkmengen), bezüglich der Erfüllung dieser Anforderungen einheitlich zu beachten. Ausnahmen bedürfen einer besonderen Begründung, die erkennbar machen muss, warum das betroffene Entscheidungskriterium trotzdem als erfüllt gelten kann. Die Indikatoren sind dabei häufig so aufgebaut, dass einer allgemeinen grundsätzlichen (Regel-)Aussage bereits weitere, differenzierter beschriebene Ausnahmesachverhalte folgen, die es erlauben, von der Grundregel abzuweichen, und die bei der Argumentation für ein Abweichen vom Regelfall zu beachten sind.

In anderen Fällen haben Indikatoren nur exemplarischen Charakter oder beschreiben die im Einzelfall variierenden Bedingungen, unter denen ein Kriterium als erfüllt gelten kann. Die Indikatoren sind also in der Regel unterschiedlich gewichtet und erheben keinen Anspruch auf Vollständigkeit.

Ebenso wenig ist zu erwarten und damit auch nicht zu fordern, dass sich sämtliche zu einem Kriterium formulierte Indikatoren in der individuellen Befundlage wiederfinden bzw. geprüft werden. Insbesondere bei der Negierung des Erfüllens einer Anforderung kann die Entscheidungsreife bereits nach der Prüfung weniger Indikatoren erreicht sein. An die Indikatoren wird deshalb, anders als an die Kriterien, nicht die Anforderung gestellt, dass sie einzeln und für sich genommen eine Entscheidung tragen könnten.

Die in Teil C in den Kapiteln C.1 bis C.4 dargestellten methodischen Anforderungen weisen eine andere Qualität auf als die Indikatoren der Kriterien in Teil B. Sie beschreiben im Sinne von Qualitätsanforderungen die Voraussetzungen für eine lege artis erfolgte Befunderhebung und können bei Nichterfüllen bereits einzelner Anforderungen Zweifel an der Verwertbarkeit der erhobenen Befunde begründen. Beigestellte Befunde und externe Belege sind hinsichtlich der methodischen Anforderungen in gleichem Maße kritisch zu prüfen. Von den jeweiligen Anforderungen abweichende Befunde oder Belege sind hinsichtlich ihrer Aussagekraft und Verwertbarkeit zu bewerten und gegebenenfalls zurückzuweisen.

Indikatoren sind in der Aussagerichtung des Kriteriums formuliert und spiegeln demnach (prognostisch) günstige Befunde wider.

Manchen Indikatoren sind zusätzlich **Kontraindikatoren** zugeordnet. Sie beziehen sich jeweils auf den vorausgehenden Indikator und geben Beispiele für Befunde an, bei denen die Aussage des Indikators zu verneinen ist. Diese exemplarischen Gegenbeispiele verdeutlichen damit die Aussage des Indikators, ohne den Anspruch auf Vollständigkeit zu erheben oder gar eine weitere Regelungsebene darzustellen. Sie können alleine ebenso wenig eine Entscheidung tragen wie die Indikatoren.

Die drei Ebenen **Hypothese – Kriterien – Indikatoren** beschreiben demnach mit zunehmender Detaillierung Einzelbefunde und im Rückschluss die Zuordnung der individuellen Daten (Indikatoren) zu gutachterlichen Feststellungen (Erfüllen von Kriterien) und schließlich zu einer Diagnose (Bestätigen oder Verwerfen der Hypothese). Beurteilungskriterien und Indikatoren sind nach dem Stand der Wissenschaft und nach den Erkenntnissen, die durch fachliche Kommunikation in fachspezifischen Gremien und wissenschaftlichen Veranstaltungen sowie im Rahmen des Erfahrungsaustausches der Träger von Begutachtungsstellen gewonnen werden, erstellt und unter Berücksichtigung der Begutachtungsleitlinien zur Kraftfahreignung (BASt, 2022) weiterentwickelt worden. Gleichzeitig wird den in Anlage 4a FeV formulierten Grundsätzen Rechnung getragen.

Für die Beurteilung folgender Anlässe liegen ausgearbeitete Beurteilungskriterien und Indikatoren vor und sind in folgenden Kapiteln zusammengestellt:

B.2 Alkoholfragestellung

B.3 Drogenfragestellung

B.4 Verkehrs- und strafrechtliche Fragestellungen

B.5 Dauermedikation und Medikamentenmissbrauch.

Für weitere Fragestellungen wurden die Anforderungen in Kapitel B.6 zusammengestellt. Die Operationalisierung und Untersuchungsplanung muss hier durch den Gutachter bzw. die Begutachtungsstelle für Fahreignung unter Berücksichtigung der Begutachtungsleitlinien für Kraftfahreignung selbst vorgenommen und begründet werden. Dies betrifft die Anlässe

- Kompensation körperlicher Mängel,
- Auffälligkeiten bei der Fahrerlaubnisprüfung,
- Befreiung von Vorschriften über das Mindestalter,
- Erfüllen der besonderen Verantwortung bei der Beförderung von Fahrgästen sowie
- Nachweis der körperlich-geistigen Eignung bzw. Klärung von Eignungszweifeln nach dem FahrlG.

Kapitel B.1 enthält die anlassübergreifenden Kriterien zur Verwertbarkeit von Befunden (Hypothese 0).

A. 4.2 Formale Merkmale der Hypothesen und Kriterien

Die diagnostischen Hypothesen und Kriterien sind zur leichteren Zuordnung zu Anlassgruppen jeweils mit einem Ordnungsbuchstaben versehen.

Hypothesen und Kriterien mit dem
Buchstaben **A** beziehen sich auf Verhaltensauffälligkeiten unter Alkoholeinfluss.

Hypothesen und Kriterien mit dem
Buchstaben **D** beziehen sich auf Verhaltensauffälligkeiten im Zusammenhang mit Drogen- oder Arzneimittelmissbrauch.

Hypothesen und Kriterien mit dem
Buchstaben **V** beziehen sich auf wiederholte oder erhebliche Verkehrsauffälligkeiten oder Straftaten (in der Regel ohne Substanzeinfluss).

Hypothesen und Kriterien mit dem
Buchstaben **M** beziehen sich auf Eignungszweifel im Zusammenhang mit einer Dauerbehandlung mit Medikamenten oder einem Fehlbrauch verordneter psychoaktiver Arzneimittel.

Die Hypothese 0 (Verwertbarkeit der Befunde) wird mit keinem Zuordnungsbuchstaben versehen, da sie Metakriterien anführt, die anlassübergreifend Gültigkeit haben.

Bei den in den Kapiteln B.2 bis B.5 aufgeführten Hypothesen und Kriterien kann zwischen zwei verschiedenen Arten von Hypothesen unterschieden werden: solchen, die bestimmte Anforderungen an die körperliche und geistige Eignung formulieren, die grundsätzlich zu erfüllen sind (z. B. Hypothesen A 5 (Ausschluss medizinischer Beeinträchtigungen) und A 6 (Anforderungen an das Leistungsvermögen)), und solchen, welche die Diagnose einer Problemausprägung und die Überprüfung der damit verbundenen Anforderungen an eine Verhaltensänderung ermöglichen (z. B. Hypothesen A 1 bis A 4). Einige Anlassgruppen erfordern jedoch noch eine weitere Diskriminationsaufgabe: Der Gutachter muss nicht nur entscheiden, ob alle zu stellenden Anforderungen erfüllt sind. Vielmehr ist bei Alkohol- und Drogenfragestellungen zusätzlich zu klären, ob bei verbleibenden Bedenken diese durch einen Nachschulungskurs nach § 70 FeV ausgeräumt werden können. Dies wird in den A- und D-Kriterien dadurch unterstützt, dass es zwei Arten von Kriterien zur Problembewältigung gibt. Die erste Art von Kriterien ermöglicht grundsätzlich die Teilnahme an einem Kurs zur Wiederherstellung der Fahreignung, auch wenn die Anforderungen dieses Kriteriums nicht erfüllt sind.

Diese Kriterien sind nach der Ordnungsnummer gekennzeichnet mit **K**.

K-Kriterien signalisieren demnach, dass die Mängel hinsichtlich der dort beschriebenen Anforderungen auch durch einen erfolgreichen Kursbesuch im Nachgang zur Begutachtung behoben werden können. Neben der Einordnung der Defizite in prinzipiell durch eine Schulung korrigierbare Mängel ist zusätzlich eine Überprüfung der persönlichen Kurseignung im Einzelfall erforderlich. Sie erfolgt durch Prüfung der Kriterien der Hypothesen A 7 bzw. D 7 und befasst sich im Wesentlichen mit den motivationalen und kommunikativen Voraussetzungen für die Erwartung eines „Lernerfolgs". Es ist also vor einer Kursempfehlung sowohl zu klären, ob das bestehende Problem durch die Maßnahme grundsätzlich behoben werden, als auch, ob die betroffene Person von einer Kursteilnahme profitieren kann.[1]

Die zweite Art von Kriterien führt zu dem Ergebnis, dass die Voraussetzungen zur sicheren Verkehrsteilnahme durch eine Kursteilnahme nicht geschaffen werden können, da eine solche Maßnahme die Ausprägung, Art oder Schwere der Problematik grundsätzlich nicht erfasst. Es wird in der Regel eine weiterreichende Maßnahme, ein längerer Zeitverlauf oder eine Veränderung der äußeren Umstände erforderlich sein.

Diese Kriterien sind nach der Ordnungsnummer gekennzeichnet mit **N**.

Sofern ein diagnostisches Kriterium innerhalb einer Hypothese mit N gekennzeichnet ist (z. B. A 2.2 N), ist dies in dem Sinne zu interpretieren, dass bereits bei Vorliegen dieser Diagnose eine Kursteilnahme in der Regel keine geeignete Maßnahme

1 Nach der aktuellen Rechtslage kann im Gutachten jedoch eine Kursteilnahme nicht empfohlen werden, wenn der Klient Inhaber der Fahrerlaubnis ist.

zur Problembewältigung darstellt. Liegen jedoch nach einer bereits länger andauernden Verhaltensänderung noch Restbedenken vor, die eine der in den Kriterien zur Problembewältigung beschriebenen Voraussetzungen betreffen, welche als K-Kriterium gekennzeichnet ist (z. B. A 2.5 K), ist eine Kursempfehlung auch bei dieser Fallgruppe möglich.

Ein drittes relevantes Ordnungsschema der Beurteilungskriterien ist ihr hierarchischer Aufbau. Die A-, D- und V-Hypothesen sind jeweils von der weitergehenden Problemausprägung hin zur schwächeren Problematik gestaffelt. Das Heranziehen einer Hypothese als Entscheidungsgrundlage setzt voraus, dass die diagnostischen Kriterien der schwerwiegenderen Ausprägung des Problems bereits verworfen wurden. Grundsätzlich gilt etwa bei der Alkoholfragestellung, dass nach Verneinung der Relevanz der **Hypothesen A 1** und **A 2** dann die **Hypothesen A 3** und **A 4** überprüft werden müssen.

Ist die gutachterliche Entscheidung im Rahmen der Überprüfung einer der Hypothesen bereits getroffen, sind die anderen, geringeren Problemausprägungen nicht mehr relevant (treffen also die Voraussetzungen der Hypothese A 1 (Alkoholabhängigkeit) zu, sind die Hypothesen A 2, A 3 und A 4 nicht mehr zu prüfen). Die Überprüfung der Hypothesen und der zugeordneten Kriterien wird somit (nur) so lange fortgesetzt, bis eine diagnostische Entscheidung abgesichert werden kann. Erfolgt eine Einstufung in A 3, ist allerdings zusätzlich A 4 zu prüfen. Diese hierarchisch gegliederten Hypothesen zur diagnostischen Einordnung und Verhaltensänderung werden gefolgt von Hypothesen zu körperlichen und geistigen (psychofunktionalen) Eignungsvoraussetzungen (z. B. A 5 und A 6), die in jedem Fall zu prüfen sind, bevor ein positives Ergebnis abgeleitet werden kann. Im Rahmen der Überprüfungsdiagnostik (M-Hypothesen) findet dieses Schema keine Anwendung. In Bild A.1 ist der Entscheidungsprozess beispielhaft für die Alkoholfragestellung in einem Ablaufdiagramm dargestellt.

Aus dem Katalog der Hypothesen finden also nur die anlass- und einzelfallbezogen relevanten Berücksichtigung.

Hypothese 0 zur Überprüfung der Verwertbarkeit der Befunde ist bei allen Fragestellungen zu beachten, sollte aber nur dann eine Entscheidung allein tragen müssen, wenn es dem Gutachter trotz aller professionellen Bemühungen nicht gelungen ist, den Klienten so weit zur Mitarbeit zu motivieren, dass verwertbare Befunde zu erheben sind.

An einem Beispiel sollen die wichtigsten Merkmale der Beurteilungskriterien verdeutlicht werden: Angenommen wird, dass der alkoholauffällige Klient diagnostisch der Hypothese A 2 zugeordnet wurde. Es sind demnach die verschiedenen Kriterien zur Problembewältigung zu prüfen, unter anderem auch das Kriterium A 2.5 K („Der Klient ist zu einem dauerhaften Alkoholverzicht motiviert. [...]").

Im konkreten Fall muss die zu begutachtende Person dem Gutachter z. B. nachvollziehbar schildern,

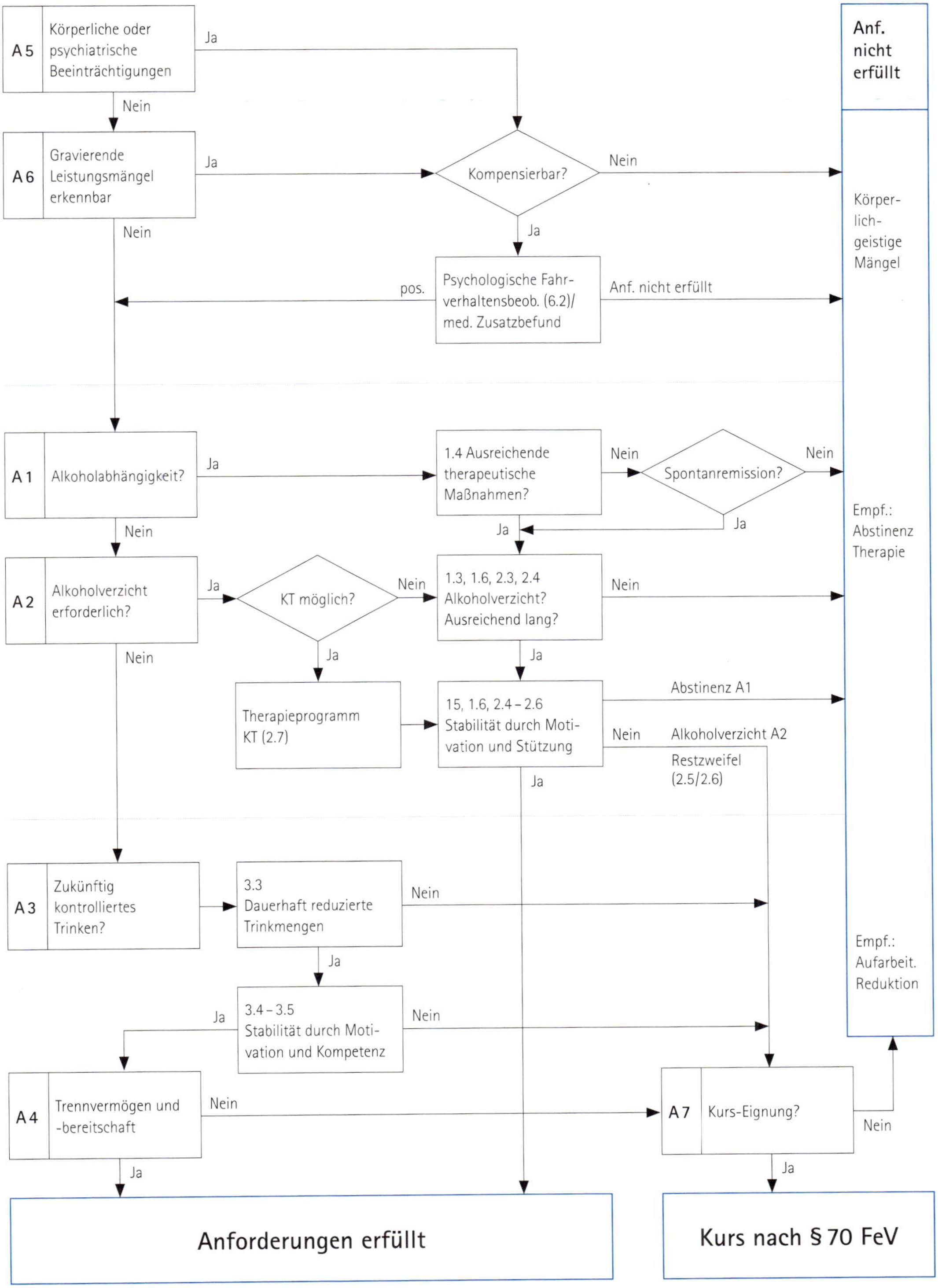

Bild A.1: Entscheidungsablauf Anlass Alkoholauffälligkeit

- welche Gründe zu einem Alkoholverzicht geführt haben,
- wie der persönliche Entscheidungsprozess bei ihr abgelaufen ist,
- worin sich der jetzige Alkoholverzicht von eventuellen früheren Trinkpausen unterscheidet und
- wie sich ihre Sichtweise der früheren Problematik und ihrer Risiken entwickelt hat.

Kann der Untersuchte nicht oder zumindest nicht stimmig darlegen, dass bei ihm ein dauerhaft wirksames Motiv für den Alkoholverzicht vorliegt, sind die Anforderungen des Kriteriums A 2.5 K nicht erfüllt. Auch die gesamte Annahme der Hypothese A 2, dass bei fehlender Kontrollfähigkeit ein konsequenter Alkoholverzicht stabil eingehalten werden kann, muss dann als nicht mehr erfüllbar gelten (Rückfallgefahr wegen fehlender Motivation). Der Gutachter kann und muss bei diesem K-Kriterium jedoch prüfen, ob die erforderliche motivationale Grundlage durch eine Kursteilnahme und die dort erfolgende Problemreflexion erreicht werden kann. Zuvor wurde in so einem Fall allerdings durch Überprüfung der Kriterien A 2.3 N und A 2.4 N festgestellt, dass ein Alkoholverzicht nachvollziehbar vorliegt, von ausreichender Dauer ist und durch äußere (z. B. soziale) Rahmenbedingungen nicht gefährdet wird. Da diese Voraussetzungen in einem Kurs nicht nachträglich geschaffen werden können und somit bei Nichterfüllen einer Kursteilnahme entgegenstehen, sind diese Kriterien als N-Kriterien gekennzeichnet.

Literatur

BUNDESANSTALT FÜR STRASSENWESEN (2022). Begutachtungsleitlinien zur Kraftfahreignung – Fassung vom 17.2.2021 (VkBl, S. 198), in Kraft getreten am 1.6.2022 mit der Fünfzehnten Verordnung zur Änderung der Fahrerlaubnis-Verordnung und anderer straßenverkehrsrechtlicher Vorschriften (BGBl. I Nr. 11 vom 25. März 2022. https://www.bast.de/DE/Verkehrs sicherheit/Fachthemen/U1-BLL/BLL-Download.html (abgerufen am 1.9.2022).

WESTHOFF, K. & KLUCK, M.-L. (2014). Psychologische Gutachten schreiben und beurteilen. 6. Auflage. Heidelberg: Springer.

Teil B

SPEZIELLER TEIL

B. 1 Kriterien und Indikatoren zu der Hypothese 0

Die Hypothese 0 beschäftigt sich mit der Frage, ob bei der Begutachtung die erforderlichen Befunde erhoben werden konnten und inwiefern die vorliegenden Befunde für eine Entscheidungsfindung durch die Gutachter verwertbar sind. Es wird hierbei besonders auf die Qualität der Angaben des Klienten selbst eingegangen, wie etwa die Konkretheit und Stimmigkeit, sowie auf die grundsätzlich erforderliche Bereitschaft des Klienten, bei der Befunderhebung mitzuwirken. Es besteht hierbei zunächst die grundsätzliche Anforderung an die Gutachter, die Verwertbarkeit durch Rückmeldung und detaillierte Rückfragen herzustellen (vgl. hierzu auch Kapitel C.1 zum Psychologischen Untersuchungsgespräch), insbesondere wenn Widersprüche zu aktenkundigen Tatsachen oder wissenschaftlich begründeten Erfahrungssätzen bereits im Gespräch offenkundig werden. Einzelne nicht verwertbare Aussagen stellen noch nicht die Verwertbarkeit des Explorationsbefundes insgesamt infrage. Vielmehr ist in einer abwägenden Bewertung zu entscheiden, welche Befunde berücksichtigt werden können und ob sie für die erforderliche gutachterliche Aussage ausreichend sind. Dies gilt sinngemäß auch bei Nichtvorlage einzelner, nur ergänzend erforderlicher externer Befunde.

Unzutreffende Aussagen können unterschiedliche Ursachen haben, die von der bewussten Täuschung bis zum schlichten Vergessen reichen. Erinnerungsvorgänge unterliegen mit der Zeit nicht nur einem Vergessenseffekt, sie können auch durch zwischenzeitlich stattgefundene Erzählungen, Rechtfertigungen oder Fremdinterpretationen „angereichert" bzw. verfälscht werden. Auch Verdrängungs- und Schuldbewältigungsmechanismen, z. B. als Teil einer Sucht- oder Persönlichkeitsproblematik, können ursächlich sein und stellen dann einen eigenständigen, wichtigen Befund zur Bewertung der Problematik dar. Bei der für die Verhaltensprognose relevanten Befunderhebung ist auch zu beachten, dass es nicht um das Feststellen juristisch relevanter Fakten geht, sondern dass auch die vom Klienten nachträglich vorgenommenen Attributionen und ein „Zurechtrücken" der Erinnerung an die früheren Zuwiderhandlungen für einen Veränderungsprozess relevant sein und einen wichtigen psychologischen Befund darstellen können.

Hypothese 0

Die zur Beantwortung der behördlichen Fragestellung erforderlichen Befunde konnten bei der Untersuchung erhoben werden und sind im Rahmen der Befundwürdigung verwertbar.

Kriterium 0.1 N **Der Klient kooperiert in einem situationsangemessenen Maß.**

1. Der Klient ist bereit zu akzeptieren, dass die Behörde Bedenken nachgeht, selbst wenn er sie nicht teilt.

Kontraindikatoren

(1) Der Klient ist trotz wiederholter Erläuterung der rechtlichen Situation durch den/die Gutachter:in nicht bereit, eine Befragung/Exploration zu akzeptieren.

(2) Der Klient fixiert sich darauf, bereits genug bestraft worden zu sein, und hält eine Eignungsüberprüfung trotz klarer Rechtslage für eine ungerechtfertigte Zumutung.

(3) Der Klient schildert nicht den aktenkundigen Tathergang, sondern betont Irrtümer der Ermittlungsbehörden bzw. des Strafrichters oder berichtet im Wesentlichen Tatumstände, die seine Unschuld belegen sollen.

2. Der Klient zeigt sich gesprächsbereit und beantwortet die Fragen, die für die Gutachtenerstellung notwendig sind.

Kontraindikatoren

(1) Der Klient beantwortet die Fragen wiederholt bewusst ausweichend.

(2) Der Klient wechselt im Gespräch systematisch auf andere Themen und Sachverhalte als die von dem/der Gutachter:in angesprochenen.

(3) Der Klient macht zwar wortreiche Einlassungen mit zahlreichen Selbstbezichtigungen, die jedoch nur allgemein Reue zeigen sollen, ohne auf die konkreten Nachfragen der Gutachterin/des Gutachters zu seinen Motiven oder Handlungen einzugehen.

3. Das Kommunikationsverhalten des Klienten ist der Begutachtungssituation angemessen (z. B. Kommunikationsverhalten, Körperhaltung, Blickverhalten).

Kontraindikatoren

(1) Der Klient zeigt distanzloses Verhalten, das auch durch Rückmeldungen nicht oder nicht wesentlich zu beeinflussen ist.

(2) Der Klient wertet den/die Gutachter:in ab, äußert Beschimpfungen oder versucht, das Ergebnis durch indirekte Bedrohungen oder Bestechungsversuche zu beeinflussen.

(3) Der Klient verhält sich betont unterwürfig, macht unpassende Komplimente und versucht auf eine nicht angemessene Art und Weise, den/die Gutachter:in für sich einzunehmen.

4. Der Klient zeigt Bereitschaft zuzuhören und folgt der Gesprächsführung.

5. Der Klient kooperiert bei der Durchführung der erforderlichen und durch die Fragestellung begründeten medizinischen und funktionspsychologischen Untersuchungen.

6. Der Klient legt die für die Bewertung der Vorgeschichtsproblematik und der aktuellen Befundlage entscheidungsrelevanten externen Belege vor, soweit sie ihm verfügbar sind.

Kriterium 0.2 N

Der Klient zeigt sich im Gespräch so weit offen, dass die für die Problem- und Verhaltensanalyse notwendigen Hintergrundinformationen zu erhalten sind.

1. Der Klient berichtet auch von sich aus über die aus seiner Sicht handlungsleitenden Umstände, Haltungen, Motive und Einflüsse von außen.

Kontraindikatoren

(1) Der Klient antwortet auch auf offene Fragestellungen auffallend knapp und zurückhaltend, wobei dies erkennbar nicht auf seine sprachlichen Möglichkeiten und Grenzen zurückzuführen ist.

(2) Der Klient stützt sich ausschließlich oder überwiegend auf vorbereitete Unterlagen, die über Gedächtnisstützen bzw. Belege hinausgehen.

(3) Der Klient schildert Tathergänge oder biografische Hintergründe auf Basis einer vorbereiteten „Geschichte", die nicht oder nur teilweise mit der Realität übereinstimmt.

2. Der Klient berichtet gegebenenfalls von sich aus auch von belastenden Sachverhalten (z. B. nicht in der Akte erfasstes Problemverhalten, Schwierigkeiten am Arbeitsplatz).
3. Der Klient äußert sich auch zu Themen, die er selbst als emotional belastend erlebt.
4. Der Klient ist bereit, Hintergründe aus seiner Biografie und Lebenssituation anzusprechen (z. B. kritische Lebensereignisse), sofern sie im Zusammenhang mit der Verkehrsauffälligkeit stehen.
5. Der Klient ist im Gesprächsverlauf, zumindest nach Rückmeldungen und Hilfestellungen der Gutachterin/des Gutachters und/oder nach Abflauen einer anfänglichen, situativ bedingten Ängstlichkeit, zur Selbstreflexion und Offenheit bereit.

Kontraindikator

(1) Das Gesprächsverhalten des Klienten verändert sich auch nach gutachterlichen Hinweisen und motivierenden Erläuterungen nicht.

Kriterium 0.3 N **Die Angaben des Klienten sind in sich stimmig und widersprechen nicht dem gesicherten Erfahrungswissen, den wissenschaftlichen Erkenntnissen und/oder der Aktenlage.**

1. Die Aussagen des Klienten sind schlüssig und stimmen miteinander überein.

Kontraindikatoren

(1) Zwischen den Angaben in der biografischen Skizze und den lebensgeschichtlichen Hintergründen der Tatauffälligkeiten finden sich wiederholte oder erhebliche Widersprüche.

(2) Die Angaben zu den Alkohol- oder Drogenkonsumgewohnheiten sind mit dem Verhalten am Tag der Tatauffälligkeit nicht zu vereinbaren. Die Widersprüchlichkeit kann vom Klienten auch nach Rückmeldung durch den/die Gutachter:in nicht erklärt werden.

(3) Der Klient muss im Verlauf des Gesprächs wiederholt frühere Angaben korrigieren, da sie in Widerspruch zu späteren Aussagen geraten sind.

2. Widersprüche zwischen Angaben des Klienten und objektiven Daten können spätestens nach Rückfrage aufgelöst werden.

Kontraindikator

(1) Auch nach Konfrontation oder Erläuterung bleiben die Widersprüche bestehen, z. B. hinsichtlich

- der angegebenen, vor Fahrtantritt konsumierten Alkoholtrinkmenge und der im rechtsmedizinischen Befund festgestellten Blutalkoholkonzentration (BAK),

- der durch die BAK und das Verhalten unter Alkoholeinfluss dokumentierten Toleranzbildung und den Angaben des Klienten zu seinen Trinkgewohnheiten im Vorfeld der Auffälligkeit,
- des Drogenkonsumverhaltens und verwertbarer aktenkundiger toxikologischer Befunde,
- eines im Gerichtsurteil oder im Polizeibericht beschriebenen Tathergangs und den vom Klienten geschilderten Abläufen.

3. Es bestehen keine unauflösbaren Widersprüche zwischen den Angaben des Klienten und empirischen Erkenntnissen (etwa zur Dunkelzifferproblematik).
4. Die Schilderungen des Klienten sind mit allgemeinem, verkehrspsychologischem und -medizinischem Erfahrungswissen vereinbar.

Kontraindikatoren

(1) Die Angaben zur Art und Motivation eines Suchtmittelkonsums (z. B. die Behauptung, nur gelegentlich in Verführungssituationen Drogen konsumiert zu haben), stehen im Widerspruch zum sonstigen Verhalten (z. B. aktives Aufsuchen der Drogenszene und gezielte Drogenbeschaffung) oder zur festzustellenden Toleranzentwicklung.

(2) Das vom Klienten angegebene „Mitläufertum" beim Tathergang steht im Widerspruch zu seinem ansonsten gezeigten selbstbestimmten und dominanten Verhalten in Gruppen.

(3) Die Angaben des Klienten zu Inhalten und Zielen der von ihm besuchten Selbsthilfeeinrichtung sind nicht mit den Konzepten dieser Organisation zu vereinbaren (gibt z. B. an, die Treffen der Anonymen Alkoholiker zu besuchen, kennt jedoch keinen der „12 Schritte").

(4) Die Angabe des Klienten, dass ein nach langjährigem starkem Alkoholmissbrauch nun eingeleiteter völliger Alkoholverzicht zu keinen wesentlichen Veränderungen in der Selbstwahrnehmung oder in sozialen Beziehungen geführt habe, widerspricht der Bedeutung des früheren Alkoholkonsums für die Lebensgestaltung und psychische Regulation beim Klienten.

(5) Die Angaben des Klienten zum Zeitpunkt des Konsums eines Betäubungsmittels widersprechen dem Nachweis des Wirkstoffs im Blut im Zusammenhang mit einem Vergehen nach § 24a StVG.

5. Nicht nur das Kerngeschehen, sondern auch begleitende Umstände und Motivlagen werden, zumindest nach entsprechender Aufforderung, nachvollziehbar und präzise dargestellt.

Kontraindikatoren

(1) Zeiträume, Ortsangaben und das „Setting" bei der Darlegung der Alkohol- oder Drogenvorgeschichte werden lediglich pauschal und verkürzt benannt.

(2) Wirkungserwartungen im Zusammenhang mit dem Konsum psychoaktiver Substanzen können nicht geschildert werden.

(3) Der Wechsel eines Konsummusters wird als Folge einer plötzlich eingetretenen Ursache beschrieben, die „wie auf Knopfdruck" entstanden ist und keines Entscheidungs- und Korrekturprozesses bedurfte.

(4) Abwägungs- und Entscheidungsprozesse sowie Motive, die Veränderungen in der Lebensgestaltung vorangegangen waren, können auch auf Nachfrage nicht erläutert werden.

Kriterium 0.4 N **Die Angaben des Klienten widersprechen nicht den bei der Begutachtung erhobenen Befunden (medizinische Befunde, Leistungsbefunde etc.) oder dem Inhalt von beigebrachten Belegen.**

1. Die Angaben des Klienten (zum Alkoholtrinkverhalten/Drogenkonsum) sind vereinbar mit den im Rahmen der Untersuchung erhobenen körperlichen und psychopathologischen Befunden.

2. Die Angaben des Klienten sind vereinbar mit den Ergebnissen der anlassbezogenen laborchemischen Untersuchungen (z. B. toxikologische Analyse auf Drogen im Haar, Blut oder Urin, Bestimmung von direkten oder indirekten Alkoholkonsummarkern).

Kontraindikatoren

(1) Ein auffälliger toxikologischer Befund in einem Abstinenzkontrollprogramm steht in Widerspruch zu den Konsumangaben sowie der angegebenen geringen Bedeutung des Substanzkonsums für den Klienten.

(2) Die Bestimmung spezifischer Alkoholabbauprodukte (z. B. Ethylglucuronid oder EtG im Urin, PEth im Blut) ergab trotz Abstinenzbehauptung einen Hinweis auf Alkoholkonsum bis in die jüngste Vergangenheit.

3. Die Angaben des Klienten zum Konsumverhalten sind vereinbar mit den bei der Untersuchung feststellbaren Restalkohol- oder Drogenabbausubstanzen.

4. Die Angaben des Klienten zum früheren Konsum- bzw. Problemverhalten sind vereinbar mit durch Substanzmissbrauch bedingten psychiatrisch-neurologischen Folgeschäden (z. B. hirnorganische Symptomatik, Wesensänderung, Prädelir, alkoholbedingte Polyneuropathie).

5. Die Angaben des Klienten zum früheren Konsumverhalten sind vereinbar mit substanzbedingten Folgeschäden (z. B. alkoholbedingte chronische Pankreatitis, alkoholbedingte Kardiomyopathie).

Kontraindikator

(1) Trotz Konfrontation oder Abklärung bestehen nicht auflösbare Widersprüche fort, z. B.

- auffällig veränderte Laborwerte trotz Abstinenzangabe und ohne nachvollziehbare andere Ursachen
- gravierende Leistungsmängel trotz angeblich langer Abstinenzdauer (und fehlende Hinweise auf andere Ursachen bzw. fortgeschrittenes Alter).

6. Die Angaben des Klienten sind vereinbar mit beigebrachten bzw. nachgeforderten Belegen.

Kontraindikatoren

(1) Der Inhalt der vom Klienten nachträglich vorgelegten Unterlagen (Bescheinigung des Arbeitgebers, Bestätigung über Anmeldung in einem Sportverein) stimmt nicht mit den Angaben des Klienten zu seiner sozialen Entwicklung überein und steht insbesondere im Widerspruch zu behaupteten wesentlichen Veränderungen.

(2) Art und Umfang einer nachträglich belegten Beratungs- oder Interventionsmaßnahme stehen in Wiederspruch zu den angeblich in Anspruch genommenen Leistungen.

B. 2 Kriterien und Indikatoren zu den A-Hypothesen (Alkohol)

Hypothese A 1

Es liegt Alkoholabhängigkeit[1] vor. Eine Entwöhnungstherapie oder eine vergleichbare, in der Regel suchttherapeutisch unterstützte Problembewältigung hat zu einer stabilen Alkoholabstinenz geführt.

■ Kriterien für das Vorliegen einer Alkoholabhängigkeit

Von Alkoholabhängigkeit kann ausgegangen werden, wenn sie entweder bereits fremddiagnostisch festgestellt wurde (vgl. Kriterium A 1.1 N) oder interdisziplinär aus den Befunden der medizinisch-psychologischen Untersuchung abgeleitet werden kann (vgl. Kriterium A 1.2 N). Das Übernehmen einer fremddiagnostischen Einordnung durch die Gutachter setzt voraus, dass diese nachvollziehbar nach den gültigen Diagnosekriterien der ICD-10[2] oder des DSM-5 und durch einen hierfür qualifizierten Arzt oder approbierten Psychologischen Psychotherapeuten erfolgte. Davon kann regelmäßig ausgegangen werden, wenn eine stationäre oder ambulante Suchttherapie durch einen Kostenträger übernommen wurde und dies oder die Eingangsdiagnose Alkoholabhängigkeit durch entsprechende Entlassungsberichte oder qualifizierte Bescheinigungen bestätigt wird. Die Einschätzung des Klienten selbst, seine Alkoholproblematik stelle eine Abhängigkeit dar, der unbestätigte Bericht über eine Suchtbehandlung oder die Angabe in einem Gerichtsurteil, der Angeklagte sei Alkoholiker, genügt für die Diagnose nicht.

Kriterium A 1.1 N **Eine Alkoholabhängigkeit wurde nachvollziehbar bereits extern diagnostiziert.**

1. In der Vergangenheit wurde bereits von einem Arzt oder einem approbierten Psychologischen Psychotherapeuten, in der Regel in einer Klinik oder einer anderen suchttherapeutischen Einrichtung, die Diagnose einer Alkoholabhängigkeit gestellt.

2. Die extern gestellte Abhängigkeitsdiagnose orientierte sich erkennbar an anerkannten Diagnosekriterien (in der Regel ICD-10, gegebenenfalls ICD-11). Ein entsprechender Arztbericht oder eine vergleichbare Bestätigung der Diagnose liegt vor. Der Bestätigung ist auch zu entnehmen, auf welche Befunde sich die Diagnose stützt (qualitative Ausprägung der Abhängigkeit).

---

1 Der in Anlage 4 FeV verwendete Begriff „Abhängigkeit" entstammt dem Diagnoseschema ICD-10 der WHO. In der aktuellen Fassung des DSM-5, dem Diagnoseschlüssel der American Psychiatric Association (APA), wird von verschiedenen Graden der Substanzgebrauchsstörung gesprochen.

2 Am 1. Januar 2022 ist zwar die ICD-11 in Kraft getreten (verabschiedet im Mai 2019 von der WHA72 – seitdem können die Mitgliedsstaaten der WHO ihre Mortalitätsdaten ICD-11-kodiert an die WHO berichten –, nach Auffassung des BfArM soll die Berichterstattung jedoch erst nach einer flexiblen Übergangszeit von fünf Jahren nur noch ICD-11-kodiert erfolgen. Der konkrete Zeitpunkt einer Einführung der ICD-11 in Deutschland zur Mortalitätskodierung steht noch nicht fest. Sowohl für die Mortalitäts- als auch für die Morbiditätskodierung gilt, dass bis zu einer Einführung der ICD-11 im jeweiligen Anwendungsbereich die ICD-10 weiterhin die gültige amtliche Klassifikation für Deutschland bleibt (BUNDESINSTITUT FÜR ARZNEIMITTEL UND MEDIZINPRODUKTE, 2022). Es ist somit noch längere Zeit damit zu rechnen, dass Diagnosen nach ICD-10 verschlüsselt werden.

3. Eine oder mehrere Entzugs- oder Entwöhnungsbehandlungen mit der Eingangsdiagnose „Alkoholabhängigkeit" wurden durchgeführt oder abgebrochen. Entsprechende qualifizierte Bescheinigungen liegen vor.
4. Eine oder mehrere Entgiftungen wurden unter ärztlicher Betreuung durchgeführt. Ein ärztlicher Bericht bestätigt nachvollziehbar die Diagnose „Alkoholabhängigkeit".
5. Vom behandelnden Arzt wurden in der Vergangenheit Medikamente zur Reduktion von Entzugserscheinungen (z. B. Distraneurin) oder des Verlangens nach Alkohol (z. B. Disulfiram, Acamprosat) verschrieben. Als Indikation ist „Alkoholabhängigkeit" nachvollziehbar diagnostiziert worden.

Kriterium A 1.2 N

Der Klient erfüllt oder erfüllte die diagnostischen Kriterien für das Vorliegen einer Alkoholabhängigkeit. Eine eventuell früher gestellte, jedoch nicht sicher belegte Diagnose lässt sich durch die erhobenen Befunde verifizieren.

Vorbemerkung: Die im Folgenden unter Berücksichtigung der Fachliteratur[3] zusammengestellten Merkmale für das Vorliegen einer Alkoholabhängigkeit sind im Sinne von Indikatoren für die Abhängigkeitsdiagnose zu verstehen. Um die aktuelle Diagnose „Alkoholabhängigkeit" sicher stellen zu können, müssen nach ICD-10 **Merkmale aus mind. drei verschiedenen der unten aufgeführten sechs Bereiche** in relevanter Ausprägung einen Monat lang gleichzeitig vorhanden gewesen sein oder innerhalb eines Jahres wiederholt gemeinsam aufgetreten sein. Hinweise auf eine länger zurückliegende Symptomatik, die für das Vorliegen einer Abhängigkeit in der Vergangenheit sprechen könnte, welche fremddiagnostisch jedoch nicht festgestellt worden war, rechtfertigen die erstmalige, aktuelle Diagnose häufig nicht mehr.

Eine Diagnosestellung ist aufgrund fehlender Mitwirkung des Betroffenen oft erschwert und kann in vielen Fällen nicht hinreichend sicher gestellt werden. In diesen Fällen ist dann das Vorliegen einer fehlenden Konsumkontrolle zu prüfen und dabei nach Hypothese A 2 vorzugehen. Dies gilt auch für den Fall, dass eine Spontanremission nach vermuteter früherer Abhängigkeit vorliegt.

Orientierende Hinweise auf das mögliche Vorliegen einer Alkoholabhängigkeit geben verbreitete Screeninginstrumente, wie der AUDIT [16], CAGE oder LAST [10], deren Anwendung in Arztpraxen auch in der AWMF-S3-Leitlinie „Screening, Diagnose und Behandlung alkoholbezogener Störungen" [3] empfohlen wird. Finden sich mehrere Hinweise auf die dort genannten Konsummerkmale oder negativen Konsumfolgen, ist eine differenzierte Überprüfung der in A 1.2 N angeführten Indikatoren erforderlich. Zu nennen sind hier insbesondere folgende Screening-Fragen des AUDIT, die sich auf den fraglichen Zeitraum für die Diagnose beziehen sollten:

3 Die durch die Ziffern im Anschluss an jedes Merkmal angegebenen Literaturverweise finden sich am Ende dieses Kapitels.

- Wurde häufiger mehr getrunken als beabsichtigt?
- Wurden häufiger Aufgaben nicht erledigt, die von einem erwartet wurden?
- Wurde morgens bereits Alkohol getrunken, „um in Schwung zu kommen"?
- Wurden Ereignisse der letzten Nacht wiederholt wegen Alkoholkonsum nicht mehr erinnert?
- Kam es infolge Alkoholkonsums schon mal zu Verletzungen von anderen oder sich selbst?
- Hat sich ein Verwandter, Freund oder Arzt schon mal Sorgen wegen des Alkoholkonsums gemacht und vorgeschlagen, weniger zu trinken?

Die Indikatoren des Kriteriums A 1.2 N sind auch dazu geeignet, eine früher gestellte, jedoch nicht mehr nachvollziehbar belegte Abhängigkeitsdiagnose anamnestisch zu verifizieren. Es sei an dieser Stelle darauf hingewiesen, dass eine Abhängigkeitserkrankung auch bei Symptomfreiheit, also vorliegender Alkoholabstinenz, nach überwiegender fachlicher Auffassung weiter besteht. Diese klinisch-fachliche Auffassung stellt einen Unterschied zu der verkehrsrechtlichen Sichtweise dar, wo nach Anlage 4 Nr. 8.4 FeV als Voraussetzung für die Fahreignung gefordert wird, dass „Abhängigkeit nicht mehr besteht". Diese Anforderung kann in dem Sinne interpretiert werden, dass eine dauerhaft stabile Alkoholabstinenz vorliegt.

Die Gewichtung der einzelnen Indikatoren orientiert sich an den einschlägigen Diagnoseschlüsseln ICD-10[4] und den unter Schlüsselzahl F10.2 zur Diagnose verwendeten Befundbereichen. In dem ebenfalls in der Fachliteratur und vor allem im anglo-amerikanischen Bereich verwendeten diagnostischen Manual psychischer Störungen DSM-5 finden sich weitere empirisch gesicherte Hinweise auf das Vorliegen verschiedener Ausprägungsgrade einer Alkoholkonsumstörung. Dabei ist die Feststellung einer schweren Alkoholkonsumstörung in ihrem Ausprägungsgrad der Alkoholabhängigkeit gleichzustellen, ein mittlerer Ausprägungsgrad legt die Diagnose einer Abhängigkeit nahe. Es ist in diesem Fall zu prüfen, ob auch eine Diagnose nach den Kriterien der ICD-10 hätte erfolgen können. Die im DSM-5 aufgeführten elf Kriterien[5] wurden den sechs Merkmalsbereichen der ICD-10 zugeordnet und jeweils als DSM-Kriterium gekennzeichnet.

Es soll damit auch der in der ICD-10 vorgenommenen differenziellen Gewichtung der unterschiedlichen Symptombereiche Rechnung getragen werden. Durch die unterschiedliche Verdichtung ähnlicher Merkmale zu einem Diagnosekriterium

4 Dieser Ausgabe der Beurteilungskriterien wurde die letzte veröffentlichte Fassung der Internationalen Klassifikation psychischer Störungen – ICD-10 Kapitel V(F) des ICD-10-WHO bzw. ICD-10-GM der Version 2015, zugrunde gelegt und mit der Online-Fassung ICD-10-GM 2020 abgeglichen (DEUTSCHES INSTITUT FÜR MEDIZINISCHE DOKUMENTATION UND INFORMATION, 2020).

5 Werden sechs oder mehr dieser Kriterien erfüllt, spricht das DSM-5 von einer schweren Form der Alkoholgebrauchsstörung, beim Erfüllen von vier bis fünf Merkmalen von einem mittleren Schweregrad, bei zwei bis drei Kriterien liegt eine leichte Form vor.

in der ICD-10 und im DSM-5 kann es vorkommen, dass sich sehr ähnliche Merkmalsbeschreibungen aus den beiden Klassifikationen in einem Merkmalsbereich gleichzeitig wiederfinden. Dies dient nur der transparenten Darstellung des Umgangs mit den Kriterien der Klassifikationssysteme in den vorliegenden Beurteilungskriterien und führt zu keiner anderen Gewichtung eines der Bereiche. Die klinischen Diagnosekriterien wurden um diagnostische Hinweise aus der Verkehrsvorgeschichte ergänzt. Sind nicht ausreichend viele Befunde für die Abhängigkeitsdiagnose festzustellen, sind sie als Indikatoren bei der Klärung der Hypothese A2 heranzuziehen.

1. Bereich: Trinkzwang und fehlgeschlagene Kontrollversuche

1.1 Der Klient berichtet über den starken Wunsch oder eine Art Zwang, Alkohol zu konsumieren. (ICD-10 [2])

1.2 Der Klient berichtet über ein starkes Verlangen oder den Drang, Alkohol zu konsumieren (Craving). (DSM-5 [1])

1.3 Der Klient hatte den anhaltenden Wunsch, den Alkoholkonsum zu verringern oder zu kontrollieren und/oder hat erfolglose Versuche der Kontrolle oder des Verzichts auf Alkoholkonsum unternommen. (DSM-5 [1]) [6; 8; 10]

1.4 Der Klient stellt sein über die Norm hinausgehendes Alkoholtrinken trotz anders lautender eindeutiger Hinweise aus der Vorgeschichte oder anderer Befunde nachdrücklich und mit nicht nachvollziehbaren Argumenten in Abrede („regressive Abwehr"). [14; 24]

1.5 Der Klient berichtet davon, Schwierigkeiten gehabt zu haben, von Gedanken loszukommen, die um Alkohol kreisten, bzw. viel über Alkohol geredet zu haben. [8; 14]

1.6 Der Klient berichtet davon, dass er wegen seines Alkoholtrinkens ein schlechtes Gewissen gehabt oder sich schuldig gefühlt habe. [10]

1.7 Der Klient berichtet davon, dass er Suchthilfeeinrichtungen aufgesucht hat oder aufsuchen wollte, da er den Eindruck hatte, sein Trinkverhalten allein nicht mehr steuern zu können. [9]

1.8 Der Klient hat an Treffen einer Selbsthilfegruppe oder Nachsorgeeinrichtung für Alkoholabhängige wiederholt teilgenommen, da er dies zur Aufrechterhaltung seiner Alkoholabstinenz für erforderlich hält. [9]

1.9 Bei der Untersuchung wird ein foetor alcoholicus festgestellt und durch eine Atemalkoholkontrolle bestätigt. [8; 11; 14; 24]

2. Bereich: Verminderte Kontrollfähigkeit bezüglich des Alkoholkonsums

2.1 Der Klient berichtet über eine verminderte Kontrollfähigkeit bezüglich des Beginns, der Beendigung und der Menge des konsumierten Alkohols. (ICD-10 [2])

2.2 Der Klient berichtet davon, dass er Alkohol häufig in größeren Mengen und länger als beabsichtigt konsumiert hat. (DSM-5 [1])

2.3 Der Klient berichtet, dass er wiederholt in Situationen Alkohol getrunken hat, in denen der Konsum zu einer körperlichen Gefährdung geführt habe.[6] (DSM-5 [1])

2.4 Der Klient hat bis zum Verlust der bewussten Verhaltenskontrolle getrunken, was zu Erinnerungslücken führte („Filmriss", Blackout). [14]

2.5 Der Klient schildert als Besonderheit seines Trinkens, dass er nach den ersten Gläsern Alkohol ein unbezwingbares Verlangen verspüre, weiter zu trinken (Betrinken bis zur körperlichen Unfähigkeit, weiter Alkohol aufnehmen zu können). [3; 8; 10; 14; 24]

2.6 Der Klient war bereits einmal zur Ausnüchterung oder wegen akuter Trunkenheit in Haft. [9]

3. Bereich: Körperliche Entzugssymptome

3.1 Der Klient berichtet über ein „körperliches Entzugssyndrom" (ICD-10) bzw. über „Entzugssymptome" (DSM-5) bei Beendigung oder Reduktion des Konsums, nachgewiesen durch alkoholspezifische Entzugssymptome oder durch Aufnahme von Alkohol (oder einer sehr ähnlichen Substanz, wie Benzodiazepine), um Entzugssymptome zu mildern oder zu vermeiden. [1; 5]

3.2 Der Klient schildert Entzugserscheinungen, die durch das (vorübergehende) Absetzen des Alkoholkonsums verursacht wurden (z. B. ängstliche Unruhe, depressive Stimmung oder Reizbarkeit, Übelkeit bis zum Erbrechen, Schlafstörungen, Schreckhaftigkeit, vegetative Hyperaktivität (Pulsbeschleunigung, vermehrtes Schwitzen, erhöhter Blutdruck), sich verstärkender Tremor (insbesondere Zittern der Hände und/oder der Zunge und Augenlider) oder illusionäre Verkennung). [3; 6; 7]

3.3 Der Klient hatte ein Alkoholdelir mit den unter 3.2 genannten Entzugssymptomen und vermehrter psychomotorischer Unruhe, Desorientiertheit, Suggestibilität und optischen Halluzinationen. [1; 5; 7]

3.4 Der Klient hat Alkohol getrunken, um Entzugssymptome zu vermeiden oder zu bekämpfen. Das gilt insbesondere auch für das Trinken am Morgen, um die Nerven zu beruhigen oder um morgendliches Zittern oder Brechreiz zu kurieren. [8; 10]

3.5 Es treten während der Untersuchung Alkoholentzugssymptome auf. [11]

---

6 Gemeint sind damit nur Situationen, die eine konkrete körperliche Gefährdung darstellten, wie z. B. Arbeit an gefährlichen Maschinen, Gefahr von Sturz und Verletzung, Einlassen auf körperliche Auseinandersetzungen. Die alkoholisierte Verkehrsteilnahme ist in der Regel kein diskriminierendes Merkmal, da sie ein Vorauswahlkriterium für die Begutachtung darstellt, kann jedoch berücksichtigt werden, wenn ein Unfallrisiko bewusst in Kauf genommen wurde.

4. Bereich: Toleranzentwicklung[7]

4.1 Es liegt der Nachweis einer Toleranz vor. Um die ursprünglich durch niedrigere Dosen erreichte Wirkung hervorzurufen, sind zunehmend höhere Dosen erforderlich. (ICD-10 [2])

4.2 Es liegt eine Toleranzentwicklung vor, definiert durch

a) Verlangen nach ausgeprägter Dosissteigerung, um einen Intoxikationszustand oder einen gewünschten Effekt herbeizuführen.

b) deutlich verminderte Wirkung bei fortgesetztem Konsum derselben Menge an Alkohol. (DSM-5 [1])

4.3 Bei dem Klienten wurde nach einer Trunkenheitsfahrt eine BAK von >2,5 ‰ gemessen. [12; 24; 25]

4.4 Der Klient hat wegen zunehmender Toleranzbildung die Alkoholtrinkmengen gesteigert, um weiterhin dieselbe Wirkung zu erzielen (bzw. es kam zu einer deutlich verminderten Wirkung bei Zufuhr der gleichen Alkoholmenge). [3; 10; 14]

4.5 Der Klient konsumierte bei einzelnen Gelegenheiten Trinkmengen, die bei einem Mann 240 g bzw. bei einer Frau 160 g Reinalkohol überschritten haben (240 g entsprechen 12 x 0,5 l Bier bzw. 0,2 l Wein).[8] [8; 14; 24]

4.6 Der Klient hat auch nach dem Genuss von persönlichen Höchstmengen - sofern sie zu einer BAK von 1,5 ‰ oder mehr führen[9] - keine unangenehmen

7 Da es sich bei der Klientel, welche sich einer Fahreignungsbegutachtung unterzieht, um eine vorselektierte Gruppe handelt, bei der eine gegenüber der Durchschnittsbevölkerung höhere Alkoholtoleranz häufig ein Zuweisungskriterium darstellt, ist der Merkmalsbereich der Toleranzentwicklung vor diesem Hintergrund differenziert zu betrachten, sodass es nur zur Diagnose herangezogen werden sollte, wenn auffällige Ausprägungsgrade der Toleranzentwicklung zu beobachten sind.

8 Als Faustregel gilt für die Berechnung der Menge an Reinalkohol: Alkoholgehalt (Reinalkohol in Gramm) = Menge des Getränks (in ml) x (Vol.-%/100) x 0,8. In der Literatur wird ferner häufiger von Standard-Drinks gesprochen, worunter in Deutschland in der Regel eine Trinkeinheit mit einer Alkoholmenge von 10 bis 12 g Reinalkohol verstanden wird. Im Audit-C-Fragebogen wird unter „1 Glas" aber für Bier 0,33 l, für Wein/Sekt 0,15 l und für Spirituosen 0,02 l verstanden.

Getränk	Vol.-%	Trinkmenge	Reinalkohol	Standard-Drink gem. Audit-C
Bier	5	0,5 l	20 g	0,33 l ~ 13,3 g
Wein/Sekt	12,5	0,2 l	20 g	0,15 l ~ 15 g
Spirituose	32	0,02 l	5,1 g	0,02 l ~ 5,1 g
Spirituose	40	0,02 l	6,4 g	0,02 l ~ 6,4 g

9 Gemäß Widmark-Formel berechnet sich die BAK in Promille wie folgt: [Resorbierte Trinkmenge in g Reinalkohol] / [Körpergewicht in kg x Reduktionsfaktor]. Bezüglich der resorbierten Alkoholmenge ist von der Menge an Reinalkohol ein Resorptionsdefizit zwischen 10 und 30 % abzuziehen (in Trinkversuchen erwiesen sich 15 % als wahrscheinlich). Als Reduktionsfaktor verwendet man üblicherweise 0,7 für Männer und 0,6 für Frauen. Errechnet wird so die theoretisch aus einer Trinkmenge resultierende BAK, die auch für die Beurteilung zugrunde zu legen ist. Will man BAK-Werte aus Akten mit Trinkangaben vergleichen, ist zusätzlich ab Trinkbeginn bis zur Blutentnahme eine stündliche Elimination von 0,1–0,2 ‰ (forensisch tradiert) bzw. 0,115–0,248 ‰ (empirisch), im Mittel 0,17 ‰ beim Mann und 0,19 ‰ bei der Frau) in Abzug zu bringen [25].

Folgen erlebt (entweder physische oder psychische oder auch Folgen aus dem sozialen Umfeld).

4.7 Der durchschnittliche Alkoholkonsum des Klienten bewegte sich im Bereich des sogenannten „Hochkonsums" (mehr als 120 g Reinalkohol pro Tag für Männer, mehr als 80 g Reinalkohol pro Tag für Frauen). [18]

5. Bereich: Vernachlässigung von oder Versagen bei anderen Interessen und Verpflichtungen

5.1 Es war in Zeiten vermehrten Alkoholkonsums zu einer fortschreitenden Vernachlässigung anderer Vergnügen oder Interessen zugunsten des Konsums gekommen und es war ein erhöhter Zeitaufwand erforderlich, um Alkohol zu beschaffen, zu konsumieren und sich von den Folgen zu erholen. (ICD-10 [2])

5.2 Der Klient hat wichtige soziale, berufliche oder Freizeitaktivitäten zugunsten des Alkoholkonsums aufgegeben oder eingeschränkt. (DSM-5 [1])

5.3 Es war ein hoher Zeitaufwand erforderlich, um Alkohol zu beschaffen, zu konsumieren oder sich von seiner Wirkung zu erholen. (DSM-5 [1])

5.4 Der Alkoholkonsum hat wiederholt zum Versagen bei der Erfüllung wichtiger Verpflichtungen bei der Arbeit, in der Schule oder zu Hause geführt. (DSM-5 [1])

5.5 Der Klient berichtet über Probleme am Arbeitsplatz, die als Folge des Alkoholtrinkens entstanden sind (Fehlzeiten, Mangelleistungen, Ermahnungen). [10]

5.6 Es sind Diebstahldelikte oder andere strafrechtliche Auffälligkeiten zur Beschaffung oder Finanzierung von Alkohol bekannt. [7]

6. Bereich: Fortsetzung des Konsums trotz eindeutiger und überdauernder schädlicher Folgen

6.1 Trotz des Nachweises eindeutig schädlicher Folgen, wie z. B. Leberschädigung durch exzessives Trinken oder depressive Verstimmungen infolge starken Substanzkonsums, hielt der Alkoholkonsum an. Es ist festzustellen bzw. es kann zumindest davon ausgegangen werden, dass sich der Klient tatsächlich über Art und Ausmaß der schädlichen Folgen im Klaren war. (ICD-10 [2])

6.2 Der Klient hat den Alkoholkonsum fortgesetzt trotz Kenntnis eines anhaltenden oder wiederkehrenden, konsumbedingten körperlichen oder psychischen Problems, das wahrscheinlich durch Alkohol verursacht oder verstärkt wurde. (DSM-5 [1])

6.3 Der Klient hat den Konsum fortgesetzt trotz ständiger oder wiederholter sozialer oder zwischenmenschlicher Probleme, die durch die Auswirkungen des Alkoholkonsums verursacht oder verstärkt wurden. (DSM-5 [1])

6.4 Der Klient trank trotz besorgter oder vorwurfsvoll kritischer Reaktionen auf sein Trinkverhalten aus seinem privaten oder beruflichen Umfeld weiter Alkohol. [6; 8; 9; 10; 14; 17]

6.5 Der Klient hat weiter Alkohol konsumiert, obwohl ihm vom Arzt Alkoholverzicht empfohlen worden war und/oder er wusste, dass bei ihm bereits Krankheiten oder andere negative Konsequenzen aufgetreten waren, die alkoholbedingt waren oder sich durch Alkohol verschlimmert hatten. [3; 4; 8; 14]

6.6 Der Klient trank heimlich. [14; 24]

6.7 Der Klient hat Alkoholvorräte in Verstecken angelegt. [7]

6.8 Es gibt anamnestische Daten bzw. medizinische Befunde, die hinweisen auf:

- Alkoholhalluzinose (meist akustische, situationsgebundene Halluzinationen in Verbindung mit Verfolgungsideen und paranoid ängstlicher Gestimmtheit ohne eindeutige Bewusstseinsstörung) [7; 9; 24]
- groben Tremor [4; 7; 24]
- entzugsbedingte cerebrale Krampfanfälle [7; 24]
- Delirium tremens (mit Tremor, Desorientiertheit, vegetativer Symptomatik, Halluzinationen; gewöhnlich zwischen dem ersten und dritten Tag nach dem Entzug) in der Vorgeschichte [7; 24]
- alkoholbedingte Polyneuropathie [7; 8], insbesondere axonale Schädigungen [4]
- alkoholbedingte chronische Pankreatitis [7]
- alkoholbedingte toxische Herzmuskelerkrankung [7]
- cerebrale Schädigungen im Sinne eines alkoholbedingten amnestischen Syndroms (Korsakow-Syndrom) [7; 9; 24]
- alkoholbedingte Persönlichkeitsveränderung (Depravation) oder affektive Störung (Depression) [7]
- alkoholbedingte Demenz. [7]

6.9 Es besteht, nach differenzial-diagnostischem Ausschluss anderer Erkrankungen, eine durch Alkoholmissbrauch erworbene Leberschädigung (z. B. Zirrhose, Hepatitis, Fettleber), die sich in mindestens einem klinischen Symptom (vermehrte Konsistenz, Vergrößerung, Druckdolenz) und mindestens einem pathologisch erhöhten Laborwert (GGT, GPT oder GOT) äußert oder bereits extern diagnostiziert wurde. [4; 7; 8; 14; 24]

6.10 Es liegen über die hier angeführten medizinischen Befunde hinaus weitere alkoholbedingte, chronische oder gravierende Erkrankungen vor, die nach Kriterium A 5.2 N das sichere Führen eines Fahrzeugs ausschließen.

Kriterien für eine angemessene Problembewältigung

Kriterium A 1.3 N

Es besteht nachvollziehbar eine anhaltende Abstinenz von Alkohol, die über einen ausreichenden Zeitraum aufrechterhalten wird. Dies wird mit medizinischen Verlaufsbefunden belegt.

Vorbemerkung: Sowohl in den Begutachtungsleitlinien zur Kraftfahreignung [15] als auch in Anlage 4 Nr. 8.4 FeV wird gefordert, dass eine dauerhafte Abstinenz besteht[10], die in der Regel für einen Zeitraum von einem Jahr „nach der Entgiftung und Entwöhnungszeit" nachgewiesen werden muss. Somit wird eine abgeschlossene erfolgreiche Entwöhnungsbehandlung vor Beginn des Abstinenz-Belegzeitraums vorausgesetzt (vgl. Indikator 10). Sonderfälle, wie etwa ein längerer Abstinenzzeitraum vor Aufnahme einer Behandlung, das Absolvieren einer ambulanten Langzeittherapie oder das Erreichen einer Alkoholabstinenz ohne suchttherapeutische Maßnahme müssen dahingehend bewertet werden, ob sie zu einer vergleichbaren andauernden Abstinenz geführt haben und ob ein entsprechender Beleg hierfür vorliegt. Die Indikatoren 11–15 beschreiben einige häufiger vorkommende Sonderfälle in diesem Sinne.

1. Der Klient verzichtet bei vorliegender Alkoholabhängigkeit mindestens seit einem Jahr konsequent auf den Konsum von Alkohol. [3; 13]

2. Der Klient konsumiert keine sogenannten alkoholfreien Getränke mit geringen Mengen an Alkoholgehalt (z. B. alkoholfreies Bier, Leichtbier, alkoholfreier Wein oder Sekt). Er verzichtet auch konsequent auf den Konsum alkoholhaltiger Speisen (Eis mit Likör, Alkoholpralinen, Rumtorte etc.).

3. Die Abstinenzangaben werden für den fachlich erforderlichen Mindestzeitraum (vgl. Indikatoren 11–17) durch Abstinenzbelege (Urinkontrollen und/oder Haaranalysen auf den Alkoholkonsummarker Ethylglucuronid oder Blutanalysen auf PEth), deren Durchführungsbedingungen den Kriterien der Hypothese CTU (Kapitel C.3) entsprechen, dokumentiert.

4. Es liegt eine hinreichend geschlossene Reihe von Bestimmungen indirekter Alkoholkonsummarker (z. B. GGT oder CDT) vor, die unterstützend berücksichtigt werden können, sofern erhöhte Befundwerte aus einer Trinkphase bekannt sind (Beleg für individuelle Sensitivität) und diese sich normalisiert haben.

5. Die Zeitdauer ohne Abstinenzkontrollen nach einer zuvor dokumentierten einjährigen Abstinenz beträgt zwischen dem Ende des Kontrollzeitraums und der Untersuchung nicht mehr als vier Monate.

6. Liegt bei der Begutachtung ein einjähriger Abstinenzbeleg aus einem länger als vier Monate zurückliegenden Zeitraum vor, kann die zwischenzeitliche Aufrechterhaltung der Abstinenz durch eine aktuelle, wenn auch einen kürzeren

10 Sofern in einer vom Kostenträger genehmigten Therapie bei bestehender Abhängigkeit in seltenen Fällen Ausnahmen vom Abstinenzziel gemacht werden (suchttherapeutisch begleiteter kontrollierter Konsum), bedürfen diese Fälle hinsichtlich ihrer Stabilität und hinsichtlich der Vermeidung alkoholisierter Verkehrsteilnahme einer besonders ausführlichen individuellen Begründung unter Berücksichtigung der wissenschaftlichen Fachliteratur.

Zeitraum überblickende Bestätigung der Abstinenz nachvollziehbar gemacht werden. Hierzu wurden Urinanalysen auf EtG oder Blutanalysen auf PEth mit drei Kontrollen in vier Monaten im Vorfeld der Begutachtung bzw. eine Analyse eines 3 cm langen Haarsegments auf EtG zeitnah zur oder im Rahmen der Begutachtung durchgeführt. Sofern der Kontrollzeitraum des einjährigen Belegs vor mehr als zwölf Monaten endete, liegt ein Abstinenzbeleg für das letzte halbe Jahr vor der Begutachtung vor.

7. Früher bekannte alkoholtoxische Körperschädigungen haben sich zurückgebildet (Normalbefund oder Rückbildungsstadium (Narbe) ohne akute toxische Einflüsse).
8. Der Klient weist bei der medizinischen Untersuchung keine Befunde auf, die für Alkoholkonsum in jüngster Vergangenheit sprechen.

Kontraindikatoren

(1) Verschiedene der erhobenen Befunde erhärten in der Zusammenschau als „Mosaik" den Verdacht auf Alkoholmissbrauch (vgl. auch Kriterium A 3.3 K, Indikator 17).

(2) Beim Klienten ist am Untersuchungstag Alkoholgeruch in der Atemluft auffällig und es ist bei einer daraufhin veranlassten Atemalkoholkontrolle (oder Blutprobe) Alkohol nachweisbar.

9. Werden für eine aktuelle Erhöhung der Laborparameter – insbesondere nach Vorlage eines unauffälligen Abstinenzkontrollprogramms – andere Ursachen als Alkoholmissbrauch angenommen, konnte das Fortbestehen einer Alkoholabstinenz nachvollziehbar dargestellt werden. Als Beleg kann bei Fehlen anderer bekannter Ursachen eine den fraglichen Zeitraum erfassende Haaranalyse oder eine aktuelle Blutanalyse auf PEth herangezogen werden.
10. Der Klient hat nach Abschluss der Entwöhnungsbehandlung ein Jahr Abstinenz eingehalten.
11. Kann bei besonders günstig gelagerten Umständen (z. B. sehr kurze Phase der Abhängigkeit ohne weitreichende Störung der sozialen Bezüge und ohne wesentliche Persönlichkeitsveränderungen mit intrinsischer Therapiemotivation) bereits vor Ablauf von einem Jahr nach Beendigung der Entwöhnungsbehandlung von einer stabilen Abstinenz ausgegangen werden, besteht sie trotzdem seit bereits mindestens einem halben Jahr.
12. Lag vor einer suchttherapeutischen Maßnahme (vgl. auch Kriterium A 1.4 N) bereits ein längerer Zeitraum mit einer nachvollziehbaren Abstinenz vor, so beträgt die alkoholabstinente Zeit nach Abschluss der therapeutischen Maßnahme mindestens noch sechs Monate. Der gesamte Zeitraum des Alkoholverzichts (inkl. Therapiephase) ist in der Regel nennenswert länger als ein Jahr und beträgt mindestens 15 Monate.
13. Hat der Klient eine ambulante Langzeitmaßnahme (vgl. auch Vorbemerkung zu A 1.4 N) durchgeführt, die in der Regel neben dem Ziel der Entwöhnung auch die Unterstützung der Reintegration und der Stabilisierung neuer Verhaltens-

gewohnheiten verfolgt, so ist der Zeitraum der Abstinenz insgesamt (inkl. des Zeitraums der ambulanten Therapie) nennenswert länger als ein Jahr und beträgt mindestens 15 Monate. Davon sollten mindestens drei Monate im Zeitraum nach Abschluss der Maßnahme und vor einer Begutachtung der Fahreignung liegen. Die Abstinenz ist nachvollziehbar belegt.

14. Liegt der letzte bekannte Alkoholkonsum bereits viele Jahre zurück, ist die alkoholabstinente Lebensweise aus den übrigen Befunden nachvollziehbar abzuleiten und wird durch stabilisierende Veränderungen gestützt, so liegen Belege für die Alkoholabstinenz noch mindestens für sechs Monate vor der Begutachtung vor.

15. Hält der Klient Alkoholabstinenz ohne vorherige Entwöhnungsbehandlung (vgl. Kriterium 1.4 N) ein („Selbstheiler" oder andere Form der Aufarbeitung), liegt ein dem Problem angemessener – in der Regel nennenswert länger als ein Jahr währender – nachvollziehbar dokumentierter Stabilisierungszeitraum vor. Vor dem Zeitpunkt der Untersuchung sind mindestens 15 Monate Abstinenz belegt.

16. Wurde die Einhaltung der Abstinenz anfangs (in der Regel bis zu sechs Monate) durch eine Medikation zur Verminderung des „Suchtdrucks" unterstützt (Acamprosat, Campral®), so beträgt die Dauer der Alkoholabstinenz ohne medikamentöse Unterstützung danach noch mindestens sechs Monate.

17. Sofern die medikamentöse Unterstützung der Abstinenz langfristig angelegt ist (12–24 Monate), finden sich keine Hinweise auf fehlende Compliance. Kann die Aufrechterhaltung der Abstinenz zum Untersuchungszeitpunkt bereits angenommen werden, ist aufgrund der veränderten Bedingungen nach Absetzen der Medikation eine Nachuntersuchung erforderlich.

18. Der Klient kann nachvollziehbare Angaben zum Zeitpunkt und den Umständen des Abstinenzentschlusses machen.

19. Der Klient kann körperliche, seelische und/oder soziale Veränderungen zu Beginn und im Verlauf der Abstinenz beschreiben.

Kriterium A 1.4 N **Der Klient hat die Alkoholabhängigkeit aufgearbeitet und die ihr zugrunde liegende Problematik – in der Regel mithilfe einer Entwöhnungsbehandlung – überwunden.**

Vorbemerkung: In den Begutachtungsleitlinien zur Kraftfahreignung wird das Absolvieren einer „erfolgreichen Entwöhnungsbehandlung, die stationär oder im Rahmen anderer Einrichtungen für Suchterkrankungen erfolgen kann", gefordert. Das Angebot der suchttherapeutischen Einrichtungen ist dabei vielfältig, insbesondere was ambulante oder teilstationäre Therapieformen betrifft. Während eine „Entgiftung" zumeist stationär über einen Zeitraum von 1–4 Wochen erfolgt, können Entwöhnungstherapien sehr unterschiedlich gestaltet sein. Neben stationären Therapien in Suchtkliniken sind ambulante Maßnahmen nach DRV- und Krankenkassenanerkennung in Suchtberatungsstellen über mindestens 24 Wochen und ganztägige ambulante Maßnahmen z. B. in Tageskliniken mit ambulanten Aufenthalten an den Werktagen über einen Zeitraum von 8–16 Wochen zu finden. Auch sogenannte Kombi-Therapien, die eine stationäre und eine ambulante Phase vorsehen, sind bekannt. Eine „Entwöhnungsbehandlung" im Sinne der Begutachtungsleitlinien liegt nach Auffassung der Herausgeber dann vor, wenn – unabhängig von der Gestaltung des Modells – das therapeutisch angestrebte Ziel einer Problemanalyse und -aufarbeitung als Voraussetzung für die Aufrechterhaltung einer dauerhaften Abstinenz erreicht werden konnte und der vom Kostenträger zugesagte Zeitraum vollständig abgeschlossen wurde. Nachsorgekontakte, die sporadisch stattfinden und nur der Rückfallprophylaxe dienen, sind genauso wenig als Teil der Entwöhnungsbehandlung zu verstehen wie die stationäre Entgiftungsphase.

1. Der Klient hat an einer Entwöhnungsbehandlung in einer vom Kostenträger anerkannten stationären oder ambulanten Einrichtung erfolgreich teilgenommen. Dies kann auch dokumentiert werden.

   (1) Es hat lediglich eine isolierte Entgiftungsbehandlung stattgefunden. — Kontraindikator

2. Der vorgelegten Bescheinigung ist zu entnehmen, in welchem Zeitraum die stationäre oder ambulante Therapie durchgeführt wurde.
3. Es finden sich im Therapiebericht oder in der Entlassungsbescheinigung keine Hinweise auf einen vorzeitigen Abbruch der Therapie (keine Selbst- oder disziplinarische Entlassung). Aus dem Bericht gehen die Teilnahme an der Maßnahme und deren Dauer hervor.
4. Der Klient hat eine ambulante Therapie oder eine kombinierte stationäre/ambulante Therapie durchgeführt. Der therapeutische Teil dieser Maßnahme ist vollständig abgeschlossen, sodass allenfalls noch Kontakte im Sinne einer Nachsorgemaßnahme zur Therapieeinrichtung bestehen.
5. Der Klient kann über Therapieinhalte und die Vermittlung von Verhaltensstrategien zur Verringerung des Rückfallrisikos berichten.
6. Weitere abstinenzbegleitende psychotherapeutische Maßnahmen sind nicht mehr erforderlich oder betreffen, sofern sie noch nicht abgeschlossen sind, nicht die Bedingungen, die auslösend für die Entwicklung der Alkoholabhängigkeit waren.
7. Der Klient hat zwar keine Entwöhnungsbehandlung gemacht, wesentliche persönliche Bedingungen für die Entwicklung der Abhängigkeit wurden jedoch psychotherapeutisch aufgearbeitet. Eine psychische Stabilisierung und eine stabile Abstinenz auf der Grundlage einer Krankheitseinsicht in die Alkoholabhängigkeit liegen seit mindestens einem Jahr nach Abschluss der Psychotherapie vor.

   (1) Der Klient fokussiert sich bei der Aufarbeitung der Vorgeschichte im Wesentlichen auf die psychische Belastungssituation bzw. seine psychische Erkrankung. Das „Alkoholproblem" wird nur sekundär für bedeutend gehalten. — Kontraindikatoren

   (2) Rückfallverhindernde Maßnahmen und Anstrengungen zur Vermeidung von Verführungssituationen werden für unwichtig gehalten, da ja nun das für den Alkoholmissbrauch ursächliche Problem „geheilt" sei.

8. Der Klient kann für den Fall, dass er keine systematische fachliche Hilfe in Anspruch genommen hat, verdeutlichen, dass die inneren und äußeren Bedingungen trotzdem eine konsequente Umkehr des Verhaltens und der Einstellungen möglich gemacht und zu einer stabilen Abstinenz geführt haben.
9. Die Bedingungen, die zu der Abhängigkeitsentwicklung beigetragen haben, bestehen nicht mehr oder können so bewältigt werden, dass zukünftiger Alkoholkonsum unwahrscheinlich ist.
10. Es finden sich nach der Alkoholentwöhnungstherapie keine Hinweise auf eine Suchtverlagerung (Medikamentenmissbrauch, insbesondere Benzodiazepine oder Konsum illegaler Drogen).
11. Bei intervallärem Verlauf der Abhängigkeit (mehrere Phasen von Karenz; mehrere Therapien mit Rückfällen) trägt die zuletzt durchgeführte Maßnahme oder der persönliche Entwicklungsprozess des Klienten diesen besonderen Bedingungen Rechnung, sodass die Abstinenz jetzt als Erfolg versprechender und dauerhaft bewertet werden kann.

Kriterium A 1.5 N **Der Klient hat ein ausreichendes Problemverständnis (Krankheitseinsicht) entwickelt und ist zur Aufrechterhaltung einer alkoholabstinenten Lebensweise motiviert. Der Einsichtsprozess ist nachvollziehbar und seine Haltung zur Abstinenz ist ausreichend gefestigt.**

1. Der Klient nimmt sein Unvermögen zum kontrollierten Alkoholkonsum wahr und akzeptiert die Diagnose einer Alkoholabhängigkeit („Krankheitseinsicht"). Er ist sich des Besonderen seiner Alkoholbeziehung und der Risiken von weiterem Alkoholkonsum bewusst.
2. Der Klient sieht die Notwendigkeit der völligen Alkoholabstinenz, um einen Rückfall in exzessives bzw. unkontrolliertes Trinken zu vermeiden.

Kontraindikatoren

(1) Der Klient äußert die Überzeugung, sich im Griff zu haben, wenn es doch einmal dazu kommen sollte, dass er ein Glas Bier, Wein etc. trinken sollte.

(2) Die Idee des gelegentlichen Alkoholkonsums in besonderen Ausnahmesituationen hat weiterhin Attraktivität.

3. Der Klient hat ein Problemverständnis entwickelt, welches unter anderem die für ihn relevanten Merkmale der Abhängigkeit, ein subjektives Erklärungsmodell zu ihrer Entstehung und zu individuellen Faktoren für Rückfallrisiken umfasst.
4 Der Klient stellt die Gründe, die zur Alkoholabstinenz geführt haben, nachvollziehbar dar. Sie sind aus der persönlichen Problematik heraus verständlich.
5. Der Klient stellt den persönlichen Entscheidungsprozess sowie die Schwierigkeiten beim Erreichen und Einhalten der Alkoholabstinenz nachvollziehbar dar.
6. Der Klient hat überwiegend intrinsische Motive für die Aufrechterhaltung der Abstinenz entwickelt, auch wenn anfangs im Wesentlichen äußere Gründe zum Alkoholverzicht geführt haben sollten.

7. Der Klient hat erkannt, dass er ein für sich befriedigendes Leben auch ohne Alkoholkonsum gestalten kann, dasheißt, der Alkoholverzicht wird vom Klienten als „zufriedene Abstinenz" beschrieben.

8. Der Klient führt eine früher problematische Lebensentwicklung in wesentlichen Teilen ursächlich auf den damaligen Alkoholmissbrauch zurück.

9. Der Klient berichtet über sein früher abhängiges Trinkverhalten ohne den Versuch, es zu bagatellisieren, durch Problemleugnung zu verschönern oder zu verdrängen.

10. Der Klient beschreibt den Unterschied zwischen dem jetzigen Abstinenzentschluss und früheren, vielleicht auch längeren Alkoholtrinkpausen.

11. Der Klient hat Erfolg versprechende, das heißt aktive, lösungsorientierte Bewältigungsmechanismen entwickelt, die an die Stelle von früheren Verdrängungs- und Abwehrmechanismen getreten sind.

12. Der Klient erlebt als Folge der Alkoholabstinenz eine deutlich verfeinerte Sinnes- und Selbstwahrnehmung, die er als Gewinn empfindet.

13. Der Klient beschreibt, wie er unangenehme emotionale Belastungen oder Beanspruchungen ohne Alkoholkonsum bewältigt.

14. Der Klient hat eine positive Zukunftsperspektive entwickelt und berichtet über Pläne und Schritte zur Realisierung.

15. Der Klient verfügt über ein ausreichendes Maß an Selbstvertrauen und Selbstsicherheit, um auch in belastenden Situationen auf Alkohol verzichten zu können.

16. Der Klient hat, falls er Situationen mit versehentlichem Alkoholkonsum erlebt hat (z. B. Alkoholpraline, Kuchen, Mischgetränke), den Konsum sofort abgebrochen.

Die Alkoholabstinenz ist stabil, da sie durch rückfallverhindernde Maßnahmen und das soziale Umfeld gestützt wird. Kriterium A 1.6 N

1. Der Klient verfügt über ein ausreichendes Maß an Selbstvertrauen, Selbstsicherheit und Durchsetzungsvermögen, um auch in sozialen Verführungssituationen oder in psychisch belastenden Situationen auf Alkoholkonsum verzichten zu können.

2. Der Klient nutzt auch nach Abschluss der Therapie regelmäßige, stützende Maßnahmen (Selbsthilfegruppen, Nachsorgegruppen, Einzelgespräche).

   (1) Es dominieren Einstellungen wie: „Das muss ich alleine schaffen" oder „Da kann mir ohnehin keiner helfen". Kontraindikator

3. Der Klient kann über sein subjektives Rückfallkonzept berichten. Es ist erkennbar, dass in der Entwöhnungstherapie eine differenzierte Auseinandersetzung mit „Rückfälligkeit" stattgefunden hat. Insbesondere ist ihm bewusst, dass ein „Rückfall im Kopf" als Vorbote eines erneuten Alkoholkonsums stattfinden kann; er kann zudem benennen, auf welche individuellen Warnhinweise er bei sich achten möchte.

4. Der Klient verfügt über konkrete Handlungspläne, wie er mit Anzeichen für eine erhöhte Rückfälligkeit umgehen kann (Verlassen der Situation, Notfallkontakt anrufen etc.).

Kontraindikatoren

(1) Der Klient beharrt auf der Überzeugung und beschränkt sich darauf, dass er keinesfalls wieder einen Rückfall erleben werde. Er habe alles unternommen, dass dies nicht mehr vorkomme.

(2) Er überschätzt seine Selbstkontrollmöglichkeiten und verlässt sich ausschließlich auf die eigene Willensstärke.

5. Der Klient hat rückfallbegünstigende Situationen im beruflichen Umfeld (Abteilungsfeste, Kundenessen etc.) in ihrer Problematik erkannt. Er hat plausible Schritte unternommen, um die Situationen zu vermeiden oder Rückfallrisiken zu mindern (Vereinbarungen mit seinem Chef, Ansprechen seiner Problematik, Veränderung des Arbeitsfeldes etc.).

6. Der Klient hat rückfallbegünstigende Situationen im Freizeitbereich (Vereinstreffen, Stammkneipen, Bier nach dem Sport) in ihrer Problematik erkannt. Er hat durch Vermeidung der Situation oder durch Ansprechen seiner Problematik das Rückfallrisiko verringert.

Kontraindikator

(1) Der Klient nimmt weiterhin an Freizeitgestaltungen teil, bei denen der Konsum von Alkohol im Mittelpunkt steht.

7. Der Klient hat gezielte, auch neue Freizeitaktivitäten aufgenommen (Wiederbelebung alter Hobbys, sportliche Aktivitäten etc.).

8. Der Klient berichtet von Veränderungen in seinen Sozialkontakten dahingehend, dass der stark Alkohol konsumierende Bekanntenkreis an Attraktivität verloren hat und neue Kontakte mit anderen Schwerpunkten und Zielsetzungen aufgebaut wurden.

9. Die Alkoholabstinenz des Klienten wird von seinem sozialen Umfeld akzeptiert und unterstützt. Er hat wesentliche Bezugspersonen über seine Alkoholkrankheit informiert.

10. Der Klient hat durch seine Alkoholabstinenz in der Familie/Partnerschaft keine neuen und überdauernden Probleme erlebt. Insbesondere hat eine vermehrte Selbstsicherheit oder Dominanz gegenüber früher zu eher positiven Entwicklungen beigetragen.

11. Der Klient hat zuletzt wieder aktiver an der Gestaltung des Familienlebens teilgenommen und ist auch wieder an der Lösung der Probleme anderer (z. B. seiner Kinder) interessiert, die er nicht mehr nur als Störfaktor erlebt.

Kriterium A 1.7 N

Falls der Klient innerhalb der zurückliegenden Abstinenzphase kurzfristig Alkohol konsumiert hat („lapse"), lässt sich dies trotzdem mit der Erwartung einer langfristigen, ausreichend stabilen alkoholabstinenten Lebensweise vereinbaren.

Vorbemerkung: Ansätze zur Rückfallprävention und Rückfalltherapie sehen den Rückfall während der Behandlung als kein seltenes Ereignis (vgl. MARLATT & GORDON, 1985; KÖRKEL, 1995). Es kann unterschieden werden, ob ein Rückfall in der Phase der Veränderung stattgefunden hat, zeitlich eng begrenzt war und aufgearbeitet wurde und damit dem Veränderungsprozess zuzurechnen ist („lapse" bzw. „slip" (Ausrutscher) als mildere Form z. B. aufgrund eines Versehens) oder ob er nach einer Phase der zeitweilig stabilen Abstinenz einen Rückfall in früheres Suchtverhalten und in frühere Bewältigungsstrategien darstellt („relapse", „full blown relapse" mit einem Konsumverhalten auf dem alten Trinkniveau). Der in diesem Kriterium angesprochene „lapse" kann zu einer korrigierten Zielfindung führen und als Erinnerung an die fortdauernd bestehende Abhängigkeitsproblematik zu gesteigerter Wachsamkeit motivieren. Nach erneuter Erprobung mit therapeutischer Unterstützung ist in der Folge davon mitunter sogar ein letztlich zufriedeneres und robusteres neues Verhalten zu erwarten. Ein „relapse" hingegen bedarf in der Regel einer erneuten suchttherapeutischen Maßnahme, bevor wieder eine stabile Abstinenz erreicht werden kann, wobei an den Beleg der Stabilität keine geringeren Anforderungen zu stellen sind als nach der ursprünglichen suchttherapeutischen Maßnahme.

1. Das Rückfallgeschehen ist rückblickend nachvollziehbar als eine noch erforderliche Lernerfahrung in einem Prozess der Umorientierung zu werten, der zwar schon ausreichend motiviert eingeleitet wurde, bei dem die Kompetenz im Umgang mit bzw. der Vermeidung von Rückfallsituationen jedoch noch nicht ausreichend selbstkritisch entwickelt worden war.

   Kontraindikatoren

   (1) Zwar hat es sich nur um einen begrenzten Zeitraum mit erneutem Alkoholkonsum gehandelt. Der Klient fühlt sich durch seine Erfahrung damit jedoch eher in seiner Kompetenz gestärkt, auch wieder aufhören zu können (Bagatellisierung des Rückfalls).

   (2) Es ist infolge des Scheiterns des Abstinenzvorsatzes nicht zu einer erkennbaren Reflexion und Neubewertung der bisherigen Vorsätze oder Vorstellungen gekommen, was beim Klienten einen Rückfall auslösen kann.

   (3) Der Klient verlässt sich erkennbar auf ein „Auffangnetz" externer Institutionen und Berater, an die er sich jederzeit **nach** einem Rückfall wenden kann.

2. Der Klient hat Alkohol in der Initialphase der Abstinenz getrunken, in der die Vorsatzbildung noch nicht abgeschlossen und noch nicht ausreichend motivational gestützt war.

3. Die Phase des – evtl. unkontrollierten – Alkoholkonsums in der zurückliegenden und noch andauernden Abstinenzphase war auf einen kurzen Zeitraum begrenzt.

4. Der seit dem letzten Alkoholkonsum verstrichene Zeitraum ist lang genug, um eine angemessene Aufarbeitung dieser Erfahrung und eine Festigung neu gewonnener Einsichten zu gewährleisten (in der Regel mindestens sechs Monate). Die Alkoholabstinenz ist für diesen Zeitraum (zusätzlich) belegt (vgl. Kriterium A 1.3 N sowie Hypothese CTU in Kapitel C.3).

5. Der Klient hat nach dem (letzten) Alkoholkonsum in der Abstinenzphase neue Einsichten gewonnen bzw. Erfahrungen gemacht (evtl. mit Unterstützung einer Therapie oder in einer Gruppe), die einer konsequenteren Verhaltenskontrolle zugutekommen. Er hat insbesondere akzeptiert, dass der Abstinenzentschluss Einschränkungen und Ausnahmen nicht verträgt.

6. Der Klient, der die Notwendigkeit der Alkoholabstinenz akzeptiert, berichtet von sich aus von der Unterbrechung der Abstinenz, ohne dass diese aktenkundig ist.

7. Der Klient hat nach dem Alkoholkonsum, der ihm die große Rückfallgefahr vor Augen geführt hat, nicht resigniert, sondern sich intensiv damit auseinandergesetzt und aktiv konkrete Schritte bewältigt, um vergleichbaren Situationen nicht mehr unvorbereitet gegenüberzustehen.

8. Der Klient kann – nicht alltägliche – Situationen („Glatteisstellen") benennen, in denen nach seiner Einschätzung und der Erfahrung mit dem erlebten Rückfall auch künftig die Gefahr besteht, dass er seinen nach wie vor bestehenden Abstinenzvorsatz brechen könnte. Er hat eine plausible und realitätsnahe Vorstellung davon entwickelt, wie er mit solchen unvorhergesehenen Situationen umgehen möchte und wie er sie möglichst vermeidet.

Kontraindikatoren

(1) Der Klient äußert die naiv-unerschütterliche Überzeugung, dass der Rückfall oder Ausrutscher einmalig gewesen sei und dass sich Ähnliches künftig nicht wiederholen könne.

(2) Der Klient ist sich sicher, dass er aufgrund dessen, dass er nun einmal gescheitert ist, in künftigen Verführungssituationen standhaft bleiben werde und er verlässt sich dabei auf seine neu gewonnene Stärke oder auf die abschreckende Wirkung des Erlebten.

9. Der Klient hat Kompetenzen zur Bewältigung von kritischen Lebenssituationen, die zum Alkoholkonsum führten, erworben.

10. Der Klient verfügt über Ressourcen (eigene Kompetenzen, stabilisierendes Umfeld), um gegebenenfalls künftige Gefahren für einen Abstinenzbruch rechtzeitig erkennen, abfangen und aufarbeiten zu können.

Kontraindikator

(1) Der Klient plant oder gestattet sich zukünftig gelegentlichen Alkoholkonsum bzw. spielt die Risiken eines Abstinenzbruches herunter.

Hypothese A 2

Der Klient war über einen längeren Zeitraum wiederholt nicht in der Lage, mit Alkohol kontrolliert umzugehen. Er verzichtet deshalb konsequent, zeitlich unbefristet und stabil auf den Konsum von Alkohol. Besteht trotzdem ein geringfügiger Alkoholkonsum, liegt diesem Verhalten eine fachliche Intervention und ein klar definiertes und eingeübtes Verhaltenskonzept zugrunde (sogenanntes „Kontrolliertes Trinken"), mit dem kein erhöhtes Rückfallrisiko und damit auch kein erhöhtes Verkehrsrisiko verbunden ist.

Vorbemerkung zur fahreignungsbezogenen Notwendigkeit des Alkoholverzichts: In der Verkehrspsychologie wird, wie in der klinischen Psychologie auch, das Thema „Abstinenznotwendigkeit" zum Teil kontrovers diskutiert. Dabei kann es durchaus der Fall sein, dass bei einer klinischen Diagnose noch nicht die Kriterien für eine Alkcholabhängigkeit erfüllt wären, aus der sich das Therapieziel der Alkoholabstinenz ableiten ließe, dass jedoch hinsichtlich der Verkehrsteilnahme nach Alkoholkonsum keine hinreichend zuverlässige Steuerungsfähigkeit und Verhaltenskontrolle angenommen werden kann, um ein verlässliches Trennverhalten attestieren zu können.

An dieser Stelle sei deshalb aus einer Stellungnahme von Prof. em. STEPHAN (Universität Köln) zitiert, die sich vollständig in der zweiten Auflage zu diesen Beurteilungskriterien findet:

> *„... Insbesondere der Lerngeschichte bei der Herausbildung einer hohen Alkoholgewöhnung und der damit häufig verbundenen Entwicklung von habituellen Automatismen, dem Verlust von physischer Alkoholsensibilität als Warnhinweis sowie der Ausbildung von Verdrängungstendenzen in der Wahrnehmung negativer Alkoholkonsumfolgen, kommt hierbei Bedeutung zu.*
>
> *Bereits bei Verkehrsauffälligkeiten ab 1,1 Promille sind Fälle zu erwarten, die nicht mehr über eine ausreichende Steuerungsfähigkeit im Umgang mit Alkohol verfügen. Je höher die BAK über 1,1 Promille liegt, desto wahrscheinlicher wird es, dass ein konsequenter Alkoholverzicht erforderlich ist, um eine zukünftige Verkehrsteilnahme unter Alkohol hinreichend durchgängig und sicher zu vermeiden."*

Alkoholverzicht ist demnach vor allem dann erforderlich, wenn sich, unabhängig von der aktenkundigen Verkehrsvorgeschichte, eine klinisch relevante Alkoholgebrauchsstörung nach DSM-5 oder ein schädlicher Gebrauch nach ICD-10 diagnostizieren lässt und aufgrund der Lerngeschichte auch sonst anzunehmen ist, dass sich ein konsequent kontrollierter Umgang mit alkoholischen Getränken nicht erreichen lässt. In die Betrachtung der Lerngeschichte sind dabei die Auffälligkeiten in der Vorgeschichte, die individuelle Verarbeitung dieser Erlebnisse und gegebenenfalls auch therapeutische Maßnahmen mit einzubeziehen.

Die im Folgenden aufgeführten Merkmale sprechen grundsätzlich gegen die Fähigkeit zum kontrollierten Umgang mit Alkohol, sodass die Voraussetzungen zum Führen eines Kraftfahrzeugs zum Untersuchungszeitpunkt nur bei stabilem Alkoholverzicht gegeben sind. In Ausnahmefällen kann auch ein fachlich indiziertes, therapeutisch begleitet erworbenes „Kontrolliertes Trinken" (KT) als stabile Verhaltensänderung gewertet werden, wenn die Voraussetzungen nach Kriterium A 2.7 N erfüllt sind.

Es ist für die diagnostische Einordnung in Hypothese A 2 zu fordern, dass nicht nur ein Merkmal bzw. Indikator erfüllt ist, sondern dass Indikatoren aus verschiedenen Merkmalsbereichen ein einheitliches Befundbild ergeben. Zusätzlich können Hinweise aus Kriterium A 1.2 N berücksichtigt werden, auch wenn diese Merkmale nur vereinzelt festzustellen sind, sodass eine Abhängigkeitsdiagnose allein auf dieser Grundlage nicht erfolgen kann.

Kriterium für die Notwendigkeit eines konsequenten Alkoholverzichts

Kriterium A 2.1 N

Beim Klienten ist eine Substanzgebrauchsstörung nach DSM-5 oder ein schädlicher Gebrauch nach ICD-10 zu diagnostizieren, ohne dass die Kriterien für das Vorliegen einer Alkoholabhängigkeit erfüllt wären. Er hat trotz der für ihn ersichtlichen negativen Folgen des Alkoholkonsums sein Verhalten nicht angemessen geändert, sodass anzunehmen ist, dass sich eine starke Bindung an Alkoholkonsum entwickelt hat (Kriterium 2.2).

Vorbemerkung: Die Diagnose eines schädlichen Gebrauchs nach ICD-10 oder der leichten Substanzgebrauchsstörung nach DSM-5 einerseits und deren Bedeutung für die (Verkehrs-)Verhaltensprognose sowie die daraus möglicherweise folgende Ableitung der Notwendigkeit des völligen Alkoholverzichts andererseits sind getrennt voneinander zu bewerten. Die Diagnose des schädlichen Gebrauchs nach ICD-10 (F10.1) ist bei Erfüllen von Indikator 1 gegeben. Für die diagnostische Einordnung des Konsumverhaltens als leichte Form einer Alkoholkonsumstörung nach DSM-5 müssen mindestens zwei der in den Indikatoren 2–12 beschriebenen Merkmale gleichzeitig über einen Zeitraum von mehreren Wochen oder mehrmals innerhalb eines Jahres erfüllt gewesen sein. Treffen mehr als zwei Indikatoren zu (moderate Form), ist Kriterium A 1.2 N zu prüfen und gegebenenfalls zu verwerfen.

Für die Notwendigkeit des Alkoholverzichts sind die bei Kriterium A 2.2 N aufgeführten Indikatoren stets **zusätzlich** heranzuziehen.

1. Der Klient hat Alkohol in einem Maß getrunken, dass es zu einer tatsächlichen Schädigung der psychischen oder physischen Gesundheit gekommen ist (schädlicher Gebrauch nach ICD-10).
2. Der Klient berichtet über ein starkes Verlangen oder den Drang, Alkohol zu konsumieren (Craving).
3. Der Klient hatte den anhaltenden Wunsch, den Alkoholkonsum zu verringern oder zu kontrollieren und/oder hat erfolglose Versuche der Kontrolle oder des Verzichts auf Alkoholkonsum unternommen.
4. Der Klient berichtet von wiederholten Situationen, in denen er Alkohol in größeren Mengen und länger als beabsichtigt konsumiert hatte.

5. Der Klient berichtet, dass er wiederholt in Situationen Alkohol getrunken hatte, in denen der Konsum zu einer körperlichen Gefährdung geführt habe.[11]
6. Der Klient berichtet über Entzugssymptome bei Beendigung oder Reduktion des Konsums und von Aufnahme von Alkohol, um Entzugssymptome zu mildern oder zu vermeiden.
7. Es liegt eine Toleranzentwicklung vor, die sich in einer verminderten Wirkung bei gleichbleibender Konsummenge oder in einer Dosissteigerung zum Erzielen der gleichen Wirkung zeigt.
8. Der Klient hat wichtige soziale, berufliche oder Freizeitaktivitäten zugunsten des Substanzkonsums aufgegeben oder im Umfang deutlich reduziert.
9. Der Alkoholkonsum hat wiederholt zum Versagen bei der Erfüllung wichtiger Aufgaben und Verpflichtungen in der Arbeit, der Schule oder zu Hause geführt.
10. Es war ein zunehmend erhöhter Zeitaufwand erforderlich, um Alkohol zu beschaffen, zu konsumieren oder sich nach dem Konsum zu erholen.
11. Der Klient hat den Konsum trotz Kenntnis anhaltender oder wiederkehrender, konsumbedingter körperlicher oder psychischer Probleme fortgesetzt.
12. Der Klient hat den Konsum trotz wiederholter sozialer oder zwischenmenschlicher Probleme, die durch die Auswirkungen des Alkoholkonsums verursacht oder verstärkt wurden, fortgesetzt.

Kriterium A 2.2 N

Es ist „aus der Lerngeschichte" abzuleiten, dass der Klient zum kontrollierten Alkoholkonsum nicht hinreichend zuverlässig in der Lage ist. Insbesondere hat der Alkoholkonsum zu erkennbar negativen körperlichen, sozialen oder psychischen Auswirkungen geführt und wurde trotzdem in seiner problematischen Form fortgesetzt oder wieder aufgenommen. Frühere Versuche, kontrolliert zu trinken, konnten nicht stabilisiert werden.

Vorbemerkung: Das Kriterium ist erfüllt, wenn Indikatoren aus mindestens zwei Hinweisbereichen erfüllt waren. Wenn eine diagnostische Einordnung in Kriterium A 2.1 N vorliegt, genügt es, wenn ein Befund aus einem weiteren, nicht dieselben Folgeschäden betreffenden Hinweisbereich vorliegt bzw. die Diagnosemerkmale zwei der folgenden Hinweisbereiche betreffen.

Hinweise auf fehlende Wirkungssensibilität (Toleranzentwicklung, Habituation)

1. Der Klient weist eine erheblich unrealistische Sicht der subjektiven Auswirkungen des Alkoholkonsums auf; so bestreitet er etwa Veränderungen in der Selbstwahrnehmung und Verhaltenssteuerung durch den Einfluss größerer Trinkmengen.

---

11 Gemeint sind damit nur Situationen, die eine konkrete körperliche Gefährdung darstellten, wie z. B. Arbeit an gefährlichen Maschinen, Gefahr von Sturz und Verletzung, Einlassen auf körperliche Auseinandersetzungen. Die alkoholisierte Verkehrsteilnahme ist in der Regel kein diskriminierendes Merkmal, da sie ein Vorauswahlkriterium für die Diagnostik darstellt, kann jedoch berücksichtigt werden, wenn ein Unfallrisiko bewusst in Kauf genommen wurde.

2. Die Wahrnehmung des früheren Alkoholkonsums ist geprägt von der Verdrängung der positiven oder negativen Konsumfolgen und der Verselbstständigung der Konsumentscheidungen.
3. Bei wiederholten Alkoholdelikten im Straßenverkehr ist eine deutlich steigende Tendenz in den BAK-Werten zu beobachten.
4. Der Klient weist bei einer Trunkenheitsfahrt eine BAK von über 2,0 ‰ auf oder es lag eine BAK von über 1,6 ‰ vor, ohne dass es zu für ihn außergewöhnlichen Ausfallerscheinungen gekommen wäre.
5. Es finden sich in der Vorgeschichte Trunkenheitsfahrten mit einer BAK über 1,1 ‰ während einer frühen Tageszeit (auch Restalkoholfahrten).
6. Der Konsum von für die Verkehrsteilnahme problematischen Trinkmengen beschränkte sich beim Klienten nicht auf einzelne, vorher planbare Ereignisse. Vielmehr ist es wiederholt vorgekommen, dass er an ein und demselben Tag bei mehreren Gelegenheiten Alkohol in größeren Mengen konsumiert hat.

Hinweise auf belastende Folgen und Reaktionen im sozialen Umfeld

7. Der Klient hat Krisen oder schwerere Konflikte (z. B. Ehescheidung, Arbeitsplatzverlust) durchlebt, die erkennbar durch den Alkoholmissbrauch verursacht oder verstärkt wurden. Es kam trotz dieser Erfahrungen zu keiner angemessenen Reduktion der Alkoholtrinkmengen bzw. zum Alkoholverzicht.
8. Der Klient kann sich von den sozialen Bindungen nicht lösen, die schon in der Vergangenheit das problematische Trinkverhalten ausgelöst oder begünstigt haben.
9. Dem Klienten ist von Personen in seinem Umfeld, die für ihn von Bedeutung sind, empfohlen worden, eine Suchtberatung in Anspruch zu nehmen oder eine Selbsthilfegruppe zu besuchen.
10. Negative Rückmeldungen und Vorwürfe von Bezugspersonen des Klienten hinsichtlich der konsumierten Alkoholtrinkmengen oder der Konsumfolgen führten allenfalls zu zeitweiligen Korrekturen (im Sinne der vorübergehenden Reduktion der Trinkanlässe oder -mengen oder des kurzzeitigen Verzichts auf Alkohol).

Hinweise auf fehlende Lernbereitschaft in der Verkehrsvorgeschichte

11. Nach Absolvieren eines Kurses zur Wiederherstellung der Kraftfahreignung (§ 70 FeV) für alkoholauffällige Kraftfahrer hat es einen Rückfall (erneutes Alkoholdelikt) gegeben.
12. Nach einem Gutachten mit positiver Prognose aufgrund von Alkoholabstinenz oder reduziertem Alkoholkonsum kam es zu einem erneuten Alkoholdelikt mit einer vergleichbar hohen oder gar höheren Blutalkoholkonzentration.
13. Im aktuellen Auszug aus dem Fahreignungsregister (FAER) sind mehr als zwei Entziehungen der Fahrerlaubnis wegen Trunkenheitsfahrten (§§ 315c oder 316 StGB) eingetragen.

Hinweise auf psychophysische Folgeschäden des Alkoholkonsums

14. Die Leistungsfähigkeit des Klienten am Tag der Untersuchung ist deutlich und altersuntypisch reduziert, sodass alkoholbedingte Leistungsschwächen anzunehmen sind.
15. Die Stimmungslage des Klienten ist auffällig unausgeglichen oder er berichtet von einer deutlichen Stimmungslabilität in Zeiten vermehrten Alkoholkonsums.
16. Der Klient musste in Zeiten erhöhter Anforderungen (z. B. Lehrgänge) Alkoholtrinkpausen einlegen, um eine ausreichende Leistungsfähigkeit aufzuweisen.
17. Der Klient berichtet von wiederholten ärztlichen Ratschlägen zum Alkoholverzicht, die ihm im Zusammenhang mit alkoholbezogenen gesundheitlichen Beeinträchtigungen gegeben wurden (z. B. erhöhte Leberlaborwerte, Pankreatitis usw.).
18. Bei der ärztlichen Untersuchung finden sich körperliche Zeichen, die als Alkoholfolgeschäden zu werten sind (vgl. A 1.2 N (6.8) sowie zusätzlich A 3.1 K (11) und A 3.3 K (17)). Dies sind insbesondere:
    - Standunsicherheit, Koordinationsstörungen, Gangataxie als Zeichen bestehender neurologischer Schäden,
    - Hinweise auf eine alkoholische Polyneuropathie (symmetrisch distal beinbetont, vor allem sensibel und/oder motorisch) mit Abschwächung oder Aufhebung der Muskeleigenreflexe,
    - tastbar vergrößerte, gegebenenfalls konsistenzvermehrte Leber,
    - Gynäkomastie bei Männern (reduzierte Sekundärbehaarung).

Hinweise auf unzureichende (Bereitschaft zur) Selbstkontrolle

19. Der Klient berichtet über mehrere Phasen des Alkoholverzichts in der Vergangenheit, in denen er seine Selbstkontrollfähigkeit prüfen wollte (naive Selbstdiagnose zum Ausschluss von Alkoholabhängigkeit).
20. Der Klient selbst hält einen Alkoholverzicht für erforderlich und hält ihn zum Zeitpunkt der Untersuchung bereits ein.
21. Der Klient konnte während eines Abstinenzkontrollprogramms zur Dokumentation einer Trinkpause nicht konsequent auf Alkohol verzichten.
22. Der Klient hat entgegen ärztlichem Rat sein Trinkverhalten unverändert fortgesetzt, was den Therapieerfolg bei alkoholsensiblen Gesundheitsstörungen beeinträchtigte.
23. Der Klient hat therapeutische Warnungen bezüglich seines Alkoholkonsums, die ihm im Rahmen einer verkehrspsychologischen Intervention oder einer anderen Maßnahme gegeben wurden, missachtet, sodass es im Zusammenhang mit dem fortgesetzt riskanten Trinkstil zu erneuten alkoholbedingten Verhaltensauffälligkeiten gekommen ist.

24. Der Klient weist am Untersuchungstag eine messbare AAK auf, hat also im Vorfeld der Begutachtung entweder bereits vormittags oder am Vorabend in sehr erheblichem Umfang Alkohol konsumiert.
25. Der Klient erwartet, falls er künftig weiterhin Alkohol konsumiert, bei bestimmten Trinkanlässen die Trinkmengen nicht entsprechend kontrollieren zu können, sodass BAK-Werte im Bereich von 1,6 ‰ oder gar darüber erreicht werden könnten.

Hinweise auf problematische Trinkstile, Trinkmotive und Konsumumstände

26. Der Klient hat Alkohol ohne besonderen Anlass bereits in den Morgenstunden getrunken.
27. Der Klient hat Alkohol hastig und in großen Schlucken getrunken.
28. Der Klient hat Alkohol vorwiegend getrunken, um einen starken Rausch herbeizuführen und damit psychische Spannungen und eine problematische Selbstwahrnehmung abzuschalten.
29. Der Klient hält bestimmte, gegebenenfalls auch selten auftretende Trinkanlässe (situative oder emotionale Auslöser) mit der Folge des Konsums größerer Trinkmengen für nicht sicher vermeidbar bzw. vorhersehbar.
30. Der Klient hat Alkohol wiederholt oder regelmäßig zur Dämpfung von Symptomen psychischer Erkrankungen (z. B. Depressionen, Psychose) auch in größeren Mengen eingesetzt.
31. Phasen gesteigerten Alkoholkonsums sind gekoppelt an Verlaufsformen eines pathologischen Störungsbildes oder an persönlichkeitsbezogene Steuerungsdefizite (z. B. manische und/oder bipolare Phasen, Impulskontrollstörung, dependente Persönlichkeitsstörung).

■ Kriterien für eine angemessene Problembewältigung

Wenn diagnostisch eine Notwendigkeit des Alkoholverzichts festgestellt wurde, gilt die konjunktive Verknüpfung von medizinischen und psychologischen Befunden. Demnach wird eine Alkoholverzichtsangabe erst dann als tragfähige und tiefgreifend verankerte Alkoholkarenz zu werten sein, wenn zu dem „lege artis" belegten Alkoholverzicht über einen ausreichenden Zeitraum (Kriterien A 2.3 N und A 2.4 N) auch eine Einstellungsänderung bezüglich des Alkoholkonsums, eine Missbrauchseinsicht, stabilisierende Lernschritte sowie günstige Umfeldbedingungen hinzugetreten sind (Kriterien A 2.5 K bis A 2.6 K).

Seltene Ausnahmefälle mit dem Therapieziel eines „Kontrollierten Trinkens (KT)" werden in Kriterium A 2.7 N beschreiben.

Kriterium A 2.3 N

Der Klient verzichtet auf den Konsum alkoholischer Getränke. Dies wird auch mit medizinischen Verlaufsbefunden nachvollziehbar belegt.

Vorbemerkung: Im Fall, dass das sogenannte „Kontrollierte Trinken (KT)" als therapeutisches Verhaltensziel verfolgt und dieses nach einem fachlich begleiteten, nachvollziehbaren Entscheidungs- und Erprobungsprozess stabil etabliert wurde (vgl. Kriterium A 2.7 N), ist Kriterium A 2.3 N nur insoweit anzuwenden, als dass die erhobenen Befunde nicht im Widerspruch zu dem berichteten kontrollierten Trinkverhalten stehen dürfen.

1. Der Klient gibt an, konsequent auf den Konsum von Alkohol zu verzichten.
2. Der Klient hat den Vorsatz gefasst, den Konsum alkoholhaltiger Speisen (Eis mit Likör, Alkoholpralinen, Rumtorte etc.) zu meiden und konnte dies auch umsetzen.
3. Der Klient beabsichtigt auch nicht regelmäßig oder in größeren Mengen sogenannte alkoholfreie Getränke mit geringem Alkoholgehalt (alkoholfreies Bier, alkoholfreier Wein oder Sekt) zu konsumieren.
4. Sofern der Klient einen sehr seltenen Konsum sehr geringer Mengen alkoholhaltiger Getränke (unterhalb der Wirkungsgrenze, z. B. ein Glas Sekt mit Orangensaft) bei bestimmten, außergewöhnlichen Gelegenheiten einräumt und für die Zukunft nicht ausschließt, ist trotzdem nicht zu erwarten, dass sich daraus eine Entwicklung zu wieder häufigerem, stärkerem oder regelmäßigem Konsum ergibt.
5. Der Klient weist bei der medizinischen Untersuchung keine Befunde auf, die für aktuellen Alkoholkonsum sprechen.

Kontraindikatoren

   (1) Verschiedene der erhobenen Befunde erhärten in der Zusammenschau als „Mosaik" den Verdacht auf Alkoholmissbrauch in der jüngeren Vergangenheit.

   (2) Der Klient hat am Untersuchungstag Alkohol konsumiert (Nachweis durch eine Atemalkoholkontrolle, Feststellung eines foetor alcoholicus oder eigene Angabe).

6. Die aktuellen Laborbefunde für indirekte Alkoholmarker sind nicht alkoholtoxisch bedingt erhöht (vgl. auch Kriterium A 3.3 K, Indikator 16.) bzw. sind mit der Vorgeschichte und den Angaben vereinbar.
7. Es liegen Laborbefunde (direkte Abstinenzkontrollen auf EtG oder PEth) für einen ausreichend langen Zeitraum vor (vgl. A 2.4 N). Wurden im Rahmen der Abstinenzkontrolle Haaranalysen durchgeführt, ist berücksichtigt, dass EtG im Haar maximal drei Monate ausreichend sicher nachgewiesen werden kann.
8. Die Zeitdauer ohne Abstinenzkontrollen zwischen dem Ende des Kontrollzeitraums einer dokumentierten Abstinenz und der Untersuchung beträgt nicht mehr als vier Monate.
9. Liegt ein ausreichender Beleg für die Alkoholkarenz aus einem länger zurückliegenden Zeitraum vor, kann der aktuelle Alkoholverzicht nicht nur plausibel dargelegt werden, sondern wird durch eine aktuelle, wenn auch kürzer währende Bestätigung des konsequenten Verzichts (Urinanalyse auf EtG oder Blutanalyse auf PEth mit drei Kontrollen in vier Monaten im Vorfeld der Untersuchung oder

eine Haaranalyse eines kopfhautnahen Segments von 3 cm zeitnah vor oder bei der Untersuchung) nachvollziehbar gemacht.

10. Ergänzend können Befunde der Bestimmung von indirekten Alkoholkonsummarkern berücksichtigt werden, sofern für sie erhöhte Befundwerte aus einer Trinkphase vorliegen (Beleg für individuelle Sensitivität) und sie sich normalisiert haben (z. B. GGT, GPT, CDT, vgl. Abschnitt C.3.4)

11. Früher bekannte alkoholtoxische Körperschädigungen haben sich zurückgebildet (Normalbefund oder Rückbildungsstadium („Narbe") ohne akute toxische Einflüsse).

Kriterium A 2.4 N

Der Alkoholverzicht ist bereits von ausreichender Dauer, zeitlich unbefristet geplant und stabil im Verhalten integriert. Er wird durch das soziale Umfeld (und evtl. durch weitere, einen Rückfall vermindernde Maßnahmen) gestützt, zumindest aber nicht gefährdet.

1. Der Klient sieht im aktuellen Alkoholverzicht ein auf Dauer tragfähiges Verhalten, das nicht nur vorübergehend oder zweckorientiert aufgenommen wurde.

Kontraindikatoren

(1) Der Klient knüpft die Motivation zum Alkoholverzicht vorrangig an das Ziel der Neuerteilung einer Fahrerlaubnis.

(2) Der Klient setzt sich bereits jetzt mit der Frage auseinander, wie er im Falle zukünftigen Alkoholkonsums Fahrten unter Alkoholeinfluss vermeiden möchte.

2. Der Klient hat rückfallbegünstigende Situationen im beruflichen Umfeld (Abteilungsfeste, Kundenessen etc.) in ihrer Problematik erkannt. Er hat plausible Schritte unternommen, um die Rückfallrisiken zu vermeiden (Ansprechen seiner Problematik, Veränderung des Arbeitsfeldes, Verkürzung der Anwesenheitsdauer etc.).

3. Der Klient hat rückfallbegünstigende Situationen im Freizeitbereich (Vereinstreffen, Stammkneipen, Bier nach dem Sport) in ihrer Problematik erkannt. Er hat durch Vermeidung der Situation oder durch Ansprechen seiner Problematik das Rückfallrisiko verringert.

4. Der Klient nimmt nicht mehr wie früher an Freizeitgestaltungen teil, bei denen der Konsum von Alkohol als wesentlicher Bestandteil gesehen wird.

5. Die Lebensverhältnisse und die Freizeitgestaltung lassen den Alkoholverzicht plausibel erscheinen.

Kontraindikatoren

(1) Der Klient kann keinerlei alternative Verhaltensweisen als Ersatz für die Zeiten und Funktionen des früheren Alkoholkonsums schildern.

(2) Die situativen Einflussfaktoren sind unverändert geblieben (gleiche „Trinkumgebung").

6. Der Klient hat wesentliche Bezugspersonen über seine Alkoholproblematik informiert. Sein Alkoholverzicht wird von diesen akzeptiert und unterstützt.

7. Der Alkoholverzicht ist bereits ausreichend lange erprobt, sodass eine Integration in das Gesamtverhalten anzunehmen ist. Dies ist in der Regel nach Ablauf eines Jahres, frühestens jedoch nach sechs Monaten anzunehmen.
8. Es finden sich keine Hinweise auf den Konsum psychoaktiv wirksamer Substanzen, aus dem sich eine „Suchtverlagerung" oder eine erhöhte Rückfallwahrscheinlichkeit ableiten ließen.
9. Der Klient hat eine einzel- oder gruppentherapeutische Maßnahme bei einem entsprechend fachlich qualifizierten Psychologen oder bei einer Beratungsstelle absolviert, welche die Unterstützung des Klienten bei der Aufrechterhaltung seines Alkoholverzichts zum Ziel hatte. Sie ist hinsichtlich aller psychischen Bedingungen für den früheren Alkoholmissbrauch als abgeschlossen zu werten.
   (1) Der Therapeut hält weitere Maßnahmen für erforderlich, die Veränderungen in Bereichen herbeiführen sollen, die ursächlich im Zusammenhang mit der Auffälligkeit im Straßenverkehr und/oder dem Alkoholmissbrauch zu sehen sind (z. B. Selbstsicherheitsproblematik, Aggressionspotenzial etc.). Kontraindikator
10. Der Klient hat nach Abschluss einer unterstützenden Maßnahme (z. B. verkehrspsychologische Therapie), die erst zum Alkoholverzicht motiviert hat, für einen ausreichend langen Zeitraum auf Alkoholkonsum verzichtet. Die Dauer dieses Zeitraums beträgt in der Regel drei bis sechs Monate nach Beendigung der Maßnahme. Einzelne nachträgliche, der Stabilisierung dienende therapeutische Kontakte in längeren Zeitabständen können auch nach Abschluss der Maßnahme erfolgen.
11. Sofern der Klient, der schon einen längeren Zeitraum konsequent und nachvollziehbar auf den Konsum alkoholischer Getränke verzichtet hat, zur Stabilisierung seines geänderten Verhaltens und zur Aufarbeitung früherer Trinkmotive eine unterstützende psychologische Maßnahme in Anspruch nimmt, ist die Gesamtdauer des Alkoholverzichts ausreichend lange, um von einer stabilen Integration ins Gesamtverhalten ausgehen zu können. Nach Abschluss der einstellungs- und verhaltensändernden Maßnahme sollte eine Phase der Festigung der neu gewonnenen Einsichten und Vorsätze folgen.

Der Klient ist zu einem dauerhaften Alkoholverzicht motiviert. Der Einsichtsprozess ist nachvollziehbar und das Verhalten (evtl. mit fachlicher Unterstützung) ausreichend gefestigt. **Kriterium A 2.5 K**

1. Der Klient kann die Gründe, die zu einem Alkoholverzicht geführt haben, benennen. Sie sind nachvollziehbar und aus der persönlichen Problematik heraus verständlich.
2. Der Klient stellt die Anpassungsprozesse zum Erreichen und Einhalten des Alkoholverzichts nachvollziehbar dar.
3. Der Alkoholverzicht wird aus einem Motiv heraus verständlich, das auch zukünftig wirksam sein wird.

4. Der Klient hat eine hinreichend realistische Problemsicht entwickelt und die auslösenden und aufrechterhaltenden Bedingungen des früheren Alkoholmissbrauchs erkannt.

Kontraindikatoren

(1) Der Klient bagatellisiert, beschönigt, verdrängt oder leugnet seinen früheren Alkoholmissbrauch und die damit verbundenen Schwierigkeiten.

(2) Der Klient beruhigt sich durch eine Abgrenzung von „echten Alkoholikern".

5. Der Klient führt früher problematische Lebensumstände in realistischem Umfang auch ursächlich auf den Alkoholmissbrauch zurück.
6. Der Klient beschreibt nachvollziehbar den Unterschied zwischen dem jetzigen Entschluss zum Alkoholverzicht und früheren, vielleicht auch längeren Alkoholtrinkpausen.
7. Der Klient hat Erfolg versprechende, das heißt aktive, problemorientierte Bewältigungsmechanismen entwickelt, die an die Stelle von früheren Verdrängungs- und Abwehrmechanismen getreten sind.
8. Der Klient beschreibt, wie unangenehme emotionale Belastungen und Beanspruchungen ohne Alkoholkonsum bewältigt werden.
9. Der Klient verfügt aufgrund verbesserter personeller Ressourcen (vor allem Selbstwirksamkeitserwartungen, Optimismus, Konfliktlösestrategien, internale Kontrollüberzeugung, Vulnerabilitätsbewusstsein) in ausreichendem Maße über Schutzfaktoren, die eine erfolgreiche Bewältigung von Rückfallgefahren ermöglichen.
10. Der Klient hat eine positive Zukunftsperspektive entwickelt und berichtet über Pläne und Schritte zur Realisierung. Es ist ihm insbesondere bewusst, dass eine Wiederaufnahme alter Trinkgewohnheiten seine Zukunftspläne gefährden könnte.
11. Der Klient verfügt über ein ausreichendes Maß an Selbstvertrauen und Selbstsicherheit, um auch in belastenden Situationen auf Alkoholkonsum verzichten zu können.

Kriterium A 2.6 K

Der Klient konnte durch den Verzicht auf Alkohol neue Erfahrungen mit der eigenen Kompetenz (und sozialen Rückmeldungen) sammeln, die auch zukünftig als „Verstärker" zur Einhaltung des Alkoholverzichts beitragen.

1. Der Klient hat neue und gezielte Freizeitaktivitäten aufgenommen (Wiederbelebung alter Hobbys, sportliche Aktivitäten etc.).
2. Der Klient hat Veränderungen in seinen Sozialkontakten dahingehend herbeigeführt, dass der sehr stark Alkohol konsumierende Bekanntenkreis an Attraktivität verloren hat und neue Kontakte mit anderen Schwerpunkten und Zielsetzungen aufgebaut wurden.
3. Der Klient berichtet von positiven Entwicklungen in der Familie/Partnerschaft, die durch den Alkoholverzicht ausgelöst oder unterstützt wurden (Konfliktreduzierung durch Aufgabenverteilung, Verbesserung der finanziellen Situation, Ausbau gemeinsamer Freizeitinteressen etc.).

4. Der Klient nimmt in letzter Zeit aktiver an der Gestaltung des Familienlebens teil. Er ist auch wieder vermehrt an der Lösung der Probleme anderer (z. B. seiner Kinder) interessiert und erlebt sie nicht nur als Störfaktor.

5. Der Klient nimmt berufliche Erfolge durch verbesserte Leistungsfähigkeit als Effekt des veränderten Alkoholtrinkverhaltens wahr.

6. Der Klient erlebt eine vermehrte Akzeptanz im (nicht „alkohol-getränkten") Bekanntenkreis als positive Entwicklung.

   (1) Der Klient berichtet von einem depressiven Rückzug in die Einsamkeit ohne „Trinkgenossen". Kontraindikator

7. Der Klient erlebt den Wegfall von alkoholinduzierten schädlichen Intoxikations- und Langzeitfolgen (z. B. Katergefühle, Erholungsnotwendigkeit am Folgetag, Aggressivität, Gedächtnislücken, „peinliche Auftritte" in der Öffentlichkeit) als Bereicherung seiner Lebensqualität.

8. Durch den Alkoholverzicht wurden Lebenszufriedenheit, ein strukturierter und verantwortungsbewusster Lebensstil sowie eine Orientierung an langfristigen Plänen gefördert, was der Klient als befriedigend erlebt.

9. Durch eine erhöhte Leistungsbereitschaft ist eine verbesserte ökonomische Situation eingetreten. Die dadurch gegebenenfalls mögliche Abkopplung von sozialen Unterstützungssystemen (z. B. Arbeitslosengeld II (Hartz-IV), Aufstockungsunterhalt) wird vom Klienten als wichtige Verbesserung seiner sozialen Stellung erlebt und geschätzt.

Kriterium A 2.7 N

Sofern der Klient im Kontext der Aufarbeitung der Ursachen für die Entstehung des unkontrollierten Alkoholkonsums im Rahmen einer Psychotherapie, einer verkehrspsychologischen oder suchttherapeutisch fundierten Maßnahme als Therapieziel Kontrolliertes Trinken entwickelt und erlernt hat, ist eine stabile Verhaltensänderung nachvollziehbar.

Sonderfall Kontrolliertes Trinken

Es sind bei Klienten mit dieser Problemausprägung seltene Ausnahmen denkbar, die das sogenannte „Kontrollierte Trinken (KT)" als therapeutisches Verhaltensziel verfolgen und dieses nach einem fachlich begleiteten, nachvollziehbaren Entscheidungs- und Erprobungsprozess stabil etabliert haben.

Hierbei ist zu berücksichtigen, dass nur von einem geringen Teil aus der Gruppe von Patienten, die im Sinne des Therapieziels der „harm reduction" bzw. der Zieloffenheit (bzw. „shared decision-making") von solchen Therapieansätzen profitieren, auch ein belastbar stabiles reduziertes Trinkverhalten entwickelt wird, wie es zur verlässlichen Vermeidung zukünftiger Trunkenheitsfahrten erforderlich ist.

In einer Übersichtsarbeit zum Konzept des KT im Rahmen der Fahreignungsdiagnostik unterscheiden KÖRKEL & WAGNER (2021) zwischen unbedingten Ausschlusskriterien und Kriterien für Ermessensentscheidungen, die für bzw. gegen das

Therapieziel des Kontrollierten Trinkens bei Klienten mit einer Deliktvorgeschichte sprechen:

Unbedingte Ausschlusskriterien

- Diagnose Abhängigkeit
- Multimorbidität mit einer psychischen Störung
- körperliche Folgen eines jahrelangen Alkoholüberkonsums
- chronische Erkrankungen mit einer Symptomatik oder einer Medikation, die Alkoholkonsum ausschließen
- Polytoxikomanie (Mischkonsum von Alkohol und Drogen oder anderen psychoaktiven Stoffen).

Ermessensentscheidungskriterien (im Einzelfall durch Gutachter zu prüfen und zu gewichten)

- Aspekte der Lerngeschichte im Straßenverkehr (z. B. Rückfälle nach Phasen mit erlernter Trinkkontrolle, das heißt nach §-70-Kurs, KT)
- Persönlichkeitsstörungen nach Cluster B (antisozial, Borderline, histrionisch, narzisstisch),
- ungewöhnlich hohe Wiederholungs- oder Rückfallfrequenz (mehr als zwei Entziehungen der Fahrerlaubnis)
- andere rückfallbegünstigende Risikofaktoren (Dissozialität, Änderungsresistenz, Einstellungsmuster, alkoholaffine Trinkkultur, mangelnde Impulskontrolle, ansteigende Höhe der BAK im Verlauf der Vorgeschichte)
- Straftaten mit Aggressionspotenzial unter Alkoholeinfluss.

Kriterium A 2.7 N ist deshalb nur zu prüfen, wenn kein Alkoholverzicht, sondern KT geltend gemacht wird. Die Indikatoren der Kriterien A 2.4 N–A 2.6 K können zusätzlich sinngemäß auch auf den Entscheidungs- und Stabilisierungsprozess bezüglich KT angewandt werden.

1. Der Klient hat eine Psychotherapie, eine verkehrspsychologische oder suchttherapeutisch fundierte Maßnahme bei einem entsprechend fachlich qualifizierten Psychologen oder einem Suchtberater absolviert, die in Art und Umfang dem Problem angemessen war und zum KT befähigt.

Kontraindikatoren

(1) Die Maßnahme wird von einem Moderator/Kursleiter durchgeführt, der einer anderen, nicht einschlägig fachlich qualifizierten Berufsgruppe angehört (z. B. sogenannter „MPU-Berater").

(2) Die Maßnahme wird in Eigenverantwortung des Klienten durchgeführt.

(3) Aus einer vorgelegten Bescheinigung ist die Qualifikation des verantwortlichen Therapeuten nicht ersichtlich.

(4) Die Maßnahme wird nicht vollständig vom Behandler mit der erforderlichen Qualifikation durchgeführt, sondern es werden nicht qualifizierte Dritte mit der Durchführung einzelner Module beauftragt.

2. Die durchgeführte Maßnahme findet nach einer nachvollziehbaren Eingangsdiagnose auf der Basis eines dokumentierten, in Fachkreisen anerkannten Seminarkonzepts statt. Es ist erkennbar, dass die wesentlichen Elemente des Entscheidungs- und Lernprozesses therapeutisch begleitet wurden (vgl. Indikator 4).

3. Das Programm sieht konkrete Verhaltensziele hinsichtlich der Häufigkeit von Trinkgelegenheiten sowie der Trinkmengen pro Trinkanlass vor. Hierbei wird die bisherige problematische Entwicklung des Trinkverhaltens bei der Zieldefinition angemessen berücksichtigt. Neben der Vermeidung von für die Verkehrssicherheit relevanten Alkoholisierungsgraden wird auch die Vermeidung einer (schleichenden) Entwicklung zu problematischen Trinkmengen mit einbezogen.

Kontraindikatoren

(1) Das Verhaltensziel ist zwar für den „Normalfall" klar definiert, lässt jedoch Abweichungen bei „besonderen Gelegenheiten" zu.

(2) Das Verhaltensziel orientiert sich nur an bestimmten Trinkmengen pro Zeiteinheit (z. B. max. 0,5 l Bier/2 Stunden) ohne eine quantitative Obergrenze pro Trinkanlass/pro Tag oder die Häufigkeit von Trinkanlässen zu definieren.

4. Der Gesamtprozess besteht in der Regel aus drei aufeinander aufbauenden Phasen: Auf eine Phase der Aufarbeitung, die der Analyse der Deliktursachen bei völligem Alkoholverzicht dient und in der eine Distanzierung von früheren Automatismen stattfindet (Verzichtsphase), folgt eine Phase der Erkundung und Erprobung des geplanten Trinkmusters unter fachlicher Supervision (Implementierungsphase). An sie schließt sich eine Stabilisierungsphase zur Einübung des KT mit Abschlussreflexion unter fachlicher Anleitung an. Hierfür ist im Gesamten in der Regel ein Zeitraum von einem Jahr erforderlich.

Kontraindikatoren

(1) Die Vorsatzbildung für eine bestimmte Form des Kontrollierten Trinkens erfolgt vorschnell und ohne erkennbaren Prozess des Abwägens und Erprobens.

(2) Eine individuelle Aufarbeitung der Deliktursachen (Entwicklung einer Problemsicht) findet nicht statt. Die Behandlung ist ausschließlich auf die Vorsatzbildung für zukünftiges Verhalten gerichtet.

5. Das kontrollierte Alkoholtrinkverhalten ist bereits ausreichend lange erprobt, sodass eine Integration in das Gesamtverhalten anzunehmen ist. Dies ist frühestens jedoch nach sechs Monaten anzunehmen und gilt beim KT für die Stabilisierungsphase, welche an die Verzichts- und Erprobungsphase anschließt (vgl. Indikator 4).

6. Mit der Deliktaufarbeitung ist eine Analyse von individuellen Risiko- und Schutzfaktoren verbunden, die in ein internalisiertes „Commitment" mit differenzierter Problemeinsicht in das früher missbräuchliche Trinkverhalten unter Einbeziehung des fehlenden Trennverhaltens bezüglich der Verkehrsteilnahme

einmündet und nachvollziehbar die Entscheidung zum KT auch vor dem Ziel der Vermeidung zukünftiger Trunkenheitsfahrten trägt.

Kontraindikatoren

(1) Die Zielentscheidung zum KT beinhaltet keine Selbstverpflichtung zur „Punktnüchternheit" im Zusammenhang mit dem Führen eines Kfz.

(2) Die Entscheidung für KT basiert nur auf einer externalen Motivationsbasis (vordergründiges Einverständnis etwa zur Vermeidung eines erneuten Führerscheinverlustes oder des „Bestehens" der MPU).

(3) Der Klient hält eine Analyse der Risiko- und Schutzfaktoren zur Feststellung individueller Kompetenzen als Voraussetzung für KT nicht für erforderlich.

7. Das Verhaltensziel beim KT unter Berücksichtigung der besonderen Bedingung des schweren Alkoholmissbrauchs in der Verkehrsvorgeschichte wird eingehalten. Es besteht unter anderem auch darin, den Klienten dazu zu befähigen, keine Alkoholisierungsgrade zu erreichen, die eine zuverlässige Selbstkontrolle in der Trinksituation gefährden.

Kontraindikatoren

(1) Der Klient nimmt Trinkmengen zu sich, die zu einer Alkoholisierung von erkennbar mehr als 0,5 ‰ BAK führen.

(2) Der Klient berichtet über Trinkepisoden, die zu höheren Alkoholisierungsgraden führen, welche in Rauscherlebnisse einmünden.

(3) Die Kenntnisse des Klienten zu Alkoholauf- und -abbau sind unzureichend und lassen nicht erwarten, dass er das Überschreiten eines Alkoholisierungsgrades von 0,5 ‰ zuverlässig abschätzen kann.

(4) Beim Klienten besteht keine Bereitschaft zu Selbstbeobachtung und Selbstkontrolle im Umgang mit Alkohol.

(5) Die Kompetenzen zu Selbstbeobachtung, Selbstkontrolle und zu den Selbstwirksamkeitserwartungen lassen eine erfolgreiche und dauerhafte Umsetzung von KT nicht erwarten.

8. Es werden toxikologische Belege für den kontrollierten Alkoholkonsum vorgelegt, die den in Hypothese CTU (Kapitel C.3) formulierten Anforderungen entsprechen und nicht im Widerspruch zum berichteten Verhalten in den entsprechenden Phasen des KT-Programms stehen.

9. Für die Verzichtsphase werden über Urinanalysen auf EtG, Blutanalysen auf PEth[12] oder eine Haaranalyse Abstinenzbelege erbracht. Am Ende der Erprobungsphase erfolgt nach Etablieren des gewünschten kontrollierten Trinkmusters eine PEth-Untersuchung (Start-Wert)[13], die in der Phase des Kontrollierten

12 Ein Abstinenzbeleg sollte bei Klienten, die bis zur Abstinenzphase noch Alkohol konsumiert haben, bevorzugt mit EtG-Bestimmungen erfolgen. Der Abstand zwischen dem letzten Alkoholkonsum und dem Beginn einer Abstinenzkontrolle mit PEth sollte in der Regel acht Wochen betragen. Eine Haaranalyse eignet sich nur als Abstinenzbeleg, wenn vor Beginn der Verzichtsphase des KT-Programms bereits mehrere Monate Alkoholabstinenz vorlagen.

Trinkens als Verlaufsuntersuchung mit zusätzlichen Blutanalysen auf PEth alle vier bis fünf Wochen über mindestens sechs Monate fortgesetzt wird[14].

Kontraindikatoren

(1) Es werden ausschließlich Werte für indirekte Alkoholkonsummarker vorgelegt (Leberwerte oder CDT).

(2) Während der „Verzichtsphase" kommt es zu positiven EtG- oder PEth-Befunden.

(3) Während der Stabilisierungsphase kommt es zweimalig zum Überschreiten des Startwertes um 30 % oder einmalig um 50 %.

(4) Die Stabilisierungsphase wird trotz eines PEth-Befundes von ≥ 100 ng/ml begonnen oder dieser Wert wird im Verlauf des Programms erreicht.

10. Eine PEth-Analyse zum Zeitpunkt der Begutachtung weicht nicht wesentlich von den in der Stabilisierungsphase erhobenen Befunden ab. Sind seit der Beendigung der Stabilisierungsphase und damit des PEth-Kontrollzeitraums mehr als vier Monate vergangen, kann die Aufrechterhaltung des reduzierten Alkoholkonsums entweder durch eine Haaranalyse auf EtG oder durch zwei zusätzliche PEth-Untersuchungen des Bluts in den letzten drei Monaten vor der Begutachtung belegt werden.

11. Bei Hinweisen auf Drogenmissbrauch oder mangelndes Trennungsvermögen zwischen Betäubungsmittelkonsum und Fahren in der Vorgeschichte sind alle diesbezüglichen Eignungsbedenken ausgeräumt und es ist von einer hinreichend belegten Drogenabstinenz auszugehen.

12. Die Anwendung des KT ist stabil, da sie durch rückfallverhindernde Maßnahmen und das soziale Umfeld gestützt wird (vgl. sinngemäß auch A 2.4 N).

13. Der Klient konnte mit der Umsetzung des KT Erfahrungen sammeln, die sich im Sinne einer positiven Verstärkung stabilisierend auf das Verhalten auswirken (vgl. sinngemäß auch A 2.6 K).

14. Kam es in der Stabilisierungsphase zu einem Abbruch des Kontrollprogramms aufgrund erhöhter PEth-Befunde, erfolgt in der Regel ein Wechsel zur Alkoholabstinenz. Sollte im Einzelfall nach Entscheidungsfindung unter therapeutischer Begleitung eine erneute Erprobung des KT stattfinden und eine erneute Stabilisierungsphase angeschlossen werden, ist dies nachvollziehbar begründet und es wird transparent beschrieben, warum gegebenenfalls keine erneute belegte Verzichtsphase für erforderlich gehalten wurde. Zwischen Abbruch des Kontrollprogramms zum KT und der Wiederaufnahme einer erneuten Kontrolle liegt ein längerer Zeitraum der Erprobung, der in der Regel sechs bis zwölf Wochen beträgt.

---

13 Der PEth-Wert darf hierbei einen Wert von 100 ng/ml (80 ng/ml plus 20 ng/ml zunächst noch als Sicherheitszuschlag) weder als Startwert noch im Verlauf des Programms erreichen oder überschreiten.

14 Da das Aufrechterhalten eines definierten Niveaus der Alkoholaufnahme und keine Abstinenz geprüft wird, ist eine unvorhersehbare, kurzfristige Einbestellung in diesen Fällen nicht erforderlich.

15. Sofern sich während des Behandlungszeitraums herausstellt, dass KT nicht dauerhaft erreichbar erscheint und folglich ein Wechsel zur Alkoholabstinenz erfolgt, so beträgt die Stabilisierungsphase nach dem „Commitment zur Abstinenz" mindestens sechs Monate. Die Anforderungen an die Stabilität des Verhaltens (vgl. A 2.4 N) und eine tragfähige Motivation (vgl. A 2.5 K) sind nachvollziehbar erfüllt.

16. Ein erfolgter Wechsel zum Alkoholverzicht wird über einen Zeitraum von mindestens sechs Monaten toxikologisch belegt. Die Anforderungen an die Belege für einen Alkoholverzicht (vgl. Kriterium A 2.3 N) sind entsprechend zu berücksichtigen.

17. Es liegt eine Bescheinigung des behandelnden Psychologen oder Suchttherapeuten einer anerkannten Einrichtung vor, der zu entnehmen ist, dass die Rahmenbedingungen des KT im Sinne der genannten Indikatoren gestaltet und vollständig umgesetzt wurden. Es ist erkennbar, dass die besonderen Bedingungen im Rahmen der Fahreignungsproblematik Berücksichtigung gefunden haben. Dies sowie der Programmverlauf ist einem aussagekräftigen Therapiebericht zu entnehmen.

Kontraindikatoren

(1) Die Maßnahme wurde vorzeitig auf Initiative des Klienten beendet.

(2) Die Bescheinigung enthält keine Aussagen zur Einhaltung der 3-Phasen-Struktur (Erkundungs-, Implementierungs- und Stabilisierungsphase) sowie deren zeitlicher Dauer.

(3) Die Bescheinigung bestätigt Inhalte, die einzelnen Aussagen des Klienten während des Begutachtungsverfahrens widersprechen.

18. Die Umstände des Alkoholkonsums sowie die Einstellungen des Klienten lassen keine Verkehrsteilnahme unter Alkoholeinfluss befürchten. Insbesondere sind die Kriterien der Hypothese A 4 erfüllt, sofern Trinkmengen konsumiert werden, die erwarten lassen, dass eine Alkoholisierung von 0,3 ‰ BAK überschritten wird.

Hypothese A 3

Es lag eine Alkoholgefährdung vor, die sich in gesteigerter Alkoholgewöhnung, unkontrollierten Trinkepisoden oder ausgeprägtem Entlastungstrinken äußerte. Der Klient hat aufgrund eines angemessenen Problembewusstseins sein Alkoholtrinkverhalten ausreichend verändert, sodass von einem dauerhaft kontrollierten Alkoholkonsum ausgegangen werden kann, sofern der Klient nicht vollständig auf Alkohol verzichtet.

Kriterien für das Vorliegen einer Alkoholgefährdung

Ein als Alkoholgefährdung einzustufender Alkoholkonsum liegt unterhalb der in Hypothese A 1 und A 2 beschriebenen klinischen Ausprägungen von Alkoholabhängigkeit bzw. -missbrauch mit der Notwendigkeit des Alkoholverzichts, bewegt sich jedoch im Bereich des schädlichen Konsums. Diagnostisch wird dieser auch als „Riskanter Alkoholkonsum" [4; 5] oder „Gefährlicher Gebrauch" (ICD-10 F10.8) [2] eingeordnet. Auch der schädliche Alkoholkonsum (ICD-10 F10.1) kann in diese Gruppe eingeordnet werden, wenn kein weiteres diagnostisches Merkmal aus Kriterium A 2.2 N erfüllt ist. Im angelsächsischen Sprachraum findet der Begriff des „problem drinker" Verwendung, womit der Konsument gemeint ist, dessen Alkoholkonsum zwar zu verschiedenen Problemen geführt hat, der jedoch nicht wegen seiner Probleme trinkt [5].

In Abgrenzung zu Hypothese A 2 setzt eine Einordnung in Hypothese A 3 in der Regel als Leitgedanke voraus, dass der Betroffene in der Vorgeschichte noch in der Lage und bereit war, durch angemessene Verhaltensänderungen zu reagieren, wenn er die Konsequenzen seines Trinkverhaltens (erstmalig) als für andere wichtige Lebensziele bedrohlich erlebte. Wenn in den diagnostischen Kriterien der Hypothese A 3 teilweise auch gravierend erscheinende Ausprägungsgrade einzelner diagnostischer Merkmale für eine Alkoholkonsumstörung beschrieben werden, ist bei der Interpretation zu beachten, dass ein Ausschluss einer in Hypothese A 2 beschriebenen Problemausprägung vorausgesetzt wird, dass diese Merkmale also nur isoliert und/oder zeitlich begrenzt zu beobachten waren.

Die verkehrspsychologischen Anforderungen an eine ausreichende Veränderung des Trinkverhaltens bei Vorliegen einer Alkoholgefährdung entsprechen dabei nicht der Definition eines „risikoarmen" Alkoholkonsums, bei dem obere Grenzen für einen gesundheitlich noch tolerierbaren Alkoholkonsum definiert wurden [4; 5; 19] und die in den letzten Jahrzehnten kontinuierlich gesunken sind [19; 20; 22]. Vielmehr orientieren sie sich an der hinreichend zuverlässigen Kontrollierbarkeit des geänderten Konsummusters und der zu fordernden Fähigkeit zu einer verantwortlichen Verhaltenssteuerung auch unter dem Einfluss subjektiver Konsumhöchstmengen.

Es lagen eine gesteigerte Alkoholtoleranz und/oder – zeitlich begrenzt – unkontrollierte Trinkepisoden vor. Kriterium A 3.1 K

1. Es ist eine Trunkenheitsfahrt mit einer BAK von 1,6 ‰ oder darüber aktenkundig.
2. Nach der aktenkundigen Trunkenheitsfahrt wurde zwar eine BAK unter 1,6 ‰ festgestellt, zum Zeitpunkt der Fahrt lag jedoch, z. B. nach aktenkundiger forensischer Rückrechnung, eine BAK von mindestens 1,6 ‰ vor [25].
3. Die Trunkenheitsfahrt wies zwar eine BAK unter 1,1 ‰ auf, die jedoch auf Restalkohol zurückzuführen war.
4. Trotz des Vorliegens einer absoluten Fahrunsicherheit (1,1 ‰ BAK) oder bei mehr als 0,55 mg/l AAK erlebte der Klient subjektiv keine Beeinträchtigungen.
5. Trotz absoluter Fahrunsicherheit sind aus den Umständen der aktenkundigen Trunkenheitsfahrt keine Beeinträchtigungen erkennbar (lange unauffällige Fahrtstrecke, keine Auffälligkeiten im Polizei- oder Arztbericht).

6. Der Klient berichtet über eine erhöhte Alkoholempfindlichkeitsschwelle (Einsetzen der subjektiv empfundenen Alkoholwirkung erst nach Überschreiten von 0,5 ‰ BAK).
7. Der Klient konsumierte bei Trinkanlässen häufiger Trinkmengen, die zu einer BAK von 1,1 bis 1,3 ‰ führten. [23]
8. Der Klient berichtet von Situationen, in denen er den Überblick über die konsumierten Trinkmengen verloren hat.
9. Die durchschnittlichen Alkoholmengen lagen im Bereich des sogenannten „gefährlichen Konsums" (durchschnittlich täglich 60–120 Gramm Alkohol bei Männern bzw. 40–80 Gramm Alkohol bei Frauen). [18; 19]
10. Es lagen unkontrollierte Trinkepisoden vor. Davon ist z. B. auszugehen, wenn der Klient die körperliche Verträglichkeitsgrenze überschritt (Erbrechen) oder sich unter Alkoholeinfluss sozial unangemessen verhielt.
11. Bei der körperlichen Untersuchung finden sich Hinweise auf Folgeschäden eines früher vermehrten Alkoholkonsums, die in der Gesamtschau betrachtet zumindest eine Alkoholgefährdung annehmen lassen (sofern sie in Zusammenhang mit Alkoholabhängigkeit oder Alkoholmissbrauch aufgetreten sind, sind sie als zusätzliche diagnostische Merkmale im Rahmen von Hypothese A 1 und A 2 zu beachten). Mögliche körperliche Zeichen sind:
    - Hautveränderungen wie
        - Teleangiektasien
        - Spider naevi, Palmarerythem
        - gegebenenfalls auch Gynäkomastie, reduzierte Sekundärbehaarung bei Männern
    - Standunsicherheit, Koordinationsstörungen, Gangataxie
    - Hinweise auf eine alkoholische Polyneuropathie (unter anderem Reflexabschwächung, sensible und/oder motorische Auffälligkeiten).
12. In der Anamnese finden sich Berichte und Hinweise auf frühere alkoholbedingte körperliche Schädigungen.
13. Aus der Vorgeschichte liegen Befunde vor, die auf alkoholbedingte körperliche Schädigungen hinweisen (Laborbefunde, Arztberichte etc.).

Kriterium A 3.2 K **Beim Klienten dominierten persönliche, nicht-soziale Trinkmotive, insbesondere zeigte sich eine Neigung zu einem ausgeprägten Entlastungstrinken.**

1. Der Klient hat Alkohol konsumiert, um seine Stimmung anzuheben oder negative Affekte zu vermindern (z. B. bei depressiver Verstimmung, Wut, Angst, Ärger).
2. Der Klient hat in euphorischen Stimmungszuständen unkontrolliert Alkohol konsumiert.

3. Der Klient konsumierte Alkohol, um Defizite im sozialen Verhalten zu kompensieren (z. B. zur Erleichterung der Kontaktanbahnung, Steigerung des Selbstwertgefühls, zur verbesserten Selbstbehauptung).
4. Der Klient hat in Zusammenhang mit belastenden Lebenssituationen (z. B. Tod eines Angehörigen, Krankheit, Arbeitslosigkeit) vermehrt Alkohol konsumiert.
5. Gravierende Veränderungen in den Lebensumständen führten zu einem vermehrten Alkoholkonsum (z. B. Umzug, Migration, Scheidung, Trennung).
6. Der Klient hat in Zusammenhang mit Belastungen durch den Übergang in eine andere Lebensphase (z. B. Pubertät, Familiengründung, „Mid-Life"-Problematik, Pensionierung) vermehrt Alkohol konsumiert.
7. Traumatisierende Ereignisse führten zu einem vermehrten Alkoholkonsum.
8. Der Klient hat regelmäßig Alkohol konsumiert, um das physiologische Aktivitätsniveau zu senken („um zu entspannen").
9. Bestehende Belastungen werden durch eine erhöhte Sensibilität verstärkt erlebt (z. B. resignative Grundhaltung, Neigung zur Dramatisierung, geringe Selbstwirksamkeitserwartung).
10. Der Klient hatte in Belastungssituationen Unterstützung in sozialen Beziehungen (z. B. Thekenbekanntschaften) gesucht, die unangemessene „Beratung" erwarten lassen („Trink doch erst mal einen").

Kriterien für eine angemessene Problembewältigung

Vorbemerkung: Werden die Kriterien zur Problembewältigung bei Einordnung der Problemausprägung in die Hypothese A 3 erfüllt, ist **zusätzlich zu prüfen**, ob ein ausreichendes Trennverhalten (Hypothese A 4) angenommen werden kann.

Der Klient hat sein Alkoholtrinkverhalten in ausreichendem Umfang und über eine ausreichende Dauer verändert. **Kriterium A 3.3 K**

1. Der Alkoholkonsum des Klienten findet in einem für ihn überschaubaren Rahmen statt. Er kann ihn konkret z. B. hinsichtlich der Häufigkeit, der Trinksituationen, der Trinkmengen, Art der alkoholischen Getränke, und des zeitlichen Verlaufs benennen.
2. Der Klient hat seinen reduzierten Alkoholkonsum auch bei besonderen Anlässen und in Trinksituationen eingehalten, die in der Vergangenheit mit einem hohen Alkoholkonsum verbunden waren.
3. Die Häufigkeit der Trinkanlässe hat sich reduziert.
4. Der durchschnittliche Alkoholkonsum pro Tag bewegt sich im Bereich des risikoarmen Alkoholkonsums (max. fünfmal pro Woche 2 Standardgläser[15] für Männer

15 Als Standardglas wird eine Trinkeinheit mit ca. 12 g Alkohol bezeichnet, entsprechend 0,33 l Bier, 0,125 l Wein/Sekt oder 2–3 cl Spirituosen); vgl. auch Tabelle in Fußnote zu A 1.2 N.

bzw. 1 Standardglas für Frauen, wobei nie mehr als 5 Standardgläser an einem Tag getrunken werden[16]). [4; 5; 18; 21]

5. Der durchschnittliche Alkoholkonsum pro Tag bewegt sich zwar im Bereich des riskanten Alkoholkonsums (für Männer bis 5 Standardgläser (60 Gramm Alkohol), für Frauen bis 3 Standardgläser (40 Gramm Alkohol) [18]. Das Konsummuster und die Konsummotive lassen jedoch weder eine weitere Steigerung des Alkoholkonsums befürchten noch ist zu erwarten, dass ein Trink-Fahrkonflikt entsteht (vergleiche Hypothese A 4).

6. Der Klient berichtet, dass die reduzierten Alkoholtrinkmengen zu einer geringeren Alkoholverträglichkeit geführt haben, er jetzt also bereits deutlich unterhalb der Schwelle von 5 Standardgläsern eine Wirkung verspüre.

Kontraindikatoren

(1) Der Klient hat, wenn in letzter Zeit eine BAK von 0,5 ‰ erreicht wurde, noch keine Wirkung des Alkohols gespürt.

(2) Der Klient kann über keine veränderte sensorische, motorische oder psychische Alkoholwirkung berichten.

7. Der Klient steuert seinen Alkoholkonsum konsequent entsprechend seinen Vorsätzen.

Kontraindikatoren

(1) Der Klient nimmt die eigene Befindlichkeit als Kriterium für das Weitertrinken oder Aufhören.

(2) Der Klient lässt sich in geselligen Trinksituationen in seinem eigenen Verhalten von anderen Personen und/oder äußeren Ereignissen leiten.

8. Der konsequent reduzierte Umgang mit Alkohol hat zu einer veränderten Lebensgestaltung geführt (z. B. Tagesablauf, Freizeitgestaltung).

9. Der Klient hat positive psychophysische Veränderungen registriert (z. B. bezüglich Appetit, Gewicht, Schlaf, Kondition, Nervosität).

10. Die Dauer der Verhaltensänderung ist bereits so lang, dass eine Gewohnheitsbildung stattgefunden hat, über die der Klient berichten kann.

11. Der reduzierte Alkoholkonsum besteht bereits seit einem so langen Zeitraum, dass gegebenenfalls früher relevante Trinkanlässe, die zu hohem Alkoholkonsum geführt hatten, erneut gegeben waren. Davon kann nach Ablauf eines Jahres, frühestens nach sechs Monaten ausgegangen werden.

12. Der Klient hält eine zeitlich begrenzte Alkoholtrinkpause ein. Bei Wiederaufnahme des Alkoholkonsums kann jedoch von einem stabil reduzierten Alkoholkonsummuster ausgegangen werden.

13. Der Angabe des reduzierten Alkoholkonsums stehen keine auffälligen Befunde der indirekten Alkoholkonsummarker (z. B. GGT, GOT, GPT und gegebenenfalls CDT) entgegen.

16 Die Grenzen der WHO für riskanten Konsum sind mit 30–40 g täglichem Alkoholkonsum für Männer und mit 15–20 g für Frauen etwas höher und sind im Zusammenhang mit der Fahreignung ebenfalls nicht als problematisch einzuordnen.

14. Die am Untersuchungstag erhobenen Befunde für indirekte Alkoholkonsummarker (z. B. GGT, GOT, GPT und gegebenenfalls CDT) weisen keine alkoholinduzierten Auffälligkeiten auf.

15. Eine gegebenenfalls durchgeführte Haaranalyse von 3 cm kopfhautnahem Haar erbringt keinen Befund, der für einen regelmäßigen, gewohnheitsmäßigen Alkoholkonsum in dem Zeitraum der erfassten drei Monate sprechen würde (≥ 30 pg/mg).

16. Bei einer Erhöhung der Laborparameter aufgrund vermuteter anderer Ursachen konnte durch mehrfache, unregelmäßig und kurzfristig anberaumte Kontrolluntersuchungen des Urins auf EtG oder des Blutes auf PEth bei zeitweiligem konsequentem Alkoholverzicht glaubhaft gemacht werden, dass die auffälligen Leberwerte als nicht alkoholinduziert zu werten sind.

17. Bei der körperlichen Untersuchung finden sich keine Hinweise auf einen bis in die jüngere Vergangenheit reichenden, erhöhten Alkoholkonsum.

(1) Es liegen mehrere der folgenden, nicht anders begründeten Befunde in einem relevanten Ausprägungsgrad vor, sodass sie in der Gesamtkonstellation für aktuell weiterhin hohe Alkoholtrinkmengen sprechen: Kontraindikator

- Gesteigertes Vegetativum:
    - kalte, feuchte Akren
    - Hyperhydrosis
    - Dermographismus
    - Lidtremor, Zungentremor
    - feinschlägiger Fingerspreiztremor
- ausgeprägte Rosacea mit Rhinophym mit Verschlechterung
- gerötete Augenbindehäute
- auffällige neurologische Befunde wie etwa
    - Tremor
    - Standunsicherheit (bei Stehversuch mit geschlossenen Augen)
    - Koordinationsstörungen, Reflexanomalien
- metabolisches Syndrom:
    - erhöhter Blutdruck
    - erhöhte Blutfette
    - Übergewicht
    - pathologische Glukosetoleranz.

18. Der Klient weist am Untersuchungstag keinen (Rest-)Alkoholgehalt bei einer Atemalkoholkontrolle auf.

Kriterium A 3.4 K **Die Verhaltensänderung ist motivational gefestigt, weil sie auf der Grundlage eines angemessenen Problembewusstseins eingeleitet wurde und durch stabilisierende Erfahrungen gestützt wird.**

1. Der Klient hat die bei ihm vorliegende Alkoholgefährdung und die Notwendigkeit einer Reduzierung erkannt.

Kontraindikatoren

(1) Der Klient hat sein Alkoholtrinkverhalten nur aus äußerem Anlass und aus vordergründigen Motiven umgestellt (z. B. aufgrund der erforderlichen MPU oder weil es der Anwalt geraten hat), ohne dass er eine Notwendigkeit dazu aus früher erlebten Nachteilen abgeleitet hätte.

(2) Der Klient äußert die Überzeugung, dass eine Alkoholfahrt mit einer hohen BAK „jedem mal passieren" könne.

(3) Der Klient sieht die bei ihm gemessene hohe BAK von 1,6 ‰ oder mehr als einen im geselligen Rahmen üblichen Wert an.

(4) Der Klient gibt oberflächlich triviale Begründungen für einen Alkoholverzicht oder eine Trinkmengenreduzierung an, wie „Schmeckt einfach nicht mehr", „Das bringt nichts", „Geht auch ohne", „Einmal muss Schluss sein".

2. Der Klient verzichtet wegen bestehender oder befürchteter gesundheitlicher Schädigungen vorbeugend weitgehend auf Alkohol, auch wenn er sie ursächlich nicht ausschließlich auf Alkohol zurückführt.

3. Der Klient akzeptiert und befolgt gegebenenfalls den Rat seines behandelnden Arztes zur Alkoholreduktion bzw. zum Alkoholverzicht.

4. Der Klient hat den Zusammenhang zwischen seinen Belastungen und dem vermehrten Alkoholkonsum erkannt und seine bisherigen Versuche der Beanspruchungsbewältigung durch vermehrten Alkoholkonsum als langfristig ineffizient bewertet.

5. Der Klient hat den Zusammenhang zwischen seinen (negativen) Stimmungen und seinem vermehrten Alkoholkonsum erkannt.

6. Der Klient hat die Situationen, in denen die Umsetzung seiner Vorsätze schwierig sein könnte, erkannt und entsprechende Strategien entwickelt.

Kontraindikator

(1) Der Klient hat entgegen seinen Vorsätzen in Ausnahmesituationen wieder vermehrt Alkohol konsumiert.

7. Der Klient berichtet von einer Neuausrichtung seiner persönlichen Interessen und damit zusammenhängenden neuen sozialen Kontakten.

8. Der Klient hat durch seine Verhaltensänderung im Umgang mit Alkohol positive Erfahrungen gemacht (Akzeptanz durch andere, mehr Arbeitsmotivation, neue Hobbys, Freundeskreis verändert etc.), sodass von einer stabilen Motivation ausgegangen werden kann, dieses Alkoholkonsumverhalten dauerhaft beizubehalten.

9. Der Klient berichtet zumindest ansatzweise, aber konkret von positiven psychischen Veränderungen (z. B. mehr Interesse und Anteilnahme, ausgeglichene Stimmungslage, verbesserte Konzentrationsfähigkeit).
10. Der Klient hat neue soziale Kontakte aufgebaut, die er als positiv erlebt und auf seinen veränderten Umgang mit Alkohol zurückführt.
11. Ist es im Zuge einer vorbereitenden verkehrspsychologischen oder gegebenenfalls anderen fachlich angemessenen Maßnahme zu weitreichenden Einstellungsänderungen und Vorsatzbildungen gekommen, wurden die Verhaltensvorsätze über einen ausreichend langen Zeitraum auch umgesetzt und als positiv erlebt.

Die Verhaltensänderung kann als stabil gewertet werden, da der Klient über ausreichende Durchsetzungskompetenz verfügt und Bedingungen, die früher das Trinkverhalten aufrechterhielten (Auslöser und Konsequenzen), nicht mehr vorhanden oder nicht mehr wirksam sind. **Kriterium A 3.5 K**

1. Der Klient hat nachvollziehbare Überlegungen zur dauerhaften Aufrechterhaltung der Umstellung seines Alkoholkonsumverhaltens angestellt und ist hierbei über ein Erprobungsstadium hinausgekommen.
   (1) Die Umstellung des Alkoholtrinkverhaltens ist an eine vorübergehende Änderung der Lebensverhältnisse oder der Motivation gekoppelt (z. B. zeitweilig verändertes Berufsumfeld, ärztliche Empfehlung wegen einer nicht dauerhaften Erkrankung), deren zeitliche Begrenzung abzusehen ist. Kontraindikator
2. Der Klient kann mit Reaktionen aus dem sozialen Umfeld (z. B. Sticheleien von Kollegen, skeptische oder auch ermutigende Kommentare von Angehörigen, forcierte oder aber unterbliebene Aufforderungen zum Mit- oder Weiter-Trinken), die den Veränderungsprozess anfänglich begleiteten, angemessen umgehen.
3. Der Klient bietet in der bisherigen Lebensgeschichte auch noch andere Beispiele dafür, dass er eigene vernünftige Konzepte entwickeln und auch gegen Handlungskonzepte anderer Personen oder ungünstige Einflüsse äußerer Rahmenbedingungen durchsetzen kann (z. B. berufliche Weiterentwicklung, finanzielle Vorsorgeplanung, Durchhalten eines „Gesundheitsprogramms").
4. Der Klient verfügt über eine ausreichende Selbstsicherheit und die Fähigkeit, seine Verhaltensvorsätze auch in sozialen Verführungssituationen konsequent umzusetzen.
   (1) Der Klient bietet Hinweise auf eine erhebliche Selbstsicherheitsproblematik mit vermehrter sozialer Verführbarkeit. Kontraindikator
5. Der Klient schildert Strategien, Situationen mit einem Gruppendruck zum Alkoholtrinken zu begegnen, oder hat gesellige Anlässe mit dem Zwang z. B. zu zügigem Runden-Trinken, „Stiefel-Trinken" oder häufigerem „Ex-Trinken" gemieden.

6. Berufstätigkeit und berufliches Umfeld, in der Vergangenheit (mit-)auslösend für problematisches Trinken, haben sich wesentlich verändert oder an Einfluss verloren.
7. Familiäre bzw. partnerbedingte, wohnungsbedingte oder freizeitbezogene Verhältnisse, die das Problemverhalten aufrechterhielten, haben sich durch aktive Gestaltung des Klienten günstig verändert.
8. Der Klient schildert Veränderungen (z. B. Ehescheidung, neue Partnerschaft, anderer Job) und die damit verbundenen Umstände so, dass günstige Auswirkungen absehbar sind.
9. Der Klient hat erhebliche finanzielle Schwierigkeiten, die Anlass für Alkoholkonsum waren, überwunden bzw. geregelt.
10. Der Klient hat in letzter Zeit soziale Situationen, in denen die kurzfristig angenehmen Folgen des Trinkens (z. B. sich wohlfühlen in der Clique, Ausgelassenheit) ein wesentliches Verhaltensmotiv darstellen, nicht mehr in dem Maße aufgesucht wie zuvor.

Kontraindikatoren

(1) Der Klient hat zu den (früher) bevorzugten Trinksituationen keine Alternativen aufgebaut.

(2) Durch die Vermeidung von Trinksituationen hat der Klient keine befriedigenden Kontakte mehr und fühlt sich „vereinsamt".

11. Der Klient hat die Zahl geselliger Trinkanlässe nicht nur wegen äußerlich bedingter Immobilität in der Sperrfrist (fehlende Fahrerlaubnis, Unfallfolgen) verringert, sondern er hat sich bewusst von Personenkreisen, in denen er früher dem Alkohol zugesprochen hat, distanziert und neue Freizeitaktivitäten entwickelt.
12. Der Klient hat Beanspruchungen (z. B. fehlende berufliche Anerkennung, Beziehungskrisen) bewältigt, indem er etwa Gespräche mit Personen suchte, die ihn schätzen (fühlt sich „erleichtert", bestätigt) und/oder seine gegebenenfalls unangemessenen Bewertungen korrigieren („Das bringt mich wieder auf den Teppich"). Er hat seine physiologische Aktivierung z. B. durch körperliche Betätigung (Ausgleichssport) oder Entspannungstraining reguliert.
13. Der Klient verfügt erkennbar über ein breites Spektrum an Strategien zur Belastungsbewältigung (z. B. am Arbeitsplatz).
14. Der Klient hat inzwischen ein stabiles Selbstwertgefühl.
15. Der Klient hat inzwischen eine angemessene Selbstwirksamkeitserwartung; er geht davon aus, dass er durch sein Verhalten auch gewünschte Effekte erzielen kann.

Hypothese A 4

Sofern der Klient weiterhin, auch in geringen Mengen, Alkohol konsumiert, ist nicht zu erwarten, dass er unter einem potenziell beeinträchtigenden Einfluss von Alkohol am öffentlichen Straßenverkehr teilnehmen wird.

Sonderfall Verkehrsauffälligkeit mit fahrerlaubnisfreiem Fahrzeug

Ist der Klient mit einem fahrerlaubnisfreien Fahrzeug (z. B. Fahrrad) unter erheblichen Mengen Alkohol aufgefallen, so ist abhängig von der behördlichen Fragestellung im Unterschied zu einer Trunkenheitsfahrt mit einem Kraftfahrzeug nicht nur die Wiederholungsgefahr für diese Art der Zuwiderhandlung zu beachten, sondern auch zu beurteilen, ob sich aus dieser Fahrt auf ein erhöhtes Risiko für das Führen eines **Kraft**fahrzeuges unter unzulässiger Alkoholisierung schließen lässt. Demnach ist zunächst als Ausgangspunkt der Sachverhalt zu berücksichtigen, dass nach der Aktenlage bislang von einer Regelbefolgung bezüglich Trennung von Trinken und Führen eines **Kraft**fahrzeuges ausgegangen werden muss. Es ist demnach Teil der Fragestellung an das Gutachten, aufzuklären, inwieweit sich aus den Tatumständen der aktenkundigen Trunkenheitsfahrt Befunde ergeben, die auch Zweifel an der Fähigkeit zum Trennen von beeinträchtigendem Alkoholkonsum und dem Führen eines **Kraft**fahrzeugs etwa aufgrund von Kontrollverlust ergeben (vgl. hierzu auch die differenzierten Ausführungen zur Frage einer gefestigten Änderung des Trinkverhaltens: BVerwG 3 C 32.7, Urteil vom 31.5.2008). Es vermischen sich bei dieser Fallkonstellation also die Aufgaben der Entlastungsdiagnostik (hinsichtlich der Wiederholung des Führens eines Fahrrads unter Alkoholeinfluss) und der Überprüfungsdiagnostik (hinsichtlich der Zweifel am Trennvermögen von beeinträchtigendem Alkoholkonsum und dem Führen eines Kraftfahrzeugs).

In beiden Fällen ist zunächst zu überprüfen, ob sich das Trinkmuster auf dem Niveau der in Hypothese A1 und A2 beschriebenen Ausprägungsgrade bewegt und damit eine fehlende bzw. unzuverlässige Verhaltenskontrolle schon aus diesem Grund anzunehmen ist oder ob von einer Alkoholgefährdung auszugehen ist, bei der erst aus den Umständen des Vorfalls und den individuellen Bedingungen des Alkoholkonsums eine unkontrollierte Koppelung von Trinken und Fahren abgeleitet werden kann. Sofern die Ausprägung der Alkoholproblematik eine Einordnung in Hypothese A 1 erforderlich macht, sind die Voraussetzungen für eine sichere Verkehrsteilnahme nur bei stabiler, alkoholabstinenter Lebensweise hinreichend gegeben, wobei ein konsequenter Alkoholverzicht auch bei einer diagnostischen Einordnung in Hypothese A 2 im Regelfall vorliegen muss. Die Ausnahme des „Kontrollierten Trinkens (KT)" wird in Kriterium A 2.7 N beschrieben. In diesem und in den übrigen Fällen (diagnostische Einordnung in Hypothese A 3 oder A 4) sind die Bedingungen der im Folgenden beschriebenen Kriterien (zusätzlich) zu erfüllen, ist also das Trennvermögen als eigenständige Anforderung zu überprüfen.

Kriterium A 4.1 K

Der Klient hat den konkreten Vorsatz, eine Fahrt nur dann anzutreten, wenn keine für die Verkehrsteilnahme relevante Alkoholwirkung vorliegt, und kann diesen Vorsatz auch umsetzen.

1. Der Klient hat den festen Vorsatz gefasst, kein Fahrzeug im Verkehr zu führen, wenn er eine Alkoholisierung aufweist, die unter ungünstigen Umständen zu einem Konflikt mit gesetzlichen Regelungen führen kann (das heißt orientiert an der geltenden Rechtsprechung mit einer BAK ab 0,3 ‰ beim Führen eines Kfz).
2. Der Klient ist sich bewusst, dass er die Umsetzung dieses Vorsatzes nicht an körperlich erlebten Alkoholwirkungen festmachen darf.
3. Der vom Klienten vor Antritt einer Fahrt geplante Alkoholkonsum (unter Berücksichtigung von Trinkmenge, Alkoholkonzentration der Getränke, Trinkgeschwindigkeit und -dauer) führt nicht zu einer für die Verkehrsteilnahme problematischen BAK.
4. Beim Klienten ist generell mit einer zuverlässigen Vorsatzbildung bzw. mit der Einhaltung von Vorsätzen zu rechnen.

Kontraindikator

(1) Die Vorgeschichte des Klienten bietet deutliche Hinweise darauf, dass er besonders leicht beeinflussbar ist bzw. zu spontanen Entschlüssen neigt.

5. Dem Klienten ist gegebenenfalls sehr wohl bewusst, dass bei ihm eine besondere Beeinflussbarkeit bzw. Spontaneität der Entschlüsse vorliegt, und er äußert Vorsätze, die die Chance einer zuverlässigeren Verhaltenssteuerung erkennen lassen.
6. Der Klient kann über Einsichtsprozesse berichten, die als Grundlage für eine dauerhafte Verhaltensänderung plausibel sind (z. B. Realisierung des Verkehrsrisikos von Fahrten unter Alkoholeinfluss).

Kontraindikator

(1) Der Klient hat Probleme damit, die gesetzlichen Regelungen und Sanktionen zum Bereich „Alkohol im Straßenverkehr" einzusehen.

7. Der Klient hat realistisch erkannt, inwieweit der gegebenenfalls aktenkundige Unfall (oder Fahrfehler) alkoholbedingt war.

Kontraindikator

(1) Der Klient sieht trotz einer hohen BAK über der Grenze der absoluten Fahruntüchtigkeit (1,1 ‰) keine alkoholbedingten Einschränkungen der Fahrfertigkeiten.

Kriterium A 4.2 K

Der Klient organisiert Alkoholtrinkanlässe und Fahrten so, dass ein problematisches Zusammentreffen verhindert wird und behält seine Vorsätze auch dann bei, wenn unvorhergesehene Umstände eintreten oder andere Personen Einfluss nehmen.

1. Der Klient kann Fahrten zeitlich von Trinkanlässen trennen, da diese Trink-Fahr-Konflikte relativ selten eintreten und auch vorhersehbar sind.
2. Die vom Klienten gefassten Vorsätze für sein künftiges Trink-Fahr-Verhalten sind so konkret, dass eine erfolgreiche Umsetzung erwartet werden kann.

Kontraindikatoren

(1) Die Vorsätze beschränken sich auf Allgemeinplätze ohne Realitätsbezug („Wenn ich zu viel getrunken haben sollte, lasse ich auf jeden Fall das Auto stehen").

(2) Der Klient verlässt sich bei seiner Vorsatzbildung auf die Mitwirkung anderer („Wenn ich zu viel trinke, holt mich immer meine Freundin ab", „Nach dem zweiten Bier gebe ich meinen Autoschlüssel dem Wirt").

(3) Der Klient verlässt sich rigide und ausschließlich auf die eigene Konsequenz und Willensstärke.

3. Der Klient ist sich der enthemmenden Wirkung des Alkohols bei der Organisation der Trinkanlässe und des Heimwegs bewusst. Er plant Trinkanlässe in der Regel so, dass das Fahrzeug sich nicht am Trinkort befindet, sondern dort, wo er es das nächste Mal benötigt.

4. Der Klient hat sich auch dazu Gedanken gemacht, dass Vorsätze bei unerwartet veränderten Ereignissen und Abläufen angepasst werden müssen.

5. Der Klient hat in der jüngeren Vergangenheit, sofern er mit nicht fahrerlaubnispflichtigen Fahrzeugen am Straßenverkehr teilnahm, erfolgreich Fahren und Trinken organisatorisch getrennt.

6. Der Klient schätzt Alkoholabbau und Restalkohol hinreichend realistisch ein bzw. ist sich der Unkalkulierbarkeit und der notwendigen zeitlichen Sicherheitsreserven vor Fahrtantritt am nächsten Tag bewusst.

Der Klient wird sein Trinkverhalten, die entsprechenden Alkoholauswirkungen und die Risiken einer Fahrt unter Alkoholeinfluss auch unter ungünstigen Bedingungen (z. B. nach Genuss der persönlichen Höchsttrinkmenge) zukünftig richtig einschätzen.

Kriterium A 4.3 K

1. Der Klient macht deutlich, dass er über eine hinreichend zuverlässige „Methode" verfügt, Überblick über seinen tatsächlichen Alkoholkonsum (Trinkmenge, Getränkeart, Trinkgeschwindigkeit) zu behalten.

Kontraindikatoren

(1) Der Klient will erst dann nicht mehr weiter trinken, wenn es nicht mehr schmeckt oder wenn er eine Wirkung registriert.

(2) Der Klient zeigt in der Exploration, dass ihm die Einschätzung der konsumierten Trinkmengen allgemein schwerfällt.

(3) Der Klient verlässt sich auch bei größeren Trinkmengen oder in unüberschaubaren Situationen allein auf seine Merkfähigkeit.

2. Der Klient kalkuliert Dauer und voraussichtliches Getränkeangebot bei den Trinkanlässen mit ein; die in Aussicht genommene Trinkmenge pro Zeiteinheit erscheint realistisch und angemessen.

3. Der Klient zeigt in der Exploration eine ausreichende Fähigkeit zur zuverlässigen Selbstbeobachtung (Konkretisierungen in den Schilderungen eigenen Erlebens, Hinweise auf angemessene Introspektion, Registrieren eigener Fehlleistungen).

Kontraindikator

(1) Der Klient berichtet über unvermittelte Stimmungsumschwünge (Tendenz: euphorisch, sorglos, unternehmungslustig, aggressiv).

4. Der Klient rechtfertigt eine hohe Trinkmenge nicht allein mit der aktuellen Situation oder der spontanen Stimmung.

Kontraindikator

(1) Der Klient stellt eine hohe Trinkmenge als für ihn untypisch, aber situationsangemessen dar („Ich trinke eigentlich nie viel, aber an dem Abend war die Stimmung einfach so gut").

Hypothese A 5

Der Klient weist im Zusammenhang mit dem früheren Alkoholmissbrauch keine die Fahreignung ausschließenden medizinischen Beeinträchtigungen auf.

Kriterium A 5.1 N

Es finden sich unter Berücksichtigung der aktenkundigen Vorgeschichte und der Grundsätze der Begutachtungsleitlinien zur Kraftfahreignung keine Hinweise auf Beeinträchtigungen, die das ausreichend sichere Führen von Kraftfahrzeugen ausschließen.

Hinsichtlich der speziellen Krankheitsbilder und deren medizinischer Beurteilung wird auf die Leitsätze und Begründungen in den Begutachtungsleitlinien zur Kraftfahreignung in der jeweils gültigen Fassung verwiesen. Es ist in der Regel in der anlassbezogenen Begutachtung bei Alkoholfragestellung nicht möglich und zulässig, ausreichend Befunde zu erheben, um die Relevanz einer gegebenenfalls bestehenden Erkrankung oder körperlichen Beeinträchtigung für die Fahreignung zuverlässig abzuschätzen. Es kann allenfalls beurteilt werden, ob die bei der Untersuchung festgestellte Symptomatik bzw. die erhobenen anamnestischen Hinweise eine Abklärung im Rahmen eines ärztlichen Gutachtens mit getrennter Fragestellung erforderlich machen. Ob dieser Empfehlung nachgegangen wird, entscheidet die zuständige Fahrerlaubnisbehörde nach Vorlage des Gutachtens zur Alkoholfragestellung.

Kriterium A 5.2 N

Es liegen als Folge des früheren Alkoholkonsums oder im Zusammenhang damit keine organischen Beeinträchtigungen vor, deren (Rest-)Symptomatik oder Folgeerscheinungen das ausreichend sichere Führen von Kraftfahrzeugen ausschließen und nicht hinreichend kompensierbar sind.

1. Eine dekompensierte Alkoholzirrhose mit hochgradigen Ösophagusvarizen besteht nicht.
2. Bei Alkoholzirrhose besteht kein Pfortaderhochdruck mit portokavalen bzw. portorenalen oder portosplenalen Anastomosen.
3. Bei einer Alkoholzirrhose gibt es keine Hinweise auf hepatische Enzephalopathie.
4. Es ist zu keiner chronischen Bauchspeicheldrüsenentzündung mit Befall des Inselapparates und den Folgen einer diabetischen Stoffwechsellage gekommen. Andernfalls ist diese ausreichend therapiert, sodass keine Auswirkungen auf die Fahrsicherheit befürchtet werden müssen.
5. Es sind keine rezidivierenden peptischen Geschwüre des Magens und/oder Zwölffingerdarmgeschwüre aufgetreten

- mit weiter bestehender Blutungsgefahr und/oder
- mit erheblicher Beeinträchtigung der Leistungsfähigkeit als Folge (z. B. durch niedrigen Hämoglobingehalt des Blutes).

6. Es ist keine fortbestehende relevante Herz-Kreislauf-Erkrankung im Sinne einer Kardiomyopathie, kardialer Arrhythmien oder eines schweren arteriellen Hochdrucks aufgetreten.
7. Liegen kompensierbare Restsymptome, Folgeerscheinungen oder eine Krankheit mit der Gefahr des evtl. unvorhersehbaren Wiederauftretens der Symptomatik vor, verfügt der Klient über Krankheitseinsicht und ein genügend fundiertes Wissen um die Besonderheiten der Erkrankung, sodass mit einer entsprechenden Lebensweise und einem sicherheitsbewussten Verhalten im Straßenverkehr gerechnet werden kann.

Es liegen keine psychiatrischen Beeinträchtigungen (mehr) vor, die das ausreichend sichere Führen von Kraftfahrzeugen ausschließen. Kriterium A 5.3 N

1. Eine stationäre oder ambulante Behandlung wegen psychiatrischer Komorbidität findet nicht statt bzw. es bestehen allenfalls noch einzelne ambulante Kontakte bei eingetretener Stabilität.
2. Früher bestehende, psychiatrisch relevante Störungen im Zusammenhang mit Alkoholkonsum wie Depressionen, Schizophrenie oder manische Episoden sind nicht mehr nachzuweisen.
3. Andernfalls sind im Zusammenhang mit Alkoholkonsum stehende psychiatrische Störungen in ihrer Ausprägung nicht (mehr) relevant oder bereits im Rahmen einer ärztlichen Begutachtung zu dieser Fragestellung geklärt.
4. Ein Alkoholdelir (Delirium tremens) oder dessen Prodromalerscheinung im Sinne eines Prädelirs ist nicht zu diagnostizieren.

   Kontraindikatoren

   (1) Es besteht eine prädelirante Symptomatik mit innerer Unruhe, Schlafstörungen, Schreckhaftigkeit, Schwitzen, Pulsfrequenzbeschleunigung, zunehmendem Tremor, möglichen kurzfristigen illusionären Verkennungen und nächtlichen Verwirrtheitszuständen.

   (2) Es bestehen, zusätzlich zu den unter (1) aufgeführten Symptomen, Hinweise auf auftretende Desorientiertheit, optische Halluzinationen und schwere psychomotorische Unruhe.
5. Eine Alkoholhalluzinose, geprägt durch akustische, meist situationsgebundene Halluzinationen bzw. Verfolgungsideen mit paranoid ängstlicher Gestimmtheit bei Fehlen einer eindeutigen Bewusstseinsstörung, ist nicht festzustellen.
6. Es liegt keine zerebrale Schädigung im Sinne eines alkoholbedingten amnestischen Syndroms (Korsakow-Syndrom) vor.

   Kontraindikator

   (1) Es gibt diagnostische Hinweise auf Störungen des Kurz- und Langzeitgedächtnisses mit Merkfähigkeitsstörungen und Störungen des Zeitgefühls sowie Konfabulationen.

7. Alkoholbedingte kognitive Defizite, wie Störungen der visuell-räumlichen Auffassung, der Umstellungsfähigkeit, des antizipatorischen Denkens oder der Abstraktionsfähigkeit, sind nicht zu erheben.
8. Eine gegebenenfalls bestehende alkoholbedingte Demenz ist hinsichtlich des Schweregrades so gering ausgeprägt, dass nicht zu erwarten ist, dass sie die Fahreignung beeinträchtigt. Andernfalls wurde der Sachverhalt im Rahmen einer ärztlichen Begutachtung zu dieser Fragestellung geklärt.
9. Es gibt keine Hinweise auf Suchtverlagerung (Konsum illegaler Substanzen, wie Betäubungsmittel oder Neue psychoaktive Substanzen (NpS), missbräuchliche Einnahme psychoaktiv wirksamer Medikamente).
10. Es gibt keine Hinweise auf eine eignungsrelevante alkoholbedingte Persönlichkeitsveränderung.
11. Ein zerebraler Krampfanfall im Alkoholentzug ist nicht aufgetreten bzw. liegt so lange zurück, dass dieser Sachverhalt die Fahreignung nicht einschränkt.

Kriterium A 5.4 N **Vorliegende Erkrankungen oder deren Folgen führen nicht zu einer relevanten Beeinträchtigung der Leistungsfähigkeit.**

1. Es sind keine Restsymptome oder Folgeerscheinungen erkennbar, die sich auf das intellektuelle und/oder psychofunktionale Leistungsniveau bzw. auf die Leistungskonstanz in entscheidendem Maße ungünstig auswirken.
2. Falls (noch) Beeinträchtigungen durch eine Psychose, eine andere Erkrankung oder eine Medikation bestehen, können sie durch entsprechende psychophysische und intellektuelle Leistungsfähigkeit kompensiert werden.
3. Soweit eine Medikamenteneinnahme erforderlich ist, sind negative Auswirkungen auf die Verkehrssicherheit auch aufgrund der bestehenden Einsicht und Motivation nicht zu erwarten.
4. Sind nach Abklingen der Symptomatik Kontrolluntersuchungen, Nachsorgemaßnahmen oder eine Nachbehandlung erforderlich, kann mit Einsicht in die Problematik und einer entsprechenden Lebensweise gerechnet werden.
5. Hinsichtlich äußerer Bedingungen, die gegebenenfalls zum Auftreten bzw. zur Aufrechterhaltung der psychotischen Syndrome oder anderer Erkrankungen wesentlich beigetragen haben, hat es deutliche, günstig zu bewertende Veränderungen gegeben.

Hypothese A 6

Beim Klienten bestehen keine verkehrsrelevanten Beeinträchtigungen der geistigen und/oder psychofunktionalen Voraussetzungen.

Kriterium A 6.1 N **Dem Klienten ist bei der gegebenen intellektuellen und/oder psychofunktionalen Ausstattung ein verkehrsgerechtes Verhalten mit Fahrzeugen der beantragten Fahrerlaubnisklasse möglich.**

1. Der Klient, der eine Fahrerlaubnis der Gruppe 1 besitzt oder beantragt hat, erzielte in den anlassspezifisch durchgeführten Leistungstests, die den Anforderungen der Hypothese PTV (Kapitel C.4) genügen, normgerechte Ergebnisse (Prozentrang von 16 entsprechend einer Standardabweichung unter dem Erwartungswert wird erreicht bzw. überschritten).
2. Der Klient, der eine Fahrerlaubnis der Gruppe 2 besitzt oder beantragt hat, erzielte in der Mehrzahl der anlassspezifisch durchgeführten Leistungstests (zur Auswahl der Verfahren vgl. Hypothese PTV) Ergebnisse, die einem Prozentrang von 33 oder mehr entsprechen. Ein Prozentrangwert von 16 wird ausnahmslos in allen Verfahren erreicht. Andernfalls ist eine Kompensation einzelner Minderleistungen zu erwarten (vgl. Kriterium A 6.2 N).
3. Der Klient, der eine Fahrerlaubnis der Klassen D, D1, D1E oder zur Fahrgastbeförderung besitzt oder beantragt hat, erzielte in der Mehrzahl der anlassspezifisch durchgeführten Leistungstests zur Überprüfung der Anforderungen bezüglich der visuellen Orientierungsleistung, Konzentrations- und Aufmerksamkeitsleistung, der Reaktionsfähigkeit und der Belastbarkeit Ergebnisse, die einem Prozentrang von 33 oder mehr entsprechen. Ein Prozentrangwert von 16 wird ausnahmslos in allen Verfahren erreicht. Andernfalls ist eine Kompensation einzelner Minderleistungen zu erwarten (vgl. Kriterium A 6.2 N).
4. Die bei Hinweisen im Einzelfall mit psychologischen Testverfahren überprüfte Intelligenz lässt keine intellektuelle Störung erkennen und liegt im Bereich des schlussfolgernden Denkens auf einem Niveau, das einem IQ von mindestens 70 entspricht. Für die Fahrerlaubnis der Klassen D, D1, D1E oder zur Fahrgastbeförderung ist ein IQ von mindestens 85 zu fordern.

Kriterium A 6.2 N

Der Klient weist zwar Leistungsmängel auf, eine Überprüfung der Kompensationsmöglichkeiten lässt eine ausreichend sichere Verkehrsteilnahme jedoch trotzdem erwarten.

1. Die in Kriterium A 6.1 N genannten Grenzwerte werden nur bei einem isolierten Leistungsparameter unterschritten. Die in den anderen oder auch ergänzend durchgeführten Verfahren erzielten Ergebnisse lassen durchweg gute Leistungen (für eine Fahrerlaubnis der Gruppe 1 zumindest Prozentrang 33) in den übrigen Leistungsbereichen (für eine Fahrerlaubnis der Gruppe 2 mindestens Prozentrang 50 in der Mehrzahl der überprüften Leistungsbereiche) erkennen, sodass anzunehmen ist, dass die isolierte Abweichung einer sicheren Verkehrsteilnahme nicht entgegensteht.
2. Sofern in einem Testverfahren extrem ausgeprägte Minderleistungen entsprechend zwei Standardabweichungen vom mittleren Erwartungswert (Prozentrang < 3) vorliegen, ist eine Kompensierbarkeit auch bei ansonsten guten Ergebnissen in der Regel nicht mehr anzunehmen.
3. Ist der auffällige Befund nach den Ergebnissen der Nachbesprechung mit dem psychologischen Gutachter jedoch wahrscheinlich nicht auf einen nicht kompensierbaren Ausfall eines Leistungsbereichs zurückzuführen, sondern durch

andere Umstände (Instruktionsmissverständnisse, Störeinflüsse etc.) zu erklären, kann bei einer gegebenenfalls erfolgten Testwiederholung mit erneuter Instruktion ein deutlich verbessertes Testergebnis im Normbereich (Prozentrang $\geq$ 16) erzielt werden, das sich nicht nur durch Übungs- oder Vertrautheitseffekte erklären lässt.

4. Der Klient mit Fahrerfahrung hat, soweit nach Durchführung der Leistungstests und Ausschluss eines isolierten, kompensierbaren Leistungsmangels weiterhin Zweifel bestanden, in einer verkehrspsychologischen Fahrverhaltensbeobachtung (vgl. Kriterium PTV 6, Kapitel C.4) gezeigt, dass in der konkreten Fahrsituation Übung und Routine das ausreichend sichere Führen des Kraftfahrzeugs erwarten lassen. Die Fahrverhaltensbeobachtung war hierbei nach den Anforderungen des Kriteriums PTV 6 standardisiert.
5. Sofern sich bei einem Bewerber um die Fahrerlaubnis auch in der verkehrspsychologischen Fahrverhaltensbeobachtung noch Unsicherheiten zeigten, sind diese im Wesentlichen auf Befähigungsprobleme zurückzuführen, die in einer Fahrausbildung behoben und in einer praktischen Fahrprüfung gemäß § 20 Abs. 2 FeV überprüft werden können.
6. Die beobachteten Unsicherheiten sind schwerpunktmäßig auf Orientierungsprobleme in einem unbekannten Verkehrsraum zurückzuführen, sodass eine Verkehrsteilnahme mit geeigneten Auflagen nach Anlage 9 FeV (z. B. Umkreisbeschränkung, Ausschluss von Autobahnen) erwogen werden kann.
7. Der Klient hat gegebenenfalls seine (insbesondere negativen) Erfahrungen als Verkehrsteilnehmer realistisch und selbstkritisch ausgewertet, das heißt, er hat die Bedingungen, unter denen es zu (Beinahe-)Unfällen kam, hinsichtlich seiner Leistungsfähigkeit kritisch hinterfragt und daraus angemessene und nachvollziehbare Konsequenzen hinsichtlich der Verkehrsteilnahme gezogen.
8. Der Klient hat ein Anspruchsniveau, das der (verminderten) Leistungsfähigkeit angemessen ist und zeigt keine erhöhte Risikobereitschaft oder Tendenz zu Selbstüberschätzung.

Kontraindikatoren

(1) Der Klient schätzt schlechte Testleistungen (unrealistisch) als gut ein.

(2) Der Klient zeigt eine erhöhte Fehlerneigung beim Reaktionstest (als Zeichen eines zu hohen Anspruchsniveaus).

9. Der Klient ist sich der Bedeutung seiner eingeschränkten Leistungsfähigkeit bewusst bzw. akzeptiert sie nach einer Konfrontation mit ihr, sodass eine Kompensation durch eine defensive Fahrweise zu erwarten ist.
10. Der Klient kann angemessene Überlegungen zur „strategischen“ und „taktischen“ Kompensation seiner Leistungsmängel anstellen (z. B. Beschränkung der Fahrtstrecken, Ausschluss von Nachtfahrten, angemessenes Geschwindigkeits- und Abstandsverhalten).

Die festgestellten Defizite des Klienten, der nicht Inhaber einer Fahrerlaubnis ist, sind durch einen Kurs zur Wiederherstellung der Fahreignung nach § 70 FeV für alkoholauffällige Kraftfahrer genügend beeinflussbar.

Hypothese A 7

Das problematische Verhalten des Klienten wird durch die Rehabilitationsmaßnahme angesprochen und kann in ausreichendem Maße positiv beeinflusst werden.

Kriterium A 7.1 N

1. Der Ausprägungsgrad und die Schwere der verbleibenden Restbedenken lässt erwarten, dass die Problematik in einem Kurs zur Wiederherstellung der Fahreignung aufgearbeitet werden kann.

2. Es fehlen Hinweise auf **generelle** Fehleinstellungen oder Verhaltensprobleme, die als **un**abhängig von einer Alkoholproblematik anzusehen sind.

   Kontraindikatoren

   (1) Der Klient hat neben der Alkoholauffälligkeit erhebliche bzw. mehrere verkehrsrechtliche Verstöße und/oder allgemein rechtliche Delikte begangen.

   (2) Der Klient zeigt psychische Auffälligkeiten, die dem Fehlverhalten im Straßenverkehr zugrunde liegen (z. B. Depressionen oder erhebliche neurotische Fehlhaltungen).

3. Bei einem Klienten mit gemischter Auffälligkeit (Verkehrsdelikte mit und ohne Alkohol) und doppelter Fragestellung kann die Verkehrsfragestellung bereits jetzt positiv beantwortet werden, sodass sich die verbleibenden Defizite in einem Kurs zur Wiederherstellung der Fahreignung für alkoholauffällige Fahrer beseitigen lassen.

4. Der Erfolg eines Kurses zur Wiederherstellung der Fahreignung ist nicht dadurch in Zweifel zu ziehen, dass der Klient bereits einmal nach Teilnahme an einem derartigen Kurs oder einer vergleichbaren Maßnahme erneut einschlägig verkehrsauffällig geworden ist. Andernfalls ist nachvollziehbar, aus welchen Gründen aktuell ein besserer Erfolg zu erwarten ist als zum damaligen Zeitpunkt.

5. Die verbleibenden Defizite betreffen im Wesentlichen nicht die für die Problematik geforderten Stabilisierungszeiträume oder Abstinenzbelege.

Der Klient verfügt über eine ausreichende Fähigkeit zur Selbstreflexion und ein ausreichendes Durchsetzungsvermögen, um eine genügend weitgehende und stabile Änderung in dem problematischen Verhaltensbereich einleiten und aufrechterhalten zu können.

Kriterium A 7.2 N

1. Der Klient zeigt zumindest Ansätze zu einer ausreichenden Identifizierung des eigenen problematischen Verhaltens und ist zu einer Veränderung bisheriger Einstellungen und Gewohnheiten bereit.

   Kontraindikatoren

   (1) Der Klient schildert die Umstände der Trunkenheitsfahrt(en) auch nach gezielter Nachfrage unklar, pauschal und wenig konkret und bleibt dabei erkennbar unter seinen sprachlichen Möglichkeiten.

(2) Der Klient kann sich an Details seiner Trunkenheitsfahrt(en) und deren Ursachen nicht erinnern, obwohl diese erst kurze Zeit zurückliegen.

(3) Der Klient hält seine bisherigen Einstellungen und Gewohnheiten für im Grunde angemessen. Die Einsicht beschränkt sich darauf, dass er nur die von ihm als abschreckend erlebten Folgen seines Führerscheinentzugs betont.

2. Der Klient zeigt zumindest Ansätze zu einer selbstreflexiven Auseinandersetzung mit der Problematik.

Kontraindikatoren

(1) Der Klient ist auch nach gezielter Nachfrage nicht imstande, seine Gedanken (z. B. Hypothesen über das zu erwartende Verhalten anderer, Handlungspläne, mögliche Handlungsfolgen) und Gefühle in problematischen Situationen (z. B. bei Verstößen) auch nur grob, gegebenenfalls stichwortartig zu beschreiben.

(2) Der Klient argumentiert mit gesellschaftlichen Zwängen, Tradition oder der Unangemessenheit, in manchen Situationen Nein zu sagen („Da kann man sich nicht ausschließen", „Ich kann die doch nicht vor den Kopf stoßen').

3. Der Klient bewertet das beobachtete problematische Verhalten – anders als bisher – nach allgemeingültigen Maßstäben nun hinreichend realistisch.

Kontraindikatoren

(1) Der Klient ist nicht in der Lage, auch bei entsprechender Rückmeldung durch den Gutachter, die Nachteile der bisher problematischen Verhaltensweisen zu sehen und die Vorteile vernünftiger Alternativen zu erkennen.

(2) Der Klient geht davon aus, dass in der Regel auch andere oder gar die meisten Verkehrsteilnehmer gelegentlich alkoholisiert fahren.

4. Der Klient lässt erwarten, dass er – mithilfe des Kurses – aus der Beobachtung und Bewertung des problematischen Verhaltens eine Verhaltensalternative entwickeln, aufbauen und stabilisieren kann.

Kontraindikatoren

(1) Dem Klienten fehlt der erkennbare Vorsatz, sich anzustrengen, um ein unproblematisches, besser angepasstes Verhalten zu etablieren.

(2) Der Klient negiert die Notwendigkeit, vor dem Trinkanlass Trinkmengen und -abläufe festzulegen und/oder die Möglichkeit, sich dann an eine solche Festlegung zu halten („Man weiß doch nie, was da so läuft ...").

5. Der Klient reagiert auf Rückmeldungen bzw. Erläuterungen des Gutachters so, dass die grundsätzliche Bereitschaft einerseits zur Problemeinsicht erkennbar wird, andererseits aber auch dazu, das eigene Verhalten infrage zu stellen – auch wenn bisher noch keine wesentliche Verhaltensänderung eingeleitet worden ist.

Kontraindikator

(1) Der Klient setzt unbeirrt auf (vermeintliches) Lernen aus den früheren Erfahrungen (Strafe, Sperrfrist) und seinen „festen Willen", sodass ihm weitergehende Überlegungen verzichtbar erscheinen.

Kriterium A 7.3 N **Die geistigen, insbesondere die kommunikativen Voraussetzungen des Klienten lassen das erfolgreiche Absolvieren eines Rehabilitationskurses erwarten.**

1. Im psychologischen Untersuchungsgespräch findet sich, etwa bei der Besprechung der biografischen Entwicklung oder der Vorgeschichtsanalyse, kein Hinweis auf einen gravierenden Intelligenzmangel des Klienten (insbesondere das Fehlen von Antizipationsfähigkeit, allgemeines Verständnis, Blick für das Wesentliche). Andernfalls ist in einem Test zur Überprüfung von Intelligenzfaktoren kein auffälliger Intelligenzmangel festzustellen.
2. Der Klient ist in der Lage, einfache Gedanken zu seinem Verhalten sowie zu den wesentlichen Bedingungen (Auslöser und Folgen des Verhaltens) zu artikulieren.
3. Es ist zu erwarten, dass der Klient die wesentlichen Gesprächsinhalte des Kurses verstehen kann, auch wenn kommunikative Erschwernisse wie Durcheinanderreden, leises Sprechen, Dialekte oder Artikulationsprobleme anderer Kursteilnehmer berücksichtigt werden.
4. Der Klient hat mit der sprachlichen Verständigung im psychologischen Untersuchungsgespräch keine oder allenfalls geringe Schwierigkeiten.
   (1) Der Klient versteht Fragen oder Erklärungen häufig nicht; selbst bei einfachen Formulierungen ist nicht sicher, ob diese vom Klienten verstanden wurden. — Kontraindikator
5. Der Klient ist in der Lage zuzuhören und sich auf die Gedankengänge seines Gegenübers einzustellen.
   (1) Der Klient ist in seinen Äußerungen sehr redundant, klebt an einem Thema oder präsentiert ein „fertiges Weltbild". Dem Klienten erscheint somit nichts, was sein Verhalten bedingt hat, unklar oder überlegenswert. — Kontraindikator

Der Klient hat nach den erlebten negativen Konsequenzen des Alkoholtrinkverhaltens Verhaltensänderungen vollzogen oder er zeigt zumindest eine erkennbare Veränderungsbereitschaft. — **Kriterium A 7.4 N**

1. Der Klient hat Trinkhäufigkeiten und -mengen zumindest reduziert und auf die Trinkanlässe zurückhaltender reagiert.
2. Der Klient hat sich, ohne alkoholabhängig zu sein, dazu entschlossen, konsequent auf Alkoholkonsum zu verzichten.
3. Der Klient, bei dem Kontrolliertes Trinken nicht mehr erwartet werden kann, hat zum Untersuchungszeitraum die nach Kriterium A 2.4 N erforderlichen Stabilisierungszeiträume bereits ausreichend erfüllt und nach Kriterium A 2.3 N nachvollziehbar belegt.
4. Sofern der Klient trotz des erfolgreichen Absolvierens eines therapeutischen Programms zum „Kontrollierten Trinken (KT)" noch Restbedenken hinsichtlich der Einstellungen bezüglich der sicheren Verkehrsteilnahme aufweist, die im Rahmen eines Kurses zur Wiederherstellung der Fahreignung behoben werden können, sind alle in Kriterium A 2.7 N geforderten Belege für ein stabiles Trinkverhalten bereits erbracht worden.

5. Der Klient hat zumindest ansatzweise eine „Neuorganisation" im Verhaltensbereich „Alkoholtrinken und Fahren" in Angriff genommen, soweit dies (z. B. mit dem Fahrrad oder Mofa) möglich war, oder er hält eine solche Verhaltensplanung zumindest für erforderlich.
6. Der Klient äußert konkrete Vorsätze, im problematischen Verhaltensbereich etwas zu verändern, und hat hierzu bereits Ideen für die Umsetzung entwickelt, die jedoch noch der Präzisierung und Festigung bedürfen.

Kontraindikator

(1) Die geäußerten Vorsätze erschöpfen sich darin, die bisher schon beherzigten „Grundsätze" beizubehalten und

- nur so lange zu trinken, wie es schmeckt, „Wie ich es mir leisten kann", bis die Verträglichkeitsgrenze noch nicht erreicht ist, wenn die Stimmung noch gut ist o. Ä.,
- das Fahrzeug stehen zu lassen, wenn Alkohol getrunken wurde.

Literatur

[1] FALKAI, P. & WITTCHEN, H.-U. (Hrsg.) (2015). Diagnostisches und Statistisches Manual Psychischer Störungen DSM-5® – American Psychiatric Association. Deutsche Ausgabe. Göttingen: Hogrefe Verlag.

[2] DILLING, H., MOMBOUR, W. & SCHMIDT, M. H. (Hrsg.) (2015) (Nachdruck 2020). Weltgesundheitsorganisation ICD-10 – Internationale Klassifikation psychischer Störungen. ICD-10 Kapitel V (F) Klinisch-diagnostische Leitlinien. 10. Auflage unter Berücksichtigung der Änderungen entsprechend ICD-10 GM 2015. Bern: Hogrefe Verlag.

[3] AWMF, DGPPN & DG-SUCHT (Hrsg.) (2020). S3-Leitlinie „Screening, Diagnose und Behandlung alkoholbezogener Störungen", Stand 1.1.2021. AWMF-Register Nr. 076-001. https://www.awmf.org/leitlinien/detail/ll/076-001.html (abgerufen am 7.8.2022).

[4] SOYKA, M., BATRA, A., HEINZ, A., MOFFI, F. & WALTER, M. (Hrsg.) (2019). Suchtmedizin. München: Elsevier.

[5] LINDENMEYER, J. (2016). Alkoholabhängigkeit. 3. Auflage. Göttingen: Hogrefe Verlag.

[6] SOYKA, M. & KÜFNER, H. (begründet von FEUERLEIN, W.) (2007). Alkoholismus – Missbrauch und Abhängigkeit. Entstehung, Folgen, Therapie. Stuttgart, New York: Georg Thieme Verlag.

[7] FEUERLEIN, W. (2008). Alkoholismus – Warnsignale – Vorbeugung – Therapie. 6. Auflage. München: C. H. Beck.

[8] FEUERLEIN, W., KÜFNER, H., RINGER, C., & ANTONS-VOLMERG, K. (1999). Diagnose des Alkoholismus – Der Münchner Alkoholismustest (MALT). 2. Auflage. Göttingen: Beltz (Veröffentlichung der 1. Auflage: Münchner Med. Wochenschrift 119 (1977), 1275–1285).

[9] JOHN, U., SCHNOFL, A., VELTRUP, C., BUNGE, S., WETTERLING, T. & DILLING, H. (1992). Sekundärmerkmale des Alkoholabhängigkeitssyndroms: Entwicklung eines diagnostischen Fragebogens. Sucht 38, 362–370.

[10] RUMPF, H.-J., HAPKE, U. & JOHN, U. (2001). Lübecker Alkoholabhängigkeits- und -missbrauchs-Screening-Test (LAST). Göttingen: Hogrefe.

[11] KROJ, G. (Hrsg.) (1995). Psychologisches Gutachten Kraftfahreignung. Bonn: Deutscher Psychologen Verlag.

[12] KUNKEL, E. (1980). Alkoholismus und anlassbezogene Untersuchung der Fahreignung. Blutalkohol 17, 441–455.

[13] KUNKEL, E. (1987). Kontrolliertes Trinken und Abstinenz – Therapieziele bei Alkoholikern. Suchtgefahren 33, 389–404.

[14] RINGER, C., KÜFNER, H., ANTONS, K. & FEUERLEIN, W. (1977). The N.C.A. Criteria for the Diagnosis of Alcoholism – An Empirical Evaluation Study. Journal of Studies on Alcohol and Drugs 38, 1259–1273.

[15] BUNDESANSTALT FÜR STRASSENWESEN (2022). Begutachtungsleitlinien zur Kraftfahreignung – Fassung vom 17.2.2021 (VkBl., S. 198), in Kraft getreten am 1.6.2022 mit der Fünfzehnten Verordnung zur Änderung der Fahrerlaubnis-Verordnung und anderer straßenverkehrsrechtlicher Vorschriften (BGBl. I Nr. 11 vom 25. März 2022. https://www.bast.de/DE/Verkehrssicherheit/Fachthemen/U1-BLL/BLL-Download.html (abgerufen am 15.8.2022).

[16] BABOR, T. F., HIGGINS-BIDDLE, J. C., SAUNDERS, J. B. & MONTEIRO, M. G. (2001). World Health Organization (WHO) – AUDIT: the Alcohol Use Disorders Identification Test: guidelines for use in primary health care. https://www.who.int/publications/i/item/audit-the-alcohol-use-disorders-identification-test-guidelines-for-use-in-primary-health-care (abgerufen am7.8.2022).

[17] SCHELL, A. (1995). Alkohol zur Bewältigung von Belastung und Beanspruchung – eine Studie zum Problemtrinken bei alkoholauffälligen Kraftfahrern. Köln, Bonn: Verlag TÜV Rheinland, Deutscher Psychologen Verlag.

[18] BÜHRINGER, G. AUGUSTIN, R. & BERGMANN, E. (2000). Alkoholkonsum und alkoholbezogene Störungen in Deutschland. Schriftenreihe des Bundesministeriums für Gesundheit, Band 128. Baden-Baden: Nomos Verlagsgesellschaft.

[19] SEITZ, H. K., BÜHRINGER, G. & MANN, K. (2008). Grenzwerte für den Konsum alkoholischer Getränke – Empfehlungen des wissenschaftlichen Kuratoriums der DHS. In: Deutsche Hauptstelle für Suchtfragen (Hrsg.) (2008): Jahrbuch Sucht 2008. Geesthacht: Neuland Verlagsgesellschaft.

[20] DEUTSCHE HAUPTSTELLE FÜR SUCHTFRAGEN (Hrsg.) (2008). Jahrbuch Sucht 2008. Geesthacht: Neuland Verlagsgesellschaft.

[21] ANDERSON, B. & BAUMBERG, P. (2006). Alcohol in Europe. London: Institute of Alcohol Studies. https://ec.europa.eu/health/archive/ph_determinants/life_style/alcohol/documents/alcohol_europe_en.pdf (abgerufen am 15.8.2022)

[22] BABOR, T. ET AL. (2005). Alkohol – kein gewöhnliches Konsumgut – Forschung und Alkoholpolitik. Göttingen: Hogrefe.

[23] STEPHAN, E. & BRENNER-HARTMANN, J. (2018). Alkoholmissbrauch. In: SCHUBERT, W., HUETTEN, M., REIMANN, C., GRAW, M., SCHNEIDER, W. & STEPHAN, E. (Hrsg.): Begutachtungsleitlinien zur Kraftfahreignung – Kommentar. 3. Auflage. Bonn: Kirschbaum Verlag.

[24] CRITERIA COMMITTEE – NATIONAL COUNCIL ON ALCOHOLISM (1972). Criteria for the Diagnosis of Alcoholism. Annals of Internal Medicine 77, 249–258; American Journal of Psychiatry 129, 127–135.

[25] GRAW, M. & THIEME, D. (2015). Rechtsmedizinische Ansätze zur Befundinterpretation und Bewertung bei Delikten unter Alkohol- und Drogeneinfluss. In: Dreßing, H. & Habermeyer, E. (Hrsg.) Psychiatrische Begutachtung. München, Heidelberg, Jena: Elsevier, 213–225.

Weiterführende Literatur

BAUMGÄRTNER, G. & SOYKA, M. (2014). Diagnostik alkoholbezogener Störungen. Psychiatrie & Neurologie 1, 12–16.

BUNDESINSTITUT FÜR ARZNEIMITTEL UND MEDIZINPRODUKTE (2022). 11. Revision der ICD der WHO (ICD-11). https://www.bfarm.de/DE/Kodiersysteme/Klassifikationen/ICD/ICD-11/_node.html (abgerufen am 6.8.2022).

BRUECK, R. & MANN, K. (2007). Alkoholismusspezifische Psychotherapie – Manual mit Behandlungsmethoden. Köln: Deutscher Ärzte Verlag.

DEUTSCHES INSTITUT FÜR MEDIZINISCHE DOKUMENTATION UND INFORMATION (2020). ICD-10-GM Version 2020. https://www.dimdi.de/static/de/klassifikationen/icd/icd-10-gm/kode-suche/htmlgm2020/block-f10-f19.htm (abgerufen am 6.8.2022).

FASTENMEIER, W. (1995). Autofahrer und Verkehrssituation. Reihe „Mensch – Fahrzeug – Umwelt", Band 33. Köln: Verlag TÜV Rheinland.

FEUERLEIN, W. (1988). Zur Definition und Diagnostik des Alkoholismus. Der Internist 29, 301–306.

GILG, T. & EISENMENGER, W. (1995). Alkoholmissbrauchsmarker bei Trunkenheitsdelikten im Verkehr und bei der MPU – Möglichkeiten und Grenzen. DAR 11, 438–442.

HAFFNER, H.-T., BECKER, I.-S. & MANN, K. (1989). Zur Sensitivität klinisch-chemischer Marker des Alkoholismus nach kurzfristiger anlassbezogener Alkoholkarenz. Blutalkohol 26, 114–122.

HENSSLER, J., MÜLLER, M., CARREIRA, H., BSCHOR, T., HEINZ, A. & BAETHGE, C. (2020). Controlled drinking – non-abstinent versus abstinent treatment goals in alcohol use disorder: a systematic review, meta-analysis and meta-regression. Addiction 116, 1973–1987.

KÖRKEL, J., LAUER, G. & SCHELLER, R. (1995). Sucht und Rückfall. Stuttgart: Enke.

KÖRKEL, J. & WAGNER, T. (2021). Abstinenz oder kontrolliertes Trinken? Eine evidenzbasierte Betrachtung zur notwendigen Verhaltensänderung bei alkoholauffälligen Kraftfahrern. Blutalkohol 58, 211–228.

KRÜGER, H.-P. (1992). Alkohol: Konsum, Wirkungen, Gefahren für die Verkehrssicherheit. Zeitschrift für Verkehrssicherheit 38, 10–19.

KUNKEL, E. (1977). Biographische Daten und Rückfallprognose bei Trunkenheitstätern im Straßenverkehr. Köln: Verlag TÜV Rheinland.

KUNKEL, E. (1985). Angaben zum Trinkverhalten, soziales Trinken und Blutalkoholkonzentration. Blutalkohol 22, 241–356.

MARLATT, G. A. & GORDON, J. R. (1985). Relapse Prevention. Maintenance Strategies in the Treatment of Addictive Behaviors. Guilford: New York. Zitiert aus [6].

MÜLLER-WICKOP, J. & JANSEN, J. (1998). Untersuchungen zur Aussagekraft ausgewählter Laborparameter in der Diagnostik des Alkoholmissbrauchs. VdTÜV-Forschungsberichte. Köln: Verlag TÜV Rheinland.

RUMPF, H.-J. & KIEFER, F. (2011). DSM-5: Die Aufhebung der Unterscheidung von Abhängigkeit und Missbrauch und die Öffnung für Verhaltenssüchte. Sucht 57 (1), 45–48.

STEPHAN, E. (1988). Trunkenheitsdelikte im Verkehr und Alkoholmissbrauch – Ein Abschied von individuellen und gesellschaftlichen Illusionen ist notwendig. Blutalkohol 25, 201–227.

STOCKWELL, T. (1988). Can Severely Dependent Drinkers Learn Controlled Drinking – Summing up the Debate. British Journal of Addiction 83, 149–152.

SÖMEN, H. D. (1988). Grundlagen von Selektions- und Schulungsmaßnahmen bei erstmals alkoholauffälligen Kraftfahrern. Zeitschrift für Verkehrssicherheit 34, 98–107.

WINKLER, W. & JACOBSHAGEN, W. (1984). Rückfallbegünstigende Risikofaktoren nach wiederholter Trunkenheit am Steuer. Zeitschrift für Verkehrssicherheit 30, 76–83.

WINKLER, W., JACOBSHAGEN, W. & NICKEL, W. R. (1990). Zur Langzeitwirkung von Kursen für wiederholt alkoholauffällige Kraftfahrer – Untersuchungen nach 60 Monaten Bewährungszeit. Blutalkohol 27, 154–174.

ZINK, P. & REINHARDT, G. (1984). Der Verlauf der Blutalkoholkurve bei großen Trinkmengen. Blutalkohol 21, 422–442.

B. 3 Kriterien und Indikatoren zu den D-Hypothesen (Drogen)

Vorbemerkung: Wenn hier und im Folgenden von „Drogen" gesprochen wird, sind damit alle psychoaktiven Substanzen gemeint, die entweder Betäubungsmittel nach dem BtMG oder Neue psychoaktive Stoffe nach dem NpSG sind. Ebenfalls in den D-Hypothesen eingeschlossen ist die Abhängigkeit von psychoaktiven Arzneimitteln oder ihr Missbrauch, sofern sie nicht bei vorliegender Indikation ärztlich verordnet wurden. Die Folgen einer Dauermedikation bzw. der Entwicklung eines Fehlgebrauchsmusters psychoaktiver Arzneimittel im Rahmen oder infolge einer ärztlichen Therapie werden in den M-Hypothesen (Kapitel B.5) behandelt. Andere nicht frei zugängliche oder nicht gebräuchlich und verbreitet konsumierte psychoaktive Stoffe, welche weder zu den BtM oder den NpS noch zu den Arzneimitteln zählen, jedoch eine Rauschwirkung entfalten, werden ebenfalls unter dem Überbegriff „Drogen" subsumiert.

Im Zusammenhang mit der Fahreignung ist hierbei zu beurteilen,

- inwieweit ihr Wirkungsspektrum Relevanz für die Fahrsicherheit hat,
- ob der wiederholte oder regelmäßige Konsum mit einer Toleranzbildung und einer Abhängigkeitsentwicklung verbunden ist,
- ob ein funktionaler Konsum zur psychischen Abhängigkeit führen kann oder
- ob die Rauschwirkung mit dem Verlust der bewussten Verhaltenskontrolle verbunden ist.

Die ärztliche Therapie einer Drogenabhängigkeit im Rahmen einer Substitutionsbehandlung wird zunächst unter Hypothese D 1 (Kriterium D 1.4 N) eingeordnet, auch wenn diese bei langfristig stabilem Verlauf zunehmend einer Dauerbehandlung mit Arzneimitteln gleicht. Da die Fahreignungszweifel ursprünglich durch die Drogenabhängigkeit ausgelöst wurden, steht die Frage im Vordergrund, ob im Einzelfall eine stabile Substitution erreicht werden konnte und somit ein Rückfall in früheren Drogenkonsum ausgeschlossen werden kann. Sofern in einer ersten Begutachtung das Erreichen einer stabilen Phase der Substitution bestätigt werden konnte, kann der weitere Verlauf im Sinne der Dauermedikation nach Kriterium M 1.4 N bewertet werden.

Erfolgte eine Verordnung von psychoaktiven Arzneimitteln – unter Verschweigen der Suchtproblematik gegenüber dem Arzt – mit der Absicht des Betroffenen, diese als Ersatzstoff bzw. Ausweichmittel zu verwenden und somit nicht im Rahmen einer richtliniengemäßen Substitution oder einer indizierten Therapie, ist dies im Zusammenhang mit der zugrunde liegenden Drogenproblematik zu bewerten.

Das Vorliegen einer sogenannten „iatrogenen Abhängigkeit", also einer Abhängigkeit von (zunächst) medizinisch indizierten und ärztlich verordneten Arzneimitteln, ist als unerwünschte Wirkung oder Fehlentwicklung einer ursprünglich sinnvollen und erforderlichen Behandlung zu sehen. Aufgrund des anders gelagerten physischen und psychischen Bedingungsgefüges ist ergänzend Hypothese M 3 in Kapitel B.5 zu beachten.

Es liegt eine Abhängigkeit von Betäubungsmitteln im Sinne des BtMG, Neuen psychoaktiven Stoffen im Sinne des NpSG oder anderen psychoaktiv wirkenden Stoffen[1] vor. Eine Entwöhnungsbehandlung oder eine vergleichbare, in der Regel suchttherapeutisch unterstützte Problembewältigung hat zu einer stabilen Drogenabstinenz geführt.

Hypothese D 1

Kriterien für das Vorliegen einer Drogenabhängigkeit

Von Drogenabhängigkeit kann ausgegangen werden, wenn sie entweder bereits fremddiagnostisch festgestellt wurde (vgl. Kriterium D 1.1 N) oder interdisziplinär aus den Befunden der medizinisch-psychologischen Untersuchung abgeleitet werden kann (vgl. Kriterium D 1.2 N). Das Übernehmen einer fremddiagnostischen Einordnung durch die Gutachter setzt voraus, dass diese nachvollziehbar nach den Diagnosekriterien der ICD-10[2] (DILLING ET AL., 2015) oder des DSM-5 (FALKAI & WITTCHEN, 2015) und durch einen suchtmedizinisch qualifizierten Arzt oder einen approbierten Psychologischen Psychotherapeuten erfolgte. Davon kann regelmäßig ausgegangen werden, wenn eine stationäre oder ambulante Suchttherapie durch einen Kostenträger übernommen wurde und dies oder die Eingangsdiagnose „Abhängigkeit von psychoaktiven Stoffen" durch entsprechende Entlassungsberichte oder qualifizierte Bescheinigungen bestätigt wird. Die Einschätzung des Klienten selbst, seine Drogenproblematik stelle eine Abhängigkeit dar, der unbestätigte Bericht über eine Suchtbehandlung oder die Angabe in einem Gerichtsurteil, der Angeklagte sei drogenabhängig, genügt für die Diagnose nicht.

Drogenabhängigkeit wurde nachvollziehbar bereits extern diagnostiziert.

Kriterium D 1.1 N

1. In der Vergangenheit wurde bereits von einem suchtmedizinisch qualifizierten Arzt oder einem approbierten Psychologischen Psychotherapeuten, in der Regel in einer Klinik oder einer anderen suchttherapeutischen Einrichtung, die Diagnose einer Drogenabhängigkeit (BtM, NpS oder andere psychoaktive Stoffe) gestellt.
2. Die extern gestellte Abhängigkeitsdiagnose orientierte sich erkennbar an anerkannten Diagnosekriterien (derzeit in der Regel ICD-10). Ein entsprechender Arztbericht oder eine vergleichbare Bestätigung der Diagnose liegt vor. Der Bestätigung ist zu entnehmen, auf welche Befunde sich die Diagnose stützt (qualitative Ausprägung der Abhängigkeit).
3. Eine oder mehrere Entwöhnungsbehandlungen mit der Eingangsdiagnose „Abhängigkeitssyndrom" (F1x.2 nach ICD-10) bzw. „Konsumstörung, schwerer

1 Bei Abhängigkeit von ärztlich verordneten Arzneimitteln ist die Hypothese M 3 ergänzend zu beachten.

2 Am 1. Januar 2022 ist zwar die ICD-11 in Kraft getreten, nach Auffassung des BfArM soll die Berichterstattung jedoch erst nach einer flexiblen Übergangszeit von fünf Jahren nur noch ICD-11-kodiert erfolgen. Sowohl für die Mortalitäts- als auch für die Morbiditätskodierung gilt, dass bis zu einer Einführung der ICD-11 im jeweiligen Anwendungsbereich die ICD-10 weiterhin die gültige amtliche Klassifikation für Deutschland bleibt (BUNDESINSTITUT FÜR ARZNEIMITTEL UND MEDIZINPRODUKTE, 2022).

oder mittlerer Schweregrad" (F1x.20 nach DSM-5) wurden durchgeführt oder zumindest aufgenommen. Die Eingangsdiagnose ist nachvollziehbar gestellt worden.

4. Eine oder mehrere Entgiftungen wurden durchgeführt bzw. es fand zumindest eine Aufnahme zur Entgiftung in einer stationären Einrichtung statt. Ein ärztlicher Bericht bestätigt nachvollziehbar die Abhängigkeit bzw. die Substanzkonsumstörung als Indikation.

5. Der Akte oder den vorgelegten Attesten ist ein Hinweis auf eine fachlich indizierte Substitutionsbehandlung zu entnehmen (z. B. toxikologischer Nachweis von Methadon oder Buprenorphin, vgl. D 1.4 N).

Kriterium D 1.2 N **Aufgrund der aktuellen Befundlage erfüllt oder erfüllte der Klient die diagnostischen Kriterien für das Vorliegen einer „Drogenabhängigkeit". Eine eventuell früher gestellte, aktuell jedoch nicht sicher belegte Diagnose lässt sich durch die erhobenen Befunde verifizieren.**

Die folgenden Indikatoren enthalten die diagnostischen Kriterien aus DSM-5 und ICD-10, die eine Abhängigkeitsdiagnose begründen können.[3] Das Vorliegen eines einzelnen Merkmals erlaubt es nicht, eine solche Diagnose zu stellen; vielmehr ist zu fordern, dass gleichzeitig ausreichend sichere diagnostische Hinweise aus mindestens drei der folgenden Befundbereiche vorliegen. Der Ausprägungsgrad des Merkmals muss in der Regel klinische Relevanz besitzen und einen Monat lang gleichzeitig vorhanden gewesen oder innerhalb eines Jahres wiederholt gemeinsam aufgetreten sein.

Eine Diagnosestellung wird häufig durch die fehlende Mitwirkung des Betroffenen erschwert und kann in vielen Fällen nicht hinreichend sicher erfolgen. In diesen Fällen ist, wenn nur einzelne Indikatoren erhoben werden konnten, vom Vorliegen einer fortgeschrittenen Drogenproblematik auszugehen und nach Hypothese D 2 vorzugehen. Dies gilt auch für den Fall, dass eine Spontanremission bei fehlender externer Diagnose vermutet wird. Die Indikatoren des Kriteriums D 1.2 N sind dabei auch dazu geeignet, eine früher gestellte, jedoch nicht mehr nachvollziehbar belegbare Abhängigkeitsdiagnose anamnestisch zu verifizieren.

1. Bereich: Konsumzwang und fehlgeschlagene Kontrollversuche

1.1 Der Klient berichtet über den starken Wunsch oder eine Art Zwang, die Substanz(en) zu konsumieren. (ICD-10)

1.2 Der Klient berichtet über ein starkes Verlangen oder den Drang, die Substanz(en) zu konsumieren (Craving). (DSM-5)

1.3 Der Klient hatte den anhaltenden Wunsch, den Drogenkonsum zu verringern oder zu kontrollieren und/oder hat erfolglose Versuche der Kontrolle oder des Verzichts auf Drogenkonsum unternommen. (DSM-5)

3 Zur Abhängigkeitsdiagnose der ICD-10 im Vergleich zur Substanzkonsumstörung des DSM-5 vgl. die Ausführungen zur Alkoholabhängigkeit in den Vorbemerkungen zu Kriterium A 1.2 N.

1.4 Der Klient berichtet von einem zwanghaften, kaum bezwingbaren Verlangen nach Drogen.

1.5 Der Klient hat erfolglose Versuche der Reduktion, Einschränkung oder des Verzichts auf psychotrope Substanzen unternommen.

1.6 Eine tatsächlich erfolgte Reduktion oder Karenz hatte nur kurzzeitigen Erfolg.

1.7 Der Klient berichtet davon, viel über Drogen geredet bzw. Schwierigkeiten gehabt zu haben, von Gedanken loszukommen, die um Drogenkonsum kreisten.

1.8 Der Klient berichtet davon, dass er wegen seines Drogenkonsums ein schlechtes Gewissen gehabt oder sich schuldig gefühlt habe.

1.9 Der Klient versucht oder versuchte eine Eigensubstitution mit dem Motiv, von einer bestimmten Droge wegzukommen.

1.10 Der Klient berichtet davon, dass er Suchthilfeeinrichtungen aufgesucht hat oder aufsuchen wollte, da er den Eindruck hatte, alleine seinen Drogenkonsum nicht mehr steuern zu können.

1.11 Der Klient hat ohne den erwarteten Erfolg an Treffen einer Selbsthilfegruppe, einer Drogentherapie- oder Nachsorgeeinrichtung teilgenommen, um Drogenabstinenz zu erreichen oder aufrechtzuerhalten.

1.12 Bei der Analyse der Blut- oder Urinprobe am Untersuchungstag (Nüchternheitsbeleg) wird ein kurzfristig zuvor erfolgter Drogenkonsum erkennbar.

2. Bereich: Verminderte Kontrollfähigkeit bezüglich des Konsums

2.1 Der Klient berichtet über eine verminderte Kontrollfähigkeit bezüglich des Beginns, der Beendigung und der Menge der konsumierten Substanz(en). (ICD-10)

2.2 Der Klient berichtet davon, dass er die Substanz(en) häufig in größeren Mengen und länger als beabsichtigt konsumiert hatte. (DSM-5)

2.3 Der Klient berichtet, dass er Drogen wiederholt in Situationen konsumiert hatte, in denen der Konsum zu einer körperlichen Gefährdung geführt hatte.[4] (DSM-5)

2.4 Der Klient konsumierte wesentlich größere Mengen oder höher konzentrierte Drogen, als er sich dies in einer konkreten Situation vorgenommen hatte.

2.5 Der Klient war nicht in der Lage, Vorsätze hinsichtlich der Dauer oder Häufigkeit von Konsumsituationen einzuhalten.

4 Gemeint sind damit nur Situationen, die eine konkrete körperliche Gefährdung darstellten, wie z. B. Arbeit an gefährlichen Maschinen, Gefahr von Sturz und Verletzung, Einlassen auf körperliche Auseinandersetzungen. Die Verkehrsteilnahme mit Wirkstoffnachweis ist in der Regel kein diskriminierendes Merkmal, da sie ein Vorauswahlkriterium für die Begutachtung darstellt. Dies gilt insbesondere für eine Auffälligkeit nach § 24a StVG. Sie kann jedoch berücksichtigt werden, wenn ein Unfallrisiko gesehen und bewusst in Kauf genommen wurde.

2.6 Der Klient war bereits zur Ausnüchterung nach drogenbedingter Auffälligkeit in Haft oder wurde wegen Selbst- oder Fremdgefährdung unter Drogeneinfluss in eine Klinik eingeliefert.

3. Bereich: Körperliche Entzugssymptome

3.1 Der Klient berichtet über ein „körperliches Entzugssyndrom" (ICD-10) bzw. über „Entzugssymptome" (DSM-5) bei Beendigung oder Reduktion des Konsums, nachgewiesen durch substanzspezifische Entzugssymptome oder über Substanzkonsum, um Entzugssymptome zu mildern oder zu vermeiden.

3.2 Der Klient schildert Entzugssymptome, die durch das (vorübergehende) Absetzen des Konsums der Substanz(en) nach vorherigem lang andauerndem Konsum verursacht wurden. Diese sind substanzabhängig verschieden und treten nicht bei allen Substanzen auf. Sie werden nur diagnostiziert, wenn sie kurz nach Beendigung des Konsums aufgetreten und nicht auf andere medizinische Krankheitsfaktoren zurückzuführen sind sowie in klinisch bedeutsamer Weise Leiden oder Beeinträchtigungen in wichtigen sozialen, beruflichen oder anderen Funktionsbereichen verursachen.

3.3 Es liegt nach Beendigung eines schweren und lang andauernden Cannabiskonsums (täglicher oder beinahe täglicher Konsum über mehrere Monate) ein **Cannabisentzug** (DSM-5 F12.288) vor, der sich in mindestens **drei** der folgenden typischen Entzugssymptome zeigt:

- Reizbarkeit, Wut oder Aggression
- Nervosität oder Angst
- Schlafschwierigkeiten (z. B. Insomnie, verstörende Träume)
- reduzierter Appetit oder Gewichtsverlust
- innere Unruhe
- depressive Stimmung
- ein körperliches Symptom, das bedeutende Beschwerden verursacht: Unterleibsschmerzen, Zittern/Tremor, Schwitzen, Fieber, Kälteschauer oder Kopfschmerzen.

3.4 Es liegt nach einem schweren und lang andauernden Opioidkonsum (einige Wochen oder länger) ein **Opioidentzug** (DSM-5 F11.23) vor, der sich in mindestens **drei** der folgenden typischen Entzugssymptome zeigt, die innerhalb von Minuten bis wenigen Tagen nach Beendigung des Konsums bzw. Gabe von Opioidantagonisten auftreten:

- dysphorische Stimmung
- Übelkeit und Erbrechen
- Muskelschmerzen

- Insomnie, Gähnen
- Tränenbildung oder Nasenfluss
- Pupillenerweiterung, Gänsehaut oder Schwitzen
- Fieber
- Durchfall.

3.5 Es liegt nach Beendigung eines lang andauernden Konsums ein **Sedativa-, Hypnotika- oder Anxiolytikaentzug** (DSM-5 F13.239) vor, der sich in mindestens **zwei** der folgenden typischen Entzugssymptome zeigt:

- Hyperaktivität des vegetativen Nervensystems
- Handtremor
- Übelkeit und Erbrechen
- Insomnie
- vorübergehende visuelle, taktile oder akustische Halluzinationen oder Illusionen
- psychomotorische Unruhe
- Angst
- Krampfanfälle.

3.6 Es liegt nach Beendigung eines lang andauernden Konsums einer Substanz des Amphetamintyps, von Kokain oder von anderen Stimulanzien ein **Stimulanzienentzug** (DSM-5 F15.23; bei Kokain F14.23) vor, der sich in mindestens **zwei** der folgenden typischen Entzugssymptome zeigt:

- Müdigkeit
- lebhafte unangenehme Träume
- Insomnie oder Hypersomnie
- gesteigerter Appetit
- psychomotorische Verlangsamung oder Unruhe
- depressive Stimmung
- ein körperliches Symptom, das bedeutende Beschwerden verursacht: Unterleibsschmerzen, Zittern/Tremor, Schwitzen, Fieber, Kälteschauer oder Kopfschmerzen.

3.7 Es treten während der Untersuchung Entzugssymptome auf.

3.8 Der Klient hat Ausweichmedikamente konsumiert oder Substitutionsmittel eingenommen.

3.9 Der Klient geriet in eine psychische Notlage oder in panikartige Zustände, wenn keine Drogen zur Verfügung standen.

3.10 Der Klient hat durch (vermehrten) Alkoholkonsum versucht, Entzugssymptome zu vermeiden oder zu mildern.

4. Bereich: Toleranzentwicklung

4.1 Es liegt der Nachweis einer Toleranz vor. Um die ursprünglich durch niedrigere Dosen erreichte Wirkung hervorzurufen, sind zunehmend höhere Dosen erforderlich. (ICD-10)

4.2 Es liegt eine Toleranzentwicklung vor, definiert durch

a) Verlangen nach ausgeprägter Dosissteigerung, um einen Intoxikationszustand oder einen gewünschten Effekt herbeizuführen;

b) deutlich verminderte Wirkung bei fortgesetztem Konsum derselben Wirkstoffmenge und Applikationsform der konsumierten Droge. (DSM-5)

4.3 Der Klient hatte auch nach Etablieren eines regelmäßigen Konsums noch den Wunsch nach weiterer Dosissteigerung.

4.4 Der Drogenkonsum fand zum Ausgleich des Wirkungsverlusts in immer kürzeren Zeitintervallen statt.

4.5 Der Klient versuchte einen Wirkungsverlust durch gestaffelte Einnahme oder Suche nach höher wirksamen Konzentrationen oder Applikationsformen zu kompensieren.

5. Bereich: Vernachlässigung von oder Versagen bei anderen Interessen und Verpflichtungen

5.1 Es war in Zeiten vermehrten Drogenkonsums zu einer fortschreitenden Vernachlässigung anderer Vergnügen oder Interessen zugunsten des Konsums gekommen und es war ein erhöhter Zeitaufwand erforderlich, um Drogen zu beschaffen, zu konsumieren und sich von den Folgen zu erholen. (ICD-10)

5.2 Der Klient hat wichtige soziale, berufliche oder Freizeitaktivitäten zugunsten des Substanzkonsums aufgegeben oder eingeschränkt. (DSM-5)

5.3 Es war ein hoher Zeitaufwand erforderlich, um Drogen zu beschaffen, zu konsumieren oder sich von der Wirkung des Konsums zu erholen. (DSM-5)

5.4 Infolge des Drogenkonsums kam es wiederholt zum Versagen bei der Erfüllung wichtiger Verpflichtungen bei der Arbeit, in der Schule oder zu Hause. (DSM-5)

5.5 Der Klient berichtet über Probleme am Arbeitsplatz, die als Folge des Drogenkonsums entstanden sind (Fehlzeiten, Mangelleistungen, Ermahnungen).

5.6 Es sind Diebstahldelikte oder andere strafrechtliche Auffälligkeiten zur Beschaffung oder Finanzierung von Drogen bekannt.

5.7 Der Klient hat vormals gepflegte Hobbys oder Freizeitaktivitäten aufgegeben, da er immer mehr Zeit für den Drogenkonsum benötigte oder dafür, sich vom Konsum zu erholen.

5.8 Der Klient hat mögliche berufliche Entwicklungen wegen der Folgen des Drogenkonsums nicht wahrgenommen oder es ist sogar zu einem beruflichen Abstieg gekommen.

5.9 Die sozialen Kontakte des Klienten beschränkten sich zunehmend auf Personen aus der Konsumentenszene.

5.10 Der Klient berichtet von der Zunahme sozialer Kontakte zu Konsumenten, die er als unter seinem früheren sozialen Niveau stehend empfindet.

5.11 Der Klient war nicht mehr in der Lage, seinen familiären Verpflichtungen nachzukommen.

5.12 Der Klient interessierte sich nicht mehr für Anregungen, Wünsche, Sorgen und Probleme seiner unmittelbaren Familie (Partner, Kinder).

5.13 Der Klient war aufgrund des Drogenkonsums nicht mehr in der Lage, seine finanzielle Lage angemessen zu steuern.

6. Bereich: Fortsetzung des Konsums trotz eindeutiger und überdauernder schädlicher Folgen

6.1 Trotz des Nachweises eindeutig schädlicher Folgen, wie z. B. depressive Verstimmungen oder Antriebsverlust infolge starken Substanzkonsums, hielt der Konsum an. Es ist festzustellen bzw. es kann zumindest davon ausgegangen werden, dass sich der Klient tatsächlich über Art und Ausmaß der schädlichen Folgen im Klaren war. (ICD-10)

6.2 Der Klient hat den Substanzkonsum trotz Kenntnis eines anhaltenden oder wiederkehrenden, konsumbedingten körperlichen oder psychischen Problems fortgesetzt, das wahrscheinlich durch die konsumierte(n) Substanz(en) verursacht oder verstärkt wurde. (DSM-5)

6.3 Der Klient hat den Konsum fortgesetzt trotz ständiger oder wiederholter sozialer oder zwischenmenschlicher Probleme, die durch die Auswirkungen des Drogenkonsums verursacht oder verstärkt wurden. (DSM-5)

6.4 Der Klient konsumierte trotz wiederholter besorgter oder vorwurfsvoll kritischer Reaktionen auf seinen Substanzkonsum aus seinem privaten oder beruflichen Umfeld weiter.

6.5 Der Klient hat weiter Drogen konsumiert, obwohl er wusste, dass bei ihm bereits Krankheiten oder andere negative Konsequenzen aufgetreten waren, die substanzbedingt waren oder sich durch den Konsum der Substanz(en) verschlimmert hatten.

6.6 Es liegen im Zusammenhang mit dem Substanzkonsum erworbene chronische oder gravierende Erkrankungen vor, die nach Kriterium D 5.2 N das sichere Führen eines Fahrzeugs ausschließen.

6.7 Der Klient berichtet über wiederholt stattgefundene Intoxikationszustände mit negativ erlebten Folgen, ohne dass diese durch eine Konsumreduktion vermieden wurden.

Kriterien für eine angemessene Problembewältigung

Um eine günstige Prognose bei vorliegender Abhängigkeit stellen zu können, müssen die Kriterien D 1.3 N bis D 1.8 N erfüllt sein.

Eine Sonderregelung ist jedoch zu berücksichtigen: Nimmt der Klient an einem **Opioid-Substitutionsprogramm** (kontrollierte und therapeutisch begleitete Gabe von in der Regel Methadon oder Buprenorphin) teil, gelten die folgenden Kriterien beschränkt auf alle anderen Drogen, psychoaktiv wirkende Arzneimittel und Alkohol.

Im Übrigen sind ergänzend zu den hier aufgeführten Kriterien für eine angemessene Problembewältigung die in den Begutachtungsleitlinien zur Kraftfahreignung in der jeweils aktuellen Fassung genannten Anforderungen zu erfüllen.

Kriterium D 1.3 N **Es besteht eine anhaltende und nachvollziehbar dokumentierte Abstinenz von Drogen bei gleichzeitigem Alkoholverzicht.**

1. Es wird kein derzeitiger Drogenkonsum angegeben.
2. Es gibt keine körperlichen Hinweise auf derzeitigen Konsum.

Kontraindikator

(1) Die medizinischen Untersuchungsbefunde lassen sich – vor allem bei kombiniertem Vorliegen – im Untersuchungskontext als Folgen eines Drogenkonsums in der jüngeren Vergangenheit interpretieren. Insbesondere finden sich

- frische Einstichstellen,
- auffällige Nasenschleimhäute,
- Koordinationsstörungen,
- Gang- und Standunsicherheiten,
- Pupillenauffälligkeiten,
- ein Nystagmus,
- eine psychomotorische Unruhe oder Verlangsamung,
- eine gesteigerte vegetative Symptomatik (Tremor, Schwitzen und Frieren, auffällige Tachykardie, Blutdruckerhöhung, Hyperventilation, Hyperreflexie, Mundtrockenheit),
- ein auffälliger psychopathologischer Befund,
- ein reduzierter Ernährungs- oder Allgemeinzustand und/oder
- Gliederschmerzen.

3. Der Abstinenzentschluss ist auch aus den Angaben des Klienten nachvollziehbar. Insbesondere kann er Angaben zum Zeitpunkt und den Umständen des Abstinenzentschlusses machen und er kann körperliche, seelische und/oder soziale Veränderungen zu Beginn und im Verlauf der Abstinenz beschreiben.

4. Ein bei der Untersuchung durchgeführtes Drogenscreening (Urin oder Blut) erbringt keinen Nachweis von Betäubungsmitteln, anderen psychotropen Substanzen, Substitutionsmitteln oder Ausweichmedikamenten.

5. Die Abstinenz besteht bereits seit einem Jahr nach Beendigung einer stationären oder ganztägig ambulanten Entwöhnungsbehandlung. Die Inanspruchnahme ambulanter Nachsorgeleistungen während dieses Jahres ist nicht im Sinne einer Verlängerung der Therapiedauer zu verstehen.

6. Kann bei besonders günstig gelagerten Umständen (z. B. sehr kurze Phase der Abhängigkeit ohne weitreichende Störung der sozialen Bezüge und ohne wesentliche Persönlichkeitsveränderungen mit intrinsischer Therapiemotivation) bereits vor Ablauf von einem Jahr nach Beendigung einer stationären oder ganztägig ambulanten Entwöhnungsbehandlung von einer stabilen Abstinenz ausgegangen werden, besteht sie seit bereits mindestens einem halben Jahr.

7. Liegt vor einer stationären oder ganztägig ambulanten Entwöhnungsbehandlung bereits ein längerer Zeitraum mit einer nachgewiesenen Abstinenz, so beträgt die drogenabstinente Zeit nach Abschluss der Maßnahme mindestens noch sechs Monate. Der gesamte Zeitraum des Drogenverzichts (einschließlich der Entwöhnungsbehandlung) ist nennenswert länger als ein Jahr und beträgt mindestens 15 Monate.

8. Hat der Klient eine ambulante Entwöhnungsbehandlung von mindestens sechs Monaten Dauer durchgeführt, so ist der Zeitraum der nachgewiesenen Abstinenz insgesamt (inkl. des Zeitraums der Maßnahme) nennenswert länger als ein Jahr. Davon ist bei einer Abstinenzdauer von mindestens 15 Monaten im Zeitraum seit Beginn der Behandlung auszugehen.

9. Liegt der letzte bekannte Drogenkonsum bereits viele Jahre zurück, ist die drogenabstinente Lebensweise aus den übrigen Befunden nachvollziehbar und wird durch stabilisierende Veränderungen gestützt, so liegen Belege für die Drogenfreiheit noch mindestens für sechs Monate vor der Begutachtung vor (Urinanalysen über sechs Monate entsprechend den CTU-Kriterien (Kapitel C.3) oder eine Haaranalyse eines 6 cm langen kopfhautnahen Segments).

10. Hält der Klient Drogenabstinenz ohne vorherige therapeutische Aufarbeitung der persönlichen Ursachen, die zur Entwicklung der Abhängigkeit geführt haben, ein, liegt ein dem Problem angemessener – in der Regel nennenswert länger als ein Jahr, mindestens jedoch 15 Monate währender – belegter Stabilisierungszeitraum vor.

11. Die angegebene Abstinenz ist durch forensisch gesicherte polytoxikologische Haar- und/oder Urinanalysen, die den Kriterien der Hypothese CTU entsprechen, dokumentiert (in der Regel mindestens sechs Urinuntersuchungen im Verlauf von zwölf Monaten vor der Begutachtung oder zwei in halbjährlichem Abstand aufeinanderfolgende Analysen eines jeweils 6 cm langen, kopfhautnahen Segments). Es gibt keine Hinweise auf erneuten Konsum nach der dokumentierten Abstinenz.

12. Ein Zeitraum ohne Abstinenzkontrollen nach einer zuvor dokumentierten einjährigen Abstinenz beträgt zwischen dem Ende des Kontrollzeitraums und der Untersuchung nicht mehr als vier Monate.

13. Liegt bei der Begutachtung ein einjähriger Abstinenzbeleg aus einem länger als vier Monate zurückliegenden Zeitraum vor, kann die zwischenzeitliche Aufrechterhaltung der Abstinenz durch eine aktuelle, wenn auch einen kürzeren Zeitraum (drei bis vier Monate) überblickende Bestätigung der Abstinenz nachvollziehbar dokumentiert werden. Hierzu eignen sich Urinanalysen (drei Kontrollen in vier Monaten) oder eine Haaranalyse (3 cm langes kopfhautnahes Segment). Sofern der Kontrollzeitraum des einjährigen Belegs vor mehr als zwölf Monaten endete, liegt ein Abstinenzbeleg für das letzte halbe Jahr vor der Begutachtung vor.

14. Bei Hinweisen auf unkontrollierten Alkoholkonsum, auf Phasen vermehrten Alkoholkonsums, auf Mischkonsum von Drogen mit Alkohol (zur Wirkungsverstärkung oder -veränderung), auf eine Suchtverlagerung hin zu Alkohol (Ersatz für oder möglicher Auslöser von Drogenkonsum) sowie bei aktenkundigen Trunkenheitsfahrten in der Vergangenheit wird der Alkoholverzicht durch geeignete Belege (vgl. A 2.3 N) entsprechend den CTU-Kriterien zumindest für die letzten sechs Monate vor der Begutachtung nachvollziehbar gemacht.

Kriterium D 1.4 N **Der Klient, bei dem eine primäre Opioidabhängigkeit vorlag, nimmt bereits ausreichend lange zuverlässig an einer lege artis durchgeführten Substitutionstherapie teil, ist frei vom Beikonsum anderer, nicht ärztlich verordneter psychoaktiv wirksamer Substanzen, sozial integriert und weist ein hinreichendes Anpassungs- und Leistungsvermögen auf.**

Vorbemerkung: Die leitliniengemäße Substitution Opioidabhängiger[5] erfolgt in Deutschland nach § 5 Abs. 6 BtMVV mit Levomethadon, Methadon und Buprenorphin. Nur in begründeten Ausnahmefällen ist eine Zubereitung von Codein oder Dihydrocodein zulässig. Eine Verschreibung von Codein und Dihydrocodein bietet im Vergleich mit Methadon keine Vorteile, aber mehrere entscheidende Nachteile. Vor allem macht die kurze Wirkungsdauer diese beiden Pharmaka für die Substitutionstherapie wenig geeignet. Die Mitgabe von Rezepten oder der Medikation für den Rest des Tages genügt den erforderlichen Sicherheitsanforderungen an die Substitutionsbehandlung in der Regel nicht. Die üblicherweise in den Apotheken hergestellte Lösung aus DHC-Tartrat zur oralen Verabreichung muss aufgrund

5 Die drei wesentlichen Leitlinien sind in dem Zusammenhang zu nennen:

Richtlinie der Bundesärztekammer zur Durchführung der substitutionsgestützten Behandlung Opioidabhängiger (BUB-Richtlinie) vom Vorstand der Bundesärztekammer in seiner Sitzung am 27./28.4.2017 verabschiedet, mit der Veröffentlichung im Bundesanzeiger am 2.10.2017 in Kraft getreten;

Richtlinie des Gemeinsamen Bundesausschusses zu Untersuchungs- und Behandlungsmethoden der vertragsärztlichen Versorgung, Anlage I Abschnitt 2 „Substitutionsgestützte Behandlung Opioidabhängiger". In Kraft getreten am 22.7.2020;

Leitfaden für Ärzte zur substitutionsgestützten Behandlung Opiatabhängiger. 4. Auflage. BAS – Bayerische Akademie für Sucht- und Gesundheitsfragen; letzte Revision am 19.12.2018.

der kurzen Halbwertszeit für eine stabile Substitution meistens alle sechs bis acht Stunden eingenommen werden. Es ist nicht zu erwarten, dass diese Fallgruppe bei der Fahreignungsbegutachtung eine Rolle spielen wird.

Eine Substitution kann auch mit einem zur Substitution zugelassenen Arzneimittel (z. B. Substitol) erfolgen, das nicht den Stoff Diamorphin enthalten und nicht zur intravenösen Anwendung bestimmt sein darf. Retardiertes Morphin (Morphinsulfat, Substitol) kann bei starken Nebenwirkungen von Methadon (starkes Schwitzen, depressive Verstimmung, starke Gewichtszunahme, anhaltendes Craving, sexuelle Funktionsstörung, QT-Zeit-Verlängerung im EKG) indiziert sein und wird ebenfalls als Substitutionsmittel eingesetzt. Es weist eine gegenüber von Diamorphin längere Halbwertszeit von etwa 16 ± 5 Stunden auf. Eine Verordnung von retardiertem Morphin spielte mit 1 % der Fälle in Deutschland (Stichtag Juli 2018) bislang keine wesentliche Rolle, sodass wenig Erfahrungen mit der Langzeitbehandlung vorliegen. Es ist jedoch ein Anstieg der Verwendung von Morphin zur Substitution (1,8 % zum Stichtag 1.7.2020; 2,1 % zum Stichtag 1.7.2021) zu erkennen (BfArM, 2022). Mit 37 % dominiert derzeit Levomethadon vor Methadon (35,7 %) und Buprenorphin 23,5 %.

Ein Sonderfall ist auch die Substitution mit Diamorphin. Eine Diamorphingabe erfolgt nach § 5a BtMVV in speziellen Einrichtungen, denen eine Erlaubnis durch die zuständige Landesbehörde erteilt wurde, zur Stützung Schwerstabhängiger in gesundheitlicher und sozialer Hinsicht. Für eine Substitutionsbehandlung mit Diamorphin gelten zusätzliche Bedingungen (seit mindestens fünf Jahren bestehende Opioidabhängigkeit mit schwerwiegenden somatischen und psychischen Störungen bei überwiegend intravenösem Konsum, Nachweis über zwei erfolglos beendete Behandlungen der Opioidabhängigkeit, davon mindestens eine sechsmonatige Behandlung mit anderen zugelassenen Substituten sowie Vollendung des 23. Lebensjahrs). Auch muss sich die suchtmedizinische Qualifikation des Arztes zusätzlich auf die Behandlung mit Diamorphin erstrecken. Die Behandlung mit Diamorphin ist nach jeweils spätestens zwei Jahren Behandlungsdauer durch Einholen einer Zweitmeinung eines von der Einrichtung unabhängigen, suchtmedizinisch qualifizierten Arztes daraufhin zu überprüfen, ob die Voraussetzungen für die Behandlung noch gegeben sind oder ob die Behandlung aufgrund des Wegfalls der Voraussetzungen zu beenden ist.

Aufgrund der Indikation für eine Diamorphinverschreibung (schwere Abhängigkeit mit mehreren gescheiterten Behandlungsversuchen) ist in der Regel Fahreignung während der Substitution mit Diamorphin nicht gegeben. Es kann frühestens nach zwei Jahren einer erfolgten Substitution mit Diamorphin geprüft werden, ob ein besonderer Ausnahmefall vorliegt, der die Anforderungen an eine stabile Substitution erfüllt. Dies gilt ebenfalls für Fälle, die nach anfänglicher Diamorphingabe auf ein anderes Substitutionsmittel eingestellt werden.

Nach § 5 Abs. 2 BtMVV soll im Rahmen der ärztlichen Therapie als leitendes Element einer Substitution eine Opioidabstinenz angestrebt werden. In der BtMVV und auch in den Richtlinien der Bundesärztekammer werden darüber hinaus weitere wesentliche Ziele einer Substitution genannt:

„Opioidabhängigkeit ist eine schwere chronische Krankheit. Sie bedarf in der Regel einer lebenslangen Behandlung, bei der körperliche, psychische und soziale Aspekte gleichermaßen zu berücksichtigen sind. Die substitutionsgestützte Behandlung ist eine wissenschaftlich gut evaluierte Therapieform und stellt für die Mehrheit der Patienten die Therapie der Wahl dar.

Ziele der substitutionsgestützten Behandlung sind:

- *Sicherstellung des Überlebens,*
- *Stabilisierung und Besserung des Gesundheitszustandes,*
- *Unterstützung der Behandlung somatischer und psychischer Begleiterkrankungen,*
- *Reduktion riskanter Applikationsformen von Opioiden,*
- *Reduktion des Konsums unerlaubt erworbener oder erlangter Opioide,*
- *Reduktion des Gebrauchs weiterer Suchtmittel,*
- *Abstinenz von unerlaubt erworbenen oder erlangten Opioiden,*
- *Verringerung der durch die Opioidabhängigkeit bedingten Risiken während einer Schwangerschaft sowie während und nach der Geburt,*
- *Verbesserung der gesundheitsbezogenen Lebensqualität,*
- *Reduktion der Straffälligkeit,*
- *Teilhabe am Leben in der Gesellschaft und am Arbeitsleben."*

Während die Behandlungsziele nach BtMVV und den Richtlinien der Bundesärztekammer auf das Erreichen eines besseren gesundheitlichen Status und der Behandlungsfähigkeit komorbider Störungen abheben, sodass das Überleben des Betroffenen und eine bessere soziale Integration möglich sind, müssen für die Annahme der Fahreignung weitergehende Kriterien erfüllt sein. Dies gilt insbesondere für die Freiheit von Beigebrauch von nicht ärztlich verordneten psychoaktiv wirksamen Substanzen, für die soziale Integration und für ein sozial angepasstes Verhalten. Das Fahreignungsrecht orientiert sich nicht nur am Eigenschutz des Betroffenen, sondern bezieht den Schutz anderer Verkehrsteilnehmer mit ein. Die für den Einzelfall zutreffenden Indikatoren sind vollständig zu bestätigen, um die Anforderungen des Kriteriums zu erfüllen.

1. Die Substitution wird nach den geltenden Richtlinien der Bundesärztekammer zur substitutionsgestützten Behandlung Opioidabhängiger (BUB-Richtlinien) durchgeführt. Insbesondere ist gewährleistet, dass die Aufnahme in ein definiertes Substitutionsprogramm, welches mindestens zwölf Monate andauert, aufgrund einer nachvollziehbaren Opioid-Abhängigkeitsdiagnose erfolgte.
2. Der substituierende Arzt erfüllt die Mindestanforderungen an eine suchttherapeutische Qualifikation nach § 5 Abs. 3 BtMVV (suchtmedizinisch qualifizierter Arzt). Er ist im Substitutionsregister (geführt von der Bundesopiumstelle im Bundesinstitut für Arzneimittel und Medizinprodukte (BfArM) erfasst.

3. Es erfolgt eine definierte Dokumentation der Substitution gemäß BtMVV und den Richtlinien der Bundesärztekammer durch den behandelnden Arzt. Zudem wird den Meldeverpflichtungen an das Substitutionsregister nach § 5b Abs. 2 BtMVV nachgekommen.

4. Das definierte Therapieziel ist in der Regel Gesundung, Entkriminalisierung und Bereitschaft zur Auseinandersetzung mit der Suchterkrankung. Dies wird auch in dem längerfristigen Verlauf sichtbar. Vollständige Abstinenz von Opioiden (einschließlich Substitutionsmittel) ist eine im Verlauf mögliche Therapieentscheidung, die allerdings wegen der damit verbundenen instabilen Therapieschritte nicht zwingend a priori festgeschrieben wird.

5. Bei längerfristig bestehender Substitution liegt eine stabile Dosierung vor, die keine Leistungseinbußen und Ermüdungserscheinungen erwarten lässt. Dies kann individuell sehr unterschiedlich sein, wobei die Auswirkungen auf die Leistungsfähigkeit auch von der eingenommenen Dosierung des Substitutionsmittels abhängen.

6. Es besteht Freiheit vom Konsum von nicht ärztlich verordneten Opioiden und anderen psychoaktiv wirksamen Substanzen.[6] Bei einer Behandlung mit retardiertem Morphin, Diamorphin oder Codein wird die zusätzliche Einnahme von „Straßenheroin" durch geeignete Belege, die den Anforderungen der CTU-Kriterien entsprechen, überprüft.[7]

7. Die Substitution wird mit Levomethadon, Methadon oder mit Buprenorphin über eine Zeit von mindestens zwölf Monaten stabil durchgeführt. Es ist weder zu einem Rückfall in den Opioidkonsum noch zum Konsum anderer Suchtstoffe gekommen. Bei Einsatz anderer Substitutionsmittel (retardiertes Morphin, Codein, Dihydrocodein, Diamorphin) ist dies nachvollziehbar begründet. Eine Substitution mit Diamorphin lässt eine sichere Verkehrsteilnahme in der Regel nicht erwarten. Lassen besondere Umstände des Einzelfalls trotzdem eine günstige Beurteilung der Fahreignung möglich erscheinen, liegt bereits eine stabile Behandlungsdauer von mindestens zwei Jahren mit geplanter Fortsetzung vor.

8. Die Substitution erfolgt ausschließlich durch bestimmungsgemäße Dosierung und Einnahme des Substitutionsmittels. Bei einer Behandlung mit retardiertem Morphin, Diamorphin oder Codein liegen keine Befunde vor, die auf die zusätzliche Einnahme von „Straßenheroin" hinweisen (vgl. Fußnote zu Indikator 6).

Kontraindikatoren

(1) Es liegt während der Substitutionstherapie ein Konsum von nicht ärztlich verordnetem Codein, opioidhaltigen Schmerzmitteln (z. B. Tramadol, Tilidin oder Fentanyl), Benzodiazepinen oder anderen psychoaktiven Substanzen vor.

6 Dies umfasst psychoaktiv wirkende Arzneimittel, Betäubungsmittel, NpS sowie andere, nicht offen zugängliche psychoaktiv wirkende Substanzen (vgl. auch Kriterium CTU 3, Indikator 16).

7 Qualitative Bestimmung von Acetylcodein, Noscapin und Papaverin (vgl. Abschnitt C.3.5).

(2) Bei einer Substitution mit Buprenorphin liegt ein Freizeitkonsum von Cannabis vor, dessen Auswirkungen auf die Buprenorphin-Konzentration nicht ärztlich kontrolliert sind (VIERKE ET AL., 2019).

(3) Bei einer Substitution mit Diamorphin, retardiertem Morphin oder Codein wird eine Probe mit positivem Opioidnachweis nicht auf Hinweise auf sogenanntes Straßenheroin überprüft (z. B. Acetylcodein, Papaverin, Noscapin).

9. Die nach den Anforderungen der CTU-Kriterien durchgeführten Abstinenzbelege stehen zu einer richtliniengemäßen Substitution nicht im Widerspruch.

Kontraindikatoren

(1) In einer oder mehreren Proben fanden sich neben dem Nachweis des verordneten Substitutionsmittels weitere nicht verordnete psychoaktiv wirkende Substanzen (Hinweise auf Beikonsum).

(2) In einer oder mehreren Proben des vorgelegten Kontrollprogramms konnte das Substitutionsmittel nicht nachgewiesen werden, obwohl eine durchgehende Substitution geltend gemacht wird.

(3) Bei einer Substitution mit retardiertem Morphin wird eine Probe mit positivem Opioidnachweis nicht auf 6-Monoacetylmorphin (6-MAM) zum Ausschluss von Heroineinnahme überprüft.

10. Der Klient nimmt keine nicht ärztlich verordneten psychotrop wirkenden Medikamente ein. Bei verordneten psychoaktiven Medikamenten wird vom behandelnden Arzt nachweislich attestiert, dass sie trotz der ihm bekannten Substitutionstherapie indiziert sind und überwacht werden. Es besteht zudem keine relevante Auswirkung auf die Fahrsicherheit.

Kontraindikatoren

(1) Es finden sich Hinweise auf verkehrsrelevante Wechselwirkungen oder Wirkungssteigerungen.

(2) Der Klient legt ausschließlich ein Rezept über die Verordnung ohne weitere Angaben vor.

11. Der Klient verzichtet auf Alkoholkonsum. Der Alkoholverzicht wird für den Zeitraum von drei Monaten vor der Untersuchung nachvollziehbar belegt (unauffällige EtG-Befunde bei Analyse von 3 cm kopfhautnahem Haar oder in drei Urinkontrollen oder Blutanalysen auf PEth innerhalb von vier Monaten). Bei Hinweisen auf unkontrollierten Alkoholkonsum, auf Phasen vermehrten Alkoholkonsums, auf Mischkonsum mit Alkohol (zur Wirkungsverstärkung oder -veränderung), bei Hinweisen auf eine Suchtverlagerung hin zu Alkohol (Ersatz für oder möglicher Auslöser von Drogenkonsum) sowie bei aktenkundigen Trunkenheitsfahrten in der Vorgeschichte wird auch die Bewältigung dieses Alkoholproblems dargelegt, der vor der Untersuchung belegte Zeitraum beträgt mindestens sechs Monate.

Kontraindikator

(1) Es finden sich Hinweise auf das Vorliegen einer Alkoholabhängigkeit, ohne dass diese nachvollziehbar behandelt oder bewältigt worden wäre (vgl. Hypothese A1).

12. Es liegt auf der Basis von Krankheitseinsicht Behandlungscompliance hinsichtlich Einnahme, pünktlicher Terminwahrnehmung, Überprüfungseinsicht und Dokumentation des fehlenden Beigebrauchs vor.

13. Eine gegebenenfalls erforderliche psychotherapeutische Behandlung verläuft erfolgreich und konnte insbesondere emotionale Störungsbilder ausreichend eindämmen, sodass sich aus der aktuellen Problematik keine erhöhte Rückfallgefahr ableiten lässt.

14. Psychische Störungen, die im Zusammenhang mit der Substitution bekannt wurden, sind unter Behandlung und Überwachung nicht mehr feststellbar, sodass mit einem Auftreten einer fahreignungseinschränkenden Symptomatik nicht mehr gerechnet werden muss.

15. Der Betroffene kennt für ihn problematische Risikosituationen und verfügt über adäquate Bewältigungsstrategien.

16. Begleitend zur Substitutionstherapie erfolgt eine psychosoziale Betreuung (z. B. unterstützende suchtspezifische oder psychotherapeutische Maßnahme). Sofern diese zwischenzeitlich nicht mehr erforderlich ist, kann nachvollziehbar belegt werden, dass sie als abgeschlossen angesehen werden kann bzw. sich nur noch auf stabilisierende Kontakte beschränkt.

17. Es besteht eine vom Klienten als zufriedenstellend erlebte soziale Integration außerhalb des Konsumentenkreises („Drogenszene").

18. Im Zeitraum der Substitution ist kein deviantes und delinquentes Verhalten aufgefallen, vor allem besteht keine Beschaffungskriminalität.

19. Es besteht eine verantwortungsbewusste Lebensführung außerhalb der Substitutionsszene in stabilen familiären Verhältnissen (ohne Substanzmissbrauch anderer Familienmitglieder) und eine Freizeitgestaltung außerhalb der Drogenszene. Insbesondere zeigt die gesamte Lebensführung eine nachhaltige Trennung von der Drogenszene auf.

20. Es besteht ein strukturierter Tagesablauf mit der Erfüllung finanzieller, beruflicher und sozialer Verpflichtungen.

21. Sofern der Betroffene Gerichtsauflagen zu erfüllen hat, werden diese sorgsam und ohne Unterbrechung erledigt; eine aussagekräftige Bescheinigung der die Aufsicht führenden Stelle kann dies bestätigen.

22. Es fehlen Anzeichen für Vernachlässigungen von Körperhygiene.

23. Im medizinischen Bereich liegen keine einschränkenden Nebenwirkungen durch Methadon vor, welche die gesundheitliche Vitalität beeinträchtigen und zu Leistungsbeeinträchtigungen führen können.

    (1) Der Klient berichtet über Sehstörungen, chronische Müdigkeit oder Antriebslosigkeit. — Kontraindikator

24. Es liegen unter Methadoneinnahme in den letzten zwölf Monaten keine Depressionen oder andere psychiatrische Erkrankungen mit akuter Symptomatik vor, die gemäß Anlage 4 zu § 11 FeV verkehrsrelevant sind.

25. Sofern die Substitutionsbehandlung nach Überprüfung der vorgenannten Indikatoren den Charakter einer stabilen Dauermedikation angenommen hat, sind die Anforderungen der Kriterien M 1.1 N bis M 1.3 N sinngemäß erfüllt und die Stabilität wird gemäß den Anforderungen des Kriteriums D 1.4 N überprüft.

26. Wegen der zu befürchtenden und nicht zuverlässig kontrollierbaren Verstärkung der Wirkung des Substitutionsmittels wird der zusätzliche Einfluss von Alkohol auch in geringen Mengen bei der Verkehrsteilnahme ausgeschlossen. Eine Auflage „kein Alkohol" nach Anlage 9 FeV (Schlüsselzahl 68 bzw. 05.08) ist in Betracht zu ziehen.

27. Zur Kontrolle des weiteren Verlaufs der Substitutionsbehandlung ist abhängig von der Vorgeschichte und der Befundlage eine Nachbegutachtung nach einem Zeitraum von ein bis zwei Jahren erforderlich. Für diesen Zeitraum kann durch Urinkontrollen, die hinsichtlich der Durchführungsbedingungen den Kriterien der Hypothese CTU entsprechen, sowie einer Bestätigung des behandelnden Arztes die Aufrechterhaltung der Substitution und eine weiterhin bestehende Freiheit vom Konsum anderer Drogen und Ausweichmittel nachvollziehbar gemacht werden (vgl. auch Kriterium M 1.4 N).

28. Erfolgt eine Begutachtung der Fahreignung erstmalig nach bereits erfolgtem Abschluss einer Substitutionstherapie, wird die Freiheit vom Konsum von Betäubungsmitteln, NpS und anderen psychoaktiven Stoffen und fahrsicherheitsrelevanten Arzneimitteln, sofern nicht medizinisch indiziert und verordnet, für einen Zeitraum von zwölf Monaten belegt. Kriterium D 1.3 N ist sinngemäß anzuwenden.

Kriterium D 1.5 N **Der Klient hat die Drogenabhängigkeit aufgearbeitet und die zugrunde liegende Problematik – in der Regel mit suchttherapeutischer Unterstützung – überwunden.**

1. Der Klient hat erfolgreich an einer spezifischen stationären oder ambulanten Entwöhnungsbehandlung teilgenommen (vgl. D 1.3 N) und kann dies dokumentieren. Die Dauer der Maßnahme und der Teilnahme sind aus dem Therapiebericht oder der Entlassungsbescheinigung ersichtlich. Frühere Therapieaufenthalte und Entgiftungen sind möglichst mit aufgeführt.

2. Im Therapiebericht oder der Entlassungsbescheinigung gibt es keine Hinweise auf einen vorzeitigen Abbruch der Therapie.

3. Regelmäßige stützende Maßnahmen werden auch nach Therapieende genutzt.

4. Eine ambulante Therapie wurde durchgeführt und beendet, sodass allenfalls noch Kontakte im Sinne einer Nachsorgemaßnahme zur Therapieeinrichtung bestehen. Die Maßnahme ist bei individueller Würdigung nach Umfang, Dauer und Erfolg als problemangemessen zu werten.

5. Der Klient kann erkennbar aus eigenem Erleben über Therapieinhalte und Veränderungen oder den Erwerb von Verhaltensstrategien zur Verringerung des Rückfallrisikos berichten.

6. Abstinenzbegleitende psychotherapeutische Maßnahmen sind nicht mehr erforderlich oder betreffen, sofern sie noch nicht abgeschlossen sind, nicht die Bedingungen, die auslösend für die Entwicklung der Drogenabhängigkeit waren.

7. Der Klient kann für den Fall, dass er keine systematische fachliche Hilfe in Anspruch genommen hat, verdeutlichen, dass die inneren und äußeren Bedingungen trotzdem eine konsequente Umkehr des Verhaltens und der Einstellungen möglich gemacht haben.

8. Es gibt keine Hinweise auf eine Suchtverlagerung.

9. Bei intervallärem Verlauf der Abhängigkeit (mehrere Phasen von Karenz, mehrere Therapien mit Rückfällen) trägt die zuletzt durchgeführte Maßnahme oder der persönliche Entwicklungsprozess des Klienten diesen besonderen Bedingungen Rechnung, sodass die Abstinenz jetzt als Erfolg versprechender und dauerhaft bewertet werden kann.

Kriterium D 1.6 N

Falls der Klient innerhalb der zurückliegenden Abstinenzphase kurzfristig Drogen konsumiert hat („lapse"), lässt sich dies trotzdem mit der Erwartung einer langfristigen, ausreichend stabilen drogenabstinenten Lebensweise vereinbaren.

Vorbemerkung: Zur Unterscheidung von „lapse" und „relapse" wird auf die Vorbemerkung zu Kriterium A 1.7 N verwiesen. Bei der diagnostischen Einordnung der Bedeutung des Substanzkonsums nach Abstinenzentschluss sind dabei die psychische Funktionalität des Konsums (positive Verstärkung oder negative Verstärkung) sowie Merkmale wie Häufigkeit, Konsummengen und Konsummotivation zu beachten. Rückfälle stehen in der Regel in engem Bezug zur ursprünglichen Abstinenzmotivation bzw. führen dazu, dass diese neu überdacht werden muss.

Stellt ein erneuter Drogenkonsum ein Ereignis im Sinne eines „Ausrutschers" dar, auf den schnell und adäquat reagiert wurde, kann er als Teil einer „Erprobung" der Abstinenzmotivation verstanden werden, sofern diese schlussendlich – gegebenenfalls bei korrigierter Haltung der eigenen Suchtgefährdung gegenüber – zum Erfolg führte. Keine stabilisierende Wirkung geht hingegen von einer – zwischenzeitlichen oder phasenweisen – Rückkehr zu alten Einstellungs- und Verhaltensmustern aus. Zu unterscheiden ist demnach zwischen einem „Ringen um den Erfolg" und einer nachlässig unentschlossenen Haltung zur Abstinenz, die Phasen des Rückfalls zulässt und für bewältigbar hält.

Bei Drogenkonsumenten ist zudem zwischen dem Konsum derselben Substanz, die die Abhängigkeit erzeugte (Rückfall), und dem Konsum anderer psychoaktiver Substanzen (Suchtverlagerung) zu unterscheiden.

1. Der seit dem letzten Rückfall in Drogenkonsum während der Abstinenzphase verstrichene Zeitraum ist lang genug, um eine angemessene Aufarbeitung

dieser Erfahrung zu ermöglichen, und beträgt mindestens sechs Monate. Die Drogenabstinenz ist für diesen Zeitraum belegt. Belege aus dem Zeitraum davor stehen nicht im Widerspruch zu den Angaben, dass es sich nur um einen kurzzeitigen „Ausrutscher" gehandelt hat.

2. Der Klient hat Drogen in der Initialphase der Abstinenz konsumiert, in der die Vorsatzbildung noch nicht abgeschlossen und noch nicht ausreichend motivational gestützt war.

3. Der Klient hat nach dem (letzten) Drogenkonsum in der Abstinenzphase neue Einsichten gewonnen bzw. Erfahrungen gemacht (evtl. mit Unterstützung einer Therapie oder in einer Gruppe), die einer konsequenteren Verhaltenskontrolle zugutekommen; er hat akzeptiert, dass der Abstinenzentschluss Einschränkungen und Ausnahmen nicht verträgt.

4. Der Klient, der die Notwendigkeit der Drogenabstinenz akzeptiert, berichtet von sich aus von der Unterbrechung der Abstinenz, ohne dass diese aktenkundig ist.

5. Der Klient hat nach dem Drogenkonsum, der ihm die große Rückfallgefahr vor Augen geführt hat, nicht resigniert, sondern sich intensiv damit auseinandergesetzt und aktiv konkrete Schritte bewältigt, um vergleichbaren Situationen nicht mehr unvorbereitet gegenüberzustehen.

6. Der Klient kann die für ihn relevanten Situationen oder Kontakte benennen, die seinen nach wie vor bestehenden Abstinenzvorsatz in Gefahr bringen könnten, und er kann konkrete Maßnahmen beschreiben, um diese Risiken zu vermeiden.

Kontraindikator

(1) Der Klient äußert die naiv-unerschütterliche Überzeugung, dass der Rückfall oder Ausrutscher einmalig gewesen sei und dass sich Ähnliches künftig nicht wiederholen werde.

7. Der Klient hat in der (noch andauernden) Abstinenzphase in nur einer zeitlich begrenzten Phase – evtl. unkontrolliert – Drogen konsumiert. Spätestens nach dem Abklingen der Wirkung hat er den Konsum eingestellt.

8. Der Klient hat nach dem Abstinenzentschluss keine neuen, ihm bisher unbekannten Drogen probiert.

9. Der Klient hat Kompetenzen zur Bewältigung von kritischen Lebenssituationen, die zum Drogenkonsum führten, erworben.

10. Der Klient hat das Zustandekommen des kurzen Konsums analysiert und kann beschreiben, wie er vergleichbare Fehlentscheidungen aktuell und künftig vermeidet.

11. Der Klient verfügt über Ressourcen (eigene Kompetenzen, stabilisierendes Umfeld), um gegebenenfalls künftige Abstinenzbrüche abfangen und aufarbeiten zu können.

Kontraindikator

(1) Der Klient plant oder gestattet sich zukünftig gelegentlichen Drogenkonsum bzw. spielt die Risiken eines Abstinenzbruches herunter.

Der Klient ist zur Aufrechterhaltung einer drogenabstinenten Lebensweise motiviert. Diese Motivation ist tragfähig und ausreichend gefestigt. Kriterium D 1.7 N

1. Der Klient nennt nachvollziehbare Motive für die Abstinenzentscheidung.
2. Der Klient ist zur Fortsetzung der Abstinenz durch die Akzeptanz seiner Abhängigkeit motiviert.
3. Es besteht Einsicht in die Notwendigkeit der völligen Drogenabstinenz und des Alkoholverzichts.
4. Genannte extrinsische Motive (Familie, Gesundheit, Führerschein, Arbeitsplatz) besitzen nur sekundären Charakter.
5. Der Klient akzeptiert auch die negativen Folgen seiner früheren Drogenproblematik (z. B. verbliebene Schulden, fehlende Ausbildung).
6. Der Klient hat eine positive und realistische Zukunftsperspektive entwickelt.
7. Der Klient hat eine für ihn befriedigende Integration in einen gesellschaftlichen Bezug außerhalb der Drogenszene gefunden.
8. Im Falle eines früheren abgebrochenen Drogenverzichtes beschreibt der Klient einen qualitativen Unterschied der aktuellen Drogenabstinenz.
9. Im Vergleich zu den bei intervallärem Verlauf in der Vergangenheit vorliegenden Gründen für den Drogenverzicht liegt jetzt eine erkennbar und nachvollziehbar andere Motivation für die Drogenabstinenz vor.

Die Drogenabstinenz ist stabil. Sie wird durch Kompetenzen des Klienten und positive Bedingungen im sozialen Umfeld gestützt. Kriterium D 1.8 N

1. Der Klient verfügt über ein ausreichendes Maß an Selbstvertrauen, Selbstsicherheit und Durchsetzungsvermögen, um auch in psychisch belastenden oder anderweitig verführenden Situationen auf Drogen verzichten zu können.
2. Der Klient hat sich von der Drogenszene distanziert. Er hat einen neuen Freundeskreis gefunden und/oder den Wohnort gewechselt. Der Kontakt mit Drogenkonsumenten wird konsequent gemieden.
3. Der Klient erkennt eigene Schwächen und die damit verbundene Rückfallgefährdung.
4. Der Klient kann rückfallbegünstigende psychische Zustände identifizieren und bewältigen.
5. Der Klient kann rückfallbegünstigende Situationen im Freizeitbereich identifizieren (z. B. Treffpunkte von Kiffern im Park, Clubs) und schätzt seine Kompetenzen im Umgang damit realistisch ein.
6. Der Klient konnte aktive und problemorientierte Bewältigungsmechanismen entwickeln, Verdrängung und Abwehr in Bezug auf die eigene Drogenbeziehung sind überwunden. Der Klient gibt grundsätzlich der Konfliktlösung den Vorzug vor der Konfliktvermeidung.

7. Der Klient hat die wesentlichen Bezugspersonen über seine Drogenabhängigkeit informiert. Seine Drogenabstinenz wird durch diese Bezugspersonen unterstützt.
8. Der Klient hat eine für ihn befriedigende Integration in familiäre Bezüge gefunden.
9. Der Klient ist den Anforderungen aus dem beruflichen und sozialen Bereich (wieder) gewachsen.
10. Der Klient hat neue Freizeitaktivitäten aufgenommen oder frühere reaktiviert.
11. Wenn der Klient eine Partnerschaft eingegangen ist, hat der Partner selbst keine Alkohol- und/oder Drogenprobleme und es besteht auch keine „quasitherapeutische" Beziehung mit der Gefahr einer Ko-Abhängigkeit.

Hypothese D 2

Es liegt eine fortgeschrittene Drogenproblematik vor, die sich in einer Substanzkonsumstörung, in einem riskanten bzw. polyvalenten Konsummuster oder auch im Konsum hoch suchtpotenter, schwer kontrollierbarer Drogen gezeigt hat. Diese wurde problemangemessen aufgearbeitet und eine Drogenabstinenz wird ausreichend lange und stabil eingehalten.

Kriterien für eine fortgeschrittene Drogenproblematik

Vorbemerkung: Die Einstufung eines Drogenkonsums als „fortgeschrittene Drogenproblematik" setzt die Erfüllung zumindest eines der Kriterien D 2.1 bis D 2.3 voraus. Sie erfolgt auch bei Vorliegen der Diagnose eines schädlichen Gebrauchs nach ICD-10 oder einer Substanzgebrauchsstörung nach DSM-5. Die Kriterien für eine Drogenabhängigkeit (Hypothese D 1) dürfen dabei nicht erfüllt sein, wobei einzelne Merkmale aus den in D 1.2 N beschriebenen diagnostischen Bereichen zur Einordnung in D 2 mit herangezogen werden können (vgl. Vorbemerkung zu D 1.2 N).

Ob ein Konsument ein riskantes Konsummuster entwickelt, hängt stets von einem Zusammenspiel der Drogenwirkung und der Persönlichkeit des Konsumenten ab. Bestimmte Substanzeigenschaften beeinflussen jedoch die Fähigkeit, ein adäquates Trennverhalten zwischen Konsum und Verkehrsteilnahme zu gewährleisten, und sie erschweren eine Kontrolle über Konsummengen und -situationen. Zu beachten sind hier insbesondere die Stärke des Abhängigkeitspotenzials einer Substanz, die Unvorhersehbarkeit ihrer Wirkung oder ihr Einfluss auf ein adäquates Urteilsvermögen. Es ist deshalb vor allem bei in dieser Hinsicht kritischen Substanzen zu erwarten, dass sich ein riskantes Konsumverhalten entwickelt. Zu den in dieser Hinsicht besonders problematischen Substanzen zählen:

- Benzodiazepine (bei nicht verschreibungsgemäßem Missbrauch)
- Gamma-Hydroxybuttersäure (GHB)

- Metamphetamin
- Kokain
- Opiate
- Neue psychoaktive Stoffe (NpS)
- andere psychoaktive Substanzen, deren Wirkung vom Konsumenten nicht hinreichend eingeschätzt werden kann.

Seitens des Konsumenten ist vor allem beim Vorliegen eines Drogenkonsums bereits in frühen Entwicklungsstadien, beim Konsum zur Bewältigung psychischer Belastungen oder Krisen oder im Zusammenhang mit problematischen Persönlichkeitsakzentuierungen mit der Entwicklung einer relevanten Substanzkontrollstörung zu rechnen. Sowohl für den Beginn als auch für die Aufrechterhaltung eines problematischen Drogenkonsums spielen oft auch äußere Einflüsse eine nicht unwichtige Rolle, wobei sie in der Regel nicht als die Hauptursachen für die Entwicklung einer fortgeschrittenen Drogenproblematik zu sehen sind.

Das frühere Drogenkonsumverhalten des Klienten lässt eine starke Bindung an die Drogenwirkung erkennen; es ist als schädlicher Gebrauch nach ICD-10 oder als Substanzkonsumstörung nach DSM-5 einzuordnen. **Kriterium D 2.1 N**

1. Der Substanzkonsum hat zu erkennbaren körperlichen oder psychischen Störungen geführt (schädlicher Gebrauch nach ICD-10), ohne dass der Klient darauf angemessen und dauerhaft durch Konsumverzicht reagiert hat.
2. Es liegt eine Substanzkonsumstörung vor, die sich durch das Vorliegen von Merkmalen aus zwei der in Kriterium D 1.2 N genannten Bereiche zeigte.
3. Der Klient hat Drogen wiederholt mit den Folgen konsumiert, dass es zu einem Versagen bei der Erfüllung ihm wichtiger Verpflichtungen bei der Arbeit, in der Schule oder zu Hause gekommen ist.
4. Der Klient hatte im Zusammenhang mit dem Drogenkonsum bereits wiederholt Probleme mit Polizei, Gerichten oder Behörden.
5. Obwohl durch die Auswirkungen der konsumierten Droge(n) ständig oder wiederholt soziale oder zwischenmenschliche Probleme aufgetreten oder verstärkt worden sind, hat der Klient weiterhin diese Droge(n) konsumiert.
6. Der Klient hat Vorsätze bezüglich Beginn, Beendigung und Menge seines Drogenkonsums gefasst, diese aber nicht einhalten können.
7. Der Klient hat trotz Kenntnis einer bevorstehenden Kontrolle (z. B. MPU oder Gesundheitsamt) und deren Bedeutung für die Fahrerlaubnis noch kurz zuvor Drogen konsumiert (Nachweis im Blut oder Urin).
8. Der Klient hat am Straßenverkehr teilgenommen, obwohl er für sich selbst erkennbar unter beeinträchtigendem Rauschmitteleinfluss stand.

Kriterium D 2.2 N **Dem Drogenkonsum des Klienten lag wiederholt oder überdauernd eine problematische Motivation zugrunde und/oder es fehlte an dem grundsätzlichen Bedürfnis oder der Fähigkeit zu einer angemessenen Verhaltens- und Wirkungskontrolle. Auf durch den Drogenkonsum ausgelöste oder nach Abklingen der Wirkung verstärkte negative Empfindungen wurde mit erneutem Konsum reagiert.**

1. Der Klient konsumierte Drogen mit der Absicht, emotionale Dauerbelastungen (z. B. Ängstlichkeit, Unzulänglichkeitsgefühle, Depressionen) zu verändern oder in ihrer Bedrohlichkeit zu reduzieren.
2. Der Klient setzte bei persönlichen Belastungen (Frustrationen, Unterprivilegierungen, Pubertätskonflikte) vorwiegend Drogenkonsum als Mittel zur Problembewältigung ein.
3. Dem Drogenkonsum des Klienten lag überwiegend ein problematisches Konsummotiv (z. B. weitgehende Realitätsflucht) zugrunde.
4. Der Klient konsumierte wiederholt ihm unbekannte Drogen bzw. Wirkstoffmischungen.
5. Der Klient wies beim Drogenkonsum eine ausgeprägte „Experimentierfreude" auf. Seinem Konsum lag keinerlei Vorsichtshaltung mit dem Bestreben zugrunde, die negativen Konsequenzen des Konsums gering zu halten.
6. Der Klient berichtet über psychoseähnliche Inhalte seines Rauscherlebens. Er hat den Konsum derselben Droge dennoch fortgesetzt.
7. Der Klient konsumierte Drogen, um Missbehagen oder Unwohlsein zu bekämpfen, die aus vergangenem Drogenkonsum oder der nachlassenden Wirkung in der Abbauphase resultierten (z. B. „Katerdepression", gedrückte Stimmung).
8. Der Klient konsumierte Drogen, um emotionalen Belastungen zu begegnen (z. B. Schuldgefühlen wegen Nichterfüllen wichtiger Anforderungen, sozialen Spannungen oder finanziellen Nöten), die aufgrund der Folgen des Drogenkonsums entstanden waren.

Kriterium D 2.3 N **Der Klient weist eine polyvalente Drogenproblematik auf oder er konsumierte (auch) als hoch suchtpotent bekannte Drogen oder Drogen, deren Wirkungsverlauf, Wirkstoffkonzentration oder Konsumrisiko als unkontrollierbar eingestuft werden müssen.**

1. Der Klient konsumiert(e) auch wiederholt Drogen, die eine höhere Suchtpotenz und Gefährlichkeit aufweisen, sodass das Konsummuster hinsichtlich der zu erwartenden Wirkungen und Auswirkungen insgesamt als unkontrollierbar und besonders riskant eingestuft werden muss.
2. Der Klient war sich der Problematik eines Mischkonsums für die Kontrollierbarkeit des Wirkungsverlaufs und der langfristigen Folgen des Konsums bewusst; dieses Bewusstsein hat aber zu keiner Verhaltensänderung geführt.
3. Der Klient konsumierte als hoch suchtpotent bekannte Drogen (z. B. Heroin, Crack, Crystal Meth).

4. Der Klient konsumierte wiederholt Drogen, deren Wirkungsverlauf als höchst unkontrollierbar eingestuft werden muss (z. B. Crack, unbekannte Designerdrogen oder Mischprodukte).
5. Der Klient konsumierte Drogen in einer Zubereitungs- oder Applikationsform, die auf Wirkungssteigerung ausgerichtet ist und damit eine Toleranzsteigerung erkennen lässt (z. B. intravenöser Konsum von Heroin oder Kokain, Konsum einer Mischung mehrerer Substanzen, Konsum von Haschischöl).
6. Der Klient konsumierte wiederholt ihm unbekannte Drogen bzw. Wirkstoffmischungen, die ihm in der Szene angeboten wurden.
7. Der Klient wies beim Drogenkonsum eine ausgeprägte „Experimentierfreude" auf. Seinem Konsum lag keinerlei Vorsichtshaltung mit dem Bestreben zugrunde, die negativen Konsequenzen des Konsums gering zu halten.
8. Der Klient konsumierte regelmäßig NpS, deren Wirkstoffgehalt und Wirkstoffprofil er nicht einschätzen konnte, bzw. er wechselte zwischen Stoffen mit unterschiedlichem Wirkprofil, sodass keine Erfahrungsbildung und Kontrolle über die Auswirkungen des Konsums möglich bzw. auch nicht beabsichtigt war.
9. Der Klient berichtet davon, dass er Drogen zur Wirkungsveränderung gemeinsam mit Alkohol konsumiert hat.
10. Der Klient berichtet von einem problematischen Alkoholkonsum, der zusätzlich zum Drogenkonsum bestand, von ihm abgelöst wurde oder ihn ersetzen sollte.
11. Der Klient hat in Phasen des Drogenkonsums auch mit einer hohen Blutalkoholkonzentration (BAK > 1,1 ‰) am Straßenverkehr teilgenommen.
12. Der Klient hat psychoaktive Medikamente (z. B. Antidepressiva, Antiepileptika) mit der Absicht konsumiert, die Wirkung anderer Drogen zu verstärken oder zu verändern.

■ Kriterien für eine angemessene Problembewältigung

Kriterium D 2.4 N

Die Ursachen der Entwicklung des Suchtstoffmissbrauchs wurden in der Regel im Rahmen einer suchttherapeutischen Maßnahme, einer Psychotherapie oder einer anderen fachlich qualifizierten Intervention individuell aufgearbeitet. Dies hat die persönlichen Voraussetzungen für eine stabile Abstinenz geschaffen, die von bereits ausreichender Dauer und nachvollziehbar dokumentiert ist.

1. Es finden sich in der Untersuchung keine Hinweise auf fortbestehenden Drogenkonsum (vgl. auch Kriterium D 1.3 N, Indikatoren 2 und 4).
2. Der Klient hat eine spezifisch suchttherapeutische Maßnahme absolviert und kann dies durch eine entsprechende Bescheinigung belegen.
3. Der Klient hat bei einer Drogenberatungsstelle, bei einem in der Drogentherapie erfahrenen Verkehrspsychologen oder innerhalb einer Psychotherapie die persönlichen Ursachen für seinen Drogenmissbrauch aufgearbeitet.

Kontraindikatoren

(1) Der Klient beschränkt sich bei seiner Auseinandersetzung mit der Drogenproblematik auf Ergebnisse eigener Internet-Recherche.

(2) Der Klient hat im Vorfeld der Begutachtung zwar vorbereitende Maßnahmen in Anspruch genommen, diese sind jedoch hinsichtlich der Zielsetzung, der Methodik oder der Qualifikation des Durchführenden nicht geeignet, die Konsumproblematik in ihrem bestehenden Ausmaß zu erfassen (vgl. auch Hypothese FFI, Kapitel C.5).

4. Der Klient lebt in der Regel bereits seit einem Jahr nach Abschluss der durchgeführten Maßnahme drogenabstinent. Er kann dies durch geeignete polytoxikologische Urin- oder Haaruntersuchungen belegen, die den Kriterien der Hypothese CTU (Kapitel C.3) entsprechen (vgl. auch Kriterium D 1.3 N, Indikatoren 9-13).

5. Schließen an die therapeutische Maßnahme weitere Betreuungskontakte an, die dem Ziel der Unterstützung der Reintegration und der Stabilisierung neuer Verhaltensgewohnheiten dienen, ist nachvollziehbar, dass das Therapieziel der Aufarbeitung, der Distanzierung und der Freiheit vom Substanzkonsum mit Abschluss der Maßnahme erreicht wurde, sodass sich solche Nachsorgekontakte nicht auf die erforderliche Dauer des Abstinenzbelegs nach „Abschluss der Maßnahme" (vgl. Indikator 4) auswirken.

6. Kann bei besonders günstig gelagerten Umständen (z. B. kurze Phase des Missbrauchs ohne weitreichende Störung der sozialen Bezüge und ohne wesentliche Persönlichkeitsveränderungen mit intrinsischer Abstinenzmotivation) bereits vor Ablauf von einem Jahr nach Beendigung der Maßnahme von einer stabilen Abstinenz ausgegangen werden, besteht sie seit bereits mindestens einem halben Jahr.

7. Hatte sich der Klient bereits vor und während einer therapeutischen Maßnahme über einen längeren Zeitraum zur Drogenabstinenz entschlossen, beträgt der Zeitraum der Drogenabstinenz nach Abschluss der Maßnahme in der Regel noch ein halbes Jahr. Der letzte Drogenkonsum überhaupt liegt nachweislich länger als ein Jahr, mindestens jedoch 15 Monate zurück. Geeignete Abstinenzbelege, die den Anforderungen der CTU-Kriterien entsprechen, liegen vor.

8. Bei Hinweisen auf zusätzlichen Alkoholmissbrauch bzw. unkontrollierten Alkoholkonsum in der Vergangenheit, der in Zusammenhang mit dem Drogenmissbrauch stand (vgl. auch D 1.3 N, Indikator 14), oder bei Hinweisen auf eine Suchtverlagerung hin zu Alkohol wird auch die Bewältigung dieses Alkoholproblems dargelegt sowie ein Alkoholverzicht durch geeignete Belege zumindest für sechs Monate vor der Begutachtung nachvollziehbar gemacht (vgl. Kriterien A 2.3 N – A 2.5 K).

9. Der Klient kann die für ihn mit der Drogenabstinenz verbundenen Entscheidungs- und Umorientierungsprozesse nachvollziehbar darstellen.

10. Es liegt trotz fehlender therapeutischer Unterstützung ein nachvollziehbar belegter Abstinenzzeitraum von deutlich über einem Jahr, mindestens jedoch von 15 Monaten vor.

11. Wird zum Ende eines belegten, langfristig stabilen Abstinenzzeitraums vor einer Begutachtung der Fahreignung eine „rückversichernde" fachliche Beratung in Anspruch genommen, ist diese zeitlich von kurzem Umfang und dient ersichtlich nicht dazu, Einstellungs- und Verhaltensänderungen herbeizuführen, die einer weiteren Stabilisierung bedürften.
12. Falls der Klient weiterhin Alkohol konsumiert, finden sich keine Hinweise auf problematische Konsummuster, die sich ungünstig auf die Aufrechterhaltung der Drogenabstinenz auswirken können (vgl. Indikator 8 und Kriterium D 1.3 N, Indikator 14).

Kriterium D 2.5 K

Es besteht eine dauerhafte und tragfähige, auf einem Problembewusstsein basierende, innere Distanzierung vom Drogenkonsum. Der Klient konnte eine intrinsische Motivation zur Aufrechterhaltung einer drogenabstinenten Lebensweise entwickeln sowie durch die Drogenabstinenz neue Erfahrungen sammeln, die auch zukünftige Drogenfreiheit wahrscheinlich machen.

1. Der Klient kann darstellen, dass ihm die mit seinem früheren Drogenkonsum verbundenen Risiken mittlerweile bewusst geworden sind.
2. Der Klient ist in der Lage, die Motive, die früher zum Drogenkonsum geführt haben, zu erkennen und kann darlegen, warum diese jetzt nicht mehr wirksam sind.
3. Der Klient sieht seinen früheren Drogenkonsum in seinem Bedingungsgefüge nun realistisch und nimmt die positiven Wirkungen des Konsums nicht idealisiert wahr.
4. Der Klient nimmt auch die negativen Konsequenzen des früheren Drogenkonsums wahr und setzt sie in ein angemessenes Verhältnis zu der erlebten Bedürfnisbefriedigung.
5. Der Klient kann die subjektiv wahrgenommenen Auslöser des früheren Drogenkonsums benennen und hat erkannt, welche Bedingungen den Konsum aufrechterhalten hatten (individuelles Erklärungskonzept der Drogenbindung).
6. Der Klient hat eine positive und realistische Zukunftsperspektive entwickelt und kann die Entwicklung gegenüber der Zeit des Drogenmissbrauchs plausibel erklären.
7. Der Klient nennt nachvollziehbare, tragfähige Motive für die Abstinenzentscheidung.
8. Der Klient ist zur Fortsetzung der Abstinenz auch durch das Akzeptieren der Bedingungen seiner Missbrauchsproblematik und durch das Erkennen der schädlichen Auswirkungen des früheren Konsums motiviert.
9. Der Klient zeigt eine realistische Einschätzung seiner persönlichen Entwicklungsmöglichkeiten. Eine erhöhte Rückfallgefahr aufgrund von zu erwartenden Frustrationen oder Resignation bei der Lebensplanung ist nicht anzunehmen.

10. Der Klient hat neue Kompetenzen entwickelt, die er ursächlich auf seine durch die Drogenabstinenz verbesserten körperlichen oder geistigen Fähigkeiten zurückführt.
11. Der Klient hat in der Phase der Drogenabstinenz neue Freizeitinteressen entwickelt, was er als befriedigend erlebt.
12. Der Klient macht mit der eigenen Selbstsicherheit positive Erfahrungen und weist ein verbessertes Selbstbild auf.
13. Das Selbstvertrauen und die soziale Durchsetzungsfähigkeit des Klienten sind ausreichend ausgeprägt, sodass er auch in Verführungssituationen das Angebot von Drogenkonsum ablehnen kann.
14. Die nach bereits ausreichend langer und belegter Abstinenz (vgl. Kriterium D 2.4 N, Indikatoren 4 bis 9) noch feststellbaren (Rest-)Einstellungs- und Aufarbeitungsmängel sind nicht so weit ausgeprägt, dass sie nicht zumindest durch die Teilnahme an einem Kurs zur Wiederherstellung der Kraftfahreignung (vgl. Hypothese D 7) behoben werden können.

Kriterium D 2.6 N **Eine bestehende Drogenabstinenz wird von günstigen Faktoren im Sozialverhalten und im sozialen Umfeld gestützt.**

1. Der Klient unterhält (mittlerweile wieder) Sozial- und Freizeitkontakte zu einem nicht Drogen konsumierenden Umfeld.
2. Es hat eine räumliche Distanzierung von der „Szene" (z. B. durch Umzug) stattgefunden.
3. Der Klient unterhält keine Kontakte mehr zu Personen, von denen er früher Drogen bezogen oder mit denen er Drogen konsumiert hat. Zufällige Kontakte werden schnell beendet.
4. Der Klient hat (wieder) Kontakt zu seiner Familie oder zu einem früheren Bekanntenkreis aufgenommen. Dieser Kontakt wird von ihm als hilfreich erlebt und ist nicht durch eine deutliche Vorwurfshaltung belastet.
5. Hat eine Ablösung vom Elternhaus oder einem Partner stattgefunden, so ist diese angemessen bewältigt.
6. Der Klient ist eine stabile Partnerschaft eingegangen, wobei der Partner selbst keine Alkohol- und/oder Drogenprobleme hat und auch keine „quasi-therapeutische" Beziehung mit der Gefahr einer Ko-Abhängigkeit besteht.
7. Der Klient ist (wieder) in der Lage, fremdbestimmte Verpflichtungen (in Ausbildung, Arbeit oder Partnerschaft) ohne erhebliche Anpassungsschwierigkeiten zu akzeptieren und falls erforderlich zu erfüllen.
8. Der Klient hat, soweit erforderlich, Maßnahmen zur Regelung seiner ökonomischen Situation ergriffen. Diese haben Aussicht auf Erfolg (Schuldentilgung) und lassen keine Dauerbelastung in dem Maß befürchten, dass daraus eine Rückfallgefahr resultieren könnte.

9. Der Klient hat eine Berufsausbildung aufgenommen oder eine abgebrochene Ausbildung zu Ende geführt.

Hypothese D 3

Es liegt eine Drogengefährdung ohne Anzeichen einer fortgeschrittenen Drogenproblematik vor. Ein ausreichend nachvollziehbarer Einsichtsprozess hat zu einem dauerhaften Drogenverzicht geführt.

Kriterien für das Vorliegen einer Drogengefährdung

Vorbemerkung: Leitgedanke für die Einordnung in Hypothese D3 ist die Beurteilung des Kontrollvermögens des Klienten hinsichtlich der Konsumentscheidung und des Verhaltens unter Einfluss der konsumierten Substanz. Insbesondere ist die für die Verhaltensprognose relevante Bereitschaft und Fähigkeit zu beachten, sich im Hinblick auf die rechtlich geltenden Voraussetzungen für die Annahme einer Fahreignung (Konsumverzicht oder Trennverhalten) angemessen zu verhalten.

Neben den persönlichen Faktoren, wie Einsichtsfähigkeit und Motivation zur Verhaltensänderung, sowie der Bereitschaft und Fähigkeit zur Aufrechterhaltung eines Konsumverzichts spielt auch die unmittelbare Auswirkung der Substanz auf die Verhaltenssteuerung sowie ihre Suchtpotenz eine wesentliche Rolle (vgl. Vorbemerkung zu Hypothese D 2). Der wiederholte oder regelmäßige Konsum der dort genannten Substanzen schließt eine Einordnung in Hypothese D 3 in der Regel aus. Davon ausgenommen werden kann allenfalls ein einmaliger oder nicht willentlicher Probierkonsum, der nicht wiederholt wurde.

Bei Konsum von Drogen der folgenden Substanzgruppen ist nach Ausschluss der Kriterien für eine Abhängigkeit oder einer fortgeschrittenen Drogenproblematik zu prüfen, ob der Klient – gegebenenfalls auch ohne fachliche bzw. suchttherapeutische Unterstützung – in der Lage war, sein Konsumverhalten angemessen zu verändern:

- Amphetamin
- Cannabis
- Ecstasy (MDMA).

Eine Sonderrolle bei den psychoaktiven Substanzen kommt den Halluzinogenen (z. B. LSD, Psilocybin) zu. Während der akuten Rauschwirkung kommt es zu erheblichen Realitätsverkennungen, die eine sichere Verkehrsteilnahme in jedem Fall ausschließen. Bei entsprechend prädisponierten Personen kann ein Halluzinogenkonsum zudem Psychosen auslösen, welche die Fahreignung dauerhaft ausschließen können. Andererseits ist zu beobachten, dass der Konsum von Halluzinogenen häufig im geschützten Raum stattfindet, sodass es seltener als bei anderen sogenannten Freizeitdrogen zu einer Verkehrsteilnahme unter der Substanzwirkung kommt. Auch sind keine Gewöhnungsphänomene zu beobachten und es kommt damit auch seltener zur Entwicklung eines abhängigen Verhaltens. Sofern in der Vorgeschichte keine riskante Konsumform und auch kein Konsum im öffentlichen

Raum zu beobachten war, kann auch nach Halluzinogenkonsum angenommen werden, dass eine Distanzierung vom Konsum dieser Substanzen leichter gelingt als bei Substanzen mit höherem Suchtpotenzial.

Die Einstufung eines Drogenkonsums unter diese Hypothese setzt die Erfüllung der Kriterien D 3.1 **und** D 3.2 voraus. Für den Bereich des reinen Cannabiskonsums entspricht D 3 auch der in den Begutachtungsleitlinien zur Kraftfahreignung und in der Anlage 4 FeV verwendeten Kategorie des „regelmäßigen Konsums", sofern sich keine weitergehende Suchtproblematik entwickelt hat.

Die Kriterien für eine fortgeschrittene Drogenproblematik (Hypothese D 2) bzw. für eine Drogenabhängigkeit (Hypothese D 1) dürfen somit nicht erfüllt sein.

Kriterium D 3.1 K

Der Klient konsumierte häufiger oder gewohnheitsmäßig Cannabis und/oder nur gelegentlich eine Droge mit einer etwas höheren Suchtpotenz, wobei die individuelle Kontrolle über Konsummenge und -gelegenheit noch weitgehend gegeben war.

1. Der Klient berichtet von häufigem oder gewohnheitsmäßigem Cannabiskonsum, hat jedoch andere Drogen höchstens probiert.
2. Der Klient berichtet von „regelmäßigem" Cannabiskonsum, welcher im Sinne der Rechtsprechung bei einem täglichen oder nahezu täglichen Konsum anzunehmen ist.[8] Eine starke Bindung an die Substanz (vgl. D 2.1 N) kann jedoch ebenso ausgeschlossen werden wie eine problematische Konsummotivation (D 2.2 N).
3. Der Klient konsumierte im sozialen Kontext (z. B. bei Partys, Festivals) gelegentlich Ecstasy (XTC) oder Amphetamine. Der Konsum war hierbei weder von Alkoholkonsum begleitet, noch wurde Cannabis zur Wirkungsreduktion benötigt.
4. Der Klient hat gelegentlich XTC oder Amphetamine konsumiert. Der Konsum hat aber zu keinen problematischen Erlebnissen geführt (z. B. Überhitzung, Muskelkrämpfe, unangenehme Unruhe, Angstzustände). Anderrfalls wurde der Konsum nicht mehr fortgesetzt.
5. Wenn häufigerer Konsum von XTC oder Amphetaminen vorlag, beschränkte sich der Konsum auf den Freizeitbereich des Klienten. Vor allem lagen keine problematischen Konsummotive im Sinne von Kriterium D 2.2 N vor.
6. Der Drogenkonsum des Klienten findet in einem für ihn überschaubaren Rahmen statt. Er kann ihn konkret, z. B. hinsichtlich der Häufigkeit, der Konsumsituationen, der Konsummengen, und des zeitlichen Verlaufs, benennen.
7. Sofern der Klient vom Konsum von Halluzinogenen berichtet (z. B. LSD, Psylocybin), ist nachvollziehbar, dass der Konsum zuverlässig nur im geschützten Raum stattfindet, sodass es nicht zu einer Verhaltensauffälligkeit in der Öffentlichkeit gekommen ist.

8 Z. B. VGH Baden-Württemberg, 10 S 1272/07, Urteil vom 13.12.2007.

8. Sofern eine andere Droge mit höherer Suchtpotenz (vgl. Vorbemerkung zu Hypothese D 2) eingenommen wurde, beschränkt sich die Einnahme nachvollziehbar auf ein einmaliges Probierverhalten. Die Gründe für diese Einnahme können differenziert und selbstkritisch geschildert werden und erfüllen nicht die Merkmale der in Kriterium D 2.2 N beschriebenen Experimentierfreude.

9. Der Klient berichtet von einem aus seiner Alters- bzw. einer bestimmten Lebensphase ableitbaren Konsummotiv (z. B. Nachahmen aus Neugierde, Abgrenzung von der Elterngeneration).

10. Der Drogenkonsum fand abhängig von einem bestimmten sozialen Umfeld und/oder bestimmten Freizeitgewohnheiten statt.

11. Die Folgen des Drogenkonsums wurden in der damaligen Sicht des Klienten als positiv erlebt. Eventuelle kurz- oder langfristig ungünstige Folgen von erheblichem Umfang waren ihm nicht bewusst bzw. unterlagen einer irrtümlichen, in seinem damaligen Umfeld verbreiteten falschen Risikokalkulation.

12. Der Klient konsumierte Drogen zwar auch zur subjektiven Problemlinderung in belastenden Lebenssituationen, zur verbesserten Selbstbehauptung, um das physiologische Aktivitätsniveau zu senken („um zu entspannen") oder zu steigern („um länger fit zu sein"). Dieses blieb jedoch in einem thematisch oder zeitlich begrenzten Rahmen wirksam und der Drogenkonsum hatte keine Verminderung der sozialen Kompetenz in Situationen ohne Drogeneinfluss zur Folge.

Kriterium D 3.2 K

Der Klient verfügte noch über die Kompetenz, auf negative Konsequenzen seines Drogenkonsums angemessen zu reagieren.

1. Der Klient war noch in der Lage, auf negative Konsumerfahrungen (atypischer Rauschverlauf, negativ erlebter Rauschzustand) angemessen zu reagieren (z. B. durch anschließenden Verzicht auf den Konsum dieser Droge).

2. Es gibt keine Hinweise auf eine mangelnde Fähigkeit, auf Drogenkonsum bei Vorliegen von für den Klienten relevanten Gründen zu verzichten (z. B. im Rahmen von (z. B. behördlich angeordneten) Kontrollen auf fortgesetzten Konsum, bevorstehende Begutachtung mit Drogenscreenings, Drogenkontrollen in einem Bewährungszeitraum).

3. Nach erlebten erheblichen negativen Konsequenzen seines Drogenkonsums (z. B. deutliche negative Rückmeldungen im unmittelbaren persönlichen Umfeld, konkrete Schwierigkeiten in der Schule bzw. am Arbeitsplatz, Entzug der Fahrerlaubnis etc.) hat der Klient diesen eingestellt oder länger ausgesetzt.

4. In der medizinischen Untersuchung sind keine Befunde zu erheben, die erkennen lassen, dass der Klient trotz der Führerscheinproblematik bis in die jüngere Vergangenheit Drogen konsumiert hat (vgl. Kriterium D 1.3 N, Indikator 2).

5. Wesentliche andere Interessen und Verpflichtungen (in Schule, Beruf oder Freizeit) wurden weitgehend aufrechterhalten. Es ist nicht erkennbar, dass der Klient sein Freizeitverhalten zunehmend auf Drogenkonsum beschränkte.

6. Es bestanden auch außerhalb der Konsumentenszene noch persönliche Kontakte, die als wichtig erlebt und aufrechterhalten wurden.

Kriterien für eine angemessene Problembewältigung

Kriterium D 3.3 K

Der Klient hat sich (auf der Grundlage einer Einsicht in die Risiken eines fortgesetzten Drogenkonsums) entschieden, zukünftig auf jeden Drogenkonsum – auch unabhängig vom Führen eines Kraftfahrzeuges – zu verzichten und ist ausreichend motiviert, den Drogenverzicht dauerhaft beizubehalten.

1. Es finden sich in der Untersuchung keine Hinweise auf fortbestehenden Drogenkonsum (vgl. auch Kriterium D 1.3 N, Indikatoren 2 und 3).
2. Der Klient kann nachvollziehbar machen, wie es zu einer veränderten Haltung den Risiken des Drogenkonsums gegenüber gekommen ist. So hat er sich etwa durch eine Drogenberatungsstelle oder einen Verkehrspsychologen beraten lassen.
3. Der Klient hat mittlerweile (z. B. im Zusammenhang mit behördlichen Maßnahmen) die mit seinem häufigen Cannabiskonsum verbundene Gewohnheitsbildung reflektiert und die daraus resultierenden Risiken erkannt.
4. Es findet sich keine Tendenz zur Verharmlosung des Drogenkonsums, etwa durch bagatellisierende Vergleiche zum Alkoholkonsum anderer oder Verknüpfungen mit einer den Drogenkonsum idealisierenden Lebensauffassung oder Weltanschauung.
5. Der Klient kann berichten, welche negative Erfahrungen im Rauschzustand oder infolge eines Rausches für ihn Anlass gewesen sind, seinen eigenen Drogenkonsum kritisch zu hinterfragen.
6. Der Klient schildert anschaulich und nachvollziehbar den Zeitpunkt und die Gründe für seinen Entschluss, zukünftig auf jeden Drogenkonsum zu verzichten.
7. Der Klient kann schildern, welche Motive seinem früheren Drogenkonsum zugrunde lagen und welche Rolle diesen Motiven aktuell noch zukommt bzw. wie er diese nun auch ohne Drogenkonsum befriedigt.
8. Der Klient hat erkannt, dass es sich bei der konsumierten Droge um eine Substanz handelt, durch die die Fahrtüchtigkeit im Rauschzustand erheblich beeinträchtigt wird.
9. Der Klient hat erkannt, dass der Konsum von Drogen zu einem Rauschzustand führen kann, in dem eine ausreichende Verhaltenskontrolle – auch hinsichtlich der Entscheidung, ein Kraftfahrzeug zu führen – nicht mehr gegeben ist.
10. Der Klient hat für sich erkannt, dass er bei fortgesetztem Drogenkonsum einen problematischen Rauschzustand und damit einen Verlust der Verhaltenskontrolle nicht hinreichend sicher vermeiden kann (z. B. angesichts des für ihn

nicht ausreichend bestimmbaren/erkennbaren Wirkstoffgehalts, der nur eingeschränkt kalkulierbaren Dosis-Wirkung-Beziehung, des zeitlichen Verlaufs der Drogenwirkung, des Risikos unkontrollierbarer Wirkungsverläufe bzw. atypischer Rauschverläufe, der hohen Abhängigkeit der Wirkung von situativen Bedingungen und der psychischen Verfassung).

11. Zuvor bestehende Fehleinschätzungen hinsichtlich des Wirkungsprofils der Droge (z. B. geringe Kontrollierbarkeit der konsumierten Wirkstoffmengen und schlechte Kalkulierbarkeit der psychotropen Wirkungen) bzw. der mit einem häufigeren Konsum verbundenen Risiken bestehen nicht mehr.
12. Der Klient ist sich der Problematik seiner früher einander zuwiderlaufenden Interessen bewusst, einerseits berauscht, enthemmt und zeitweise unkontrolliert zu sein und andererseits seine Lebensplanung und seine Interessenwahrung unter Kontrolle zu behalten. Er kann die erfolgreiche Bewältigung dieses Konfliktes schildern.
13. Der Klient gibt an, vor dem Hintergrund seiner bisherigen Erfahrungen und seiner nun vorhandenen Kenntnisse negative Folgen körperlicher oder psychischer Art (z. B. Apathie, nachlassende Interessen etc.) für den Fall zu erwarten bzw. zu befürchten, dass er seinen Drogenkonsum fortsetzt oder wieder aufnimmt.
14. Zukünftiger Drogenkonsum wird jetzt vom Klienten als mit seinen persönlichen Interessen und Zielen bzw. seinen Zukunftsperspektiven (Ausbildung, berufliche und private Zielsetzungen) unvereinbar bewertet.
15. Der Klient beschreibt von ihm als positiv erlebte Veränderungen seit Beendigung des Drogenkonsums bzw. als Folge der Distanzierung von den weiterhin Drogen konsumierenden Bekannten (z. B. veränderte Schwerpunkte in der Freizeitgestaltung, Entwicklung neuer Interessen etc.).
16. Wird nach einer Phase regelmäßigen Cannabiskonsums, der eine Einordnung in Hypothese D 3 gestattet, medizinisch indiziert eine Cannabisblütentherapie begonnen, sind die Kriterien der Hypothese M (Kapitel B.5) zu prüfen, sofern dies im Rahmen der Anlassbezogenheit vom Begutachtungsauftrag umfasst wird. Grundsätzlich ist zu klären, ob der frühere Drogenmissbrauch hinsichtlich der damaligen Konsummotive, des Rauscherlebens und der Rauschfolgen sowie des Kontakts zu weiterhin Drogen konsumierenden Personen als überwunden gelten kann.

Vor dem Hintergrund des früheren Konsummusters und der Motivation des Klienten kann der vorliegende drogenfreie Zeitraum als bereits ausreichend lang bewertet werden. Er ist zudem nachvollziehbar dokumentiert. Kriterium D 3.4 N

1. Die Dauer des Drogenverzichts beträgt zum Begutachtungszeitpunkt bereits sechs Monate.
2. Soweit der Drogenkonsum aber über einen langen Zeitraum stattgefunden hat (z. B. über Jahre regelmäßiger Cannabiskonsum), ist erst durch einen längeren

Abstinenzzeitraum von in der Regel einem Jahr eine günstige Voraussetzung für die Stabilität der Verhaltensänderung gegeben.

3. Der Drogenverzicht wird durch die Ergebnisse geeigneter polytoxikologischer Urin- oder Haaranalysen bestätigt, die den Kriterien der Hypothese CTU entsprechen.
4. Gab es in der Vergangenheit bereits Zeiten von längerem Drogenverzicht, nach denen es jedoch erneut zu Drogenkonsum gekommen ist, gibt es jetzt nachvollziehbare Gründe für eine höhere Stabilität (z. B. längerer Abstinenzzeitraum, veränderte Bedingungen, andere Motivation).
5. Lag in der Vorgeschichte eine Auffälligkeit nach § 24a StVG vor, die mit Cannabis, Amphetaminen oder Ecstasy erfolgte und nach der ein ausreichender Drogenverzicht belegt wurde, sodass die Fahreignung wieder angenommen werden konnte, und kam es danach zu einer zweiten Auffälligkeit nach § 24a StVG, bei der nur Alkohol im Blut nachgewiesen wurde, ist, sofern die behördliche Fragestellung das Trennvermögen für alle berauschenden Mittel umfasst, zu prüfen, ob weiterhin Drogenverzicht besteht. Dieser wird für einen Zeitraum von drei Monaten vor der Begutachtung belegt (z. B. Haaranalyse von 3 cm oder drei Urinkontrollen innerhalb von vier Monaten).

Kriterium D 3.5 K **Es finden sich keine Hinweise auf besondere Risikofaktoren, die der Erwartung einer zukünftig drogenfreien Lebensführung entgegenstehen.**

1. Der Klient ist – ohne Hinweise auf Ambivalenzen – klar und eindeutig in seiner Haltung, zukünftig auf jeden Drogenkonsum zu verzichten.
2. Der Klient beharrt nicht auf einem Vorsatz und der behaupteten Fähigkeit, den Konsum vom Führen eines Kraftfahrzeuges bei gegebenenfalls wieder aufgenommenem Drogenkonsum sicher trennen zu können.
3. Der Klient ist in der Lage, mit nicht vorhersehbaren Verführungssituationen zu rechnen und mit dieser Unwägbarkeit konstruktiv umzugehen.
4. Eine Ablösung von dem früheren bzw. weiterhin Drogen konsumierenden Umfeld hat stattgefunden.
5. Es liegen keine Hinweise auf eine erhöhte soziale Beeinflussbarkeit bzw. eine mangelnde Fähigkeit vor, mit Gruppendruck – im Sinne eines Animierens zum Drogenkonsum – umgehen zu können.
6. Der Klient verfügt über ausreichende Strategien, Risikosituationen von vornherein zu meiden.
7. Der Klient befindet sich in einer stabilen sozialen Situation ohne besondere Belastungen, die einen Rückfall in Drogenkonsum begünstiger könnten.
8. Umstände und Bedingungen, die maßgeblich zum früheren Drogenkonsum beigetragen haben, haben sich in prognostisch günstig zu bewertender Weise verändert.

Hypothese D 4

Eine Verkehrsteilnahme unter dem Einfluss von THC kann auch bei gegebenenfalls fortbestehendem gelegentlichem Konsum von Cannabis[9] zuverlässig vermieden werden.

Hypothese D 4 kommt nur zur Anwendung, wenn sich das Konsumverhalten nicht in die Hypothesen D 1 bis D 3 einordnen lässt und ausschließlich Cannabis als illegale Droge konsumiert wurde. Ein sporadischer Konsum einer anderen Droge oder ein regelmäßiger Cannabiskonsum liegt gegebenenfalls so lange zurück, dass sich daraus aktuell keine Eignungsbedenken begründen. Andernfalls ist der Verzicht auf diese Droge ausreichend belegt (vgl. Kriterium D 3.4 N).

Lässt sich der Klient als gelegentlicher Cannabiskonsument einordnen (Kriterium D 4.1 N), müssen die Kriterien D 4.2 bis D 4.4 im Sinne von Anforderungen an das Trennverhalten von Cannabiskonsum und Verkehrsteilnahme vollständig erfüllt sein. Behauptet der Klient, kein Cannabis mehr konsumieren zu wollen (Konsumverzicht), so ist die Stabilität dieser Verhaltensänderung zu bewerten (vgl. D 4.5 K). Hält der Klient hingegen, auch wenn er zum Zeitpunkt der Begutachtung kein Cannabis konsumiert, zukünftigen, gelegentlichen Konsum grundsätzlich für möglich (Vorliegen einer Konsumpause), ist zu prüfen, ob die Voraussetzungen für ein unter diesen Umständen zuverlässiges Trennverhalten vorliegen.

■ Kriterium für das Vorliegen eines gelegentlichen Cannabiskonsums

Kriterium D 4.1 N

Der Klient hat nur gelegentlich Cannabisprodukte als illegale Droge konsumiert und wird auch künftig Cannabis nur gelegentlich und in geringen, kontrollierbaren Mengen konsumieren, sofern er nicht völlig auf den Konsum verzichtet.

1. Es finden sich in der Vorgeschichte oder in den Angaben des Klienten keine Hinweise, die für eine grundsätzliche Bereitschaft sprechen, außer Cannabis auch andere Drogen zu konsumieren.
2. Der Klient konsumiert Cannabisprodukte nicht gleichzeitig mit Alkohol.
3. Ein Cannabiskonsum findet nicht regelmäßig (mehrfach wöchentlich) oder gewohnheitsmäßig statt.[10]
4. Es ist nicht zu einer Toleranzbildung gekommen (Downregulation des CB1-Rezeptors), die sich in zunehmendem Wirkungsverlust beim Konsum der gleichen Menge bzw. in einer Steigerung der Konsummengen oder Frequenzen niederschlägt.

9 Hypothese D 4 kommt nach derzeit gültiger Rechtslage (vgl. Anlage 4 FeV; BVerwG – Urteil vom 19.4.2019) nur bei fortbestehendem ausschließlich gelegentlichem Cannabiskonsum zur Anwendung. Sollte sich die Rechtslage insofern ändern, dass auch bei anderen Drogen ein Trennverhalten bei fortbestehendem Konsum zu überprüfen ist, sind die Kriterien der Hypothese D 4 sinngemäß anzuwenden. Eine Einordnung des Konsumverhaltens in D 1 oder D 2 lässt die Annahme eines zuverlässigen Trennverhaltens in der Regel jedoch nicht zu.

5. Zwischen den Konsumsituationen ist anzunehmen, dass ein Absinken der Blut-THC-Konzentration auf null erfolgt (isolierte Konsumsituationen), sodass eine cannabisnüchterne Verkehrsteilnahme nach einer für den Klienten überschaubaren Wartezeit von sechs bis zwölf Stunden möglich ist.
6. Pro Konsumeinheit werden vom Klienten nicht mehr als 0,25–1 g Haschisch oder Marihuana verbraucht.
7. Der Klient hat keine so großen Mengen Cannabis erworben, dass von einer Vorratshaltung für einen regelmäßigen Konsum ausgegangen werden muss (> 10 g Haschisch/Marihuana).
8. Es liegt kein Nachweis von so hohen THC-COOH-Konzentrationen im Blut vor, dass von der Bildung eines erheblichen Depots ausgegangen werden muss. Davon ist bei einer THC-Karbonsäure-Konzentration von über 100 ng/ml zum Zeitpunkt der Auffälligkeit regelmäßig auszugehen und wird ab 40 ng/ml im Blut bzw. 70 ng/ml im Serum/Plasma diskutiert (FABRITIUS, 2014).
9. Eine Haaranalyse erbringt keine THC-COOH-Konzentrationen, welche mit gelegentlichem Konsum nicht in Einklang stehen.
10. Der Klient betreibt keinen Eigenanbau von Hanfprodukten mit hohem THC-Wirkstoffgehalt (ausgenommen landwirtschaftlicher Anbau von Nutzhanf).
11. Der Klient berichtet nicht von atypischen Rauschverläufen. Andernfalls hat er infolge dieser Erfahrung den Konsum eingestellt.
12. Der Klient ist nicht in einer Drogenszene verhaftet.
13. Der Klient verfügt neben dem Cannabiskonsum noch über andere, für ihn wichtigere Freizeitinteressen oder Lebensziele.

10 Die regelmäßige Einnahme von Cannabis schließt nach Punkt 9.2.1 der Anlage 4 FeV die Fahrerlaubnis ohne Hinzutreten weiterer Umstände aus. Für diese unmittelbare Annahme der Nichteignung ist nach ständiger Verwaltungsrechtsprechung ein „nahezu täglicher" Konsum erforderlich (vgl. z. B. VGH Baden-Württemberg, Urteil vom 13.12.2007 – 10 S 1272/07). Diese Legaldefinition von „regelmäßig" entspricht nicht dem in der wissenschaftlichen Literatur verwendeten Konzept bei der Unterscheidung von regelmäßigen und gelegentlichen Konsumenten (vgl. z. B. FABRITIUS ET AL., 2014), wo zumeist bereits bei mehrfach wöchentlichem Konsum, etwa bei zehn Konsumgelegenheiten im Monat, von einem regelmäßigen Konsum ausgegangen wird. Für die prognostische Frage des Trennvermögens ist die Frequenz eines Konsums nicht unmittelbar von Bedeutung, sondern vielmehr die damit einhergehende Gewohnheitsbildung (Habituation) und die Auswirkung auf die Kontrolle der Konsumentscheidungen (Fähigkeit zur Punktnüchternheit). Auch ist zu fordern, dass zwischen den Konsumgelegenheiten ein ausreichender zeitlicher Abstand besteht, um eine Verkehrsteilnahme unterhalb des derzeit geltenden Grenzwertes von 1 ng/ml Blut nach einer angemessenen Wartezeit überhaupt zu ermöglichen.

Kriterien für das Vorliegen eines ausreichenden Trennverhaltens

Der Klient ist nachvollziehbar dazu motiviert, den Konsum bzw. mögliche Auswirkungen von Cannabis auf die Fahrsicherheit und eine Verkehrsteilnahme wirksam voneinander zu trennen (Trennbereitschaft). Er hat auf der Basis einer ausreichenden Regelakzeptanz plausible Vorsätze zu einer Verkehrsteilnahme ohne THC-Einfluss gefasst und ist sich der besonderen Risiken von Cannabiskonsum für die Verkehrsteilnahme (mittlerweile) bewusst. Kriterium D 4.2 N[11]

1. Der Klient orientiert sein Konsumverhalten an der Notwendigkeit, geltende Rechtsnormen zur Verkehrsteilnahme unter der Wirkung von Cannabis einzuhalten und ist hierzu auch motiviert.
2. Der Klient orientiert sein Verhalten erkennbar an den Sicherheitsinteressen anderer Verkehrsteilnehmer.
3. Der Klient ist sich bewusst, dass auch in der Phase nach Abklingen des subjektiven Rauscherlebens Leistungseinschränkungen fortbestehen können.
4. Der Klient verfügt über eine ausreichende Kenntnis der geltenden Verkehrsvorschriften, insbesondere der Regelungen des § 24a StVG, und plant sein Verhalten so, dass eine Verkehrsteilnahme ausgeschlossen ist, solange aktives THC im Blut nachweisbar ist (Nachweisdauer bei gelegentlichen Konsumenten in der Regel sechs bis zwölf Stunden nach dem Konsum).
5. Der Klient hält es für erforderlich, zwischen Konsum und Verkehrsteilnahme einen dem Konsumverhalten angemessenen zeitlichen „Sicherheitsabstand" einzuhalten.

Der Klient verfügt über eine realistische Einschätzung der Wirkungsweise und Wirkungsdauer der konsumierten Cannabisprodukte, sodass ihm eine zuverlässige Trennung von Konsum und Fahren möglich ist (Trennvermögen). Kriterium D 4.3 N

1. Der Klient verfügt über hinreichende Kenntnis über das mögliche Ausmaß der Schwankungen von Wirkstoffkonzentrationen der von ihm konsumierten Cannabisprodukte und leitet aus der Unkalkulierbarkeit der Wirkstoffmenge realistische Konsequenzen für die Vorsatzbildung ab.
2. Der Klient ist sich der grundsätzlich geringen Kontrollierbarkeit bezüglich der aufgenommen Wirkstoffmengen und der schlechten Vorhersehbarkeit der psychotropen Wirkungen bewusst.
3. Der Klient berücksichtigt bei der Verhaltensplanung vor einer Verkehrsteilnahme die wesentlichen spezifischen Risiken der Cannabisauswirkungen auf die Fahrsicherheit.

---

11 Sofern Kurse zur Wiederherstellung anerkannt sind, die ein zuverlässiges Trennverhalten zum Ziel haben, kann vom Gutachter eine entsprechende Kursempfehlung bei Nichterfüllen der Kriterien D 4.2 N bis D 4.4 N ausgesprochen werden. Dies war zum Zeitpunkt des Redaktionsschlusses dieser Auflage jedoch noch nicht der Fall und absehbar auch nicht in Sicht.

4. Der Klient kennt die Gefahr der verzögerten und unerwarteten Wirkungen (atypische Verläufe) nach dem Cannabiskonsum.
5. Der Klient ist sich der besonderen Risiken von gleichzeitigem Cannabis- und Alkoholkonsum für den Straßenverkehr bewusst und vermeidet einen zeitnahen Konsum dieser Wirkstoffe.
6. Der Klient nimmt Cannabis nicht zu Zeiten ein, in denen er unter der Wirkung oder Nachwirkung psychoaktiver Medikamente steht.
7. Der Klient kennt den prinzipiellen Unterschied zwischen dem Stoffwechsel von Alkohol und THC, insbesondere die schwer kalkulierbare Abbauphase betreffend, und leitet daraus plausible Vorsätze ab.

Kriterium D 4.4 N **Die Verhaltensplanung ist vorausschauend und konkret. Der Klient verfügt zudem über eine so gute Selbstkontrolle und Selbstbehauptung, dass er sie auch umsetzen kann.**

1. Die Verhaltensplanung des Klienten bezüglich seines Cannabiskonsums ist realistisch, widerspruchsfrei und nachvollziehbar.
2. Konsumentscheidungen werden vom Klienten bewusst und unter Berücksichtigung der Umstände (z. B. Notwendigkeit, nach dem Konsum nach Hause zu kommen) gefasst.
3. Der Klient kann berichten, welche Konsummengen er üblicherweise zu sich nimmt und wie er dafür Sorge trägt, dass sich sein Konsum in dem von ihm beabsichtigten Rahmen bewegt.

Kontraindikatoren

(1) Der Klient berichtet, dass sein Cannabiskonsum im Wesentlichen davon abhängt, was andere dabeihaben und ihm anbieten.

(2) Der Klient macht seinen Konsum von seinen verfügbaren Mitteln zum Erwerb von Cannabis abhängig.

(3) Der Klient berichtet, dass er „je nach Stimmung" auch mal zwei oder mehr Joints an einem Abend konsumiert.

4. Das Konsumsetting ist hinsichtlich des Zeitpunktes, der Örtlichkeit und der Verkehrsanbindung so gestaltet, dass der Gebrauch eines Kfz nicht erforderlich und somit unwahrscheinlich ist.
5. Der Klient verfügt über eine ausreichend hohe Selbstsicherheit und Durchsetzungsfähigkeit, sodass nicht zu befürchten ist, dass er einem Gruppendruck nachgibt.
6. Auf ungünstige Veränderung der geplanten Bedingungen (z. B. Mitfahrgelegenheit ist unsicher geworden) reagiert der Klient grundsätzlich durch Drogenverzicht.

Kriterium D 4.5 K **Der Klient verzichtet vollständig und nachvollziehbar auf den Konsum von Cannabis, sodass eine Verhaltensplanung zur Trennung von Konsum und Fahren verzichtbar ist.**

1. Wird ein Drogenverzicht als Vermeidungsstrategie angeführt und entfällt dadurch die Auseinandersetzung mit den in Kriterium D 4.2 N und D 4.4 N beschriebenen Voraussetzungen für ein zuverlässiges Trennverhalten, so ist der Drogenverzicht nicht nur kurzfristig und zweckorientiert aufgrund der Führerscheinproblematik aufgenommen worden, sondern stellt eine auf Dauer angelegte Verhaltensänderung dar. Kriterien D 3.3 K und D 3.5 K sind, angepasst auf das vorliegende Konsummuster, sinngemäß erfüllt.

2. Stellt ein Drogenverzicht die dauerhaft geplante Vermeidungsstrategie dar, so besteht der Verzicht bereits nachvollziehbar belegt für einen dem Konsumverhalten und dem Gewöhnungsgrad angemessenen Zeitraum. Davon ist frühestens nach drei Monaten Konsumverzicht auszugehen.

3. Der Drogenverzicht wird durch die Ergebnisse geeigneter polytoxikologischer Urin- oder Haaranalysen, die den Kriterien der Hypothese CTU entsprechen, für mindestens drei bis vier Monate belegt (z. B. drei Urinkontrollen innerhalb eines Zeitraums von vier Monaten).

4. Beim Klienten, der den Entschluss zu einem dauerhaften Drogenverzicht gefasst hat, bestehen zwar hinsichtlich der Motivation und der Aufarbeitung noch Restbedenken, diese können durch Teilnahme an einem Kurs zur Wiederherstellung der Kraftfahreignung (vgl. Hypothese D 7) jedoch ausgeräumt werden.

Hypothese D 5

Es liegen im Zusammenhang mit früherem Drogenkonsum keine organischen, psychiatrischen und/oder Anpassungsstörungen vor, die die Fahreignung ausschließen.

Kriterium D 5.1 N

Psychiatrisch relevante Symptome/Erkrankungen, die im Zusammenhang mit dem früheren Drogenkonsum stehen (können), sind nicht zu diagnostizieren bzw. hinreichend stabil ausgeheilt.

1. Eine ambulante oder stationäre Behandlung wegen psychiatrisch relevanter Störungen hat nicht stattgefunden (andernfalls vgl. Indikatoren 8 und 9).

2. Der Klient nimmt aktuell keine Psychopharmaka ein.

3. Der Klient nimmt Psychopharmaka nach Verschreibung und bei guter Behandlungstreue (Compliance) ein und ist seit mindestens einem Jahr beschwerdefrei; erhebliche Änderungen der Medikation sind nicht geplant.

4. Eine Therapie mit Psychopharmaka hat nicht stattgefunden bzw. wurde ärztlicherseits nicht für notwendig gehalten (andernfalls vgl. Indikatoren 8 und 9).

5. Akutpsychotische Ereignisse oder chronische Psychosen sind im Zusammenhang mit Drogenkonsum nicht aufgetreten (andernfalls vgl. Indikatoren 8 und 9).

6. Eigengesetzlich ablaufende persistierende Psychosen ohne weitere Drogeneinnahme sind nicht aufgetreten (andernfalls vgl. Indikator 8).

7. Es wird nicht von wahnhaften oder halluzinatorischen Erlebnisinhalten berichtet, die den Verdacht auf das Durchleben einer drogeninduzierten psychotischen Episode rechtfertigen (andernfalls vgl. Indikator 8.).
8. Obwohl eine psychotische Episode in der Vergangenheit aufgetreten ist oder sich gar wiederholt hat, sind nach den Kriterien der Begutachtungsleitlinien zur Kraftfahreignung aktuell keine Eignungsbedenken begründet. Andernfalls ist in einem ärztlichen Gutachten geklärt worden, dass die Voraussetzungen für die Annahme der Fahreignung gegeben sind.
9. Bei sicher drogeninduzierten (symptomatischen) Psychosen ist unter Abstinenzbedingungen eine einjährige Symptomfreiheit gewährleistet.
10. Es besteht kein Verdacht auf das Vorliegen einer organischen Persönlichkeits- und Verhaltensstörung aufgrund einer Funktionsstörung des Gehirns (ICD F07; bekannt auch als hirnorganisches Psychosyndrom, HOPS).

Kontraindikator

(1) Es finden sich diagnostische Hinweise auf ein HOPS, wie z. B.

- affektive Instabilität mit ausgeprägtem Wechsel von normaler Stimmung zu Depression, Reizbarkeit oder Angst,
- kurz andauernde Ausbrüche von Aggressionen oder Wut, die in krassem Widerspruch zu vorausgehenden sozialen Belastungsfaktoren stehen,
- ausgeprägte Beeinträchtigungen des sozialen Urteilsvermögens und fehlende Berücksichtigung sozialer Konventionen (z. B. sexuelle Indiskretionen, vernachlässigte Körperpflege),
- im Einzelfall ausgeprägte Apathie und Gleichgültigkeit,
- kognitive Störungen in Form von Misstrauen und paranoiden Vorstellungen oder
- auffällige Sprachproduktion (Umständlichkeit, Begriffsunschärfe, zähflüssiges Denken).

11. Es besteht keine depressive Symptomatik und/oder Suizidalität, induziert durch den Konsum psychotroper Substanzen.

Kriterium D 5.2 N **Fahreignungsrelevante körperliche Folgeerkrankungen durch den früheren Drogenkonsum liegen nicht (mehr) vor.**

1. Der Allgemein- und Ernährungszustand ist zufriedenstellend.
2. Bei früher vorhandenen drogenbedingten körperlichen Schäden ist es zu einer Verbesserung des Allgemein- und Ernährungszustandes gekommen.
3. Stoffwechselerkrankungen (Diabetes mellitus, endokrine Funktionen), die durch Drogen bedingt oder verstärkt wurden, liegen nicht vor oder sind so weit gebessert, dass diese keine fahreignungsrelevante Symptomatik mehr aufweisen.

4. Infektionserkrankungen (z. B. AIDS, Hepatitis, Syphilis, Endokarditiden) im Zusammenhang mit dem Drogenkonsum (z. B. Gebrauch verschmutzter Kanülen zur intravenösen Injektion) wurden nicht diagnostiziert oder haben in ihrer Symptomatik keine Auswirkung auf die Fahreignung bzw. es wurde eine vollständige Heilung erreicht.

5. Kardiale Störungen (z. B. Herzrhythmusstörungen, Zustand nach Myokardinfarkt) durch Drogenmissbrauch (z. B. Kokainkonsum) bestehen nicht bzw. wirken sich nicht auf die Fahreignung aus.

6. Cerebrale Krampfanfälle sind im Zusammenhang mit dem Drogenmissbrauch nicht aufgetreten.

Störungen der Einstellung und der Anpassungsfähigkeit durch psychische Fehlentwicklungen als mögliche Folge des früheren Drogenkonsums oder Persönlichkeitsstörungen liegen nicht vor. **Kriterium D 5.3 N**

1. Störungen des Sozialverhaltens, die auf den Konsum psychotroper Substanzen zurückgeführt werden können, liegen nicht (mehr) vor.

   (1) Im Jugendalter aufgetretene Störungen haben die Entwicklung der Fähigkeit zur Übernahme sozialer Verantwortung verhindert. Kontraindikator

2. Der Stand der Persönlichkeitsentwicklung ist altersentsprechend. Er stagniert nicht mehr bzw. schreitet fort. Es können ausreichende Unterschiede zwischen dem Entwicklungsstand zu Beginn der Therapie und/oder Abstinenz und dem gegenwärtigen Entwicklungsstand nachvollziehbar aufgezeigt werden (z. B. vermehrte Selbstakzeptanz, befriedigende Sozialkontakte, höhere Belastbarkeit).

3. Der Klient ist in der Lage, als erwachsenes Mitglied der Sozialgemeinschaft eigenverantwortlich sein Leben zu organisieren und seine Möglichkeiten und Grenzen realistisch einzuschätzen.

4. Der Klient lebt nicht in einer altersunangemessenen und auffälligen Abhängigkeit vom Elternhaus.

5. Dem Klienten ist eine volle Übernahme der Eigenverantwortlichkeit möglich. Er benötigt z. B. nicht die Unterstützung einer therapeutischen Umgebung zur Lebensführung.

6. Soziale Anpassungsstörungen oder gar eine antisoziale Persönlichkeitsstörung haben nicht zum früheren Drogenkonsum disponiert. Andernfalls sind sie zwischenzeitlich überwunden.

Hypothese D 6

Es bestehen nach früherem Drogenkonsum keine verkehrsrelevanten Beeinträchtigungen der geistigen und/oder psychofunktionalen Voraussetzungen.

Kriterium D 6.1 N **Bei der gegebenen intellektuellen und psychofunktionalen Ausstattung ist ein verkehrsgerechtes Verhalten möglich.**

1. Bei der Überprüfung der verkehrsrelevanten Leistungsbereiche zeigen sich keine gravierenden Minderleistungen. Sie genügen den in den Kriterien A 6.1 N bis A 6.2 N aufgestellten Anforderungen.
2. Bei der Testdurchführung ist die Leistungsmotivation ausreichend. Hinweise auf eine drogenbedingte Antriebsstörung fehlen.
3. Nach chronischem Konsum dämpfend wirkender Drogen sind auch die Leistungen unter Monotoniebedingungen nicht auffällig.
4. Das aktuell ermittelte Leistungsbild ist stabil und es gibt keine Hinweise auf starke Schwankungen der Leistungsfähigkeit oder -bereitschaft.
5. Der frühere Drogenkonsum liegt so lange zurück, dass eine plötzliche akute Beeinträchtigung der Leistungsfähigkeit aufgrund von Echo-Phänomenen nicht zu befürchten ist.

Kriterium D 6.2 N **Eigene Leistungsmöglichkeiten werden realistisch eingeschätzt. Eine erhöhte Risikobereitschaft oder Neigung zum Aufsuchen riskanter Grenzsituationen ist nicht feststellbar.**

1. Das Bewusstsein überdurchschnittlicher Leistungsfähigkeit ist realitätsgerecht und führt nicht zur Selbstüberschätzung und zum Hinwegsetzen über Gefahren reduzierende Verkehrsregeln.
2. Leistungseinschränkungen können realistisch wahrgenommen werden, und die Notwendigkeit der Kompensation durch defensive und vorausschauende Fahrweise wird gesehen.
3. Das Autofahren wird nicht zur Reduktion psychischer Spannungen missbraucht.
4. Eine angepasste Fahrweise und anforderungsgerechte Leistung wird durch emotionelle Ausgeglichenheit ohne depressive oder euphorische Stimmungslagen begünstigt.

Hypothese D 7

Die festgestellten Defizite des Klienten sind durch einen Kurs zur Wiederherstellung der Fahreignung nach § 70 FeV für drogenauffällige Kraftfahrer genügend beeinflussbar.

Kriterium D 7.1 N **Das problematische Verhalten des Klienten wird durch eine der Rehabilitationsmaßnahmen angesprochen und kann in ausreichendem Maße positiv beeinflusst werden.**

1. Der Ausprägungsgrad und die Schwere der verbleibenden Restbedenken lässt erwarten, dass die Problematik in einem Kurs zur Wiederherstellung der Fahreignung aufgearbeitet werden kann.
2. Bei einem drogenauffälligen Klienten fehlen Hinweise auf erhebliche generelle Fehleinstellungen oder Verhaltensprobleme, die als unabhängig von einer Drogenproblematik anzusehen sind.

   Kontraindikatoren

   (1) Der Klient hat neben der Drogenauffälligkeit erhebliche bzw. mehrere verkehrsrechtliche Verstöße und/oder allgemeinrechtliche Delikte begangen.

   (2) Der Klient zeigt weiterhin psychische Auffälligkeiten, die auch dem Fehlverhalten im Straßenverkehr oder dem Drogenmissbrauch zugrunde lagen (z. B. schwere Selbstwertproblematik oder erhebliche neurotische Fehlhaltungen).
3. Bei einem Klienten mit gemischter Auffälligkeit (Drogendelikte, Verkehrsdelikte mit und ohne Alkohol) und mehrfacher Fragestellung können eine oder mehrere der Fragen bereits jetzt positiv beantwortet werden, sodass sich die verbleibenden Defizite in einem Kurs zur Wiederherstellung der Fahreignung für Drogenauffällige beseitigen lassen.
4. Der Klient ist nach Teilnahme an einem Kurs zur Wiederherstellung der Fahreignung oder einer vergleichbaren Maßnahme noch nie erneut einschlägig auffällig geworden, sodass der Erfolg eines derartigen Kurses in Zweifel zu ziehen wäre.
5. Die verbleibenden Defizite betreffen im Wesentlichen nicht die für die Problematik geforderten Stabilisierungszeiträume.

Kriterium D 7.2 N

Der Klient verfügt über eine ausreichende Fähigkeit zur Selbstreflexion und ein ausreichendes Durchsetzungsvermögen, um eine genügend weitgehende und stabile Änderung in dem problematischen Verhaltensbereich einleiten und aufrechterhalten zu können.

1. Der Klient zeigt zumindest Ansätze, das eigene problematische Verhalten im Zusammenhang mit dem Drogenkonsum ausreichend zu identifizieren und ist zu einer Veränderung rückfallbegünstigender Einstellungen und Gewohnheiten bereit.

   Kontraindikatoren

   (1) Der Klient schildert die Umstände seines Drogenkonsums auch nach gezielter Nachfrage unklar, pauschal, wenig konkret und bleibt dabei erkennbar unter seinen sprachlichen Möglichkeiten.

   (2) Der Klient kann sich an Details seiner Verstöße nicht erinnern, obwohl sie gravierend waren und/oder erst kurze Zeit zurückliegen.

   (3) Der Klient hält seine bisherigen Einstellungen und Gewohnheiten für angemessen und denkt, er habe nur die von ihm jetzt als abschreckend erlebten Folgen eines Rechtskonflikts nicht realisiert.
2. Der Klient zeigt zumindest Ansätze zu einer selbstexplorativen Auseinandersetzung mit der dem Drogenkonsum zugrunde liegenden Problematik.

Kontraindikatoren

(1) Der Klient ist auch nach gezielter Nachfrage nicht imstande, seine Gedanken (Hypothesen über das zu erwartende Verhalten anderer, Handlungspläne) und Gefühle in problematischen Situationen (z. B. bei Rechtsverstößen) auch nur grob, gegebenenfalls stichwortartig, zu beschreiben.

(2) Der Klient argumentiert im Wesentlichen mit Gruppenzwängen oder der „Problematik", in manchen Situationen Nein zu sagen („Da kann man sich nicht ausschließen ...").

3. Der Klient bewertet das problematische Verhalten – anders als bisher – nun hinsichtlich seines Gefährdungspotenzials realistisch.

Kontraindikatoren

(1) Der Klient ist auch bei entsprechender Rückmeldung durch den Gutachter nicht in der Lage, die (längerfristigen) Nachteile der bisher problematischen Verhaltensweisen zu sehen und die Vorteile des Drogenverzichts zu erkennen.

(2) Der Klient geht davon aus, dass „andere" oder „die meisten" seiner Altersgruppe die gleichen Fehler machen (Drogen konsumieren und fahren o. Ä.).

Kriterium D 7.3 N **Die geistigen, insbesondere die kommunikativen Voraussetzungen des Klienten lassen das erfolgreiche Absolvieren eines Rehabilitationskurses erwarten.**

1. Der Klient ist in der Lage, einfache selbstreflexive Gedanken zu seinem Verhalten sowie zu den wesentlichen Bedingungen (Auslöser und Folgen des Verhaltens) zu artikulieren.
2. Es ist zu erwarten, dass der Klient die wesentlichen Gesprächsinhalte des Kurses verstehen kann, auch wenn kommunikative Erschwernisse wie Durcheinanderreden, leises Sprechen, Dialekte oder Artikulationsprobleme anderer Kursteilnehmer berücksichtigt werden.
3. Der Klient hat mit der sprachlichen Verständigung im psychologischen Untersuchungsgespräch keine oder allenfalls geringe Schwierigkeiten.

Kontraindikator

(1) Der Klient versteht Fragen oder Erklärungen häufig nicht; auch bei einfachen Formulierungen kommt es zu Unsicherheiten, ob richtig verstanden wurde.

4. Der Klient weist keine erkennbaren Probleme dabei auf, den Rückmeldungen des Gutachters zuzuhören und sich auf die Gedankengänge seines Gegenübers einzustellen.

Kontraindikator

(1) Der Klient ist in seinen Äußerungen sehr redundant, klebt an einem Thema oder präsentiert ein „fertiges Weltbild" (dem Klienten erscheint nichts unklar oder überlegenswert).

Kriterium D 7.4 N **Der drogenauffällige Klient hat nach den erlebten negativen Konsequenzen des Drogenkonsumverhaltens Verhaltensänderungen vollzogen, insbesondere den Drogenkonsum eingestellt. Er ist zumindest grundsätzlich motiviert, den Drogenverzicht dauerhaft aufrechtzuerhalten.**

1. Der Klient hat seinen Drogenkonsum aufgrund seiner Erfahrungen mit den nachteiligen Konsequenzen (z. B. rechtliche oder soziale Folgen, Fahrerlaubnisproblematik) eingestellt.

2. Die gegebenenfalls erforderlichen Abstinenzzeiträume sind zum Zeitpunkt der Begutachtung bereits erfüllt und durch geeignete Drogenscreenings nachvollziehbar belegt.
3. Der Klient hat zumindest ansatzweise eine „Neuorganisation" im Umgang mit drogenspezifischen Bereichen und Gruppen in Angriff genommen (Abbruch von Kontakten zu Drogencliquen und entsprechenden Örtlichkeiten) oder hält eine solche Verhaltensänderung zumindest für erforderlich.
4. Der Klient äußert konkrete Vorsätze, in den verbleibenden problematischen Verhaltensbereichen etwas zu verändern und verharrt nicht in pauschalen Zielformulierungen.

Literatur

ALGEIER-FÖLL, R. (1991). Cannabis und Verkehrstauglichkeit (Literaturüberblick). Zentralblatt Rechtsmedizin 35, 617–623.

BAYERISCHE AKADEMIE FÜR SUCHT- UND GESUNDHEITSFRAGEN (2018). Leitfaden für Ärzte zur substitutionsgestützten Behandlung Opiatabhängiger. 4. Auflage. BAS – letzte Revision am 19.12.2018.

BERGHAUS ET AL. (1993). Complementary empirical study on the driver fitness of methadone substitution patients. In: UTZELMANN, H.-D., BERGHAUS, G. & KROJ, G. (Hrsg.): Alcohol, Drugs and Traffic Safety – T92, Band 1, Bericht über den 12. ICADTS-Kongress, 28. Sept. – 2. Okt. in Köln, 120–126. Köln: Verlag TÜV Rheinland.

BERGHAUS ET AL. (1993). Methadonsubstitution und Verkehrssicherheit. Bericht zum Forschungsprojekt 2.9125 der BASt. Reihe „Mensch und Sicherheit" M18. Bremerhaven: Wirtschaftsverlag NW.

BRENNER-HARTMANN, J. (1994). Fahreignungsbeurteilung bei Drogenmissbrauch – Ist eine zum Alkohol analoge Bewertung möglich? In: RISSER, R. (Hrsg.): 35. BDP-Kongress für Verkehrspsychologie. Bonn: Deutscher Psychologen Verlag.

BOGUSZ, M. & SCHMIDT, G. (1991). Kokain-Missbrauch – Neue Bedrohung mit der alten Substanz. Zentralblatt Rechtsmedizin 35, 783–793.

BONAR, E. E. ET AL. (2018). Driving under the influence of cannabis among medical cannabis patients with chronic pain. Drug and Alcohol Dependence 195, 193–197. https://doi.org/10.1016/j.drugalcdep.2018.11.016 (abgerufen am 13.8.2022).

BRON, B. (1982). Drogenabhängigkeit und Psychose – Psychotische Zustandsbilder bei jugendlichen Drogenkonsumenten. Berlin, Heidelberg, New York: Springer.

BUCHHOLTZ, U. (1993). Cannabiskonsum und Fahreignung. Unfall- und Sicherheitsforschung. Straßenverkehr 89. Bergisch Gladbach: Bundesanstalt für Straßenwesen.

BUNDESÄRZTEKAMMER (2017). Richtlinie der Bundesärztekammer zur Durchführung der substitutionsgestützten Behandlung Opioidabhängiger. https://www.bundesaerztekammer.de/fileadmin/user_upload/downloads/pdf-Ordner/RL/Substitution.pdf (abgerufen am 13.8.2022).

BUNDESINSTITUT FÜR ARZNEIMITTEL UND MEDIZINPRODUKTE (BfArM) (2022). Bericht zum Substitutionsregister. https://www.bfarm.de/SharedDocs/Downloads/DE/Bundesopiumstelle/SubstitReg/Subst_Bericht2022.html (abgerufen am 13.8.2022).

DALDRUP, T., REUDENBACH, G. ET AL. (1987). Cannabis und Alkohol im Straßenverkehr. Blutalkohol 24, 144–156.

DALDRUP T. (2011) Naturwissenschaftliche Grundlagen der Fahrlässigkeit – Zeitspanne der Nachweisbarkeit – Zuverlässigkeit von Drogenvortests. Blutalkohol 48, 72–77.

DILLING, H., MOMBOUR, W. & SCHMIDT, M.H. (Hrsg.) (2015) (Nachdruck 2020). Weltgesundheitsorganisation ICD-10 – Internationale Klassifikation psychischer Störungen. ICD-10 Kapitel V (F) Klinisch-diagnostische Leitlinien (10., überarbeitete Auflage unter Berücksichtigung der Änderungen entsprechend ICD-10 GM 2015). Bern: Hogrefe.

EIKMEIER, G. (1992). Unerwünschte Aspekte des Cannabiskonsums. MMW 134(8), 113–115.

EUROPÄISCHE BEOBACHTUNGSSTELLE FÜR DROGEN UND DROGENSUCHT (2021). Europäischer Drogenbericht – Trends und Entwicklungen. https://www.emcdda.europa.eu/system/files/publications/13838/2021.2256_DE0906.pdf (abgerufen am 13.8.2022).

FABRITIUS, M., AUGSBURGER, M., CHTIOUI, H., FAVRANT, B. & GIROUT, C. (2014). Fitness to drive and cannabis: Validation of two blood THCCOOH thresholds do distinguish occasional users from heavy smokers. Forensic Science International 242, 1–8.

FALKAI, P. & WITTCHEN, H.-U. (Hrsg.) (2015). Diagnostisches und Statistisches Manual Psychischer Störungen DSM-5® – American Psychiatric Association. Deutsche Ausgabe. Göttingen: Hogrefe.

FREYE, F. & SCHENK, G. K. (1990). Methadon als Ersatztherapie beim Opiatabhängigen. Klinikarzt 1(9), 57–61.

GESCHWINDE, T. (1998). Rauschdrogen – Marktformen und Wirkungsweisen. 4. Auflage. New York, Berlin, Heidelberg: Springer.

GRAW, M., BRENNER-HARTMANN, J., HAFFNER, H.-T. & MUSSHOFF, F. (2018). Betäubungsmittel und Arzneimittel – Kommentar. In: SCHUBERT, W., HUETTEN, M., REIMANN, C., GRAW, M., SCHNEIDER, W. & STEPHAN, E. (Hrsg.) Begutachtungsleitlinien zur Kraftfahreignung – Kommentar. 3. Auflage. Bonn: Kirschbaum Verlag.

HAAG, M. & HARTMANN, H.P. (1985). Die Beurteilung der Fahrtauglichkeit bei Drogenkonsumenten. Therapeutische Umschau 42(9), 617–623.

HAUSSMANN, E. ET AL. (1988). Medikamente, Drogen und Alkohol bei unfallverletzten Fahrern. Bericht zum Forschungsprojekt 8004 der BASt, Heft 184. Bergisch Gladbach: Bundesanstalt für Straßenwesen.

HEIN, P.M. & SCHULZ, E. (1992). Drogenevaluations- und Klassifizierungsprogramm in den USA – auch ein Modell für Deutschland. Blutalkohol 29, 225–241.

HOCH, E., FRIEMEL, C. M., & SCHNEIDER, M. (Hrsg.) (2019). Cannabis: Potenzial und Risiko – Eine wissenschaftliche Bestandsaufnahme. Berlin, Heidelberg: Springer.

HUESTIS, M. A., HENNINGFIELD, J. E. & CONE, E. J. (1992). Blood Cannabinoids – I. Absorbation of THC and Formation of 11-=H-THC and THCCOOH During and After Smoking Marijuana. Journal of Analytic Toxicology 16, 276–282.

JOACHIM, H., MILTNER, R. & THIEME, C. (1986). Der Stellenwert medizinisch-psychologischer Befunde bei Fahreignungsbegutachtungen von Drogen-Konsumenten – unter besonderer Berücksichtigung von Haschisch-Konsumenten. Forensia 7, 113–121.

KAUERT, G. ET AL. (1992). THC-Blutspiegel und Fahrtauglichkeit. In: SCHNEIDER, V. & GESERICK, G. (Hrsg.): 71. Jahrestagung der Deutschen Gesellschaft für Rechtsmedizin, Berlin, 16.9.1992. Berlin: Institut für Rechtsmedizin der FU Berlin.

KEUP, W. (1993). Missbrauchsmuster bei Abhängigkeit von Alkohol, Medikamenten und Drogen-Frühwarnsystemdaten für die BRD von 1976–1990. Freiburg: Lambertus-Verlag.

KLEINER, D. (1984). Langzeitverläufe bei Suchtkrankheiten. Berlin, Heidelberg, New York: Springer.

KREUZER, A. (1993). Drogen und Sicherheit im Straßenverkehr. Neue Zeitschrift für Strafrecht, 13(5), 209–213.

MAUKISCH, H. (1990). Kriterien der Fahreignungsdiagnose bei Drogenauffälligen. Unveröffentlichter Vortrag. Ludwig-Maximilians-Universität München.

MILKMAN, H. B., SUNDERWIRTH, S. G. & HILL. K. G. (2019). Craving for ecstasy and natural highs. San Diego: Cognella.

MÖLLER, M. R. (1993). Drogenkonsum und Drogennachweis bei Verkehrsteilnahme. Deutsches Autorecht 63(1), 7–11.

MÜLLER-VAHL, K. & GROTHENHERMEN, F. (2020). Cannabis und Cannabinoide in der Medizin. Berlin: Medizinisch Wissenschaftliche Verlagsgesellschaft.

MUGGLER-BICKEL, J. & MAAG, F. (1981). Drogen und Fahrtauglichkeit. Schweizerische Rundschau Medizin 70 397–407.

NEWMEYER, M. N., SWORTWOOD, M. J., BARNES, A. J., ABULSEOUD, O. A., SCHEIDWEILER, B. K. & HUESTIS, M. A. (2016). Free and Glucuronide Whole Blood Cannabinoids' Pharmacokinetics after Controlled Smoked, Vaporized, and Oral Cannabis Administration in Frequent and Occasional Cannabis Users: Identification of Recent Cannabis Intake. Clinical Chemistry 62(12), 1579–1592.

RAMAEKERS, J. G., BERGHAUS, G., VAN LAAR, M. & DRUMMER O. H. (2004). Dose related risk of motor vehicle crashes after cannabis use. Elsevier: Drug and Alcohol Dependence 73, 109–119.

RAMAEKERS, J. G. ET AL. (2019). Cannabis and tolerance: acute drug impairment as a function of cannabis use history. Scientific Reports 6, 26843. https://www.ncbi.nlm.nih.gov/pmc/articles/PMC4881034/ (abgerufen am 13.8.2022).

RAMAEKERS, J. G., MASON, N. L. & THEUNISSEN, E. L. (2020). Blunted highs: Pharmacodynamic and behavioral models of cannabis tolerance. European Neuropsychopharmacology 36, 191–205. https://www.sciencedirect.com/science/article/abs/pii/S0924977X20300225?via%3Dihub (abgerufen am 13.8.2022).

SCHMIDBAUER, W. & VOM SCHEIDT, J. (2004). Handbuch der Rauschdrogen. Frankfurt am Main: Fischer.

SIMON, R., BÜHRINGER, G. & WIBLISHAUSER, P. M. (1990). Repräsentativerhebung 1990 – Zum Konsum und Missbrauch von illegalen Drogen, alkoholischen Getränken, Medikamenten und Tabakwaren. Bonn: Bundesministerium für Gesundheit.

SOYKA, M., BATRA, A., HEINZ, A., MOGGI, F. & WALTER, M. (Hrsg.). (2019). Suchtmedizin. München: Elsevier.

STAAK, M. ET AL. (1993). Empirische Untersuchung zur Fahreignung von Methadon-Substitutionspatienten. Blutalkohol 30, 321–333.

TÄSCHNER, K.-L. (2005). Cannabis – Biologie, Konsum und Wirkung. 4. Auflage. Köln: Deutscher Ärzteverlag.

TÄSCHNER, K.-L. ET AL. (1991). Heroinsucht I – Verbreitung, pharmakologische Grundlagen und Wirkungen. DMW 116, 1603–1609.

TÄSCHNER, K.-L. ET AL. (1991). Heroinsucht II – Therapie und Prävention. DMW 116, 1640–1645.

TÄSCHNER, K.-L. & RICHTBERG, W. (1988). Koka und Kokain. 2. Auflage. Köln: Deutscher Ärzteverlag.

TÄSCHNER, K.-L. ET AL. (1989). Verkehrstauglichkeit bei Rauschgiftkonsumenten unter besonderer Berücksichtigung des Cannabismissbrauchs. Suchtgefahren 35, 253–262.

TÄSCHNER, K.-L. (1990). Fahrtüchtigkeit bei Drogenkonsumenten. 8. wissenschaftliche Tagung der DG Sucht. Offenbach, 10.5.1990.

VIERKE, C., MARXEN, B., BOETTCHER, M., HIEMKE, C. & HAVEMANN-REINECKE, U. (2019). Buprenorphine-cannabis interaction in patients undergoing opioid maintenance therapy. European Archives of Psychiatry and Clinical Neuroscience 271(5), 847–856. https://doi.org/10.1007/s00406-019-01091-0.

VON KISKER, K.P. (1987). Psychiatrie der Gegenwart. 3. Abhängigkeit und Sucht. Berlin, Heidelberg, New York: Springer.

VON MEYER, L. (1985). Zum enzymatisch immunologisch chemischen Nachweis des Haschischkonsums und seiner dünnschichtchromatographischen Absicherung. Zeitschrift für Rechtsmedizin 94, 219–225.

WALDMANN, H. & HASSE, H.E. (1974). Verlaufsform der Nachhallpsychose (Flash-back) und ihre Bedeutung für die Therapie. In: SCHEIDT, J. (Hrsg.): Die Behandlung Drogenabhängiger. München: Nymphenburger.

WANKE, K. & TÄSCHNER, K.-L. (2002). Rauschmittel, Drogen – Medikamente – Alkohol. 6. Auflage. Stuttgart: Enke.

B. 4 Kriterien und Indikatoren zu den V-Hypothesen (Verkehrsauffälligkeit und Straftaten)

Die Hypothesen V 1 bis V 5 sind sowohl beim Vorliegen eines erheblichen Verkehrsverstoßes oder wiederholter Verstöße gegen verkehrsrechtliche Vorschriften zugrunde zu legen, als auch, wenn eine erhebliche Straftat oder wiederholte Straftaten im Sinne des § 11 Abs. 3 Nr. 4–7 FeV, die im Zusammenhang mit dem Straßenverkehr oder der Fahreignung stehen, Anlass der Untersuchung waren. Daneben kann auch bei wiederholtem Entzug der Fahrerlaubnis, bei einem Entzug, der auf Auffälligkeiten gemäß § 11 Abs. 3 Nr. 4–7 beruhte, oder zur Abklärung der besonderen Verantwortung bei der Beförderung von Fahrgästen (§ 11 Abs. 3 Nr. 8) sowie bei wiederholten Auffälligkeiten in der Probezeit (§ 2a Abs. 5 S. 5 StVG) ein Untersuchungsanlass gegeben sein. Zudem haben wiederholt Auffällige, deren Delikthäufung zu einem Eintrag von acht oder mehr Punkten im Fahreignungsregister geführt hat und denen die Fahrerlaubnis entzogen worden war, im Neuerteilungsverfahren in der Regel ein medizinisch-psychologisches Gutachten beizubringen (§ 4 Abs. 10 S. 4 StVG).

Für die Beurteilung der Fahreignung spielen auch Straftaten außerhalb des Straßenverkehrs eine wesentliche Rolle, da der enge Zusammenhang zwischen allgemeiner Kriminalität und Verkehrsdelinquenz als wissenschaftlich gesichert gelten kann [1; 2]. Delinquentes Verhalten, innerhalb und außerhalb des Straßenverkehrs, stellt sich demnach als Phänomen dar, an dem Komponenten der Impuls- oder Selbstkontrolle, der Emotionsregulation und der sozialen Anpassung beteiligt sind. Diese Komponenten lassen sich dabei als Kontinuum begreifen und können in Symptomkomplexen – wie die Hypothesen V 1 bis V 3 – „vergesellschaftet" sein.

Die Symptomausprägungen lassen sich nach den Unterscheidungsmerkmalen Generalisierbarkeit (Auswirkung auf unterschiedliche Lebensbereiche), Stabilität (in zeitlicher Hinsicht, Dauerhaftigkeit, Änderungsresistenz), Ausprägungsgrad und handlungsbezogene Funktionalität (Auswirkung auf Art, Anzahl und Schwere delinquenten Verhaltens) gegeneinander abgrenzen [3]. Dies kennzeichnet die Hypothesenstruktur als ein hierarchisch aufgebautes „Fehlregulationsmodell" abnehmender Kontrollfähigkeit und zunehmender Impulsivität im Kontinuum der in die Hypothesen V 3, V 2 und V 1 eingeordneten Auffälligkeiten. Entsprechende Annahmen finden sich auch in der Basisliteratur zur differenziellen Psychologie, exemplarisch ausgeführt bei KRONE & TAUSCH ([4], S. 237):

> *„Diese und weitere Merkmale legen allerdings eine engere Beziehung der Impulsivität zur Antisozialen Emotionalität [...] nahe. Zur Planlosigkeit und der Unfähigkeit, aus negativen Erfahrungen zu lernen, kommen bei Impulsiven noch [...] die Neigung zu riskantem Verhalten. Dieses Merkmalsmuster begünstigt das Auftreten von Verhaltensweisen, die in der Regel negativ sanktioniert sind (Risikoverhalten im Straßenverkehr, Substanzmissbrauch und spontane aggressive Handlungen bis hin zu Gewaltdelikten ...).*
>
> *Als Fazit zur Bewertung des Konstrukts Impulsivität lässt sich dessen Komplexität und damit auch eine gewisse Eigenständigkeit [...] festhalten. Die*

umfangreichen biopsychologischen (speziell biochemischen und molekulargenetischen) Studien, die zu dem Konstrukt bislang durchgeführt wurden, lassen erwarten, dass hier bald eine stabile Differenzierung nach Komponenten möglich sein wird (z. B. Abenteuerlust, ineffiziente Bewältigung, antisoziale Impulsivität), die über eine bloße Analyse der Items aus Selbstberichtsinstrumenten hinausgeht."

Diese hierarchische Abstufung der V-Hypothesen erinnert an die Darstellung des Ausprägungsgrades einer substanzbezogenen Störung, bei der sich eine Gliederung bewährt hat, die sich von der Abhängigkeit mit generalisierten Störungen in vielen Lebensbereichen über den Missbrauch, wo der Konsum trotz erlebter Nachteile nicht dauerhaft unterbrochen wird, bis hin zu einer Gefährdung mit isolierter Problematik im Bereich des Substanzkonsums erstreckt. Allerdings liegt der Fokus weniger bei einer klinischen Diagnostik als bei forensisch bedeutsamen Beeinträchtigungen der Impulskontrolle und Anpassungsfähigkeit.

Hypothese V 1 setzt sich mit schwerwiegenden Anpassungsstörungen und Störungen der Persönlichkeit auseinander, bei denen angenommen werden kann, dass die straf- oder verkehrsrechtlichen Auffälligkeiten Ausdruck einer Störung der emotionalen und sozialen Entwicklung der Person darstellen, die langjährig verfestigt ist und zumeist weitergehender therapeutischer Aufarbeitung bedarf. Dabei ist im Rahmen einer medizinisch-psychologischen Begutachtung zu erwarten, dass eine differenzierte Diagnose der zugrunde liegenden Störung aufgrund von Dissimulationstendenzen sowie situativen, zweckorientierten Anpassungsleistungen nicht sicher erfolgen kann. Zudem ist es nicht Aufgabe der Fahreignungsbegutachtung klinische Differenzialdiagnosen zu erstellen, für die eine spezielle psychiatrische oder psychotherapeutische Kompetenz erforderlich ist. Es ist jedoch im Rahmen der Fahreignungsbegutachtung durchaus möglich zu erkennen, ob eine langjährig verfestigte, in unterschiedlichen Kontexten wirksame Störung vorliegt und ob der Klient selbst sich des Ausprägungsgrades seiner Problematik hinreichend bewusst (geworden) ist.

Fahreignungsrelevant sind vor allem jene Störungen, die sich negativ auf die Anpassung an die Regeln des Straßenverkehrs und an allgemeinverbindliche Regeln und Gesetze auswirken können. Dies sind insbesondere Persönlichkeitsstörungen (PS) des Clusters B (dissoziale PS, emotional instabile PS vom impulsiven und vom Borderline-Typ, histrionische PS und narzisstische PS; ICD-10 [5]; DSM-5® [6]), die in verstärktem Maße mit delinquentem Verhalten einhergehen. Die Kriterien für das Vorliegen einer generalisierten Störung der emotionalen und sozialen Entwicklung beschränken sich auf die externe Diagnose (V 1.1 N) mit Schwerpunkt auf Störungen der Impulskontrolle oder auf besondere Ausprägungen der Dissozialität sowie der Aggressivität. Im präklinischen Bereich sollte eine besondere Akzentuierung der Ausprägung, Dauerhaftigkeit und negativer Folgen vorhanden sein, beschreibbar in Attributen wie „anhaltend", „überdauernd", „persistierend", damit hervorgehoben wird, dass es sich um eine situationsübergreifende und eher zeitstabile Disposition handelt.

In Hypothese V 2 liegt der Schwerpunkt auf dem Personenkreis, der vorwiegend durch Verkehrszuwiderhandlungen bzw. Verkehrsstraftaten aufgefallen ist, wobei hier jedoch Verhaltensweisen beschrieben werden, die einen inadäquaten

„Missbrauch" der Verkehrsteilnahme zur emotionalen Regulation bzw. emotional geprägte Überreaktionen im Verkehr erkennen lassen. Die Verkehrsteilnahme fungiert als Coping-Strategie, schädliche Impulse werden infolge unzureichender Kontrollfähigkeiten nicht ausreichend gehemmt, es liegt eine erhöhte Impulsivität vor oder normative Verpflichtungen werden als Einschränkung der Handlungsfreiheit interpretiert und lösen damit einen „Bumerangeffekt" im Sinne einer Frustrations-Aggressions-Kette aus. Personen, die in die Hypothese V 2 einzuordnen sind, berichten häufig auch über psychische Konflikte oder Spannungen in anderen sozialen Kontexten. Leitsymptom dieser Fallgruppe ist demnach die unzureichende Fähigkeit zur Selbstkontrolle, die sich auch in einer auffälligen Lerngeschichte, die eine erhebliche Änderungsresistenz aufweist, niederschlagen kann. Nicht selten besteht eine Diskrepanz zwischen Innen- und Außenansicht der Selbstkontrolle. Der Betroffene selbst kann sich hingegen als ausgesprochen kontrolliert mit ausgeprägter Wahrnehmung der eigenen (überschießenden) Selbstwirksamkeit, erfolgsorientiertem Optimismus und überhöht eingeschätzten Kontrollfähigkeiten empfinden, die sich in der Außenansicht allerdings als erhebliche Beeinträchtigung der Top-down-Steuerung darstellt. Neuartige Risikophänomene wie illegale Kraftfahrzeugrennen gemäß § 315d StGB oder besondere Formen der Selbstdarstellung („Autoposer") können hier eingeordnet werden, sofern eine Persönlichkeitsstörung als Ursache ausgeschlossen werden kann. Die Motivation für dieses Fehlverhalten stützt sich weitgehend auf Extramotive wie Fahrspaß, das Ausleben des Leistungsmotivs, der Suche nach Grenzerfahrungen und Stimulation oder soziale Anerkennung. Dabei spielt die Befriedigung narzisstischer Bedürfnisse mitunter eine wesentliche Rolle.

Hypothese V 3 beschreibt Klienten, bei denen das auffällige Verhalten als ein eher verkehrsspezifisch problematischer Verhaltensbereich einer ansonsten sozial weitgehend integrierten und psychisch unauffälligen Person gesehen werden kann. Diese Personengruppe kalkuliert durchaus ein gewisses Risiko seines Verhaltens vorher ein, unterschätzt dabei jedoch die objektive (Unfall-)Gefahr oder nimmt negative Folgen (Bußgelder) billigend in Kauf, da der positive Anreiz für die verbotene Handlung in einer psychischen Kosten-Nutzen-Analyse überwiegt. Dabei kann das vermeintliche Beherrschen von Risiken im Sinne eines Kompetenzerlebens sowie das Ausbleiben von negativen Folgen verstärkend wirken und zu einer Habituation riskanten Verhaltens beitragen. Problematische Verhaltensgewohnheiten können sich bei dieser Gruppe auch infolge ungenügender Beeindruckbarkeit durch negative Sanktionen oder einer Unausgewogenheit zwischen einer dominanten „Empfänglichkeit" für positive Verstärker (z. B. Anerkennung des Fahrkönnens durch die Peergroup) und einer verringerten Beeindruckbarkeit durch negative Sanktionen wie Bußgelder, Fahrverbote oder Punkte entwickeln. Nicht selten verfehlen Bußgelder auch aufgrund des seltenen Eintretens der Sanktion oder der als gering erlebten Sanktionshöhe ihre Wirkung. Fahranfänger innerhalb der Probezeit können dadurch in ihrer Erfahrungsbildung einer in dieser Hinsicht verzerrten Wahrnehmung und Interpretation des Verkehrsgeschehens unterliegen. Die erforderliche Problembewältigung unter der Hypothese V 3 hat bei diesem Personenkreis ihren Schwerpunkt auf Lern- und Einsichtsprozessen und der Veränderung bestimmter Verhaltensgewohnheiten bei der Verkehrsteilnahme, aber auch in der Steuerung emotionaler Anspannungen bei der Verkehrsteilnahme und der Entwicklung wirksamer Vermeidungsstrategien.

Unter den neueren eignungsrelevanten Risikophänomenen werden auch immer wieder die sogenannten „Reichsbürger" genannt. Bislang fehlt es allerdings an ausreichender Evidenz dafür, dass diese Gruppe im Straßenverkehr eine eigenständige Risikogruppe darstellen könnte, die in verstärktem Maße durch verkehrsgefährdendes Verhalten oder durch eine mangelnde Verkehrsanpassung in Erscheinung tritt. Problematisch ist die Reichsbürger-Ideologie, wenn sie in Kombination mit einer verkehrsrelevanten Persönlichkeitsstörung (vgl. Hypothese V 1) vorliegt und/ oder wenn die Betreffenden ihr unangepasstes Verhalten ideologisch begründen und rechtfertigen (fehlende Änderungsbereitschaft, eigene Werteordnung). Ob das Verhalten, das Eignungsbedenken begründet, im Kontext einer Reichsbürgerideologie steht, ist für die Verkehrsverhaltensprognose zunächst zweitrangig. Politische und rechtliche Auffassungen oder Handlungen bieten für sich genommen keinen Grund für Zweifel an der Fahreignung, da sie per se keine Zusammenhänge zu regelwidrigem Verkehrsverhalten aufweisen und es an einem ausreichenden und empirisch belegten Gefahrenverdacht in Hinblick auf die Fahreignung fehlt. Anders liegt der Fall, wenn im Zusammenhang mit der Reichsbürger-Ideologie strafbare Handlungen begangen werden. So ist beispielsweise ein tätlicher Angriff auf Polizeibeamte oder Behördenvertreter zunächst eine aggressive Handlung, die als Indiz mangelnder sozialer Anpassungsfähigkeit gegenüber Autoritäten des Staates als Ausdruck einer Problemausprägung im Sinne der Hypothese V 2 angesehen werden kann. Analoges gilt für Fahrer, die sich aufgrund der fehlenden Anerkennung staatlicher Autorität nicht an die Verkehrsregeln gebunden fühlen und daher wiederholt dagegen verstoßen (Hypothese V 3). Bei der Einordnung von sogenannten Reichsbürgerfällen kommt es daher vor allem auf die Art und Schwere sowie die Tatdynamik an, wobei die dahinterstehende Gesinnung gegebenenfalls Aufschluss über die Handlungsmotivation bietet.

Bemerkungen zur diagnostischen Einordnung

Bei der Begutachtung von Personen mit einer größeren Anzahl von Verkehrsauffälligkeiten ist zu erwarten, dass sich keine homogene Tatstruktur ergibt. Es ist vielmehr anzunehmen, dass bei unterschiedlichen Tathergängen auch unterschiedliche Verhaltensmotive zu erkennen sind. Das Begehen eines Nötigungsdelikts aufgrund aggressiver Impulse (V 2) schließt ja nicht aus, dass ein Regelverstoß, wie etwa eine Geschwindigkeitsüberschreitung, im Einzelfall auch aus Nachlässigkeit im Umgang mit den vorgeschriebenen Sorgfaltspflichten (V 3) begangen wurde. Bei einer derartigen Mischattribution von Auffälligkeiten ist vom psychologischen Gutachter eine Abwägung der Ursachen für das auffällige Verhalten zu treffen und ein Schwerpunkt zu bilden. Es gilt angesichts der zu beantwortenden Frage nach einer Verhaltensprognose, dass bei der Prüfung der Kriterien für eine günstige Entwicklung grundsätzlich der weitergehende Ausprägungsgrad der Störung zu beachten ist, sofern sich nicht eindeutig ein deutlich überwiegender Schwerpunkt der aktenkundigen Delikte im Bereich der schwächer ausgeprägten Problematik findet und der schwerwiegenderen Deliktursache ein Ausnahmecharakter zukommt.

Grundsätzlich gilt für die gutachterliche Beurteilung aller Fallgruppen, dass nur internale Erklärungsansätze die Basis für eine stabile Verhaltensänderung bilden können. Pauschale und oberflächliche Angaben und Erklärungsversuche („Ich habe das Schild nicht gesehen", „Ich war abgelenkt") oder Verweise auf Situationsbedingungen („Es gab Druck vom Arbeitgeber", „Ich war in Eile") tragen nicht ausreichend zur Ursachenaufklärung bei, da es sich bei dem aktenkundigen und rechtskräftigen Fehlverhalten in jedem Fall um vermeidbare Vorfälle handelt, die nicht ohne eigene Verantwortlichkeit „passiert" wären. Zudem spricht auch die zumeist ungewöhnliche Häufung oder Ausprägung von Zuwiderhandlungen gegen Deutungen, die sich vor allem auf die Annahme eines Augenblicksversagens stützen. Daher können sich solche Äußerungen bestenfalls auf die Auslösebedingungen des Fehlverhaltens, nicht aber auf die zugrunde liegende Motivation und die intrinsischen Ursachen beziehen. Notwendig ist also ein individuelles Erklärungsmodell, über das der Untersuchte verfügt und in dem er seine Handlungen mit einer Ursachenattribution auf innere Bedingungen verknüpfen kann (vgl. Kapitel C.1). Dies ist abzugrenzen von situationsorientierten und external attribuierenden Erklärungsmodellen, die deutlich machen, dass eine postulierte Vorsatzbildung und Verhaltensänderung nicht angemessen begründet ist, dass also auch künftig das Verhalten externen Auslösern „unterworfen" wird und somit keine Stabilität einer Verhaltensänderung erwartet werden kann.

Bemerkungen zum Zielverhalten

Aufgrund der vielfältig denkbaren Gründe für und Arten von möglichen zukünftigen Verkehrsauffälligkeiten ist es nicht zielführend und auch nicht realistisch zu erwarten, dass es beim Klienten zukünftig über lange Jahre zu keinerlei Auffälligkeiten im Straßenverkehr mehr kommen wird. Auszuschließen ist jedoch, dass auch künftig eine besonders ausgeprägte oder gehäufte Auffälligkeit auftritt. Der Schwerpunkt der Begutachtung liegt demnach auf der Feststellung, ob grundlegende, problematische Verhaltensmuster erkennbar sind und vom Klienten erkannt wurden, ob diese verändert werden konnten sowie ob der Veränderung eine hinreichende Stabilität zugemessen werden kann, sodass der Gefährdungsgrad bei der Verkehrsteilnahme auf ein tolerables Niveau gesenkt wurde. Eine Hilfe bei der Festlegung des Zielverhaltens kann die Punktezahl im Fahreignungsbewertungssystem des StVG darstellen. Es muss vom Klienten erwartet werden können, dass er zu einer Anpassungsleistung bei der Verkehrsteilnahme in der Lage ist, die verhindert, dass es zum Erreichen von vier oder fünf Punkten und damit zu einer Ermahnung durch die Fahrerlaubnisbehörde kommt (§ 4 Abs. 5 Nr. 1 StVG). Entsprechend sind auf allen Hypothesenebenen Vermeidungsstrategien zur künftigen Einhaltung von Regeln und eine Verkehrsregelakzeptanz notwendig.

Sämtliche Kriterien der Hypothese V sind als N-Kriterien gekennzeichnet, da derzeit nach § 70 Abs. 1 FeV nur Kurse zur Wiederherstellung der Fahreignung für alkohol- und drogenauffällige Kraftfahrer anerkannt werden können. Somit wird eine Kennzeichnung als K-Kriterium für Problemfelder, die im Rahmen eines solchen Kurses behoben werden könnten, hinfällig. Weiterhin ist hervorzuheben, dass eine Empfehlung eines Kurses gemäß § 70 FeV auch bei Vorliegen einer Trunkenheitsfahrt oder einer Fahrt nach Betäubungsmittelkonsum nur dann möglich ist, wenn der Untersuchungsanlass und die behördliche Fragestellung zusätzlich eine vollständige Überprüfung der Alkohol- oder Drogenhypothesen fordert und wenn die Prognose hinsichtlich künftiger Verkehrsauffälligkeit ohne Substanzeinfluss günstig bewertet werden kann.

Hypothese V 1

Die verkehrs- und strafrechtlichen Auffälligkeiten des Klienten sind im Wesentlichen auf eine generalisierte Störung der emotionalen und sozialen Entwicklung (z. B. Störung der Persönlichkeit, Beeinträchtigung der Impulskontrolle) zurückzuführen. Er zeigt nach einem nachvollziehbaren, in der Regel therapeutisch unterstützten Veränderungsprozess keine grundsätzlich antisoziale Einstellung (mehr), ist zur Einhaltung relevanter sozialer Normen und gesetzlicher Bestimmungen motiviert und konnte dies auch bereits erfolgreich über einen längeren Zeitraum umsetzen.

■ Kriterien für das Vorliegen einer generalisierten Störung

Von einer Persönlichkeitsstörung kann ausgegangen werden, wenn eine entsprechende fremddiagnostische Einordnung vorliegt (vgl. Kriterium V 1.1 N bzw. V 4.1 N).

In Kriterium V 1.2 N werden die Indikatoren dargestellt, die Hinweise darauf geben, dass die Straffälligkeit oder gegebenenfalls die Verkehrsauffälligkeit auf eine ausgeprägte und persistierende Dissozialität zurückgeführt werden kann, ohne dass die Voraussetzungen für die Diagnose einer Persönlichkeitsstörung verifizierbar sind. Dabei liegen tiefer greifende Fehlentwicklungen der Persönlichkeit zugrunde, die mit erhöhter Wahrscheinlichkeit erwarten lassen, dass sie sich auch bei der Verkehrsteilnahme selbst oder der Verarbeitung von Verkehrsauffälligkeiten (Lernen aus Fehlern) ungünstig auswirken dürften. Der unflexible Charakter von überdauernden Störungsmustern, welche die Beziehung eines Menschen zu seiner Umwelt und die Verarbeitung der Rückmeldungen und Auswirkungen von Verhaltensweisen tiefgreifend beeinflussen, lässt unangepasstes Verhalten in unterschiedlichen Verhaltensbereichen erwarten.

Zu derartigen überdauernden Störungsmustern gehören neben Anpassungsstörungen nach F43.2 (ICD-10) auch Impulskontrollstörungen, die vor allem im Kapitel F63 der ICD-10 mit der Bezeichnung „Abnorme Gewohnheiten und Störungen der Impulskontrolle" beschrieben werden (vgl. auch DSM-5: „disruptive Impulskontroll- und Sozialverhaltensstörungen"). Im DSM-5 steht diese Form der insuffizienten Impulskontrolle auch im Zusammenhang mit Aggressionsdurchbrüchen bei belanglosen sowie unverhältnismäßigen Auslösebedingungen. Daher können Impulskontrollstörungen sowohl für persistierende Dissozialität im Sinne des Kriteriums V 1.2 N als auch im Sinne des Kriteriums V 1.3 N, welches die Aggressionsneigung als stabiles und überdauerndes Verhaltensmuster berücksichtigt, verhaltensbestimmend sein. In diesem Kontext wird auch der fahrerlaubnisrechtlich konzipierte Begriff des „Aggressionspotenzials" als individuelle

Disposition, regelmäßig und situationsübergreifend dieses aggressive Verhalten mit erhöhter Wahrscheinlichkeit zu zeigen, verstanden.

In der Vorgeschichte wurde beim Klienten eine verkehrsrelevante Persönlichkeitsstörung nach ICD-10[1] bzw. DSM-5 diagnostiziert. Kriterium V 1.1 N

1. In der Vergangenheit wurde bereits vom behandelnden Arzt, einem Psychologischen Psychotherapeuten, einer Klinik oder einer suchttherapeutischen Einrichtung die Diagnose einer Persönlichkeitsstörung gestellt (vgl. auch V 4.1 N, Indikator 13).
2. Die extern gestellte Diagnose orientierte sich erkennbar an anerkannten Diagnosekriterien (ICD bzw. DSM). Ein entsprechender Arztbericht oder eine vergleichbare Bestätigung der Diagnose liegt vor.
3. In der Vorgeschichte liegen eine oder mehrere stationäre Aufenthalte in einer psychiatrischen oder psychosomatischen Klinik vor. Die Eingangsdiagnose einer Persönlichkeitsstörung wurde nachvollziehbar gestellt.
4. Die Symptomatik der diagnostizierten Persönlichkeitsstörung lässt – in Zusammenhang mit der aktenkundigen Vorgeschichte – erwarten, dass sich die Störung ungünstig auf das Verhalten bei der Teilnahme am öffentlichen Straßenverkehr auswirkt.
5. Vom behandelnden Arzt wurden in der Vergangenheit psychoaktive Medikamente zur Regulierung der Stimmung oder der Impulskontrolle verschrieben.

Es liegt eine ausgeprägte und persistierende Dissozialität mit ungünstigen Auswirkungen auf das Anpassungsverhalten vor. Kriterium V 1.2 N

1. Der Klient hat vielfältige Delikte unterschiedlicher Art (z. B. Diebstahl, Urkundenfälschung, Betrug) begangen, die sich gegen verschiedene Rechtsgüter richteten.
2. Der Klient bietet bereits in einer frühen, pubertären Entwicklungsphase Hinweise auf kriminelles Verhalten.
3. Der Klient erfüllt die Merkmale eines jungen Mehrfach-/Intensivtäters (MIT). So werden ihm polizeilich mehr als fünf Straftaten innerhalb von zwölf Monaten zur Last gelegt (in einigen Großstädten wird das Kriterium allerdings erst bei zehn Straftaten im Jahr (bzw. fünf im Halbjahr), für die ein Tatverdacht besteht, angesetzt) [9].
4. Der Klient zeigt das auffällige Verhalten nicht nur in einer problematischen Lebensphase, die durch eine Persönlichkeitsreifung überwunden werden könnte, sondern setzt es über verschiedene Entwicklungsphasen hinweg fort.

1 Am 1.1.2022 ist das ICD-11 durch die WHO zwar in Kraft gesetzt worden, es ist jedoch zu erwarten, dass sich die Umstellung bei den Morbiditätsdiagnosen in Deutschland noch über mehrere Jahre hinziehen wird, sodass derzeit noch Diagnosen nach ICD-10 üblich und zulässig sind. Diagnosen, die sich bereits auf das ICD-11 beziehen, sind jedoch ebenfalls verwertbar.

5. Der Klient weist in verschiedenen Lebensphasen Störungen der sozialen Einordnung, unangepasstes Verhalten und/oder eine unausgeglichene Stimmungslage auf.
6. Die aktenkundigen Auffälligkeiten haben wiederholt ein rücksichtsloses Durchsetzen eigener Handlungsziele zur Grundlage, wobei die Interessen anderer zwar gesehen, aber ignoriert werden.
7. Der Klient verfügte über kein Konzept sozialer Verantwortung. Vielmehr dominierten eigene Handlungsimpulse oder das Verfolgen egoistischer Ziele das Verhalten.
8. Es finden sich keine Hinweise darauf, dass die Verhaltensauffälligkeit mit einer dissozialen bzw. antisozialen Persönlichkeitsakzentuierung (ICD-10: F60.2) im Zusammenhang steht. Dies wäre insbesondere anzunehmen, wenn eine ungewöhnlich große Diskrepanz zwischen dem Verhalten und geltenden sozialen Normen festzustellen ist und diagnostische Kriterien für eine antisoziale Persönlichkeit erfüllt sind (vgl. Kontraindikatoren).

Kontraindikatoren

(1) Der Klient zeigte sich den Gefühlen anderer gegenüber unbeteiligt oder setzte sich rücksichtslos über sie hinweg, auch wenn sie ihm gegenüber geäußert wurden.

(2) Soziale Normen, Regeln und Verpflichtungen werden grob und andauernd missachtet. Der Klient zeigte keine Verantwortung anderen gegenüber und hält dies auch nicht für erforderlich.

(3) Der Klient wies bei (vermeintlichen) Provokationen eine sehr geringe Frustrationstoleranz auf und überschritt häufig schnell und leicht die Schwelle zu aggressivem und gewalttätigem Verhalten, ohne andere Lösungsmöglichkeiten zu erwägen.

(4) Der Klient schildert, dass er nach seinen Straftaten, bei denen andere erheblichen Schaden erlitten hatten, keine Schuld empfunden habe. Vielmehr zeigt er eine ausgeprägte Neigung andere zu beschuldigen, sich selbst in diese Situationen gebracht zu haben.

(5) Der Klient bietet einleuchtend klingende Rationalisierungen dafür an, warum er in Konflikt mit der Gesellschaft geraten sei. Diese halten jedoch einer Realitätsprüfung voraussichtlich nicht stand und dienen im Wesentlichen der Selbstentlastung.

9. Eine fremddiagnostisch bestätigte Störung der Impulskontrolle dokumentiert die Unfähigkeit des Klienten, für sich oder andere schädliche Verhaltensimpulse zu unterdrücken, z. B. Störungsbilder wie pathologische Brandstiftung (Pyromanie, ICD-10: F63.1), pathologisches Stehlen (ICD-10: F63.2) oder sonstige abnorme Gewohnheiten und Störungen der Impulskontrolle (ICD-10: F63.8).
10. Dem dissozialen Verhalten liegt eine Störung des Sozialverhaltens bzw. eine Anpassungsstörung (ICD-10: F43.2) zugrunde. Diese wurde fremddiagnostisch durch einen Arzt, einen Psychologischen Psychotherapeuten, eine Klinik oder eine suchttherapeutische Einrichtung bestätigt.

11. Der Klient zeigt Hinweise auf depressive Verarbeitungsmuster und eine resignative, selbstunsichere Grundhaltung. So hat er sich auch in anderen Verhaltensbereichen entmutigt und resigniert gezeigt (z. B. abgebrochene Ausbildung, Misserfolgserwartungen).
12. In Verbindung mit der Straffälligkeit finden sich Hinweise auf Alkohol- oder Drogenmissbrauch (z. B. Beschaffungskriminalität).
13. Die straf- oder verkehrsrechtlichen Auffälligkeiten sind wiederholt unter Einfluss von Alkohol oder Drogen begangen worden, sodass ein Suchtmittelmissbrauch als Grundlage des auffälligen Verhaltens zu diskutieren und gegebenenfalls mit getrennter Fragestellung zu begutachten ist.

Es liegt eine ausgeprägte Impulskontrollstörung mit Aggressionsdurchbrüchen oder eine schwerwiegende Aggressionsneigung als Ausdruck einer generalisierten Störung der Selbstregulation vor. Kriterium V 1.3 N

1. Bei dem Klienten wurde eine „disruptive Impulskontroll- und Sozialverhaltensstörung" durch den behandelnden Arzt oder einen Psychologischen Psychotherapeuten (z. B. in einer Psychiatrischen Klinik oder einer suchttherapeutischen Einrichtung) diagnostiziert und nachvollziehbar dokumentiert.
2. Der Klient hat mehrere schwere Gewalthandlungen begangen, die potenziell zum Tode, zu schweren Verletzungen oder zu bleibenden Schäden der Opfer führen können.
3. Der Klient zeigte mindestens eine grausame Tat mit übermäßiger Gewaltanwendung.
4. Die erheblichen Gewaltakte des Klienten wurden von negativen Emotionen wie Wut, Ärger oder Feindseligkeit begleitet.
5. Der Klient zeigt wiederholt Verhaltensauffälligkeiten, die auf eine unzureichende Frustrationstoleranz schließen lassen, die zu impulsiv-aggressiven Handlungen oder Gefühlsäußerungen führt.
6. Der Klient zeigt ein übersteigertes Geltungsstreben, aggressive Reaktionen bzw. starke Ressentiments (z. B. Trotzreaktionen, Racheakte, Dauerfehden mit Kollegen oder Nachbarn).

■ Kriterien für eine angemessene Problembewältigung

Hinweis: Sofern auch Verkehrsverstöße den Untersuchungsanlass bilden, sind die Vermeidungsstrategien gemäß V 3.5 N ebenfalls zu prüfen.

Der Klient hat die Ursachen für das frühere Fehlverhalten, in der Regel mit therapeutischer Unterstützung, aufgearbeitet und konnte ein ausreichendes Problembewusstsein entwickeln. Störungen oder Fehleinstellungen liegen nicht mehr in einem Ausprägungsgrad vor, der einer angemessenen Anpassung an gesellschaftliche Normen entgegensteht. Kriterium V 1.4 N

1. Die vom Klienten dargelegten Veränderungsschritte in Einstellungen und Verhalten begründen sich in einer Auseinandersetzung mit den individuellen Besonderheiten des früheren Verhaltens.

Kontraindikatoren

(1) Es werden vorrangig äußere Einflüsse und die damaligen Lebensumstände als Ursachenattribution herangezogen.

(2) Verhaltensvorsätze werden vor allem zur Vermeidung weiterer Nachteile durch die fehlende/bedrohte Fahrerlaubnis gefasst.

2. Der Klient stellt früheres kriminelles Verhalten nicht nur als Mitläufertum dar, sondern versucht, den eigenen Anteil am Gruppenverhalten zu überdenken und die Attraktivität der Gruppe für sich selbst zu hinterfragen.

3. Das aktuelle, situationsbezogen angepasste Verhalten wird als „ich-synton" erlebt, auch wenn für die früheren auffälligen Verhaltensweisen kein Störungsgefühl hinsichtlich der eigenen Persönlichkeit vorliegt.

Kontraindikator

(1) Der Klient kann keine nachvollziehbare und tragfähige „Kosten-Nutzen-Abwägung" darlegen, sodass anzunehmen ist, dass der Vorsatz eines angepassten Verhaltens zu Dissonanzerlebnissen führt, die eine dauerhafte Umsetzung unwahrscheinlich machen.

4. Der Klient verfügt über eine ausreichende Frustrationstoleranz und ein hinreichend stabiles Selbstwertgefühl.

Kontraindikator

(1) Der Klient zeigt auch in der jüngeren Vergangenheit noch ein übersteigertes Geltungsstreben, aggressive Reaktionen bzw. starke Ressentiments gegenüber fremdbestimmten Reglementierungen und Einschränkungen.

5. Es sind vom Klienten keine impulsiven Aggressionsausbrüche in der jüngeren Vergangenheit bekannt und im Untersuchungsgespräch ist keine subaggressive Grundstimmung oder subaggressives Verhalten zu beobachten.

6. Der Klient kann an Beispielen aufzeigen, wie er in anderen Lebensbezügen mit Stimmungsschwankungen und aggressiven Spannungen so umgeht, dass er aggressive Impulsausbrüche vermeidet oder unschädlich kanalisiert.

7. Der Klient lässt jetzt eine längerfristige und verantwortlichere Lebensplanung (z. B. berufliche Qualifikation, Familiengründung) erkennen.

8. Das Verhalten des Klienten orientiert sich generell weniger an der Befriedigung spontaner Bedürfnisse. Vielmehr sieht er den längerfristigen Gewinn akuter Bedürfniskontrolle (kurzfristiger vs. langfristiger Hedonismus).

9. Der Klient, der die Straftaten im Wesentlichen in einer problematischen, jetzt abgeschlossenen Lebensphase begangen hat, zeigt nun eine reifere Grundhaltung, die zu einer angemessenen sozialen Integration sowie einer Distanzierung von früherem Verhalten geführt hat.

10. Der Klient hat eine tragfähige, durch die bisherigen Erfahrungen gestärkte Motivation und ein klares, durchdachtes Konzept zum Vermeidungsverhalten, welches in das Gesamtverhalten integriert ist, entwickelt.

(1) Die Umstellung ist an eine vorübergehende Änderung der Lebensverhältnisse oder der Motivation gekoppelt (z. B. zeitweilig verändertes Berufsumfeld), deren zeitlich begrenzte Wirksamkeit abzusehen ist. — Kontraindikator

Die stärkere Impulskontrolle bzw. eine gezielte verkehrsbezogene Verhaltenskontrolle werden als zufriedenstellend erlebt und haben sich über einen ausreichend langen Zeitraum als stabil erwiesen. Der Klient ist zur dauerhaften Aufrechterhaltung der Veränderungen motiviert und in der Lage, mit Rückfallgefahren konstruktiv umzugehen. — **Kriterium V 1.5 N**

Vorbemerkung: Abhängig von der Ausprägung und Verfestigung einer generalisierten Störung der emotionalen und sozialen Entwicklung kann eine erhebliche Änderungsresistenz bestehen. Auch können sich therapeutische Prozesse über mehrere Jahre hinziehen oder erfolglos bleiben. Die im Folgenden genannten Stabilisierungszeiträume sind im Sinne einer Stabilisierung nach erfolgreichem Therapieprozess oder eines anderweitig wirksam unterstützten Veränderungsprozesses zu sehen.

1. Der Klient erlebt eine (weitreichende) Verhaltensänderung auch als Gewinn und ist mit sich und seiner veränderten Situation zufrieden.

   (1) Der Klient beschränkt sich bei der Begründung für die Legalbewährung auf Gemeinplätze wie „Das bringt nichts" oder „Einmal muss Schluss sein", die auch schon früher hätten verhaltenswirksam sein können. — Kontraindikatoren

   (2) Der Klient hat sich von früher Einfluss nehmenden „Freunden" zurückgezogen, leidet nun jedoch unter seiner Kontaktarmut und zurückgezogenen Lebensweise.

2. Die Zeit des unauffälligen Verhaltens (Legalbewährung, Freiheit von relevanten Symptomen) nach dem unterstützten Änderungsprozess ist so lang, dass sich frühere Belastungs- oder Verführungssituationen, die das delinquente Verhalten ausgelöst oder begünstigt haben, innerhalb dieser Zeitspanne ergeben haben (müssten). Davon ist in der Regel nach Ablauf von zwölf Monaten, frühestens jedoch nach sechs Monaten auszugehen.

3. Der Klient, der keine therapeutische Hilfe in Anspruch genommen hat, hat sein Verhalten trotzdem entscheidend und nachvollziehbar verändert, positiv weiterentwickelt und stabilisiert (tragfähige, durch die bisherigen Erfahrungen gestärkte Motivation, klares Konzept zum Vermeidungsverhalten, Integration ins Gesamtverhalten, deutliche Verbesserung wichtiger äußerer Bedingungen). Er zeigt das unauffällige Verhalten seit in der Regel zwei Jahren, bei geringerer und zeitlich begrenzter Problemausprägung in der Vergangenheit jedoch seit mindestens 15 Monaten.

4. Der Klient weist nach Haftentlassung eine ausreichend lange Zeit der Legalbewährung auf, sodass nachvollziehbar wird, dass gefasste Verhaltensvorsätze auch außerhalb des kontrollierten Rahmens einer Vollzugsanstalt umgesetzt werden können. Abhängig von im Vorfeld, gegebenenfalls in der Haft, erfolgten unterstützenden Maßnahmen und von der Deliktbelastung (Häufigkeit der

Delinquenz und Zeitraum, über den sich die frühere Straffälligkeit zugetragen hat) beträgt dieser Zeitraum in der Regel zwölf Monate, auch in günstig gelagerten Fällen jedoch mindestens ein halbes Jahr.

5. Der Klient hat im Rahmen eines gelockerten Strafvollzugs erfolgreich stabilisierende Schritte unternommen, sodass bereits vor Ablauf dieser Fristen von einer ausreichenden Bewährung ausgegangen werden kann.
6. Der Klient akzeptiert und befolgt gegebenenfalls den Rat seines Bewährungshelfers hinsichtlich der Umsetzung von Schritten zur Integration in die Arbeitswelt.
7. Die Motivation zur Aufrechterhaltung der Verhaltensänderung wird getragen durch Motive, Wertvorstellungen und Überzeugungen, die sowohl eine eindeutige Distanzierung vom vormals schädlichen Verhaltensmuster aufzeigen als auch die Selbstverpflichtung zur Fortführung neuer Verhaltensmuster verdeutlichen.

Kontraindikatoren

(1) Der Klient äußert negative oder antisoziale Einstellungen gegenüber seinen Mitmenschen und der Gesellschaft.

(2) Der Klient hält gewalttätiges Handeln weiterhin für ein probates Mittel zur Lösung zwischenmenschlicher Konflikte.

(3) Der Klient zeigt eine fehlende Compliance in der Umsetzung therapeutischer oder stützender Maßnahmen.

8. Der Klient zeigt Einsicht und Akzeptanz bezüglich der Störung bzw. der persönlichen Ursachen für die Delinquenz und akzeptiert gegebenenfalls vorhandene Diagnosen.
9. Der Klient berichtet von (neuen) beruflichen und privaten Interessen, die zu seinen Lebenszielen passen und Selbstbestätigungsmöglichkeiten bieten.
10. Der Klient beschreibt eine angemessene und Erfolg versprechende Zukunftsplanung.
11. Der Klient äußert authentische Gefühle wie Trauer, Bedauern oder Reue in der retrospektiven Einschätzung seines Fehlverhaltens.

Kontraindikatoren

(1) Der Klient zeigt eine deutliche Gefühllosigkeit und einen Mangel an Empathie.

(2) Der Klient verteidigt seine sadistischen, destruktiven und antisozialen Handlungen mit dem Erfordernis der Durchsetzung von eigenen Zielen.

12. Der Klient kennt für ihn typische Risikosituationen, die einen Rückfall begünstigen können, und verfügt über angemessene Bewältigungsmöglichkeiten.

Kriterium V 1.6 N

Die Lebensverhältnisse des Klienten (berufliche, finanzielle oder soziale Bedingungen) haben sich, sofern sie mitursächlich für die Verhaltensauffälligkeiten waren, so entscheidend positiv verändert, dass von ihnen jetzt keine destabilisierende Wirkung mehr ausgeht. Es sind insbesondere keine rückfallbegünstigenden Umstände erkennbar.

1. Die aktuellen Lebensverhältnisse des Klienten stellen keine Belastung mehr dar; die vollzogenen Veränderungen sind voraussichtlich nicht nur kurzfristig wirksam.

   (1) Die Lebensbedingungen des Klienten weisen Belastungsfaktoren auf, die noch nicht bewältigt sind und eine mögliche Ursache für erneute sozial unangepasste Verhaltensweisen darstellen können. — Kontraindikator

2. Der Klient hat bereitwillig Hilfe von außen angenommen und die davon ausgehenden Anregungen umgesetzt (z. B. Bewährungshilfe, Eheberatung, Schuldenberatung, Psychotherapie).
3. Der Klient hat in letzter Zeit soziale Kompetenzen (Umgang mit Behörden, finanzielle Planung etc.) entwickelt, die früher nicht vorhanden waren.
4. Der Klient verfügt über tolerante und engagierte Bezugspersonen in seinem sozialen Umfeld („soziale Unterstützung"), die bei der Bewältigung von Alltagsproblemen und nach gegebenenfalls frustrierenden Misserfolgen behilflich sind.
5. Der Klient hat eine früher vorherrschende Skepsis im Sozialkontakt aufgegeben, ist vertrauensvoller geworden bzw. hat freundschaftliche Beziehungen positiv erlebt.
6. Der Klient hat frühere soziale Kontakte, die sich ungünstig für ihn ausgewirkt haben, selbstkritisch reflektiert und sich umorientiert.

   (1) Der Klient definiert freundschaftliche Beziehungen über Solidarität, auch wenn es um illegales, sozial- oder selbstschädigendes Verhalten geht („Ganovenehre", „Diebestouren", „Trinkkumpane", „Clan-Ethos"). — Kontraindikator

7. Der Klient hat einschneidende Veränderungen in seiner Lebensumwelt vorgenommen, z. B. hinsichtlich seiner Wohnsituation (Wohnortwechsel), in der Familie, in der Partnerschaft, im Freizeitbereich sowie in der Gestaltung seiner sozialen Kontakte.

Hypothese V 2

Der Klient hat aufgrund verminderter Kontroll- und Anpassungsfähigkeit vermehrt oder erheblich gegen verkehrs- und/oder strafrechtliche Bestimmungen verstoßen. Er ist sich mittlerweile – in der Regel mit fachlicher, zumeist verkehrspsychologischer Unterstützung – dieser Zusammenhänge bewusst geworden und hat angemessene alternative Bewältigungsstrategien entwickelt und stabilisiert, sodass er nun über eine ausreichende Selbstkontrolle bei der Einhaltung gesetzlicher Regeln verfügt.

Eine verminderte Kontroll- und Anpassungsfähigkeit ist anzunehmen, wenn einerseits weder eine Störung der Persönlichkeit oder der Impulskontrolle im Sinne von Hypothese V 1 anzunehmen ist noch sich das Verhalten durch die Einstellungen des Klienten gegenüber Verkehrsvorschriften und/oder sicherheitswidrige Fahrgewohnheiten alleine erklären lässt (vgl. V 3). Neben den in den Kriterien V 2.1 N bis V 2.4 N dargestellten qualitativen Merkmalen liegt auch eine besonders auffällige Deliktvorgeschichte durch eine verminderte Kontrollfähigkeit nahe, die sich ungünstig auf die Anpassungsfähigkeit im Straßenverkehr auswirkt. Generalisierte Verhaltensstile sind stark habitualisiert und führen zu einer Beeinträchtigung der Bewältigungsfähigkeit von Fahraufgaben. Dies zeigt sich vor allem an wiederholt ausbleibender Reaktion auf negative Erfahrungen und einer dadurch nachweislich reduzierten Fähigkeit zu einer angemessenen Verhaltenskontrolle bei der Regelbefolgung. Negative Erfahrungen in psychischer und/oder sozialer Hinsicht bzw. erhebliche Selbstschädigung (durch die erlebten Sanktionen und/oder Unfallerlebnisse) bleiben weitgehend wirkungslos.

Die im Folgenden beschriebenen diagnostischen Kriterien V 2.1 N bis V 2.5 N können in Mischform auf den jeweiligen Klienten zutreffen. Falls sich eines der Kriterien als erfüllt herausstellt, ist der Klient in der Regel der Hypothese V 2 zuzuordnen (vgl. auch Vorbemerkung zu den Hypothesen V).

Kriterien für das Vorliegen einer verminderten Kontroll- und Anpassungsfähigkeit

Kriterium V 2.1 N

Es ist aus der Vorgeschichte abzuleiten, dass der Klient sein Verhalten im Straßenverkehr auch nach erlebten negativen Konsequenzen nicht ausreichend anpassen konnte (hohe Änderungsresistenz) oder der Ausprägungsgrad seines riskanten Verhaltens lässt erkennen, dass es ihm an der Bereitschaft fehlt, sein Verhalten auch an den Schutzinteressen anderer auszurichten (ausgeprägte Rücksichtslosigkeit).

1. Der Klient zeigt wiederholte Verkehrsauffälligkeit trotz einer früheren Überprüfung der Fahreignung in einer Begutachtung, die zum damaligen Zeitpunkt eine günstige Prognose erstellte.
2. Der Klient zeigt eine erneute Auffälligkeit nach einem Kurs zur Wiederherstellung der Fahreignung nach § 70 FeV oder einer anderen qualifizierten Fahreignungsfördernden Intervention (vgl. auch Kapitel C.5).
3. Dem Klienten wurde wiederholt die Fahrerlaubnis wegen Verkehrszuwiderhandlungen entzogen.
4. Es liegt eine heterogene Tatstruktur mit der Vermischung von Verkehrsdelikten, aber auch Straftaten vor, die als Ausdruck mangelnder Lernfähigkeit aus negativen Erfahrungen anzusehen ist und nicht allein durch fehlerhafte Bewertungsdispositionen sowie eine mangelnde Anpassungsbereitschaft im Sinne der Hypothese V 3 erklärt werden kann.

5. Die Straftaten im Straßenverkehr und deren Tatdynamik weisen auf erhebliche Defizite im Bereich der Impulssteuerung hin. Dazu gehören in der Regel ein gefährlicher Eingriff in den Straßenverkehr, Nötigung oder Körperverletzung – insbesondere, wenn sie im Kontext weiterer risikosteigernder Verkehrszuwiderhandlungen wie erheblichen Geschwindigkeitsüberschreitungen, Rotlichtmissachtung etc. stehen.
6. Der Klient hat auch an einem illegalen Autorennen (Wettbewerb) teilgenommen oder ein Delikt gemäß § 315d StGB als Einzelraser begangen[2], wurde, neben anderen Zuwiderhandlungen, wegen erheblicher Behinderung von Rettungskräften (§ 323c StGB) oder wegen der Verletzung des höchstpersönlichen Lebensbereichs durch Bildaufnahmen (§ 201a StGB) verurteilt.
7. Der Klient zeigt wiederholt Hinweise auf massive Ausprägungen von Abweichungen von normativen Vorgaben (z. B. innerorts mit 90 km/h statt 50 km/h; erhebliche Geschwindigkeitsüberschreitung an Schulen).
8. Nach einer schweren Straftat (mit Haftstrafe, auch zur Bewährung) ist der Klient erneut mit risikobereitem Verhalten im Straßenverkehr aufgefallen (z. B. Fahrlässige Tötung oder vorsätzliche Körperverletzung und anschließend erneute erhebliche Geschwindigkeitsüberschreitung gegebenenfalls mit Unfallfolge, unerlaubtes Entfernen vom Unfallort, gefährlicher Eingriff in den Straßenverkehr).
9. Die Deliktliste enthält zusätzlich Verstöße unter relevantem Alkohol- oder Drogeneinfluss.
10. Die Delinquenzneigung lässt eine zunehmend eskalierende Dynamik erkennen und deutet auf ein hartnäckiges Missachten der Rechtsordnung oder erhebliche Dissozialität (z. B. zunächst leichte Ordnungswidrigkeit, dann Straftaten; mehrfaches Fahren ohne Fahrerlaubnis oder ohne Versicherungsschutz) hin.

Kriterium V 2.2 N

Der Klient zeigt im Zusammenhang mit dem auffälligen Verhalten wiederholt und situationsübergreifend eine gesteigerte Impulsivität bei der Verkehrsteilnahme bzw. in der sozialen Interaktion, die sich als fehlende Fähigkeit ausdrückt, das eigene Verhalten gültigen Regeln unterzuordnen.

1. Der Klient reagierte auf emotionale Anspannungen während der Verkehrsteilnahme durch unangemessenes Fahrverhalten (z. B. Geschwindigkeitsverstöße nach Streit mit Beifahrer oder bei ausgelassener Stimmung im Fahrzeug).
2. Der Klient verlor leicht die Beherrschung, wenn ihn ein anderer Fahrer provozierte (z. B. indem er ihm die Vorfahrt nahm).
3. Der Klient zeigte eine geringe Frustrationstoleranz und eine unzureichende Affektsteuerung.

2 Die Teilnahme an verbotenen Kraftfahrzeugrennen nach § 315d StGB lässt gegebenenfalls auch als isolierte Tat die Zuordnung zu Kriterium V 2.1 N zu, da eine Verkettung von erheblichen Regelverletzungen für die Annahme des Straftatbestands die Voraussetzung bildet: Fahren mit nicht angepasster Geschwindigkeit, grob verkehrswidriges und rücksichtsloses Handeln und im Falle des „Einzelrasers" die Absicht zur Erzielung der höchstmöglichen Geschwindigkeit.

4. Der Klient berichtet von Situationen, in denen er Wut- und Zornerlebnisse gehabt hat, die zu impulsiven Spontanhandlungen geführt haben (rechts überholen, dicht auffahren, Lichthupe geben, bewusstes „Schneiden" der Fahrlinie eines anderen Fahrers, plötzliches Abbremsen als Akt der Nötigung).
5. Aufgrund schwieriger Lebensumstände wurden alterstypische Entwicklungsaufgaben nicht oder nur unzureichend bewältigt, sodass eine verzögerte emotionale, soziale oder moralische Reifung dem Klienten Schwierigkeiten bereitet, sich in der Gesellschaft zurechtzufinden.
6. Das auffällige Verhalten des Klienten in der Vorgeschichte steht im Zusammenhang mit einer Stimmungslabilität und häufigen Stimmungswechseln, auf die er nicht adäquat reagieren konnte. Dies führte zu Gereiztheit und zu Spannungsabbau durch „Ausleben" im Verkehr.
7. Es liegen außerhalb des Straßenverkehrs Körperverletzungsdelikte vor, in deren Zusammenhang der Klient von Provokationssituationen berichtet, mit denen er nicht angemessen umgehen konnte.
8. Es liegt eine erhöhte Impulsivität vor, ohne dass die Diagnose einer emotional instabilen Persönlichkeitsstörung (F60.3 nach ICD-10 [5]) gerechtfertigt wäre. Als Hinweise auf eine erhöhte Impulsivität gelten (UPPS-Model [7; 8]):
    - Tendenz, bei ausgeprägten negativen oder positiven Emotionen, überstürzt zu handeln (**u**rgency)
    - Mangel an Handlungsplanung (lack of **p**lanning)
    - Mangel an Beständigkeit (lack of **p**ersistance)
    - Suchen nach spannenden Erfahrungen (**s**ensation seeking).
9. Es finden sich Hinweise auf impulsiv-aggressive Ausbrüche, wobei es zu erheblicher Gewaltanwendung seitens des Klienten gekommen ist, die nicht situativ nachvollziehbar und asymmetrisch erfolgte.
10. Der Klient erwies sich wiederholt als leicht provozierbar, sodass angenommen werden kann, dass er häufig unter erhöhten Erregungs- und Spannungszuständen litt.
11. Die aktenkundigen Auffälligkeiten zeigen wiederholt ein rücksichtsloses Durchsetzen eigener Handlungsziele, wobei die Interessen und Schutzbedürfnisse anderer ignoriert wurden.
12. Straftaten außerhalb des Straßenverkehrs verweisen auf eine antisoziale Grundhaltung, die sich auch in der unzureichenden Anpassungsfähigkeit im Straßenverkehr widerspiegelt.

Kriterium V 2.3 N

Die motivationale Steuerung des Fehlverhaltens stützte sich primär auf nicht funktionale Motive. Diese können handlungsbegleitende (Fahrspaß, Flow-Erleben), instrumentelle (soziale Anerkennung, prahlerisches Verhalten) oder bewältigungsbezogene (Kompensation von Anspannung) Motive und gegebenenfalls damit verknüpfte Emotionen sein.

1. Der Klient suchte bei der Verkehrsteilnahme „lustvolle Kicks", was sich in einem Ausreizen eigener Leistungsgrenzen zeigt („sensation seeking").
2. Der Klient berichtet von positiven Empfindungen bei riskanter Geschwindigkeitswahl („Geschwindigkeitsrausch").
3. Der Klient berichtet von genussvollen Erfolgserlebnissen beim Bewältigen besonderer Fahrmanöver.
4. Der Klient zeigte eine Affinität zu überteuerten, seinen wirtschaftlichen Möglichkeiten nicht angemessenen, besonders leistungsfähigen oder exklusiven Fahrzeugtypen.
5. Der Klient investierte viel Zeit und Geld in die optische oder technische Veränderung von Fahrzeugen.
6. Der Klient zeigte eine ausgeprägte Konkurrenzorientierung („Wettrennen" zum Kräftemessen; „Ich wollte zeigen, dass ich besser fahren kann als die anderen."; „Wer einen GTI fahren will, muss es einfach draufhaben."; „Kavalierstart" an der Ampel; „Ich hatte einen bewusst sportlichen Fahrstil.").
7. Der Klient betont die emotionale Bedeutung des Autofahrens zur Festigung und Steigerung des Selbstwertes („Haste was, biste was."; „Ich hatte den Anspruch, auch als Fahrer Spitze zu sein, so wie im Beruf auch").
8. Der Klient zeigte eine Neigung zu Perfektionismus und überhöhtem Anspruchsniveau mit der Folge einer andauernden Selbstüberforderung.
9. Der Klient erlebte durch belastende berufliche (schlechtes Betriebsklima, Arbeitsplatzunsicherheit, schlechter Zustand des Fuhrparks, ambivalentes Entscheidungsverhalten des Vorgesetzten) oder private (Scheidung, problematische Beziehung in der Partnerschaft, Erziehungsprobleme) Lebensverhältnisse oder infolge emotionaler Belastungen während der Pubertät negative Spannungen, die er durch abweichendes Verkehrsverhalten auszugleichen sucht.
10. Es kam beim Klienten insbesondere nach frustrierenden Erlebnissen vermehrt zu aggressiv-impulsiven Verhaltensweisen im Verkehr, die zum Spannungsabbau beitrugen.
11. Eine emotionale Anspannung, die durch Unterforderung und Langeweile entstanden ist, wurde vom Klienten durch als lustvoll erlebtes Autofahren reduziert.
12. Der Klient suchte bei der Verkehrsteilnahme bewusst riskante Grenzsituationen auf, die zumindest eine Nähe zu Selbstschädigungstendenzen erkennen lassen (z. B. „Geisterfahrten").
13. Der Klient hat auch außerhalb des Straßenverkehrs riskante Verhaltensweisen gezeigt, um sich emotional zu regulieren (z. B. sogenanntes „S-Bahn-Surfen").

Der Klient wies eine reduzierte Durchsetzungsfähigkeit auf, wobei die Erfüllung von Fremderwartungen wesentlich zu den Verkehrsauffälligkeiten beigetragen hat.

Kriterium V 2.4 N

1. Der Klient berichtet von geringer Selbstsicherheit und verminderter Durchsetzungskompetenz und erwies sich daher als anfällig für Beeinflussung durch sein soziales Umfeld.
2. Die Anpassung des Klienten an Anforderungen im beruflichen Bereich führte zu Verstößen gegen Regelungen der Lenkzeiten oder der Höchstgewichtsgrenzen.
3. Verstöße im Bereich des technischen Fahrzeugzustandes oder der Versicherung von Fahrzeugen stehen im Zusammenhang mit Versäumnissen des Fahrzeughalters.
4. Riskante Fahrverhaltensweisen (Fahren unter Alkoholeinfluss, Überholen im Überholverbot, Geschwindigkeitsüberschreitungen etc.) fanden wiederholt unter der direkten Einflussnahme der Beifahrer statt.
5. Riskante Fahrverhaltensweisen oder unzulässige technische Veränderungen des Fahrzeugs wurden vorgenommen, um dem „Verhaltenskodex" einer Peergroup zu entsprechen.
6. Die Verkehrsteilnahme wurde zur Ausübung von Gruppenritualen missbraucht (Mutprobe, extreme Fahrmanöver), um die Integration in eine Peergroup zu erreichen oder aufrecht zu erhalten.

Kriterium V 2.5 N **Der Klient erlebte Einschränkungen seiner Handlungsfreiheit durch gesetzliche Regeln und gesellschaftliche Normen generell als unzumutbar, wobei er sich auch nicht an den möglichen Folgen für andere orientierte.**

1. Der Klient zeigte in der Vergangenheit eine grundsätzlich ablehnende Haltung gegenüber Instanzen, welche die Einhaltung gesetzlicher Bestimmungen sicherstellen sollen (Polizei, Verkehrsbehörde, Bußgeldstelle etc.).
2. Der Klient stellte die Sinnhaftigkeit von Regelungen „besserwisserisch" in Frage.
3. Der Klient berichtet, dass bei ihm allgemeine und verzerrte Vorstellungen und Merkmale, die einen „guten Fahrer" kennzeichnen („In meinem Alter fährt man zügig."; „Was man kann, das sollte man auch zeigen.") vorherrschten.
4. Der Klient hielt Regelungen zur Eindämmung spezifischer Gefährdungslagen oder Störungen von Anwohnern (z. B. Mindestabstand, Winterreifenpflicht, Lärmschutz) für unbegründet und überzogen.
5. Der Klient wies eine überhöhte Selbstwirksamkeitserwartung bei der Bewältigung von schwierigen Verkehrssituationen auf, von denen er annahm, sie jederzeit ohne besondere Anstrengungen beherrschen zu können.
6. Der Klient stand gefährlichen Einflussfaktoren auf die Verkehrssicherheit wie Übermüdung, Ablenkung, Einfluss von Alkohol, Drogen oder gesundheitlichen Beeinträchtigungen unreflektiert gegenüber, wenn sie seine Person betrafen und seine Handlungsfreiheiten einschränkten.
7. Die aktenkundigen Verkehrszuwiderhandlungen wurden vom Klienten als schicksalhaft und unausweichlich empfunden.

8. Mit dem Verhalten einhergehende Fremdgefährdung wurde entweder nicht wahrgenommen oder führte zu keiner Verhaltensänderung.
9. Trotz Fremdschädigung in der Vorgeschichte wurde das auffällige, gefährdende Verhalten fortgesetzt.
10. Sofern der Klient in eine soziale Peergroup integriert ist, übernahm er dort eher die Rolle des „Anstifters" zu riskantem und sozial abweichendem Verhalten.

Kriterien zur Problembewältigung

Der Klient konnte den Zusammenhang zwischen seiner Auffälligkeit im Verkehr und den persönlichen Hintergründen erkennen und – in der Regel mit fachlicher, zumeist verkehrspsychologischer Unterstützung – ein angemessenes Problembewusstsein entwickeln. Er macht persönliche Anteile für das Fehlverhalten verantwortlich (internale Verantwortungszuschreibung). Kriterium V 2.6 N

1. Der Klient kann einen Anteil an Eigenverantwortung für seine jetzige Situation akzeptieren.

   Kontraindikatoren

   (1) Der Klient macht „scharfe" Polizeibeamte, inkompetente Politiker, ungerechte Richter, überforderte Verwaltungsbeamte, lebensfremde Gutachter usw. für seine Misere verantwortlich.

   (2) Der Klient sieht sich selbst als den immer wieder Benachteiligten, als den, auf dem andere herumhacken, der sich nicht wehren kann, oder aber auch als den von Neid und Missgunst Verfolgten.

   (3) Der Klient lässt eine irrationale Überzeugung erkennen, wonach die „Welt grundsätzlich schlecht und ungerecht" sei, und er Anspruch auf „Wiedergutmachung" habe.

2. Der Klient sieht das eigene Fehlverhalten grundsätzlich als vermeidbar an.

   Kontraindikator

   (1) Für den Klienten hat sich sein Fehlverhalten zwangsläufig und schicksalhaft aus von ihm selbst nicht zu verantwortenden äußeren oder inneren Bedingungen ergeben („Versuchen Sie da mal, bei diesem Verkehr langsamer zu fahren!", „An der Stelle knallt es doch jeden Tag!").

3. Der Klient hat die Folgen früherer Fehlverhaltensweisen als gravierend bzw. unangenehm erlebt. Er schildert dazu passende Emotionen (z. B. Scham).
4. Der Klient kann ein plausibles und nachvollziehbares Erklärungsmodell für sein Fehlverhalten darlegen.

   Kontraindikatoren

   (1) Der Klient hält eine isolierte Deliktbetrachtung mit nach außen gerichteten Ursachenanteilen für das zutreffende Konzept.

   (2) Der Klient beschränkt sich in seinen Äußerungen auf seine Individualität, die er praktisch als unveränderlich ansieht („Ich bin nun mal so."; „Hören Sie mal, ich mache das schon x Jahre so!"; „Es ist eben jeder anders."; „Ändern Sie mal was daran!").

5. Der Klient hat die Sinnhaftigkeit und die Zielstellung des Rechtssystems akzeptiert und ist bereit, sich dem unterzuordnen.

Kontraindikator

(1) Der Klient nimmt für sich in Anspruch, die Sinnhaftigkeit und damit den verpflichtenden Charakter einer Vorschrift oder Regelung in jeder Situation zu überprüfen und seine Entscheidung davon abhängig zu machen (z. B. „Anhalten an dem Stopp-Schild ist nicht nötig, weil man alles überblicken kann.", „Feiertags sind die 80 in der Baustelle Blödsinn.").

6. Der Klient hat erkannt, dass die Regelbefolgung durch eigenes Handeln beeinflusst wird und hat eine gegebenenfalls früher vorliegende fatalistische Haltung aufgegeben.

7. Der Klient akzeptiert gegebenenfalls eine Entziehung der Fahrerlaubnis als letztlich erforderliche Maßnahme zur Gefahrenabwehr und als Chance zur Besserung. Er ist sich der Problematik der Missachtung von Warnhinweisen und Korrekturoptionen bewusst.

8. Der Klient konnte sich von irrationalen Überzeugungen, übersteigerten Kontrollerwartungen („Habe jede Situation im Griff.") oder einem „Opferstandpunkt" lösen.

Kontraindikator

(1) Der Klient argumentiert im Wesentlichen so, als wären Verkehrsverstöße mitunter unausweichlich (z. B. Fahren bei Rotlicht, weil er sonst mitten auf der Kreuzung gestanden hätte oder die Ladung beschädigt worden wäre, während er die Wahl einer niedrigeren Geschwindigkeit nicht in Betracht zieht).

9. Der Klient erkennt bei sich Defizite in der Selbstbeobachtung und Selbstkontrolle, die einer Änderung bedürfen.

10. Der Klient hat erkannt, dass Verkehrsverhalten auch partnerschaftliches Verhalten ist, das ständige Vorsicht und Rücksicht von allen Beteiligten verlangt.

Kontraindikator

(1) Der Klient erlebt sich in der Rückschau seiner Delikte noch immer vor allem als Kraftfahrer in einer Konkurrenzsituation zu anderen, der er sich nicht entziehen konnte (z. B. hinsichtlich des Beschleunigungsvermögens, der Höchstgeschwindigkeit, der Geistesgegenwart und Wendigkeit u. a.).

11. Der Klient ist sich der verschiedenen Einflussfaktoren (Motive, situative Gelegenheit, Affordanzen (Situationen mit Appellcharakter) usw.) bewusst.

Kriterium V 2.7 N

Eine verbesserte Anpassungsfähigkeit sowie eine ausreichende Verhaltenskontrolle zur Regelbefolgung sind zu erwarten, da Einstellungsveränderungen, Einsichtsprozesse und ein Kompetenzaufbau bereits zu veränderten Verhaltensweisen – zumindest in vergleichbaren Situationen – geführt haben und bereits über einen ausreichend langen Zeitraum praktisch erprobt und insgesamt als zufriedenstellend erlebt werden. Der Klient ist zur dauerhaften Aufrechterhaltung der Veränderungen motiviert.

Vorbemerkung: Grundsätzlich ist bei Anforderungen an die Stabilisierung einer Einstellungs- und Verhaltensänderung auch der Zeitpunkt des sogenannten

„commitment" (vgl. Ausführungen in Kapitel C.1) zu beachten, unabhängig davon, ob dieses vor, innerhalb oder am Ende einer therapeutischen Maßnahme erreicht wurde. Diese Überlegung folgt dem Grundgedanken der „Erprobung und Erfahrensbildung", wie er in Kapitel 3.13.1 der Begutachtungsleitlinien für Kraftfahreignung [10] beispielhaft für die Veränderung des Alkoholtrinkverhaltens beschrieben ist. Das Erproben und das Sammeln von Erfahrungen bedingt mitunter auch eine Korrektur von Vorsätzen und Verhaltensweisen, um eine nachhaltige und zufriedenstellende neue Situation für den Betroffenen herzustellen.

Sofern auch Verkehrsverstöße den Untersuchungsanlass bilden, sind die Vermeidungsstrategien gemäß Kriterium V 3.5 N ebenfalls zu prüfen. Im Einzelfall kann auch eine psychologische Fahrverhaltensbeobachtung (vgl. Kapitel C.4; Ausführungen zur Kompensation in Abschnitt C 4.7) Aufschluss über die Fähigkeit zur praktischen Umsetzung des beschriebenen, angepassten Verhaltens geben.

1. Der Klient bekennt sich zum erwünschten Zielverhalten (z. B. Regelbefolgung, Gewaltfreiheit, Impulskontrolle).
2. Der Klient sieht die Notwendigkeit einer angemessenen Fahrtvorbereitung (Zustand Fahrer/Fahrzeug; Zeit- und Streckenplanung) ein und kann konkrete Schritte dafür benennen.
3. Der Klient kann nachvollziehbar an Beispielen darstellen, dass er in vergleichbaren emotionalen Anspannungssituationen in der Lage war, veränderte Verhaltensweisen zu etablieren.

   (1) Der Klient äußert nur vage Vorsätze wie „Besser aufpassen", „Vorsichtiger fahren", „Mit der Dummheit anderer rechnen". — Kontraindikator

4. Der Klient kann anhand konkreter Beispiele darlegen, dass er sich mittlerweile an langfristigen Zielen orientiert und sich von Inkonsequenz und emotionaler Lenkung durch Augenblicksimpulse erfolgreich distanziert.

   (1) Der Klient beschreibt sein Lebensmotto ungefähr so: „Für mich zählt nur das Hier und Jetzt.". — Kontraindikator

5. Der Klient schildert sich im Vergleich zu früher als zuverlässiger, disziplinierter und gewissenhafter und kann die Umsetzung dieser Merkmale im täglichen Leben nachvollziehbar darlegen.
6. Der Klient sieht die ordnende Notwendigkeit von Normen und Vorschriften als Basis für ein funktionierendes Verkehrssystem ein.
7. Der Klient bekennt sich zu einem defensiven Fahrstil, ohne dass die Vorstellung von konsequenter Regelanpassung zu dissonanten Anspannungsgefühlen führt.
8. Die geschilderten Verhaltensänderungen haben sich bereits über einen längeren Zeitraum – auch unter ungünstigen Umständen oder bei gegenteiligen Einflüssen – als stabil erwiesen. Das erfolgreiche Durchsetzen der neu gefundenen Haltungen ist dabei seit mindestens drei Monaten nach einer verhaltensmodifizierenden Maßnahme gelungen.

9. Der Klient kann Situationen schildern, in denen die Versuchung bestand, frühere Verhaltensweisen wieder aufzunehmen. Er konnte mit solchen Rückfallgefahren konstruktiv umgehen, sodass eine Verhaltenshabitualisierung anzunehmen ist.

10. Sofern Persönlichkeitstests zum Ausschluss fortbestehender Risikofaktoren oder zur Erfassung protektiver Ressourcen eingesetzt werden, sind die gruppenbezogenen Normwerte in den relevanten Persönlichkeitsdimensionen, vor allem hinsichtlich emotionaler Stabilität, sozialer Verträglichkeit und Normenorientierung/Gewissenhaftigkeit, unauffällig.

11. Für das auffällige Verhalten des Klienten im Straßenverkehr sind – so weit erkennbar – keine verfestigten und fortbestehenden Fehlhaltungen bzw. -einstellungen verantwortlich, die einer therapeutischen Intervention bedürfen.

Kontraindikator

(1) Der Klient hängt an irrationalen Bewertungen, mit denen Konflikte vorprogrammiert sind („Die müssen doch ..."; „Der darf doch nicht ..."; „Ich lasse mir doch nicht gefallen, dass ..."; „Wenn man mir gegenüber ungerecht ist, werde ich wild."; „Ich kann es nicht ausstehen, wenn ...").

12. Sofern das auffällige Verhalten in der Vergangenheit im Zusammenhang mit Belastungssituationen zu sehen war, kann der Klient darlegen, dass er nun über tragfähige Bewältigungsstrategien für derartige Belastungen verfügt.

13. Der Klient konnte über einen ausreichend langen Zeitraum mit Rückfallgefahren konstruktiv umgehen, sodass eine Verhaltenshabitualisierung möglich wurde.

14. Der Klient, bei dem es auch ohne fachliche Hilfe zu weitreichenden Einstellungs- und Verhaltensänderungen gekommen ist, weist eine ausreichende Stabilisierung des angepassten Verhaltens über einen längeren Zeitraum (in der Regel sechs Monate) auf, für den auch konkrete positive Erfahrungen mit der verbesserten Regelorientierung berichtet werden können.

15. Die Motivation zur Aufrechterhaltung der Verhaltensänderung wird getragen durch sicherheitskonforme Motive, Wertvorstellungen und Überzeugungen, die ein inneres Einverständnis erkennen lassen und die Selbstverpflichtung zur Fortführung neuer Verhaltensmuster verdeutlichen.

Kriterium V 2.8 N **Die Lebensverhältnisse des Klienten (berufliche, finanzielle oder soziale Bedingungen) haben sich, sofern sie die Entstehung der Verhaltensauffälligkeiten begünstigt haben, so entscheidend positiv verändert oder an Einfluss verloren, dass von ihnen jetzt keine rückfallfördernde Wirkung mehr ausgeht.**

1. Der Klient lebt – gegenüber früher – gegenwärtig unter günstigeren, weniger belastenden beruflichen Verhältnissen (weniger Leistungsdruck, günstigeres Betriebsklima, sicherere Stellung in der Betriebshierarchie u. a.), und bewertet dies auch entsprechend positiv.

2. Der Klient hat keine belastenden finanziellen Probleme mehr, sofern diese ihm früher Schwierigkeiten bereiteten, den mit dem Halten und dem Betrieb eines Kraftfahrzeugs verbundenen Verpflichtungen nachzukommen.

3. Im engeren (Familie) oder auch weiteren Umfeld (Freunde, Clique, Bekannte) des Klienten hat es Veränderungen und neue Bewertungen gegeben, die sich auch auf Einstellungen und Verhalten positiv auswirken können.

4. Der Klient hat die für die Überprüfung relevanten Verkehrsauffälligkeiten in einer erkennbar abgeschlossenen Lebensphase oder einer Krisenzeit (Scheidung, Arbeitslosigkeit, problematische Partnerbeziehung) begangen, die jetzt überwunden ist.

5. Der Klient, der sich früher in Belastungssituationen als anfällig erwiesen hat, lebt derzeit nicht in Verhältnissen, die durch akute psychische Belastungen sein Verkehrsverhalten ungünstig beeinflussen.

   (1) Der Klient steckt in einer Lebenskrise, die seine Gedanken und Kräfte weitgehend absorbiert (Ehescheidung, besondere Belastung z. B. durch schwere Erkrankung von Angehörigen, Tod eines nahestehenden Angehörigen, berufliche Aussichtslosigkeit oder Rückschläge usw.). Kontraindikator

6. Auch bei weitgehend unveränderten Lebensverhältnissen des Klienten konnte er durch den zwischenzeitlichen Entwicklungs- und Aufarbeitungsprozess wesentliche Ressourcen und Kompetenzen aktivieren, sodass ein adäquater Umgang mit den früheren Auslösern des Fehlverhaltens erwartet werden kann.

7. Der Klient hat seine Empfänglichkeit für die Auslöser des früheren Fehlverhaltens erkannt, was zu der Einsicht und Motivation geführt hat, dass sich die Umstände ändern müssen, da er damit nicht angemessen umgehen kann.

Hypothese V 3

Der Klient hat aufgrund fehlerhafter Bewertungsdispositionen (z. B. Fehleinstellungen) gegenüber Regelbeachtung bei verminderter Anpassungsbereitschaft und/oder aufgrund problematischer Fahrverhaltensgewohnheiten vermehrt oder erheblich gegen verkehrsrechtliche und gegebenenfalls auch strafrechtliche Bestimmungen verstoßen. Es ist mittlerweile jedoch eine weitreichende Einstellungs- und Verhaltensänderung eingetreten, sodass er eine ausreichende Selbstkontrolle bei der Einhaltung von Verkehrsregeln ausübt.

Kriterien zur Problemausprägung

Kriterium V 3.1 N

Der Klient hat für die Verkehrssicherheit problematische Verhaltensgewohnheiten entwickelt, die durch Verstärkungsprozesse bei inadäquater kognitiver Bewertung (Selbstüberschätzung, erhöhte Risikobereitschaft, verminderte Risikowahrnehmung) aufrechterhalten wurden.

1. Bei den Verkehrszuwiderhandlungen handelt es sich vorwiegend nicht um Fehlhandlungen durch Unkenntnis von Verkehrsregeln oder Nichterkennen ihrer Anwendbarkeit, sondern um Verstöße gegen im Grunde bekannte Regelungen. [1]

2. Die Häufung der Verkehrsverstöße lässt sich durch eine im Zeitraum der Auffälligkeit vorherrschende, nicht regelorientierte Grundhaltung gegenüber Verkehrsvorschriften erklären.
3. Der Klient zweifelt die Sinnhaftigkeit der Regeln in bestimmten Situationen an („Nachts sind Geschwindigkeitsbeschränkungen bei geringer Verkehrsdichte unnötig.", „Wenn man an dem Stoppschild anhält, sieht man ohnehin nichts.").
4. Der Klient stellte keinen Zusammenhang zwischen seinen Einstellungen gegenüber Verkehrsvorschriften und einem erhöhten Auffallens- oder Unfallrisiko her.
5. Der Klient hat seine vermehrte Auffälligkeit oder den besonderen Ausprägungsgrad seiner Zuwiderhandlung(en) in der Vorgeschichte nicht als individuelle Besonderheit empfunden und keinen Anlass für eine Verhaltensänderung daraus abgeleitet.
6. Häufige Regelübertretungen und Lernen am „Erfolg" haben bei dem Klienten zur Gewohnheitsbildung beigetragen, die nicht korrigiert wurde.
7. Wiederholte Verkehrsverstöße in der Probezeit lassen einen „Fehlstart" in die mobile Sozialgemeinschaft erkennen.
8. Der Klient führte die vergangene Verkehrsauffälligkeit vermehrt auf äußere Umstände zurück und erklärte sich das „Erwischtwerden" oder Verkehrsunfälle durch die Besonderheit der jeweils aktuellen Umstände.
9. Bei einer Dominanz von risikosteigernden Fahrweisen (Geschwindigkeitsdelikte, Abstand, Rotlichtmissachtung etc.) in der Vorgeschichte hat der Klient diese nicht als problematisch erlebt, sondern als Zeichen seiner besonderen Erfahrung und Kompetenz im Verkehr gewertet.
10. Die Selbstwahrnehmung des Klienten ist durch eine erhebliche Gefahrenverkennung gekennzeichnet (Bremsweg, Abstand, Reaktionsfähigkeit des Kraftfahrers).
11. Infolge Selbstüberschätzung lag das subjektiv tolerierte Risiko deutlich über jener Schwelle, die bei einer objektiven Risikoabwägung noch akzeptabel wäre.
12. Unangemessene Urteilsheuristiken über die Eintrittswahrscheinlichkeit und Beherrschbarkeit von Gefahren- und Gefährdungssituationen haben zu dem Selbstbild eines überlegenen Kraftfahrers beigetragen, der das Risiko beherrscht.
13. Der Klient berichtet von einer generellen Furchtlosigkeit in herausfordernden Situationen, darunter auch der Straßenverkehr, sodass schwache oder ausbleibende Angstimpulse die subjektive Risikobereitschaft nur unzureichend hemmten.
14. Der Klient berichtet vom „Reiz des Fahrens", einer hohen emotionalen Bedeutung des fahrerischen Könnens und positiver Verstärkung infolge erfolgreicher Selbstbewährung.

15. Dem Klienten war das Bedürfnis nach sozialer Anerkennung durch seine Peergroup wichtig, die wesentlich über die Identifikation mit Kraftfahrzeugen oder Motorsport definiert war.

Der Klient wies in der Vergangenheit eine geringe Beeindruckbarkeit durch Sanktionen oder sonstige Konsequenzen des Fehlverhaltens auf. Kriterium V 3.2 N

1. Die problematischen Gewohnheiten konnten sich durch fehlende Sanktionen und/oder Ignorieren von Rückmeldungen sowie durch subjektive „Erfolgserlebnisse" (z. B. Zeitgewinn, Ansehen in der Peergroup) entwickeln und wurden nicht angemessen hinterfragt.
2. Der Klient hielt es für zulässig, in der jeweiligen Verkehrssituation selbst zu bewerten, ob eine Einhaltung von Verkehrsvorschriften angezeigt oder unangemessen ist.
3. Der Klient empfand es als unzumutbare Einschränkung seiner individuellen Entfaltungsmöglichkeiten, sich an Vorschriften anzupassen, deren Sinnhaftigkeit er nicht nachvollzogen hat.
4. Der Klient empfand Bußgelder als ungerechtfertigte Sanktionen für sein eigentlich kompetentes Verkehrsverhalten („Ich bin doch ein guter Fahrer.", „Ich beherrsche das locker.").
5. Der Klient hatte eine hohe Aufmerksamkeit gegenüber Kontrolleinrichtungen und Polizeipräsenz entwickelt und empfand diese als Fallen mit dem Motiv der „Geldmacherei". Dies zeigte sich unter Umständen auch in der Nutzung von Radarwarngeräten oder entsprechenden Ursachenattributionen („Habe nicht gewusst, dass an dieser Stelle ein neuer Blitzer steht.").
6. Der Klient war jeweils zuversichtlich, dass er künftig nicht mehr sanktioniert werde, da er nun vermehrt aufpassen wollte, nicht mehr „erwischt" zu werden oder dass „ihm das nicht wieder passieren" werde.
7. Für den Klienten, der in der Vorgeschichte gehäuft wegen Halterdelikten aufgefallen war (Fahrzeugveränderung ohne Zulassung, fehlender Versicherungsschutz etc.), besaß das Fahrzeug bzw. der damit gewonnene Status in seiner Bezugsgruppe einen hohen Wert, sodass die Inkaufnahme von Sanktionen erklärbar wird.

Der Klient, der bestehende Regelungen im Grunde akzeptiert, setzte sie bei der Verkehrsteilnahme jedoch nicht im erforderlichen Maße um. Kriterium V 3.3 N

1. Verkehrsregeln, wie etwa Geschwindigkeitsbegrenzungen, werden vom Klienten zwar grundsätzlich als sinnvoll angesehen, wurden wegen zu großen sozialen Drucks jedoch nicht beachtet (z. B. Drängen von Freunden oder Kollegen im Auto; Zeitdruck durch einen Auftraggeber, Disponenten).
2. Der Klient benennt „konkurrierende Motive" als Grund für die Missachtung von im Grunde akzeptierten Regeln („Ich fahre eigentlich im Ort immer 50, hatte da aber Zeitdruck, da ich pünktlich zu dem Kunden kommen musste.").

3. Der Klient hält einen Ermessensspielraum bei der Entscheidung über die Regelanwendung für gegeben („Bis 20 km/h drüber bringt ja keine Punkte."; „Bei dem Abstand hätte ich bei trockener Fahrbahn noch gut abbremsen können."; „Der Tacho zeigt ja ohnehin immer zu viel an.").
4. Der Klient hat seine Pflichten als Fahrzeugführer oder als Fahrzeughalter aus einer Antriebslosigkeit heraus vernachlässigt (z. B. Nichtkontrollieren der Profiltiefe der Bereifung, defekte Beleuchtung, nicht eingetragene Änderungen am Kfz), erledigte sie nach Auftreten äußeren Drucks jedoch umgehend.
5. Veränderungsvorsätze waren zwar infolge der Auffälligkeiten durchaus vorhanden, wurden jedoch nicht konsequent bzw. überdauernd umgesetzt.
6. Verhaltenskorrekturen beschränkten sich eng begrenzt auf die jeweilige Auffälligkeit („Habe von da an immer auf das Reifenprofil geachtet.") ohne eine generell gesteigerte Sorgfalt im Umgang mit den Pflichten als Fahrzeugführer oder als Fahrzeughalter erkennen zu lassen.

Kriterien zur Problembewältigung

Kriterium V 3.4 N

Der Klient hat die Problematik des eigenen Verhaltens bezüglich Ausprägung oder Häufung erkannt und richtig bewertet. Er kann die frühere Gewohnheitsbildung reflektieren, Zusammenhänge zwischen seinen Grundhaltungen bzw. seinem Lebensstil (mit Stärken und Engpässen) und den Delikten erkennen.

1. Der Klient ist sich – in der Regel mit verkehrspsychologischer oder anderer fachlich angemessener Unterstützung – seiner eigenen Haltung zu Regeln und den Bedingungen, unter denen sich seine Verhaltensgewohnheiten gebildet und aufrechterhalten haben, bewusst geworden.
2. Der Klient hat erkannt, dass das Geschehen im Straßenverkehr stark durch „menschliche Faktoren" wie Unaufmerksamkeit, Unerfahrenheit, Fehlinterpretationen, Bequemlichkeit, Selbstüberschätzung, Imponiergehabe u.a. determiniert und somit schwer vorhersehbar ist.
3. Der Klient ist zu einer realistischen Einschätzung seines früheren Verhaltens in der Lage und ist sich gegebenenfalls der Gefährlichkeit des eigenen Fahrverhaltens bewusst geworden.

Kontraindikatoren

(1) Der Klient hält sich schon immer und nach wie vor für einen „guten Autofahrer".

(2) Der Klient beruhigt sich damit, dass er trotz einer Vielzahl von Verkehrsverstößen oder hoher Fahrleistung unfallfrei geblieben ist, ohne die protektive Rolle des sozialen Verkehrsgefüges zu erkennen.

4. Der Klient erkennt die in seiner Person liegenden Gründe für die frühere Missachtung von Regeln.

5. Der Klient hat sich Einsichten in Zusammenhänge zwischen seiner damaligen Lebenssituation, seinen Grundeinstellungen und seinem Verkehrsverhalten erarbeitet. Die von ihm (exemplarisch) an einzelnen Vorfällen vorgenommenen Ursachenattributionen und das von ihm wahrgenommene Bedingungsgefüge sind vor dem Hintergrund der eigenen Persönlichkeitsentwicklung nachvollziehbar.

6. Der Klient hat bezüglich der früheren Auffälligkeit ein angemessenes Problembewusstsein entwickelt, das zur Vermeidung von erneuten Auffälligkeiten beitragen kann. Er hat insbesondere hinterfragt, warum diese Entwicklung ausgerechnet bei ihm eingetreten ist und warum er auf korrigierende Rückmeldungen (z. B. Bußgelder) nicht angemessen reagiert hat.

   Kontraindikatoren

   (1) Der Klient ist der Überzeugung, dass jeder einmal in eine Situation wie er kommen könne, in der er vergleichbar straffällig wird.

   (2) Der Klient geht weiterhin davon aus, dass Bußgelder von seinem Arbeitgeber übernommen werden.

7. Der Klient hat erkannt, dass er mit seiner Vorgeschichte nicht „einer wie alle anderen" ist, sondern einem äußerst kleinen Teil der Kraftfahrer angehört, die immer wieder Verstöße begangen haben.

8. Der Klient hat verstanden, warum es trotz der behördlichen Verwarnung, eines angeordneten Aufbauseminars oder der beruflichen Notwendigkeit der Fahrerlaubnis zu einer Fortsetzung des Fehlverhaltens gekommen ist.

9. Der Klient beschränkt sich bei der Begründung für die Auffälligkeiten in der Vorgeschichte nicht auf situative Umstände (z. B. Provokationen, Notsituationen). Er ist vielmehr in der Lage zu hinterfragen, warum er sich wiederholt mit solchen Umständen konfrontiert gesehen hat und warum er in unangemessener Weise reagierte.

   Kontraindikatoren

   (1) Der Klient argumentiert im Wesentlichen so, als wären Verkehrsverstöße mitunter unausweichlich (z. B. Fahren bei Rotlicht, weil er sonst mitten auf der Kreuzung gestanden hätte oder die Ladung beschädigt worden wäre, während er die Wahl einer niedrigeren Geschwindigkeit nicht in Betracht zieht).

   (2) Der Klient ist der Meinung, man könne die zulässige Höchstgeschwindigkeit gar nicht immer einhalten, man werde zum „Verkehrshindernis", wodurch es zu riskanten Überholmanövern komme.

   (3) Der Klient argumentiert, dass der Sicherheitsabstand gar nicht eingehalten werden kann, weil sich sonst immer wieder jemand „reinsetzt".

10. Der Klient räumt ein, dass es sich bei seinen Fehlhandlungen nicht um Versehen oder Irrtum gehandelt hat, sondern dass bewusstes Hinwegsetzen über Verkehrsvorschriften stattgefunden hat.

11. Der Einfluss irrationaler Überzeugungen auf das Verhalten (z. B. „Ich darf mir nichts gefallen lassen."; „Ich halte es nicht aus, dahinter herzuschleichen."),

wurde erkannt und infrage gestellt. Der Klient kann darlegen, wie er mittlerweile mit derartigen Impulsen umgeht.

12. Der Klient hat die tatsächlich erlittenen Nachteile klar als Konsequenzen aus dem eigenen Fehlverhalten erlebt (z. B. Entzug der Fahrerlaubnis nicht als Folge eines zu spät eingelegten Widerspruchs, sondern als Konsequenz einer Reihe von Verhaltensfehlern).

13. Der Klient kann auch die emotionalen Konsequenzen eines gegebenenfalls erfolgten Fahrerlaubnisentzugs (Ärger, Kränkung, Scham etc.) reflektieren, kann sich mittlerweile davon distanzieren und konnte sie angemessen verarbeiten.

Kriterium V 3.5 N **Der Klient hat angemessene Änderungen in Einstellungen und Verhalten vorgenommen, sodass er nun Regeln akzeptieren, an den Sicherheitsinteressen anderer orientierte Verhaltensvorsätze fassen und zuverlässig umsetzen kann.**

1. Der Klient hat sich die Einsicht in die Notwendigkeit und die Vorteile von (Verkehrs-) Regeln für das soziale Zusammenleben erarbeitet.

2. Der Klient erkennt die negativen Auswirkungen von Regelverletzungen über das eigene Interessenkalkül hinaus.

3. Dem Klienten ist klar geworden, dass sicherer Straßenverkehr rücksichtsvolles, partnerschaftliches Verhalten voraussetzt.

4. Der Klient hat eine Regelakzeptanz im Sinne einer inneren Konformität entwickelt. Dies betrifft insbesondere Regelungen, die der Sicherheit im Straßenverkehr dienen.

Kontraindikatoren

(1) Der Klient will künftig Regeln, die er im Grunde nicht akzeptiert, nur deshalb beachten, um seine Fahrerlaubnis nicht erneut zu gefährden.

(2) Der Klient empfindet bei der Regelbeachtung trotz fehlender Akzeptanz eine kognitive Dissonanz und innere Anspannung.

(3) Der Klient hat eine „trotzige" Vorsatzbildung zur absoluten Regelbeachtung ohne Zulassen verkehrsbedingt flexibler Umsetzung entwickelt.

5. Der Klient, der nur eingeschränkt eine internale Regelakzeptanz entwickeln konnte, lässt trotzdem ausreichend nachvollziehbare Gründe für eine external motivierte, jedoch stabile Anpassungsbereitschaft erkennen.

6. Der Klient zeigt eine nachvollziehbare Motivation zur Verhaltensänderung.

Kontraindikator

(1) Der Klient beschränkt sich in der Selbstreflexion auf entschuldigende oder rechtfertigende Äußerungen. („Ich hätte besser aufpassen müssen.", „Da ist jahrelang nichts passiert.", „Sonst hätte ich den Termin versäumt.").

7. Der Klient hat ein Verständnis dafür entwickelt, dass er sein eigenes Verhalten bewusst steuern und die daraus folgenden Konsequenzen damit beeinflussen kann.

Kontraindikator

(1) Der Klient glaubt, es könne immer „passieren", dass „es blitzt".

8. Der Klient ist nicht nur zur Einhaltung von Regeln motiviert, er ist vielmehr auch in der Lage, die Notwendigkeit der Regelanwendung in der jeweiligen Verkehrssituation zu erkennen (Erfassen der Verkehrslage).

9. Der Klient ist sich dessen bewusst, dass es auch zukünftig Situationen geben wird, in denen eine erhöhte Wahrscheinlichkeit besteht, dass er wieder dazu neigen könnte, das auffällige Verhalten zu zeigen. Er kann berichten, wie er damit in einer Weise umgehen möchte, die hilft, erneute aktenkundige Verkehrsauffälligkeiten zu vermeiden.

   (1) Der Klient glaubt, der Fahrerlaubnisentzug und die dadurch erlebten Nachteile bewahrten ihn auf alle Zeit vor erneutem Fehlverhalten. Kontraindikator

10. Liegt den Verkehrsverstößen in der Vorgeschichte (auch) irrtümliches Verhalten oder fehlerhafte Umsetzung von eigentlich akzeptierten Regeln zugrunde, so ist nachvollziehbar, wie der Klient künftig solche Fehler vermeiden möchte.

11. Die Verhaltenssteuerung des Klienten bei der Verkehrsteilnahme zeigt einen Perspektivenwechsel im Sinne des Einbeziehens des Verhaltens und der Interessen anderer Verkehrsteilnehmer.

12. Der Klient ist zwischenzeitlich in der Lage, sich auch in das Verhalten anderer, insbesondere auch schwächerer Verkehrsteilnehmer hineinzuversetzen und nimmt sie nicht mehr nur als Hindernis für die Umsetzung eigener Mobilitätsinteressen wahr.

13. Der Klient hat Strategien entwickelt, wie er sich zukünftig auch in einem Verkehrsumfeld, das eine Regelbeachtung erschwert (z. B. Geschwindigkeitsbeschränkung trotz übersichtlicher Straßenführung), angemessen verhalten wird.

14. Früher als Verhaltensimpuls empfundene, kritische Verkehrssituationen (z. B. Gelbphase an einer Lichtzeichenanlage, Lücke zwischen zwei Fahrzeugen) oder als Provokation aufgefasste Fahrmanöver anderer Verkehrsteilnehmer haben ihren auslösenden Charakter für die Begehung von Regelverstößen verloren. Der Klient kann darlegen, wie er es geschafft hat, derartige Reiz-Reaktions-Ketten zu beseitigen.

15. Die Planung einer nicht routinemäßigen Fahrt umfasst eine detaillierte Fahrvorbereitung und differenzierte Vorsätze zum Fahrtverlauf.

16. Auf der Basis einer angemessenen Verkehrsregelakzeptanz kann der Klient plausible Vorkehrungen für eine verbesserte Selbstüberwachung seines Fahrverhaltens und seiner Aufmerksamkeitssteuerung schildern.

17. Der Klient akzeptiert, dass digitale Medien (Smartphone, Tablet) eine ablenkende Wirkung bei der Verkehrsbeobachtung haben und erklärt, durch welche konkreten Verhaltensvorsätze er den Verzicht auf deren Nutzung während der Fahrt sicherstellen will (z. B. Fahr- oder Flugzeugmodus einstellen; Handy ins Handschuhfach legen).

Kontraindikator

(1) Der Klient verweist darauf, dass er das Handy zwar auf dem Beifahrersitz liegen habe, dass er jedoch eine Freisprechanlage installiert habe. Über die Ablenkung durch Kurznachrichten hat er sich keine Gedanken gemacht.

18. Die Vermeidungsstrategien des Klienten beinhalten auch den Umgang mit kritischen Ereignissen, möglichen Entwicklungen von Verkehrssituationen sowie der Einflussnahme Dritter.

19. Der Klient schildert Verhaltensalternativen situationsspezifisch und konkret (z. B. kann er auf die Frage, wie er einen früher begangenen Verstoß oder Unfall künftig bei gleicher Ausgangslage vermeiden wolle, konkrete vorbeugende Verhaltensweisen benennen).

Kontraindikator

(1) Der Klient äußert nur vage Vorsätze wie „besser aufpassen", „vorsichtiger fahren", „mit der Dummheit anderer rechnen".

20. In einer im Einzelfall durchgeführten psychologischen Fahrverhaltensbeobachtung zur Absicherung der Verhaltensvorsätze zeigte der Klient ein unauffälliges, vorausschauend angepasstes und rücksichtvolles Fahrverhalten.

Kriterium V 3.6 N

Die äußeren Bedingungen haben sich, sofern sie die Entstehung der Verhaltensauffälligkeiten begünstigt haben, so entscheidend positiv verändert und stabilisiert, dass von ihnen jetzt keine rückfallfördernde Wirkung mehr ausgeht. Die Arbeits- und Lebensbedingungen haben keinen destabilisierenden Einfluss (mehr).

1. Der Klient hat mehrere sinnvoll aufeinander abgestimmte Veränderungen in den relevanten Lebensbedingungen vorgenommen, die mit seiner aktuellen sozialen Situation und beabsichtigten Verkehrsteilnahme vereinbar sind.

Kontraindikator

(1) Der Klient beruhigt sich lediglich mit zu kurz greifenden Änderungen der äußeren Bedingungen oder mit technischen Lösungen (z. B. Fahrzeug mit geringer PS-Stärke gekauft, Firmenwechsel, Anbringen einer Warn-Markierung bei 50 und 100 km/h auf dem Tacho).

2. Der Klient hat konkrete Verhaltensalternativen in den relevanten Problemsituationen entwickelt und auch in Situationen ausprobiert, die in der Vergangenheit ähnliche Verhaltensmuster wie bei den Verkehrsauffälligkeiten hervorgerufen hatten.

Kontraindikator

(1) Der Klient, der für sich in Anspruch genommen hatte, Verkehrsvorschriften nur einzuhalten, wenn er sie auch einsieht, kann keine anderen Verhaltensbereiche nennen, in denen er vergleichbare Grundhaltungen im Umgang mit Regeln aufgewiesen hatte und inzwischen korrigieren konnte.

3. Der Klient hat sich von den äußeren Bedingungen (z. B. Tourenplanung des Chefs, Terminwünsche von Fahrgästen, ständiger Geldmangel), die früher das Fehlverhalten determiniert haben, weitgehend unabhängig gemacht; die dafür erforderliche soziale Kompetenz kann bei ihm (inzwischen) angenommen werden.

4. Der Klient hat sich im Beruf durch Relativierung der Leistungsorientierung nicht mehr so stark unter Stress gesetzt; er neigt zu einer „komfortableren" Zeitplanung.

5. Der Klient sieht die Möglichkeit, eine Änderung in der beruflichen Situation, die das Fehlverhalten wesentlich mit bedingt hat, herbeizuführen bzw. die Auswirkungen der Situation zu verändern.

   (1) Der Klient hält es für unvermeidbar, von seiner Firma aufgestellte enge Zeitpläne durch höhere Geschwindigkeiten und Überschreiten der Lenkzeiten einzuhalten, um seine Arbeit nicht zu verlieren („Dann nehmen die gleich einen Jüngeren."; „Da ist auch die Gewerkschaft machtlos."). Kontraindikator

6. Der Klient berichtet, dass er sich von den Einflüssen durch Freunde und Bekannte auf sein Fahrverhalten unabhängig gemacht hat.

7. Der Klient ist in eine ruhigere Lebensphase eingetreten, sodass früher typische Risikosituationen (z. B. Fahrten zu Partys, zur Disco, „Spritztouren" mit Freunden) nur noch selten stattfinden.

8. Der Klient hat sich von gruppenabhängiger Konformität („Mitschwimmen" im Verkehrsfluss) oder der negativen Vorbildwirkung anderer Kraftfahrer (z. B. rechts über die Standspur am Stau vorbeifahren, Rettungsgasse nutzen) distanziert.

9. Lebensstil und Freizeitinteressen haben sich verändert, sodass der frühere Alkohol- oder Drogenkonsum sowie die Orientierung an aktuellen Trends (Musik, Freizeitevents) deutlich an Einfluss auf die Verhaltenssteuerung verloren haben.

10. Auch bei unveränderten äußeren Lebensbedingungen und Freizeitinteressen konnten durch den zwischenzeitlichen Entwicklungs- und Aufarbeitungsprozess wesentliche Ressourcen und Kompetenzen beim Klienten etabliert werden, sodass eine adäquate Regeleinhaltung sichergestellt werden kann.

Hypothese V 4

Die strafrechtlichen oder verkehrsrechtlichen Auffälligkeiten des Klienten stehen nicht erkennbar im Zusammenhang mit einer psychiatrischen, neurologischen oder körperlichen Störung. Andernfalls lässt die aktuelle Befundlage trotzdem eine sichere Verkehrsteilnahme erwarten.

Kriterium V 4.1 N

Es liegt keine psychiatrische, neurologische, internistische oder körperliche Störung/Erkrankung vor, die sich (mit-)ursächlich auf die aktenkundigen Verhaltensauffälligkeiten ausgewirkt hat.

1. Das orientierende medizinische Befundbild ist weitgehend unauffällig (vgl. Kapitel C.2). Es finden sich weder aktuell noch aus der Vorgeschichte Hinweise auf den Einfluss relevanter somatischer oder psychiatrischer Störungen auf das Verkehrsverhalten. Eine weitergehende diagnostische Abklärung (vgl. Indikatoren 2 bis 11) ist deshalb verzichtbar.

2. Weder anamnestisch noch in den vorliegenden Unterlagen finden sich Hinweise auf eine psychiatrische Erkrankung. Das Verhalten, der Gesprächsverlauf und die Stimmungslage im Rahmen der ärztlichen Untersuchung sind unauffällig und situationsangepasst.

Kontraindikatoren

(1) In der Akte oder in der Anamnese finden sich Hinweise auf Erkrankungen aus dem schizophrenen Formenkreis.

(2) In der Akte oder in der Anamnese finden sich Hinweise auf das Vorliegen einer affektiven Störung, z. B. bipolare Störung, agitierte Depression mit Entgleisungen der Verhaltenssteuerung.

(3) In der Akte oder in der Anamnese finden sich Hinweise auf das Vorliegen einer Suchterkrankung (Alkohol-, Drogen- oder Medikamentenabhängigkeit).

3. Weder anamnestisch noch in den vorliegenden Unterlagen finden sich Hinweise auf eine Dauerbehandlung mit fahreignungsrelevanten Medikamenten, die einen Einfluss auf die Verkehrsauffälligkeit des Klienten gehabt haben könnten.

Kontraindikator

(1) Der Klient berichtet über eine opioidgestützte Schmerztherapie, die bei der Verkehrsteilnahme zu Aufmerksamkeitsdefiziten geführt habe.

4. Der Klient berichtet nicht über das Erleben belastender oder bedrohlicher Ereignisse von außergewöhnlichem Ausmaß und/oder schwerer Traumata in der Vergangenheit mit den Folgen psychischer oder psychosomatischer Störungen.

5. Der Klient berichtet nicht von Spannungszuständen im Zusammenhang mit bestimmten impulsiv ausgeübten, nicht oder nicht ausreichend kontrollierbaren Verhaltensweisen oder Handlungen, die er subjektiv als unangepasst und/oder schädigend einstuft.

Kontraindikatoren

(1) Der Klient berichtet von Impulsivität im (potenziell) selbstschädigenden Bereich (z. B. pathologisches Spielen, Geldausgeben, mit dem Auto rasen, pathologisches Essverhalten, Selbstverletzungen).

(2) In den Unterlagen finden sich ärztliche Berichte oder andere relevante Hinweise (z. B. Gerichtsurteile), die die Diagnose einer Impulskontrollstörung sichern oder hoch wahrscheinlich machen.

(3) Aus ärztlichen Berichten ist abzuleiten, dass aufgrund von Wahrnehmungs- und Bewusstseinsstörungen nicht von angepasstem Verhalten auszugehen ist.

6. Weder anamnestisch noch aus den vorliegenden Unterlagen werden Hinweise auf eine diagnostizierte ADHS-Symptomatik im Kindes- und Jugendalter mit weiterem Bestehen von (Teil-)Symptomen bekannt, die einen naheliegenden Einfluss auf das Verkehrsverhalten gehabt haben könnten.

Kontraindikatoren

(1) Der Klient, der in der Vorgeschichte ein erhöht impulsives Verhalten im Verkehr gezeigt hatte, berichtet von einer medikamentösen, und/oder psychotherapeutischen Behandlung wegen ADHS oder ADS im Erwachsenenalter.

(2) Eine ADHS-Behandlung wurde abgebrochen, ohne dass ein stabiler Zustand erreicht worden wäre.

7. Es finden sich in den Selbstangaben des Klienten, in der Akte oder in den beigestellten Befunden keine Hinweise auf eine durchgemachte oder bestehende neurologische Erkrankung, die im Zusammenhang mit den Verhaltensauffälligkeiten zu sehen wäre oder diese wesentlich mit bedingt haben könnte.

(1) Der Klient berichtet von einer Mehrfachbehinderung, z. B. bei Epilepsie, oder über psychische Auffälligkeiten bei Zustand nach Schlaganfall, bei einer Erkrankung an Multipler Sklerose, einem Hirntumorleiden oder hirnorganischen Störungen. — Kontraindikator

8. Es gibt keine Erkenntnisse über Verhaltensstörungen im Kontext mit Hirnschädigungen bedingt durch ein Schädel-Hirn-Trauma, eine medikamentöse, toxische oder infektiös induzierte Ursache.

(1) Der Klient berichtet über eine Phase der Anpassungsstörung infolge einer durchgemachten Enzephalitis, eines Schädel-Hirn-Traumas oder einer Medikamentenüberdosierung. — Kontraindikator

9. Weder das psychische Befundbild noch das Ergebnis der psychophysischen Leistungsüberprüfung machen das Vorliegen einer demenziellen Entwicklung wahrscheinlich.

10. Es gibt aus der Biografie, der Aktenlage und den beigestellten Befunden keine Hinweise auf das Vorliegen einer (beginnenden) Demenz.

11. Der Klient berichtet nicht von körperlichen Erkrankungen, die potenziell zu einer Hirnschädigung mit Verhaltensauffälligkeiten führen können.

12. Ein Zusammenhang der Verhaltensauffälligkeiten mit einer durch eine körperliche Erkrankung hervorgerufenen Hirnschädigung lässt sich nicht herstellen.

(1) Bei dem Klienten sind schwere Stoffwechselentgleisungen im Sinne von Hypo- und Hyperglykämien bekannt. — Kontraindikatoren

(2) Es wurde bereits eine stationäre Behandlung wegen einer hepatischen Enzephalopathie durchgeführt.

13. Es finden sich keine Hinweise auf Persönlichkeitsstörungen mit hoher Verkehrsrelevanz.

(1) Beim Klienten ist eine dissoziale bzw. antisoziale Persönlichkeitsstörung (ICD-10: F60.2), eine emotional instabile bzw. Borderline-Persönlichkeitsstörung (ICD-10: F60.3) oder die abhängige (asthenische) bzw. dependente Persönlichkeitsstörung (ICD-10: F60.7) diagnostiziert worden. — Kontraindikator

Die Symptomatik einer psychiatrischen, neurologischen, internistischen oder körperlichen Störung/Erkrankung weist keine Ausprägung von Verkehrsrelevanz (mehr) auf, sodass von ihr kein wesentlicher Einfluss mehr auf das verkehrsangepasste Verhalten zu erwarten ist. — **Kriterium V 4.2 N**

1. Lagen in der Vergangenheit eignungsrelevante psychiatrische, neurologische, internistische oder körperliche Störungen oder Erkrankungen vor, ergibt sich aus einem ärztlichen Gutachten, dass keine verkehrsrelevanten Ausprägungen (mehr) vorliegen.

2. Aus einer verwertbaren ärztlichen Befunddarstellung ergibt sich bereits nachvollziehbar, dass im Zusammenhang mit einer psychiatrischen, neurologischen, internistischen oder körperlichen Störung oder Erkrankung keine für die Fahreignung relevante Symptomatik vorliegt.

Kontraindikator

(1) Aus den vorliegenden Unterlagen ergeben sich zwar Hinweise auf das Vorliegen einer für die Fahreignung relevanten Erkrankung bzw. Symptomatik, es hat bisher jedoch keine abschließende Abklärung, z. B. im Rahmen eines ärztlichen Gutachtes, stattgefunden.

Hypothese V 5

Die strafrechtlichen oder verkehrsrechtlichen Auffälligkeiten des Klienten stehen nicht erkennbar im Zusammenhang mit Einschränkungen der psychophysischen Leistungsmöglichkeiten oder einer Intelligenzminderung. Andernfalls lassen die aktuellen Leistungsmöglichkeiten eine sichere Verkehrsteilnahme erwarten.

Kriterium V 5.1 N

Es liegen keine Hinweise auf Einschränkungen der psychophysischen Leistungsfähigkeit oder der intellektuellen Entwicklung vor, die sich (mit-) ursächlich auf die aktenkundige Verhaltensauffälligkeit ausgewirkt haben.

1. Die Aktenanalyse ergibt keine Hinweise auf Verkehrs- oder Verhaltensauffälligkeiten, die durch psychophysische oder kognitive Leistungsbeeinträchtigung begründet sein könnten (vgl. Indikatoren 2 bis 6). Eine differenzierte diagnostische Abklärung der kognitiven Leistungsfähigkeit ist deshalb verzichtbar.

2. Der Klient war in der Vorgeschichte noch nie in einen aktenkundigen Verkehrsunfall verwickelt.

3. Bei der Analyse der Auffälligkeiten in der Vorgeschichte finden sich auch keine Hinweise auf Fehleinschätzungen von Verkehrssituationen oder Fehlreaktionen in kritischen Verkehrssituationen.

4. Der Klient erklärt sich die Verkehrsauffälligkeiten nicht wiederholt mit situativen, kurzfristig wirksamen Einflüssen (z. B. schlechte Sicht, überraschendes Verhalten anderer, ungewöhnliche Verkehrssituation).

5. Es ist nicht in Verbindung mit (früher) vorliegenden gravierenden strukturellen Störungen der Persönlichkeit oder Verhaltensauffälligkeiten zu erkennen, dass beim Klienten impulsives Verhalten oder eine emotionale Labilität vorlag.

6. Es finden sich in der Vorgeschichte keine Hinweise auf eine Lernbehinderung oder sonstige geistige Entwicklungsstörungen.

Kriterium V 5.2 N

Die Hinweise auf Einschränkungen der psychophysischen Leistungsfähigkeit oder der intellektuellen Entwicklung lassen sich bei der Untersuchung mit objektiven Testverfahren nicht bestätigen oder liegen nur in einem Ausprägungsgrad vor, der nicht erwarten lässt, dass sie sich negativ auf die Verkehrssicherheit auswirken.

1. In den anlassspezifisch durchgeführten Leistungstests (vgl. Kapitel C.4 und Kriterien A 6.1 N und A 6.2 N) erbrachte der Klient Leistungen, die ein sicheres Führen von Fahrzeugen der beantragten Fahrerlaubnisklasse erwarten lassen.
2. Sofern sich in der Vorgeschichte Hinweise auf eine eingeschränkte Fähigkeit zur Überblicksgewinnung und Situationswahrnehmung ergeben, zeigt der Klient in Verfahren zur Überprüfung der visuellen Wahrnehmungsleistung und der Aufmerksamkeit keine normabweichenden Leistungen.
3. Sofern sich in der Vorgeschichte Hinweise auf eine eingeschränkte Reaktion in kritischen Verkehrssituationen ergeben, zeigt der Klient in Verfahren zur Überprüfung des Reaktionsvermögens und der Konzentration keine normabweichenden Leistungen.
4. Trotz (früher) vorliegender genereller Störungen der Persönlichkeit oder des Verhaltens, die eine emotionale Labilität erkennen ließen, finden sich bei der Anwendung entsprechender Testverfahren keine Hinweise auf Konzentrations- oder Aufmerksamkeitsmängel.
5. Trotz Hinweisen auf eine geistige Entwicklungsstörung lässt das mit psychologischen Testverfahren überprüfte Intelligenzniveau keine gravierenden Störungen erkennen und entspricht im Bereich des schlussfolgernden Denkens einem IQ von mindestens 70. Für die Fahrerlaubnis der Klasse D, D1, D1E oder zur Fahrgastbeförderung ist ein IQ von mindestens 85 zu fordern.

Literatur

[1] WEINAND, M. & UNDEUTSCH, U. (1996). Verkehrsauffällige Straftäter – Begutachtung und Rehabilitation. Bewährungshilfe 43(2), 99–116.

[2] BANSE, R. (2012). Aggressivität, Straftaten und Fahreignung: Empirische Zusammenhänge und Implikationen für die Fahreignungsbegutachtung. Zeitschrift für Verkehrssicherheit 3, 119–123.

[3] WAGNER, T., STROHBECK-KÜHNER, P. & KOEHL, F. (2018). Straftaten und Verstöße gegen verkehrsrechtliche Vorschriften – Kommentar zu den Begutachtungsleitlinien zur Kraftfahreignung, Kapitel 3.16 und 3.17. In: SCHUBERT, W., HUETTEN, M., REIMANN, C., GRAW, M., SCHNEIDER, W. & STEPHAN, E. (Hrsg.): Begutachtungsleitlinien zur Kraftfahreignung – Kommentar. 3. Auflage. Bonn: Kirschbaum Verlag.

[4] KRONE, H. W. & TAUSCH, A. P. (2013). Persönlichkeit und Emotionen. Stuttgart: Verlag W. Kohlhammer.

[5] DILLING, H., MOMBOUR, W. & SCHMIDT, M.H. (Hrsg.) (2015) (Nachdruck 2020). Weltgesundheitsorganisation ICD-10 – Internationale Klassifikation psychischer Störungen. ICD-10 Kapitel V (F) Klinisch-diagnostische Leitlinien. 10. Auflage unter Berücksichtigung der Änderungen entsprechend ICD-10 GM 2015. Bern: Hogrefe.

[6] FALKAI, P. & WITTCHEN, H.-U. (Hrsg.) (2015). Diagnostisches und Statistisches Manual Psychischer Störungen DSM-5® – American Psychiatric Association. Deutsche Ausgabe. Göttingen: Hogrefe Verlag.

[7] WHITESIDE, S. P. & LYNAM, D. R. (2001). The five factor model and impulsivity: using a structural model of personality to understand impulsivity. Personality and individual differences 30(4), 669–689.

[8] CYDERS, M. A., SMITH, G. T., SPILLANE, N. S., FISCHER, S., ANNUS, A. M. & PETERSON, C. (2007). Integration of impulsivity and positive mood to predict risky behavior: development and validation of a measure of positive urgency. Psychological assessment 19(1), 107–118. https://doi.org/10.1037/1040-3590.19.1.107.

[9] BLIESENER, T. (2009). Junge Mehrfach- und Intensivtäter – Definitionen, Hintergründe und Konzepte der Prävention. Zeitschrift für soziale Strafrechtspflege 46, 13–24.

[10] BUNDESANSTALT FÜR STRASSENWESEN (Hrsg.) (2022). Begutachtungsleitlinien zur Kraftfahreignung – Fassung vom 17.2.2021 (VkBl., S. 198), in Kraft getreten am 1.6.2022 mit der Fünfzehnten Verordnung zur Änderung der Fahrerlaubnis-Verordnung und anderer straßenverkehrsrechtlicher Vorschriften (BGBl. I Nr. 11 vom 25. März 2022). https://www.bast.de/DE/Verkehrssicherheit/Fachthemen/U1-BLL/BLL-Download.html (abgerufen am 14.8.2022).

Weiterführende Literatur

BERBERICH, G., ZAUDIG, M., BENECKE, C., SASS, H. & ZIMMERMANN, J. (Hrsg.) (2018). Persönlichkeitsstörungen – Update zu Theorie und Therapie. Stuttgart: Schattauer.

DAHLE, K.-P. (2010). Psychologische Kriminalprognose – Wege zu einer integrativen Methodik für die Beurteilung der Rückfallwahrscheinlichkeit bei Strafgefangenen. Freiburg: Centaurus Verlag.

DAHLE, K.-P., HARWARDT, F. & SCHNEIDER-NJEPEL, V. (2012). Inventar zur Einschätzung des Rückfallrisikos und des Betreuungs- und Behandlungsbedarfs von Straftätern – LSI-RTM. Göttingen: Hogrefe.

GLITSCH, E., BORNEWASSER, M. & DÜNKEL, F. (2012). Rehabilitationsverlauf verkehrsauffälliger Kraftfahrer. Berichte der Bundesanstalt für Straßenwesen, Heft M 226.

HAUTZINGER, H., MANSSEN, G., SCHLAG, B., MÜLLER, H. E., PFEIFFER, M., RÖSSGER, L., SCHADE, J., BUTTERWEGGE, P. & GEHLERT, T. (2011). Regelverstöße im Straßenverkehr – Häufigkeit, Schadenfolgen, Sanktionen, Prävention. Unfallforschung der Versicherer (GDV) – Forschungsbericht VV05. Berlin: Gesamtverband der deutschen Versicherungswirtschaft.

HIPPIUS, K. & JOSWIG, U. (1999). Sensation seeking und Risikobereitschaft von Kraftfahrern. In: SCHLAG, B. (Hrsg.): Empirische Verkehrspsychologie. Lengerich: Pabst Science Publishers.

LUDOLPH, A. G., KÖLCH, M., PLENER, P. L., SCHULZE, U. M., SPRÖBER, N. & FEGERT, J. M. (2009). Aufmerksamkeitsdefizit- und Hyperaktivitätsstörung (ADHS) und Straßenverkehr. Zeitschrift für Kinder- und Jugendpsychiatrie und Psychotherapie 37(5), 405–411.

PROESCHOLD, M. C., WALTER, M. & WIESBECK, G. A. (2012). Alkohol und Gewalt: Eine aktuelle Übersicht. Fortschritte der Neurologie · Psychiatrie 80(8), 441–449.

RÖSSGER, L., SCHADE, J., SCHLAG, B. & GEHLERT, T. (2011). Verkehrsregelakzeptanz und Enforcement, GDV Forschungsbericht VV06.

SACHSE, R., SACHSE, M. & FASBENDER, J. (2011). Klärungsorientierte Psychotherapie von Persönlichkeitsstörungen. Göttingen: Hogrefe.

SCHLAG, B., RÖSSGER, L. & SCHADE, J. (2012). Regelbefolgung - Ein Modell der Einflussgrößen. Zeitschrift für Verkehrssicherheit 58(2), 62–67.

SCHLOTTKE, P. (2011). Beurteilungskriterien - Kriterien für die Begutachtung von Punktetätern (Verkehr/Strafe/Aggressionspotential). In: MÜLLER, K., DITTMANN, V. & SCHUBERT, W. (Hrsg.): Fehlverhalten als Unfallfaktor - Kriterien und Methoden der Risikobeurteilung. Tagungsband des 7. Gemeinsamen Symposiums der DGVP und DGVM in Potsdam. Bonn: Kirschbaum Verlag.

SCHMIDT, A. F. (2012). Therapeutische Interventionen bei dissozialem und aggressivem Verhalten. Zeitschrift für Verkehrssicherheit 3, 124–128.

TONSDORF, G. & TONSDORF, B. (2011). Psychologische und psychiatrische Sachverständige im Strafverfahren. Heidelberg: C. F. Müller.

VOLLMOELLER, W. & EDEL, M.-A. (2006). ADHS und Persönlichkeit. In: EDEL, M.-A. & VOLLMOELLER, W. (Hrsg.): Aufmerksamkeitsdefizit-/Hyperaktivitätsstörung bei Erwachsenen, Kapitel 6. Heidelberg: Springer Medizin Verlag.

WAGNER, T., UHLMANN, L. M., DEVOL, D. & RETHFELD, I. (2018). Factors influencing the outcome of the Medical-Psychological Assessment of speed-affine drivers in Germany. Transaction of Transport Sciences 9(2), 57–66. https://tots.upol.cz/pdfs/tot/2018/02/06.pdf (abgerufen am 14.8.2022).

WITTHÖFT, J., HOFMANN, M. & PETERMANN, F. (2011). Aggression im Straßenverkehr. Zeitschrift für Psychiatrie, Psychologie und Psychotherapie 59(4), 311–323.

B. 5 Kriterien und Indikatoren zu den M-Hypothesen (Dauermedikation und Medikamentenmissbrauch)

Bei der Beurteilung der Fahreignung wird in den grundsätzlichen Beurteilungshinweisen der Begutachtungsleitlinien zur Kraftfahreignung [1] davon ausgegangen, „dass ein Betroffener ein Kraftfahrzeug sicher führen kann, wenn nicht aufgrund des individuellen körperlich-geistigen (psychischen) Zustandes beim Führen eines Kraftfahrzeugs eine Verkehrsgefährdung zu erwarten ist".

Ein Gefährdungssachverhalt wird angenommen, wenn einer von drei relevanten Aspekten erfüllt ist:

1. Wenn „von einem Kraftfahrer nach dem Grad der festgestellten Beeinträchtigung der körperlich-geistigen (psychischen) Leistungsfähigkeit zu erwarten ist, dass die Anforderungen beim Führen eines Kraftfahrzeuges, zu denen ein stabiles Leistungsniveau und auch die Beherrschung von Belastungssituationen gehören, nicht mehr bewältigt werden können".
2. Wenn „von einem Kraftfahrer in einem absehbaren Zeitraum die Gefahr des plötzlichen Versagens der körperlich-geistigen (psychischen) Leistungsfähigkeit (z. B. hirnorganische Anfälle, apoplektische Insulte, anfallsartige Schwindelzustände und Schockzustände, Bewusstseinstrübungen oder Bewusstseinsverlust u. ä.) zu erwarten ist".
3. Wenn „wegen sicherheitswidrigen Einstellungen, mangelnder Einsicht oder Persönlichkeitsmängeln keine Gewähr dafür gegeben ist, dass der Fahrer sich sicherheitsgerecht verhält".

Die Notwendigkeit, dauerhaft Medikamente zu sich zu nehmen, rechtfertigt somit nicht generell Zweifel an der Fähigkeit zur sicheren Verkehrsteilnahme, sondern nur dann, wenn die Anpassungs- und Leistungsfähigkeit an die Erfordernisse beim Führen eines Fahrzeugs im Zusammenhang mit einer medikamentösen Behandlung unter einem der drei genannten Aspekte infrage gestellt werden muss.

Der erste Aspekt ist bei Medikamenten relevant, deren Wirkungen oder Nebenwirkungen die Leistungsfähigkeit grundsätzlich herabsetzen können. Dies kann individuell sehr unterschiedlich sein und muss im Einzelfall bewertet werden. Als Anlass für die Überprüfung der Fahreignung liegen in der Regel aktenkundige Tatsachen vor, die eine Leistungsbeeinträchtigung annehmen lassen.

Nach den Grundregeln der StVO darf am Straßenverkehr nur teilnehmen, wer keinen anderen schädigt, gefährdet oder, mehr als nach den Umständen vermeidbar, behindert oder belästigt. Diese Forderung wird in § 2 FeV aufgegriffen, wenn derjenige von der Verkehrsteilnahme ausgeschlossen ist, der sich infolge körperlicher oder geistiger Beeinträchtigungen nicht sicher im Verkehr bewegen kann. Somit hat jeder Verkehrsteilnehmer sich selbst zu prüfen, ob er im Moment der Verkehrsteilnahme über die ausreichende Fahrsicherheit verfügt oder ob diese etwa durch Erschöpfung, Krankheit oder Medikamentenwirkungen beeinträchtigt ist. Deshalb können auch sicherheitswidrige Einstellungen bei Patienten zu Zweifeln an ihrer Fahreignung führen, wenn sie etwa trotz Unter- oder Überdosierung eines Arzneimittels und daraus resultierenden Leistungsbeeinträchtigungen mit einem Fahrzeug am öffentlichen Straßenverkehr teilnehmen.

Es kann bei Vorliegen einer Erkrankung auch zu prüfen sein, ob durch die medikamentöse Behandlung eine ausreichende Besserung und damit eine sichere Verkehrsteilnahme erreicht werden kann. Die Sorge, dass sich Krankheitssymptome verschlechtern oder unerwartet und plötzlich auftreten, ist bei guter ärztlicher Therapieführung weniger begründet, als wenn Patienten eine verordnete Medikamententherapie nur unzuverlässig einhalten und Arzneimittel unregelmäßig und/oder in zu geringem Umfang einnehmen. Dieser Aspekt der Compliance ist jedoch nicht Gegenstand der M-Kriterien, sondern ist in der Regel im Rahmen eines zusätzlichen ärztlichen Gutachtens zur vorliegenden Grunderkrankung zu bewerten.

Unerwartete Wirkungen und unvorhersehbare Auswirkungen auf die Leistungsfähigkeit können auch auftreten, wenn Arzneimittel in größeren Mengen oder häufiger als medizinisch indiziert eingenommen werden. In Anlage 4 Nr. 9 FeV werden drei mögliche Gründe für eine fehlende Fahreignung im Zusammenhang mit der Einnahme von Arzneimitteln beschrieben. Das sind

- die Dauerbehandlung mit Arzneimitteln (Nr. 9.6), sofern sie zu einer Beeinträchtigung der Leistungsfähigkeit oder zu einer Vergiftung geführt hat,
- die missbräuchliche Einnahme von psychoaktiv wirkenden Arzneimitteln (Nr. 9.4) oder
- die Abhängigkeit von psychoaktiv wirkenden Stoffen (Nr. 9.3), zu denen auch die psychoaktiv wirkenden Arzneimittel zu zählen sind [2].

Eignungsbedenken können demnach nur entstehen, wenn das dauerhaft eingenommene Arzneimittel[1] die Leistungsfähigkeit und damit die Fahrsicherheit beeinträchtigen kann oder wenn ein psychoaktiv wirkendes Arzneimittel ein Missbrauchs- und Suchtpotenzial aufweist. Eine Überprüfung von Eignungszweifeln ist somit in Fällen angezeigt, wo sich durch Tatsachen begründete Hinweise auf das Vorliegen einer dieser Umstände ergeben haben.

Eine Orientierungshilfe kann folgende Aufzählung fahrsicherheitsrelevanter Arzneimittel geben:

- Opioide Analgetika (Schmerzmittel)
- Psychopharmaka (Antidepressiva, Antipsychotika)
- Anxiolytika/Hypnotika bzw. Sedativa (z. B. Benzodiazepine oder Z-Substanzen wie auch freiverkäufliche Mittel wie Diphenhydramin etc.)
- Psychostimulanzien (z. B. Methylphenidat, Modafinil oder Amphetamine bei ADHS)

1 Auch ein über einen längeren Zeitraum, also auf Dauer, bei Bedarf eingenommenes Arzneimittel, welches eine relevante Wirkung auf die Fahrsicherheit haben kann, ist als Dauermedikation zu verstehen.

- Substitutionsstoffe (z. B. Methadon, Buprenorphin oder Morphin bei Opioidabhängigkeit)
- Cannabisarzneimittel (z. B. THC-haltige Fertigpräparate, Medizinalcannabisblüten)
- Antikonvulsiva (Pregabalin, Gabapentin, Carbamazepin etc.)
- Antihistaminika (1. Generation mit sedierenden Eigenschaften).

Werden diese Arzneimittel bzw. die zugrunde liegenden Wirksubstanzen missbräuchlich konsumiert, ist zu erwarten, dass sich die Auswirkungen in Bezug auf verkehrssicherheitsrelevante Leistungen bei der Einnahme nach ärztlicher Verordnung und bei missbräuchlichem Konsum in der Regel unterscheiden. Werden Opiate oder Opioide eingenommen, um eine subjektiv erwünschte psychische Wirkung zu erzielen („Berauschung"), ist das sichere Führen eines Kraftfahrzeugs eher beeinträchtigt, als wenn ein Schmerzpatient gegebenenfalls erst durch die Einnahme eines Opioid-Analgetikums in der Lage ist, ein Kraftfahrzeug sicher zu führen. Unter einer stabilen Dauermedikation wird – auch bei höheren Dosierungen – nach einer Einstellungsphase ein Gewöhnungseffekt mit einer deutlichen Reduktion von Nebenwirkungen angestrebt, sodass das sichere Führen von Kraftfahrzeugen weniger beeinträchtigt ist und der Patient wieder in der Lage sein kann, sicher am Straßenverkehr teilzunehmen. Liegt eine sogenannte Bedarfsmedikation vor, kann dies nicht ohne Weiteres angenommen werden. In diesen Fällen kommt der kritischen Selbstwahrnehmung des Patienten hinsichtlich der dann ungewohnten Medikamentenwirkung besondere Bedeutung zu. Dies gilt ebenfalls, wenn eine regelmäßige Medikamenteneinnahme mit einer Bedarfsmedikation kombiniert wird. Unabhängig davon stellt sich bei Bedarfsmedikation die Frage, inwieweit ein stabiler Krankheitsverlauf ohne fahrsicherheitsrelevante Symptome als Grundvoraussetzung gegeben ist.

Im Gegensatz zu einer ärztlich verordneten und überwachten Arzneimitteleinnahme birgt der missbräuchliche Konsum die Gefahren des Kontrollverlustes, einer Überdosierung sowie einer reduzierten Regelakzeptanz, was die Gefährdung der Verkehrssicherheit deutlich erhöht. Die in Anlage 4 Nr. 9.4 FeV verwendete Bezeichnung der missbräuchlichen Einnahme (regelmäßig übermäßiger Gebrauch) findet ihre Entsprechung in der Definition des nicht bestimmungsgemäßen Gebrauchs in den S3-Leitlinien „Medikamentenbezogene Störungen" [3].

Diese Leitlinien unterscheiden in diesem Zusammenhang zwischen dem **Off-Label-Use** (Verordnung durch den Arzt außerhalb der zugelassenen Indikation), dem **Medikationsfehler** (Abweichen vom vorgegebenen Anwendungsschema) und dem **Fehlgebrauch** (Medikament wird anders eingesetzt als verordnet). Hinsichtlich der Fahreignung besonders relevant ist die Entwicklung eines **Fehlgebrauchsmusters**, also eines wiederholten bzw. regelmäßigen Fehlgebrauchs in Abgrenzung zum einmalig bzw. kurzzeitig versehentlich erfolgten Medikationsfehler.

Zu unterscheiden ist zudem die wiederholte missbräuchliche, nicht verordnungsgemäße Einnahme eines bei einer bestimmten Erkrankung grundsätzlich indizierten bzw. ärztlich verordneten Arzneimittels vom Konsum eines illegitim erworbenen Arzneimittels zu Rauschzwecken im Kontext einer Suchtmittelproblematik. Im letzteren Fall sind die D-Kriterien (Kapitel B.3) anzuwenden. Insbesondere bei einer Cannabismedikation liegen häufig zusätzliche Fragestellungen hinsichtlich einer (früheren) Missbrauchsproblematik mit Verkehrsauffälligkeit vor, die abschließend nach den D-Kriterien zu bewerten ist (Ausräumen diesbezüglicher Eignungszweifel) [2]. Auch wenn Substitutionsmittel zur Therapie einer Opioidabhängigkeit verabreicht werden, ist zunächst anhand der D-Kriterien (D 1.4 N) zu prüfen, ob bereits eine Stabilisierung der Substitutionstherapie eingetreten ist und nachfolgend die Kriterien der Hypothese M 1 sinngemäß anzuwenden sind.

Grundsätzlich ist die Frage, ob eine angemessene Indikation für die Verordnung eines Medikamentes vorliegt, nicht Gegenstand einer Überprüfung in einem Fahreignungsgutachten, sondern obliegt der Verantwortung des behandelnden Arztes. Für die Beurteilung der Compliance des Patienten und der Prognose des verantwortlichen Umgangs mit dem Medikament kann es jedoch relevant sein, wie der Patient die Indikationsstellung vermittelt bekommen hat und selbst beurteilt. Insbesondere bei der Verordnung von BtM als Medikament (Opioide Analgetika, Cannabisarzneimittel, Cannabisblüten) ist es für die Gutachter zur Beurteilung des Einnahmeverhaltens wichtig zu wissen, inwieweit eine gegebenenfalls aktenkundige Missbrauchsvorgeschichte dem behandelnden Arzt bekannt war und wie diese in die Ultima-ratio-Abwägung der Verschreibung eines Suchtmittels als Medikament eingeflossen ist. Hierbei kann die ärztlich-kurative Abwägung zwischen dem bestehenden Leiden und möglichen oder befürchteten Nebenwirkungen (inkl. der Gefahr einer Suchtentwicklung) anders ausfallen als die prognostische Abwägung der ärztlichen Gutachter hinsichtlich der Voraussetzungen für die Annahme der Fahreignung.

Anders als bei den A- und D-Hypothesen ist in den M-Hypothesen keine Top-down-Ausschlussdiagnostik ausgehend vom gravierendsten Ausprägungsgrad einer Suchtentwicklung (Abhängigkeit) hin zu einem leichteren Missbrauchsmuster vorgesehen. Vielmehr werden in Hypothese M 1 zunächst die grundsätzlichen Anforderungen beschrieben, welche an die Verkehrsteilnehmer zu stellen sind, bei denen eine potenziell leistungsbeeinträchtigende Dauermedikation vorliegt. Diese Anforderungen sind auch dann zu erfüllen, wenn sich ein Fehlgebrauchsmuster zurückgebildet hat bzw. wenn eine Substitutionstherapie bei Opioidabhängigkeit im Sinne einer Dauermedikation fortgeführt wird.

Hypothese M 1

Der Klient, der dauerhaft ein fahrsicherheitsrelevantes Arzneimittel einnimmt, ist nicht verkehrsrelevant beeinträchtigt. Er ist aufgeklärt und nimmt die Arzneimittel entsprechend der ärztlichen Verordnung ein (Compliance). Risikofaktoren, welche zu einer relevanten Verschlechterung der Leistungsfähigkeit führen können, werden angemessen vermieden (Adhärenz). Der Klient ist zudem in der Lage, eventuell auftretende Leistungsdefizite zu erkennen, und ist bereit, adäquat darauf zu reagieren.

Kriterium M 1.1 N **Der Klient ist über mögliche verkehrsrelevante, unerwünschte Wirkungen aufgeklärt und nimmt die Arzneimittel zuverlässig entsprechend der ärztlichen Verordnung ein (Compliance). Zusätzliche verkehrsrelevante Erkrankungen oder Wechselwirkungen mit anderen Arzneimitteln bestehen nicht oder können angemessen berücksichtigt werden.**

1. Der Klient kennt die Einnahmevorschriften und kann sie hinsichtlich Dosierung und Frequenz beschreiben.
2. Der Klient befindet sich nicht mehr in der Einstellungsphase bzw. in der Phase der Dosisfindung. Die stabile Therapie wird ärztlich attestiert.
3. Die geschilderte Einnahme erfolgt nachvollziehbar entsprechend der Verordnung durch den behandelnden Arzt (Compliance).
4. Eine quantitative Bestimmung der Wirkstoffkonzentration im Blut/Serum/Plasma am Untersuchungstag ergibt einen Befund im therapeutischen Konzentrationsbereich.
5. Falls der Klient über eine Bedarfsmedikation als Form der Dauermedikation oder als zusätzliche Medikation berichtet, wird diese vom behandelnden Arzt als therapeutisch indiziert attestiert. Trotz der Einnahme bei Bedarf ist eine verlässliche Wirkungskontrolle gegeben.
6. Der Klient ist sich der Problematik der Über- und Unterdosierung sowie des zeitweisen Absetzens der (Bedarfs-)Medikation bewusst.
7. Es findet keine zusätzliche, nicht ärztlich abgestimmte Verschreibung oder Einnahme weiterer fahrsicherheitsrelevanter Arzneimittel statt. Dies wird in der Regel durch eine Urinkontrolle oder ersatzweise Haaranalyse am Untersuchungstag bestätigt (vgl. CTU-Kriterien, Kapitel C.3).
8. Das Wahrnehmen der Medikamentenwirkung ist nicht durch das Vorliegen von Komorbidität(en) oder durch eine verminderte Sensitivität für körperliche Befindlichkeiten beeinträchtigt.
9. Bei einer zu erwartenden Verstärkung der unerwünschten Wirkungen der Medikation durch Alkohol verzichtet der Klient auf Alkoholkonsum vor der Verkehrsteilnahme. In diesen Fällen erfolgt die Empfehlung des Eintrags der Schlüsselzahl 68 (bzw. für Inhaber 05.08).
10. Sofern die zusätzliche Einnahme von Alkohol wegen der Auswirkung auf die verkehrsrelevante Symptomatik der Grunderkrankung medizinisch kontraindiziert ist, verzichtet der Klient nachvollziehbar auf Alkoholkonsum.
11. Ist Alkoholverzicht erforderlich, wird er zumindest für die letzten drei Monate vor der Begutachtung nachvollziehbar belegt (vgl. CTU-Kriterien).

Kriterium M 1.2 N **Der Klient geht verantwortlich mit seiner Erkrankung und den Auswirkungen der Krankheitssymptomatik sowie der Dauermedikation um (Adhärenz). Er kann Verhaltensalternativen für Situationen aufzeigen, in denen er sich beeinträchtigt fühlt.**

1. Der Klient ist in der Lage und bereit, eine Verkehrsteilnahme zu vermeiden, wenn die Fahrsicherheit durch Krankheitssymptome aktuell beeinträchtigt ist.

   (1) Die Reflexions- und Einsichtsfähigkeit des Klienten ist bereits durch die Grunderkrankung beeinträchtigt. Kontraindikator

2. Der Klient nimmt auch dann nicht am Straßenverkehr teil, wenn die Fahrsicherheit aktuell durch die Wirkung bzw. das Nachlassen oder Fehlen der Wirkung in Zweifel steht. Eine sorgfältige Eigenbeobachtung ist insbesondere zu Therapiebeginn und bei Dosisanpassungen gewährleistet. Er ist über mögliche unerwünschte Wirkungen der Medikation aufgeklärt (Aufklärung durch Arzt und Lesen des Beipackzettels).
3. Der Klient kann über praktikable Mobilitätsalternativen berichten, die ihm im Falle möglicher Beeinträchtigungen zur Verfügung stehen.
4. Der Klient hat Handlungsmodelle entwickelt, um bei unerwarteten Fahrtverläufen (z. B. längere Fahrzeit als geplant) und bei nachlassender Medikamentenwirkung angemessen zu reagieren.
5. Der Klient nimmt im Fall einer eigenverantwortlich eingenommenen, ärztlich verordneten Bedarfsmedikation eine adäquate Risikoeinschätzung vor.
6. Der Klient nimmt selbstständig keine unberechtigte bzw. nicht abgestimmte Dosisänderung vor und setzt die Arzneimitteltherapie nicht ohne Rücksprache ab.
7. Der Klient stimmt die Zeiten der Medikamenteneinnahme und der Verkehrsteilnahme mit dem behandelnden Arzt ab. Er beachtet gegebenenfalls die tageszeitabhängige Verordnung.
8. Erfolgt die Verkehrsteilnahme im Rahmen der Berufsausübung nicht durchweg selbstbestimmt, ist die Auswahl des Medikaments darauf abzustimmen (z. B. durch Verordnung eines weniger beeinträchtigenden Medikaments).
9. Der Klient kann deutlich machen, wie er eine zuverlässige Medikamenteneinnahme auch in Ausnahmesituationen (Grippe, lange Reisen) sicherstellt bzw. dass er andernfalls auf eine Verkehrsteilnahme verzichtet.
10. Bei Dosisänderungen oder Wechsel des verordneten Arzneimittels wird der erneuten Einstellungsphase angemessen Rechnung getragen.
11. Der Klient ist sich des Einflusses von Alkohol oder anderer psychoaktiver Substanzen auf seine Verhaltenssteuerung oder hinsichtlich möglicher Wechselwirkungen hinreichend bewusst.

Die ordnungsgemäße Einnahme der Arzneimittel hat keine die Fahrsicherheit beeinträchtigenden Auswirkungen auf die psychophysische Leistungsfähigkeit. **Kriterium M 1.3 N**

1. Die Anforderungen aus Kapitel 2.5 der Begutachtungsleitlinien zur Kraftfahreignung hinsichtlich der Leistungsfähigkeit werden erfüllt.

2. Die Überprüfung der relevanten Leistungsdimensionen (Aufmerksamkeit, Konzentration, Reaktion, Wahrnehmung und Belastbarkeit) erbrachte normgerechte Leistungen (vgl. sinngemäß Kriterium A 6.1 N). Es sind somit keine überdauernden Auswirkungen der Erkrankung oder der Medikation auf das Leistungspotenzial festzustellen.
3. Sind im Zusammenhang mit der Grunderkrankung oder als unerwünschte Wirkung des eingenommenen Arzneimittels spezifische Leistungseinschränkungen bekannt (z. B. Auswirkungen auf die Alertness, das Arbeitsgedächtnis oder die motorische Koordination), wurden auch diese testpsychologisch überprüft.
4. Eine Überprüfung des Leistungsvermögens erfolgte unter dem Einfluss der bestimmungsgemäß eingenommenen Medikation.
5. Liegt eine schwankende Dosierung oder ein unregelmäßiger Gebrauch vor, ist zu klären, wie sichergestellt werden kann, dass die Testung des Leistungsvermögens unter dem Einfluss der regelmäßig zu erwartenden und zu überprüfenden Arzneimittelwirkung stattgefunden hat. Eine Bestimmung der Wirkstoffkonzentration im Blut/Serum/Plasma ist in diesen Fällen sinnvoll (Vermeiden des taktischen Einnahmeverzichts).
6. Bei Bedarfsmedikation ist zu klären, unter welchen Bedingungen eine Verkehrsteilnahme erfolgt und wie in diesem Fall Leistungsbeeinträchtigungen vom Klienten vermieden werden. Eine Überprüfung des Leistungsvermögens im Rahmen der Begutachtung erfolgt möglichst unter einer mit der beabsichtigten Verkehrsteilnahme vergleichbaren Medikamentenwirkung.
7. Sofern der Klient eine Verkehrsteilnahme nach Medikamenteneinnahme vermeidet, ist die Zeit zwischen der Einnahme und einer geplanten Verkehrsteilnahme ausreichend lang, sodass nicht mehr mit negativen Einflüssen des Wirkstoffs auf die Leistungsfähigkeit gerechnet werden muss.
8. Bei Klienten mit langjähriger Fahrerfahrung kann eine Kompensation isoliert aufgetretener Leistungsmängel diskutiert werden (vgl. sinngemäß Kriterium A 6.2 N).

Kontraindikator

(1) Es liegt eine Mängelkumulation vor; Leistungsdefizite zeigen sich also in mehreren Bereichen.

9. Es sind im Zusammenhang mit der Grunderkrankung oder als unerwünschte Wirkung des eingenommenen Arzneimittels keine unvorhersehbaren, kurzfristigen Leistungsbeeinträchtigungen zu befürchten.
10. Kommt es im Zusammenhang mit der Grunderkrankung oder als unerwünschte Wirkung des eingenommenen Arzneimittels zu relevanten Schwankungen des Leistungsvermögens, ist der Klient in der Lage, entsprechende Beeinträchtigungen rechtzeitig zu bemerken und sein Verhalten darauf einzustellen. Er kann dies konkret an nachvollziehbaren Beispielen schildern.
11. Sind in Verbindung mit einer Dauermedikation langfristig Beeinträchtigungen des Leistungsvermögens zu erwarten, ist eine Nachbegutachtung, abhängig

von der Dauer der bisherigen Medikamenteneinnahme und der aktuellen Leistungsfähigkeit, vorzusehen.

Es liegt eine stabile Substitutionsbehandlung bei Opioidabhängigkeit vor. **Kriterium M 1.4 N**

1. Es liegt eine Dauermedikation im Sinne einer stabilen Substitution bei Opioid-Abhängigkeit vor. Die Entwicklung dahin, insbesondere die Überwindung der rückfallbegünstigenden Abhängigkeitssymptomatik, wurde unter Anwendung des Kriteriums D 1.4 N geprüft. Die Kriterien M 1.1 N bis M 1.3 N sind zudem entsprechend erfüllt.
2. Im Regelfall verzichtet der Klient aufgrund der wirkungsverstärkenden und unkontrollierbaren Einflüsse in Verbindung mit der Einnahme eines Opioids gänzlich auf Alkoholkonsum (vgl. Kriterium D 1.3 N). Der Einfluss von Alkohol auch in geringen Mengen unterhalb der gesetzlich zulässigen Grenzwerte ist jedenfalls bei der Verkehrsteilnahme ausgeschlossen.
3. Der Verlauf der fortbestehenden Opioidabhängigkeit und der Substitutionsbehandlung wird durch Kontrolluntersuchungen überprüft. Abhängig von der Vorgeschichte und der Befundlage wird eine Nachbegutachtung nach einem Zeitraum von ein bis zwei Jahren durchgeführt. Für diesen Zeitraum kann durch Urinkontrollen, die hinsichtlich der Durchführungsbedingungen den Kriterien der Hypothese CTU entsprechen, sowie eine Bestätigung des behandelnden Arztes die Aufrechterhaltung der Substitution und eine weiterhin bestehende Freiheit vom Konsum anderer Drogen und Ausweichmittel nachvollziehbar gemacht werden.
4. Wird im Rahmen einer Nachbegutachtung bestätigt, dass eine langjährig stabile Substitution (Erhaltungssubstitution) vorliegt, kann auf weitere Nachuntersuchungen verzichtet werden. Im Gutachten können dem Einzelfall angemessene Vorschläge für die weitere Verlaufskontrolle gemacht werden (z. B. halbjährliche Bescheinigungen des behandelnden Arztes zur Vorlage bei der Fahrerlaubnisbehörde, denen zu entnehmen ist, dass der Klient weiterhin ohne Auffälligkeiten am Substitutionsprogramm teilnimmt; weitere unvorhersehbare Urinkontrollen in längeren Abständen; Anordnung einer medizinisch-psychologischen Nachbegutachtung bei Bekanntwerden von Auffälligkeiten).
5. Wird eine Beendigung der Dauermedikation in Form der Substitutionstherapie mit dem Ziel völliger Opioid-Abstinenz angestrebt, wird die Freiheit vom Konsum von Betäubungsmitteln, NpS und psychoaktiven Medikamenten durch ein weiteres Abstinenzkontrollprogramm über einen Zeitraum von einem halben Jahr im Vorfeld der Untersuchung bestätigt. Der Beleg ergänzt den bereits in einer früheren Phase der Substitutionstherapie erbrachten Beleg der Freiheit vom Beigebrauch. Nicht davon erfasst sind bei medizinischer Indikation ärztlich verordnete Medikamente. Darüber hinaus ist die Stabilität der Abstinenz durch Kontrolluntersuchung entsprechend der CTU-Kriterien und gegebenenfalls in einer weiteren Nachbegutachtung zu überprüfen.
6. Erfolgt die Begutachtung der Fahreignung erstmalig nach bereits erfolgtem Abschluss einer Substitutionstherapie, wird die Freiheit vom Konsum von

Betäubungsmitteln, NpS und anderen psychoaktiven Stoffen oder Arzneimitteln, sofern nicht medizinisch indiziert und verordnet, für einen Zeitraum von zwölf Monaten belegt (vgl. Kriterium CTU 3). Kriterium D 1.3 N ist sinngemäß anzuwenden.

Hypothese M 2

Es liegt kein Fehlgebrauch psychoaktiver, fahrsicherheitsrelevanter Arzneimittel (mehr) vor. Der Klient hat die Ursachen des Fehlgebrauchs erkannt und aufgearbeitet, ist aufgeklärt und nimmt die Arzneimittel entsprechend der ärztlichen Verordnung ein (Compliance). Er ist zudem in der Lage, eventuell auftretende Symptomverschlechterungen und/oder Leistungsdefizite zu erkennen, und es ist nicht zu erwarten, dass er psychoaktive Arzneimittel außerhalb der medizinisch indizierten Therapie einnimmt.

Kriterien für das Vorliegen eines Fehlgebrauchs

Kriterium M 2.1 N

Ein schädlicher Gebrauch nach ICD-10[2] wurde nachvollziehbar bereits extern diagnostiziert.

1. Es liegt eine nachvollziehbar von einem Arzt oder Psychologischen Psychotherapeuten gestellte Diagnose nach ICD-10 vor.
2. In der Vergangenheit wurde bereits eine Behandlung wegen oder infolge eines schädlichen Medikamentengebrauchs durchgeführt.

Kriterium M 2.2 N

Die vorliegenden Befunde lassen einen Fehlgebrauch von Arzneimitteln erkennen. Auswirkungen der Arzneimitteleinnahme haben bereits die Fahrsicherheit zumindest zeitweilig beeinträchtigt oder lagen in einer Ausprägung vor, die sie potenziell hätten einschränken können.

Das Kriterium M 2.2 N ist erfüllt, wenn mindestens zwei der folgenden Indikatoren in der Vergangenheit über einen Monat kontinuierlich oder innerhalb eines Jahres episodisch als Fehlgebrauchsmuster gleichzeitig aufgetreten sind.

1. Es sind Schäden der physischen oder psychischen Gesundheit aufgetreten, die auf eine Intoxikation, einen direkten und indirekten toxischen Effekt oder die schädliche Art der Substanzaufnahme zurückzuführen sind.
2. Beim Klienten bestand ein Fehlgebrauch psychoaktiver Arzneimittel, der Einsatz erfolgte bewusst bzw. willentlich anders als verordnet.
3. Das Arzneimittel wurde nicht bestimmungsgemäß eingenommen, das heißt, es fehlte die ärztliche Verordnung oder die vorgegebenen Rahmenbedingungen für den medizinischen Einsatz wurden ignoriert.

---

2 Am 1. Januar 2022 ist zwar die ICD-11 in Kraft getreten (verabschiedet im Mai 2019 von der WHA72). Der konkrete Zeitpunkt einer Einführung der ICD-11 in Deutschland zur Mortalitäts- und Morbiditätskodierung steht jedoch noch nicht fest. Es gilt, dass bis zu einer Einführung der ICD-11 im jeweiligen Anwendungsbereich die ICD-10 weiterhin die gültige amtliche Klassifikation für Deutschland bleibt (BUNDESINSTITUT FÜR ARZNEIMITTEL UND MEDIZINPRODUKTE, 2022).

4. Ziele des das Arzneimittel einnehmenden Klienten waren das Hervorrufen psychotroper Effekte (im Sinne eines Rausches) oder die Milderung unangenehmer Erscheinungen beim eigenständigen Versuch, das Medikament abzusetzen.
5. Das Arzneimittel wurde vom Klienten häufig in größeren Mengen oder über einen längeren Zeitraum eingenommen, als mit dem behandelnden Arzt vereinbart.
6. Der Klient hat auf Empfehlung des behandelnden Arztes zwar den Versuch unternommen, das Arzneimittel abzusetzen, was ihm letztlich jedoch nicht gelungen ist.
7. Ungeachtet wiederholt auftretender sozialer Probleme, die durch die Einnahme verursacht wurden, hat der Klient die fehlgebräuchliche Einnahme fortgesetzt.
8. Auffälliges Verhalten (z. B. im Straßenverkehr) stand im Zusammenhang mit einem nicht bestimmungsgemäßen Gebrauch von Arzneimitteln.
9. Der Klient hat die Einnahme trotz des Wissens um bereits bestehende oder wiederholt auftretende psychische oder physische Probleme im Zusammenhang mit dem Arzneimittel ohne zwingende Indikation fortgesetzt.
10. Die Fehlgebrauchsmuster haben zu einem Verhalten geführt, das die psychische und/oder physische Gesundheit anderer geschädigt oder gefährdet hat. Leistungsbeeinträchtigungen sind auch im Zusammenhang mit einer (beabsichtigten) Verkehrsteilnahme aufgetreten.
11. Der Klient hat Krankheitssymptome simuliert oder verschiedene Ärzte mit dem Ziel aufgesucht, größere Mengen eines Arzneimittels verordnet zu bekommen, als medizinisch indiziert ist.

■ Kriterien für eine angemessene Problembewältigung

Kriterium M 2.3 N

Die persönlichen Ursachen, die zum Fehlgebrauch geführt haben, wurden erkannt und angemessen aufgearbeitet. Alternative Verhaltensweisen wurden entwickelt und können umgesetzt werden.

1. Der Klient kann zur Ausprägung und Gefährlichkeit des Fehlgebrauchsmusters angemessen und realitätsgetreu Stellung nehmen. Insbesondere lassen sich die aktenkundigen Auffälligkeiten durch die Angaben des Klienten weitgehend erklären.

   Kontraindikatoren

   (1) Es ergeben sich Hinweise auf Bagatellisierung oder Verharmlosung des Fehlgebrauchs.

   (2) Die Angaben des Klienten stimmen nicht mit aktenkundigen oder vorgelegten Befunden überein.
2. Der Klient hat mit dem behandelnden Arzt die Gründe und Umstände für das früher bestehende Fehlgebrauchsmuster besprochen, sodass er berichten kann, wie sich dies auf die Behandlung ausgewirkt hatte.
3. Die negativen Konsequenzen des Fehlgebrauchsmusters (vgl. M 2.2 N, Indikator 7–10) werden erkannt, der Medikamenteneinnahme zugeschrieben und als kritisch bewertet.

4. Der Klient hat die Entwicklung des Fehlgebrauchsmusters selbstkritisch reflektiert, kann die situativen und intraindividuellen Auslöser nachvollziehbar darstellen und diesbezügliche Veränderungen schildern.
5. Die persönlichen Hintergründe des Fehlgebrauchsmusters wurden in der Regel mit fachlich spezifischer Unterstützung aufgearbeitet.
6. Die Maßnahmen (Aufklärung, Motivation und ärztliche Kontrolle; therapeutische Unterstützung; Kontakt zu einer Suchtberatungsstelle) sind dem Problem angemessen und abgeschlossen. Insofern weiterhin Anbindung an therapeutische Einrichtungen besteht, sind die Termine überwiegend rückversichernder und bestärkender Natur (Nachsorgecharakter).
7. Es wurden (ergänzend) multimodale Therapiekonzepte zur Behandlung der zugrunde liegenden Erkrankung unter Einbeziehung von z. B. Lebensstiländerung, sportlicher Betätigung o. Ä. erarbeitet, die der Klient als positiv und wirksam bewertet.

Kontraindikator

(1) Der Klient beruft sich bei weiter fortgesetzter Einnahme darauf, ausschließlich und einzig die Einnahme des früher fehlgebrauchten Medikamentes könne sein Leiden mindern.

8. Der Klient erlebt sich im Gegensatz zu früher als wesentlich selbstbestimmter und kompetenter im Umgang mit belastender Symptomatik.
9. Der Klient hat die Gefahr eines Rückfalls in Fehlgebrauchsmuster erkannt und Strategien erarbeitet, mit denen er einen erneuten Fehlgebrauch vermeiden will.
10. Es besteht ein offener Umgang mit der Grunderkrankung sowie der Dauermedikation. Die Ursachen und Folgen der Einnahme des Arzneimittels bzw. der Symptomatik der Erkrankung sind im sozialen Umfeld, soweit erforderlich, bekannt und es erfolgt ein unterstützender Umgang damit.

Kontraindikatoren

(1) Erforderliche Medikation wird aufgrund sozialen Drucks von Nahestehenden entgegen der ärztlichen Verordnung in zu hoher oder zu niedriger Dosierung eingenommen.

(2) Der soziale Druck von Arbeitgeber, Schule, Familie oder Freundeskreis steht einer erforderlichen Anpassung des Lebensstils entgegen.

Kriterium M 2.4 N **Das Arzneimittel, bei dem ein Fehlgebrauch bestand, wird nicht mehr eingenommen. Andernfalls erfolgt die Einnahme mittlerweile über einen ausreichenden Zeitraum bestimmungsgemäß. Das veränderte Einnahmeverhalten ist nachvollziehbar belegt.**

1. Das Arzneimittel, für das ein Fehlgebrauch bestand, oder ein Ausweichmittel mit vergleichbarer zentralnervöser Wirkung wird nicht mehr eingenommen.
2. Die Absetzphase ist vollständig abgeschlossen (bei Benzodiazepinen mindestens 8–12 Wochen).

Kontraindikator

(1) Der Klient berichtet davon, dass er derzeit die Medikamenteneinnahme herunterdosiert bzw. dass er sich in der Einstellungsphase einer medizinisch indizierten Alternativmedikation befindet.

3. Sofern eine weitere Einnahme eines Arzneimittels aus derselben oder einer alternativen Wirkstoffgruppe medizinisch indiziert ist, erfolgt sie bestimmungsgemäß und ohne dass Beeinträchtigungen der Fahrsicherheit bei der Verkehrsteilnahme zu befürchten wären. Insbesondere sind die in Hypothese M 1 dargestellten Kriterien 1.1 bis 1.3 erfüllt. Hierüber kann der Klient ein aussagekräftiges ärztliches Attest vorlegen.

   (1) Der Klient verzichtet zwar auf das Arzneimittel, bei dem er ein Fehlgebrauchsmuster entwickelt hatte, bekommt nun jedoch von einem anderen Arzt, welcher über den Fehlgebrauch nicht informiert ist, ein anderes Arzneimittel mit demselben oder einem hinsichtlich des Missbrauchspotenzials vergleichbaren Wirkstoff verordnet. — Kontraindikator

4. Der Verzicht auf die Einnahme des Arzneimittels, bei dem ein Fehlgebrauch bestand, sowie anderer fahreignungsrelevanter Arzneimittel kann durch kurzfristig anberaumte Urinkontrollen oder eine Haaranalyse über einen Zeitraum von in der Regel sechs Monaten belegt werden. Die Durchführung und Analyse entsprechen den CTU-Kriterien.

5. Liegt in der Vorgeschichte ein missbräuchlicher Konsum eines BtM vor, welches dann als Medikament verordnet wurde, ist sichergestellt, dass die für den Missbrauch relevanten Motive (z. B. Berauschung, Aktivierung, Herstellen von Sozialkontakten) aufgearbeitet wurden und der Missbrauch als beendet angesehen werden kann. Die Freiheit vom Gebrauch von BtM wird durch ein polytoxikologisches Drogenscreening belegt.

6. Wird ein bestimmungsgemäßer Gebrauch eines aktuell verordneten, gegebenenfalls ebenfalls fahreignungsrelevanten Arzneimittels angegeben, besteht dieser bereits ausreichend lang in stabiler Dosierung.

7. Zur Überprüfung der Medikations-Compliance erfolgt neben den Kontrollen zum Ausschluss von Beigebrauch nicht verordneter Substanzen (vgl. 4.) zusätzlich eine Bestimmung der Wirkstoffkonzentration im Blut (Bestätigung des therapeutischen Konzentrationsbereichs). Im Falle von Cannabismedikation oder einer Opioidgabe im Rahmen einer Schmerztherapie ist eine Bestimmung der Blutkonzentration wenig aussagekräftig und daher verzichtbar.

   (1) Eine Verlaufskontrolle der Medikamenteneinnahme erbringt den Nachweis eines weiteren, nicht verordneten fahrsicherheitsrelevanten Wirkstoffs. — Kontraindikator

8. Der behandelnde Arzt ist über das früher bestehende Fehlgebrauchsmuster und einen gegebenenfalls früher bestehenden missbräuchlichen Konsum von BtM oder NpS informiert und kann therapeutische Maßnahmen dahingehend bewerten und abwägen.

9. Der Klient kann nachvollziehbar schildern, wie er seitens des behandelnden Arztes aufgeklärt wurde und in welcher Form die „ärztliche Führung" stattfindet (z. B. Häufigkeit der Arztkontakte, Möglichkeit des Gesprächs mit dem Arzt, keine Rezeptausgabe ohne Arztkontakt).

Hypothese M 3

Es lag eine Abhängigkeit von psychoaktiven, fahrsicherheitsrelevanten Arzneimitteln vor. Der Klient ist angemessen suchttherapeutisch behandelt, nimmt die psychoaktiv wirksamen Medikamente nicht mehr oder, falls medizinisch dringend indiziert, zuverlässig nur in der verordneten Menge und Frequenz ein. Wurden auch nicht verordnete BtM oder NpS eingenommen, ist in der Regel Hypothese D 1 anzuwenden.

Vorbemerkung: Von Arzneimittelabhängigkeit kann ausgegangen werden, wenn sie entweder bereits fremddiagnostisch festgestellt wurde (vgl. Kriterium M 3.1 N) oder aus den Befunden der medizinisch-psychologischen Untersuchung abgeleitet werden kann (vgl. Kriterium M 3.2 N). Das Übernehmen einer fremddiagnostischen Einordnung durch die Gutachter setzt voraus, dass diese nachvollziehbar nach den Diagnosekriterien der ICD-10 [3, 5] oder des DSM [4] in der jeweils aktuellen Fassung und durch einen suchtmedizinisch qualifizierten Arzt oder einen approbierten Psychologischen Psychotherapeuten erfolgte. Davon kann regelmäßig ausgegangen werden, wenn eine stationäre oder ambulante Suchttherapie durch einen Kostenträger übernommen wurde und dies oder die Eingangsdiagnose Arzneimittelabhängigkeit durch entsprechende Entlassungsberichte oder qualifizierte Bescheinigungen bestätigt wird. Die Einschätzung des Klienten selbst, sein Medikamentenfehlgebrauch stelle eine Abhängigkeit dar, der unbestätigte Bericht über eine Suchtbehandlung oder die Angabe in einem Gerichtsurteil, der Angeklagte sei medikamentenabhängig, genügt für die Diagnose nicht.

Kriterien für das Vorliegen einer Arzneimittelabhängigkeit

Kriterium M 3.1 N

Eine Arzneimittelabhängigkeit wurde nachvollziehbar bereits extern diagnostiziert.

1. In der Vergangenheit wurde bereits von einem suchtmedizinisch qualifizierten Arzt oder einem approbierten Psychologischen Psychotherapeuten in der Regel in einer Klinik oder einer anderen suchttherapeutischen Einrichtung die Diagnose einer Medikamenten- bzw. Arzneimittelabhängigkeit von einem fahrsicherheitsrelevanten Arzneimittel gestellt.

2. Die extern gestellte Abhängigkeitsdiagnose orientierte sich erkennbar an anerkannten Diagnosekriterien (derzeit in der Regel ICD-10). Ein entsprechender Arztbericht oder eine vergleichbare Bestätigung der Diagnose liegt vor. Der Bestätigung ist zu entnehmen, auf welche Befunde sich die Diagnose stützt (qualitative Ausprägung der Abhängigkeit).

3. Ein oder mehrere Absetzversuche (akute Entzugsphase) wurden in einer stationären Einrichtung durchgeführt. Ein ärztlicher Bericht bestätigt nachvollziehbar die Abhängigkeit als Indikation.

4. Es wurden eine oder mehrere suchttherapeutische Behandlungen mit der Eingangsdiagnose „Abhängigkeitssyndrom (F1x.2 nach ICD-10)" durchgeführt oder zumindest aufgenommen. Die Eingangsdiagnose ist nachvollziehbar gestellt worden.

Aufgrund der aktuellen Befundlage erfüllt oder erfüllte der Klient die diagnostischen Kriterien für das Vorliegen einer „Medikamentenabhängigkeit". Eine eventuell früher gestellte, aktuell jedoch nicht sicher belegte Diagnose lässt sich durch die erhobenen Befunde verifizieren. Kriterium M 3.2 N

1. Die für die Annahme der Abhängigkeit in Kriterium D 1.2 N beschriebenen Kriterien werden bezogen auf eine oder mehrere der folgenden Stoffgruppen erfüllt (Indikatoren 2–4 sind zusätzlich zu beachten):
   - Opioide (F11.2 nach ICD-10)
   - Cannabinoide (F12.2 nach ICD-10) bzw. Cannabis (F12.20 nach DSM-5)
   - Sedativa oder Hypnotika (F13.2 nach ICD-10) bzw. Sedativa, Hypnotika und Anxiolytika (F13.20 nach DSM-5)
   - Stimulanzien (F15.2 nach ICD-10)
   - multipler Substanzgebrauch oder Konsum anderer psychotroper Substanzen (F19.2 nach ICD-10).
2. Das Kriterium der Toleranzentwicklung wird bei der Diagnose der Medikamentenabhängigkeit nicht berücksichtigt, wenn die Einnahme ausschließlich unter angemessener ärztlicher Aufsicht erfolgt [4, 5] und die Dosissteigerung therapeutisch indiziert ist.
3. Das Kriterium der Entzugssymptomatik wird bei der Diagnose der Medikamentenabhängigkeit nicht berücksichtigt, wenn die Einnahme ausschließlich unter angemessener ärztlicher Aufsicht erfolgt [4, 5] und es sich um erwartbare und im Rahmen der therapeutisch indizierten Dosisreduzierung zu beobachtende Absetzphänomene handelt.
4. Erfolgte die Verordnung des Medikaments trotz des Risikos für schädliche Folgen nachvollziehbar im Rahmen der ärztlichen Abwägung des therapeutischen Nutzens, ist das diagnostische Merkmal der „Fortsetzung des Konsums trotz eindeutiger und überdauernder schädlicher Folgen" in seiner Bedeutung für die Diagnose kritisch abzuwägen. Dies gilt auch für die fortgesetzte Einnahme nach ärztlicher Absprache.

■ Kriterien für eine angemessene Problembewältigung

Die Arzneimittelabhängigkeit wurde suchttherapeutisch behandelt. Es findet nachvollziehbar belegt keine weitere Einnahme von Medikamenten mit vergleichbarem Suchtpotenzial mehr statt. Falls medizinisch dringend indiziert, werden psychoaktive Arzneimittel zuverlässig nur in der verordneten Menge und Frequenz eingenommen. Kriterium M 3.3 N

1. Es wird kein Medikament mehr eingenommen, das aus der Stoffgruppe stammt, für die eine Abhängigkeit bestand.
2. Bei dringender, klarer medizinischer Indikation für die weitere Einnahme eines Arzneimittels aus der gleichen Stoffgruppe ist ein enges Therapieregime durch

den behandelnden Arzt sichergestellt und wird entsprechend attestiert. Hierzu gehören insbesondere:

- regelmäßiger persönlicher Kontakt mit dem behandelnden Arzt (mindestens einmal pro Quartal) mit Erfragen der tatsächlichen verwendeten Medikation (inkl. Selbstmedikation), verbunden mit Kontrollen des Medikamentenspiegels
- Aufklärung über Nutzen und Schaden im Sinne einer gemeinsamen Entscheidungsfindung von Arzt und Klienten
- Nachfrage, ob und inwieweit andere ärztliche Stellen aufgesucht wurden und welche Intervention bzw. Verordnung erfolgt
- Verschreibung des Medikaments/Rezeptabholung nur in Verbindung mit einem persönlichen ärztlichen Kontakt
- Anwendung in der für den therapeutischen Zweck kleinstmöglichen Dosis und über den kürzestmöglichen Zeitraum.

3. Es gibt keine körperlichen Hinweise auf derzeitige Einnahme eines Medikaments, das aus der Stoffgruppe stammt, für die eine Abhängigkeit bestand, oder eines anderen nicht verordnungsgemäß eingenommenen fahrsicherheitsrelevanten psychoaktiven Arzneimittels.

Kontraindikator

(1) Die medizinischen Untersuchungsbefunde geben Hinweise auf die Einnahme eines fahrsicherheitsrelevanten psychoaktiven Arzneimittels. Insbesondere finden sich

- Koordinationsstörungen,
- Gang- und Standunsicherheiten,
- Pupillenauffälligkeiten,
- ein Nystagmus,
- eine psychomotorische Unruhe oder Verlangsamung,
- eine gesteigerte vegetative Symptomatik (Tremor, Schwitzen und Frieren, auffällige Tachykardie, Blutdruckerhöhung, Hyperventilation, Hyperreflexie, Mundtrockenheit),
- ein auffälliger psychopathologischer Befund,
- ein reduzierter Ernährungs- oder Allgemeinzustand und/oder
- Gliederschmerzen.

4. Der Entschluss zum Absetzen des Medikaments ist auch aus den Angaben des Klienten nachvollziehbar. Insbesondere kann er Angaben zum Zeitpunkt und den Umständen des Abstinenzentschlusses machen und er kann körperliche, seelische und/oder soziale Veränderungen zu Beginn und im Verlauf der Abstinenz beschreiben.

5. Ein bei der Untersuchung durchgeführtes Screening (Urin oder Blut) erbringt keinen Nachweis eines Medikaments, das aus der Stoffgruppe stammt, für die eine Abhängigkeit bestand, oder eines anderen fahrsicherheitsrelevanten psychoaktiven Arzneimittels.
6. Es fand eine abstinenzorientierte postakute Intervention im Anschluss an die Entzugsphase als weiterführende Behandlung in einer Einrichtung statt, die ein spezifisches Behandlungsangebot für medikamentenabhängige Menschen vorhält [5]. Die Dauer der Maßnahme und der Teilnahme sind aus dem Therapiebericht oder der Entlassungsbescheinigung ersichtlich.
7. Im Therapiebericht oder der Entlassungsbescheinigung gibt es keine Hinweise auf einen vorzeitigen Abbruch der Therapie.
8. In der Postakutbehandlung wurden auch Elemente der Psychotherapie angeboten und in Anspruch genommen, die im Kontext anderer substanzbezogener Störungen Wirksamkeit gezeigt haben (z. B. motivationale Interventionsformen, kognitive Verhaltenstherapie, Paartherapie) [5].
9. Die Abstinenz besteht bereits seit einem Jahr nach Beendigung einer stationären Postakutbehandlung (Indikatoren 6–10 aus Kriterium D 1.3 N sind sinngemäß anzuwenden).
10. Die angegebene Abstinenz ist durch forensisch gesicherte polytoxikologische Haar- und/oder Urinanalysen, die den Kriterien der Hypothese CTU entsprechen, dokumentiert (in der Regel mindestens sechs Urinuntersuchungen im Verlauf von zwölf Monaten vor der Begutachtung oder zwei in halbjährlichem Abstand aufeinanderfolgende Haaranalysen eines jeweils 6 cm langen, kopfhautnahen Segments). Es gibt keine Hinweise auf erneuten Konsum nach der dokumentierten Abstinenz (Indikatoren 12–14 aus Kriterium D 1.3 N sind sinngemäß anzuwenden).

Kriterium M 3.4 N

Der Klient hat die Arzneimittelabhängigkeit aufgearbeitet und die zugrunde liegende Problematik – in der Regel mit suchttherapeutischer Unterstützung – überwunden. Er ist zur Aufrechterhaltung der erforderlichen Abstinenz motiviert und in der Lage, sie dauerhaft umzusetzen.

1. Der Klient kann erkennbar aus eigenem Erleben über Therapieinhalte und Veränderungen oder den Erwerb von Verhaltensstrategien zur Verringerung des Rückfallrisikos berichten.
2. Abstinenzbegleitende psychotherapeutische Maßnahmen sind nicht mehr erforderlich oder betreffen, sofern sie noch nicht abgeschlossen sind, nicht die Bedingungen, die auslösend für die Entwicklung der Arzneimittelabhängigkeit waren.
3. Der Klient kann für den Fall, dass er keine suchttherapeutische Hilfe in Anspruch genommen hat, verdeutlichen, dass die inneren und äußeren Bedingungen trotzdem eine konsequente Umkehr des Verhaltens und der Einstellungen möglich gemacht haben.

4. Bei intervallärem Verlauf der Abhängigkeit (mehrere Phasen von Karenz, mehrere Therapien mit Rückfällen) trägt die zuletzt durchgeführte Maßnahme oder der persönliche Entwicklungsprozess des Klienten diesen besonderen Bedingungen Rechnung, sodass die Abstinenz jetzt als erfolgversprechender und dauerhaft bewertet werden kann.
5. Der Klient nennt nachvollziehbare Motive für die Abstinenzentscheidung und ist zur Fortsetzung der Abstinenz durch die Akzeptanz seiner Abhängigkeit motiviert.
6. Genannte extrinsische Motive (Familie, Gesundheit, Führerschein, Arbeitsplatz) besitzen nur sekundären Charakter. Insbesondere erlebt der Klient eine für ihn befriedigende Integration in seinem sozialen Umfeld.
7. Der Klient erkennt die negativen Folgen seiner früheren Arzneimittelabhängigkeit (z. B. Konflikte in der Partnerschaft, Schwierigkeiten am Arbeitsplatz oder in der Ausbildung).
8. Im Falle eines früheren abgebrochenen Absetzversuches beschreibt der Klient einen qualitativen Unterschied der aktuellen Abstinenz.
9. Der Klient verfügt über ein ausreichendes Maß an Selbstvertrauen, Selbstsicherheit und Durchsetzungsvermögen, um auch in psychisch belastenden oder anderweitig verführenden Situationen auf die (nicht verordnungsgemäße) Einnahme eines psychoaktiven Medikaments verzichten zu können.

Literatur

[1] BUNDESANSTALT FÜR STRASSENWESEN (Hrsg.) (2022). Begutachtungsleitlinien zur Kraftfahreignung – Fassung vom 17.2.2021 (VkBl. S. 198), in Kraft getreten am 1.6.2022 mit der Fünfzehnten Verordnung zur Änderung der Fahrerlaubnis-Verordnung und anderer straßenverkehrsrechtlicher Vorschriften (BGBl. I Nr. 11 vom 25. März 2022. https://www.bast.de/DE/Verkehrssicherheit/Fachthemen/U1-BLL/BLL-Download.html (abgerufen am 20.8.2022).

[2] KOEHL, F. (2021). Umgang mit verordneten Medikamenten bei Verkehrsteilnahme. DAR 1, 5–8.

[3] DILLING, H., MOMBOUR, W. & SCHMIDT, M. H. (Hrsg.) (2015) (Nachdruck 2020). Weltgesundheitsorganisation ICD-10 – Internationale Klassifikation psychischer Störungen. ICD-10 Kapitel V (F) Klinisch-diagnostische Leitlinien. 10., überarbeitete Auflage unter Berücksichtigung der Änderungen entsprechend ICD-10 GM 2015. Bern: Hogrefe.

[4] FALKAI, P. & WITTCHEN, H.-U. (Hrsg.) (2015). Diagnostisches und Statistisches Manual Psychischer Störungen DSM-5® – American Psychiatric Association. Deutsche Ausgabe. Göttingen: Hogrefe.

[5] DGPPN, DG-Sucht (2020). S3-Leitlinie „Medikamentenbezogene Störungen". Version 1.2020. https://www.awmf.org/uploads/tx_szleitlinien/038-025l_S3_Medikamtenbezogene-Stoerungen_2021-01.pdf (abgerufen am 20.8.2022).

Weiterführende Literatur

ÄRZTEKAMMER HAMBURG (2020). Gemeinsame Handlungsempfehlung zur Verordnung von Benzodiazepinen und deren Analoga. Apothekenkammer Hamburg, Kassenärztliche Vereinigung Hamburg, Landesärztekammer Hamburg. https://www.aerztekammer-hamburg.org/files/aerztekammer_hamburg/wissenswertes/sucht/HEmpf_stand_22102020.pdf (abgerufen am 20.8.2022).

BUNDESINSTITUT FÜR ARZNEIMITTEL UND MEDIZINPRODUKTE (2022). 11. Revision der ICD der WHO (ICD-11). https://www.bfarm.de/DE/Kodiersysteme/Klassifikationen/ICD/ICD-11/_node.html (abgerufen am 20.8.2022).

DGVM und DGVP (2017). Fahreignungsbegutachtung bei Cannabismedikation – Handlungsempfehlung der Ständigen Arbeitsgruppe Beurteilungskriterien (StAB). https://www.dgvp-verkehrspsychologie.de/unsere-arbeitsbereiche/strasse/fahreignung/bks (abgerufen am 20.8.2022).

DEUTSCHE HAUPTSTELLE FÜR SUCHTFRAGEN (DHS) (2013). Medikamentenabhängigkeit. Suchtmedizinische Reihe, Band 5. Verantwortlich für den Inhalt: GLAESKE, G. & HOLZBACH, R. https://www.dhs.de/fileadmin/user_upload/pdf/Broschueren/Suchtmedizinische_Reihe_5_Medikamente.pdf (abgerufen am 20.8.2022).

GRAW, M. ET AL. (2018). 3.14.2 Dauerbehandlung mit Arzneimitteln. In: SCHUBERT, W. ET AL. (Hrsg.): Begutachtungsleitlinien zur Kraftfahreignung – Kommentar. 3. Auflage. Bonn: Kirschbaum Verlag.

MUSSHOFF, F., SKOPP, G., BRENNER-HARTMANN, J. & GRAW, M. (2021). Medikamente und Fahreignung. CME – Zertifizierte Fortbildung. Rechtsmedizin 31, 79–90. https://doi.org/10.1007/s00194-020-00451-8.

B. 6 Weitere Anlassgruppen und zu klärende Hypothesen

Im Folgenden sind zu Untersuchungsanlässen, die nicht in den Kapiteln B.2 bis B.5 beschrieben sind, die wichtigsten Anforderungen bzw. Hypothesen formuliert. Sie beschränken sich hier auf die Zweifel an der Eignung zum sicheren Führen von (Kraft-)Fahrzeugen, die im Rahmen eines Gutachtens einer Begutachtungsstelle für Fahreignung (BfF) aufgeklärt werden sollen. Häufig wurde in diesen Fällen auch im Vorfeld bereits ein ärztliches Gutachten erstellt, dessen Prüfung durch die Behörde ergab, dass ein **medizinisch-psychologisches Gutachten** zusätzlich erforderlich ist (§ 11 Abs. 3 Satz 1 Nr. 1). Dabei ist es von den Vorbefunden und der individuellen Entwicklung (z. B. Verkehrsvorgeschichte, Suchtmittelbiografie etc.) abhängig, welche Hypothesen vom Gutachter im Sinne eines Anforderungsprofils im Einzelfall genauer überprüft werden müssen.

Es handelt sich also bei den hier formulierten Hypothesen nicht um einen verbindlichen und abschließenden Kriterienkatalog. Vielmehr ist die in Anlage 4a FeV Nr. 1 a) und b) aufgestellte Forderung nach Anlassbezogenheit und Verhältnismäßigkeit (Fahreignungsrelevanz) auch bei der Festlegung der zu überprüfenden Hypothesen durch den Gutachter zu berücksichtigen. Der Analyse der Unterlagen der Fahrerlaubnisbehörde (Aktenanalyse) und gegebenenfalls vorliegender Vorgutachten kommt für die Hypothesenauswahl wesentliche Bedeutung zu. Unabhängig von der Fragestellung ist grundsätzlich die Frage der Verwertbarkeit vorliegender Befunde zu klären (vgl. Hypothese 0 in Kapitel B.1).

Die hier formulierten Anforderungen gehen mit den in den Begutachtungsleitlinien zur Kraftfahreignung (BASt, 2022[1]) aufgeführten Voraussetzungen zum Führen von Kraftfahrzeugen konform, erheben jedoch nicht den Anspruch, diese vollständig oder gar wortgleich abzubilden. Vor allem die erforderliche medizinische Befunderhebung ist bei Fragestellungen, welche die Kompensation von gesundheitlichen Eignungsmängeln betreffen, zumeist bereits in einem vorliegenden und zu berücksichtigenden ärztlichen Gutachten erfolgt. Die Begutachtungsleitlinien zur Kraftfahreignung sind vom Gutachter grundsätzlich zusätzlich zu berücksichtigen.

B. 6.1 Kompensation gesundheitlicher Eignungsmängel

Die Anlage 4 der Fahrerlaubnis-Verordnung führt Erkrankungen und eignungsrelevante Mängel sowie deren Bewertung für den Regelfall auf. Nach der Vorbemerkung 3 ist jedoch Kompensation durch besondere menschliche Veranlagung, durch Gewöhnung, durch besondere Einstellung oder durch besondere Verhaltenssteuerungen und -umstellungen möglich. Das medizinisch-psychologische Gutachten dient in diesen Fällen der Abklärung der Gesamtsituation mit Schwerpunkt auf der persönlichen Anpassungsfähigkeit und Anpassungsbereitschaft sowie der psychophysischen Leistungsmöglichkeiten als Voraussetzung zum sicheren Führen eines

1 Es ist jeweils die in Anlage 4a FeV angegebene Fassung maßgeblich.

(Kraft-)Fahrzeugs. Die nachfolgend aufgeführten Kompensationsmechanismen sind hierbei von besonderer Relevanz.

B. 6.1.1 Kompensation von Sehstörungen

Das verminderte Sehvermögen, das so weit als möglich durch Korrekturhilfen gebessert wurde, kann durch

a) eine normgerechte psychophysische (insbesondere hinsichtlich der Wahrnehmungsfähigkeit: Überblicksgewinnung, Erfassung des Bedeutungsgehaltes optischer Informationen) und intellektuelle Leistungsfähigkeit und/oder

b) eine risikovermeidende Grundhaltung

so weit kompensiert werden, dass die Anforderungen an eine sichere Verkehrsteilnahme erfüllt sind.

Der Klient kennt die Besonderheiten seiner Einschränkungen und ist bestrebt und in der Lage, sein Verkehrsverhalten danach auszurichten. Zusätzlich können Auflagen (Tageszeit- und/oder Umkreisbeschränkung, Sehhilfe, regelmäßige ärztliche Kontrollen) und/oder Beschränkungen (Fahrzeugtyp) eine sichere Fahrzeugführung unterstützen.

Eine gegebenenfalls durchgeführte verkehrspsychologische Fahrverhaltensbeobachtung zeigte ein unauffälliges Fahrverhalten. Insbesondere waren keine Auffälligkeiten im Bereich der Orientierung im Verkehrsraum und bei der rechtzeitigen Wahrnehmung von und Reaktion auf sich verändernde Verkehrssituationen (Verhalten anderer Verkehrsteilnehmer) zu beobachten.

B. 6.1.2 Kompensation bei Erkrankung des Gehirns, des Rückenmarks, der neuromuskulären Peripherie oder bei internistischen Erkrankungen

Die Symptome der Erkrankung, die adäquat medizinisch behandelt und betreut werden, können durch

a) technische Veränderungen am Kraftfahrzeug,

b) Krankheitseinsicht und Compliance hinsichtlich therapeutischer Maßnahmen,

c) hinreichende Kenntnisse über die Auswirkungen von (Rest-)Krankheitssymptomen auf die Fahrsicherheit sowie die persönliche Zuverlässigkeit bei der Beachtung kompensatorischer Maßnahmen und erforderlicher Beschränkungen und

d) ausreichende psychophysische und intellektuelle Fähigkeiten

so weit kompensiert werden, dass die Anforderungen an eine sichere Verkehrsteilnahme erfüllt sind.

In der Regel wird bei Bewegungsbehinderungen zusätzlich das Gutachten eines amtlich anerkannten Sachverständigen oder Prüfers nach § 11 Abs. 4 FeV erforderlich sein.

B. 6.1.3 Kompensation psychischer Erkrankungen und Auffälligkeiten

Die Symptome der Erkrankung, die adäquat medizinisch behandelt und betreut werden, können durch

a) Krankheitseinsicht und hinreichende Kenntnisse über die Auswirkungen von (Rest-)Krankheitssymptomen auf die Fahrsicherheit sowie

b) die persönliche Zuverlässigkeit bei der Beachtung kompensatorischer Maßnahmen und

c) ausreichende psychophysische und intellektuelle Fähigkeiten

so weit kompensiert werden, dass die Anforderungen an eine sichere Verkehrsteilnahme erfüllt sind.

B. 6.1.4 Kompensation bei Behinderung des Bewegungsapparates, Körperbehinderungen, erheblichen Funktionseinbußen im Bereich der Arme und Hände, Beine und Füße sowie der Wirbelsäule, z. B. infolge einer Amputation, Lähmung oder Versteifung

Die Körperbehinderung, die adäquat medizinisch betreut wird, kann durch

a) technische Veränderungen am Kraftfahrzeug,

b) hinreichende Kenntnisse und Akzeptanz der Auswirkungen der bestehenden Beeinträchtigung auf die Fahrtüchtigkeit sowie persönliche Zuverlässigkeit bei der Beachtung kompensatorischer Maßnahmen,

c) ausreichende psychophysische Fähigkeiten und/oder

d) gute Fahrroutine

so weit kompensiert werden, dass die Anforderungen an eine sichere Verkehrsteilnahme erfüllt sind.

In der Regel wird bei Bewegungsbehinderungen zusätzlich das Gutachten eines amtlich anerkannten Sachverständigen oder Prüfers nach § 11 Abs. 4 FeV erforderlich sein.

B. 6.2 Entlastungsdiagnostik bei Suchtmittelmissbrauch und Verhaltensauffälligkeiten

B. 6.2.1 Alkohol- und/oder Drogenmissbrauch

Die Anforderungen, die bei Eignungszweifeln aufgrund von Alkohol- und/oder Drogenabhängigkeit bzw. Alkohol- und/oder Drogenmissbrauch (vgl. §§ 13 und 14 FeV) zu erfüllen sind, werden in den Kapiteln B.2 und B.3 ausführlich beschrieben. Liegen nur Hinweise auf eine Alkohol- oder Drogenabhängigkeit vor, werden diese zunächst im Rahmen eines ärztlichen Gutachtens abgeklärt. In diesen Fällen ist in einer medizinisch-psychologischen Untersuchung (MPU) gegebenenfalls zu klären, ob Abhängigkeit weiter besteht oder bei stabiler Abstinenz als überwunden gelten kann. Im Fall von Hinweisen auf Drogenkonsum dient das ärztliche Gutachten auch dazu, durch geeignete toxikologische Untersuchungen und eine medizinische Untersuchung abzuklären, ob Konsum vorliegt. Bei ausschließlichem Cannabiskonsum ist zudem festzustellen, ob es sich um einen gelegentlichen oder regelmäßigen Konsum handelt. Bei gelegentlichen Konsumenten kann das Gutachten einer Begutachtungsstelle für Fahreignung dann ergänzend dazu beitragen, die Frage nach einem adäquaten Trennverhalten zwischen Cannabiskonsum und Verkehrsteilnahme zu klären. Liegt regelmäßiger Cannabiskonsum vor oder ist der Konsum einer anderen Droge bestätigt, ist eine durch eine MPU bestätigte stabile Abstinenz die Voraussetzung für die Annahme der Fahreignung durch die Fahrerlaubnisbehörde.

B. 6.2.2 Dauermedikation und Medikamentenmissbrauch

Die Anforderungen, die bei Eignungszweifeln aufgrund von potenziell leistungsbeeinträchtigender Dauermedikation mit fahrsicherheitsrelevanten Arzneimitteln oder wegen eines Medikamentenmissbrauchs (vgl. § 14 in Verbindung mit Nr. 9.4 und 9.6 der Anlage 4 FeV) zu erfüllen sind, werden in Kapitel B.5 beschrieben. Da bei diesen Fragestellungen in der Regel geklärt werden muss, ob ein ausreichendes Leistungsvermögen die sichere Verkehrsteilnahme noch zulässt sowie ob eine ausreichende Compliance und Adhärenz einen verantwortungsvollen Umgang mit den fahrsicherheitsrelevanten Beeinträchtigungen der Erkrankung bzw. Medikation auch nach einem (früheren) Fehlgebrauch oder gar einer Abhängigkeit von psychoaktiv wirkenden Arzneimitteln erwarten lassen, ist in der Regel ein medizinisch-psychologisches Gutachten erforderlich. Die Klärung, ob Abhängigkeit besteht, wird jedoch zunächst im Rahmen eines ärztlichen Gutachtens erfolgen.

B. 6.2.3 Wiederholte oder erhebliche Verkehrszuwiderhandlungen und/oder Straftaten im Zusammenhang mit dem Straßenverkehr oder der Kraftfahreignung

Die Anforderungen, die bei Eignungszweifeln aufgrund von erheblichen oder wiederholten Verkehrsverstößen oder Straftaten (vgl. § 11 Abs. 3 Nr. 4–7 FeV sowie §§ 2a und 4 StVG) zu erfüllen sind, werden in Kapitel B.4 ausführlich beschrieben. In diesen Fällen wird in der Regel unmittelbar ein Gutachten einer BfF angeordnet. Ein ärztliches Gutachten kann jedoch zusätzlich erforderlich werden, wenn sich etwa eine psychische Krankheit als Ursache der Verkehrszuwiderhandlungen herausstellt (vgl. Hypothese V 4).

B. 6.2.4 Erhebliche Auffälligkeiten bei der Fahrerlaubnisprüfung, die nach § 18 Abs. 3 FeV mitgeteilt worden sind

Es liegen keine eignungsausschließenden verkehrsmedizinisch oder verkehrspsychologisch relevanten Mängel vor.

Für die Prüfungsauffälligkeit sind keine gravierenden psychofunktionalen oder intellektuellen Leistungsmängel verantwortlich zu machen.

Die der Prüfungsauffälligkeit zugrunde liegende gesteigerte psychische Labilität (Stressanfälligkeit, Prüfungsangst) führte nur in der Prüfungssituation zu unkontrollierten Handlungen, was so in zukünftigen Stresssituationen nicht zu erwarten ist.

Für die Prüfungsauffälligkeit ist keine normabweichende Erlebnisverarbeitung oder eine psychische Erkrankung verantwortlich zu machen.

Aus der persönlichen Entwicklung und der Lebenssituation sind keine Risikofaktoren abzuleiten. Insbesondere ist Einsicht in die Notwendigkeit des Bestehens und der Einhaltung sozialer Normen vorhanden.

Es liegen derzeit keine Hinderungsgründe dagegen vor, dass Ausbildungs- oder Fertigkeitsmängel beseitigt werden können.

B. 6.3 Nachweis des Erfüllens besonderer Voraussetzungen

B. 6.3.1 Befreiung von Vorschriften über das Mindestalter

Die psychofunktionale Leistungsfähigkeit entspricht im Wesentlichen bereits den Anforderungen an die beantragte Fahrzeugklasse (orientiert an der Populationsnorm der Verkehrsteilnehmer).

Es finden sich keine Hinweise auf intellektuelle Minderleistungen.

Aus der bisherigen Lebensentwicklung sind im Hinblick auf eine sichere Verkehrsteilnahme keine Risikofaktoren ableitbar.

Es ist bereits eine ausreichende Bereitschaft und Fähigkeit vorhanden, das Verhalten an sozialen Normen zu orientieren, und/oder es liegen keine anderen erheblichen Reifeverzögerungen vor.

B. 6.3.2 Fahrerlaubnis zur Fahrgastbeförderung

Überprüfung der Voraussetzungen nach Anlage 5 und 6 FeV

Der Klient weist im medizinischen Bereich keine eignungsausschließenden Beeinträchtigungen auf. Insbesondere finden sich keine Hinweise auf Einschränkungen oder Erkrankungen, die im Muster Teil I Ziffer 6 bis 14 der Anlage 5 aufgeführt sind.

Die psychofunktionale Leistungsfähigkeit entspricht hinsichtlich Belastbarkeit, Orientierungsleistung, Konzentrationsleistung, Aufmerksamkeitsleistung und Reaktionsfähigkeit den erhöhten Anforderungen an die Personenbeförderung. In der Mehrzahl der eingesetzten Testverfahren wird in allen relevanten Variablen ein Prozentrang (PR) von 33 erreicht oder überschritten, ein PR von 16 wird in keinem Verfahren unterschritten.

Das Sehvermögen entspricht hinsichtlich der zentralen Tagessehschärfe, des Farbsehens, des Gesichtsfeldes des Stereosehens sowie des Kontrast- oder Dämmerungssehens den erhöhten Anforderungen an die Personenbeförderung. Die in Anlage 6 Nr. 2 beschriebenen Anforderungen an das Sehvermögen werden erfüllt.[2]

Bei Vorliegen von Bedenken an der Gewähr für die besondere Verantwortung

Die Einstellungen und das Verhalten des Klienten lassen erwarten, dass er künftig die ihm obliegenden Sorgfaltspflichten erfüllt, sich also Fahrgästen gegenüber angemessen verhält und durch ein normorientiertes Fahrverhalten Unfallrisiken vermeidet.[3]

Wenn Erkrankungen, Verhaltensauffälligkeiten im Verkehr, strafrechtliche Auffälligkeiten oder Suchtmittelmissbrauch die Eignungsbedenken begründen, sind die für diese spezifischen Fallgruppen formulierten Anforderungen erfüllt.

B. 6.3.3 Fahrlehrerlaubnis[4]

Nachweis der körperlich-geistigen Eignung (Gutachten oder Zeugnis nach § 4 Abs. 3 FahrlG)

Der Klient weist im medizinischen Bereich keine eignungsausschließenden Beeinträchtigungen auf. Seine körperlich-geistige Eignung entspricht den Anforderungen für die FE der Klasse C.

Zweifel an der körperlich-geistigen Eignung konnten in einem ärztlichen Gutachten ausgeräumt werden. Insbesondere werden die in Anlage 4 FeV in Verbindung mit den Begutachtungsleitlinien zur Kraftfahreignung genannten Anforderungen beim Vorliegen einer Erkrankung erfüllt und es bestehen keine Hinweise auf Beeinträchtigungen der psychofunktionalen Leistungsfähigkeit oder der Behandlungs-Compliance.

Weitere Klärung von Eignungszweifeln oder der Zuverlässigkeit (Gutachten einer BfF nach § 4 Abs. 4 FahlG)

Die psychofunktionale Leistungsfähigkeit entspricht hinsichtlich Belastbarkeit, Orientierungsleistung, Konzentrationsleistung, Aufmerksamkeitsleistung und Reaktionsfähigkeit den erhöhten Anforderungen an die gewerbliche Personenbeförderung.

---

2 Nachweis kann getrennt vom medizinisch-psychologischen Gutachten der Behörde gegenüber erfolgen.

3 Vgl. auch Beschluss des VGH Baden-Württemberg vom 8.3.2013 – 10 S 54/13.

4 Für die körperlich-geistige Anforderung an den Fahrlehrerberuf hat der Verordnungsgeber bisher keine spezifischen Festlegungen getroffen, die über die allgemeinen Anforderungen in Anlage 4, 5 und 6 FeV hinausgehen. Deshalb folgt das Gutachten, vor allem bei Vorliegen von Eignungszweifeln, dem Erfahrungswissen der verkehrspsychologischen und verkehrsmedizinischen Sachverständigen und dem Prinzip der Anlassbezogenheit. Der Beruf des Fahrlehrers ist mit hohen Belastungen und Verantwortung verbunden. Der gesundheitliche Zustand und die Leistungsfähigkeit muss demnach zumindest die Anforderungen an die erforderlichen Fahrerlaubnisklassen für den Erwerb der Fahrlehrerlaubnis erfüllen und den besonderen Gegebenheiten bei der Ausübung des Fahrlehrerberufes gerecht werden.

Abhängig von der Auffälligkeit in der Vorgeschichte sind die folgenden Hypothesen zu klären:

Die allgemeine Intelligenz, vor allem das sprachliche Ausdrucksvermögen, ist ausreichend, um den Beruf des Fahrlehrers ausüben zu können. Davon kann bei höherer Schulbildung und abgeschlossener Berufsausbildung ausgegangen werden. Mit Bewerbern durchgeführte (Sub-)Tests zur Prüfung der intellektuellen Leistungsfähigkeit erbrachten keine Befunde, die unter einem PR von 33 liegen.

Im sozialen Kontaktverhalten sind keine Auffälligkeiten vorhanden oder aus der Vorgeschichte bekannt, die einen unangemessenen Umgang mit Fahrschülern erwarten lassen. Andernfalls haben sie sich ausreichend und stabil verändert.

Die Bedenken hinsichtlich der notwendigen Zuverlässigkeit des Klienten lassen sich ausräumen. Insbesondere liegen keine Befunde vor, die einem professionell distanzierten Umgang mit Fahrschülern und einer sicherheitsorientierten Verkehrsteilnahme entgegenstünden.

Das auffällige Verhalten, das nach § 52 FahrlG zu einer Mitteilung der Polizei oder Staatsanwaltschaft über Zweifel an der Eignung oder Zuverlässigkeit geführt hat, ist für die Zukunft nicht mehr zu erwarten. Der günstigen Prognose liegt eine selbstkritische Aufarbeitung der Ursachen des Verhaltens sowie eine stabilisierte Verhaltensänderung zugrunde. Im Falle von gesundheitlichen Beeinträchtigungen ist eine weitreichende Behandlung der zugrunde liegenden Erkrankung erfolgt und es ist keine Progredienz zu befürchten, sodass davon auszugehen ist, dass die relevante Symptomatik nicht erneut auftritt.

Wenn Verhaltensauffälligkeiten im Verkehr oder Sucht- bzw. Arzneimittelmissbrauch die Eignungsbedenken begründen, sind die für diese spezifischen Fallgruppen formulierten Anforderungen erfüllt (Anlassbezug in behördlicher Fragestellung erforderlich).

Literatur

BUNDESANSTALT FÜR STRASSENWESEN (Hrsg.) (2022). Begutachtungsleitlinien zur Kraftfahreignung – Fassung vom 17.2.2021 (VkBl., S. 198), in Kraft getreten am 1.6.2022 mit der Fünfzehnten Verordnung zur Änderung der Fahrerlaubnis-Verordnung und anderer straßenverkehrsrechtlicher Vorschriften (BGBl. I Nr. 11 vom 25. März 2022). https://www.bast.de/DE/Verkehrssicherheit/Fachthemen/U1-BLL/BLL-Download.html (abgerufen am 20.8.2022).

Teil C

METHODISCHER TEIL

Einleitung

In diesem Teil sollen die bei der Begutachtung eingesetzten Verfahrensweisen und Methoden näher beschrieben, auf ihre Eignung für die Beantwortung bestimmter Fragestellungen hin bewertet und die Interpretation der damit gewonnenen Befunde erleichtert werden. Unterteilt ist die Darstellung in die Kapitel

- C.1 Das Psychologische Untersuchungsgespräch – PUG-Kriterien,
- C.2 Die medizinische Fahreignungsuntersuchung – MFU-Kriterien
- C.3 Chemisch-toxikologische Untersuchungen – CTU-Kriterien
- C.4 Psychologische Testverfahren in der Fahreignungsuntersuchung – PTV-Kriterien
- C.5 Fahreignungsfördernde Intervention (Einstellung und Verhalten) – FFI-Kriterien.

Kapitel C.1 war von DR. THOMAS WAGNER in Zusammenarbeit mit DIPL.-PSYCH. JÜRGEN BRENNER-HARTMANN für die 3. Auflage (Abschnitt 8.4) neu erstellt worden. Für diese 4. Auflage wurde es von den Autoren unter Berücksichtigung wertvoller Hinweise aus dem Kreis der verkehrspsychologischen Gutachter sowie neuerer Fachliteratur überarbeitet und aktualisiert.

Kapitel C.2 (bisher Abschnitt 8.3) war von DR. SABINE LÖHR-SCHWAAB in Zusammenarbeit mit DR. HANNELORE HOFFMANN-BORN erstellt worden und wurde für die 4. Auflage federführend von CARMEN LINGE-GRIMM aktualisiert.

Kapitel C.3 (bisher Abschnitt 8.1) basierte ursprünglich auf einer Ausarbeitung von PROF. DR. ROLF ADERJAN für Kapitel 3.12.1, Abschnitt 3.1 des Kommentars zu den Begutachtungs-Leitlinien zur Kraftfahrereignung (SCHUBERT ET AL. 2002) und wurde federführend durch PROF. DR. FRANK MUSSHOFF in Absprache mit dem Erstautor und unter Mitarbeit von PROF. DR. GISELA SKOPP, PROF. GEROLD KAUERT und DR. HANS SACHS für die 2. Auflage grundlegend modifiziert und wesentlich erweitert. Für die 4. Auflage wurden, wie bereits für die 3. Auflage, viele Anregungen aus der Praxis verschiedener Labore und Begutachtungsstellen für Fahreignung (BfF) federführend durch PROF. DR. FRANK MUSSHOFF mit engagierter Unterstützung von PROF. DR. GISELA SKOPP gesammelt und nach Diskussionen mit Fachkollegen auf verschiedensten Symposien und Tagungen aufgenommen. Wie in den vorherigen Auflagen wurde der Arbeitskreis „Qualitätssicherung" der Gesellschaft für Toxikologische und Forensische Chemie (GTFCH) mit einbezogen.

Kapitel C.4 (bisher Abschnitt 8.2) wurde ursprünglich unter der Federführung von DR. KARIN MÜLLER unter Mitarbeit von DIPL.-PSYCH. JÜRGEN BRENNER-HARTMANN, PROF. DR. ULF KIESCHKE, PROF. DR. BODO KRAUSE, PROF. DR. LOTHAR SCHMIDT-ATZERT, DIPL.-PSYCH. ANITA MÜLLER, DIPL.-PSYCH. WOLFGANG JACOBSHAGEN, DIPL.-PSYCH. WOLF-RÜDIGER NICKEL und PROF. DR. WOLFGANG SCHUBERT erarbeitet. Für die 4. Auflage wurde es mit freundlicher Unterstützung von DR. PETER STROHBECK-KÜHNER in Zusammenarbeit mit DIPL.-PSYCH. JÜRGEN BRENNER-HARTMANN an die aktuelle wissenschaftliche Entwicklung und die veränderte rechtliche Lage angepasst.

Kapitel C.5 ist in der 4. Auflage neu hinzugekommen. Es ist federführend von DIPL.-PSYCH. RÜDIGER BORN in Zusammenarbeit mit DIPL.-PSYCH. THOMAS PIRKE und unterstützt von DIPL.-PSYCH. JÜRGEN BRENNER-HARTMANN und DR. THOMAS WAGNER ausgearbeitet worden.

Die einzelnen Kapitel enthalten jeweils einleitende Ausführungen zum beschriebenen Gegenstand mit Bezug zur Fachliteratur, welche die nachfolgend formulierten Anforderungen begründen. Diese Anforderungen sind in der bekannten Struktur mit Hypothesen, Kriterien und Indikatoren aufgebaut. Sie stellen jedoch, anders als die in den Kapiteln B.1–B.6 beschriebenen Kriterien, keine Anforderungen an den Klienten, sondern an die Untersuchungsmethodik und damit an die Begutachtungsstellen und die am Begutachtungsprozess beteiligten Institutionen und Sachverständigen dar.

Um diesen besonderen Stellenwert zu verdeutlichen, wurde die Systematik der Hypothesennummerierung aufgegeben und jeder der dargestellten Hypothesen ein den beschriebenen Gegenstand kennzeichnendes Kürzel zugeordnet (Hypothese PUG, Hypothese MFU, Hypothese CTU, Hypothese PTV und Hypothese FFI). Inwieweit diese zur Anwendung kommen, hängt vom Umfang der Untersuchung ab, der sich wiederum an der Anlassbezogenheit der Befunderhebung orientiert. Werden die beschriebenen Methoden in der Fahreignungsbegutachtung angewendet oder sind beigestellte Befunde auf ihre Verwertbarkeit zu prüfen, haben die beschriebenen Kriterien verbindlichen Charakter.

Für die CTU-Kriterien gilt, dass diese nicht nur bei toxikologischen Untersuchungen im Rahmen der Begutachtung anzuwenden, sondern insbesondere auch bei der Bewertung beigebrachter Befunde zu beachten sind, die durch andere im Auftrag des Klienten tätige Stellen und Laboratorien erhoben und bescheinigt wurden und bei der Begutachtung berücksichtigt werden sollen. Wird z. B. in den Kapiteln B.2, B.3 und B.5 die Vorlage von entsprechenden Belegen gefordert, wirkt sich die Verwertbarkeit dieser Belege unmittelbar auf die Entscheidung im Einzelfall aus.

Kapitel C.5 kommt eine Sonderrolle zu, da es sich hier nicht um Methoden handelt, die im Rahmen der Begutachtung Anwendung finden, bzw. um Maßnahmen, die als Anforderung in den Kapiteln B.2 bis B.6 explizit formuliert sind. Es ist somit nicht Aufgabe der hier vorliegenden Beurteilungskriterien bzw. der Fahreignungsbegutachtung, Form und Qualität von unterstützenden Maßnahmen als solche zu bewerten, um über das Erfüllen von Anforderungen zu urteilen. Vielmehr ist der Erfolg dieser oder auch anderer Maßnahmen und Aktivitäten hinsichtlich der Änderung von Einstellungen und Verhaltensgewohnheiten beim Klienten zu bewerten, die durch die Anwendung der Kriterien aus den Kapiteln B.1 bis B.6 geprüft wird.

Es soll in diesem Kapitel allerdings sowohl für den Gutachter als auch für Institutionen und Therapeut:innen ein Ort geschaffen werden, an dem die vorliegenden Erkenntnisse über die Effektivität von unterstützenden Maßnahmen in der bewährten Formulierung als Hypothese und Kriterien, ergänzt durch beispielhafte Indikatoren, prägnant dargestellt werden. Auch können solche Maßnahmen mit höherer Wahrscheinlichkeit als Erfolg versprechend und als längerfristig wirksam eingestuft werden, wenn sie die dort formulierten Kriterien erfüllen.

Alle in den Kapiteln C.1 bis C.4 festgelegten Anforderungen sind laufend mit der „Richtlinie über die Anforderungen an die Träger von Begutachtungsstellen für Fahreignung"[1] abzugleichen und ggf. anzupassen. Im Zweifelsfall sind die in der Richtlinie festgeschriebenen Anforderungen rechtlich bindend. Falls Anforderungen nicht eindeutig geregelt sind, werden die ggf. präzisierenden und auf den Einzelfall besser anwendbaren Regelungen der Beurteilungskriterien vom/von der Gutachter:in angewendet, im Gutachten dargestellt und begründet.

1 Richtlinie über die Anforderungen an Träger von Begutachtungsstellen für Fahreignung (§ 66 FeV) und deren Begutachtung durch die Bundesanstalt für Straßenwesen vom 27. Januar 2014 (VkBl. S. 110), zuletzt geändert durch Verlautbarung vom 11. März 2020 (VkBl. S. 217).

C. 1 Das Psychologische Untersuchungsgespräch (PUG)

Das Psychologische Untersuchungsgespräch stellt im Rahmen der Entlastungsdiagnostik die zentrale Methode der Datengewinnung dar, um Änderungsprozesse nachzuvollziehen. Auch bei der Überprüfung der Fahreignung (wo es um die Bewertung von Verhaltensauffälligkeiten geht, z. B. des Trennverhaltens bei Substanzkonsum) oder bei Fragen des Nachweises vorhandener Eignungsvoraussetzungen im Zusammenhang mit der Frage nach Ausnahmen vom Mindestalter für eine Fahrerlaubnis ist das PUG das Mittel der Wahl.

Es bedient sich dabei verschiedener Befragungs- und Gesprächstechniken zur Datengewinnung und bedarf hierzu hinreichend valider und abgesicherter Daten, damit der Verkehrspsychologische Sachverständige Fragen zu einer Verhaltensprognose prüfen kann. In den meisten Fällen gilt es abzuklären, ob sich angesichts der aktenkundigen Vorgeschichte ableitbare, statistisch begründete Erwartungen über zukünftiges auffälliges Verkehrsverhalten des Kraftfahrers anhand der Angaben des Untersuchten – zusammen mit den übrigen Befunden – im Einzelfall widerlegen lassen.

Folgende Begriffsdefinition kann dem PUG als Untersuchungsmethode zugrunde gelegt werden:

> *„Unter der psychologischen Exploration in der Fahreignungsbegutachtung versteht man interviewbasierte Erhebungstechniken, die dazu dienen, ausgehend von aktenkundigen Anknüpfungstatsachen, entscheidungsrelevante Informationen über Hintergründe und Ursachen der Verhaltensauffälligkeit sowie die subjektive Erlebniswelt des untersuchten Kraftfahrers und die Entwicklung relevanter verkehrsbezogener Verhaltenselemente seit dem anlassbezogenen Fehlverhalten zu gewinnen."* (WAGNER & KRANICH, 2011)

Das diagnostische Interview kann zunächst als Gespräch zwischen zwei Personen gesehen werden, stellt aufgrund der zielorientierten Datenerhebung durch den Gutachter aber eine Sonderform der verbalen Kommunikation dar. Lediglich die Gesprächseröffnung trägt Züge einer unspezifischen und symmetrischen Konversation. Im weiteren Verlauf entwickelt der Psychologische Sachverständige das Interview nach dieser „Kennenlern- und Warming-up-Phase" zielgerichtet zu einem gesteuerten, sachorientierten Dialog mit dem Ziel, die Daten zu erheben, die er benötigt, um die behördliche Fragestellung beantworten zu können.

Das PUG fokussiert auf die Erkundung (Exploration) subjektiv wahrgenommener Einflussgrößen auf das Fehlverhalten (z. B. Belastungen und Probleme) des Betroffenen sowie deren Umstände und bedient sich dabei in Teilen der Technik des klinischen Interviews. Dieses orientiert sich allerdings eng an bestimmten Diagnosekriterien und dient der Erfassung von Symptomausprägungen im therapeutischen Kontext (z. B. WIRTZ, 2020). Beide sind wiederum abzugrenzen von den strukturierten und standardisierten Interviews, die im Wesentlichen in der Wissenschaft mit dem Ziel einer möglichst hohen Inter-Rater-Reliabilität für Vergleichsstudien Anwendung finden (MARGRAF ET AL., 2021). Dennoch ist auch beim PUG ein hoher

Strukturierungs- und Standardisierungsgrad wünschenswert, denn beide Aspekte berühren unmittelbar die Nachvollziehbarkeit des Gutachtens (vgl. Anlage 4a Nr. 2 a FeV) und steuern das Erhebungsprozedere, z. B. Inhalt und Reihenfolge von Fragen, Fragen- und Antwortformate, Auswertungskategorien mit Bezug zu den Anforderungen.

Da für eine prognostische Aussage nicht nur eine Sammlung faktischer Vorgeschichtsdaten erforderlich ist, sondern zentral auch die Selbstreflexion des Betroffenen bewertet werden muss, findet im Psychologischen Untersuchungsgespräch ein ständiger Wechsel zwischen der Tatsachenebene („Was ist geschehen?") und der subjektiven Verarbeitungsebene („Wie sieht und erklärt sich der Klient die Zusammenhänge?") statt. Dies ist auch ein wesentlicher Unterschied zum klinischen Anamnesegespräch, welches durch die Sammlung und Systematisierung von Informationen aus der Vor- und Entwicklungsgeschichte und somit auf die reine Erhebung von biografischen Daten im engeren Sinne sowie auf die Erhebung der Krankengeschichte gekennzeichnet ist (vgl. DASEKING & PETERMANN, 2006). Ein Anamnesegespräch (griechisch anamnesis = Erinnerung) verlangt somit im Unterschied zum diagnostischen Interview keine erhöhte Rollenflexibilität sowie Perspektiven- und Methodenwechsel in der Gesprächstechnik. KIEGELAND (2011) betont die mit der unterschiedlichen Rollenverteilung verbundene Machtbeziehung zwischen Klient und Gutachter sowie die Strukturiertheit des Interviews als wesentliche Unterscheidungsmerkmale zu einem „normalen" Gespräch.

Von dem Psychologischen Sachverständigen wird neben der aktiven Lenkung des Untersuchungsgespräches eine Gesprächsbewertung auf drei Ebenen abverlangt:

- Erstens ist eine Beurteilung der Angaben vor dem Hintergrund des theoriegeleiteten Erfahrungswissens (diagnostische Einordnung einer Problemausprägung) erforderlich,
- zweitens muss eine Prüfung der Realitätsangemessenheit und der Schlüssigkeit der Angaben vorgenommen werden (Bewertung der Verwertbarkeit) und
- drittens hinterfragt der Sachverständige, welche Ursachenattributionen der Klient für sein Verhalten vornimmt (Beurteilung der Selbstreflexion).

Nur unter Berücksichtigung aller drei Ebenen kann die vom Klienten geschilderte Problembewältigung auf ihre Angemessenheit und Stabilität hin bewertet werden. Schreibt ein Betroffener etwa die Ursachen seiner Auffälligkeiten situativen und von ihm nicht kontrollierbaren Bedingungen oder schlicht dem Zufall zu, wird er diese subjektiv als nicht beeinflussbar wahrnehmen und es liegt keine günstige Motivation für eine Veränderung von Einstellungen und Verhalten vor.

Mit Blick auf seine Zielsetzung kann das PUG als entscheidungsorientiertes Gespräch (EOG) analog zu dem Modell von WESTHOFF & KLUCK angesehen werden:

> *„Das entscheidungsorientierte Gespräch ist ein Gespräch, das zur Vorbereitung von möglichst zufrieden stellenden Entscheidungen nach Kriterien der psychologischen Wissenschaft geplant, durchgeführt und ausgewertet wird."* (WESTHOFF & KLUCK, 2014)

WESTHOFF & KLUCK verstehen unter dem entscheidungsorientierten Gespräch einen „Werkzeugkasten", der ein Regelsystem zur Planung, Durchführung und Auswertung systematisch gewonnener Befragungsdaten ermöglicht. Im Zusammenhang mit der Fahreignungsdiagnostik sind hier einige Elemente durchaus sinnvoll anzuwenden und haben Eingang in die im folgenden Abschnitt dargestellte Methodik des Psychologischen Untersuchungsgesprächs gefunden.

C. 1.1 Planung und Zielsetzung des Psychologischen Untersuchungsgespräches

Die Aktenanalyse ist ein wesentlicher Schritt der Begutachtung und der erste Schritt zur Planung und Vorbereitung des Psychologischen Untersuchungsgespräches, denn die aktenkundigen Vorgeschichtsdaten des Betroffenen spiegeln Art, Qualität und Intensität von Fehlverhaltensweisen und Verhaltensentwicklungen wider (KUNKEL, 1977). So lassen sich erste Hinweise über den Ausprägungsgrad der jeweils vorliegenden Problematik des Verkehrsteilnehmers sowie auf die Bedingungen, Ursachen und Einflussgrößen des früheren Fehlverhaltens gewinnen.

Dabei fällt häufig, zumindest bei Fragestellungen im Rahmen der Entlastungsdiagnostik, eine Fortsetzung bestimmter Verhaltensweisen trotz erlebter Nachteile (Bestrafung, Verlust der Fahrerlaubnis etc.) auf, was sich nur aufgrund einer alternativen, individuell wirksamen Belohnungsstruktur erklären lässt. Diese aufzudecken und zu korrigieren ist ein wesentliches Ziel der Aufarbeitung einer auffälligen Vorgeschichte und damit auch Aufklärungsinhalt des Psychologischen Untersuchungsgesprächs.

Ein weiteres Ziel des PUGs besteht darin, die Merkmale des Veränderungsprozesses herauszuarbeiten, die eine günstige Entwicklung in der Biografie des Klienten darstellen. Inhaltlich geht es darum, herauszufinden, ob und warum sich Einstellungen und Verhaltensweisen geändert haben und ob dieser Veränderung auf der Basis einer tragfähigen Motivation eine hinreichende Stabilität zuzusprechen ist. Anlage 4a Nr. 1 f) FeV fordert für die Fallgruppe mit Suchtmittelmissbrauch explizit:

> *„[...] Dem Betroffenen kann die Fahrerlaubnis nur dann erteilt werden, wenn sich bei ihm ein grundlegender Wandel in seiner Einstellung zum Führen von Kraftfahrzeugen unter Einfluss von Alkohol oder Betäubungsmitteln oder Arzneimitteln vollzogen hat. Es müssen zum Zeitpunkt der Erteilung der Fahrerlaubnis Bedingungen vorhanden sein, die zukünftig einen Rückfall als unwahrscheinlich erscheinen lassen."*

Ein „grundlegender Wandel" setzt voraus, dass sich Bewertungs- und Belohnungsstrukturen verändert haben und der Betroffene Alternativen für eine angemessene Bedürfnisbefriedigung oder Belastungsbewältigung darstellen kann sowie, dass eine früher fehlende Normenorientierung sich nun in Normenakzeptanz in Verbindung mit einer entsprechenden Anpassungsbereitschaft ändern konnte. Mit anderen Worten: Erfüllt der Betroffene die Anforderungen an eine erfolgreiche Einstellungs- und Verhaltensänderung? In Anlage 4a Nr. 1 g) FeV wird dies für die Auffälligkeiten ohne Substanzmissbrauch entsprechend formuliert:

„[...] Gegenstand der Untersuchung [ist] auch die Erwartung an das voraussichtlich künftige Verhalten des Betroffenen, dass er nicht mehr erheblich oder wiederholt gegen verkehrsrechtliche Bestimmungen oder gegen Strafgesetze verstoßen wird."

Mithilfe des Psychologischen Untersuchungsgespräches werden schließlich auch weiterführende Maßnahmen vorbereitet, wenn in den Fällen mit noch unzureichender Verhaltensänderung abgeklärt wird, welche Form an Unterstützung bzw. Rehabilitation im vorliegenden Einzelfall indiziert ist bzw. hilfreich sein kann. Man kann in diesem Fall von einer modifikationsbezogenen Zuweisungsdiagnostik mit dem Ziel einer (empfehlenden) Zuordnung einer Person zu einer bestimmten Form von fahreignungsfördernden Interventionsmaßnahmen (vgl. Kapitel C.5) sprechen. Beispiele hierfür sind Kurse zur Wiederherstellung der Kraftfahrereignung gemäß § 70 FeV, verkehrspsychologische Therapien, verkehrspsychologische Intensivberatungen, suchttherapeutische oder rückfallprophylaktische Maßnahmen durch Integration in eine qualifizierte Selbsthilfegruppe.

Je nach Fallkonstellation, Fragestellung und Aktenlage wird eine unterschiedliche Konfiguration von emotionalen, motivationalen und sozialen Variablen im diagnostischen Interview angesprochen, die von WESTHOFF (2009) in einer sogenannten Verhaltensgleichung zusammengefasst werden:

$$V = f_I (U, O, K, E, M, S).$$

Demnach wird Verhalten durch eine Funktion von Bedingungen und deren Wechselwirkungen (I = Interaktion) bestimmt. Diese Bedingungen kann man in zwei Klassen zusammenfassen: einerseits in nicht-psychologische Anforderungen (U = Anforderungen an die Umgebung und O = Anforderungen an den Organismus) sowie in die psychologische Anforderungsgruppe (K = kognitive oder geistige Anforderungen, E = emotionale Anforderungen, M = motivationale Anforderungen, S = soziale Anforderungen).

Zu den nicht-psychologischen Anforderungen werden äußere Lebensbedingungen, wie Wohnsituation und finanzielle Situation, gerechnet. Die nicht-psychologischen Anforderungen des Organismus umfassen körperliche Bedingungen, wie Krankheiten, Behinderungen oder körperliche Belastbarkeit.

Bei den psychologischen Anforderungen beziehen sich kognitive oder geistige Anforderungen auf die geistige Leistungsfähigkeit, wie beispielsweise Fachkenntnisse, Konzentration, Gedächtnis, Intelligenz oder Kreativität. Bei emotionalen Anforderungen geht es vor allem um die emotionale Stabilität und bei motivationalen Anforderungen um persönliche Wertsetzungen, Ziele, Überzeugungen und Erwartungen. Soziale Anforderungen beinhalten Fähigkeiten, mit Konflikten konstruktiv umzugehen, die Bereitschaft zur Normenorientierung sowie Selbstdisziplin und Zuverlässigkeit.

Die Verhaltensgleichung von WESTHOFF kann auf die Befunderhebung im Begutachtungskontext übertragen werden, denn gemäß der Anlage 4a Nr. 1 b) FeV stehen „solche Eigenschaften, Fähigkeiten und Verhaltensweisen, die für die Kraftfahreignung von Bedeutung sind (Relevanz zur Kraftfahreignung)", im Fokus der Untersuchung, nicht jedoch „die gesamte Persönlichkeit des Betroffenen", wie in Anlage 4a Nr. 1 f) FeV eingeschränkt wird. Ganz wesentlich sind hier die Anforderungen an den Veränderungsprozess, der bereits in groben Zügen durch Festlegungen in den Begutachtungsleitlinien zur Kraftfahreignung (BASt, 2022) vorgezeichnet ist.

So heißt es etwa im Abschnitt Alkohol (S. 74, Punkt b):

> *„Die vollzogene Änderung im Umgang mit Alkohol ist stabil und motivational gefestigt. Das ist anzunehmen, wenn folgende Feststellungen getroffen werden können: Die Änderung erfolgte aus einem angemessenen Problembewusstsein heraus [...]. Die Änderung ist nach genügend langer Erprobung und der Erfahrensbildung [...] bereits in das Gesamtverhalten integriert."*

Ähnliche Anforderungen werden auch formuliert, wenn die Eignungszweifel bei Verstößen gegen verkehrsrechtliche Vorschriften bestehen (S. 86, Punkte a bis c):

> *„Es besteht Einsicht in die Problematik des Fehlverhaltens bzw. in die Ungewöhnlichkeit der Häufung, die Ursachen der Verkehrsverstöße werden erkannt [...]; Die wesentlichen Bedingungen, die für das problematische Verhalten maßgeblich waren, werden von dem Betroffenen erkannt [...]; Innere Bedingungen (Antrieb, Affekte, Stimmungsstabilität bzw. -labilität, Motive, persönliche Wertsetzungen, Selbstbeobachtung, Selbstbewertung, Selbstkontrolle), die früher das problematische Verhalten determinierten, haben sich im günstigen Sinne entscheidend verändert".*

Problemeinsicht und Ursachenanalyse werden mithin als wesentliche Voraussetzung für eine stabile Verhaltensänderung gesehen.

Dreh- und Angelpunkt einer solchen stabilen Verhaltensänderung ist die zugrunde liegende Motivation und damit die Selbstmotivierung des Betroffenen. Dieses „Motivationspotenzial" bedarf mitunter einer längerfristigen „Wachstumsphase" unter Beteiligung von

- grundlegenden Motiven (z. B. künftig unauffällige Verkehrsteilnahme, Sicherheitsbedürfnis),
- Bewertungsdispositionen (z. B. Überzeugungen, Einstellungen, Einschätzung von Erfolgserwartungen oder Eintrittswahrscheinlichkeiten),
- affektiven Faktoren (z. B. positive Emotionalität wie Stolz, Freude, Euphorie, erwartete Anerkennung durch Freunde),
- physiologischen Prozessen (z. B. Ausschüttung von Neurohormonen) sowie der
- Ziel- und Absichtsbildung und nachfolgenden Umsetzungsplänen.

Einen guten Überblick dazu geben HECKHAUSEN & HECKHAUSEN (2018).

Der Prozess der Selbstmotivierung kann eigeninitiativ oder durch eine Intervention initiiert, gestützt und begleitet werden. Er mündet im Idealfall in ein Commitment (in der Literatur auch als „client commitment" oder „verbal commitment" bezeichnet, z. B. bei AMRHEIN ET AL., 2003), also in ein inneres Einverständnis und die mentale Selbstverpflichtung zur Umsetzung des Zielverhaltens, z. B. Reduktion der Trinkmengen oder Abstinenz. Die Stärke des Commitments sagt einerseits künftiges Zielverhalten voraus und korreliert andererseits mit motivationalen Komponenten, die zusammen mit dem Commitment unter dem Akronym DARN-C (D = Desire, A = Ability, R = Reason, N = Need, C = Commitment) bekannt geworden sind (AMRHEIN ET AL., 2003). Richtung und Intensität des Commitments basieren daher auf den DARN-Faktoren.

Die Gesamtkonzeption, einschließlich des Commitments, bildet den theoretischen Rahmen für die Kurzinterventionstechnik des „motivational interviewing". Dessen verhaltenslenkende Wirksamkeit wurde empirisch vielfach belegt, vor allem im Kontext substanzgebundener Verhaltensänderungen im Bereich Alkohol und Drogen (AMRHEIN ET AL., 2003; AHARONOVICH ET AL., 2008; MORGENSTERN ET AL., 2012; CARPENTER ET AL., 2016). Eine Übersicht über die Studienlage findet sich in der Übersichtsarbeit zu motivational interviewing von KÖRKEL (2012).

Eine exemplarische DARN-C-Sequenz könnte bezüglich einer Trinkmengenreduktion auf folgenden Angaben eines Klienten beruhen:

- „Ich möchte weniger Alkohol trinken." (Desire)
- „Ich kann das hinbekommen und habe es auch schon erprobt." (Ability)
- „Der frühere Alkoholkonsum hat mir und meiner Familie nur geschadet." (Reasons)
- „Es ändert sich nur etwas, wenn ich den Alkoholkonsum herunterschraube, ich muss da etwas tun!" (Need)
- „Ich bin jetzt fest entschlossen, das Trinken auf Dauer zu ändern." (Commitment)

Zusammenfassend bedeutet dies, dass das PUG den Prozess der Selbstmotivation bis zur Bildung des Commitments genau beleuchten und sich insbesondere dem individuellen und intrinsischen Motivationsgehalt von Erläuterungen und Einlassungen widmen sollte. Die gutachterliche Herausforderung besteht darin, die Änderungsmotivation vom Auslöser/Ausgangspunkt (welcher Zeitpunkt?) über das Veränderungsziel bis hin zum Commitment zu erheben, da diese kumulierte Motivationswirkung erst die Basis für eine künftig stabile Verhaltensänderung bildet.

Im DARN-C-Ansatz wird die Verhaltensänderung allerdings idealtypisch dargestellt. Insbesondere der zeitliche Ablauf kann sich nach einer Verkehrsauffälligkeit anders darstellen. Da stehen oft zunächst die Need- oder Desire-Faktoren im Vordergrund, also die eher reaktive Verhaltensänderung aufgrund der Sanktionswirkung. Um daraus eine stabile neue Verhaltensgewohnheit werden zu lassen, bedarf es jedoch im Nachgang der Analyse der anderen Aspekte („Warum mache ich das eigentlich?", „Wie halte ich das durch?", „Möchte ich das wirklich für immer?"), um einen selbstbestimmten Entschluss im Sinne des Commitments und eine letztlich zufriedenstellende Veränderung zu bewirken. Dieser Prozess sollte spätestens bis zum Zeitpunkt der Begutachtung abgeschlossen sein.

C. 1.2 Durchführung und Auswertung des Psychologischen Untersuchungsgespräches

Um eine effiziente Gesprächsführung und die Datenabsicherung zu ermöglichen, ist aus kommunikationstheoretischer Sicht einer wertschätzenden Beziehungsherstellung zentrale Bedeutung beizumessen (WATZLAWIK, 1983; SCHULZ VON THUN, 2013). Das Psychologische Untersuchungsgespräch findet in einem rechtlichen Rahmen statt, der eine hierarchische Rollenverteilung und eine asymmetrische Beziehung zwischen Gutachter (Entscheider) und Klient (Antragsteller) begünstigt. Es sollte deshalb vor allem in der Ausbildung von Gutachtern großer Wert darauf gelegt werden, dass sie auch in dieser für Klienten oft belastenden Situation in der Lage sind, Ängste abzubauen und Konflikte vermeiden zu helfen. Das Handeln der Gutachterin/des Gutachters sollte dabei verständigungsorientiert-kommunikativ ausgerichtet sein (vgl. HARTMANN, 1984) und nicht durch moralische Forderungen oder Vorwurfhaltungen die ohnehin vorhandene Spannung verstärken und ein kontraproduktives Machtgefälle im Untersuchungsgespräch betonen.

Vor allem die Unterscheidung zwischen zweckorientiert beschönigenden Darstellungen von Sachverhalten durch den Klienten und verdrängenden Bagatellisierungen als Teil der Eignungsproblematik kann nur im Rahmen einer transparenten und vertrauensvollen Beziehung zwischen Gutachter und Klienten erfolgen. Es können dann auch die Ursachen von (zunächst) falschen Angaben durch entsprechende Rückfragen und Erläuterungen aufgeklärt werden.[1]

Eine Aufgliederung des Untersuchungsgesprächs in verschiedene Phasen (vgl. LAUB & BRENNER-HARTMANN, 2001) hat sich bewährt: Vorbereitungsphase, Darstellungsphase, Auswertungs- und Rückmeldephase.

Vorbereitungsphase

Während der Vorbereitungsphase („warming up") wird dem Betroffenen der Sinn und Zweck der Exploration sowie die Rollenverteilung zwischen Gutachter und Begutachtetem erläutert. Dabei gehört zur professionellen Berufsrolle des Sachverständigen, dass er dem Klienten Wertschätzung, Empathie und Verständnis entgegenbringt, um ein vertrauensvolles Arbeitsbündnis für die weitere Datenerhebung zu schaffen (vgl. JOST, 2008). Dazu gehört auch ein entsprechendes klientenzentriertes Erhebungs-Setting, wobei eine angespannte, verhörähnliche Gesprächssituation unbedingt zu vermeiden ist. Ein ehrlicher und respektvoller Umgang der Gesprächspartner miteinander und die Einhaltung allgemeiner Höflichkeitsregeln gilt mit WESTHOFF ET AL. (2009) neben anderen Vorbedingungen als unabdingbare Voraussetzung für ein zufriedenstellendes entscheidungsorientiertes Gespräch.

1 Sowohl in diesem Abschnitt als auch in der Fachliteratur wird eine Gesprächssituation unterstellt, die eine persönliche Anwesenheit beider Gesprächspartner vorsieht. Angesichts der sich zunehmend etablierenden Nutzung digitaler Medien z. B. im Bereich der Online-Therapie oder der Telemedizin sowie angesichts der besonderen Anforderungen an den Infektionsschutz im Rahmen der pandemischen Lage durch SARS-CoV-2 ist auch hinsichtlich der Durchführung des PUGs eine Diskussion über die Nutzung internetbasierter digitaler Kommunikationsformen in Gang gekommen. Die besondere Stellung des PUGs im Rechtskontext und die hohen Anforderungen an Datensicherheit und Datenschutz erfordern jedoch eine gesonderte Betrachtung (vgl. Positionspapier der DGVP, 2022).

Im Rahmen der Gesprächseröffnung sollten neben Sinn und Zweck der Exploration auch die „Spielregeln" des Untersuchungsgesprächs erläutert werden, d. h. Informationen zum Arbeitsbündnis zwischen Klient und Gutachter, das Kooperation und Offenheit seitens des Klienten erfordert. Zudem sollten als wesentliche Voraussetzungen für eine positive Prognose die Merkmale Widerspruchsfreiheit und Konkretheit der Angaben beispielhaft erklärt werden, verbunden mit dem Hinweis auf die Notwendigkeit gutachterlicher Rückmeldungen und Nachfragen, z. B. wenn ein Sachverhalt noch nicht klar geworden oder eine Bewertung der Angaben noch nicht möglich ist.

Darstellungsphase

Im Anschluss an die Vorbereitungsphase erfolgt die Darstellungsphase. Hier werden die Deliktgeschichte, die Hintergrundproblematik, Veränderungen, Erfahrungen und die Motivlage für den Entwicklungsprozess geschildert und erörtert. Es bleibt dabei dem/der psychologischen Gutachter:in überlassen, in welcher Reihenfolge diese relevanten Themenbereiche erörtert werden und wie diese, abhängig von der Gesamtbefundlage, gewichtet werden.

Der Gutachter bedient sich dabei unterschiedlicher Fragetechniken, z. B. der Pyramidentechnik, die verschiedene Frageformen miteinander kombiniert (BARTHELMESS ET AL., 1993). Hiernach wird durch eine offene Frage, etwa nach dem Tatgeschehen, eine breite Informationsbasis gelegt, die durch Verständnisfragen, Nachfragen und Präzisierungsfragen weiter differenziert wird. Der Informationsgehalt wird dabei von Frageform zu Frageform geringer, jedoch zielgerichteter, daher das Bild der Pyramide. Durch spezifische Erinnerungsstützen (z. B. das bewusste Zurückversetzen in den ursprünglichen Wahrnehmungskontext, Verwendung von assoziierten Begleiterscheinungen der zu erinnernden Episode) können ungünstige Effekte von Erinnerungsmängeln gemildert werden.

Alle im Gedächtnis gespeicherten Informationen unterliegen einer monoton abnehmenden Behaltensfunktion über den Zeitverlauf. Dies bedeutet, dass es wahrscheinlicher ist, sich an ein Erlebnis, das im letzten Jahr stattgefunden hat, genauer zu erinnern als an ein Erlebnis, das man vor 10 Jahren gehabt hat. Das episodische Gedächtnis mit biografischen Daten unterliegt allerdings einer vergleichsweise geringen Vergessenswahrscheinlichkeit – vor allem, wenn der zu erinnernde Sachverhalt eine hohe subjektive Bedeutung (z. B. folgenreich, emotional bedeutsam) und einen hohen Selbstbezug hat (im Überblick WAGNER & KRANICH, 2010 mit weiteren Literaturverweisen). Unfallerlebnisse oder andere, selbstbedrohliche Ereignisse werden in der Regel detailliert und lebhaft erinnert, sodass in diesen Fällen Einlassungen eines Klienten, er könne sich an das Ereignis nicht mehr erinnern, per se wenig plausibel erscheinen und einer weiterführenden Abklärung bedürfen. Sofern Kontextbedingungen relevanter Ereignisse, die den Untersuchungsanlass bilden, der Erinnerung des Klienten nicht zugänglich sind, kann auch nicht davon ausgegangen werden, dass eine hinreichende Aufarbeitung derselben stattgefunden hat.

Verständnisfragen sind auch indiziert, wenn der Betroffene eher undifferenzierte Angaben zu Gewohnheiten oder Handlungen macht. Sowohl die Form der Gesprächsgestaltung als auch der erforderliche Umfang offener Delikt- und Konsumschilderungen hängt jedoch auch davon ab, wie konkret die verfügbaren Vorinformationen des Gutachters bereits sind (z. B. durch ein aktenkundiges Vorgutachten, durch vorliegende Berichte und Diagnosen).

Auswertungsphase (Feedback-Phase)

Eine Besonderheit des PUGs stellt der Umgang mit unrealistischen Angaben des Klienten dar. Hierbei gebietet es ein transparenter und fairer Umgang mit dem Klienten, durch Rückmeldungen und Rückfragen widerzuspiegeln, wie man seine Äußerungen verstanden hat und wie sie im Zusammenhang mit der Fragestellung zu werten sind. Die Psychologin/Der Psychologe ermuntert den Betroffenen zur Korrektur, Ergänzung und Präzisierung der Angaben. Dies hilft, Widersprüche zur Aktenlage, zu anders lautenden Angaben des Betroffenen zum gleichen Sachverhalt in einem anderen Untersuchungsabschnitt usw. zu klären und missverstandene Angaben gegebenenfalls zu korrigieren. Gerade die Anwendung von anzweifelnden Rückfragen und dem Konfrontieren mit Widersprüchen erfordert professionelle Gesprächstechniken, da sich ansonsten aufgrund von subjektiv als Vorwurf empfundenen Rückmeldungen schnell eine nicht mehr zu lösende Abwehrhaltung des Klienten entwickeln kann. Eine Aufklärung über die Funktion dieser Form der Rückmeldung sollte deshalb in der Einführungsphase des Untersuchungsgesprächs nie fehlen.

Feedbacks sollten stets klar und deutlich formuliert sein sowie wertfrei und neutral erfolgen; sie sollen vom Klienten als Hilfsangebot verstanden werden, ohne ihn per se zu beeinflussen (z. B. „Versuchen Sie, mir zu erklären, was ich im Moment nicht so recht begreife: Der Unfall mit Körperverletzung zwei Jahre davor hat, wie Sie geschildert haben, schlimme Folgen für Sie gehabt – wie erklärt es sich, dass Sie erneut unter Alkoholeinfluss einen weiteren Unfall verursacht haben?"). Der/die Gutachter:in sollte vor allem dann seinen Expertenstatus deutlich machen, wenn die Einlassungen des Klienten wissenschaftlichen Erkenntnissen oder der Aktenlage widersprechen. Gleichzeitig darf nicht übersehen werden, dass Rückmeldungen gleichfalls Verhaltensangebote an den Klienten darstellen, die ihm signalisieren, welche Angaben günstig oder ungünstig im Begutachtungsverfahren gewertet werden. Mit anderen Worten: Der Klient sagt, was der/die Gutachter:in vermeintlich hören möchte, und die gutachterlichen Rückmeldungen wirken ungewollt wie Suggestivfragen. Es ist bekannt, dass Rückmeldungen in der Lernpsychologie vor allem dann sehr erfolgreiche Strategien für Verhaltensänderungen darstellen, wenn das Feedback nach dem Kontiguitätsprinzip zeitlich und unmittelbar auf ein Verhalten folgt.

Feedback erfolgt auch durch nonverbale Signale, etwa die Art des Blickkontakts, die Sprachmelodie oder die Zuwendung seitens der Gutachterin/des Gutachters. Sind diese Signale vom Gutachter nicht kontrolliert und inkongruent mit den verbalen Rückmeldungen, kann dies zu unerwünschten und verfälschenden Anpassungsreaktionen im Sinne sozial erwünschter Antworttendenzen beitragen bzw. derartige Antworttendenzen noch verstärken. SCHULER & MUSSEL (2016) machen darauf aufmerksam, dass verbale, paraverbale und nonverbale Signale des Interviewers Einfluss auf sein Gegenüber und dessen Wahrnehmung nehmen. Mit typischen Einflussfaktoren auf die Qualität der Befunddaten und mit der Berücksichtigung von Verfälschungstendenzen haben sich auch WAGNER & KRANICH (2010) sowie KIEGELAND (2011) auseinandergesetzt.

Zusammenfassend kann gesagt werden, dass Feedback daher wohldosiert eingesetzt werden sollte. Schließlich müssen durch gezielte Rückmeldungen die erhobenen Daten abgesichert werden. Dabei darf der/die Gutachter:in seine/ihre neutrale Rolle eines unabhängigen und unparteiischen Sachverständigen nicht aufgeben.

WESTHOFF (2009) schlägt vor, sich verhaltensbezogen spezifische Erlebnisse berichten zu lassen. Entsprechend der biografischen Methode wird hierfür folgende Instruktion empfohlen: „Bitte schildern Sie mir den Ablauf so, dass ich ihn mir vorstellen kann, als ob ich ihn in einem Film sähe." Dadurch kann sichergestellt werden, dass der Gesprächspartner/Klient tatsächlich sein Verhalten beschreibt und es nicht mit abstrakten Begriffen etikettiert. Weiterhin kann damit erreicht werden, dass er sich in die damalige Situation hineinversetzt und möglichst anschaulich sein Verhalten und Erleben beschreibt.

Vor allem Klienten, die im Vorfeld der Begutachtung eine Maßnahme zur Aufarbeitung ihrer Problematik in Anspruch genommen haben, neigen zu einer „deutenden Zusammenfassung" des Erlebten, die oft nicht erkennen lässt, ob es sich um selbst gewonnene Einsichten oder um die Übernahme von erklärenden Interpretationen eines Therapeuten handelt. Um dies zu hinterfragen, ist es grundsätzlich zu empfehlen, sich die von Klienten verwendeten Fachbegriffe und abstrakte Interpretationen auf der konkreten Verhaltens- und Einstellungsebene erläutern zu lassen („Können Sie mir mal an einem Beispiel darstellen, wie Sie das meinen?"). Ansonsten sollten Fragen und Aufforderungen der Gutachterin/des Gutachters den Bericht des Klienten zwar leiten, aber nur so viel unterbrechen, wie es im Sinne der Fragestellung und der Steuerung des Gesprächs notwendig ist. Möglichst kurze und treffende Formulierungen dienen diesem Zweck im Allgemeinen am besten.

Bei der Besprechung der Vorgeschichte mischen sich in der Regel beschreibende Schilderungen zum früheren Verhalten und dessen Bedingungen mit aus späteren Einsichten abgeleiteten erklärenden Schilderungen zu Verhaltensmotiven und -ursachen. Es sollte im Untersuchungsgespräch durch entsprechende Rückfragen geklärt werden, ob von früheren oder heutigen Ansichten und Interpretationen die Rede ist. Nachfragen, wie etwa „Was haben Sie in der Zeit, in der Sie häufig zu schnell gefahren sind, über die Gründe und möglichen Folgen Ihres Verhaltens gedacht?", macht diese Unterscheidung deutlicher, als wenn nur gefragt würde: „Warum sind Sie damals häufiger zu schnell gefahren?". Wichtig ist daher, sich die Abläufe und situativen Umstände der aktenkundigen Auffälligkeiten genau schildern zu lassen, wobei WESTHOFF ET AL. (2009) dazu raten, häufiger unterschiedliche Verhaltensaspekte zu erfragen, wie etwa

Emotion („Wie ging es Ihnen damit? Was haben Sie dabei empfunden?"),

Denken („Was ist Ihnen durch den Kopf gegangen?"),

Handeln („Was haben Sie getan?"),

Veränderungen („Wie hat sich das ausgewirkt?").

WESTHOFF & KLUCK (2014) betonen, dass auf der Basis eines gut ausformulierten Leitfadens diagnostisch relevante Informationen möglichst unverzerrt und vollständig erhoben werden sollten. Wird eine Geschwindigkeitsüberschreitung mit den Worten „Ich war auf dem Weg zur Arbeit und hatte es eilig" begründet, ist der Erkenntnisgehalt über Haltungen und Ursachen gering. Fragen dazu, warum die Zeit knapp war, warum er dachte, es durch Schnellfahren ausgleichen zu können, ob ihn etwas vom rechtzeitigen Fahrtantritt abgehalten hatte, ob es häufiger solche Umstände gab, wie er generell zum Schnellfahren eingestellt war, wie er es sonst mit pünktlicher Terminwahrnehmung gehalten hatte etc. sind erforderlich, um eine diagnostische Einordnung des Verhaltens überhaupt vornehmen zu können. Auch pauschale Selbstbezichtigungen („Wenn ich nur dran denke, dass ich ja auch ein Kind hätte überfahren können.") verhindern in der Regel nur eine differenzierte Selbstreflexion und dürfen den/die Gutachter:in nicht von konkretisierenden Nachfragen abhalten.

Um als Gutachter bewerten zu können, ob die Bedingungen für eine Verhaltensweise bzw. Verhaltensgewohnheiten ausreichend aufgeklärt sind, empfiehlt sich die Orientierung an dem von KANFER entwickelten S-O-R-K-C-Modell des Verhaltens (vgl. DAVISON ET AL., 2007; BOCKWYT, 2020). Hierbei steht

S für den **Stimulus**, der das Verhalten ausgelöst hat (z. B. Verspätung),

O für den **Organismus**, also die Person, die diesen Stimulus wahrnimmt mit ihren zu dem Zeitpunkt wirksamen Kognitionen, Denkstilen und psychophysischen Bedingungen (z. B. Neigung zu impulsivem Verhalten, Angst vor Zurechtweisung),

R für die beobachtete **Reaktion** auf den Stimulus (z. B. Geschwindigkeitsüberschreitung),

K für die **Kontingenz**, also die bisherigen Erfahrungen und abgeleitete Erwartung über die Konsequenzen des Verhaltens (z. B. bisher nicht erwischt worden; wissen, wo die „Blitzer" sind; bisher keine relevanten Folgen oder Vorhaltungen) und

C für die **Konsequenz (consequence)**, also die unmittelbar erlebten Vor- und Nachteile bei dem Ereignis (z. B. Gefühl der Handlungsstärke und kurzfristige Belohnung durch rechtzeitiges Erreichen des Ziels, Abwägen gegen die verzögert erfolgte „Bestrafung" durch Bußgeld).

Zumeist beschränken sich die Schilderungen des Klienten auf ein einfaches Reiz-Reaktions-Muster. Um erkennen zu können, ob zwischenzeitlich eine ausreichende Selbstreflexion stattgefunden hat, sind in der Regel Nachfragen nach den unerwähnt gebliebenen Einflussfaktoren sinnvoll.

Wie bereits erwähnt, stehen dem Gutachter verschiedene Formen von Fragen/Nachfragen zur Verfügung. Offene Fragen sind am Anfang eines Gesprächsabschnitts besonders hilfreich, da der/die Gutachter:in noch nicht viel über den Verhaltensbereich des Klienten weiß und daher einen allgemeinen Fokus für den Klienten öffnet, damit dieser schildern kann, was er zunächst für vorrangig hält.

Der Grad der Direktheit einer Frage bestimmt auch deren Durchschaubarkeit hinsichtlich des erfragten Zielbereichs. Die Verständlichkeit von Fragen verbessert sich, wenn sie in der Aktivform gestellt sind und auf Substantivierungen so weit wie möglich verzichtet wird (z. B. „Was haben Sie unternommen, nachdem Sie den Strafbefehl erhalten haben?" anstatt „Welche Konsequenzen resultierten aus der Sanktionierung Ihres Verhaltens?").

Filterfragen (z. B. „Haben Sie zur Unterstützung professionelle Hilfe aufgesucht?") leiten einen spezifischen Bereichsausschnitt ein, der dann durch präzisierende Nachfragen weiter erörtert werden kann („Wie sind Sie dabei vorgegangen?", „Welche Ziele wollten Sie erreichen?"). Der Interviewer muss also zunächst herausfinden, ob der angesprochene Bereich überhaupt relevant ist bzw. mit dem Klienten sinnvoll besprochen werden kann. Dabei fungieren Filterfragen wie eine Schleuse, die Zugang zu einem relevanten Erlebens- oder Verhaltensabschnitt ermöglicht. Filterfragen sind daher geschlossene Fragen, denen sich die Aufforderung anschließt, Verhalten darzustellen. Der/die Gutachter:in sollte in seinen/ihren Fragen auf Fachbegriffe und ungebräuchliche, abstrakte Begriffe möglichst verzichten, da diese zu Verständnisproblemen führen können. Verwendet der Klient im Gespräch Fachbegriffe oder Diagnosen, sollten diese wiederum nicht ungeprüft übernommen werden.

Ein weiteres Problem stellen Suggestivfragen dar, denn in ihnen ist eine erwünschte Antworttendenz häufig erkennbar und es besteht die Gefahr, dass das ganze Gespräch verzerrt werden kann. Deshalb sollten sie im Untersuchungsgespräch stets vermieden werden. Bei der Durchführung des Psychologischen Untersuchungsgespräches sollten Fragen mit Bezug zum konkreten Verhalten in bestimmten Situationen den Vorzug erhalten.

Weiterhin wurde festgestellt, dass bei unstrukturierten Gesprächen der Gesprächsführer häufiger spricht als der Befragte, sodass weniger Informationen erfasst werden, was die Urteilsbildung verzerren kann. Demnach sollte ein strukturiertes Vorgehen, wie es sich z. B. aus den vorliegenden Beurteilungskriterien mit Hypothesen, Kriterien und Indikatoren ergibt, bevorzugt werden (zu den zuvor dargestellten Empfehlungen vgl. WESTHOFF, 2009).

Das Untersuchungsgespräch wird in der **Rückmeldephase** mit der zusammenfassenden Befunddarstellung und Erläuterung der vorläufigen Befundbewertung abgeschlossen. An dieser Stelle bietet sich ein Bezug auf die bereits im Laufe des Gesprächs gegebenenfalls erfolgten Rückmeldungen zu einzelnen Sachverhalten an. Der/die Gutachter:in nimmt hier eine vorläufige Einschätzung vor, wie die Angaben des Untersuchten aus seiner/ihrer Sicht zu werten sind.

Da über das PUG eine schriftliche Aufzeichnung zu fertigen ist (Anlage 4a Nr. 1 e FeV), erfolgt die (auszugsweise) Dokumentation der verbalen Angaben des Untersuchten in elektronischer (PC-gestützte Aufzeichnung) oder handschriftlicher Form (Mitschrift). Immer wieder werden Forderungen nach einer vollständigen Tonaufzeichnung oder gar einem videobasierten Mitschnitt des Gesprächs laut. Die Auswirkungen dieser Dokumentationsvarianten auf die Qualität des Untersuchungsprozesses diskutierte bereits SCHUBERT (2010). Eine elektronische Aufzeichnung des

PUG erwies sich in einer vergleichenden Evaluationsstudie gegenüber der schriftlichen Aufzeichnung nicht als überlegen. Ein Audiomitschnitt verbessert weder den diagnostischen Prozess noch die Qualität oder das Ergebnis der Begutachtung (OKULICZ-KOZARYN, 2018).

Anhand einer Stichprobe von 303 Fahreignungsbegutachtungen, die von 15 verkehrspsychologischen Gutachter:innen an 20 amtlich anerkannten Begutachtungsstellen für Fahreignung (BfF) des DEKRA e.V. Dresden erstellt wurden, konnte lediglich gezeigt werden, dass Gutachten mit Audioaufnahme einen höheren Seitenumfang sowie mehr wörtliche Zitate in der Explorationsdarstellung und der „Zusammenfassenden Befundwürdigung" aufwiesen und die Ergebnisbegründung signifikant häufiger durch wörtliche Zitate des zu Begutachtenden untermauert war. Die Kontrollgruppe bestand aus Gutachten ohne Audiomitschnitt. Eine weitere Erhebung des Trägers AVUS zur Prävalenz eines kostenfreien Audiomitschnitts ergab, dass bei 13 BfF lediglich zwischen 2,8 und 26 % der Kunden dieses Angebot annahmen. Zudem konnten die Klienten das Anhören der Tonaufzeichnung beantragen und die BfF mit der Transkription des Mitschnitts (mit oder ohne vorheriges Anhören möglich; kostenpflichtig/Schreibbüro, einschl. Regelungen zum Datenschutz) beauftragen. Auch bezüglich dieser Dienstleistungen blieben die Prävalenzen weit hinter den Erwartungen zurück: Zwischen 2017 und 2019 nahmen lediglich 0,4 % das Angebot an, den Mitschnitt anzuhören, 0,29 % wünschten eine Transkription. Gutachter:innen, die zu ihren Erfahrungen mit dem Audiomitschnitt befragt wurden, gaben an, dass Untersuchungsgespräche mit Audiomitschnitt inhaltlich nicht wesentlich anders verlaufen als Gespräche ohne Aufzeichnung; die Dauer der Explorationszeit wurde als länger empfunden und es wurde die Sorge um den Verlust des „Vertrauensverhältnisses" zwischen Gutachter und Klient geäußert (MUFFERT, 2019).

Bei der Würdigung des Gesamtbilds der Befunde, welches durch verschiedene Datenarten sowie nicht vorhandene Daten gezeichnet wird, kommt der wortwörtlichen Wiedergabe der einzelnen Aussagen des Klienten in der Regel keine entscheidende Bedeutung zu. Eine einzelne Antwort kann ohnehin nicht isoliert betrachtet werden. Daher wäre auch ein Auswendiglernen von vorgefertigten Angaben nicht zielführend für einen Betroffenen. Das diagnostische Interview ist insofern das Koordinatensystem, in dem diese Datensätze von unterschiedlicher Qualität, Skalierung und Befundausprägung eingepasst werden; die Mosaiksteinchen verbinden sich zu einem aussagekräftigen Gesamtbild.

Bei der anschließenden Auswertung der erhobenen Befunddaten werden die einzelnen Aussagen den Kriterien und entsprechenden Indikatoren zur Problemausprägung und Problembewältigung zugeordnet. Unabhängig davon ist bei den erhaltenen Aussagen des Klienten die Hypothese Null zu berücksichtigen (Kooperationsbereitschaft, offene und widerspruchsfreie Angaben usw.).

Diese Hypothese Null dient der Überprüfung der Verwertbarkeit der erhaltenen Angaben und trägt in den Fällen zu einer negativen Entscheidung bei, wo es dem/der Gutachter:in trotz mehrfachen Nachfragens, intensiver Bemühungen und im Gutachten ersichtlicher Belege nicht gelungen ist, den Untersuchten so weit zur

Mitarbeit zu bewegen, dass ausreichend verwertbare Befunde zu erheben waren. Diese Entscheidung kann jedoch nicht allein auf der Basis einer einzelnen, nicht nachvollziehbaren Aussage des Klienten – etwa zum Delikthergang – getroffen werden. Dies entspräche nicht dem Ziel des Untersuchungsgesprächs, ein möglichst umfassendes Bild zu den Ursachen der Auffälligkeit und den Veränderungen seit dem Tatzeitpunkt zu erhalten. Dass es in der Aufarbeitung einer belastenden Vorgeschichte noch einzelne Bereiche geben kann, welche, um das Gefühl von Schuld und Scham zu reduzieren, weiterhin bagatellisiert werden, ist nicht ungewöhnlich und muss im Kontext der Gesamtbefundlage eingeordnet werden. Es muss jedoch deutlich werden, dass aktuell geschilderte Verhaltensänderungen auf einer nachvollziehbaren und selbstkritischen Analyse der früheren inneren und äußeren Bedingungen für das auffällige Verhalten fußen, um ausreichende Stabilität annehmen zu können.

C. 1.3 Gütekriterien von Daten aus Befragungsmethoden

Wenn Klienten etwas über sich berichten, werden Kognitionen verschiedener Art übermittelt, z. B. Mitteilungen über Sachverhalte, Beurteilungen oder Bewertungen. Die vom Gutachter erhobenen Informationen beziehen sich zudem auf verschiedene Arten von Daten: Wissensinhalte, Überzeugungen, Verhalten, Umstände (Antezedenzien und Auswirkungen des Verhaltens). So kann beispielsweise einerseits konkret das Trinkverhalten eines Klienten zu einem bestimmten Zeitpunkt erfragt werden, andererseits interessiert auch die übergreifende Einschätzung des Ausprägungsgrades einer Suchtentwicklung durch den Betroffenen.

Solche Daten können im diagnostischen Interview zuverlässig und valide erhoben werden, wobei die Prognosegüte eines Interviews steigt, wenn dieses anforderungsanalytisch entwickelt wurde und somit einem Soll-Profil folgt, mit dem die Ist-Datenlage abgeglichen werden kann (vgl. SCHULER & MUSSEL, 2016). Für Befragungsdaten konnte gezeigt werden, dass verschiedene Interviewer bei der Anwendung der Befragungsmethode bei denselben Personen zu gleichen Ergebnissen kommen. Diese „Beurteiler-Übereinstimmung" zeigt sich in dem Gütemaß der Interrater-Reliabilität und hängt ab vom Studiendesign, dem Training der Interviewer und der Strukturiertheit des Interviews.

In einer Metaanalyse von 1995 fanden CONWAY ET AL. beispielsweise eine Interrater-Reliabilität von .70. WESTHOFF ET AL. (2009) geben in ihrem Buch ebenfalls Koeffizienten um .70 an. Eine neuere Arbeit von HUFFCUTT ET AL. (2013) bestätigt dieses Lagebild. Dabei zeigte sich außerdem, dass die Verbesserung der Interrater-Reliabilität über die verschiedenen Stufen an Strukturiertheit (Level 1 – keine Struktur bis Level 5 – vollständig festgelegte Fragen ohne Nachfragen) nicht gleichmäßig verläuft, sondern einem Deckeneffekt mit höheren Reliabilitätsgewinnen im niedrigen bis mittleren Strukturierungsbereich unterliegt. So liegt die Interrater-Reliabilität auf Level 1 beispielsweise bei .36, auf Level 2 bei .51 und auf Level 3 bei .65. Auf den Leveln 4 und 5 der Strukturiertheit bewegen sich beide Werte zwischen .75 und .79.

Auch im klinischen Bereich zeigen sich für strukturierte Interviews Ergebnisse dieser Größenordnung. So wurden beispielsweise überwiegend gute (Kappa >.70) und befriedigende (Kappa zwischen .50 und .70) Interrater-Reliabilitäten für verschiedenen Formen des SCID (Structured Clinical Interview for DSM-III-R), also einem strukturierten Interview, gefunden (SEGAL ET AL., 1994). Dies ist insofern von Bedeutung, als sich die Indikatoren der Kriterien zur Problemausprägung stark am DSM (Diagnostisches und Statistisches Manual psychischer Störungen) orientieren. Betrachtet man die zeitliche Stabilität von Interviewdaten (Test-Retest-Reliabilität), so erweisen sich ebenfalls gut strukturierte Interviews als den weniger strukturierten Befragungsvarianten überlegen. In ihrem Review fassen SEGAL ET AL. Studien zusammen, die bei einem Retest-Intervall zwischen einem Tag und zwei Wochen vorwiegend Kappa-Werte zwischen .50 und .70 oder über .70 für verschiedene Formen des SCID finden. WITTCHEN ET AL. (1998) zeigen in ihrer Studie zum M-CIDI (Munich-Composite International Diagnostic Interview), einem computergestützten strukturierten Interview, dass dieses über den Zeitraum von einem Monat hauptsächlich gute (dort definiert als Kappa >.65) bis sehr gute (dort definiert als Kappa >.75) Retest-Reliabilitäten erreicht. Somit ist die gute Reliabilität strukturierter Interviews insgesamt als belegt anzusehen; sie liegt im Bereich der Werte, die andere standardisierte Instrumente erreichen.

Die Reliabilität bestimmt die Obergrenze für die Validität. Diese wiederum gibt an, wie gut ein Verfahren genau das misst, was es zu messen vorgibt. Dabei sind jedoch verschiedene Validitätsarten zu unterscheiden. Zunächst darf festgestellt werden, dass durch eine Befragung relevante Variablen wie Einstellungen, Gewohnheiten, Motivlagen inhaltsvalide (das Zielmerkmal repräsentierend bzw. treffend) erfasst werden können. Die von Fragebogenverfahren bekannten methodischen Schwächen wie Antwortverzerrungen oder „response-sets" können durch eine flexible Gesprächstechnik minimiert werden.

Für Inhaltsvalidität lassen sich keine numerischen Maße ableiten, sie ergibt sich aus logischen und fachlichen Überlegungen. Die Kriteriumsvalidität beinhaltet die praktische Anwendbarkeit eines Erhebungsinstruments für die Vorhersage von Verhalten (Prognose). Die gefundenen Validitätskoeffizienten schwanken zwischen .14 (HUNTER & HUNTER, 1984) und .67 (CONVAY ET AL., 1995); sie variieren mit dem Strukturiertheitsgrad des Interviews, dem Außenkriterium und der Erfahrung der Interviewer (u. a. WIESNER & CRONSHAW, 1988; HUFFCUTT & ARTHUR, 1994; MCDANIEL ET AL., 1994, HUFFCUTT & WOEHR, 1999). SCHULER & MUSSEL (2016) weisen darauf hin, dass das Ausmaß der Strukturiertheit den wichtigsten Moderator der Validität eines Interviews darstellt. Vergleichbar den Ergebnissen zur Interrater-Reliabilität berichten die Autoren ebenfalls einen Deckeneffekt: Ab einem gewissen Grad an Strukturiertheit kann keine Verbesserung der Validität mehr festgestellt werden.

In der medizinisch-psychologischen Begutachtung werden die Interviewdaten jedoch nicht allein für die Ableitung der Prognose verwendet, sondern in der Urteilsbildung mit medizinischen Befunden, Laborergebnissen, Fragebogendaten und Fremdbefunden (Therapieberichte usw.) verknüpft. Daher erscheint eine isolierte Berechnung von Validitätskoeffizienten hier nicht angebracht. Wenn man solche komplexen Datensätze für die Prognose heranzieht, ergeben sich zufriedenstellendere Koeffizienten (im Überblick BLIESENER, 2007; DAHLE, 2005). So fanden

ROSSEGGER ET AL. (2010) mithilfe einer komplexen Prognose-Checkliste, bestehend aus Items zu Risikofaktoren aus der Vorgeschichte, klinischen Items (u. a. Mangel an Einsicht, negative Einstellungen, Impulsivität) und Items zum Risiko-Management (u. a. destabilisierende Einflüsse, Fehlen realisierbarer Pläne, Stressoren, fehlende Compliance) bei Gewalt- und Sexualstraftätern Validitätskoeffizienten von .76 bis .79 (Vorhersage eines spezifischen Delikts aus dem Gesamtwert des Erhebungsinstruments).

Die Evaluation der medizinisch-psychologischen Begutachtung am Gütekriterium der Legalbewährung verkehrsauffälliger Kraftfahrer, die den kompletten diagnostischen Prozess durchlaufen haben, ist ein Beispiel für eine derartige integrative Bewertung. Entsprechende Studien zur Reduktion der Rückfallwahrscheinlichkeit durch eine medizinisch-psychologische Untersuchung sind in der Einleitung dargestellt und belegen die Prognosesicherheit der MPU bei alkoholauffälligen Fahrern und somit auch des diagnostischen Interviews als einem wesentlichen Bestandteil der Begutachtung (zuletzt HILGER ET AL., 2012).

Für Interviews, die in Anwesenheit eines Dolmetschers oder Übersetzers stattfinden, existieren keine Gütekriterien. Daher ist es umso wichtiger, dass durch eine professionelle Organisation der Rahmenbedingungen des PUGs keine Beeinträchtigung der Befundlage infolge der Übersetzungstätigkeit befürchtet werden muss. Es ist insbesondere der psychologisch wichtige Subkontext in den Aussagen des Klienten, der bei unprofessionell durchgeführter Übersetzung verloren zu gehen droht. Dies gilt auch dann, wenn ein Klient mit unzureichenden Sprachkenntnissen das PUG ohne Übersetzer durchführen möchte. In der Regel lassen sich dann die für eine Entlastungsdiagnostik relevanten Befunde nicht in ausreichendem Umfang erheben.

C. 1.4 Hypothese und Kriterien PUG

Hypothese PUG

Die im Rahmen der Begutachtung verwendete Gesprächsmethodik ist nach wissenschaftlich anerkannten Grundsätzen entwickelt, anlassbezogen durchgeführt, nachvollziehbar wiedergegeben und zur Beantwortung der Fragestellung geeignet.

Kriterium PUG 1

Planung, Durchführung und Auswertung des PUGs folgen theoretisch begründeten Standards.

1. Im QM-System der Träger sind die Phasen des Untersuchungsgesprächs sowie die Methodik des Vorgehens beschrieben. Es liegt ein Handbuch zur Durchführung des Psychologischen Untersuchungsgesprächs vor.[2]
2. Es ist geregelt, dass der Schwerpunkt des PUGs nicht nur auf dem Erfassen von Tatsachen (horizontale Sachverhaltsebene), sondern insbesondere auch auf

2 Vgl. Richtlinien über die Anforderungen an Träger von Begutachtungsstellen für Fahreignung (§ 66 FeV) und deren Begutachtung durch die Bundesanstalt für Straßenwesen vom 27. Januar 2014 (VkBl. S. 110), zuletzt geändert durch Verlautbarung vom 11. März 2020 (VkBl. S. 217), Teil II, Abschnitt 5.7.8.

dem Hinterfragen von Einstellungen und Verarbeitungsprozessen des Klienten (vertikale Steuerungsebene) liegt.

(1) Das PUG beschränkt sich auf die Befragung zu den Tathergängen aktenkundiger Sachverhalte. Kontraindikator

3. Im Rahmen der Aus- oder Weiterbildung hat eine Einweisung der psychologischen Gutachterin/des Gutachters in die Gesprächsmethodik stattgefunden.

4. Eine störungsfreie Gesprächsatmosphäre wird sichergestellt. Dazu gehört neben persönlicher Anwesenheit der Gutachterin/des Gutachters und des zu Untersuchenden auch, dass die Dokumentation des Gesprächs nicht den Kommunikationsprozess stört (z. B. durch Verhindern von Blickkontakt). Eine gegebenenfalls nachträglich erforderliche Kontaktaufnahme der Gutachterin/des Gutachters mit dem Klienten (auch telefonisch oder über andere digitale Medien) erfolgt ausschließlich aus den Räumen der BfF und auf datengesichertem Weg.

(1) Das Psychologische Untersuchungsgespräch wird, abgesehen von nachträglich erforderlicher, ergänzender Einholung von Informationen durch den/die Gutachter:in (vgl. PUG 2, Indikator 16), zu erheblichen Teilen oder vollständig über digitale Medien geführt. Kontraindikatoren

(2) Der/die Gutachter:in, der/die im Auftrag eines Trägers von BfF tätig ist, nimmt über seinen/ihren privaten Telefonanschluss oder den Anschluss einer Praxis Kontakt zu einem Klienten auf (dies gilt entsprechend für die Kontaktaufnahme mit anderen digitalen Medien).

5. Die Form der Aufzeichnung des Untersuchungsgesprächs (vgl. Anlage 4a Nr. 1 e FeV) ist festgelegt. Die Regelung stellt sicher, dass die Aufzeichnung alle relevanten Daten wiedergibt, die im Rahmen des Untersuchungsgesprächs erhoben wurden.

6. Mitschriften werden nach Abschluss des Gesprächs nicht mehr inhaltlich verändert. Mitschriften auf elektronischen Medien werden im Anschluss an das Gespräch unmittelbar und unkorrigiert, abgesehen von einer Rechtschreibprüfung, ausgedruckt, als Entwurf gekennzeichnet und archiviert. Ist die Korrektur offensichtlich fehlerhaft aufgezeichneter Daten (z. B. „Zahlendreher") erforderlich, wird dies nachvollziehbar dokumentiert.

(1) Teile der Aufzeichnungen werden nach dem Gespräch ergänzt (Gedächtnisprotokoll, Übernahme aus Fragebögen), ohne die Befundquelle deutlich zu machen. Kontraindikatoren

(2) Die Aufzeichnung wird nach nachträglichen Einwänden des Klienten korrigiert, ohne dass dies nachvollziehbar dargestellt wird (beide „Fassungen" müssen im Gutachten erkennbar nebeneinandergestellt werden).

(3) Dem Klienten wird die Mitschrift des Gesprächs oder ein entsprechender Computerausdruck zum Korrekturlesen überlassen und nachträglich vom Klienten gewünschte Ergänzungen werden ins Gutachten übernommen, ohne dass diese Sachverhalte Bestandteil des Untersuchungsgespräches waren.

7. Bei Klienten mit Schwierigkeiten des Verständnisses und/oder der Anwendung der deutschen Sprache wird durch Hinzuziehen eines beeidigten oder öffentlich bestellten und vereidigten Dolmetschers sichergestellt, dass eine zuverlässige Befunderhebung stattfinden kann. Dies trifft bei anderen Sprachschwierigkeiten analog auch für das Hinzuziehen z. B. eines Gebärdendolmetschers zu.

Kontraindikatoren

(1) Trotz erheblicher Sprachschwierigkeiten des Klienten, die bereits vor der Begutachtung bekannt waren, wird auf Wunsch des Klienten auf die Bestellung eines Dolmetschers oder Übersetzers verzichtet.

(2) Anstelle eines öffentlich bestellten oder beeidigten Dolmetschers oder Übersetzers wird eine andere Person ohne einschlägige Qualifikation eingesetzt.

(3) Der/die Gutachter:in übernimmt zusätzlich zu seiner Sachverständigentätigkeit auch die Übersetzungsaufgabe.

(4) Das PUG wird fortgesetzt, obwohl sich im Gesprächsverlauf zeigt, dass eine anforderungsgerechte Befunderhebung aufgrund der Sprachschwierigkeiten des Klienten nicht möglich ist.

8. Der Träger hat Regelungen für einen elektronischen Mitschnitt getroffen (Zusatzleistung auf Wunsch des Klienten). Das Verfahren ist geregelt und die technischen Voraussetzungen für Aufnahme, Wiedergabe, Transkription und Archivierung sind vorhanden. Eine Tonaufzeichnung ersetzt dabei nicht das Erfordernis der schriftlichen Aufzeichnung, da eine Löschung auf Wunsch des Klienten jederzeit möglich sein muss.

Kriterium PUG 2 **Die Durchführung des Untersuchungsgesprächs entspricht hinsichtlich des Umfangs, des methodischen Vorgehens und der erörterten Sachverhalte dem Untersuchungsanlass und der Fragestellung der Behörde.**

1. Vor einem Untersuchungsgespräch wird durch die psychologische Gutachterin/den Gutachter eine dokumentierte Aktenanalyse mit Ziel der Hypothesenbildung und Gesprächsplanung durchgeführt.

Kontraindikatoren

(1) Die Aktenübersicht beschränkt sich auf die von Assistenzpersonal zusammengestellten Klienten- und Anlassstammdaten.

(2) Die Aktenübersicht listet zwar die Vorgeschichtsdaten chronologisch auf, lässt jedoch keine für den Einzelfall relevanten Tatmerkmale erkennen (Tatzeitpunkte, toxikologische Befunde, Verhaltensbeschreibungen der Polizei etc.).

(3) Die Aktenanalyse und deren Dokumentation erfolgt erst im Beisein des Klienten während der Vorstellungs- und „Warming-up"-Phase des PUGs.

2. Der Klient wird zu Beginn des Untersuchungsgespräches über den Gegenstand und den Zweck der Untersuchung, den Gesprächsablauf und über die Art der Rückmeldungen im Gespräch informiert. Diese „Warming-up"-Phase dient auch zur Beziehungsklärung und zum Angstabbau beim Klienten.

3. Das Gespräch findet in der Regel unter vier Augen statt. Davon kann mit Einverständnis des Klienten abgewichen werden, wenn z. B. ein von der BfF bestellter Dolmetscher erforderlich ist, sofern keine Einflussnahme der anwesenden dritten Person auf den Klienten oder den Gesprächsverlauf zu erwarten ist.

   (1) Der betreuende Vorbereiter, ein Familienmitglied oder ein Rechtsvertreter des Klienten nehmen am Gespräch teil. — Kontraindikator

4. Umfang und Inhalt des PUGs sind der Fragestellung, dem Untersuchungsanlass und der Eindeutigkeit der Befundlage angemessen.

5. Es werden von dem/der Gutachter:in nur rechtlich verwertbare und durch die Fragestellung bzw. den Untersuchungsanlass gedeckte Sachverhalte angesprochen.

6. Im PUG werden in der Regel neben dem Erfassen der aktenkundigen und aktuellen Tatsachen (Beschreibung von Verhalten und situativen Umständen) auch die motivationalen Hintergründe, die persönlichen Ursachenzuschreibungen und kognitiven Konzepte des Klienten sowie deren Veränderungen (Erklärung des Verhaltens, Problembewertung, Selbstreflexion) besprochen (vgl. auch S-O-R-K-C-Modell, Abschnitt C.1.2).

   (1) Das PUG beschränkt sich auf die Befragung zu den Tathergängen aktenkundiger Sachverhalte. — Kontraindikator

7. Die aktuelle Lebenssituation (Beruf, Freizeitverhalten, familiäre bzw. partnerschaftliche Beziehungen) sowie die biografische Entwicklung werden so ausführlich besprochen, dass eine Einordnung des problematischen Verhaltens und erfolgter Veränderungen in diese Entwicklung und gegebenenfalls die Bedeutung bestimmter Lebensereignisse erfolgen kann.

   Kontraindikatoren

   (1) Wesentliche Veränderungen in der biografischen Entwicklung des Klienten oder im sozialen Umfeld werden nur registriert, ohne deren Ursachen und Auswirkungen zu besprechen.

   (2) Folgen eines Suchtmittelmissbrauchs werden nicht hinsichtlich ihrer Auswirkungen auf die Lebenssituation hinterfragt.

8. Die Deliktvorgeschichte wird, soweit sie den aktuellen Anlass für die Begutachtung darstellte, in der Regel vollständig und hinreichend differenziert besprochen. Je nach Sachlage sind einzelne Delikte ausführlicher zu behandeln.

   Kontraindikatoren

   (1) Bei mehreren verwertbaren Alkoholfahrten in der Vergangenheit, die den Anlass für die Begutachtung darstellen, wird nur das letzte Delikt exploriert.

   (2) Verkehrsauffälligkeiten, die zum Entzug der Fahrerlaubnis wegen Erreichen von 8 Punkten im Fahreignungsregister geführt haben, werden ausschließlich summarisch behandelt.

   (3) Bei einer gemischten Auffälligkeit und entsprechender Fragestellung mit Verkehrsverstößen und strafrechtlichen Delikten beschränkt sich die ausführliche Exploration auf einen der beiden Bereiche.

(4) Im PUG wird unbegründet auf die Erhebung wichtiger Deliktmerkmale (z. B. Trinkmenge, Trinkzeit, empfundene Wirkung, Zeitraum zwischen dem letzten Drogenkonsum und Fahrtantritt) verzichtet, sodass die Höhe der Alkoholisierung oder der Substanzbeeinträchtigung aus den verfügbaren Befunddaten nicht abgeleitet werden kann.

(5) Im PUG wird auf die Erhebung der relevanten Deliktumstände (z. B. Fahrstrecke, Unfallbeteiligung, Einfluss der Beifahrer) verzichtet, sodass weder die Bewertung der Toleranz noch die Einordnung der Alkoholtrinkmenge oder des Betäubungsmittelkonsums in das damalige Konsummuster möglich ist.

9. Gleichartige Delikte, die lerngeschichtlich verknüpft sind, können zusammenfassend besprochen werden. Es sind jedoch zumindest exemplarisch an einzelnen Verstößen die subjektiv wahrgenommenen Ursachen und näheren Umstände zu besprechen (vgl. Indikator 6).

10. Liegen bereits ausführliche Vorgutachten in der Fahrerlaubnisakte vor, kann eine Beschränkung auf einzelne aktuelle Delikte erfolgen. Es erfolgt jedoch in der Regel eine zumindest exemplarische Deliktschilderung, da sich die Sichtweise des Klienten hinsichtlich der Einflussfaktoren und der Eigenverantwortung für die Tat zwischenzeitlich relevant verändert haben kann.

11. Sofern wesentliche andere Befunde vorliegen, die bereits das Verhalten in der Vorgeschichte ausreichend erklären (z. B. Vordiagnosen), kann sich das Untersuchungsgespräch auf die exemplarische Besprechung einzelner Delikte beschränken.

12. Entwicklungsverläufe werden ausreichend hinterfragt; dazu gehören in der Regel Gesprächsthemen zur Motivlage, zu Veränderungen und Erfahrungen sowie zu Vorsätzen und Vermeidungsstrategien bezüglich erneuten einschlägigen Fehlverhaltens.

13. Die Motivation für die Verhaltensänderung wird hinsichtlich des Entscheidungsprozesses und der Tragfähigkeit des Entschlusses (commitment) unter Berücksichtigung individueller Faktoren des Klienten (Lerngeschichte, Motivlage, Erfahrungen, vgl. DARN-C-Konzept, Abschnitt C.1.1) hinterfragt.

Kontraindikatoren

(1) Die Angaben zur Verhaltensänderung beschränken sich auf externe Faktoren wie den Wunsch zum Wiedererhalt der Fahrerlaubnis oder auf pauschale Statements ohne Selbstbezug wie „Das darf sich nicht wiederholen.", ohne dass dies weiter hinterfragt wurde.

(2) Die Erörterung der Verhaltensänderung beschränkt sich auf zeitliche Verläufe und/oder Angaben zu Konsummengen ohne Bezug zu inneren Bedingungen des Klienten.

(3) Die Begründung der Verhaltensänderung beschränkt sich unwidersprochen auf die Teilnahme an einem Abstinenzkontrollprogramm und dessen Teilnahmevoraussetzungen.

14. Widersprüchliche Sachverhalte werden durch Nachfragen und Rückmeldungen geklärt. Sofern Unklarheiten bestehen bleiben, erfolgen die Nachfragen, gegebenenfalls auch wiederholt.

15. Sofern gesprächsunterstützend Fragebogendaten als Ergänzung verwendet werden, sind diese nachvollziehbar in die Datenerhebung integriert. Die Befundquelle ist jeweils zu erkennen.

16. Werden beim PUG Widersprüche zwischen zuvor erhobenen Daten, etwa Angaben in Fragebogendaten oder in der ärztlichen Anamnese, und den Gesprächsinhalten deutlich, wird der Klient darauf angesprochen und es wird versucht, die Ursachen hierfür zu klären. Werden entscheidungsrelevante Widersprüche erst nach Abschluss der Untersuchung offenkundig, kann, abhängig von der Befundlage, durch den/die Gutachter:in im Einzelfall eine erneute Befragung vorgenommen werden.

17. Sofern die Gesprächsinhalte Konsumverhalten betreffen, sind die erhobenen Daten hinsichtlich Mengen und Häufigkeiten konkret. So werden die vom Klienten verwendeten Konsumangaben hinsichtlich der von ihm damit gemeinten Konsumeinheiten beispielhaft geklärt.

    (1) Quantitative Angaben bleiben pauschal und unscharf. — Kontraindikator

18. Die Befragung von Verkehrsauffälligkeiten und Straftaten führt zu konkret verhaltensbezogenen Schilderungen und umfasst auch Verhaltensmotive und die damals wirksamen inneren und äußeren Einflüsse.

    Kontraindikatoren

    (1) Tathergänge werden mit pauschalen Aussagen („Es kam zu einer Schlägerei.") distanziert dargestellt, ohne dass der tatsächliche Hergang und die Handlungsanteile des Klienten nachgefragt wurden.

    (2) Schilderungen zu Tatabläufen sind hinsichtlich ihrer situativen Entwicklung und den wirksamen Einflüssen nicht schlüssig, ohne dass versucht wurde, dies durch Nachfragen aufzuklären.

19. Sofern eine Interventionsmaßnahme in Anspruch genommen wurde, werden die damit in Zusammenhang stehenden Wirkfaktoren, wie z. B. Motivation, Zielvereinbarung, Schilderung der angewandten Methoden, einschlägige Kompetenz des Durchführenden und Inhalte, angesprochen und aus Sicht des Klienten geschildert (vgl. auch Kapitel C.5). Die daraus abgeleiteten Lernerfahrungen werden ausreichend hinterfragt.

    (1) Im Gutachten werden die in einer Bescheinigung über eine vorbereitende Maßnahme beschriebenen Einsichten und Veränderungen als Befund übernommen, ohne sie im Gespräch verifiziert zu haben. — Kontraindikator

20. Am Ende des Gesprächs erfolgt eine vorläufige Sachstandsmitteilung. Sofern die Entscheidung von weiteren, noch nicht vorliegenden Befunden abhängt (z. B. Laborbefunde, Therapieberichte, Fahrverhaltensbeobachtung), wird dies, soweit zu dem Zeitpunkt möglich, dem Klienten transparent dargestellt.

21. Die Gesprächszeit wird aufgezeichnet. Die Gesprächsdauer beträgt bei Klienten mit einer Deliktvorgeschichte in der Regel zwischen 30 und 60 Minuten.

22. Im PUG werden alle für die Beantwortung der Fragestellung relevanten Punkte vollständig erfasst. Die Datenerhebung ermöglicht – nachvollziehbare Angaben des Klienten vorausgesetzt – insbesondere eine Einordnung der Problemausprägung in die betreffenden Kriterien und eine Bewertung der eingeleiteten bzw. vorgenommenen Veränderungen.

Kontraindikator

(1) Das Gespräch wird vorschnell beendet, weil eine vermeintlich erforderliche Bescheinigung fehlt.

23. Der Umfang des Psychologischen Untersuchungsgespräches ist so gewählt, dass eine Datenerhebung bis zur Entscheidungsreife möglich ist. Bei klarer Befundlage kann es knapper gefasst werden, bei unklarer Befundlage ist es ausführlicher zu gestalten.

24. Sofern ein elektronischer Mitschnitt oder eine Aufzeichnung auf Tonträger angefertigt wird, ist das gesamte Gespräch aufzuzeichnen. Ausgenommen werden können vorbereitende Erläuterungen zur Aufzeichnungsmethodik sowie Informationen über den Gegenstand und den Zweck der Untersuchung, den Untersuchungsablauf und zur Verfahrensweise bis zur Versendung des Gutachtens. Rückmeldungen zum vorläufigen Ergebnis oder Empfehlungen zum weiteren Vorgehen sind ebenfalls aufzuzeichnen, wenn sich aus den Rückmeldungen des Klienten nach der Ergebnismitteilung für die Befundbewertung relevante Aspekte ergeben.

Kriterium PUG 3 **Die relevanten Inhalte des PUG werden im Gutachten verständlich und nachvollziehbar wiedergegeben.**

1. Die Wiedergabe der Gesprächsdaten im Gutachten ist nachvollziehbar und erfüllt die Anforderungen an Genauigkeit, Eindeutigkeit, Detailliertheit sowie Verständlichkeit.

Kontraindikatoren

(1) Es werden Angaben des Klienten verkürzt und nur fragmentarisch wiedergegeben oder es werden unverständliche bzw. mehrdeutige Abkürzungen und Begriffe verwendet.

(2) Es werden nicht allgemein gebräuchliche Fachtermini verwendet, ohne diese zu erläutern.

2. Sprachliche Besonderheiten (Dialekt, regionales Vokabular) werden nicht zwingend im Wortlaut, aber inhaltlich allgemein verständlich wiedergegeben.

3. Der tatsächliche Gesprächsverlauf bildet sich in der Wiedergabe des Gesprächs ab. Grobe thematische Gliederungen (z. B. zur Deliktvorgeschichte, zum Alkoholtrinkverhalten etc.) sind möglich, auch wenn sie die Chronologie nicht exakt wiedergeben.

4. Sofern relevante Widersprüche im Psychologischen Untersuchungsgespräch offenkundig wurden, enthält die Dokumentation die diesbezüglich gegebenen

Rückmeldungen und lässt erkennen, dass klärende Fragen gestellt wurden. Dies gilt auch für Widersprüche zwischen den Angaben im Untersuchungsgespräch und bereits dokumentierten Angaben in anderen Untersuchungsteilen (ärztliche Anamnese, Fragebögen), soweit diese beim PUG bereits zur Verfügung standen.

5. Die für die Befundwürdigung relevanten Gesprächsdaten sind vollständig wiedergegeben. Dabei sind die angesprochenen Sachverhalte so umfassend beschrieben, dass für den Leser ersichtlich wird, welcher Sachverhalt erfragt und was darauf geantwortet wurde. Insbesondere bei konkreten, geschlossenen Fragen der Gutachterin/des Gutachters ist eine Wiedergabe der Frage im Gutachten sinnvoll.

Kontraindikatoren

(1) Es werden nur die Angaben des Klienten wiedergegeben, ohne dass die Gesprächsführung zumindest strukturell erkennbar wird.

(2) Antworten des Klienten auf konkrete, geschlossene Fragen werden in der Gesprächswiedergabe isoliert dargestellt, auch wenn sie ohne die gestellte Frage nicht verständlich sind.

(3) Die Wiedergabe der Gesprächsinhalte erfolgt als zusammenhängender Fließtext, wobei die von dem/der Gutachter:in gestellten, für den Inhalt des Gesprächs relevanten Fragen nicht oder allenfalls fragmentarisch (z. B. bei Themenwechsel) erkennbar sind.

(4) Fragen der Gutachterin/des Gutachters werden nur verkürzt als Stichworte wiedergegeben, sodass nicht ersichtlich ist, was erfragt wurde (z. B. „Unfallrisiko", „Familie").

6. Sofern Wissensgrundlagen im Untersuchungsgespräch erhoben werden, sind die gestellten Fragen nachvollziehbar wiedergegeben.

7. Die Wiedergabe des Untersuchungsgespräches erfolgt in indirekter Rede. Wörtliche Zitate werden in direkter Rede wiedergegeben und sind als solche gekennzeichnet.

8. Sofern Einschränkungen der Verwertbarkeit der Gesprächsbefunde aufgrund von unzureichender Kooperation und Gesprächsbereitschaft des Klienten (vgl. auch Hypothese 0, Abschnitt C.1.2) vorliegen, wird dies im Gutachten im Zusammenhang mit der Bewertung der Gesprächsbefunde beschrieben und gewichtet.

9. Besondere Vorkommnisse mit Relevanz für die Befundwürdigung (z. B. Fragen bezüglich einer Alkoholisierung im PUG, mangelnde Kooperationsbereitschaft oder ein Korruptionsversuch) werden als Anmerkung zum Untersuchungsgespräch dokumentiert und ins Gutachten aufgenommen.

10. War ein auffälliges Verhalten eines anwesenden Dolmetschers zu beobachten (z. B. ausführlich erläuternde Darstellung statt einfacher Übersetzung), wird dies im Gutachten nicht nur dargestellt, sondern es wird auch erläutert, in welchem Umfang die erhobenen Befunde noch als verwertbar einzustufen sind.

Kriterium PUG 4 **Die Berücksichtigung der Befunddaten in der Befundwürdigung erfolgt nachvollziehbar, sachlich angemessen und hinreichend umfangreich.**

1. Die Bewertung der Befunddaten bezieht sich nachvollziehbar auf die Aussagen des Klienten. Dies wird z. B. durch Bezüge zu bestimmten Gesprächsthemen oder exemplarische Zitate von wiedergegebenen Äußerungen kenntlich gemacht.
2. Die getroffenen Schlussfolgerungen beziehen sich auf Vorgeschichtsdaten sowie auf die gewonnenen Gesprächsbefunde zur Problemausprägung, zu Sichtweisen des Klienten und zur Problembewältigung, einschließlich Motivation zur Verhaltensänderung sowie deren Stabilität.
3. Die dargestellten Schlussfolgerungen sind widerspruchsfrei zu gleichartigen Daten aus anderen Untersuchungsteilen oder Datenquellen. Andernfalls werden die Widersprüche nachvollziehbar aufgeklärt.
4. Die Befundbewertung nimmt erkennbar Bezug auf die für den Untersuchungsanlass zutreffenden Hypothesen und Kriterien (vgl. Kapitel B.1 bis B.6). Insbesondere wird erkennbar, welche Problemausprägung vonseiten der Gutachter angenommen wird, welche Ursachen für die Problementwicklung – sofern sie aufgeklärt werden konnten – gesehen werden und inwieweit vor diesem Hintergrund eine angemessene und tragfähige Einstellungs- und Verhaltensänderung eingetreten ist.
5. Sofern kommunikative Schwierigkeiten des Klienten bestanden, werden diese erläutert und bezüglich der Auswirkungen auf die Verwertbarkeit der Gesprächsbefunde und das Gesamtergebnis nachvollziehbar gewichtet.

Literatur

AHARONOVICH, E., AMRHEIN, P. C., BISAGA, A., NUNES, E. V. & HASIN, D. (2008). Cognition, Commitment Language, and Behavioral Change Among Cocaine-Dependent Patients. Psychol Addict Behav. 22(4), 557–562. doi:10.1037/a0012971.

AMRHEIN, P. C., MILLER, W. R., YAHNE, C. E., PALMER, M. & FULCHER, L. (2003). Client commitment language during motivational interviewing predicts drug use outcomes. Journal of Consulting and Clinical Psychology, 71(5), 862–878. doi:10.1037/0022-006X.71.5.862.

BARTHELMESS, W., KUNKEL, E., UTZELMANN, H.-D. & NOLTE, J. (1993). Handbuch der Exploration. TÜVIS-Prüfgrundlagen, MPU, Band 2. Essen: Verband der Technischen Überwachungsvereine e. V. (VdTÜV). Unveröffentlichtes Manuskript.

BLIESENER, T. (2007). Psychologische Instrumente für Kriminalprognose und Risikomanagement. Praxis der Rechtspsychologie 17(2), 323–344.

BOCKWYT, E. (2020). Die Verhaltensanalyse – Schritt für Schritt zum individuellen Störungsmodell. Stuttgart: Schattauer.

BUNDESANSTALT FÜR STRASSENWESEN (Hrsg.) (2022). Begutachtungsleitlinien zur Kraftfahreignung – Fassung vom 17.2.2021 (VkBl. S. 198), in Kraft getreten am 1.6.2022 mit der Fünfzehnten Verordnung zur Änderung der Fahrerlaubnis-Verordnung und anderer straßenverkehrsrechtlicher Vorschriften (BGBl. Teil I Nr. 11 vom 25. März 2022. https://www.bast.de/DE/Verkehrssicherheit/Fachthemen/U1-BLL/BLL-Download.html (abgerufen am 2.8.2022).

CARPENTER, K. M., AMRHEIN, P. C., BOLD, K. W., MISHLEN, K. ET AL. (2016). Derived Relations Moderate the Association Between Changes in the Strength of Commitment Language and Cocaine Treatment Response. Experimental and Clinical Psychopharmacology 24(2), 77–89. https://europepmc.org/article/MED/26914460 (abgerufen am 2.8.2022).

CONWAY, J. M., JAKO, R. A. & GOODMAN, D. F. (1995). A meta-analysis of interrater and internal consistency reliability of selection interviews. Journal of Applied Psychology 80(5), 565–579.

DAHLE, K.-P. (2005). Psychologische Kriminalprognose. Wege zu einer integrativen Methodik für die Beurteilung der Rückfallwahrscheinlichkeit bei Strafgefangenen. Herbolzheim: Centaurus.

DASEKING, M. & PETERMANN, F. (2006). Anamnese und Exploration. Handbuch der Psychologischen Diagnostik. Göttingen: Hogrefe.

DAVISON, G. C., NEALE, J. M. & HAUTZINGER, M. (2007). Klinische Psychologie. München: Beltz PVU.

DEUTSCHE GESELLSCHAFT FÜR VERKEHRSPSYCHOLOGIE – DGVP (2022). Nutzung digitaler Medien im Rahmen des Psychologischen Untersuchungsgesprächs bei der MPU. Positionspapier 10/2022. https://www.dgvp-verkehrspsychologie.de/positionen (abgerufen am 12.8.2022).

HARTMANN, H. A. (1984). Zur Ethik gutachterlichen Handelns. In: HARTMANN, H. A. & HAUBL, R. (Hrsg.): Psychologische Begutachtung – Problembereiche und Praxisfelder. München: Urban & Schwarzenberg. 3–32.

HECKHAUSEN, J. & HECKHAUSEN, H. (2018). Motivation und Handeln. Berlin, Heidelberg: Springer.

HILGER, N., ZIEGLER, H., RUDINGER, G., DEVOL, D., JANSEN, J., LAUB, G., MÜLLER, K. & SCHUBERT, W. (2012). EVA-MPU – Zur Legalbewährung alkoholauffälliger Kraftfahrer nach einer medizinisch-psychologischen Fahreignungsbegutachtung (MPU). Zeitschrift für Verkehrssicherheit 58(1), 1–6.

HUFFCUTT, A. I. & ARTHUR, W. (1994). Hunter and Hunter (1984) revisited: Interview validity for entry-level jobs. Journal of Applied Psychology 79(2), 184–190.

HUFFCUTT, A. I. & WOEHR, D. (1999). Further analysis of employment interview validity: A quantitative evaluation of interviewer-related structuring methods. Journal of Organizational Behavior 20(4), 549–560.

HUFFCUTT, A. I., CULBERTSON, S. S. & WEYHRAUCH, W. S. (2013). Employment Interview Reliability: New meta-analytic estimates by structure and format. International Journal of Selection and Assessment 21(3), 264–276. https://doi.org/10.1111/ijsa.12036.

HUNTER, J. & HUNTER, R. (1984). Validity and utility of alternative predictors of job performance. Psychological Bulletin 96(1), 72–98.

JOST, K. (2008). Forensisch-psychologische Begutachtung von Straftätern. Stuttgart, Berlin, Köln: Kohlhammer.

KIEGELAND, P. (2011). Praxishandbuch der Exploration. Berlin: Deutscher Psychologen Verlag.

KÖRKEL J. (2012). 30 Jahre Motivational Interviewing: Eine Übersicht und Standortbestimmung. Suchttherapie 13, 108–118. http://dx.doi.org/10.1055/s-0032-1321782.

KUNKEL, E. (1977). Biographische Daten und Rückfallprognosen bei Trunkenheitstätern im Straßenverkehr. Köln: Verlag TÜV Rheinland.

LAUB, G. & BRENNER-HARTMANN, J. (2001). Die Begutachtungsstelle für Fahreignung (BfF) – Aufgaben und Arbeitsweise. NZV 2001, Heft 1, 17 ff.

MARKGRAF, J., CWIK, J. C., V. BRACHEL, R., SUPPIGER, A. & SCHNEIDER, S. (2021). DIPS Open Access 2.1 – Diagnostisches Interview Psychischer Störungen. https://omp.ub.rub.de/index.php/RUB/catalog/view/172/149/972-2 (abgerufen am 25.6.2022).

MCDANIEL, M., WHETZEL, D., SCHMIDT, F. & MAURER, S. (1994). The validity of employment interviews: A comprehensive review and meta-analysis. Journal of Applied Psychology 79(4), 599–616.

MORGENSTERN, J., KUERBIS, A., AMRHEIN, P., HAIL, L., LYNCH, K. & MCKAY, J. (2012). Motivational Interviewing: A Pilot Test of Active Ingredients and Mechanisms of Change. Psychol Addict Behav. 26(4), 859–869. doi:10.1037/a0029674.

MUFFERT, I. (2019). Transparenz durch kostenfreie Tonaufnahmen in der MPU – ein Erfahrungsbericht. Vortrag beim 10. BNV-Kongress am 17.5.2019 in Kassel.

OKULICZ-KOZARYN, M. (2018). Der Einfluss von Audiomitschnitten des Explorationsgesprächs auf den diagnostischen Prozess der Fahreignungsbegutachtung. Bonn: Kirschbaum Verlag.

ROSSEGGER, A., URBANIOK, F., ELBERT, T., FRIESA, D. & ENDRASS, J. (2010). Rückfälligkeit nach Entlassung aus dem Strafvollzug in der Schweiz: Die Validität des HCR-20. Schweizer Archiv für Neurologie und Psychiatrie 1(7), 254 ff.

SCHUBERT, W. (2010). Die Medizinisch-Psychologische Untersuchung auf dem Prüfstand. Blutalkohol 47, 161-188.

SCHULER, H. & MUSSEL, P. (2016). Einstellungsinterviews vorbereiten und durchführen. Praxis der Personalpsychologie, Band 32. 1. Auflage. Göttingen: Hogrefe.

SCHULZ VON THUN, F. (2013). Miteinander reden. Band 1–3. Reinbeck bei Hamburg: Rowohlt Taschenbuch Verlag.

SEGAL, D. L., HERSEN, M. & VAN-HASESELT, V. B. (1994). Reliability of the Structured Clinical Interview for DSM-III-R: An evaluative review. Comprehensive Psychiatry 35, 316–327.

STIEGLITZ, R.-D. (2019). Interview, diagnostisches. In: WIRTZ, M. A. (Hrsg.): DORSCH – Lexikon der Psychologie. https://dorsch.hogrefe.com/stichwort/interview-diagnostisches (abgerufen am 2.8.2022).

WAGNER, T. & KRANICH, U. (2011). Die verkehrspsychologische Exploration als diagnostische Methode in der Fahreignungsbegutachtung. Blutalkohol 48, 1–15.

WATZLAWIK, P. (1983). Anleitung zum Unglücklichsein. München: Piper.

WESTHOFF, K. (Hrsg.) (2009). Das Entscheidungsorientierte Gespräch (EOG) als Eignungsinterview. Lengerich: Pabst.

WESTHOFF, K. & KLUCK, M.-L. (2014). Psychologische Gutachten – schreiben und beurteilen. 6. Auflage. Heidelberg: Springer Medizin Verlag.

WESTHOFF, K., HAGEMEISTER, C., KERSTING, M., LANG, F., MOOSBRUGGER, H., REIMANN, G. & STEMMLER, G. (Hrsg.) (2009). Grundwissen für die berufsbezogene Eignungsbeurteilung nach DIN 33430. 3. Auflage. Lengerich: Pabst.

WIESNER, W. & CRONSHAW, S. (1988). A meta-analytic investigation of the impact of interview format and degree of structure on the validity of the employment interview. Journal of Occupational Psychology 61(4), 275–290.

WIRTZ, M. A. (Hrsg.) (2020). DORSCH – Lexikon der Psychologie (819., überarbeitete Auflage). Bern: Hogrefe.

WITTCHEN, H.-U., LACHNER, G., WUNDERLICH, U. & PFISTER, H. (1998). Test-retest reliability of the computerized DSM-IV version of the Munich-Composite International Diagnostic Interview (M-CIDI). Social Psychiatry and Psychiatric Epidemiology 33(11), 568–578.

Weiterführende Literatur

CAMPION, M., PALMER, D. & CAMPION, J. (1997). A review of structure in the selection interview. Personnel Psychology 50(3), 655–702.

CRONBACH, L. J. & MEEHL, P. E. (1955). Construct validity in psychological tests. Psychological Bulletin 52, 281–302.

FISHER, R. P. & GEISELMANN, R. E. (1992). Memory-enhancing techniques for investigative interviewing – the Cognitive Interview. Springfield, Illinois: Charles C. Thomas Publishers.

GOFFIN, R. D., ROTHSTEIN, M. G. & JOHNSTON, N. G. (1996). Personality Testing at the Assessment Center: Incremental Validity for Managerial Selection. Journal of Applied Psychology 83(6), 746–756.

GROVE, W. M., ZALD, D. H., LEBOW, B. S., SNITZ, B. E. & NELSON, C. (2000). Clinical Versus Mechanical Prediction: A Meta-Analysis. Psychological Assessment 12(1), 19–30.

JANZ, T. (1982). Initial Comparisons of Patterned Behavior Description Interviews Versus Unstructured Interviews. Journal of Applied Psychology 67, 577–580.

LATHAM, G. P., SAARI, L. M., PURSELL, E. D. & CAMPION, M. A. (1980). The Situational Interview. Journal of Applied Psychology 65, 422–427.

SAWYER, J. (1966). Measurement and Prediction, Clinical and Statistical. Psychological Bulletin 66(3), 178–200.

SCHMIDT-ATZERT, L. (2010). Die medizinisch-psychologische Untersuchung aus Sicht der wissenschaftlich fundierten Psychologischen Diagnostik. Blutalkohol 47, 114 ff.

SCHULER, H. (1992). Das Multimodale Einstellungsinterview. Diagnostica 38, 281–300.

WRIGHT, P., LICHTENFELS, P. & PURSELL, E. (1989). The structured interview: Additional studies and a meta-analysis. Journal of Occupational Psychology 62(3), 191–199.

C. 2 Die medizinische Fahreignungsuntersuchung (MFU)

Die verkehrsmedizinische Untersuchung hat im Rahmen der Fahreignungsbegutachtung die individuelle körperliche und geistige Ausstattung und die individuelle Kompensationsfähigkeit von vorliegenden Gesundheitsstörungen in Bezug zu den allgemeinen Anforderungen hinsichtlich der Teilnahme am öffentlichen Straßenverkehr festzustellen, zu prüfen und zu bewerten.

Die körperliche, geistige und charakterliche Eignung jedes Kraftfahrers ist von unmittelbarer Bedeutung für die Straßenverkehrssicherheit. Wer infolge körperlicher oder geistiger Mängel ein Kraftfahrzeug nicht sicher im Straßenverkehr führen kann, stellt eine mögliche Gefahr für andere Verkehrsteilnehmer dar. Ein solcher Kraftfahrer kann am Straßenverkehr nur dann teilnehmen, wenn Vorsorge getroffen ist, dass er andere nicht gefährdet. In Anlage 4 der Fahrerlaubnis-Verordnung (FeV), aber auch in den Begutachtungsleitlinien zur Kraftfahreignung (BASt, 2022) findet sich eine nicht abschließende Zusammenstellung eignungsausschließender oder eignungseinschränkender körperlich-geistiger (psychischer) und charakterlicher Mängel beim Fahrerlaubnisbewerber oder -inhaber. Der verkehrsmedizinische Sachverständige stellt im Begutachtungsverfahren seine Sachkenntnis über die Zusammenhänge zwischen Krankheitsbildern, akuter Symptomatik, Verlaufsformen, kurativen oder statuserhaltenden Maßnahmen sowie individuellen Kompensationsmöglichkeiten in Bezug zur Fahreignung zur Verfügung.

Medizinische Eignungsuntersuchungen finden sowohl im beruflichen Umfeld (Piloten, Lokführer, Bus- oder Taxifahrer) gemäß vorhandener rechtlicher bzw. berufsspezifischer Anforderungskataloge statt als auch bei Anlässen, die allgemein Zweifel an der körperlich-geistigen Eignung von Verkehrsteilnehmern begründen. Im vorliegenden Kapitel beschränken sich die Aussagen auf Fragen zur Eignung zum Führen von Kraftfahrzeugen Bezug nehmend auf die Regelungen des Fahrerlaubnisrechts und der zugeordneten Begutachtungsleitlinien.

C. 2.1 Anlässe für verkehrsmedizinische Begutachtungen

Aus der Fahrerlaubnis-Verordnung lassen sich drei Bereiche ableiten, die eine verkehrsmedizinische Begutachtung erforderlich machen:

- **Das ärztliche Gutachten** (§ 11 Abs. 2 FeV) für Personen mit Zweifel an ihrer körperlich-geistigen Eignung, insbesondere bei Erkrankungen nach Anlage 4 oder bei Hinweisen auf eine Suchterkrankung oder Drogenmissbrauch (§§ 11, 13 und 14 FeV), bei denen primär medizinische Fragen im Vordergrund der Untersuchung stehen. Hier ist in der Regel zu klären, ob ein Verkehrsteilnehmer trotz einer bestehenden Erkrankung oder eines Mangels ein Fahrzeug noch sicher führen kann. Zunehmend relevant wird die Begutachtung von älteren Verkehrsteilnehmern, die bei multifokalen Erkrankungen und altersbedingten Leistungseinschränkungen Hinweise auf eine nicht mehr ausreichende Fähigkeit zur sicheren Verkehrsteilnahme geben.

- Die interdisziplinäre **medizinisch-psychologische Untersuchung** (MPU) im Rahmen eines Gutachtens einer Begutachtungsstelle für Fahreignung (§ 11 Abs. 3 FeV) nach einem ärztlichen Gutachten, bei wiederholt oder erheblich Verkehrsauffälligen (§§ 2, 4 StVG), bei Personen mit Hinweisen auf verhaltensbezogene Eignungsmängel (§§ 11 Abs. 3 Nr. 3–8, 13 Nr. 2 und 14 Abs. 2). Sie hat neben der Abklärung der aktuellen psychophysischen Befundlage zumeist das Ziel, ein früher auffälliges Verhalten zu erklären, eine Verhaltensänderung in Bezug zur Fragestellung festzustellen und dabei eine prognostische Aussage bezüglich eines zukünftigen Verhaltens abzuleiten.
- Die Untersuchung von Kraftfahrern/Personen mit **besonderer Verantwortung** nach Anlage 5 zu § 11 Abs. 9 und § 48 Abs. 4 und 5 FeV sowie nach Anlage 6, bei der Prüfung von Ausnahmen von Vorschriften über das Mindestalter (§ 10 FeV) oder der Fahrlehrereignung (§ 4 Abs. 2 und § 11 Abs. 3 FahrlG).

C. 2.1.1 Das ärztliche Gutachten

Ärztliche Gutachten werden vor dem Hintergrund der gesundheitlichen bzw. rechtlichen Anforderungen anlassbezogen durchgeführt. Die Behörde legt für den begutachtenden Arzt die Fragestellung und damit den thematischen Umfang des Gutachtenauftrags im Einzelnen fest.

Das ärztliche Gutachten entfaltet die gleichen Rechtsfolgen wie medizinisch-psychologische Gutachten, es gelten die gleichen Grundsätze für die Durchführung der Untersuchungen und die Gutachtenerstellung (gemäß Anlage 4a FeV) und die gleiche Zwecksetzung (Hilfestellung bei einer behördlichen Entscheidungsfindung). Daher bildet sich der diagnostische Prozess in vergleichbarer Weise ab, wie in Kapitel A.2 dargestellt. Es gelten sinngemäß die gleichen Prämissen und Anforderungen (u. a. Anlassbezogenheit, Bindung an die behördliche Fragestellung usw.).

Aus der behördlichen Anordnung ergeben sich verschiedene Aufgabenbereiche für ärztliche Gutachten:

- Gutachten mit Gesundheitsfragestellungen, die vorhandene und aktuelle Befunde hinsichtlich einer Verkehrsrelevanz bewerten;
- Gutachten, die mit einer Alkoholfragestellung das Vorliegen einer Alkoholabhängigkeit überprüfen sollen;
- Gutachten mit Drogenfragestellung, die einer Statusfeststellung bei Verdacht oder Hinweisen auf Konsum dienen. Hier soll festgestellt werden, ob ein Klient Konsument ist, ob Abhängigkeit vorliegt oder – im Fall von bestehendem Cannabiskonsum – welches Konsummuster vorliegt und wie dieses zu bewerten ist;
- Gutachten bei Dauermedikation zur Klärung der Auswirkungen auf das Leistungsvermögen oder bei psychoaktiven Medikamenten gegebenenfalls zur Abklärung von Hinweisen auf missbräuchliche Einnahme oder Abhängigkeit.

Einen Sonderfall stellt die Gutachtenanordnung bei Eignungszweifeln im Zusammenhang mit der Verschreibung von Medizinalcannabisblüten dar: Seit dem 10. März 2017 können Ärzte cannabishaltige Arzneimittel sowie Cannabisblüten aus kontrolliertem Anbau für Patienten mit einer schwerwiegenden Erkrankung verordnen. Für GKV-Versicherte besteht damit ein gesetzlicher Anspruch auf Kostenübernahme; § 31 Abs. 6 SGB V legt hierfür als Voraussetzungen fest, dass

„1. eine allgemein anerkannte, dem medizinischen Standard entsprechende Leistung

a) nicht zur Verfügung steht oder

b) im Einzelfall nach der begründeten Einschätzung der behandelnden Vertragsärztin oder des behandelnden Vertragsarztes unter Abwägung der zu erwartenden Nebenwirkungen und unter Berücksichtigung des Krankheitszustandes der oder des Versicherten nicht zur Anwendung kommen kann,

2. eine nicht ganz entfernt liegende Aussicht auf eine spürbare positive Einwirkung auf den Krankheitsverlauf oder auf schwerwiegende Symptome besteht."

Gesundheitsfragestellungen

Liegen eignungsrelevante Gesundheitsstörungen vor, die einen chronisch dauerhaften Charakter haben, ist es die Aufgabe des Arztes zu prüfen, ob sie generell eine Eignung infrage stellen oder ob sie so ausgeprägt sind, dass sie zumindest für einige Fahrerlaubnisklassen die Eignung einschränken oder aufheben. Auch ist zu prüfen, ob es durch spezifische Behandlungen (wie z. B. Medikamententherapie) oder Hilfsmittel zu einer sicheren und stabilen Kompensation kommen kann.

Es können jedoch auch kurzfristig auftretende und unvorhersehbare Störungen im Zusammenhang mit einer Grunderkrankung (z. B. Epilepsie) vorliegen, die etwa die Erkennung von Gefahrensituationen oder die Reaktion auf ein akutes Vorkommnis im Straßenverkehr verhindern und somit ein situationsangepasstes Verhalten infrage stellen oder ausschließen.

Neben der Krankheitsdiagnose und der Verlaufseinschätzung sind beim Vorliegen einer erforderlichen Therapie alle Facetten einer eventuell fehlenden Behandlungscompliance zu prüfen, die sich z. B. durch mangelnde Einsicht in die Therapienotwendigkeit, unzuverlässige Medikamenteneinnahme oder fehlende Eigenüberwachung zeigen.

In die medizinische Bewertung fließt prognostisch auch die Verlaufseinschätzung hinsichtlich eines Krankheitsrezidivs oder einer potenziellen Verschlechterung gemäß wissenschaftlich-empirischer und individuell begründeter Faktoren ein.

Suchtmittelmissbrauch

Bei allen Fragestellungen zu Suchtmittelmissbrauch sind Indikatoren zur Konsumeinschätzung, insbesondere für das Vorliegen von Abhängigkeit, zu prüfen sowie körperliche oder psychische Störungen im Zusammenhang mit dem Suchtmittelkonsum auszuschließen. Eine Sonderrolle nimmt die Fragestellung bei ausschließlichem Cannabiskonsum ein, da ein früherer oder aktuell bestehender Konsum unterhalb der Schwelle der Abhängigkeit hinsichtlich der rechtlichen Begriffe der Regelmäßigkeit oder des gelegentlichen Konsums eingeschätzt werden soll (vgl. hierzu auch Hypothesen D 3 und D 4 in Kapitel B.3).

Weitergehende Untersuchungen

Ergeben sich durch eine individuelle Krankheitsausprägung, bei Störungen im Zusammenhang mit Suchtmittelkonsum oder im Rahmen einer Dauermedikation Hinweise auf eine bestehende Minderung der Konzentrations-, Wahrnehmungs- oder Reaktionsleistung, kann die zusätzliche (gegebenenfalls konsiliarische) Durchführung psychofunktionaler Leistungstests in weiterführenden Untersuchungen durch einen Verkehrspsychologen notwendig und empfohlen werden. Abhängig von der Rechtsprechung sind in den einzelnen Bundesländern unterschiedliche Verfahrensweisen zu beachten.

Auch die Begutachtungsleitlinien zur Kraftfahreignung sehen für bestimmte, vor allem neurodegenerative Erkrankungen die zusätzliche Überprüfung der kognitiven Leistungsfähigkeit vor. Diese Frage stellt sich auch im Zusammenhang mit der Wirkung von Medikamenten bei einer Dauermedikation, die der Klient einnimmt (z. B. opioide Analgetika).

Eine wesentliche Besonderheit, die das ärztliche Gutachten in der Fahreignungsbegutachtung leistet, liegt in der Beachtung spezifischer verwaltungsrechtlicher oder fachbezogener Festlegungen oder Feststellungen:

- Festlegung von **Auflagen** (Verhaltensvorschrift, die sich an den Fahrer richtet, z. B. Tragen einer Sehhilfe, Umkreisbegrenzung, nur bei Tageslicht) und **Beschränkungen** (Gültigkeitsbereich der FE auf das Fahrzeug bezogen, Ausschluss einer bestimmten Fahrzeugart, etwa Zweiräder bei Klasse B, oder Vorgabe, ein Fahrzeug mit bestimmten Einrichtungen zu nutzen) gemäß Anlage 9 zu § 25 Abs. 3 FeV i. V. m. Anhang B der Begutachtungsleitlinien zur Kraftfahreignung (Auszug aus dem VdTÜV-Merkblatt Kraftfahrwesen 745);
- Festlegung von Kontrollen, Kontroll- bzw. Nachuntersuchungen und Nachbegutachtungen gemäß Anlage 4 zu §11 FeV (vgl. auch VkBl. Heft 14 - 2014, S. 578). Die Erfüllung dieser Auflagen prüft die FE-Behörde. Im Fall von Auffälligkeiten ist in der Regel eine Nachbegutachtung erforderlich;
- Definieren von Anforderungen an eine sach- und fachgerechte Behandlungscompliance (z. B. regelmäßige Blutzuckermessung des Diabetikers, quartalsmäßige Kontrolle beim Hausarzt/Diabetologen, jährliche Vorstellung beim Augenarzt);

- Feststellung der Notwendigkeit weiterer Überprüfungsmaßnahmen (z. B. Fahrprobe durch einen amtlich anerkannten Sachverständigen oder Prüfer (aaSoP) bei Bewegungsbehinderungen (§ 11 Abs. 4 FeV), weiteres ärztliches Gutachten mit erweiterter Fragestellung, medizinisch-psychologisches Gutachten (§ 11 Abs. 3 i. V. m. Anlage 4, Vorbemerkung, Punkt 3 FeV).

Bei bestehenden fachlichen Bedenken können Maßnahmen, die zur Beseitigung der noch bestehenden Mängel beitragen können, empfohlen werden.

Unter **ärztlichen Kontrollen** sind regelmäßige ärztliche Untersuchungen, die fortlaufend durchgeführt werden, zu verstehen (z. B. ärztliche Stellungnahmen über Laborparameterkontrollen oder ärztliche Informationen über einen stabilen Krankheitsverlauf), und die so ermöglichen, die Stabilität eines gegebenen Status zu beurteilen. Die ärztliche Wertung der Befunde kann hierbei nicht von der Behörde vorgenommen werden, sondern ist Teil des ärztlichen Attests. Die Behörde legt auf der Grundlage der gutachterlichen Empfehlung fest, in welchen Abständen und in welcher Form die Durchführung und das Ergebnis der ärztlichen Kontrollen zu belegen ist.

Nachuntersuchungen sind einmalige oder mehrmalige (der Kontrolle dienende) ärztliche Untersuchungen, welche die Weiterentwicklung eines festgestellten Krankheitszustands dokumentieren (Besserung nach einem schädigenden Ereignis oder einer Operation bzw. Stabilität einer chronischen Erkrankung nach der Entscheidung über die Fahreignung). Im Gegensatz zu den ärztlichen Kontrollen sind diese Untersuchungen nicht fortlaufend erforderlich. Ob jeweils weitere Nachuntersuchungen oder eine Nachbegutachtung (gegebenenfalls unter Einbeziehung von Leistungsbefunden) erforderlich wird, ist individuell zu entscheiden.

Nachbegutachtungen erfolgen behördlich angeordnet im Regelfall als ärztliche Gutachten nach den Vorgaben der Fahrerlaubnis-Verordnung unter Einschluss der Vorbefunde, der zwischenzeitlich vorgelegten ärztlichen Kontrollen und gegebenenfalls Nachuntersuchungen als Statusüberprüfung (z. B. bei Hinweisen auf Verschlechterung des gesundheitlichen Zustands) zur erneuten vollständigen, anlassbezogenen Begutachtung der Fahreignung. Sie finden in der Regel einmalig statt. Das Gutachten kann jedoch einzelfallbezogen weitere ärztliche Kontrollen, eine Nachuntersuchung und/oder eine Nachbegutachtung vorsehen.

C. 2.1.2 Die medizinische Untersuchung in der MPU

Dem ärztlichen Gutachter kommt im interdisziplinären Begutachtungsprozess der MPU die Aufgabe zu, individuelle gesundheitliche Gegebenheiten und Ressourcen festzustellen, die es dem Untersuchten gestatten, eine notwendige Leistung mit der erforderlichen Motivation und Ausdauer abzurufen. Somit kann eine körperlich-geistige Ausstattung als Statusbetrachtung und Potenzialfeststellung als Basis für die psychologische Feststellung einer charakterlich-geistigen Eignung angesehen werden, die dann in eine psychologische Verhaltensprognose mündet.

Auf der Grundlage der in der Vorgeschichte registrierten Verhaltensauffälligkeiten und der daraus entstandenen Eignungsbedenken im Sinne der Entlastungsdiagnostik (vgl. Abschnitt A. 2.2) ist eine positive gutachterliche Prognose in der Fahreignungsbegutachtung nur dann möglich, wenn die Zweifel der Fahrerlaubnisbehörde durch die Gesamtschau aller verkehrsmedizinischen und verkehrspsychologischen Befunde ausgeräumt werden können und damit eine insgesamt hinreichende Befundlage für stabile Verhaltens- und Einstellungsänderungen vorliegt. Das bedeutet im Umkehrschluss, dass selbst bei einer ausreichenden Einstellungsänderung keine Fahreignung attestiert werden kann, wenn die Befunde der ärztlichen Untersuchung im Rahmen der MPU ergeben, dass der Klient den Anforderungen zum sicheren Führen eines (Kraft-)Fahrzeugs nicht mehr gerecht wird. Das gilt insbesondere, wenn sich im Rahmen der Begutachtung anlassbezogene Hinweise auf nicht kompensierbare Mängel oder Erkrankungen ergeben (vgl. Anlage 4 FeV).

Die ärztlichen Untersuchungsbefunde tragen im interdisziplinären Prozess zur Hypothesengewinnung und Hypothesenprüfung bei. Der Umfang der medizinischen Untersuchung im Rahmen eines solchen interdisziplinären Vorgehens hat sich jedoch am Grundsatz der Verhältnismäßigkeit zu orientieren. Der Umfang der medizinischen Untersuchung muss sich aus dem Anlass für die Begutachtung ableiten und begründen lassen. So stellte etwa eine routinemäßige Überprüfung von Leberlaborwerten zum Ausschluss eines Alkoholabusus bei Verkehrsteilnehmern, die mit Cannabis aufgefallen sind, ein Übermaß dar.

Aus diesem Grund sind im Kriterium MFU 1 (s. Abschnitt C. 2.4) Übersichten aufgenommen worden, die den anlassbezogenen Mindestumfang der medizinischen Untersuchung darstellen. Eine Erweiterung im Einzelfall kann durchaus sinnvoll und angezeigt sein, bedarf jedoch einer individuellen Begründung.

Des Weiteren obliegt es dem ärztlichen Gutachter, Diagnosen zu sichern, die im Bezug zum Begutachtungsanlass stehen. Somit sind beim Vorliegen von Alkohol-, Drogen- oder Medikamentenabhängigkeit aktuelle klinische Entlassungs- bzw. Therapieberichte über den letzten stationären Aufenthalt bzw. die Beendigung einer ambulanten (teilstationären) Therapie einzuholen.

Vorgelegte Laborbefunde werden hinsichtlich der inhaltlichen Übereinstimmung und Kongruenz mit dem Untersuchungsanlass bewertet. Werden Einzelbefunde vorgelegt, welche die Anforderungen, z. B. die der CTU-Kriterien, nicht erfüllen, sind diese hinsichtlich ihrer gegebenenfalls eingeschränkten Verwertbarkeit zu

Tabelle C.1: Mögliche verkehrsmedizinische Auswirkungen von Erkrankungen

Verkehrsdelikt	Mögliche ursächliche gesundheitliche Störung	Mögliche zugrunde liegende Erkrankung
Rotlichtmissachtung, Auffahrunfall	Vigilanzstörungen	Störungen des Blutzuckerhaushaltes
Schlangenlinien, Delikte nach langer monotoner Fahrt (z. B. Dunkelheit)	Konzentrationsstörungen	Anfallserkrankungen, Blutdruckschwankungen, Herzrhythmusstörungen
Aggressives Verhalten, verbotenes Rechtsüberholen, dichtes Auffahren	Störungen der Steuerungsfähigkeit, Allmachtsgefühle	Psychosen
Übersehen/Missachtung von Verkehrszeichen	Störungen des Sehvermögens, der Konzentration, des Denkens	Psychosen, Augenerkrankungen, aber auch orthopädische Probleme
Dichtes Auffahren, Vorfahrtsmissachtung (Beinahe-)Unfälle	Konzentrations- und Aufmerksamkeitsstörungen	ADHS

beurteilen bzw. als nicht verwertbar zu beschreiben. Sofern die Verwertbarkeit durch eine Nachbesserung (z. B. Ergänzung des Ausstellungdatums, fehlende Unterschrift im Original) hergestellt werden kann, können die Belege als Nachweise Verwendung finden. Für die Fragestellung irrelevante Belege (z. B. ärztliche Atteste über andere, für die Fahreignung nicht bedeutende Erkrankungen) werden dem Klienten in der Regel mit entsprechender Erläuterung zurückgegeben und sind nicht Gutachtenbestandteil. Hierbei ist der Grundsatz zu beachten, dass a le aktenkundigen Befunde ins Gutachten einfließen müssen.

Findet eine medizinisch-psychologische Untersuchung aufgrund von auffälligem Verhalten im Straßenverkehr statt, ohne dass eine Erkrankung als Ursache bekannt ist, beschränkt sich die medizinische Untersuchung anlassbezogen auf einen orientierenden Ausschluss einer möglicherweise ursächlich für die Verhaltensauffälligkeit verantwortlichen gesundheitlichen Störung (z. B. Epilepsie) bzw. gibt dem Betroffenen Gelegenheit, solche möglichen Ursachen anzusprechen. Eine weitergehende Überprüfung und Bewertung, ob die vorliegende Erkrankung Auswirkungen auf die Fähigkeit zur Verkehrsteilnahme hat, kann jedoch nur bei einem behördlich erweiterten, neuen Untersuchungsauftrag mit entsprechend angepasster Fragestellung erfolgen. Dies gilt insbesondere immer dann, wenn sich Hinweise auf verkehrsrelevante Symptome oder Ausprägungen ergeben.

In Tabelle C.1 sind einige Verkehrsdelikte beispielhaft aufgeführt, die infolge bestehender Erkrankungen hervorgerufen werden können.

C. 2.1.3 Ärztliche Untersuchung nach Anlagen 5 und 6 FeV

Die Fahrerlaubnis-Verordnung sieht in den §§ 11, 12, 24 und 48 für Fahrer mit besonderer Verantwortung (Klassen C, C1, CE, C1E; D, D1, DE, D1E und Fahrerlaubnis zur Fahrgastbeförderung) wiederkehrende Untersuchungen als Voraussetzung für die Erteilung und Verlängerung der Fahrerlaubnis vor. Hierbei sollen verkehrsmedizinisch relevante Erkrankungen im Sinne eines Präventionsgedankens turnusmäßig überprüft und damit sichergestellt werden, dass ein ausreichendes Leistungs- und Sehvermögen vorliegt.

Die ärztliche Untersuchung nach Anlage 5 Nr. 1 FeV erfolgt als Screeninguntersuchung mit Schwerpunkt auf der Anamnese, welche unterstützt durch einen Fragebogen zur Gesundheit erhoben wird.

Der Untersuchungsgang richtet sich nach dem in Anlage 5 FeV wiedergegebenen Muster-Formblatt „Bescheinigung über die ärztliche Untersuchung – Teil I".

Bei Hinweisen auf Eignungsmängel, insbesondere bei Verdacht auf verkehrsmedizinisch relevante Erkrankungen, welche die Fahreignung einschränken oder ausschließen könnten, ist eine weitergehende (fachärztliche) Begutachtung in einem erneuten erweiterten Überprüfungsverfahren erforderlich. Über die Veranlassung entscheidet die Behörde. Eine Abklärung hat nicht im Rahmen der Untersuchung nach Anlage 5 FeV zu erfolgen.

Die Untersuchung des Sehvermögens beinhaltet für die genannten Fahrerlaubnisklassen die Überprüfung der Sehfunktionen: Zentrale Tagessehschärfe, Farbensehen, Gesichtsfeld, Stereosehen und Kontrast- oder Dämmerungssehen. Sie kann als Routineuntersuchung bei einem Augenarzt, bei einem Arzt mit der Gebietsbezeichnung „Arbeitsmedizin", einem Arzt mit der Zusatzbezeichnung „Betriebsmedizin", einem Arzt bei einer Begutachtungsstelle für Fahreignung oder einem Arzt der öffentlichen Verwaltung durchgeführt werden.

Können die Standardvoraussetzungen bei dieser Untersuchung nicht zweifelsfrei festgestellt werden, ist zusätzlich eine augenärztliche Untersuchung nach Anlage 6 Nr. 2.2 FeV erforderlich.

Für Inhaber einer bis zum 31.12.1998 erworbenen Fahrerlaubnis gelten andere Anforderungen (Besitzstandsregelung) sowohl hinsichtlich der zu erreichenden Grenzwerte als auch hinsichtlich des Untersuchungsumfangs (vgl. Anlage 6 Nr. 2.2.3 FeV).

C. 2.2 Anforderungen an die ärztlichen Gutachter

In der FeV ist neben den Anlässen für die Anordnung eines ärztlichen oder medizinisch-psychologischen Gutachtens in § 11 Abs. 2 sowie in den Anlagen 4a und 14 FeV auch festgelegt, welche Ärzte mit der Erstellung von ärztlichen Gutachten beauftragt werden können, welche Qualifikationsanforderung der Arzt in einer Begutachtungsstelle erfüllen muss und nach welchen Grundsätzen die Untersuchungen durchgeführt und dokumentiert werden sollen.

§ 11 Abs. 2 FeV sieht vor, dass die Fahrerlaubnisbehörde bei Bedenken bezüglich der körperlichen oder geistigen Eignung des Fahrerlaubnisbewerbers – zur Vorbereitung von Entscheidungen über die Erteilung oder Verlängerung der Fahrerlaubnis oder über die Anordnung von Beschränkungen und Auflagen – die Beibringung eines ärztlichen Gutachtens anordnen kann. Die Behörde bestimmt auch, ob das Gutachten von einem

- für die Fragestellung zuständigen Facharzt mit verkehrsmedizinischer Qualifikation,
- Arzt des Gesundheitsamtes oder einem anderen Arzt der öffentlichen Verwaltung,
- Arzt mit der Gebietsbezeichnung „Arbeitsmedizin" oder der Zusatzbezeichnung „Betriebsmedizin",
- Arzt mit der Gebietsbezeichnung „Facharzt für Rechtsmedizin" oder
- Arzt in einer Begutachtungsstelle für Fahreignung, der die Anforderungen nach Anlage 14 erfüllt,

erstellt werden soll.

Ärzte in den Begutachtungsstellen für Fahreignung, die nach Anordnung der Fahrerlaubnisbehörden im Auftrag des Betroffenen medizinisch-psychologische oder ärztliche Fahreignungsgutachten grundsätzlich aller Fragestellungen durchführen können, bedürfen einer besonderen, spezifischen Qualifikation als verkehrsmedizinische Gutachter. Sie müssen nach Anlage 14 FeV eine mindestens zweijährige klinische Tätigkeit nachweisen (insbesondere Innere Medizin, Neurologie oder Psychiatrie). Zudem muss im Rahmen der Tätigkeit in der BfF eine dokumentierte mindestens einjährige Einarbeitung nachgewiesen werden, in der über einen längeren Zeitraum eine Supervision von mindestens 100 Gutachten erfolgt.

Andere Fachärzte, die ärztliche Gutachten nach der FeV erstellen, müssen ihre verkehrsmedizinische Qualifikation durch einen Nachweis nach § 65 FeV belegen. Voraussetzung dazu ist die Teilnahme an einer Fortbildung, die durch die Landesärztekammern angeboten wird. Die besondere verkehrsmedizinische Qualifikation muss durch Vorlage eines Zeugnisses der zuständigen Ärztekammer belegt werden. Zudem sind sie im Rahmen ihrer Spezialisierung und Fachgebietsausrichtung für die Begutachtung bestimmter Anlassgruppen qualifiziert, weil sie dort entsprechende Weiterbildungen und Qualifikationsmaßnehmen durchlaufen haben.

Tabelle C.2 führt in Anlage 4 zu § 11 FeV numerisch gelistete verkehrsrelevante Erkrankungen auf und ordnet ihnen die gemäß ihrer Qualifikation zur Begutachtung zuständigen Fachärzte zu (vgl. auch MADEA, MUSSHOFF & BERGHAUS, 2012).

Die Aufrechterhaltung der verkehrsmedizinischen Qualifikation ist für die Ärzte in den Begutachtungsstellen für Fahreignung im Rahmen der dort verankerten QM-Systeme sichergestellt. Für niedergelassene Fachärzte mit verkehrsmedizinischer Qualifikation sind entsprechende Fortbildungsmodule derzeit noch nicht verpflichtend, werden aber von den Fachgesellschaften diskutiert.

Tabelle C.2: Zuordnung von Erkrankungen zu den für diese Fragestellung zuständigen Fachärzten

1. Mangelndes Sehvermögen	Arzt für Augenheilkunde
2. Schwerhörigkeit und Gehörlosigkeit	Arzt für HNO-Kunde
3. Bewegungsbehinderungen	Arzt für Unfallchirurgie und Orthopädie, Arzt für Neurologie, Arzt für Orthopädie, Arzt für Chirurgie mit Schwerpunkt Unfallchirurgie
4. Herz- und Gefäßkrankheiten	Arzt für Innere Medizin (Schwerpunkt Kardiologie), Arzt für Innere Medizin, Arzt für Allgemeinmedizin
5. Zuckerkrankheit	Arzt für Innere Medizin (Schwerpunkt Endokrinologie), Arzt für Innere Medizin, Arzt für Allgemeinmedizin
6. Krankheiten des Nervensystems	Arzt für Neurologie (Nervenheilkunde), Arzt für Neurologie und Psychiatrie
7. Psychische (geistige) Störungen	Arzt für Psychiatrie und Psychotherapie, Arzt für Neurologie und Psychiatrie
8. Alkohol	Arzt für Psychiatrie und Psychotherapie, Arzt für Neurologie und Psychiatrie, Arzt für Rechtsmedizin
9. Betäubungsmittel, andere psycho-aktiv wirkende Stoffe und Arzneimittel	Arzt für Psychiatrie und Psychotherapie, Arzt für Neurologie und Psychiatrie, Arzt für Rechtsmedizin
10. Nierenerkrankungen	Arzt für Innere Medizin, Schwerpunkt Nephrologie, Arzt für Innere Medizin, Arzt für Urologie

Auch der Deutsche Verkehrsgerichtstag (VGT) in Goslar hat sich wiederholt mit dem Thema der Qualität ärztlicher Gutachten beschäftigt. 2012 machte er dies in seinen Empfehlungen des Arbeitskreises III deutlich:

> *„Der Arbeitskreis fordert ein genaueres Anforderungsprofil für die in § 11 Abs. 2 Satz 3 FeV genannten ärztlichen Gutachter. Die verkehrsmedizinische Ausbildung muss umfassender und auf die jeweilige fachspezifische Qualifikation des Arztes abgestimmt sein. Die Fortbildung der Gutachter muss verpflichtend sein."*

Wie wichtig auch die Kontrolle und Aufrechterhaltung der Qualifikation ärztlicher Gutachter ist, wurde in AK V des 52. VGT 2014 festgestellt, wo eine der Empfehlungen hervorhebt:

> *„Die fachlichen Standards der MPU sind auf den Bereich der ärztlichen und fachärztlichen Begutachtungen zu übertragen. Zu fordern sind eine vertiefte verkehrsmedizinische Aus- und Fortbildung und die Sicherung der Gutachtenqualität. Die Fragestellungen und Ergebnisse sind statistisch zu erfassen."*

Im Zusammenhang mit der Begutachtung älterer Kraftfahrer wurde in den Empfehlungen des AK III des 55. VGT 2017 gefordert:

> *„Die verkehrsmedizinische Kompetenz der Ärzte muss verbessert werden. Es ist zu prüfen, welche Meldepflichten für Ärzte hinsichtlich der Fahreignung ihrer Patienten vorgegeben werden sollen."*

Die FeV regelt in § 11 auch, dass das Gutachten nicht durch einen den Klienten behandelnden Arzt erstellt werden soll. Ausnahmen sind bei seltenen Erkrankungen zulässig, wenn nur beim behandelnden Arzt die erforderliche Expertise erwartet werden kann.

C. 2.3 Anforderungen an die Qualität medizinischer Begutachtung

Die Anforderungen an die ärztliche Begutachtung sind in der Anlage 4a FeV und den dort angeführten „Grundsätzen für die Durchführung der Untersuchung und die Erstellung von Gutachten" geregelt. Daraus ergibt sich u. a., dass die medizinische Untersuchung anlassbezogen, objektiv und nach anerkannten wissenschaftlichen Grundsätzen erfolgt.

Dies bedingt die Erfüllung folgender Voraussetzungen:

- Vorliegende Regelwerke (Anlage 4 zu § 11 FeV, Begutachtungsleitlinien zur Kraftfahreignung) finden Berücksichtigung.
- Es erfolgt eine nachvollziehbare Vorgehensweise bei der anlassbezogenen Prüfung der Eignungsvoraussetzungen, wobei die Anforderungen beschrieben und die Befunde auf der Grundlage der Fragestellung bewertet werden. Der Betroffene ist über den Zweck der Untersuchung aufzuklären.
- Das Gutachten ist in allgemeinverständlicher Sprache abzufassen. Medizinische Fachbegriffe sind gegebenenfalls zu erläutern, insbesondere sind nur in Fachkreisen bekannte Abkürzungen zu vermeiden.
- Über die Untersuchung sind Aufzeichnungen anzufertigen.
- In der medizinisch-psychologischen Begutachtung erfolgt eine integrative Diagnosestellung und Gesamtbewertung. Dabei sind Befunderhebung und Bewertung im Hinblick auf die Fragestellung nachvollziehbar und getrennt

voneinander darzustellen. Dadurch unterscheidet sich auch ein Gutachten von einer Bescheinigung oder einem Attest, welche die Ergebnisse einer Untersuchung darstellen, ohne den diagnostischen Prozess nachvollziehbar zu machen.

Aufbau und Gliederung eines medizinischen Gutachtens entspricht der in Abschnitt A.3.1.1 beschriebenen Struktur. Dabei müssen die angewandten medizinischen Untersuchungsverfahren und die bewertungsrelevanten Befunde im Gutachten wiedergegeben werden. Extern beigebrachte Dokumente oder Atteste sind hinsichtlich der formalen und inhaltlichen Verwertbarkeit zu prüfen. Dies bedingt zumindest die Kennzeichnung mit Quellen- und Identitätsangabe, dem Datum der Erstellung mit einer namentlichen Kundenidentifikation, mit Angaben möglicher Referenzwerte für Laborbestimmungen, mit einer nachvollziehbaren Befunddarstellung und Befundbewertung sowie mit einer Originalunterschrift.

Laborchemische und toxikologische Befunde (unter Angabe von Normbereichen) werden gemäß der Fragestellung integriert und bewertet. Beigestellte Befunde müssen den Vorgaben der Anlage 4a, Nr. 6 entsprechen (Vorlage im Original mit Unterschrift des Ausstellers, Abstinenzbelege entsprechend Buchstabe b nach dem Stand der Wissenschaft erstellt von einem der dort genannten Ärzte).

Die Anforderungen an die Qualität toxikologischer Befunde sind im Kapitel C.3 zur Chemisch-toxikologischen Untersuchung (CTU) geregelt.

Extern festgestellte Diagnosen (etwa durch den behandelnden Arzt) werden vom Gutachter nur dann als Befund übernommen, wenn sie in Bezugnahme auf dargestellte Befunde nachvollzogen werden können. Eine erneute Diagnose auf der Basis eigener Befunde ist nicht erforderlich.

C. 2.4 Hypothese und Kriterien MFU

Im folgenden Abschnitt werden die Anforderungen an die medizinische Fahreignungsuntersuchung (MFU), wie sie im Rahmen eines medizinisch-psychologischen Gutachtens stattfindet, beschrieben. Die Kriterien sind jedoch auch bei der Durchführung und Bewertung von ärztlichen Gutachten anwendbar. Abhängig von der jeweiligen Fragestellung und der Art der Untersuchung können auch andere Formen der Befunderstellung, -darstellung und -bewertung gewählt werden.

Hypothese MFU

Die medizinische Fahreignungsuntersuchung erfolgt anlassbezogen und unter Anwendung etablierter ärztlicher Verfahren. Eigene selbsterhobene und externe beigestellte Befunde werden nachvollziehbar dargestellt und fließen in die Beantwortung der Fragestellung ein.

Kriterium MFU 1

Die Untersuchung erfolgt anlassbezogen gemäß der Fragestellung und lege artis. Sie orientiert sich in ihrem Umfang an definierten Mindeststandards, die abhängig von der individuellen Vorgeschichte erweitert werden können.

1. Es erfolgt eine Aktenanalyse zur Hypothesengewinnung im Hinblick auf medizinisch relevante Auffälligkeiten, Vorbefunde und Diagnosen.
2. Für die Begutachtung werden nur Vorgeschichtsdaten – inklusive ärztlicher Berichte – herangezogen, die keinem Verwertungsverbot unterliegen. Diese werden im Gutachten als externe Daten kenntlich gemacht.
3. Frühere, nicht aktenkundige Gutachten und Berichte werden nur mit Einverständnis des Untersuchten herangezogen.
4. Umfang und Inhalt der Untersuchung sind der Fragestellung und dem Untersuchungsanlass angemessen. Weitergehende, nicht anlassbezogene Befunde werden nicht gezielt erhoben. Werden weitere, zusätzlich fahreignungsrelevante Erkrankungen bzw. Ausprägungen von Erkrankungen vom Klienten berichtet, wird dies im Gutachten aufgeführt, ohne dass eine differenzierte Bewertung der Symptomatik oder Abklärung vorgenommen wird.

Kontraindikatoren

(1) Es werden bei Drogenauffälligkeiten in der Vorgeschichte routinemäßig auch alkoholsensible Laborparameter erhoben.

(2) Früher bereits abschließend positiv beurteilte Fragestellungen, die nicht mehr Gegenstand des aktuellen Untersuchungsanlasses sind, werden erneut untersucht oder diskutiert.

(3) Zusätzliche anamnestisch erhobene Gesundheitsstörungen, die bisher nicht bekannt aktenkundig waren und nicht von der behördlichen Fragestellung erfasst sind, werden hinsichtlich einer Verkehrsrelevanz differenziert untersucht und bewertet, oder es werden hierzu Einzelbefunde (z. B. EEG) oder ärztliche Berichte nacherhoben.

(4) Vorbefunde und externe Berichte werden, ohne dass sie als solche dargestellt sind, im Gutachten bewertungsrelevant diskutiert.

5. Die körperliche Untersuchung erfolgt lege artis und unter Zuhilfenahme entsprechender Untersuchungsmittel.
6. Die Untersuchung besteht mindestens aus einem anamnestischen Gespräch und einer körperlichen Untersuchung. Die für einzelne Anlassgruppen definierten Mindeststandards (vgl. Tabellen C.3–C.5) werden hinsichtlich des Untersuchungsumfangs eingehalten.
7. Der Umfang der Untersuchung einschließlich des Anamnesegesprächs richtet sich darüber hinaus nach dem individuellen Ausprägungsgrad der verkehrsrelevanten Gesundheitsstörung oder der vorliegenden Problematik.
8. Einzelfallbezogen erfolgt gegebenenfalls eine ergänzende, dem individuellen Status angepasste Erweiterung des Untersuchungsumfangs. So kann z. B. bei Hinweisen auf einen langjährigen Missbrauch oder eine gravierende Alkoholvorgeschichte eine Erweiterung des Untersuchungsumfangs gegebenenfalls auf den Reflexstatus und die Prüfung der Sensibilität erfolgen.
9. Bei Verdacht auf eine Alkoholisierung am Untersuchungstag erfolgt eine orientierende Messung der Atemalkoholkonzentration, wobei das angewandte

Tabelle C.3: Mindestuntersuchungsumfang bei Fragestellungen im Zusammenhang mit Alkoholmissbrauch oder Alkoholabhängigkeit

(vgl. § 13 FeV und Anlage 4, Nr. 8.1 und 8.3 FeV)

Untersuchungsschritt	Zweck	Methode
Anamnestische Befragung (ggf. auch mit Fragebogen-unterstützung) zum Gesundheitszustand einschließlich Medikation (orientiert am Untersuchungsanlass und der Vorgeschichte); Erfassung allgemeinmedizinischer Daten (Alter, Größe, Gewicht)	Feststellung alkoholassoziierter, verkehrsrelevanter Folgeerkrankungen; Feststellung alkoholbedingter Störungen	Befragung/Fragebogen
Erheben der Alkoholanamnese	Ausschluss Alkoholabhängigkeit, diagnostische Zuordnung der Befunde	Befragung
Inspektion der Haut	Feststellung alkoholtoxischer Schäden (Teleangiektasien, Spider naevi)	Untersuchung in entsprechend entkleidetem Zustand
Untersuchung der Pupillenreaktion	Feststellung der Pupillenreaktion und ggf. eines Nystagmus	Untersuchung mit adäquater Lichtquelle
Auskultation des Herzens, Messung der Pulsfrequenz	Feststellung alkoholbedingter kardiovaskulärer Risiken (Rhythmusstörungen, Klappenfehler u. a.)	Untersuchung im Liegen mit Stethoskop
Blutdruckmessung	Feststellung eines verkehrsrelevanten Bluthochdrucks	Manuell oder automatisches Messgerät
Untersuchung der Leber	Feststellung von z. B. Vergrößerung und Konsistenzvermehrung	Tastbefund im Liegen, Kratzauskultation gegen unteren Rippenbogen
Vegetativum	Feststellung von Entzugssymptomatik (Tremor, Schwitzen) oder Folgeschäden	Inspektion
Koordinationsvermögen	Feststellung von Störungen des Gleichgewichts oder der zentral-peripheren Leitung	Einbeinstand, Finger-Nasen-Versuch, Finger-Finger-Versuch, Seiltänzergang, Romberg-Versuch
Laboruntersuchungen	Feststellung alkoholtoxischer zellulärer Schäden	Enzymatische Bestimmung von GOT (AST; ASAT), GPT (ALT, ALAT) und GGT durch eine Blutuntersuchung (Venenpunktion)
Orientierende Erhebung eines psychopathologischen Befundes	Feststellung von alkoholassoziierten psychischen Auffälligkeiten/Erkrankungen	Befragung, Beobachtung

Verfahren zwar Alkoholkonsum sicher feststellen, die Höhe der AAK bzw. BAK jedoch nicht nach forensischen Methoden präzise ermitteln muss. Es ist nachvollziehbar zu dokumentieren, dass ein Nachweis von Alkohol in der Atemluft erfolgt ist. In Zweifelsfällen kann eine Blutentnahme angeboten werden.

10. Ergeben sich im Rahmen der Überprüfung von verkehrsauffälligen Fahrern Hinweise auf verkehrsrelevante Erkrankungen oder Störungen, die mit ursächlich bzw. verantwortlich für die frühere Verkehrsauffälligkeit gewesen sein können (z. B. Epilepsie), wird dies anamnestisch erfragt und im Gutachten festgehalten, jedoch aufgrund des fehlenden Anlassbezugs nicht weitergehend untersucht und in der Regel auch nicht abschließend hinsichtlich der Fahreignung des Klienten bewertet.

11. Ergeben sich bei Klienten mit Drogenfragestellung Hinweise auf intravenösen Drogenkonsum, erfolgt zusätzlich eine orientierende Untersuchung der Leber zum Ausschluss drogeninduzierter Schäden (Vergrößerung, fibrotischer Umbau bei Hepatitis, Zirrhose).

12. Der Umfang der Untersuchungen bei anderen Begutachtungsanlässen wie Alter, Gesundheitsfragestellungen differenzierter Krankheitsbilder oder auch berufs- oder tätigkeitsspezifischer Anforderungen wird gemäß den Empfehlungen der entsprechenden Regelwerke (z. B. Begutachtungsleitlinien zur Kraftfahreignung) durchgeführt.

Tabelle C.4: Mindestuntersuchungsumfang bei Verkehrsfragestellungen (inkl. Straftaten) nach §§ 11 Abs. 3 FeV, 2a oder 4 StVG

Untersuchungsschritt	Zweck	Methode
Anamnestische Befragung (ggf. auch mit Fragebogenunterstützung) zum Gesundheitszustand einschließlich Medikation (orientiert am Untersuchungsanlass und der Vorgeschichte); Erfassung allgemeinmedizinischer Daten (Alter, Größe, Gewicht) einschließlich des klinischen Gesamteindrucks	Festellung verkehrsrelevanter Erkrankungen im Zusammenhang mit der aktenkundigen Auffälligkeit	Befragung/Fragebogen
Blutdruckmessung und Messung der Pulsfrequenz	Feststellung verkehrsrelevanter kardiologischer Störungen	Manuell oder automatisches Messgerät; Stethoskop
Orientierende Erhebung eines psychopathologischen Befundes	Feststellung von verkehrsrelevanten psychischen Auffälligkeiten bzw. Erkrankungen	Befragung, Beobachtung

Tabelle C.5: Mindestuntersuchungsumfang bei Drogenfragestellungen
(vgl. § 14 sowie Anlage 4, Nr. 9.1 bis 9.6 FeV)

Untersuchungsschritt	Zweck	Methode
Anamnestische Befragung (ggf. auch mit Fragebogen-unterstützung) zum Gesundheits-zustand einschließlich Medikation (orientiert am Untersuchungs-anlass und der Vorgeschichte); Erfassung allgemeinmedizinischer Daten (Alter, Größe, Gewicht)	Feststellung drogenkonsum-assoziierter verkehrsrelevanter Erkrankungen; Feststellung substanzbezogener psychophysischer Folgeschäden	Befragung/Fragebogen
Erheben der Drogenanamnese	diagnostische Einordnung der Befunde	Befragung
Inspektion der Haut inkl. der Nasenschleimhaut	Feststellung drogenspezifischer Schäden (Hämatome, Einstichstellen, Narbenstränge, Kratzspuren)	Untersuchung in entsprechend entkleidetem Zustand
Untersuchung der Pupillenreaktion	Feststellung der Pupillenreaktion und ggf. eines Nystagmus	Untersuchung mit adäquater Lichtquelle
Auskultation des Herzens und Messung der Pulsfrequenz	Feststellung kardiovaskulärer Risiken (Rhythmusstörungen, Klappenfehler u. a.)	Untersuchung im Liegen mit Stethoskop
Blutdruckmessung	Feststellung eines verkehrs-relevanten Bluthochdrucks	Manuell oder automatisches Messgerät
Vegetativum	Feststellung von Entzugs-symptomatik (Tremor, Schwitzen) oder Folgeschäden	Inspektion
Koordinationsvermögen	Feststellung von Störungen des Gleichgewichts oder der zentral-peripheren Leitung	Einbeinstand, Finger-Nasen-Versuch, Finger-Finger-Versuch, Seiltänzergang, Romberg-Versuch
Laboruntersuchungen (Urinscreening gemäß laborchemischer Anforderungen CTU 3)	Ausschluss aktueller Beeinflussung durch psychotrope Substanzen	Polytoxikologische Untersuchung des Urins auf Drogensubstanzen bzw. psychoaktive Substanzen
Orientierende Erhebung eines psychopathologischen Befundes	Feststellung von drogen-assoziierten psychischen Auffälligkeiten/Erkrankungen	Befragung, Beobachtung

Kriterium MFU 2 **Es erfolgt eine nachvollziehbare Dokumentation der erhobenen Befunde. Werden fremdanamnestische Angaben und Befunde herangezogen, sind diese verwertbar.**

1. Alle erhobenen, für die Fragestellung relevanten Befunde (Anamnese, körperliche Untersuchung, Laborbefunde) werden im Gutachten dargestellt, gegebenenfalls mit Nennung der Messwerte.

Kontraindikatoren

(1) Die für die Befundwürdigung relevanten Gesprächsdaten sind unvollständig oder verkürzt wiedergegeben, sodass die Schlussfolgerungen im Gutachten sich nicht aus den Befunden ableiten lassen.

(2) Bei der Befundwiedergabe im Gutachten wird nicht zwischen diagnostischen Feststellungen und Angaben des Klienten unterschieden (z. B. Diagnose einer Abhängigkeit).

2. Beigestellte externe Befunde werden nur berücksichtigt, wenn sie für die Fragestellung relevant sind, kein Zweifel an ihrer Echtheit besteht und soweit sie inhaltlich zweifelsfrei nachvollziehbar sind.

Kontraindikatoren

(1) Der externe Befund/Bericht enthält kein Erstelldatum, der Aussteller ist nicht ersichtlich oder der Adressat ist nicht genannt.

(2) Bei einem ärztlichen Bericht fehlt die Originalunterschrift des ausstellenden Arztes oder es befindet sich eine Unterschrift ohne zugehörigen, lesbaren Namenszug darauf.

(3) Der Laborbefund weist keine Nennung der Labormethoden und von Cut-off-Werten, Bestimmungsgrenzen oder Normbereichen aus.

(4) Nicht nachvollziehbare Diagnosen oder Bewertungen, die auf unklaren Befunden fußen und subjektive Einzelmeinungen darstellen („Der Patient ist seit Jahren in meiner Behandlung und aus meiner Sicht fahrgeeignet."), werden im Gutachten ungeprüft übernommen.

3. Zusätzliche Befunde/Berichte werden angefordert, wenn dies zur Beantwortung der Fragestellung erforderlich ist. Dies ist insbesondere der Fall, wenn

- die Diagnose Alkohol-, Drogen- und/oder Medikamentenabhängigkeit z. B. durch einen ärztlichen Entlassungsbericht verifiziert werden soll,
- bei bestehender Abhängigkeit ein einjähriges Abstinenzintervall durch entsprechende Laboruntersuchungen belegt werden muss oder
- eine verkehrsmedizinische Einschätzung von Erkrankungen nach § 11 FeV Anlage 4 erfolgen und vorliegende Erkrankungen hinsichtlich der Verkehrsrelevanz bewertet werden sollen.

Kontraindikatoren

(1) Laborbefunde oder ärztliche Atteste werden angefordert, obwohl sie nicht fragestellungsrelevant sind.

(2) Laborbefunde oder ärztliche Atteste werden angefordert, obwohl sie in ihrer Verlaufsdokumentation keine weiteren, entscheidungsrelevanten Informationen liefern können.

4. Die Ergebnisse der vorgelegten Fremdbefunde können im Gutachten unter Angabe der Verfahren (z. B. bei Laboruntersuchungen) und der Durchführungsstandards summarisch dargestellt werden.

5. Wesentliche Inhalte des anamnestischen Gesprächs werden wiedergegeben. Die Wiedergabe erfolgt in der Regel in indirekter Rede (wörtliche Zitate sind als solche gekennzeichnet).

Erhobene Befunde werden hinsichtlich der Relevanz für die Fragestellung bewertet. Sie fließen im Gesamtzusammenhang der Befundlage in die interdisziplinäre abschließende Bewertung ein. Kriterium MFU 3

1. Die Bewertung erfolgt mit Bezug zum Untersuchungsanlass und der behördlichen Fragestellung insbesondere unter Beachtung der Anlage 4 FeV sowie der Begutachtungsleitlinien zur Kraftfahreignung. Ergänzend können weitere einschlägige Fachgrundlagen (z. B. Kommentar zu den Begutachtungsleitlinien, S3-Leitlinen) herangezogen werden, um dem Einzelfall gerecht zu werden.

2. Der somatische Status wird mit den Angaben des Betroffenen zur Vorgeschichte abgeglichen und diese so hinsichtlich der Nachvollziehbarkeit überprüft (so stünden etwa alkoholbedingte Körperschäden oder äthyltoxische Enzymauffälligkeiten im Widerspruch zu der Angabe einer sehr kurzen Trinkphase).

3. Die Befunde der bei einer Alkoholfragestellung erfolgten Blutentnahme zur Bestimmung der Leberenzymparameter GOT (AST, ASAT), GPT (ALT, ALAT) und GGT werden hinsichtlich einer alkoholtoxischen Veränderung/Schädigung und bei geltend gemachter Abstinenzangabe diskutiert und bewertet.

4. Das am Untersuchungstag bei Drogenfragestellung vorgenommene Urinscreening wird nur zum Ausschluss eines aktuellen Konsums bzw. des Drogeneinflusses am Untersuchungstag gewertet, da die Einladung im Rahmen der MPU-Terminierung in der Regel nicht kurzfristig und unvorhersehbar erfolgt.

5. Aufgetretene Widersprüche zur Ausprägung einer Problematik (z. B. Trinkangaben, Abstinenzdauer) werden erfasst und bewertet.

6. Vorgelegte Laborbefunde werden hinsichtlich einer Kongruenz zu Trinkangaben/zur angegebenen Abstinenzdauer bewertet.

7. Befunde, welche die Fragestellung nicht unmittelbar betreffen, werden im Gutachten nur aufgeführt, wenn sie eine Ausprägung haben, welche nach Anlage 4 FeV Eignungszweifel auslöst (vgl. MFU 1 (4)).

Weiterführende Literatur

BUNDESANSTALT FÜR STRASSENWESEN (Hrsg.) (2022). Begutachtungsleitlinien zur Kraftfahreignung – Fassung vom 17.2.2021 (VkBl. S. 198), in Kraft getreten am 1.6.2022 mit der Fünfzehnten Verordnung zur Änderung der Fahrerlaubnis-Verordnung und anderer straßenverkehrsrechtlicher Vorschriften (BGBl. Teil I Nr. 11 vom 25. März 2022). https://www.bast.de/DE/Verkehrssicherheit/Fachthemen/U1-BLL/BLL-Download.html (abgerufen am 2.8.2022).

DETTMERS, C. & WEILLER, C. (Hrsg.) (2004). Fahreignung bei neurologischen Erkrankungen. Bad Honnef: Hippocampus Verlag.

GRAW, M., BRENNER-HARTMANN, J., HAFFNER, H.-T. & MUSSHOFF, F. (2018). Betäubungsmittel und Arzneimittel. In: SCHUBERT, W., HUETTEN, M., REIMANN, C., GRAW, M., SCHNEIDER, W. & STEPHAN, E. (Hrsg.): Begutachtungsleitlinien zur Kraftfahreignung – Kommentar. 3. Auflage. Bonn: Kirschbaum Verlag.

HAFFNER, H.-T. & DETTLING, A. (2008). Labordiagnostik bei Alkoholfragestellungen in der Fahreignungsbegutachtung. Blutalkohol 45(3), 167–174.

ITEN, P. (1994). Fahren unter Drogen- oder Medikamenteneinfluss. Monographie aus dem Institut für Rechtsmedizin Forensische Toxikologie, Universität Zürich.

LAUX, G., BRUNNAUER, A. & GRAW, M. (Hrsg.). (2019). Fahreignung bei psychischen Erkrankungen – Leitfaden für Verkehrsmedizin und Verkehrspsychologie. Bonn: Kirschbaum Verlag.

MADEA, B., MUSSHOFF, F. & BERGHAUS, G. (2012). Verkehrsmedizin: Fahreignung, Fahrsicherheit, Unfallrekonstruktion. 2. Auflage. Köln: Deutscher Ärzteverlag.

PATERMANN, A. & MACH, T. (2018). Grundsätzliche Beurteilungshinweise. In: SCHUBERT, W., HUETTEN, M., REIMANN, C., GRAW, M., SCHNEIDER, W. & STEPHAN, E. (Hrsg.): Begutachtungsleitlinien zur Kraftfahreignung – Kommentar – 3. Auflage. Bonn: Kirschbaum Verlag.

PEITZ, J. & HOFFMANN-BORN, H. (2008). Arzthaftung bei problematischer Fahreignung. 2. Auflage. Bonn: Kirschbaum Verlag.

SCHUBERT, W. (2010). Die Medizinisch-Psychologische Untersuchung auf dem Prüfstand. Blutalkohol 47, 161 ff.

SCHUBERT, W., HUETTEN, M., REIMANN, C., GRAW, M., SCHNEIDER, W. & STEPHAN, E. (Hrsg.). Begutachtungsleitlinien zur Kraftfahreignung – Kommentar. 3. Auflage. Bonn: Kirschbaum Verlag

SEITZ, H., LIEBER, C. & SIMANOWSKI, U. (1995). Handbuch Alkohol. Alkoholismus, alkoholbedingte Organschäden. Leipzig: Johann Ambrosius Barth Verlag.

SPRECHER, W., ALBRECHT, M. & JANSSEN, D. (2009). Verkehrsmedizinische Zugänge zum Verkehrsverhalten. In: KRÜGER, H.P. (Hrsg.): Enzyklopädie der Psychologie. Anwendungsfelder Verkehrspsychologie, Band 2, Kapitel 13. Göttingen: Hogrefe.

WIDDER, B. & GAIDZIK, P.W. (2011). Begutachtung in der Neurologie. Stuttgart: Thieme.

C.3 Chemisch-toxikologische Untersuchungen (CTU)

Die chemisch-toxikologische Untersuchung ist ein zentrales Hilfsmittel im Rahmen der Begutachtung von Personen, die durch Alkohol-, Drogen- oder Medikamentenmissbrauch aufgefallen sind. Sie kann einen Beitrag zur Beantwortung verschiedener Untersuchungshypothesen leisten. Zu nennen sind im Wesentlichen:

- Aufdeckung und Klärung von Widersprüchlichkeiten zwischen Klientenangaben und Aktenbefunden (vgl. Kriterien 0.4 N und 0.5 N in Kapitel B.1)
- Klärung von Widersprüchlichkeiten zwischen Klientenangaben und Aktenbefunden bzgl. Drogenkonsumgewohnheiten (vgl. Kriterium D 1.4 N oder D 4.1 N in Kapitel B.3)
- Überprüfung der Alkohol-, Drogen-/Medikamentenfreiheit am Untersuchungstag (vgl. Kriterium D 1.3 N)
- Ausschluss drogenbedingter Einflüsse auf das Leistungsvermögen bei der Überprüfung im Rahmen der Begutachtung (vgl. Kriterium D 6.1 N)
- Überprüfung von Abstinenzzeiträumen für Suchtstoffe einschließlich Alkohol (vgl. Kriterien A 1.3 N, A 2.3 N, D 1.3 N, D 2.4 N und D 3.3 K)
- Interpretationshilfe zur Aufklärung des Ausmaßes des Konsums (Statusfeststellung)
- Überprüfung einer Medikations-Compliance (M-Hypothesen, Kapitel B.5).

Bei der Fahreignungsbegutachtung selbst muss demnach geeignetes Untersuchungsmaterial mit geeigneten Methoden auf die unmittelbare Anwesenheit bzw. auf Rückstände von legalen sowie illegalen Rauschmitteln oder psychoaktiven Stoffen getestet werden. Es müssen aber auch die bei der Begutachtung vorgelegten Befunde, Berichte und Gutachten auf ihre Aussagekraft und Verwertbarkeit hin geprüft werden. Dies soll durch die im Folgenden beschriebenen Standards erleichtert werden.

Für die Anforderungen an die gerichtsverwertbare chemisch-toxikologische Untersuchung wird auf die jeweils aktuellen Richtlinien der Gesellschaft für Toxikologische und Forensische Chemie (GTFCh, 2018) verwiesen (vgl. auch Kriterium CTU 3, Abschnitt C.3.8). Zudem muss ein Labor, das Untersuchungen vornimmt, die im Rahmen einer Fahreignungsbegutachtung verwertet werden sollen, durch die Deutsche Akkreditierungsstelle (DAkkS) nach DIN EN ISO/IEC 17025 für forensische Zwecke akkreditiert sein (www.dakks.de). Es muss in der Lage sein, auch schwierigere Fragestellungen und Einwendungen fachgerecht zu bearbeiten bzw. bei der Interpretation zu berücksichtigen. Dies setzt voraus, dass das Labor über die entsprechende toxikologische Kompetenz verfügt.

Als Analysematerial kommen grundsätzlich Blut, Urin, Haare, Mundhöhlenflüssigkeit („Speichel" müsste direkt aus den Speicheldrüsen entnommen werden) und Abstriche von der Hautoberfläche (neben Schweiß auch andere Hautausscheidungsprodukte) in Betracht. Der Einsatz dieser Untersuchungsmaterialien hängt wesentlich von der jeweiligen Fragestellung und den davon abhängigen Anforderungen an die Sensitivität und Spezifität des Nachweises und der Dauer der Nachweisbarkeit bestimmter Substanzen ab. Für toxikologische Untersuchungen im Rahmen der Fahreignungsdiagnostik sind Blut/Serum/Plasma nur bedingt, insbesondere aber Urin und Haare von Bedeutung (SACHS & PRAGST, 2004).

C. 3.1 Nachweisbarkeit von Suchtstoffen im Blut

Im Blut steigt die Konzentration eines Stoffes abhängig von seinen pharmakologischen Eigenschaften und der Aufnahmeart mehr oder minder rasch an und nimmt, nach Erreichen der maximalen Konzentration, entsprechend der Intensität seiner Verstoffwechselung und Ausscheidung in der Eliminationsphase wieder ab. Solange die Stoffwechselfunktionen nicht gesättigt sind, wird bei höherer Dosierung, mit Ausnahme von Alkohol, auch eine größere Menge des betreffenden Stoffes abgebaut, die Elimination ist also konzentrationsabhängig. Die Eliminationshalbwertszeit (HWZ) ist für eine bestimmte Substanz eine dosisunabhängige Größe. In der Praxis sind Stoffe bei therapeutischen Konzentrationen nach etwa 7–8 und bei übertherapeutischen Konzentrationen nach etwa 8–10 HWZ analytisch nicht mehr zu erfassen (MUSSHOFF & MADEA, 2011). Zeitversetzt gilt dies auch für die jeweils gebildeten Stoffwechselprodukte. Eine orientierende Übersicht über die Nachweisbarkeitsdauer verschiedener Substanzen im Blut bzw. Serum/Plasma gibt Tabelle C.6.

Vorteil einer Blutprobe ist, dass diese durch den Klienten nicht manipulierbar ist. Nachteilig ist jedoch, dass die Nachweisbarkeitsdauer der Drogensubstanzen im Blut etwa um die Hälfte bis ein Drittel kürzer als im Urin ist. Auch nach Alkoholkonsum ist ein Nachweis von Ethanol (Trinkalkohol) in Abhängigkeit von der Konsummenge nur über Stunden zu führen. Die Analyse einer Blutprobe eignet sich im Wesentlichen zur Aufdeckung einer aktuellen Beeinflussung und spielt deshalb vorrangig für das Straf- bzw. Ordnungswidrigkeitenrecht im Hinblick auf eine Alkohol- oder Drogenwirkung zum Tatzeitpunkt eine große Rolle. Eine Blutanalyse ist aber auch geeignet zur Überprüfung einer Alkohol-, Drogen-/Medikamentenfreiheit am Untersuchungstag, insbesondere zum Ausschluss akuter substanzbedingter Einflüsse auf das Leistungsvermögen im Rahmen einer Fahreignungsbegutachtung.

Insbesondere bei Cannabiskonsum ist es nicht einfach, anhand von analytischen Befunden in den Akten die Plausibilität von Konsumangaben zu überprüfen. Bei einem isolierten inhalativen Konsum ist der Cannabiswirkstoff Δ^9-Tetrahydrocannabinol (THC) bis zu 6, bei sehr hoher Aufnahmemenge maximal 12 Stunden im Blut bzw. Serum oberhalb einer Konzentration von 1 ng THC/ml Serum (analytischer Grenzwert laut Empfehlung der GRENZWERTKOMMISSION (2007)) nachweisbar. Zudem hängt das Nachweisfenster bei Cannabis sehr stark von den Konsumgewohnheiten ab. Während bei Gelegenheitskonsumenten nur bei einem von 11 Probanden nach Konsum eines Joints nach 8 Stunden noch eine THC-Konzentration > 1 ng/ml (1,2 ng/ml) festzustellen war, lagen bei regelmäßigen Konsumenten nach dieser Zeit grundsätzlich höhere THC-Werte vor (TOENNES ET AL., 2008).

Tabelle C.6: Orientierende Angaben zum Substanznachweis im Blut bzw. Serum/Plasma
(vgl. auch VERSTRAETE, 2004; MUSSHOFF & MADEA, 2011; ARBEITSKREIS QUALITÄTSSICHERUNG DER GTFCh, 2021)

Substanzen im Blut	Nachweisbarkeitsdauer* seit letztem Konsum
THC und Metabolite	THC im Serum nach isoliertem Konsum**: 6–12 Stunden Metabolit 11-OH-THC: 6–12 Stunden (in Fällen häufigen bzw. mehrfach täglichen Konsums sind sowohl THC als auch 11-OH-THC ggf. auch deutlich länger als 24 Stunden nachweisbar) Metabolit THC-COOH: mehrere Tage, abhängig von Konsumfrequenz und -intensität sowie Metabolismus; bei Dauerkonsum bis zu 2–3 Wochen oder länger
Opiate	Heroin: wenige Minuten Morphin: ca. 3–10 Stunden, nach höchstdosiertem Heroin auch bis > 20 Stunden 6-MAM: wenige Minuten bis 2 Stunden Codein: ca. 24 Stunden Dihydrocodein: 8–10 Stunden
Cocain	Cocain: bis ca. 12 Stunden Benzoylecgonin: > 48 Stunden
Amphetamin, Methamphetamin, Methylendioxy-amphetamine	12–16 Stunden (abhängig vom pH-Wert des Urins, da ggf. Rückresorption), ggf. auch > 24 Stunden
Phosphatidylethanol (PEth 16:0/18:1)	dosisabhängig bis zu 5 Tage***

* Die Nachweisbarkeitsdauer ist dosisabhängig und kann bei Dauerkonsum ansteigen. Sie ist zudem abhängig von der Art der Asservierung der Blutprobe (Zusatz von Natriumfluorid) und der Nachweisgrenze des eingesetzten Analyseverfahrens.

** Definiert als Konsum nach zuvor vollständiger Elimination von THC aus dem Serum/Plasma.

*** Definiert als Konsum nach zuvor vollständiger Elimination von PEth aus dem Blut.

In weiteren Studien wurde beobachtet, dass bei regelmäßigen Konsumenten ein THC-Nachweis oberhalb von 1 ng/ml auch nach 7–14 Tagen noch erbracht werden konnte (KARSCHNER ET AL., 2009; BERGAMASCHI ET AL., 2013; DESROSIERS ET AL., 2014; LEE ET AL., 2015). Dies wird auf ausgeprägte Speicherungseffekte im Körper und den enterohepatischen Kreislauf (Ausscheidung über den Darm und dort erneute Absorption) zurückgeführt. Derzeit existieren allerdings keine verlässlichen Daten, auf deren Grundlage eine Aussage dazu getroffen werden kann, ab welchem Konsumverhalten eine Kumulation erfolgt. Folglich ist jeder Einzelfall, insbesondere auch im Hinblick auf die Konsumerfahrenheit, kritisch zu prüfen.

Nach passiver Exposition sind keine relevanten THC-Konzentrationen im Blut/Serum zu erwarten. So wiesen freiwillige Probanden bei einem dreistündigen Aufenthalt in einem gut besuchten holländischen Coffee-Shop nach 3 ½ Stunden THC-Konzentrationen bis zu maximal 0,7 ng/ml auf, bereits 6 Stunden nach Exposition waren nur noch negative Befunde zu verzeichnen (RÖHRICH ET AL., 2010). Maximale THC-COOH-Konzentrationen von 0,5 bis 1,7 ng/ml waren ebenfalls nach 3 ½ Stunden nachzuweisen. Zu vergleichbaren Blutbefunden kam es auch in einer experimentellen Studie von CONE ET AL. (2015a), in der die Probanden in einer abgedichteten Kabine unter extremen Bedingungen dem Rauch von Cannabiskonsumenten ausgesetzt waren. THC war in Einzelfällen längstens bis zu 1 ½ Stunden in Konzentrationen > 1 ng/ml im Vollblut und generell nicht länger als 4 Stunden nachweisbar. Die höchste THC-COOH-Konzentration im Vollblut wurde zu 2,7 ng/ml im Zeitraum zwischen 1 ½–2 Stunden ermittelt. Selbst unter Extrembedingungen können also keine relevanten THC- oder THC-COOH-Konzentrationen im Blut/Serum allein durch Passivrauchen zustande kommen oder in relevanter Weise zu einer Speicherung im Körper durch Kumulation beitragen.

FABRITIUS ET AL. (2014) definierten Entscheidungsgrenzen für THC-COOH im Vollblut von akut aufgegriffenen Verkehrsteilnehmern zur Unterscheidung von gelegentlichen (ca. 1 Joint/Woche) und regelmäßigen Konsumenten (≥ 10 Joints/Woche). Bei einer THC-COOH-Konzentration von 40 ng/ml im Blut (entsprechend ca. 70 ng/ml im Serum) oder mehr sei demnach von einem regelmäßigen Konsum auszugehen, bei Konzentrationen ≤ 3 ng/ml (entsprechend ca. 5 ng/ml Serum) von einem Konsum von weniger als 1 Joint/Woche. Zwischen diesen beiden Grenzen sei keine eindeutige Interpretation möglich (Grauzone). Auch wenn sich diese Beobachtungen mit denen anderer Arbeitsgruppen teilweise decken, sei vor einem strengen Grenzwertdenken gewarnt. Prinzipiell liegen zu wenig Informationen dazu vor, ab welcher Dosis und Konsumfrequenz eine Kumulation sicher unterstellt werden kann. Zudem kann nicht ausgeschlossen werden, dass es auch bei einem isolierten Konsum einer ungewöhnlich hohen Dosis zu einer Überschreitung der THC-COOH-Konzentration von 70 ng/ml Serum kommen kann. Hierbei würde es sich um einen außergewöhnlichen Fall handeln, bei dem bei der Begutachtung die Umstände substanziell und nachvollziehbar dargelegt werden müssten.

Nicht selten wird eine orale Aufnahme von Cannabisprodukten (z. B. Cannabiskekse) als Grund für ein längeres Nachweisfenster angegeben. Hierbei ist zu berücksichtigen, dass Cannabisprodukte zum einen erhitzt werden müssen, damit der Hauptwirkstoff THC aus einer Vorläufersubstanz (THC-Säure A) freigesetzt wird (z. B. durch Rauchen oder Backen), zum anderen dessen Bioverfügbarkeit herabgesetzt ist. Somit muss erheblich mehr Wirkstoff aufgenommen werden, um vergleichbare Serumkonzentrationen wie bei Rauchkonsum zu erreichen. Maximale Konzentrationen werden bei oraler Aufnahme allerdings deutlich verzögert erreicht, und zwar erst nach 1–2 Stunden, in bestimmten öligen Suspensionen (z. B. Sesamöl) sogar erst nach bis zu 6 Stunden (HUESTIS, 2007). Das Nachweisfenster ist entsprechend verlängert. Aus dem Konzentrationsverhältnis von THC zu 11-OH-THC kann evtl. ersichtlich werden, ob eine orale Aufnahme in Betracht kommt. Während bei inhalativer Aufnahme die THC-Konzentration im Serum in der Regel deutlich über der von 11-OH-THC liegt, gleicht sich das Verhältnis bei oraler Aufnahme an bzw. kann die Konzentration von 11-OH-THC sogar höher sein.

Auch bei anderen Drogen werden teilweise Angaben zu einer unbewussten bzw. sehr lange zurückliegenden letztmaligen Aufnahme gemacht. Grundsätzlich sollten Anknüpfungspunkte wie mögliche Aufnahmemengen, zeitliche Zusammenhänge, Beschreibung der situativen Gegebenheiten und vor allem eine mögliche Symptomatik umfassend erfragt und dokumentiert werden, um eine Plausibilitätskontrolle vornehmen zu können. Eine Nachweismöglichkeit über die in Tabelle C.6 aufgeführten Zeiträume hinaus wäre nur bei Aufnahme sehr hoher Dosen gegeben, die dann allerdings gerade bei nicht im Umgang mit Drogen erfahrenen Personen aufgrund fehlender Gewöhnung/Toleranz zu starken Intoxikationssymptomen führen müssten.

Wie bereits ausgeführt, können bedingt durch Kumulation THC-Konzentrationen ≥1 ng/ml Serum auch noch einige Tage nach dem letzten Konsum feststellbar sein, ohne dass eine akute Beeinträchtigung des Leistungsvermögens vorliegt. Die Grenzwertkommission (GWK) hat daher empfohlen, erst bei Feststellung einer THC-Konzentration ≥3 ng/ml Serum von gelegentlichen Cannabiskonsumenten eine Trennung von Konsum und Fahren im Sinne von Nr. 9.2.2 der Anlage 4 zur FeV zu verneinen (GRENZWERTKOMMISSION, 2015). Grundlage war die Auswertung wissenschaftlicher Studien, wonach sich Leistungseinbußen erst ab 2 ng THC/ml Serum (RAMAEKERS ET AL., 2006) nachweisen ließen, ein erhöhtes Unfallrisiko ab einer THC-Konzentration im Serum von über 4 ng/ml (u. a. RAMAEKERS ET AL., 2009) diskutiert wird. Lag der letzte Konsum bei einer Konzentration von 3 ng/ml plausibel länger zurück (vgl. Tabelle C.6), ist von einer Speicherung des THC im Körper infolge eines regelmäßigen Konsums auszugehen, womit die Fahreignung nach Nr. 9.2.1 der Anlage 4 FeV ausgeschlossen wäre.

Die Empfehlung der GWK wurde von der Rechtsprechung nicht aufgegriffen, kann aber bei der Interpretation von Aktenbefunden hilfreich sein. Das Bundesverwaltungsgericht (BVerwG) fordert in seinem Urteil vom 23.10.2014 eine weitestgehende zeitliche Trennung von Konsum und Fahren, sodass beim Konsumenten „durch eine vorausgegangene Einnahme von Cannabis eine Beeinträchtigung seiner verkehrsrelevanten Eigenschaften unter keinen Umständen eintreten kann." Die GWK wies im Übrigen auch ausdrücklich darauf hin, dass sie sich zu einer Neubewertung des analytischen Grenzwertes von THC von 1 ng/ml Blutserum gemäß der früheren Empfehlung der Grenzwertkommission zur Anlage des § 24a StVG nicht veranlasst sehe.

Nach einem Urteil des Bundesverwaltungsgerichtes (Urteil vom 11.4.2019 – BVerwG 3 C 25.17) benötige die Verneinung der Fahreignung (§ 3 Abs. 1 Satz 1 StVG und § 46 Abs. 1 FeV) nach einem erstmaligen Verstoß eines gelegentlichen Cannabiskonsumenten gegen das Trennungsgebot eine Prognose, dass er auch künftig nicht zwischen einem seine Fahrsicherheit möglicherweise beeinträchtigenden Cannabiskonsum und dem Führen eines Kraftfahrzeugs trennen werde. Dafür sei in der Regel die Einholung eines medizinisch-psychologischen Gutachtens erforderlich (§ 46 Abs. 3 i. V. m. § 14 Abs. 1 Satz 3 FeV). Durch das BVerwG wurde damit der

Begriff des „Trennens" im Hinblick auf Anlage 4 FeV neu definiert. Es wird zwischen „Trennen-Können" und „Trennbereitschaft" unterschieden; „Trennen" wäre demnach die Handlung als Resultat aus „Trennbereitschaft" und „Trennvermögen". Im Rahmen einer möglichst zeitnah zu einem Verkehrsverstoß stattfindenden medizinisch-psychologischen Begutachtung soll eine Prognose über das „Trennverhalten" gestellt werden. Da es sich um die Überprüfung der Eignung bei Inhabern der Fahrerlaubnis handelt, sind im Vorfeld keine Abstinenzkontrollzeiträume vorzusehen.

Auch hierfür können chemisch-toxikologische Untersuchungen unterstützend herangezogen werden. Zum einen werden bei der Tat erhobene Laborbefunde (Untersuchungen von Blut/Serum) berücksichtigt und mit den Konsumangaben abgeglichen. Zum anderen können zu einer sogenannten Statusfeststellung auch Befunde von zusätzlichen chemisch-toxikologischen Analysen beitragen, wobei immer zu berücksichtigen ist, dass eine Prognose zum Trennverhalten nie nur aufgrund toxikologischer Ergebnisse erfolgen kann. Vielmehr muss bei der MPU ein erhebliches Gewicht auf den psychologischen Aspekten, also der Problemsicht, der Trennbereitschaft und des -vermögens sowie der konkreten Verhaltensplanung liegen. Ein starres Grenzwertdenken wird deshalb als nicht adäquat angesehen, Ergebnisse einer toxikologischen Untersuchung sind vielmehr im jeweiligen Einzelfall insbesondere für Plausibilitätskontrollen heranzuziehen. Geeignet sind insbesondere Blut- bzw. Serumanalysen auf THC-COOH in Anlehnung an DALDRUP ET AL. (2000) sowie Haaranalysen auf dieses THC-Stoffwechselprodukt (MUSSHOFF ET AL., 2020) (vgl. hierzu auch die Ausführungen in Abschnitt C.3.3).

C. 3.2 Nachweisbarkeit von Suchtstoffen im Urin

Die Ausscheidung von Drogenrückständen aus dem Blut über die Nieren in den Urin verläuft für verschiedene Stoffe abhängig von ihrer Molekülmasse, -struktur und Polarität unterschiedlich schnell ab. In Abhängigkeit von den Eliminationshalbwertszeiten kann durch den Nachweis von Drogenrückständen im Urin gegenüber Blut ein von der jeweiligen Substanz abhängiger, unterschiedlich langer Zeitraum überblickt werden. Die Nachweisbarkeitsdauer einiger relevanter Substanzen ist orientierend in Tabelle C.7 zusammengestellt. Bei der Interpretation ist zu berücksichtigen, dass die Dauer eines möglichen Substanznachweises maßgeblich von der Empfindlichkeit der verwendeten Analysemethode (beispielsweise charakterisiert durch die Nachweis- und Bestimmungsgrenze) abhängt. Insofern ist für die Befundbewertung die Hinzuziehung eines forensisch geschulten Toxikologen anzuraten.

Das Konsumverhalten wirkt sich, wie beim Blut, auch auf die Nachweisbarkeitsdauer im Urin aus. So kann bei früheren Dauerkonsumenten von Cannabiszubereitungen erst nach Wochen, in einzelnen, extremen Fällen nach bis zu maximal drei Monaten von einem negativen Urinbefund ausgegangen werden, was bei der Planung einer ersten Abstinenzkontrolle zu berücksichtigen ist. Nicht zu erwarten sind plötzliche, positive Befunde nach längerer Zeit oder mehrfach unauffälligen Kontrollen, auch nicht bei Geltendmachung von Gewichtsverlust (WESTIN ET AL., 2014). Immer wieder wird ein Passivkonsum als Ursache eines positiven Cannabis-

Tabelle C.7: Orientierende Angaben zur Nachweisbarkeitsdauer von Drogen und Ethylglucuronid im Urin

(vgl. auch VERSTRAETE, 2004; MUSSHOFF & MADEA, 2011; ARBEITSKREIS QUALITÄTSSICHERUNG DER GTFCH, 2021)

Substanzen im Urin	Nachweisbarkeitsdauer* seit letztem Konsum
Cannabinoide	Hauptmetabolit THC-COOH-Glucuronid: bei isoliertem Konsum** ca. 2 – 3 Tage bei vereinzeltem/gelegentlichem Konsum: 2 – 4 Tage bei mehrmals wöchentlichem Konsum: ca. 5 – 14 Tage bei Dauerkonsumenten: 2 – 6 Wochen, in Einzelfällen ggf. länger
Opiate	Heroin: Ausscheidung als konjugiertes Morphin: dosisabhängig ca. 48 – 96 Stunden 6-MAM: im Urin nur wenige Stunden, je nach Miktionshäufigkeit maximal etwa bis zu 10 Stunden nachweisbar freies Morphin: 24 – 48 Stunden konjugiertes Codein: 48 – 72 Stunden
Cocain	Benzoylecgonin: dosisabhängig 2 – 3 Tage, bei Hochkonsum bis zu 9 Tage Cocain: ca. 12 Stunden, bei höheren Dosierungen bis zu 3 Tage
Amphetamine	Verschiedene Wirkstoffe (inkl. Methamphetamin, Methylendioxyamphetamine) 2 – 9 Tage (abhängig vom pH-Wert des Urins)
Ethylglucuronid	dosisabhängig: 1 – 3 Tage

* Die Nachweisbarkeitsdauer ist dosisabhängig und kann bei Dauerkonsum länger sein. Sie hängt auch von der Entleerungsfrequenz der Harnblase ab. Prinzipiell kann als Faustregel angenommen werden, dass Substanzen, meist in Form ihrer Phase-Metabolite, bei der Mehrzahl der Konsumenten nach etwa 8 – 10 Eliminationshalbwertszeiten so weit ausgeschieden sind, dass die Konzentrationen die Nachweisgrenzen unterschreiten.

** Definiert als Konsum nach zuvor vollständiger Elimination von THC aus dem Serum.

befundes im Urin angegeben. Hierzu sei auf die Studie von RÖHRICH ET AL. (2010) bei Aufenthalt in einem niederländischen Coffee-Shop verwiesen: Im Urin lagen nur bei 2 der 8 Probanden nach 6 Stunden THC-COOH-Konzentrationen oberhalb von 5 ng/ml (max. 7,8 ng/ml) vor, nach 36 Stunden lagen Werte bis zu höchstens 2,1 ng/ml vor.

In der Studie von CONE ET AL. (2015b) war im Urin nur bei einem von 6 Probanden nach passiver Exposition in einer belüfteten Raucherkabine nach 12 Stunden noch eine THC-COOH-Konzentration > 10 ng/ml zu beobachten, bei allen anderen lag sie bereits unterhalb von 5 ng/ml. Unter Extrembedingungen lag die Urinkonzentration nach Exposition in der unbelüfteten Kabine 22 – 26 Stunden später nur noch bei einem Probanden > 10 ng/ml (Messwert: 10,4 ng/ml). Auch im Urin sind nach Passivkonsum also keine höheren Konzentrationen von THC-COOH zu erwarten. Dies gilt insbesondere im Hinblick auf eine Einbestellung für den Folgetag.

Dass positive Opiatbefunde im Urin durch Aufnahme von Mohnprodukten zu erklären sind, ist nicht sicher auszuschließen. Zwar sind die Teilnehmer eines Abstinenzkontrollprogramms unter anderem darauf hinzuweisen, solche Mohnprodukte zu meiden, dennoch scheint sich Mohn auch versteckt in Müsli-Riegeln etc. zu befinden, sodass eine unbeabsichtigte Aufnahme nicht in jedem Fall gänzlich auszuschließen ist. Daher hat man sich darauf verständigt, dass in Fällen ohne Opioidvorgeschichte wie folgt vorgegangen werden kann (BRENNER-HARTMANN ET AL., 2016): Nach Erhalt eines positiven Urinbefundes auf Opiate (Morphin), der substanziell angezweifelt wird, kann auf Kosten des Klienten eine Haaranalyse auf Opiate gemäß CTU-Kriterien durchgeführt werden, die den Zeitraum der positiven Urinkontrolle abzubilden hat. Hierfür wird eine Probennahme frühestens vier Wochen nach der Urinkontrolle und die Untersuchung eines ausreichenden, aber möglichst kurzen Haarsegmentes empfohlen. Da Haaranalysen auf Opiate bei geringfügigem Mohnkonsum zu keinem positiven Befund führen, kann bei unauffälligem Haarbefund als Ausnahmeregelung ein Urinkontrollprogramm dann weitergeführt werden, wenn sich keine anderen Verdachtsmomente auf einen Opiatkonsum ergeben. **Nur für diese Konstellation gilt, dass ein negativer Haarbefund einen positiven Urinbefund aufheben kann!** Für alle anderen Substanzen bzw. Substanzgruppen kann ein positiver Urinbefund grundsätzlich nicht durch einen unauffälligen Haarbefund aufgehoben werden, da ein kurz vor der Urinkontrolle stattgefundener einmaliger oder auch sehr seltener Konsum nicht zwingend zu einem positiven Haarbefund führen muss.

Aus Alkohol (Ethanol) entstehen im menschlichen Körper zu einem Anteil unter 0,5 % über Konjugation mit aktivierter Glucuronsäure oder Sulfat die beiden Stoffwechselprodukte Ethylglucuronid (EtG) und Ethylsulfat (EtS), die deutlich langsamer über den Urin ausgeschieden werden als Alkohol selbst (HALTER ET AL., 2008; WURST ET AL., 2002, 2003). Über diese direkten Alkoholkonsummarker im Urin ist daher der Nachweis einer Alkoholaufnahme noch möglich, wenn Alkohol selbst nicht mehr in relevanten Konzentrationen im Blut oder im Urin detektiert werden kann. Die Nachweisbarkeitsdauer ist stark dosisabhängig und kann größenordnungsmäßig zwischen nur wenigen Stunden (z. B. bei Aufnahme von 10 g reinem Alkohol) bis zu mehr als 72 Stunden nach Aufnahme von 150 g Alkohol oder mehr variieren.

Folgende Zusammenhänge zwischen Nachweisfenster im Urin und Alkoholbelastung sind beschrieben: Nachweisfenster < 24 h nach Aufnahme < 0,25 g/kg (0,5 l Bier bei 80 kg Körpergewicht) und < 48 h nach Aufnahme < 0,5 g/kg (1 l Bier bei 80 kg Körpergewicht) (HELANDER ET AL., 2009). Wird Alkohol also in sehr geringen Mengen aufgenommen, so wird gerade auch in Anbetracht einer eintägigen

Einbestellung bis zur Abnahme einer Urinprobe über eine EtG-Bestimmung kein Nachweis möglich sein, sodass bei negativen Befunden generell nicht von einem Abstinenzbeweis, sondern nur von einem Abstinenzbeleg (im Sinne eines die Angaben des Klienten objektiv unterstützenden Belegs) ausgegangen werden kann (HØISETH ET AL., 2007, 2010; HALTER ET AL., 2008). Aus diesem Grund können auch geringfügige Alkoholbelastungen (z. B. aus Medikamenten, Belastung am Arbeitsplatz, Verzehr natürlicher alkoholhaltiger Lebensmittel, wie z.B. Kefir, Sauerkraut) in der Regel nicht zur Erklärung positiver Befunde bei Urinkontrollprogrammen (insbesondere bei einer Einbestellung am Tag zuvor) herangezogen werden (MUSSHOFF ET AL., 2010).

Auch ein dreimal tägliches Gurgeln mit ethanolhaltiger Mundspüllösung (12 Vol.-%) führt in der Regel zu EtG-Urinkonzentrationen unter 50 ng/ml (COSTANTINO ET AL., 2006). Viele Einlassungen bezüglich einer Belastung am Arbeitsplatz als Grund für einen positiven EtG-Befund im Urin sind als unwahrscheinlich anzusehen. Bei Desinfektionsmitteln oder einer Exposition gegenüber Reinigungs- oder Lösungsmitteln ist zu klären, ob diese Ethanol enthalten oder beispielsweise Isopropanol. Nach Aufnahme von Isopropanol kann es zwar zur Bildung von Isopropylglucuronid kommen, das aufgrund seiner hohen Kreuzreaktivität im Immunoassay zu einem positiven Ergebnis bei Testung auf EtG führen kann; bei der massenspektrometrischen Überprüfung ist jedoch eine eindeutige Unterscheidung zwischen EtG und Isopropylglucuronid gegeben (ARNDT ET AL., 2014a). Grundsätzlich ist bei Verwendung alkoholhaltiger Desinfektionsmittel weniger eine Resorption von Alkohol über die Haut von Bedeutung als vielmehr eine Inhalation des flüchtigen Alkohols. Eine Exposition durch Inhalation sollte daher vermieden werden (ARNDT ET AL., 2014b; GESSNER ET AL., 2016). Simulationen zur dermalen Aufnahme von Ethanol finden sich auch bei BÜTZER (2009).

Jüngst kam es zu weiteren Beobachtungen im Rahmen der COVID-19-Pandemie mit hochfrequenter Handdesinfektion mit ethanolhaltigen Mitteln. REISFIELD ET AL. (2021a) fanden bei Verwendung von Handdesinfektionsmitteln mit 70 Vol.-% Ethanol und einer Verwendung von 24- bis zu 100-mal täglich über 12–13 Tage vereinzelt EtG-Konzentrationen im Urin > 100 ng/ml – vornehmlich bei Desinfektionen, die sitzend durchgeführt wurden. 10 Personen, die ein ethanolhaltiges Desinfektionsmittel (70 Vol.-%) bis zu 30-mal täglich innerhalb von 6 Stunden über 5 Tage hinweg in einem Laborbetrieb benutzten, wiesen nach der Schicht sogar regelhaft EtG-Konzentrationen > 100 ng/ml auf; am Morgen danach waren die Befunde grundsätzlich wieder unauffällig (HERZOG, 2022). Folglich sollten bei Klienten, die sich beruflich bedingt besonders häufig zu desinfizieren haben, Einbestellungen nicht direkt nach entsprechenden Schichten vorgenommen werden. Bei der Bestimmung von EtG im Urin kann es auch zu falsch-negativen Befunden kommen. So kann ein bakterieller Abbau in ungekühlten Urinproben in der präanalytischen Phase dazu führen, dass der ursprünglich vorhandene Konsummarker nicht mehr nachweisbar ist. Die Hydrolyse von EtG im Urin wird vor allem durch Escherichia-coli-Stämme, die häufigsten Erreger von Infektionen des Urogenitaltrakts, verursacht (BARANOWSKI ET AL., 2008; HELANDER & DAHL, 2005).

EtG gilt als direkter Alkoholkonsummarker, für den zunächst eine Spezifität von 100 % angenommen wurde. Allerdings kann EtG auch artifiziell im Urin entstehen bei Anwesenheit von Zucker (z. B. bei nicht behandeltem Diabetes) und gleichzeitiger Anwesenheit von fermentativen sowie glucuronidierenden Mikroorganismen (HELANDER ET AL., 2007; THIERAUF ET AL., 2010). Sollte in solchen Fällen Ethylsulfat (EtS) aus Plausibilitätsgründen mitbestimmt worden sein, erhält man einen unauffälligen Befund für diesen Analyten, obwohl man doch in der Regel nach einer Alkoholbelastung sowohl EtG als auch EtS im Urin erwartet. Aus verschiedenen Gründen ist EtS als potenzieller Alkoholmarker nicht weiterverfolgt worden, wird zum Teil in Laboren im Rahmen einer Plausibilitätskontrolle aber mitbestimmt. In der Literatur wird für EtS ein Cut-off-Wert im Urin von 50 ng/ml empfohlen, für EtG von 100 ng/ml (ALBERMANN ET AL., 2012). Mit Ausnahme bei vermeintlich unbeabsichtigtem Mohnkonsum gilt grundsätzlich, dass eine positive Urinprobe nicht durch eine negative Haarprobe aufgehoben werden kann. Insofern kann auch kein positiver EtG-Befund im Urin durch eine negative Haaranalyse revidiert werden (siehe Abschnitt C.3.3). Denkbar für eine Entlastungsdiagnostik im Sinne des zuvor beschriebenen Phänomens wäre eine ergänzende Untersuchung auf EtS sowie folgende Untersuchungen der Urinprobe in entsprechender Reihenfolge (GRAW ET AL., 2017): 1. Glukosebestimmung; 2. Ethanolbestimmung; 3. mikrobiologische Untersuchung (Nachweis fermentativer Mikroorganismen); 4. mikrobiologische Untersuchung (Nachweis glucuronidierender Mikroorganismen).

Für die Abstinenzüberprüfung im Rahmen der Fahreignungsbegutachtung eignet sich Urin als Probenmaterial besser als Blut, wenn mehrere stichprobenartige Kontrollen nach kurzfristiger Einbestellung (maximal am Vortag der Probengewinnung) über einen definierten Zeitraum durchgeführt und Täuschungsversuche ausgeschlossen werden können. Die Analyse einer Urinprobe kann auch als Beleg für die Drogenfreiheit am Untersuchungstag (Nüchternheitsbeleg) dienen, wenngleich ein positiver Befund aufgrund des längeren Nachweisfensters im Umkehrschluss keine akute Wirkung belegt.

Als Versuch der Probenverfälschung werden in der Praxis Praktiken sowohl während bzw. nach (in vitro, extern) als auch vor (in vivo, intern) der Probennahme beobachtet. Ein Täuschungsversuch kann in der Abgabe von mitgeführtem Fremdurin oder anderer Flüssigkeiten bestehen. Extern angewendet werden aber auch Zusatzstoffe zum Urin, wie Essig, Seife, Zitronensaft, Enzyme, reaktive Chemikalien, gelb gefärbte Chromate, wasserklare Bleichmittel, Nitrite, Glutaraldehyd oder auch Pulver zur chemischen Manipulation des Urins. Solche Täuschungsversuche müssen durch eine Urinabgabe unter Sichtkontrolle einer dazu befugten, entsprechend aus- und fortgebildeten, zuverlässigen Person ausgeschlossen werden (siehe auch Kriterium CTU 2, Abschnitt C.3.8). Eine Standardisierung, die auch im Rahmen der Fahreignungsdiagnostik zu übernehmen ist, erfolgte durch die Welt-Anti-Doping-Agentur (WADA 2014, vgl. auch NADA 2013) und dient als Vorlage für folgende Vorgaben:

- Der Proband muss sich vor Abgabe der Probe entweder die Hände gründlich mit klarem Wasser waschen (so werden mögliche Störsubstanzen an Händen/

unter Fingernägeln abgewaschen) oder bei der Abgabe geeignete Handschuhe (z. B. Latex) tragen.

- Während der Probenabgabe muss die Sicht auf die Körperaustrittsöffnung ungehindert möglich sein.
- Die ungehinderte Sicht, bei der alle die Sicht einschränkenden Kleidungsstücke abzulegen oder entsprechend zu richten sind, beginnt bei Übergabe des Probenbehälters. Die Gegenwart des Klienten ist bis zum Verschluss der Probe zu gewährleisten.

Wichtig ist, dass Kleidungsstücke nicht die Sicht auf die Probenabgabe verdecken, das heißt, sie müssen ausgezogen oder so weit gerichtet sein, dass Sichteinschränkungen vermieden und Manipulationsutensilien ausgeschlossen werden können (S. FRANZ ET AL., 2020). Auch müssen Unterarme sichtbar sein, um Schlauchapparaturen erkennen zu können. Da es sich bei der Probennahme im Rahmen der Fahreignungsdiagnostik um eine medizinische Tätigkeit handelt (vgl. eingeschränkter, zugelassener Personenkreis), muss der Probennehmer nicht zwingend gleichen Geschlechtes sein. Ein Expertengespräch bei der Bundesanstalt für Straßenwesen (BASt) ergab, dass der Einsatz von Markerverfahren zur Zeit keinen Ersatz für die Sichtkontrolle bei der Urinabgabe darstellt; die BASt hat hierzu eine Stellungnahme verfasst (BASt, 2017).

Als Mittel zur Verfälschung (in vivo) wird insbesondere die Verdünnung der Urinprobe durch Einnahme von Diuretika bzw. Tee, Wasser oder anderen Getränken in Litermengen versucht. Eine Überprüfung des Urins auf Verdünnung sowie eine sofortige Temperaturbestimmung bei der Abnahme müssen regulärer Bestandteil einer Probencharakterisierung sein. Die dazu gehörigen Messgrößen sind in Tabelle C.8 zusammengefasst; unabdingbar ist eine Kreatininbestimmung, optional stehen weitere Testverfahren zur Verfügung.

Kreatinin ist ein harnpflichtiges Stoffwechselprodukt des Kreatins im Muskel mit einer relativ konstanten Ausscheidungsrate von 24 Stunden, weshalb zu niedrige Kreatininwerte im Urin als Hinweis auf mögliche endogene oder exogene Verdünnungseffekte angesehen werden können. Es bestehen allerdings große interindividuelle Unterschiede in der Kreatininausscheidung bei Spontanurinproben. Niedrige Kreatininwerte können auch ohne Täuschungsversuch insbesondere bei sehr schlanken Personen auftreten, was gegebenenfalls in der Einzelfallbetrachtung zu berücksichtigen ist. Laut der European Workplace Drug Testing Society (EWDTS) sollte man bei einem Kreatiningehalt zwischen 5,6 und 22,6 mg/dl (0,5-2,0 mmol/l) von (möglicherweise endogen) verdünntem Urin ausgehen (EUROPEAN WORKPLACE DRUG TESTING SOCIETY, 2015). Bei Urinproben mit einer Kreatininkonzentration gleich oder kleiner 5,6 mg/dl (0,5 mmol/l) seien negative Drogenbefunde nicht mehr mitzuteilen.

Basierend auf diesen Grundlagen wurde bei Analysen im Rahmen der Fahreignungsdiagnostik eine Grenze der Verwertbarkeit von 20 mg/dl festgelegt (Sonderfall Überprüfung der Nüchternheit am Untersuchungstag ist in CTU 1, Abschnitt C.3.8, festgelegt). Probanden in Abstinenzkontrollprogrammen sollten darauf hingewiesen werden, dass sie in den 1 ½–2 ½ Stunden vor der Probennahme nicht mehr als

Tabelle C.8: Messgrößen zur Prüfung auf Probenverwertbarkeit
(vgl. auch GRESSNER & ARNDT, 2013)

„Präanalyt"	Normalbereiche	Grenzen der Verwertbarkeit
Kreatinin	260 – 2 170 mg/l (Frauen) 390 – 2 590 mg/l (Männer)	< 200 mg/l (entsprechend 20 mg/dl): in-vitro- oder in-vivo-Urinverdünnung hinterfragen. Cave bei Personen mit deutlich reduzierter Muskelmasse, die eine unter den Normbereichen liegende Kreatininausscheidung aufweisen können, ohne dass eine Urinmanipulation vorliegen muss > 3 500 mg/l (entsprechend 350 mg/dl): zu geringe Flüssigkeitsaufnahme z. B. während der Arbeit; es ist nicht zwingend von einer Nicht-Verwertbarkeit auszugehen.
Temperatur*	36 – 37 °C	< 32 °C oder > 39 °C
Optional:		
Spez. Gewicht	1,003 – 1,030 g/ml	< 1,003 g/ml
pH-Wert	4,6 – 8,0	< 4,0 oder > 9,0
Nitrite (farblos)	bakteriell bedingt bis ca. 125 µg/ml	> 500 µg/ml
Chromate (gelb)	–	> 100 µg/ml

* Die Referenzwerte wurden empirisch ermittelt. Die Temperatur des Urins muss möglichst direkt nach der Probenabgabe gemessen werden.

0,2 l Flüssigkeit aufnehmen sollten, um eine Kreatininkonzentration von 20 mg/dl nicht zu unterschreiten (S. FRANZ ET AL., 2019). Grundsätzlich ist bei niedrigen Kreatininkonzentrationen eine differenzierte Beurteilung der Ergebnisse, abhängig von Gewicht und Geschlecht des Probanden, zu empfehlen. Extrem hohe Kreatininkonzentrationen können durch eine unzureichende Flüssigkeitszufuhr z. B. während der Arbeit zustande kommen. Eine Kreatinaufnahme führt nach einigen Arbeitsgruppen nicht zu erhöhten Kreatininkonzentrationen im Urin (KAMBER ET AL., 1999; ROPERO-MILLER ET AL., 2000), wohingegen bspw. ENGELHARDT ET AL. (1998) nach Aufnahme von jeweils 6 mg Kreatinmonohydrat über 5 Tage eine Erhöhung im Mittelwert feststellen konnten, ebenso wie SCHEDEL ET AL. (2000) nach Aufnahme von täglich 30 mg Kreatinmonohydrat über 6 Tage. Die Konzentrationsanstiege wiesen allerdings keine Signifikanz auf.

In einer aktuellen Studie wurden vor einer Urinabgabe 1,5 l Flüssigkeit einmal ohne und dann mit Zusatz von 22,8 g Kreatinmonohydrat (entsprechend 20 g Kreatin) aufgenommen (S. FRANZ ET AL., 2022). Während im ersten Fall alle Probanden (n = 18) nach 2 Stunden Kreatininwerte im Urin unterhalb von 20 mg/dl aufwiesen, lag nach Kreatinaufnahme die Hälfte der Probanden in einem Bereich oberhalb dieser Entscheidungsgrenze. Die Autoren empfehlen, bei Verdacht auf Kreatinaufnahme zusätzlich das spezifische Gewicht zu bestimmen.

Unabhängig davon kann aber auch die Messmethode unter Umständen den Analysenwert für Kreatinin im Urin beeinflussen, wenn bei einer enzymatischen Bestimmung zunächst eine Konversion von Kreatinin zu Kreatin erfolgt; eine solche Methode ist dann als ungeeignet anzusehen. In Zweifelsfällen sollte eine selektive, chromatographische Bestimmung von Kreatinin im Urin herangezogen werden (LUGINBÜHL & WEINMANN, 2017; S. FRANZ ET AL., 2021).

C. 3.3 Nachweisbarkeit von Suchtstoffen in Haaren

Haare stellen ein geeignetes Untersuchungsmaterial zur Überprüfung von Drogenkonsum bzw. zur Abstinenzkontrolle dar (MADEA & MUSSHOFF, 2004; PRAGST & BALIKOVA, 2006; MUSSHOFF & MADEA, 2007a, b; MUSSHOFF, 2019). Aufgrund der dauerhaften Einlagerung körperfremder Substanzen in die Haarmatrix ist in Abhängigkeit von der Haarlänge insbesondere eine retrospektive Prüfung auf Substanzmissbrauch möglich – zum einen, um für diesen Zeitraum eine Abstinenz zu belegen, zum anderen, um bei zurückliegender Auffälligkeit des Probanden zu klären, ob damals ein Konsum vorlag, gegebenenfalls auch in welcher Intensität. Das Nachweisfenster ist größer als für Blut oder Urin, zudem ist wegen des einigermaßen gleichmäßigen Wachstums von Kopfhaaren auch ein Rückschluss auf frühere Einnahmephasen bzw. das Konsumverhalten möglich.

Die Haaranalyse weist im Vergleich zur Urinanalyse einige weitere Vorteile auf: Eine Einbestellung kann im Gegensatz zum Urin-Abstinenzkontrollprogramm längerfristig geplant werden. Der Klient muss nicht auf Abruf zur Verfügung stehen, was bei häufigen beruflichen Verhinderungen oder Personen, die eine weite Anreise zur Untersuchungsstelle haben, vorteilhaft sein kann. Auch längere Verhinderungszeiten können durch eine Haaruntersuchung überbrückt werden, und in Fällen, in denen sich erst später die Notwendigkeit der Vorlage entsprechender Befunde ergibt, ermöglicht die Haaranalyse die Durchführung einer retrospektiven Kontrolluntersuchung.

Die Haarwurzel ist von zahlreichen Blutgefäßen umgeben. Enthält das Blut Fremdstoffe, kommt es auch zu einer Einlagerung dieser Substanzen in das wachsende Haar. Zusätzlich werden die aufgenommenen Fremdsubstanzen über den eigenen Schweiß und Talg in Haare eingelagert. Fremdsubstanzhaltige Haarabschnitte erreichen in der Regel nach 9 – 14 Tagen die Oberfläche der Kopfhaut. In Abhängigkeit vom Ausmaß einer Aufnahme von Fremdsubstanzen, welche dann mehr oder weniger häufig bzw. in niedrigeren oder höheren Konzentrationen und verschieden lang im Blut zirkulieren, können diese in den Haaren aufgefunden werden, die sich zu diesem Zeitpunkt in der aktiven Wachstumsphase (Anagenphase) befinden. Haare älterer Kinder und Erwachsener unterliegen einem zyklischen Wachstum. Der Haarwachstumszyklus in den einzelnen Haarfollikeln besteht aus drei Phasen: In der Anagenphase (Wachstumsphase, Dauer üblicherweise drei bis sieben Jahre) wird die Haarwurzel über Blutkapillaren und den Plexus versorgt, über die auch etwaige zirkulierende Fremdstoffe eingelagert werden. Im Schnitt befindet sich ein Anteil von 85 – 90 % der Kopfhaare in diesem Zustand.

In der Katagenphase (Übergangsphase der Haare vom Wachsen zum Ausfallen) verhornt die Haarwurzel allmählich. Das sogenannte Beethaar wird nicht mehr mit Nährstoffen versorgt, da sich die Blutkapillaren zurückbilden. In der Katagenphase, die nur drei bis vier Wochen dauert, befinden sich nur 1–3 % der Haare. Es schließt sich die Telogenphase (Ruhephase) an. Haare, die ruhen, aber kurz vor der Abstoßung stehen, nennt man Kolbenhaare. Die Haare sind samt der äußeren Wurzelscheide nicht mehr im Haarfollikel verankert, sodass sie leicht ausfallen können. In der Telogenphase befinden sich 12 – 15 % der Haare; diese Phase dauert pro Haar zwei bis sechs Monate. Nachdem das Haar abgestoßen wurde, bildet sich ein neuer Haarkeim.

Bei einer Haaranalyse ist zu berücksichtigen, dass eine Kontamination der Haare durch Einlagerung von außen, beispielsweise durch Aerosole oder Stäube, möglich ist. Eingelagert werden vorzugsweise unveränderte Muttersubstanzen und lipophile Metaboliten. Vornehmlich basisch reagierende Suchtstoffe finden sich bei gleichem Konsumverhalten in dunkel pigmentierten Haaren in höheren Konzentrationen als in blonden oder rötlichen bzw. unpigmentierten Haaren. Daher sind Haarfarbe, Pigmentgehalt und -art, Haardicke, aber auch die intakte Struktur der Haare bzw. die Dauer, in der die Haare umweltbedingten Einflüssen (z. B. UV-Strahlung, Hitze) oder haarkosmetischen Behandlungen[1] ausgesetzt waren, für den Gehalt an Substanzrückständen von Bedeutung. Aufgrund großer inter- und intraindividueller Unterschiede sind solche Einflussfaktoren aber nicht in einer solchen Weise fassbar, als dass daraus konkrete Interpretationshilfen gegeben werden könnten.

Aus dem zyklischen Wachstum des Haares resultiert auch eine zumindest gewisse zeitliche Unsicherheit für die Interpretation (PÖTSCH & SKOPP, 2004). Diese ergibt sich aus:

- der intra- und interindividuellen Variabilität des Haarwachstums mit einer Wachstumsrate von 0,8 – 1,4 cm/Monat: Für Beurteilungen im Rahmen

1 Colorierte Haare (Färbung/Tönung) werden – Alkohol ausgenommen – für einen Abstinenzbeleg akzeptiert, sofern durch ein zusätzliches Urinkontrollprogramm (oder die ergänzende Analyse eines 6 cm langen Abschnittes eines unbehandelten Haares) ein Abstinenzbeleg für die letzten 6 Monate erbracht wird; gebleichte Haare werden aufgrund nachgewiesener deutlicher Einflüsse auf die Fremdstoffkonzentration im Haar jedoch nicht akzeptiert.

der Fahreignungsdiagnostik ist von einem durchschnittlichen Wachstum von Kopfhaaren von 1 cm pro Monat auszugehen.

- der Anwesenheit katagener und telogener Haare in einer abgeschnittenen Probe, die sich gegebenenfalls bis zu 6 Monate nicht mehr im Wachstumsstadium befanden. Der Anteil katagener und telogener Haare ist bei kürzeren Haarproben außerdem davon abhängig, wann und wie die Haare zuletzt gekürzt wurden. So befinden sich etwa nach einer totalen Rasur alle nachwachsenden Haare im Anagenstadium.
- der möglichen Einlagerung von Fremdsubstanzen auch aus Schweiß, Talg oder umgebenden Geweben sowie aus exogenen Antragungen (Stäube, Aerosole, Gase) direkt auf die Haare.

In Abhängigkeit vom zurückliegenden Konsumverhalten sollte bei einem Abstinenzbeleg über den Untersuchungszeitraum hinaus noch ein Sicherheitszeitfenster von zusätzlich 2–3 Monaten eingerechnet werden, bevor ein erster Abschnitt einer Abstinenzkontrolle zugeführt wird. Bei intensivem/häufigem Konsum kann es noch nach 6 Monaten zu positiven Befunden kommen. Dieses Phänomen erklärt die meisten Klientenbeschwerden nach einem positiven Befund bei der ersten Kontrollprobe zur Abstinenzüberprüfung. Werden Ergebnisse von Analysen an Haarproben, bei denen eine zeitgleiche Entnahme an unterschiedlichen Stellen des Kopfes erfolgte, miteinander verglichen, können die quantitativen Werte erheblich variieren (DUSSY ET AL., 2014; MEIER ET AL., 2017, 2019). Dies ist durchaus plausibel und bei Nachfragen oder Beschwerden mit zu berücksichtigen.

Interindividuelle Dosis-Konzentrations-Beziehungen sind eingeschränkt verfügbar (MUSSHOFF ET AL., 2020) und können bedingt für Plausibilitätskontrollen zur Ermittlung des Konsumverhaltens herangezogen werden. Sichere Grenzwerte für bestimmte Konsummuster sind derzeit nicht aufzustellen, jedoch sind bei Angabe eines einmaligen oder seltenen Konsums zunächst geringere Fremdstoffkonzentrationen in den Haaren zu erwarten als bei regelmäßigem Konsum. Ein einmaliger Konsum ist in der Regel nur für wenige Suchtstoffe und dann nur bei der Untersuchung kurzer Haarsegmente, die den Konsumzeitpunkt erfassen, nachweisbar. Durch ihre ungeschützte Position sind Haare äußeren Antragungen und Manipulationen zugänglich. Kosmetische Haarbehandlung (Färben, Bleichen etc.) können ebenfalls Einfluss auf einen Haarbefund nehmen, da Fremdstoffe während der Anwendung zumindest teilweise zerstört, evtl. aber auch abgebaut oder ausgewaschen werden können.

Körperhaare wie Achsel-, Scham-, Brust- oder Barthaare können gegebenenfalls ersatzweise oder zusätzlich gewonnen werden. Sie weisen im Vergleich zu Kopfhaaren eine kürzere Anagenphase und eine lange Telogenphase auf (Tabelle C.9). Körperhaare repräsentieren die Dauer des gesamten Wachstumszyklus, falls zwischenzeitlich keine Kürzung erfolgt (gegebenenfalls also über 2 Jahre z. B. bei Schamhaaren). Somit sind entsprechende Analysen zum Beleg einer erst einige Monate bestehenden Abstinenz nicht geeignet; die Klienten sind auf den sehr viel längeren Nachweiszeitraum hinzuweisen.

Tabelle C.9: Durchschnittliche Wachstumsgeschwindigkeit (cm/Monat) und überblickter Zeitraum bei der Analyse der Gesamtprobe von ungekürzten und nicht rasierten Körperhaaren (Analyse über die Gesamtlänge)

(PRAGST & SACHS, 2008; MUSSHOFF, 2019).

Haarart	Durchschnittliche Wachstumsgeschwindigkeit (cm/Monat)	Überblickter Zeitraum (Monate)
Barthaare	0,5 – 1	–
Armhaare	0,7 – 1,5	4 – 6
Beinhaare	0,4 – 0,8	3 – 6
Brusthaare	0,8	4 – 10
Schamhaare	0,9	22 – 33
Achselhaare	0,8 – 1	23 – 36

Der überblickte Zeitraum gilt nur, wenn nicht zwischendurch eine Rasur stattgefunden hat; bei einer Rasur ist der Zeitpunkt für eine Beurteilung bedeutsam. Bei Barthaaren ist eine Aussage zu dem überblickten Zeitraum besonders schwierig, da die Anteile von anagenen zu katagenen/telogenen Haaren individuell stark differieren können.

Andererseits wachsen Körperhaare nach einer Rasur mit ca. 0,8 cm pro Monat relativ schnell wieder auf ihre eigentliche Länge, weshalb bei Abstinenzbelegen im Rahmen der Fahreignungsdiagnostik bei Verwendung von Körperhaaren pro untersuchtem Zentimeter auch nur ein Nachweiszeitraum von einem Monat anerkannt wird.

Körperhaare werden in der Regel nicht als Haarstrang abgenommen, sodass eine Kürzung auf eine bestimmte Länge im Labor nicht erfolgen kann. Sie können grundsätzlich nur über die Gesamtlänge einer Analyse zugeführt werden, eine Segmentierung ist nicht möglich. Bei Körperhaaren können bei einer Analyse auf EtG, ungeachtet einer 3 cm überschreitenden Länge, aus Gründen der Gleichbehandlung nur maximal 3 Monate Abstinenz belegt werden, bei anderen Fragestellungen maximal 6 Monate. Achselhaaruntersuchungen auf EtG sind als Abstinenzbeleg allerdings nicht verwertbar, da es durch Schweiß zu einem Auswaschen mit möglicherweise falsch-negativen Befunden kommen kann (PIANTA ET AL., 2013).

Eine Analyse von Körperhaaren ist nur sinnvoll, wenn sie zum Zeitgewinn zu Beginn eines Abstinenzkontrollzeitraums erfolgt und durch Urinanalysen oder (eine) weitere Kopfhaaranalyse(n) vor der Begutachtung ergänzt wird. Alternativ kann auch nach jeder Abnahme von Körperhaaren eine Rasur erfolgen, sodass für jede weitere Analyse jeweils nur anagenes Haar an derselben Stelle entnommen werden kann. Dies ist entsprechend zu dokumentieren.

Die Bestimmung von Fremdsubstanzen im Haar gliedert sich in verschiedene methodische Schritte auf: Dekontamination, mechanische Zerkleinerung, Haaraufschluss/Extraktion und Aufreinigung sowie das eigentliche Analyseverfahren. Bei der Interpretation ist darauf zu achten, dass unterschiedliche Messergebnisse für verschiedene Methoden zu erwarten sind. Direkte Vergleiche quantitativer Ergebnisse, welche mit unterschiedlichen Methoden gewonnen wurden, können daher problematisch sein. Grundsätzlich müssen dem Haaraufschluss ein oder mehrere Waschschritte vorausgegangen sein, um exogene Antragungen zu entfernen. Beim Haaraufschluss bzw. der Extraktion von Analyten aus der Matrix sind die spezifischen Stoffeigenschaften zu beachten. So ist insbesondere auf den Ausschluss einer Hydrolyse relevanter Verbindungen sowie die verwendeten internen Standards während der Aufarbeitung und Analyse zu achten. Ein Nachweis von Stoffwechselprodukten erhöht die Aussagekraft von Befunden.

Bei zwei Substanzklassen ist bei positiven Haarbefunden eine zurückhaltende Interpretation hinsichtlich eines Konsumnachweises vorzunehmen, nämlich bei alleinig positiven Befunden auf THC und Cocain/Benzoylecgonin (BZE; Metabolit, aber auch Hydrolyseprodukt von Cocain). THC gelangt beim Rauchen in die Umgebungsluft und kann sich als Aerosol auch auf Haaren niederschlagen; bei Cocain handelt es sich um eine sehr feinstaubige Substanz mit einem ebenfalls hohen Kontaminationspotenzial, sodass beide Substanzen bei Kontakt mit Konsumenten auch aus der Umgebung in die Haare gelangen können, ohne konsumiert worden zu sein. Deshalb kommt der Befragung und Aufklärung des Klienten darüber, dass der Kontakt zu Konsumenten und Personen, die mit BtM Kontakt haben, vermieden werden muss, vor einer Abstinenzkontrolle große Bedeutung zu. Auch wenn ein positiver Nachweis von THC oder Cocain/BZE einen aktiven Konsum nicht beweist, ist umgekehrt ein Abstinenzbeleg durch einen solchen Befund nicht zu erbringen. Als bestätigt kann bei positivem Befund auch der Umgang mit der Substanz oder mit Personen gelten, die dem Konsumentenkreis zuzuordnen sind. Wie dies prognostisch zu werten ist, muss von der Ausprägung der Problematik und der Vorgeschichte abhängig gemacht werden und ist keine toxikologische Fragestellung.

Beharrt der Klient darauf, Cocain bzw. THC keinesfalls konsumiert zu haben, kann ihm empfohlen werden, zur weiteren Aufklärung eine Analyse von Stoffwechselprodukten zu beauftragen, die eine Körperpassage und damit einen Konsum mit höherer Sicherheit belegen. Bei Cocain kann man auf die Metaboliten Norcocain und Cocaethylen zurückgreifen, die allenfalls in Spuren in Straßencocain selbst anzutreffen sind. Zusätzlich finden sich in Haaren von Cocainkonsumenten auch am aromatischen Ring hydroxylierte Metaboliten von Cocain, Benzoylecgonin und Norcocain (ROPERO-MILLER ET AL., 2012; SCHAFFER ET AL., 2016; MUSSHOFF ET AL., 2018). Sind die Konzentrationsverhältnisse der zuletzt genannten Metaboliten im Vergleich zu Cocain in Haarproben deutlich höher als die entsprechenden Verhältnisse in Straßencocain, so wird dies als Beleg eines erfolgten Konsums gewertet (FRANZ ET AL., 2018a).

Auch ein Konsum von Cannabisprodukten lässt sich anhand einer Haaranalyse zuverlässig durch den Nachweis der Stoffwechselprodukte Delta-9-Tetrahydrocannabinol-9-Carbonsäure (THC-COOH) und 11-Hydroxy-THC belegen (FRANZ ET AL., 2018b; ZINKA ET AL., 2019). Zwar gibt es kritische Stimmen, die vor artifiziellen Einflüssen bei engem Körperkontakt (insbesondere Kontakt mit Schweiß oder Talg) mit Konsumenten warnen (MOOSMANN ET AL., 2015); dieser Kritik liegen allerdings nur wenige, rein experimentelle Untersuchungen zugrunde, ohne dass in der Praxis ein solcher Fall bisher beschrieben wurde. Tatsächlich lassen sich auch bei eng in einem Haushalt zusammenlebenden Personen mit jeweils positivem THC-Nachweis über die Metaboliten Konsumenten von Nichtkonsumenten unterscheiden. Auch experimentell wurde eine externe Kontamination mit THC-COOH infrage gestellt (HILL ET AL., 2016). Bei Kinderhaaren, die dünner als Haare von Erwachsenen und weniger widerstandsfähig sind, ist hingegen mehr Vorsicht bei der Interpretation angebracht. Hier sei auf ein Statement der Fachgesellschaften verwiesen (DGVM & GTFCH, 2016).

Die charakteristischen Cocainmetaboliten Norcocain und Cocaethylen oder THC-COOH können ggf. durch spezialisierte Analysen bestimmt werden, was entsprechende Zusatzkosten verursacht. Daher wird folgende Vorgehensweise propagiert: die Muttersubstanzen werden im Rahmen eines polytoxikologischen Screenings bestimmt. Wird für einen positiven Befund eine externe Kontamination verantwortlich gemacht, kann der Klient nach Aufklärung zusätzlich eine kostenpflichtige Bestimmung auf die Metaboliten durchführen lassen, um sich zu exkulpieren.

Negative Befunde auf charakteristische Stoffwechselprodukte beweisen zwar nicht immer eine externe Kontamination, da sie bei sehr geringen Konzentrationen der Muttersubstanz nicht zwingend in den Haaren zu erwarten sind, können aber die Annahme einer externen Kontamination stützen. Dies ist im Rahmen einer medizinisch-psychologischen Gesamtbegutachtung zu klären. Eine entsprechende Aufklärung des Klienten über die Möglichkeiten und Grenzen der Haaranalyse muss durch die probennehmende- bzw. programmdurchführende Stelle erfolgen.

Bei der inhalativen Aufnahme synthetischer Cannabinoide ist, wie bei THC, zu beachten, dass es bei Haaranalysen zu positiven Befunden durch Exposition gegenüber Rauch kommen kann. Charakteristische Metaboliten zum Nachweis einer Körperpassage sind nur für sehr wenige Vertreter beschrieben.

Konzentrationen des Alkoholstoffwechselproduktes EtG in Haaren ab 5 pg/mg lassen sicher auf Alkoholkonsum schließen. Zur Unterscheidung eines sozial angepassten Trinkverhaltens von einem erhöhten Alkoholkonsum wurden in der Literatur EtG-Haarkonzentrationen von 23 pg/mg (APPENZELLER ET AL., 2007), 25 pg/mg (YEGLES ET AL., 2004; YEGLES & PRAGST, 2005; PRAGST ET AL., 2008), 27 pg/mg (MORINI ET AL., 2009) und 30 pg/mg (BENDROTH ET AL., 2008; HØISETH ET AL., 2009) propagiert. Diese Werte wurden ermittelt über ROC-Analysen nach Angabe von Trinkmengen (MORINI ET AL., 2009), linearer Extrapolation von Trinkangaben auf eine tägliche Alkoholbelastung von 60 g (APPENZELLER ET AL., 2007), oder beruhen allgemein auf Selbstangaben zum Trinkverhalten. Da die Daten fast ausschließlich von Patienten aus Alkoholentwöhnungstherapien stammen, werden die Selbstangaben auch als valide angesehen. Obwohl unterschiedlich ermittelt, liegen sie eng beieinander, sodass allgemein davon auszugehen ist, dass EtG-Haarkonzentrationen von

25 – 30 pg/mg mit großer Wahrscheinlichkeit für einen erhöhten Alkoholkonsum sprechen und der von der Society of Hair Testing (SoHT) festgelegte Cut-off-Wert von 30 pg/mg als gerechtfertigt erscheint. Laut der SoHT sei dann von einem chronisch exzessiven Alkoholkonsum mit einer durchschnittlichen täglichen Alkoholaufnahme von 60 g über mehrere Monate auszugehen (SoHT 2019).

PRAGST ET AL. (2010) belegten auch anhand von Rechenmodellen, dass nicht nur die Alkoholdosis, sondern insbesondere auch das Trinkverhalten maßgeblich Einfluss auf die EtG-Konzentration im Haar nimmt und gerade bei einer täglichen Dosis von 60 – 120 g ein deutlicher Anstieg der EtG-Konzentration zu erwarten ist. Bei deutlich übermäßigem Alkoholkonsum von wahrscheinlich mehr als 120 g/d kann es nach Beginn einer Abstinenz noch nach 6 Monaten zu schwach positiven Befunden (≥ 5 pg/mg) kommen. Dieses Phänomen erklärt die meisten Einwände gegen einen positiven Befund in der ersten Haarkontrolle. Gerade bei geplanten EtG-Untersuchungen an Haaren sollte – wie zuvor bereits beschrieben – in Abhängigkeit vom zurückliegenden Konsumverhalten bei einem Abstinenzbeleg über den Untersuchungszeitraum hinaus noch ein Sicherheitszeitfenster von zusätzlich 2 – 3 Monaten eingerechnet werden, bevor erste Anteile einer Abstinenzkontrolle zugeführt werden.

Für Haaranalysen auf EtG ist maximal ein 3 cm langes proximales Haarsegment einzusetzen. Bei EtG handelt es sich um eine sehr hydrophile Substanz, sodass es auch bei gleichbleibendem Trinkverhalten infolge üblicher haarhygienischer Maßnahmen und der natürlichen Haaralterung zu einer deutlichen Abnahme der Konzentration mit wachsender Entfernung von der Kopfhaut zur Haarspitze kommt (PRAGST & YEGLES, 2008; TSANACLIS ET AL., 2009; PRAGST ET AL., 2010). Prinzipiell lässt sich EtG auch in längeren Haarsegmenten bzw. Segmenten, die viele Monate weiter zurückreichen, nachweisen. Es stellt sich jedoch die Frage, wie repräsentativ diese Ergebnisse sind. Hier ist gerade bei Untersuchungen zur Stützung einer Abstinenzannahme neben dem Auswascheffekt ein Verdünnungseffekt zu beachten, der durch jeweils längere Abstinenzphasen bei nicht strikter Einhaltung eines Alkoholverzichtes dazu führen kann, Werte unterhalb einer festgelegten Entscheidungsgrenze zu erreichen. Kürzlich wurde beobachtet, dass bereits in einem 3 – 6 cm von der Kopfhaut entfernten Segment ein Abfall der EtG-Konzentration um beinahe 50 % verzeichnet werden kann (FOSEN ET AL., 2019).

Ergebnisse, nach denen bei Anwendung ethanolhaltiger Haarwässer höhere EtG-Konzentrationen gefunden wurden, ließen sich nicht bestätigen (MARTINS FERREIRA ET AL., 2012). Beim Auftragen von Ethanol auf Haare wird kein EtG in den Haaren bzw. in der Kopfhaut gebildet. Die Glucuronosyltransferaseaktivitäten in Hautzellen sind im Vergleich zu den entsprechenden Aktivitäten in Leberzellen vernachlässigbar gering. Tatsächlich wird Ethanol über die intakte Haut praktisch nicht resorbiert und führt auch nicht zu messbaren Konzentrationen im Blut. Berücksichtigt man weiterhin, dass höchstens 0,5 % des Ethanols im Körper zu EtG verstoffwechselt werden, ist eine so geartete artifizielle Bildung, die zu messbaren EtG-Werten in Haaren führen könnte, nicht erklärbar. In Einzelfällen kann allerdings ein positiver Haarbefund auf die Anwendung eines Haarpflegemittels zurückzuführen sein, wenn dieses selbst EtG, möglicherweise aus pflanzlichem Material und/oder bei dessen Verarbeitung anfallend, enthält (SPORKERT ET AL., 2012; ARNDT ET AL., 2013). Sollte in einem konkreten Einzelfall tatsächlich ein solcher Verdacht bestehen, wären entsprechende Analysen der Pflegemittel auf EtG anzuraten. EtS ist in Haarkosmetika häufiger enthalten, weshalb dieser Parameter grundsätzlich nicht als Alkoholmarker in Haaren zu verwenden ist.

Haarbehandlungen wie Bleichen und Färben können einen ganz erheblichen Einfluss auf die EtG-Konzentration in Haaren nehmen; es wurden Konzentrationsabnahmen von durchschnittlich bis zu 82 bzw. 65 % beschrieben (CRUNELLE ET AL., 2015). Eine einmalige Coloration führt zu einem meist nicht messbaren oder deutlich geringeren Rückgang an EtG als mehrmaliges Färben der Haare. Da die Häufigkeit der Haarbehandlung nicht überprüfbar ist, werden bei EtG-Haaranalysen im Rahmen der Fahreignungsdiagnostik behandelte Haarproben gänzlich ausgeschlossen. Bei anderen Fragestellungen wären mögliche Einflüsse bei der Interpretation zu berücksichtigen. Aus analytischer Sicht beruhigend erweisen sich Mitteilungen, dass zumindest die einmalige Verwendung von sogenannten „Cleaning-Shampoos“, wie Ultra Clean, Ultra Klean, Folli-Kleen oder Detox, keinen signifikanten Einfluss auf die EtG-Konzentration in den Haaren nimmt (BINZ ET AL., 2014). Bei sehr intensiver Einwirkung sind Einflüsse aber nicht auszuschließen (LUGINBÜHL ET AL., 2018, 2019a).

Allerdings sollte man sich vergegenwärtigen, dass der Beweis einer strikten Abstinenz auch über die Haaranalyse nicht zu gewährleisten ist. Während ein positiver Befund ein deutlicher Hinweis für einen Alkoholkonsum ist, kann ein negativer Test einen einmaligen oder seltenen Alkoholkonsum nicht ausschließen. Insbesondere eine Studie von KRONSTRAND ET AL. (2012) bekräftigt dies: Selbst ein regelmäßiger Konsum von 16 bzw. 32 g Alkohol/Tag (entsprechend ca. 0,2 bis 0,4 l Rotwein) über einen Zeitraum von drei Monaten führte nicht zwingend zu einer detektierbaren EtG-Konzentration in Haaren. Quantifizierbare EtG-Konzentrationen konnten bei der niedrigeren Dosis nur in einem von 14 Fällen (3 pg/mg) bzw. nach der höheren Dosis in 4 von 7 Fällen (5–11 pg/mg) nachgewiesen werden. Bei Aufnahme von 16 g Alkohol täglich wies niemand eine EtG-Konzentration > 7 pg/mg in den Haaren auf. Auch in weiteren Studien (z. B. CRUNELLE ET AL., 2016) wurde dieser frühere Cut-off-Wert als zu hoch eingestuft und gemäß den aktuellen Empfehlungen der Society of Hair Testing auf 5 pg/mg gesenkt (SOHT, 2019), wodurch die Nachweiswahrscheinlichkeit erhöht wurde.

Grundsätzlich ist zu beachten, dass bei Urinkontrollen auf EtG ein gelegentlicher Konsum von größeren Alkoholmengen aufgrund des Stichprobencharakters der Kontrollen nicht entdeckt wird, während bei Haaranalysen ein ggf. regelmäßiger Konsum geringer Mengen nicht detektiert wird. Im Rahmen der COVID-19-Pandemie tauchte die Frage auf, inwieweit ein häufiges Desinfizieren mit ethanolhaltigen Handdesinfektionsmitteln zu positiven EtG-Befunden in Haaren führen kann. SCHOLZ ET AL. (2021) belegten, dass dies nicht der Fall ist und selbst bei einer 60–70-maligen arbeitstäglichen Desinfektion nur bei einer von 10 Versuchspersonen ein Wert von ca. 2 pg/mg erreicht wurde, der damit deutlich unter dem Cut-off-Wert lag.

Bei der Bestimmung von EtG in Haaren wird häufig die Probenvorbereitung als kritischer Schritt diskutiert, insbesondere, ob die Haarprobe vor der weiteren Aufarbeitung und Analyse gepulvert oder in 1–2 mm lange Stückchen geschnitten werden solle und ob eine Standardmethode zu empfehlen sei (MUELLER ET AL., 2017; SALOMONE ET AL., 2016). Der Vorteil bei der Verwendung geschnittener Haare besteht darin, dass weniger störende Matrixeffekte bei der Analyse auftreten (PIRRO ET AL., 2013; SALOMONE ET AL., 2016). Gemäß den Empfehlungen der SoHT sollten pulverisierte Haare eingesetzt werden. Falls geschnittene Haarproben verwendet werden, ist die Äquivalenz im Rahmen der routinemäßig durchzuführenden Ringversuche zu belegen (SoHT, 2019). Bei den Ringversuchen der SoHT werden die Ergebnisse von Analysen pulverisierter und geschnittener Proben jeweils markiert gegenübergestellt. Man sollte auch im Rahmen einer Validierung ermitteln, ob bei der Aufarbeitung eine erschöpfende Extraktion erfolgt.

Zur Überprüfung der Alkoholkonsumgewohnheiten eignet sich zusätzlich zur Bestimmung von EtG diejenige von Fettsäureethylestern (FSEE) in den Haaren, wobei zunächst die Summenkonzentration von Ethylmyristat, -palmitat, -oleat und -stearat ermittelt wird (PRAGST ET AL., 2001, 2010; ALBERMANN ET AL., 2011). Während EtG vornehmlich über das Blut bzw. als hydrophile Substanz über den Schweiß in die Haare gelangt, werden FSEE nach dem gegenwärtigen Kenntnisstand hauptsächlich über die Talgdrüsen und den von den Talgdrüsen abgesonderten Talg in das Haar eingelagert. Die Verwendung ethanolhaltiger Haarpflegeprodukte kann zu positiven FSEE-Befunden führen, wobei angenommen wird, dass eine Veresterung mit Alkohol in den Talgdrüsen erfolgt (HARTWIG ET AL., 2003; GARERI ET AL., 2011). Die Pigmentierung der Haare scheint keinen Einfluss auf die FSEE-Konzentration zu haben (KULAGA ET AL., 2009). Früher war eine FSEE-Summenkonzentration von 1 ng/mg in einem proximalen Haarsegment von 6 cm Länge als Entscheidungsgrenze zur Feststellung eines übermäßigen Alkoholkonsums (mehr als 6-mal wöchentlich 30–60 g Alkohol/Tag) üblich und eine FSEE-Konzentration ab 0,4 bis 0,5 ng/mg wurde als nicht mit einer Abstinenz vereinbar angesehen. Während die EtG-Konzentration entlang des Haares von proximal zu distal regelmäßig abnimmt, konnte wiederholt gezeigt werden, dass die FSEE-Konzentration bei gleichbleibender Alkoholaufnahme aufgrund des unterschiedlichen Einlagerungsmechanismus zur Haarspitze hin zunimmt (SUESSE ET AL., 2012).

Nach den aktuellen Empfehlungen der Society of Hair Testing (SoHT, 2019) wird für die Beurteilung nur noch die Konzentration von Ethylpalmitat verwendet. Bei einer proximalen Abschnittslänge von 3 cm wird eine Konzentration von 0,35 ng Ethylpalmitat/mg Haar als Schwellenwert für einen chronisch exzessiven Alkoholkonsum verwendet, bei einem Haarabschnitt von 6 cm Länge ein Schwellenwert von 0,45 ng/mg. Von einer Nichteinhaltung der Abstinenz geht man ab einer Ethylpalmitat-Konzentration von 0,12 bzw. 0,15 ng/mg in einem 3 bzw. 6 cm langen proximalen Segment aus. Die Summe der Fettsäureethylester wird gerne noch als Plausibilitätskontrolle verwendet.

Eine FSEE-Bestimmung in den Haaren für eine Abstinenzüberprüfung wird aufgrund der derzeitigen Datenlage nicht als geeignete Alternative zu einer EtG-Bestimmung angesehen. In zweifelhaften Fällen kann eine Bestimmung auf Wunsch eines Klienten zur weiteren Aufklärung erfolgen, wobei bei Abstinenzbelegen ein negativer FSEE-Befund einen positiven EtG-Befund nicht aufheben kann (Hinweis auf eine Körperpassage des Alkohols). Bei der Frage, ob ein übermäßiger Alkoholkonsum vorliegt, wäre in zweifelhaften Fällen die Stützung eines positiven EtG-Befundes (>30 pg/mg) durch einen ebenfalls positiven FSEE- bzw. Ethylpalmitat-Befund hilfreich.

Zusammenfassend ist festzuhalten, dass die Analyse von Kopfhaaren (in Einzelfällen auch von Körperhaaren) bei einem negativen Ergebnis und Einhaltung standardisierter Regeln als Abstinenzbeleg geeignet ist und ergänzend oder alternativ zur Analyse von Urinproben angewandt werden kann. Ein positives Ergebnis bedarf angesichts der komplexen Zusammenhänge bei Einlagerung, möglicher Einflussfaktoren und einem Nachweis der Substanzen allerdings der Interpretation eines erfahrenen Sachverständigen.

C. 3.4 Alkoholkonsummarker

Unter Alkoholkonsummarkern versteht man im Körper gebildete Stoffe, die eine stattgehabte Alkoholaufnahme anzeigen. Zu nennen sind exemplarisch die Leberenzymaktivitäten von γ-Glutamyltranspeptidase (GGT, γ-GT), Aspartataminotransferase (GOT, AST) und Alaninaminotransferase (GPT, ALT) sowie das mittlere korpuskuläre Eryhrocytenvolumen (MCV), das kohlenhydratdefiziente Transferrin (Carbohydrate-deficient Transferrin, CDT) und high-density-lipoprotein Cholesterol (HDL-Cholesterol) bzw. Neutralfette (Triglyceride) (MUSSHOFF, 2017; ANDRESEN-STREICHERT ET AL., 2018; SKOPP & MUSSHOFF, 2020). CDT, ein aufgrund seiner hohen Spezifität zunächst sehr propagierter Marker für übermäßigen chronischen Alkoholkonsum (STIBLER, 1991), zeigte im außerklinischen Bereich keine ausreichende Sensitivität (ROINE & SALASPURO, 1995). Problematisch war auch die Festlegung von Normbereichen aufgrund unterschiedlicher Analysemethoden. Insbesondere bei Langzeit- oder Verlaufsüberprüfungen ist ein Methodenwechsel problematisch (ARNDT, 2001). Das kohlenhydratdefiziente Transferrin (CDT) hat von allen vorgeschlagenen Kenngrößen eines chronischen Alkoholmissbrauchs noch die höchste diagnostische Spezifität bei allerdings eingeschränkter diagnostischer Sensitivität.

Allgemein gilt: Ein erhöhter CDT-Wert ist nahezu beweisend für chronischen Alkoholmissbrauch, ein Normalwert schließt diesen nicht aus. Die Nichtvergleichbarkeit von CDT-Werten unterschiedlicher Analysemethoden (HPLC als derzeitige Referenzmethode, Kapillarelektrophorese und Immunoassay) wurde durch die Definition eines international einheitlichen CDT-Standards (CDT_{IFCC}) basierend auf allein Disialotransferrin und nicht mehr der Summe aus Asialo-, Monosialo- und Disialotransferrin) überwunden. Die von der Working Group CDT der International Federation of Clinical Chemistry publizierten Entscheidungsgrenzen (Cut-offs) liegen für klinische Fragestellungen bei 1,7 % CDT und für forensische Fälle bei 2,0 % (HELANDER ET AL., 2016). CDT ist aufgrund seiner Halbwertszeit von ca. 14 Tagen weniger für die Abstinenzkontrolle geeignet. Sein Einsatzgebiet kann ggf. eine labordiagnostische Abgrenzung von chronischem Alkoholmissbrauch und gelegentlichen Alkoholexzessen sein.

Im Rahmen einer Differenzialdiagnose wird unabhängig von den Konsummarkern immer auch die Bestimmung zusätzlicher Parameter empfohlen, wie die Aktivität der alkalischen Phosphatase, von Bilirubin, dem Quick-Wert und von Serumalbumin. Es handelt sich bei den hier angeführten Parametern jeweils um indirekte Alkoholmarker, deren Konzentrationen oder Aktivitäten sich infolge biologischer Wirkungen des Alkohols (z. B. Zellschädigung oder Enzyminduktion) ändern. Werte außerhalb der Normbereiche gehen regelmäßig erst mit einem längerfristig gesteigerten Alkoholkonsum einher, weshalb diese Parameter zu einer Abstinenzüberprüfung nicht geeignet sind. Die Höhe alkoholtoxisch bedingter Normabweichungen korreliert nicht unbedingt eng mit der Menge des konsumierten Alkohols.

Zudem sind sowohl Spezifitäten als auch Sensitivitäten als kritisch zu erachten. Die Spezifität ist für jeden Parameter niedrig; eine Labordiagnostik kann daher nicht prinzipiell nur auf Parameter beschränkt werden, die hinsichtlich des Alkoholkonsums bedeutsam sind, sondern muss auch solche umfassen, die andere mögliche Ursachen für deren Normabweichung aufdecken. Verwiesen sei auf die S3-Leitlinie „Screening, Diagnose und Behandlung alkoholbezogener Störungen" (MANN ET AL., 2021). Die Sensitivität steigt durch eine Kombination von Markern, da einer Normabweichung jeweils unabhängige pathophysiologische Vorgänge zugrunde liegen. Dennoch kann bei eingeschränkter Sensitivität im Bereich der Fahreignungsdiagnostik begleitend auf diese Marker zurückgegriffen werden, um ein Änderungsverhalten zu überprüfen. Dann müssen aber positive Befunde aus der Vorzeit bekannt sein, die sich gegebenenfalls im weiteren Verlauf normalisieren.

Die indirekten Alkoholkonsummarker haben in den letzten Jahren deutlich an Bedeutung verloren und wurden durch direkte Alkoholmarker ersetzt oder zumindest um diese ergänzt. Darunter versteht man Metaboliten oder Reaktionsprodukte von Ethanol mit körpereigenen Substanzen, die im Körper bei Anwesenheit von Ethanol gebildet werden, z. B. durch Bindung an Glucuronsäure oder eine Reaktion mit Phosphatidylcholin. Marker wie EtG oder Phosphatidylethanol (PEth) treten bereits nach Aufnahme geringer Mengen von Alkohol auf und eignen sich daher besonders für die Überprüfung einer Abstinenz. Ist keine strikte Alkoholabstinenz zu fordern, ist die EtG-Bestimmung in Haaren oder die Bestimmung von PEth im Blut auch geeignet, Aussagen über das Alkoholkonsumverhalten der letzten Wochen oder Monate zu treffen.

Informationen zu EtG finden sich bereits in den beiden vorangegangenen Abschnitten C.3.2 und C.3.3. In jüngerer Zeit wurden vielversprechende Untersuchungen zu PEth im Blut publiziert (WURST ET AL., 2010; VIEL ET AL., 2012; WINKLER ET AL., 2013; SCHRÖCK ET AL., 2016a, b; ULWELLING & SMITH, 2018; HERZOG ET AL., 2020; STÖTH & WEINMANN, 2020). PEth entsteht durch eine von Phospholipase D vermittelte Reaktion von Ethanol mit Phosphatidylcholin, solange Ethanol im Blut vorhanden ist. Es handelt sich dabei um ein abnormes Phospholipid, das nach Alkoholexposition in Zellmembranen von zum Beispiel humanen Erythrozyten gebildet wird. PEth ist kein einzelnes Molekül, sondern es handelt sich um eine Gruppe von Glycerophospholipiden mit verschieden langen Fettsäureresten, die unterschiedliche Sättigungsgrade aufweisen. Das derzeit vorrangig für die Analytik verwendete PEth-Homolog 16:0/18:1 wird nach Alkoholaufnahme anteilig am meisten gebildet und vereinfacht als PEth bezeichnet. Die Eliminationshalbwertszeit liegt nach früheren Studien in einem Bereich von ca. 3 – 4 Tagen. Daher kann es bei wiederholter Alkoholaufnahme zu einer Kumulation von PEth kommen, sodass sich hier eine Korrelation der PEth-Konzentration zu der aufgenommenem Alkoholmenge und damit ein Rückschluss auf das Trinkverhalten ergibt. Damit eignet sich PEth gut für Verlaufsüberprüfungen.

Aber auch für Abstinenzkontrollen scheint sich die Bestimmung von PEth zu eignen; bei einer einmaligen Alkoholbelastung, die zu einer Blutalkoholkonzentration von 1,0 Promille führte, war PEth 3 bis maximal 12 Tage nachweisbar (SCHRÖCK ET AL., 2017a). Bei wiederholtem Trinken auf 1 Promille (einmal pro Tag an 5 bzw. 10 aufeinanderfolgenden Tagen) wurden nach 5 Versuchstagen maximale PEth-Konzentrationen (PEth 16:0/18:1) von bis zu 240 ng/ml erreicht (GNANN ET AL., 2009), nach 10 Tagen konnten maximale PEth-Konzentrationen von bis zu 510 ng/ml erreicht werden (GNANN, 2011). In einer 2017 durchgeführten Studie mit einer großen Gruppe gesunder Probanden (n = 300, davon nur 74 mit exzessivem Alkoholkonsum) aus einem Blutspendezentrum lagen alle abstinenten Personen unter der Nachweisgrenze für PEth im Blut von 10 ng/ml. Eine ROC-Analyse, die PEth-Konzentrationen mit Resultaten aus einem retrospektiven Trinkmengenerhebungsbogen und AUDIT-C verglich, zeigte, dass 95 % aller abstinenten Teilnehmer und sozialen Trinker PEth-Konzentrationen von weniger als 10 (nicht nachweisbar) bis 112 ng/ml aufwiesen. Allerdings hatten nur 37 % der gemäß AUDIT-C-Score als Hochrisiko-Konsumenten eingestuften Personen PEth-Konzentration von > 112 ng/ml (SCHRÖCK ET AL., 2017b).

In Schweden kam es zu folgender Harmonisierung bei Interpretation der Konzentration des Homologs 16:0/18:1: Werte < 0,05 µmol/l (~ 35 ng/ml) im Blut sind mit Abstinenz vereinbar; Werte von 0,05 – 0,30 µmol/l (~ 35–210 ng/ml) sprechen für sozial angepasstes Trinken; Werte > 0,30 µmol/l (~ 210 ng/ml) sprechen für übermäßigen/problematischen Konsum (HELANDER & HANSSON, 2013). In den USA werden Konzentrationen unter 20 ng/ml als Cut-off für eine Abstinenzüberprüfung empfohlen, Werte oberhalb von 200 ng/ml als Hinweis auf übermäßigen Alkoholkonsum (ULWELLING & SMITH, 2018). Der Vorteil einer PEth-Bestimmung liegt also auch darin, die konsumierten Mengen grob abschätzen zu können, auch wenn diese bislang noch uneinheitlich definiert sind. Dass die Ergebnisse eines PEth-Monitorings mit denen der Haaranalyse auf EtG kongruent sind, konnte bereits belegt werden, indem Haar-EtG-Konzentrationen mit Blut-PEth-Konzentrationen in der Abstinenzkontrolle verglichen wurden (SCHRÖCK ET AL., 2016b). Dabei zeigte sich, dass PEth-Konzentrationen nach Beginn einer Abstinenz schneller auf den Normwert abfallen (hier < 35 ng/ml), als dies bei der Analyse ca. 3 – 5 cm langer Haarsegmente auf EtG zu beobachten ist.

Grundsätzlich zu beachten ist, dass sich PEth als recht instabil erwies. Blut, am besten in Röhrchen mit EDTA- oder Lithium-Zusatz abgenommen, ist unmittelbar an das Labor zu versenden. Im Labor kann bis zu 72 h eine Lagerung im Kühlschrank bei 4 °C bis zur Analyse erfolgen; bei längerer Aufbewahrung sollte die Probe bei -80 °C eingefroren werden (ARADOTTIR ET AL., 2004). Von Vorteil ist die Möglichkeit eines Nachweises von PEth in Dried Blood Spots (DBS), was auch den Versand und die Lagerung erleichtern würde (FALLER ET AL., 2011, 2013; KUMMER ET AL., 2016; LUGINBÜHL ET AL., 2021a). Es wurde belegt, dass PEth-Werte aus dem Kapillarblut der Fingerbeere mit PEth-Werten aus venösem Blut vergleichbar sind (LUGINBÜHL ET AL., 2019b). Diese und weitere Studien beschäftigten sich bereits mit der Nachweisbarkeit von PEth in Entzugs- und Entwöhnungstherapien mit dem Ergebnis, dass bei Patienten zunächst PEth-Konzentrationen weit oberhalb von 1.000 ng/ml vorhanden waren und die Elimination mehr als 2 Monate dauerte. Auch Rückfälle ließen sich durch PEth-Analyse bei regelmäßiger Blutentnahme aufdecken. Die Halbwertszeiten liegen initial bei ca. 2,5 Tagen, terminal jedoch bei ca. 15 Tagen für PEth 16:0/18:1 (pharmakokinetisches Mehrkompartimentmodell).

Nur wenige Untersuchungen liegen dazu vor, ab welcher Alkoholbelastung es zu auffälligen PEth-Werten bei sonstiger Abstinenz kommt. Demnach führt eine einmalige Alkoholisierung im Bereich von 0,5–0,6 Promille noch nicht zu einer Überschreitung eines Cut-off-Wertes von 20 ng/ml; dazu sind eher Alkoholisierungen ab ca. 0,8 Promille nötig (STÖTH, 2022). Eine wöchentliche Aufnahme von 24 g Ethanol führte in einer entsprechenden Studie nicht zu PEth-Konzentrationen > 20 ng/ml, eine Menge von 84 g/Woche nur bei einem Teil der Probanden (ABOUTARA ET AL., 2022). Daher wurde bereits über eine mögliche weitere Herabsetzung auf nur 10 ng/ml diskutiert. Das wäre allerdings mit erheblichen Anforderungen an die Analytik verbunden; zudem sollen artifizielle Einflüsse weitestgehend ausgeschlossen werden. REISFIELD ET AL. (2021b) fanden bei viermaligem täglichem Gurgeln mit einer 21,6-Vol.-%igen Mundspüllösung keine PEth-Konzentrationen > 20 ng/ml. Dieselbe Arbeitsgruppe fand bei der Verwendung eines 70 Vol.% Ethanol enthaltenden Handdesinfektionsmittels 24- bis 100-mal täglich wiederum keine PEth-Konzentrationen > 20 ng/ml, 2 von 15 Probanden wiesen allerdings einen Wert > 10 ng/ml auf (REISFIELD ET AL., 2021a).

In einer vergleichbaren Studie wurde bis zu 30-mal täglich innerhalb von 6 Stunden an 5 Tagen hintereinander desinfiziert und kein PEth ≥ 20 ng/ml erhalten (HERZOG & MUSSHOFF, 2022). Bei einer Alkoholbelastung von 1 g/kg Körpergewicht und daraus resultierenden BAK-Werten von 0,62–1,11 Promille wurden dagegen positive PEth-Befunde erhalten mit einem Nachweisfenster von 3–12 Tagen (SCHRÖCK ET AL., 2017a). Im Rahmen eines exzessiven Trinkversuches strebten 11 Probanden nach dreiwöchiger Abstinenz an 5 aufeinanderfolgenden Tagen bei einer Trinkzeit von nur einer Stunde eine Alkoholisierung von 1 Promille an, wobei sie BAK-Werte von 0,99–1,83 Promille (im Mittel 1,32 Promille) erreichten (GNANN ET AL., 2012). Der PEth-Wert stieg auf 72–237 ng/ml, wenn auch 2 Probanden initial nach der Abstinenz noch Werte von 37 bzw. 109 ng/ml aufwiesen. Noch 16 Tage nach der letzten Alkoholaufnahme waren 4 Personen positiv auf PEth, darunter allerdings auch die beiden zu Beginn noch Positiven.

Zusammenfassend auszuführen ist, dass einmalige moderate Alkoholisierungen unterhalb von 0,8 Promille noch keinen auffälligen PEth-Befund erwarten lassen, was natürlich auch die Wahrscheinlichkeit positiver Befunde durch akzidentelle Aufnahmen minimiert. Bei Alkoholisierungen darüber scheint dafür das Nachweisfenster aufgrund der größeren Eliminationshalbwertszeit durchaus länger zu sein als beim EtG-Nachweis im Urin. Insofern wird für Analysen im Bereich der Fahreignungsdiagnostik empfohlen, eine Alkoholabstinenz ab einer PEth-Konzentration von ≥ 20 ng/ml zu verneinen. Übermäßiger Alkoholkonsum ist bei einer PEth-Konzentration von ≥ 210 ng/ml anzunehmen. Da nicht auszuschließen ist, dass ein solcher Wert kurzfristig nach einigen Tagen mit erhöhtem Alkoholkonsum zu erreichen ist, kann bei entsprechender Einlassung und Fragestellung zeitnah (innerhalb von 2 – 4 Wochen) mit einer zweiten Analyse eine dann zu erwartende rasche Veränderung hin zu niedrigeren Konzentrationen überprüft werden. Bei Abstinenzkontrollen kann bei PEth-Analysen das Intervall zwischen Einbestellung und Probennahme auf 2 Tage verlängert werden.

In Bezug auf die Analytik sind bei PEth präanalytische Einflussfaktoren durch die Labore mit zu berücksichtigen. Das betrifft insbesondere die Auswahl von Entnahmesystemen und die Schulung möglicher externer Probennehmer bei Trockenblutentnahmen. Das Labor hat zudem für eine regioisomere Reinheit seines verwendeten Referenzmaterials Sorge zu tragen; zudem ist ein Crosstalk von PEth 16:0/18:1 zu PEth 16:0/18:2 im Rahmen der Validierung auszuschließen (LUGINBÜHL ET AL., 2021b).

Ein **Kontrolliertes Trinken** (KT, vgl. A 2.7 N in Kapitel B.2) wird analytisch begleitet. Zunächst ist eine mindestens dreimonatige Phase des Alkoholverzichtes zu belegen durch drei Urinkontrollen auf EtG, drei PEth-Bestimmungen im Blut oder über eine unauffällige Haaranalyse auf EtG über 3 cm Länge proximal. In einer sich anschließenden Erprobungsphase von mindestens 3 – 4 Monaten erfolgt keine analytische Überprüfung bis zu einer Statusfeststellung am Ende, wozu eine Bestimmung der PEth-Konzentration vorgenommen wird. Erwartet wird ein Wert unter 100 ng/m (80 ng/ml + 20 ng/ml Sicherheitszuschlag). Auch wenn derzeit noch keine umfassenden Daten zu Dosis-Konzentrationsbeziehungen vorliegen, werden Konzentrationen oberhalb von 80 ng/ml in der Regel nur bei mehrfach wöchentlichen Alkoholisierungen deutlich oberhalb von 0,5 Promille erwartet, was einem kontrollierten Trinken entgegensteht. Aufgrund der nicht befriedigenden Datenlage wird zunächst ein Zuschlag von 20 ng/ml vorgenommen; gegebenenfalls sind hier noch Anpassungen vorzunehmen, sollte die Datenlage das nötig machen. Nach der Erprobungsphase mit Statusfeststellung kommt es – sofern kontrolliertes Trinken weiterhin das Ziel bleibt – zu einer Kontrollphase über mindestens 6 Monate mit weiteren PEth-Kontrollen alle 4 – 5 Wochen, bei denen die PEth-Konzentration wiederum 100 ng/ml nicht erreichen oder überschreiten darf.

Während der Stabilisierungsphase darf es nicht zweimalig zum Überschreiten des Startwertes um 30 % oder einmalig um 50 % kommen. Die Stabilisierungsphase darf bei einem PEth-Befund von > 100 ng/ml nicht begonnen werden und dieser Wert darf im Verlauf des Programms nicht erreicht werden. Andernfalls ist von einem nicht stabilen Trinkverhalten auszugehen und das Kontrollprogramm abzubrechen. In der Regel ist zu erwarten, dass der Klient in diesen Fällen zur Alkoholabstinenz wechselt, sodass ein Abstinenzkontrollprogramm unmittelbar angeschlossen werden kann[2]. Kommt es im Einzelfall nach therapeutischer Rücksprache trotzdem zu einem erneuten Erproben des Kontrollierten Trinkens, kann eine weitere Kontrolle der Stabilisierungsphase frühestens nach Ablauf von 6 Wochen begonnen werden. Eine gegebenenfalls erforderliche zwischenzeitliche erneute Verzichtsphase kann unmittelbar folgen.

C. 3.5 Chemisch-toxikologische Untersuchungen auf Arzneimittelwirkstoffe

Grundsätzlich ist zwischen einer missbräuchlichen Einnahme von Arzneimitteln und einer indizierten dauerhaften Einnahme zu unterscheiden. Während im ersten Fall in der Regel eine Abstinenzforderung besteht, steht bei einer Dauermedikation die Überprüfung der Medikamenten-Compliance bzw. Adhärenz im Vordergrund (MUSSHOFF & GRAW, 2016).

Folgende Arzneimittelgruppen sind besonders fahreignungsrelevant und wären bei Übersichtsanalysen zu erfassen:

- Opioidanalgetika (Schmerzmittel)
- Psychopharmaka (Antipsychotika, Antidepressiva)
- Anxiolytika/Hypnotika bzw. Sedativa (z. B. Benzodiazepine oder Z-Substanzen wie auch freiverkäufliche Mittel wie Diphenhydramin etc.)
- Psychostimulanzien (z. B. Methylphenidat, Modafinil oder Amphetamin bei ADHS)
- Substitutionsmittel (z. B. Methadon, Buprenorphin oder Morphin bei Opiat-Abhängigkeit)
- Cannabisarzneimittel (z. B. THC-haltige Fertigpräparate, Medizinal-Cannabisblüten)
- Antikonvulsiva (Pregabalin, Gabapentin, Carbamazepin etc.)
- Antihistaminika (1. Generation mit sedierenden Eigenschaften (Antiallergika)).

Da bis auf einzelne Ausnahmen alle Betäubungsmittel aus dem polytoxikologischen Screening auch als Arzneimittelwirkstoffe zugelassen sind, gehören sie zu den Zielanalyten bei Übersichtsanalysen.

Chemisch-toxikologische Analyseverfahren haben sich im letzten Jahrzehnt erheblich weiterentwickelt, sodass aus technischer Sicht keine großen Unterschiede mehr bezüglich des Aufwands für Einzelwirkstoffanalysen und ein umfassenderes Screening bestehen.

2 Bei Abstinenzkontrollen durch PEth-Analysen oder eine Haaranalyse sind die entsprechend erforderlichen Zeiträume bis zum Erreichen unauffälliger Befunde zu berücksichtigen.

Folgende Vorgehensweisen sind möglich und abhängig von der zu klärenden Fragestellung abzuwägen:

1. Quantitative Bestimmung von Wirkstoffgehalten bestimmter Arzneimittel im Blut bzw. Serum/Plasma. Liegen die ermittelten Wirkstoffkonzentrationen deutlich oberhalb therapeutischer Konzentrationsbereiche, kann das als Hinweis für einen Fehlgebrauch dienen. Nachteilig ist, dass bei längerfristiger Einbestellung zum Teil 1 – 2 Tage Absetzen genügen, um wieder in therapeutische Bereiche zu gelangen.
2. Umfassendes Screening einer Blut-/Serumprobe mit quantitativer Bestimmung identifizierter Wirkstoffe. Hier wird zusätzlich zu Punkt 1 eine (gegebenenfalls zuvor nicht bekannte) Co-Medikation mit weiteren Arzneimittelstoffen aufgedeckt, mit gleichzeitiger Möglichkeit der Interpretation von Wirkstoffkonzentrationen. Allerdings ist wiederum das kurze Nachweisfenster zu beachten.
3. Umfassendes qualitatives Screening einer Urinprobe zur Überprüfung einer Einnahme eines bekannten Mittels und einer möglicherweise unbekannten Co-Medikation. Vorteil und Nachteil gegenüber Blut/Serum: Das Nachweisfenster ist je nach Substanz bis auf mehrere Tage erweitert, allerdings ist keine Umrechnung auf Blutkonzentrationen möglich und ermittelte Konzentrationen im Urin ermöglichen keine Unterscheidung zwischen einer bestimmungsgemäßen therapeutischen und einer evtl. nicht mehr bestimmungsgemäßen übertherapeutischen Einnahme.
4. Umfassendes (semi-)quantitatives Screening einer Haarprobe. Retrospektiv kann in Abhängigkeit von der Haarlänge das durchschnittliche Einnahmeverhalten über Monate hinweg überprüft werden. Dabei wird zunächst qualitativ eine relevante Co-Medikation aufgedeckt; ermittelte Wirkstoffkonzentrationen erlauben bedingt Rückschlüsse auf das Einnahmeverhalten.

Unabhängig von möglicherweise individuellen Fragestellungen und Beauftragungen sind gemäß Kapitel B.5 hinsichtlich der M-Hypothesen (Dauermedikation und Medikamentenmissbrauch) folgende Vorgehensweisen vorgesehen:

- Quantitative Bestimmung der Wirkstoffkonzentration am Untersuchungstag im Blut/Serum/Plasma (Hypothese M1 Dauermedikation).
- Überprüfung des Beigebrauchs von Betäubungsmitteln (polytoxikologisches Screening inkl. Opioide), Neue psychoaktive Stoffe (NpS: synthetische Cannabinoide, Designer-Stimulantien, neue synthetische Opioide, Designer-Benzodiazepine u. a.) sowie zuvor angeführte weitere fahrsicherheits- bzw. fahreignungsrelevante Medikamentengruppen. Bei einer Behandlung mit Diacetylmorphin erfolgt eine Überprüfung auf Beikonsum von Straßenheroin über eine qualitative Bestimmung von Acetylcodein, Noscapin und Papaverin (M 1.4 N stabile Substitutionsbehandlung nach Opioidtherapie; vgl. auch D 1.4 N).
- Urin- oder alternativ Haaranalysen auf die angeführten fahrsicherheits- bzw. fahreignungsrelevanten Medikamentengruppen (inkl. polytoxikologisches Screening inkl. Opioide); bei weiterer Verschreibung inkl. quantitativer

Bestimmung der entsprechenden Wirkstoffkonzentration im Blut/Serum/Plasma (bei Cannabismedikation oder Opioidtherapie verzichtbar) (Hypothesen M 2 und M 3 nach Fehlgebrauch bzw. Abhängigkeit).

Zur Überprüfung der Dauermedikation anhand von Blut-/Serumanalysen kann neben einem forensisch-toxikologischen Labor auch ein medizinisches Labor mit einer Akkreditierung nach DIN EN ISO 15189 im Bereich des Therapeutischen Drug-Monitoring (TDM) beauftragt werden bzw. können von dort beigebrachte Befunde akzeptiert werden. Für die Screeningverfahren insbesondere in Urin oder Haaren sind aber zwingend forensisch-toxikologische Befunde heranzuziehen.

Bei Cannabismedikation ist in der Regel ein Medikamentenscreening im Urin oder Haar inkl. der Cannabinoide angezeigt (BRENNER-HARTMANN ET AL., 2017). Dies gilt insbesondere, wenn Hinweise auf Einnahme mehrerer fahreignungsrelevanter Medikamente vorliegen oder der Verdacht auf einen zusätzlichen Fehlgebrauch oder eine selbstverordnete Einnahme anderer psychoaktiver Substanzen besteht. Abhängig vom Einzelfall ist zu beachten, dass mithilfe der Haaranalyse ein längerer Zeitraum der Medikamenteneinnahme überprüft werden kann. Deshalb ist sie gerade bei Fragestellungen im Rahmen der MPU gegebenenfalls zu bevorzugen.

Sollte eine Überprüfung der Einnahme der Cannabismedikation bzw. weiterer psychoaktiver Stoffe bei der Untersuchung zur Beurteilung der akuten Wirkung erforderlich sein, kann dies nur mit einer chemisch-toxikologischen Untersuchung des Blutes/Serums erfolgen.

Bei entsprechenden Fragestellungen können weitere toxikologische Untersuchungen zur Abklärung hinzugezogen werden:

- Bei Missbrauch in der Vorgeschichte bzw. wenn der Verdacht der Einnahme leistungssteigernder Stoffe (Amphetamine, Cocain) besteht, ist zusätzlich ein polytoxikologisches Drogenscreening erforderlich.
- Bei Verschreibung oral einzunehmender Fertigpräparate kann der Verdacht auf einen möglichen Beikonsum von Cannabis durch eine Haaranalyse auf THC-Säure A (THC-A) ausgeschlossen werden (s. die beiden folgenden Absätze).
- Bei Hinweisen auf übermäßigen Alkoholkonsum oder problematischen Mischkonsum kann eine Haaranalyse auf Ethylglucuronid (EtG) angezeigt sein (auch bei anderer Medikation als Cannabis empfehlenswert).

Zur Überprüfung, ob Cannabismedikamente bestimmungsgemäß eingenommen wurden, kann eine Blut- oder Urinanalyse nicht beitragen. Allerdings kann die Bestimmung von THC-A in Haaren in bestimmten Fällen herangezogen werden (AUWÄRTER ET Al., 2010). Bei THC-A handelt es sich um die Vorläufersubstanz von THC in Cannabisblüten, aus der beim Erhitzen THC freigesetzt wird. Sowohl THC als auch THC-A gelangen beim Rauchen eher über das Aerosol bzw. Kontamination als über die Blutbahn in das Haar (MOOSMANN ET AL., 2014). Wird Cannabis in Form eines Joints geraucht, findet man in der Regel niedrigere Konzentrationen an THC-A als von THC in den Haaren des Konsumenten (MOOSMANN ET AL., 2016).

Höhere Konzentrationen an THC-A im Vergleich zu THC weisen auf eine mögliche Kontamination hin, z. B. durch ungewaschene Hände nach dem Hantieren mit den Blüten.

Sowohl bei oraler Aufnahme von Fertigarzneimitteln auf Cannabisbasis oder von Cannabisblüten (z. B. als Tee) als auch bei Aufnahme von Dampf aus einem Vaporisator ist theoretisch kein THC-A in den Haaren zu erwarten. Die Anwesenheit von THC-A ließe sich nur durch Kontamination (z. B. fehlendes Händewaschen, dann in der Regel höhere THC-A-Konzentrationen) oder eine Exposition gegenüber Cannabisrauch Dritter erklären. Eine nähere Beurteilung in solchen Fällen kann in der Regel immer erst nach Kenntnis der vom Arzt verordneten Gebrauchsanweisung der Cannabismedikation erfolgen; zudem sollte der Patient zum Umgang (Handling) mit seinem Medikament befragt werden.

C. 3.6 Methodik und Qualitätssicherung bei forensisch-toxikologischen Analysen

Im Hinblick auf die rechtlichen Folgen für den Betroffenen sind bei forensisch-toxikologischen Analysen im Rahmen von Fragestellungen des Verwaltungsrechts höchste Anforderungen an die Qualitätssicherung und forensische Kompetenz des Personals zu stellen. Entsprechende Untersuchungen dürfen nur in qualifizierten Laboratorien mit entsprechender Ausstattung und qualifiziertem Personal durchgeführt werden. Dabei müssen neben der analytischen Methodik und der Probenbehandlung auch die organisatorischen Rahmenbedingungen wie Terminvergabe, Identitätskontrolle und Probennahme an einer neutralen Stelle nachvollziehbar und qualitätsgesichert erfolgen, um eine Anwendung der toxikologischen Befunde in einem Verwaltungsverfahren möglich zu machen.

Die Bescheinigungen über durchgeführte Abstinenzkontrollen müssen hinsichtlich der kompletten Durchführungsbedingungen und Analyseverfahren transparent sein. Grundsätzlich sind keine positiven Befunde zu akzeptieren, die nur ein Ergebnis auf immunchemischer Basis beinhalten. Vielmehr sind in solchen Fällen grundsätzlich und ausnahmslos komplette Analysengänge inkl. beweisender, identifizierender Bestätigungsuntersuchung ohne gesonderte Beauftragung durch den Probanden vorzunehmen. Ein Vorhalt eines immunchemisch positiven Vortestbefundes mit Verzicht auf weitere Analyse bei Einräumen eines Konsums ist nicht akzeptabel, da eine solche Vorgehensweise im Nachgang angreifbar sein kann (vgl. Rechtsprechung zu § 24a Abs. 2 StVG).

Die Fragestellung im Auftrag für eine forensisch-toxikologische Untersuchung muss eindeutig und sachgerecht sein, die Analytik und toxikologische Interpretation der Befunde liegen in der Hand der mit der Untersuchung beauftragten qualifizierten Labore. Die Gesellschaft für Toxikologische und Forensische Chemie (GTFCh) hat Richtlinien zur Qualitätssicherung bei forensisch-toxikologischen Untersuchungen inkl. einiger Anlagen zu bestimmten Themen erstellt, die für entsprechende Analysen in ihrer jeweils geltenden Form als bindend anzusehen sind (zuletzt GTFCh, 2018). In der Regel gilt es zunächst festzustellen, ob eine Fremdsubstanz zweifelsfrei nachzuweisen ist; gegebenenfalls ist zudem eine quantitative Bestimmung für eine weitere Beurteilung erforderlich.

Man unterscheidet zwischen einer laborinternen Qualitätskontrolle, die fester Bestandteil der messtäglichen Laborarbeit ist, sowie einer externen Qualitätskontrolle. Diese umfasst zum einen die messtägliche eigene Überprüfung, um Störungen frühzeitig zu erkennen und zu beseitigen, wie das Führen von Qualitätskontrollkarten bei Mitführung von Kontrollproben. Zudem sind sämtliche Kenndaten einer quantitativen Methode (Präzision, Nachweis- und Bestimmungsgrenze etc.) im Rahmen einer Validierung gemäß den Richtlinien der GTFCh zu erfassen und zu dokumentieren. Zum anderen ist die Teilnahme an externen Ringversuchen notwendig, die sowohl für qualitative als auch für quantitative Fragestellungen angeboten werden. Letztendlich müssen Laboratorien nicht nur allgemein nach DIN EN ISO 17025 akkreditiert sein, sondern die Akkreditierung muss speziell für forensische Zwecke im Rahmen der Fahreignungsdiagnostik ausgerichtet sein (vgl. www.dakks.de). Eine alleinige Versicherung, nach den Richtlinien der GTFCh gearbeitet zu haben, reicht nicht aus.

Hinsichtlich der Terminologie bezüglich einiger Validierungsdaten kommt es häufig zu Missverständnissen, daher folgende Kurzerklärungen: Unter der **Nachweisgrenze** ist die niedrigste Konzentration des Analyten in der Probe zu verstehen, bei der die Identifizierungskriterien erfüllt sind. Bei der **Bestimmungsgrenze** handelt es sich um die niedrigste Konzentration, die mit einer vorgegebenen relativen Ergebnisunsicherheit bestimmt werden kann. Ein **Cut-off-Wert** wird dagegen nicht analytisch im Rahmen einer Validierung bestimmt. Er liegt deutlich über der Nachweisgrenze und auch oberhalb der Bestimmungsgrenze des Verfahrens (entsprechend niedrige Bestimmungsgrenzen sind also einzufordern). Für die Festlegung sind nur bedingt analytische, sondern vielmehr praktische und ökonomische Gründe maßgebend.

Akkreditierte Labore müssen Kriterien zur Bewertung der Ergebnisse festlegen, falls eine Konformitätsbewertung vorgenommen wird (DIN EN ISO/IEC 17025:2018, Pkt. 7.8.6). Hierunter wird die sogenannte **Entscheidungsregel** verstanden. Im Rahmen von Analysen im Bereich der Fahreignungsdiagnostik soll folgende Entscheidungsregel für die chromatographischen Analyseverfahren gelten: Bei Aussagen zur Konformität werden keine Messunsicherheiten berücksichtigt. Ein Ergebnis wird als positiv gewertet, wenn der Messwert größer oder gleich dem festgelegten Cut-off-Wert ist. Messwerte, die zwischen der Bestimmungsgrenze und dem jeweiligen Cut-off-Wert liegen, werden im Prüfbericht nicht mitgeteilt. In diesem Fall wird als Ergebnis nur „negativ" angegeben.

Jeder Klient kann eine Zweitanalyse (Re-Analyse) seiner abgegebenen Probe veranlassen. Gerade bei der Gewinnung von Haarproben ist darauf zu achten, dass auch für solche Zwecke noch genügend Material zur Verfügung steht, also eine ausreichende Probenmenge abgenommen wird. Die vertraglich zugesicherte Verfügungsgewalt über die Probe liegt bei der durchführenden Stelle. Mit ihr hat der Klient abzuklären, ob eine Zweitanalyse im selben Labor durchgeführt oder ein anderes Labor beauftragt werden soll. In letzterem Fall muss die durchführende Stelle ermitteln, welches Zweitlabor geeignet sein kann. Hier ist insbesondere auf eine ausreichende Sensitivität der Methoden des Zweitlabors zu achten. Das Zweitlabor ist immer darauf hinzuweisen, dass es sich um eine Zweitanalyse handelt, mit entsprechender Mitteilung über das Ergebnis der ersten Analyse. Das Zweitlabor hat Stellung zu seinem Befund im Verhältnis zum Erstbefund zu nehmen, gegebenenfalls sind bei Abweichungen ergänzende Stellungnahmen durch die programmdurchführende Stelle einzuholen. Ein Labor, welches eine Re-Analyse vornimmt, hat in solchen Fällen auch positive Befunde unterhalb des eigentlichen Cut-off-Wertes mitzuteilen, zusammen mit seiner Nachweis- und Bestimmungsgrenze für den entsprechenden Analyten. Nur so ist gewährleistet, dass gegebenenfalls lagerungsbedingte Verluste, eine inhomogene Verteilung von Analyten im Haar oder der Einfluss der Messunsicherheit nicht zu diskrepanten Ergebnissen/Beurteilungen führen.

Immunchemische Verfahren

Immunchemische Verfahren (Immunoassays) sind schnell, kostengünstig und ermöglichen erste Hinweise auf eine Substanzklasse, insbesondere aber auch den Ausschluss eines Gebrauchs von Suchtstoffen.

Prinzipiell handelt es sich bei einem Immunoassay um eine Antigen-Antikörper-Reaktion, das heißt, es wird auf ein Antigen (Suchtstoff(klasse)) mit einem entsprechend maßgeschneiderten Antikörper getestet und die Anwesenheit von Antigen entsprechend dem jeweiligen Testprinzip wird angezeigt. Es sind test- und substanzabhängige Grenzwertbereiche zu formulieren, bei deren Überschreiten von einem positiven Befund auszugehen ist. Diese Grenzwerte werden als **Entscheidungsgrenzen** definiert und in der Regel vom Labor abhängig von der Fragestellung frei gewählt. Für forensische Abstinenzkontrollen im Rahmen der Fahreignungsdiagnostik müssen die laborinternen Entscheidungsgrenzen des Immunoassays so niedrig gewählt werden, dass sie bei Analytkonzentrationen, die größer oder gleich der in den nachfolgenden Kriterien festgesetzten Cut-off-Werte des identifizierenden, chromatographischen Verfahrens in der jeweiligen Matrix sind, ein positives Ergebnis anzeigen (vgl. auch Tabelle C.10).

Immunoassays sind häufig wenig spezifisch; die meisten Antikörper reagieren mit strukturähnlichen Substanzen in jeweils unterschiedlichem Ausmaß, was als **Kreuzreaktivität** bezeichnet wird. Dies ist zwar nicht als nachteilig anzusehen, sondern sogar erwünscht, da sich die Tests somit als Gruppentests eignen, zum Beispiel zum Nachweis von Substanzen aus der gesamten Gruppe der Benzodiazepine. Das Phänomen der Kreuzreaktivität ist aber bei der Interpretation zu berücksichtigen; zum Beispiel reagieren die Antikörper der Opiat-Immunoassays nicht nur mit Morphin, sondern auch mit strukturähnlichen Opiaten wie Codein und Dihydrocodein. Das bedeutet, dass durch einen Opiat-positiven Befund nicht zwischen einer Heroin-, Morphin-, Codein- oder Dihydrocodein-Aufnahme unterschieden werden kann. Bei fast allen Immunoassay-Tests auf Cannabinoide reagiert der Antikörper weniger mit dem Wirkstoff THC, sondern vorrangig mit dem inaktiven Metaboliten THC-COOH. Daher belegt ein positiver immunchemischer Cannabinoidbefund in einer Serumprobe eine akute Cannabiswirkung bzw. die Anwesenheit von THC nicht, da er auch einen zurückliegenden Konsum durch den Nachweis nicht mehr wirksamer Stoffwechselprodukte erfasst.

Kritisch sind Immunoassays auf Amphetamine und deren Derivate, da zu dieser Gruppe gehörende Substanzen je nach Testspezifität sehr unterschiedlich erfasst werden, weshalb falsch-negative Befunde trotz Anwesenheit entsprechender Substanzen resultieren können. Weiterhin kann es durch körpereigene, strukturähnliche Abbauprodukte von Aminosäuren wie Phenylethylamin oder Tyramin aufgrund von Kreuzreaktivitäten zu falsch-positiven Befunden kommen. Besonders kritisch einzustufen sind auch Immunoassays auf Benzodiazepine. Zu dieser Substanzklasse gehört eine Vielzahl verschiedener Wirkstoffe, die bzw. deren Metaboliten mit drastischen Unterschieden bezüglich der Kreuzreaktivitäten der jeweiligen Antikörper erfasst werden. Insofern muss jedes Labor über Kreuzreaktivitätstabellen verfügen und etwaige Schwächen eines Immunoassays bei bestimmten Analyten gegebenenfalls mit ergänzenden analytischen Verfahren ausgleichen.

Grundsätzlich ist zu beachten, dass Immunoassays **lediglich als hinweisgebende Analysen**, das heißt als Vortests zu verwenden sind, und ein isolierter immunchemischer Befund nicht gerichtsverwertbar ist. Gemäß den Richtlinien der GTFCh zur Qualitätssicherung bei forensisch-toxikologischen Untersuchungen müssen positive Resultate hinweisgebender Verfahren durch eine zweite unabhängige und spezifische Methode (in der Regel Kopplungen von Chromatographie und Spektrometrie), also nicht durch einen zweiten Immunoassay, bestätigt werden (sogenanntes identifizierendes Verfahren). Immunchemische Messverfahren in flüssiger Phase sind in der Regel automatisiert und werden mit der zu bestimmenden Bezugssubstanz kalibriert, sodass als Messergebnis einer Probe ein Zahlenwert als Konzentration der jeweiligen testspezifischen Bezugssubstanz z. B. in ng/ml angegeben wird. Dieser Zahlenwert weicht aufgrund unterschiedlicher Kreuzreaktivitäten zu Metaboliten etc. von der tatsächlichen Konzentration dieser Bezugssubstanz ab, sodass man richtigerweise von einer „Messwert-Summe" (Substanzäquivalente, bezogen auf die testspezifische Bezugssubstanz) auszugehen hat.

Bei den kommerziell erhältlichen immunchemischen **Drogenschnelltests** in Form von Streifentests gibt es besonders deutliche Unterschiede in den Kreuzreaktivitäten und den von den Herstellern festgelegten Cut-off-Werten, sodass eine Vergleichbarkeit nur schwer gegeben ist. Neben den zuvor dargelegten Problemen hinsichtlich der Testsicherheit sind dazu Fragen zur Anwendungssicherheit von Relevanz. So ist die positive Nachweisentscheidung bei visuell zu beurteilenden Streifentests nicht mit den Cut-offs bzw. Entscheidungsgrenzen maschinell gelesener Immunoassays in flüssiger Phase vergleichbar, da die Entscheidung subjektiv ist. Daher sind Drogenschnelltests (Streifentests oder andere nicht automatisierte Verfahren) als analytische Verfahren im Rahmen einer Fahreignungsdiagnostik nicht akzeptabel.

Bei der laborinternen Festlegung von Entscheidungsgrenzen besteht das Ziel darin, falsch-positive Ergebnisse aufgrund unspezifischer Störungen möglichst zu vermeiden. Da immunchemische Vortests der Vorauswahl für weitere bestätigende chromatographische Verfahren dienen, sind aber insbesondere falsch-negative Ergebnisse unter Berücksichtigung dieser für den jeweiligen Analyten bzw. die jeweilige Substanzklasse festgelegten Entscheidungsgrenze auszuschließen. Falsch-negativ ist ein Immunoassay-Ergebnis, wenn die „Messwertsumme" unterhalb der Entscheidungsgrenze liegt, mit dem identifizierenden Verfahren jedoch entsprechende Analyten oberhalb der Cut-off-Werte nachgewiesen werden können.

Die von den Herstellern immunchemischer Tests für den klinischen Einsatz vorgeschlagenen Cut-off-Werte bzw. Entscheidungsgrenzen sind für forensische Abstinenzkontrollen häufig zu hoch gewählt. Prinzipiell ist es aber aus wissenschaftlicher Sicht nicht möglich, für immunchemische Methoden generell feste Entscheidungsgrenzen vorzugeben, da diese stark vom verwendeten Test und dem entsprechenden Antikörper bzw. den Kreuzreaktivitäten mit strukturverwandten Substanzen abhängen.

Jedes Labor muss daher belegen, dass die eigenen funktionellen Entscheidungsgrenzen des immunchemischen Verfahrens für die Differenzierung „positiv" versus „negativ" adäquat gewählt sind; das heißt, bei Analytkonzentrationen, die am Cut-off-Wert des identifizierenden, chromatographischen Verfahrens in der jeweiligen Matrix liegen, muss das immunchemische Vortestverfahren ein positives Ergebnis anzeigen, ansonsten ist der Vortest ungeeignet. Das Labor hat entsprechende interne Validierungen für die eingesetzten immunchemischen Verfahren nachzuweisen. Geeignete immunchemische Vortests für die Urinanalytik sind beschrieben (AGIUS ET AL., 2012; KIRSCHBAUM ET AL., 2011; MUSSHOFF ET AL., 2013; NEUKAMM ET AL., 2017), für die Haaranalytik werden dagegen nur chromatographisch-massenspektrometrische Verfahren akzeptiert.

Chromatographische Analyseverfahren

Bei einer beweissicheren Analyse muss die betreffende Substanz zum einen einwandfrei identifiziert und zum anderen gerade in Anbetracht definierter Cut-off-Werte auch quantifiziert werden. Insofern ist die Kombination aus chromatographischer Trennung eines Substanzgemisches (z. B. Urin-, Haar- oder Serumextrakt) mit anschließender spektrometrischer Charakterisierung der voneinander getrennten Einzelsubstanzen die obligatorische Analysentechnik in der forensischen Toxikologie. Insbesondere das Massenspektrum wird quasi als chemischer Fingerprint einer Substanz angesehen. Neben der Aufnahme eines vollständigen Massenspektrums kann bei gerichteten Analysen zur Steigerung der Sensitivität eine Reduzierung auf charakteristische Massenfragmente erfolgen. Diese Vorgehensweise ist z. B. bei der quantitativen Bestimmung von Suchtstoffen in Körperflüssigkeiten gängige Praxis. Zur Bestimmung und Kompensierung unterschiedlicher Wiederfindungsraten werden deuterierte Analoga (in der Regel Ersatz von mindestens drei Wasserstoffatomen durch Deuterium) der zu bestimmenden Substanzen bereits vor der Extraktion als interne Standards zugesetzt und simultan analysiert. Als generelle chromatographisch-spektrometrische Methodenkombinationen der Wahl sind in der forensischen Toxikologie derzeit die Gaschromatographie oder Flüssigkeitschromatographie (engl. liquid chromatography) jeweils in Kombination mit der Massenspektrometrie (GC/MS bzw. LC/MS) oder Methoden mit vergleichbarer

Aussagekraft (z. B. Hochleistungsflüssigkeitschromatographie mit Dioden-Array-Detektion, HPLC/DAD) anzusehen.

Bezüglich der Durchführungsbestimmungen und Validierung der Analyseverfahren wird auf die Richtlinien der GTFCh verwiesen (GTFCh, 2009a–c). Eine Akkreditierung der Methoden zur Bestimmung der Analyten gemäß (erweitertem) polytoxikologischem Screening sowie von Ethylglucuronid und Phosphatidylethanol ist gefordert. Bei Analysen darüber hinaus ist keine Akkreditierung jedes einzelnen Analyten einzufordern. Es muss vielmehr gewährleistet sein, dass sie in einem ansonsten akkreditierten forensisch-toxikologischen Labor erfolgen, das auch für Analysen außerhalb des akkreditierten Bereiches ein adäquates Qualitätsmanagement betreibt und die Analyten nach dem aktuellen Stand der Wissenschaft bestimmt werden. Die Bestimmung von Arzneimittelwirkstoffen in Blut/Serum/Plasma erfolgt in der Regel quantitativ, im Urin rein qualitativ. An Haarproben können quantitative oder qualitative Analysen je nach Fragestellung vorgenommen werden.

Gerade die große Anzahl verschiedener Vertreter aus der Reihe der Neuen psychoaktiven Stoffe (NpS) und ein sich stetig verändernder Drogenmarkt lassen es insbesondere bezüglich der Kosten/Nutzen-Relation als unverhältnismäßig erscheinen, jederzeit umfassend validierte Methoden vorrätig zu haben, die alle neuen Substanzen umfassen. Insofern kann bei Analysen auf NpS auf Verfahren zurückgegriffen werden, die nicht nur auf bekannte Analyten mit vorliegender Referenzsubstanz ausgerichtet sind (Target-Analysen), sondern auch auf ungerichtete Analyseverfahren ohne Vorlage von Referenzsubstanzen (Non-Target-Analysen). Hier bietet sich vor allem die hochauflösende Massenspektrometrie (HRMS) an. Sind laborintern festgelegte massenspektrometrische Kriterien erfüllt, kann zumindest von einer vorläufigen Identifizierung (Tentative Identification) ausgegangen werden (SCHYMANSKI ET AL., 2014; BJILSMA ET AL., 2017), die nicht ohne Weiteres einen Abstinenzbeleg darstellen kann. Im Bericht ist allerdings darauf hinzuweisen, dass es sich lediglich um einen Hinweis handelt. Gerade bei Anzweifelung des Befundes sollte – sofern machbar – eine Identifizierung durch Abgleich mit einer Referenzsubstanz vorgenommen bzw. im Rahmen der medizinisch-psychologischen Untersuchung besonderes Gewicht auf diese Auffälligkeit gelegt werden.

C. 3.7 Verwertbarkeit von Abstinenzkontrollprogrammen und Probennahmen im Rahmen der Fahreignungsdiagnostik

Nach Anlage 4a Nr. 6 b) FeV dürfen,

> *„soweit für die Feststellung der Eignung die Vorlage von Abstinenzbelegen erforderlich ist, [...] hierfür ausschließlich Belege von Stellen anerkannt werden, in denen die nach Stand der Wissenschaft und Technik erforderlichen Rahmenbedingungen der Abstinenzkontrolle wie Terminvergabe, Identitätskontrolle und Probenentnahme gewährleistet sind; dies kann angenommen werden, wenn die Befunderhebung und Befundauswertung verantwortlich*
>
> *von*
>
> *aa) einem Facharzt mit verkehrsmedizinischer Qualifikation, der nicht zugleich der den Betroffenen behandelnde Arzt sein darf,*
>
> *bb) einem Arzt des Gesundheitsamtes oder anderen Arzt der öffentlichen Verwaltung,*
>
> *cc) einem Arzt mit der Gebietsbezeichnung „Facharzt für Rechtsmedizin",*
>
> *dd) einem Arzt mit der Gebietsbezeichnung „Arbeitsmedizin" oder der Zusatzbezeichnung „Betriebsmedizin",*
>
> *ee) einem Arzt in einer Begutachtungsstelle für Fahreignung,*
>
> *ff) einem Arzt/Toxikologen in einem für forensisch-toxikologische Zwecke akkreditierten Labor*
>
> *durchgeführt wurde."*

Bei diesen Verantwortlichen wird zunächst ohne weitere Prüfung davon ausgegangen, dass sie die erforderliche Qualifikation für die Durchführung von Abstinenzkontrollen nach dem Stand von Wissenschaft und Technik haben und dass sie die gültigen Standards zuverlässig anwenden. Dies gilt bis zum Beweis des Gegenteils, wenn z. B. die Bescheinigungen nicht den Anforderungen genügen oder Durchführungsfehler offenkundig werden.

Zusätzlich zu den gelisteten Personengruppen können gegebenenfalls auch andere Ärzte oder Stellen Abstinenzkontrollen durchführen, müssen dann jedoch zunächst an einschlägigen Fortbildungen, wie z. B. dem Curriculum der DGVM oder dem neuen Curriculum der Bundesärztekammer, mit dem neben der verkehrsmedizinischen Zusatzqualifikation mit den Modulen I und V auch die Qualifikation zur Durchführung von Abstinenzprogrammen erworben wird, teilgenommen haben **und** über ein System der Qualitätssicherung verfügen. Entsprechendes ist von den Begutachtungsstellen für Fahreignung (BfF) auf Anforderung zu belegen, damit Befunde und Programme verwertet werden können. Alle diese Vertreter verfügen dann über die Qualifikation zur Probennahme und auch zur eigenen Durchführung von Abstinenzkontrollprogrammen.

Unterschieden wird prinzipiell zwischen einer **Durchführungsverantwortung** (Terminvergabe, Identitätsprüfung, Probennahme, Bescheinigung über den

Programmverlauf) einerseits und einer **analytischen Verantwortung** (toxikologische Analyse und Bewertung des Einzelbefundberichtes in akkreditierten Laboren) andererseits. Die zuvor dargestellten Regelungen der FeV beziehen sich auf beide Verantwortungsbereiche. Diese Verantwortungen können in einer Hand liegen oder voneinander getrennt werden, eine weitere Aufspaltung der Verantwortlichkeit für einzelne Prozessschritte darf jedoch nicht erfolgen. Die programmdurchführende Stelle muss für die Probennahme verantwortlich sein und verantwortlich den umfassenden, fälschungsgesicherten Abschlussbericht bei Urinkontrollprogrammen bzw. der Überprüfung der Alkoholabstinenz über PEth in Blutproben verfassen (mit Unterzeichnung einer dafür qualifizierten und benannten Person).

In den Abschlussberichten ist gegebenenfalls auch eine Überbrückung bzw. Einbeziehung von Zeiten mit zu berücksichtigen, die durch Haaranalysen abgedeckt wurden. Nur so ist es für die Begutachtungsstellen für Fahreignung überprüfbar, ob ein Beleg über ein Abstinenzkontrollprogramm nach den Vorgaben der FeV verwertbar ist und den Anforderungen der CTU-Kriterien entspricht. Wurden durchgängig Haaranalysen vorgenommen, genügt die Beibringung von Einzelbefundberichten.

Zusätzlich kann es **externe** Probennahmestellen bzw. Probennehmer geben. Diese können einem forensisch akkreditierten Labor vertraglich angeschlossen sein. Das Labor trägt dann die Verantwortung für die ordnungsgemäße Durchführung der Probennahme und überwacht diese. Durch die DAkkS wird eine Akkreditierung von Prüflaboratorien für Probennahmen für forensisch-toxikologische Untersuchungen im Rahmen der Fahreignungsdiagnostik angeboten. Für die Einbindung solcher **externer** Probennehmer ist diese Akkreditierung gefordert; dies gilt auch für weitere Standorte eines forensisch akkreditierten Labors. Nicht zwingend auf der Akkreditierungsurkunde ausgewiesen werden muss eine interne Probennahme durch ein forensisch-toxikologisch akkreditiertes Labor. Unter interner Probennahme ist eine solche zu verstehen, die in den eigenen Laborräumen oder zusätzlich eingerichteten Räumlichkeiten am Standort des Labors (gemeint ist dieselbe Ortschaft/Stadt) stattfindet und die direkt durch die qualifizierte Laborleitung betreut wird, welche regelmäßig, das heißt mehrmals wöchentlich, präsent sein kann.

Grundsätzlich gilt, dass die Probennahmestelle bzw. der Probennehmer dem Klienten gegenüber neutral sein muss und nicht in einen Interessenskonflikt kommen darf, wenn sich positive Befunde oder Unregelmäßigkeiten bei der Durchführung ergeben. Deshalb sollten behandelnde Ärzte, Berater und Therapeuten sowie Rechtsvertreter grundsätzlich ausgeschlossen sein.

Nicht das Erstgespräch, aber die eigentliche Probennahme (Urin-/Blut-/Haarabnahme) kann auch durch nachgeordnetes Personal mit geeigneter Fachausbildung durchgeführt werden. Das heißt, neben einem Arzt oder Toxikologen können z. B. Arzthelfer/MFA oder technische Mitarbeiter (z. B. MTA/CTA/BTA) eingesetzt werden, sofern sie eingewiesen und autorisiert sind. Dazu bedarf es eines Qualitätsmanagement-Systems, in dem die ordnungsgemäße Einarbeitung (Qualitätsvoraussetzungen sind zu definieren) und Autorisation dokumentiert sind. Nicht akzeptabel bei Urinabnahmen ist die Einbeziehung von Verwaltungspersonal oder anderen Personen ohne medizinische bzw. naturwissenschaftliche Ausbildung.

Eine Probennahmestelle hat grundsätzlich zu beachten, dass die Termine, die im Rahmen eines definierten Kontrollprogramms (Blut auf PEth oder Urinkontrollen) vergeben werden, unvorhersehbar sind. Dazu zählt insbesondere, dass die durchführende Stelle nicht nur an einem/einigen vorhersehbaren Wochentag(en) besetzt ist (Entnahmen müssen auch am Montag und sollten zumindest sporadisch und somit unvorhersehbar am Samstag stattfinden können) oder eine längere bekannte Schließungsphase auftritt. Bei bekannten Schließungsphasen (z. B. Praxisurlaub) ist eine Vertretung zu organisieren, die ebenfalls die Qualifikation für die Durchführung von Probennahmen aufweist.

Um die Unvorhersehbarkeit auch nach der vermeintlich letzten Kontrolle zu gewährleisten, ist der Klient über diese Möglichkeit transparent zu informieren (Vertragsbedingungen), sodass er selbst nicht vorhersehen kann, ob das Programm nach der vierten bzw. sechsten Probe beendet ist.[3]

Neben diesen grundsätzlichen Voraussetzungen wird auf die folgenden CTU-Kriterien verwiesen.

C. 3.8 Hypothese und Kriterien CTU

Die Hypothese CTU dient der Überprüfung der Verwertbarkeit vorliegender Befunde sowie der Standardisierung der Befunderhebung im chemisch-toxikologischen Bereich. Die Kriterien sind sowohl auf beigestellte externe Befunde anzuwenden (Prüfung der Verwertbarkeit) als auch – soweit für die spezifische Fragestellung zutreffend – auf Befunde, die von den Begutachtungsstellen für Fahreignung selbst erhoben werden.

Hypothese CTU

Die im Rahmen der Begutachtung berücksichtigten toxikologischen Befunde sind fachkundig erstellt worden, hinsichtlich der Durchführungsbedingungen sowie der angewandten Methoden transparent, aussagekräftig, vollständig und adäquat dokumentiert und damit forensisch verwertbar.

Kriterium CTU 1

Die Durchführungsbedingungen der Drogen- oder Alkoholabstinenzkontrolle sind transparent und stellen eine nachvollziehbare Dokumentation des vereinbarten Abstinenzzeitraums sicher. Dabei ist sichergestellt, dass die Durchführung des Programms nach dem Stand von Wissenschaft und Technik erfolgte.

1. Die Abstinenzkontrolle wird verantwortlich von einer dafür kompetenten Stelle nach dem Stand von Wissenschaft und Technik durchgeführt (vgl. Anlage 4a Nr. 6 FeV und CTU 2). Die Rahmenbedingungen sind vertraglich geregelt und der Klient ist über die Durchführungsbedingungen und erforderliche Verhaltensweisen während des Kontrollprogramms aufgeklärt (vgl. Indikator 24 und 25).

3 Es wird angeregt, dass zwischen 15 und 30 % aller absolvierten Abstinenzkontrollprogramme (Blut auf PEth oder Urinkontrollen) einen solchen Zusatztermin aufweisen.

2. Im Rahmen eines Drogen- oder Alkohol-Kontroll-Programms auf Urin- bzw. Blutbasis (nur bei PEth) erfolgt im Auftrag des Klienten zu Beginn die Festlegung des Kontrollzeitraums, der Mindestanzahl der vereinbarten Kontrollen und der zu bestimmenden Substanzen. Spätere Abweichungen davon (z. B. Verlängerung des ursprünglich vereinbarten Zeitraums) sind nachvollziehbar dokumentiert.

3. Sollen Haaranalysen vorgenommen werden, ist das Abschließen eines kompletten Programms nicht erforderlich. Wird von einer durchführenden Stelle allerdings ein Programm vereinbart, wird auch hier ein zusammenfassender Abschlussbericht beigebracht.

4. Die Kontrolldichte bei Urinkontrollen bzw. PEth-Analysen zum Abstinenzbeleg ist so zu gestalten, dass in der Regel nicht weniger als 3 Kontrollen in 6 Monaten liegen. Die erste und letzte Kontrolle im Kontrollzeitraum findet spätestens 6 Wochen nach Programmstart bzw. frühestens 6 Wochen vor Programmende statt. Bei einer Abfolge einzelner Haaranalysen ist auf eine möglichst geschlossene Reihe mit aufeinanderfolgenden Nachweiszeiträumen zu achten. Aufgrund des uneinheitlichen Haarwachstums sind jedoch Zeitlücken zwischen den angenommenen Nachweiszeiträumen von bis zu 2 Wochen zu akzeptieren. Die Haaranalysen dürfen aber nicht so geplant sein, dass die letzte Probennahme mehr als 2 Wochen vor oder nach dem Abschlussdatum eines Kontrollzeitraumes erfolgt, anderenfalls bedarf es einer nachvollziehbaren Begründung.

5. Zu Beginn des Kontrollprogramms und vor einer ersten Probennahme wird eine schriftliche Vereinbarung getroffen, die folgende Punkte enthält: Beginn und Dauer des Programms, Mindestanzahl und Umfang der Untersuchungen, Bedingungen für den Abbruch des Programms, Information über die Verpflichtung zur Verfügbarkeit, insbesondere zum Vorgehen bei Abwesenheits- und Verhinderungszeiträumen, sowie deren zeitliche Beschränkung, Bestätigung der Kenntnis und Einverständnis des Kunden zu den Konditionen (gegebenenfalls mit Aushändigung eines Merkblattes), Kontaktdaten, Definition der Erreichbarkeit (z. B. Mobilfunknummer, E-Mail-Adresse) des Klienten und Verpflichtung zur täglichen Kontrolle des Post-/Nachrichteneingangs. Zudem ist zu regeln, dass die weitere Verfügung über das Probenmaterial auf die programmdurchführende Stelle übertragen wird; weitere Analysen dürfen aber nur nach Beauftragung des Klienten vorgenommen werden. Weiterhin wird der Klient über die geltenden Bestimmungen der Datenschutzgrundverordnung aufgeklärt.

6. Ein Kontrollprogramm beginnt mit dem bei der Anmeldung festgesetzten Datum und endet mit dem letzten Tag des vereinbarten Zeitraums, unabhängig davon, wann die einzelnen Einbestellungen und Analysen erfolgten.

7. Für einen Programmzeitraum von 6 Monaten wird die Beibringung von mindestens 4, für einen Programmzeitraum von 12 Monaten von mindestens 6 und für einen Programmzeitraum von 15 Monaten von mindestens 7 unauffälligen Urinproben (bzw. Blutanalysen auf PEth) vorgesehen. EtG-Bestimmungen im Urin sowie PEth-Bestimmungen im Blut können kombiniert werden. Der Klient ist darüber aufzuklären, dass es sich um eine Mindestzahl handelt und dass nach

dem Zufallsprinzip mit einer weiteren Einbestellung und Kontrolle zu rechnen ist, die als Teil des Programms zu sehen und verpflichtend beizubringen ist.[4]

8. Alternativ können im Rahmen eines Kontrollprogramms grundsätzlich drogen-/alkoholfreie (Teil-)Zeiträume durch eine Haaranalyse belegt werden. Positive Urin-/Blutbefunde sind aber nicht im Nachgang durch eine unauffällige Haaranalyse zu entkräften (Sonderstellung Opiate s. Indikator 19).
9. Soll vor einer Begutachtung bei einer längeren Nachweislücke die Aufrechterhaltung der Abstinenz überprüft werden, erfolgt dies in der Regel durch drei unauffällige Urinkontrollen (bzw. Blutanalysen auf PEth) in einem Zeitraum von 4 Monaten oder durch die Analyse eines 3 cm langen kopfhautnahen Haarsegments zeitnah vor der Begutachtung.
10. Bei einer Analyse auf Ethylglucuronid (EtG) in Kopfhaaren wird jeweils nur ein proximales, hautnahes Segment von maximal 3 cm Länge untersucht. Bei Haaranalysen auf weitere berauschende Mittel oder Medikamente ist ein proximaler Abschnitt mit einer maximalen Länge von 6 cm heranzuziehen. Werden nach Ablauf von 3 bzw. 6 Monaten erneut proximale Haarsegmente gewonnen, sind diese zur Vermeidung eines Verdünnungseffekts getrennt zu den zuvor gewonnenen Proben zu analysieren.
11. Die Urinabgabe im Rahmen eines Abstinenzkontrollprogramms erfolgt – nachvollziehbar dokumentiert – spätestens am Folgetag der Einbestellung entsprechend dem Vertrag zum Kontrollprogramm. Bei Analysen auf PEth im Rahmen eines Abstinenzkontrollprogramms kann ein weiterer Tag dazwischenliegen. Bei PEth-Analysen zur Überprüfung des Alkoholkonsumverhaltens kann eine Terminierung innerhalb von 5 Tagen erfolgen.
12. Die Termine, die im Rahmen eines definierten Abstinenzkontrollprogramms vergeben werden, sind unvorhersehbar.

Kontraindikatoren

(1) Die Einbestellung erfolgt in regelmäßigen Abständen, z. B. immer am selben Tag im Monat, alle 2 Monate oder jeweils am Ende eines Quartals.

(2) Die Einbestellung im Rahmen eines Abstinenzkontrollprogramms erfolgt mehr als einen Tag vor der Urinabgabe oder mehr als zwei Tage vor einer Blutentnahme (bei PEth).

(3) Die Einbestellung erfolgt bei Abstinenzkontrollprogrammen stets zum gleichen Wochentag.

(4) Die Terminierung erfolgt bei Abstinenzkontrollprogrammen in Absprache mit dem und nach den Wünschen des Untersuchten.

(5) Die Terminierung der Urin-/Blutkontrollen bei Abstinenzkontrollprogrammen erfolgt gekoppelt mit oder in Abhängigkeit von anderen, im Zeitraum eher vorhersehbaren Terminen (z. B. Verabreichung von Substitutionsmitteln).

4 Zwischen 15 und 30 % aller absolvierten Abstinenzkontrollprogramme (Urin oder Blut auf PEth) einer durchführenden Stelle sollten pro Jahr einen solchen Zusatztermin aufweisen.

(6) Die durchführende Stelle selbst ist im relevanten Kontrollzeitraum nur an einigen vorhersehbaren Wochentagen besetzt oder hat längere, dem Klienten bekannte Schließungsphasen, so dass Zeiträume absehbar sind, an denen keine Kontrollen durchgeführt werden können.

(7) Die Einbestellung erfolgt jeweils auf Initiative des Klienten oder nur zu einzeln beauftragten Terminen.

13. Bei einem Kreatininwert < 20 mg/dl im Urin und negativem Befund auf EtG bzw. berauschende Mittel kann maximal zweimal im Verlauf eines Abstinenzkontrollprogramms eine erneute und möglichst kurzfristige Einbestellung zu einem weiteren, unvorhersehbaren Termin erfolgen.

14. Sind wiederholt Urinproben mit zu niedrigem Kreatininwert nachvollziehbar durch ärztlich/toxikologisch bestätigte physiologische bzw. medizinische Ursachen (Kachexie, asthenischer Körperbau, Nierenfunktionsstörungen, Muskelerkrankungen etc.) bedingt, kann das Kontrollprogramm in der Regel trotzdem durchgeführt werden. Es ist dann jedoch grundsätzlich eine chromatographische Analyse auf alle untersuchten Substanzen durchzuführen (GC/MS, LC-MS/MS oder LC-HRMS), und aufgrund einer geringeren Sensitivität des Verfahrens sind auch beweissichere Befunde unterhalb der Cut-off-Werte anzugeben.

15. Zum Ausschluss einer Substanzwirkung am Tag der Begutachtung kann alternativ zur Urinkontrolle die Untersuchung einer Blutprobe vorgenommen werden. Hierfür können als Cut-off-Werte die „analytischen Grenzwerte" für Analysen im Bereich des § 24a StVG und bei den Arzneimittelwirkstoffen die unteren therapeutischen Konzentrationsbereiche gelten. Haaranalysen sind nicht geeignet, eine Substanzwirkung am Tag der Abnahme auszuschließen.

16. Bei einem Kreatininwert < 20 mg/dl bei Urinanalysen am Tag der Begutachtung hat grundsätzlich eine chromatographische Analyse stattzufinden (GC/MS, LC-MS/MS oder LC-HRMS), aufgrund einer geringeren Sensitivität des Verfahrens sind dann auch beweissichere Befunde unterhalb der Cut-off-Werte anzugeben. Unauffällige Urinbefunde sind als Ausschluss einer Substanzwirkung zu werten. Bei Kreatinin-Werten < 5,6 mg/dl kann ein negativer Befund nicht gewertet werden bzw. muss von einer Manipulation ausgegangen werden.

17. Im Verlauf der Durchführung des Programms sind keine Umstände aufgetreten, die Zweifel an der Aufrechterhaltung der Abstinenz rechtfertigen oder auf eine fehlende Kooperationsbereitschaft hinweisen. Andernfalls wird das Programm abgebrochen.

(1) Es wird vom Klienten ein Konsum während des Kontrollzeitraums eingeräumt. Kontraindikatoren

(2) Es erfolgt nachweislich ein Manipulationsversuch (z. B. Abgabe von Fremdurin, Zugabe von Substanzen, falsche Identität, Kreatininwert ≤ 5,6 mg/dl).

(3) Die abgegebenen Urinproben wiesen mehr als zweimal einen Kreatininwert unterhalb von 20 mg/dl auf, ohne dass dafür eine akzeptable Erklärung

vorlag, die von einem sachverständigen Arzt oder Toxikologen überprüft und im Abschlussbericht angeführt wurde.[5]

(4) Bei positivem Befund erfolgt (trotz vorheriger Aufklärung) die Einlassung einer unwissentlichen oder passiven Aufnahme berauschender Mittel (vgl. Indikatoren 17 und 18).

(5) Der Klient steht bei der Probenentnahme erkennbar unter Einfluss einer der zu untersuchenden psychoaktiven Substanzen oder räumt deren Konsum ein. Das Programm wird in diesem Fall abgebrochen und der Vorfall ist in den Unterlagen zu dokumentieren.

(6) Der Klient erscheint unentschuldigt nicht zu einem anberaumten Termin. Auch eine deutliche Verspätung, durch welche die Probennahme nicht mehr erfolgen kann, gilt als Versäumnis.

18. Im Rahmen von Analysen im Bereich der Fahreignungsdiagnostik gilt folgende Entscheidungsregel für die chromatographischen Analyseverfahren: Bei Aussagen zur Konformität werden keine Messunsicherheiten berücksichtigt. Ein Ergebnis wird als positiv gewertet, wenn der Messwert größer oder gleich dem festgelegten Cut-off-Wert ist. Analysenergebnisse unterhalb des jeweiligen Cut-off-Wertes werden in der Regel nicht angegeben und auch nicht als positiv befundet (Ausnahme: Re-Analyse und vermindertes Kreatinin).

19. Wird ein positiver Opiatnachweis in Urinproben auf einen unbemerkten Mohnkonsum zurückgeführt, kann in Fällen ohne Opioidvorgeschichte, bei denen auch sonst keine Verdachtsmomente auf einen Konsum von Opioiden vorliegen, auf Kosten des Klienten eine Haaranalyse auf Opiate inkl. 6-Monoacetylmorphin gemäß CTU-Kriterien durchgeführt werden, die den Zeitraum der positiven Urinkontrolle abzubilden hat (Probennahme 4 Wochen nach Urinkontrolle wird empfohlen). Da Haaranalysen auf Opiate bei geringfügigem Mohnkonsum zu keinem positiven Befund führen, kann als Ausnahmeregelung nur für diese Konstellation bei unauffälligem Haarbefund ein Urinkontrollprogramm weitergeführt werden.

20. Wird bei Anzweifelung eines Befundes eine Zweitanalyse (Re-Analyse) durch den Klienten veranlasst, liegt die vertraglich zugesicherte Verfügungsgewalt über die Probe bei der durchführenden Stelle. Mit ihr hat der Klient abzuklären, ob eine Zweitanalyse im selben Labor durchgeführt oder ein anderes Labor beauftragt werden soll. Im letzteren Fall ist insbesondere auf eine ausreichende

5 Eine orientierende Prüfung, ob ein Urin zu sehr verdünnt ist, sollte idealerweise bereits vor Ort erfolgen, um eine erneute Urinasservierung mit kurzem zeitlichen Abstand noch am selben Tag durchführen zu können. Stellt sich erst mit dem Laborergebnis eine zu starke Verdünnung heraus, so ist ein unauffälliger Befund auf Rauschmittel/EtG nicht verwertbar. Ein Rückschluss auf eine Manipulation ist aber bei Verdünnungsgraden oberhalb von 5,6 mg/dl nicht sicher zulässig, soweit nicht Zusatztatsachen bekannt werden. Bei einer Verdünnung unbekannter Genese erfolgt eine erneute (kostenpflichtige) Einbestellung; im Abschlussbericht wird die verdünnte und damit nicht verwertbare Probe aber erwähnt. Ist insgesamt mehr als zweimal eine Probe nicht verwertbar, wird das vereinbarte Kontrollprogramm abgebrochen, es sei denn, es kommen andere Erklärungen in Betracht, die durch einen sachverständigen Arzt oder Toxikologen zu prüfen, zu beurteilen und in einem Bericht einschließlich der erfolgten Interpretation zu dokumentieren sind.

Sensitivität der Methoden des Zweitlabors zu achten. Das Zweitlabor ist immer darauf hinzuweisen, dass es sich um eine Zweitanalyse handelt, mit entsprechender Mitteilung über das Ergebnis der ersten Analyse. Das Zweitlabor hat Stellung zu seinem Befund im Verhältnis zum Erstbefund zu nehmen, gegebenenfalls sind bei Abweichungen ergänzende Stellungnahmen durch die programmdurchführende Stelle einzuholen. Ein Labor, welches eine Re-Analyse vornimmt, hat in solchen Fällen auch positive Befunde unterhalb des eigentlichen Cut-off-Wertes mitzuteilen, zusammen mit seiner Nachweis- und Bestimmungsgrenze für den entsprechenden Analyten. Nur so ist gewährleistet, dass gegebenenfalls lagerungsbedingte Verluste nicht zu diskrepanten Ergebnissen/Beurteilungen führen.

Kontraindikatoren

(1) Das Zweitlabor verfügt nicht über eine genügend sensitive Analysenmethode.

(2) Das Zweitlabor wurde nicht darüber informiert, dass es sich um eine Re-Analyse handelt und ihm war der Erstbefund nicht bekannt.

(3) Das Zweitlabor nimmt keine toxikologische Wertung seines Befundes im Verhältnis zum Erstbefund vor.

21. Nach einem Programmabbruch kann jederzeit ein neues Programm (neuer Startzeitpunkt und beginnend mit einer erneuten ersten Probe) gestartet werden.

22. Mit dem Klienten werden für Urinkontrollprogramme bzw. die Überprüfung einer Alkoholabstinenz über PEth klare und nachvollziehbare Verhaltensregeln bei Abwesenheit definiert (z. B. aktive Meldung von Urlaubszeiten, Schichtplänen etc.), sodass eine unvorhersehbare Einbestellung auch umgesetzt werden kann.

23. Es kommt zu keinem unentschuldigten Versäumnis oder längeren Zeiten von Nichtverfügbarkeit bei Kontrollprogrammen, sodass wiederholte, auch entschuldigte Fehlzeiten keine zuverlässige Aussage zur Einhaltung einer Abstinenz mehr erlauben (bei vorhersehbarer und angemeldeter längerer Abwesenheit/Verhinderung kann anschließend eine zuvor vereinbarte, ergänzende Haaranalyse zur Überbrückung durchgeführt werden). Die Termine für Urin-/Blutkontrollen und die Zeiträume, die durch ergänzende Haaranalysen abgedeckt wurden, werden im Abschlussbericht nachvollziehbar dokumentiert und lassen eine lückenlose Kontrolle erkennen. Nachträglich kann ein zuvor versäumter Termin nicht durch eine Haaranalyse ausgeglichen werden, da ein möglicher einmaliger Konsum als Ursache für das Terminversäumnis nicht erfasst würde.

Kontraindikatoren

(1) In den ersten 2 Wochen oder vor Ende eines Kontrollprogramms wird eine mehrwöchige Abwesenheit angemeldet, sodass der Zeitraum der Verfügbarkeit zu Programmstart und Programmende damit erheblich beeinflusst wird (vgl. auch Indikator 4).

(2) Die Verfügbarkeit ist, unabhängig von der Ursache hierfür, bei einem einjährigen Programm für 5 Wochen, bei einem halbjährigen Programm um 3 Wochen oder mehr am Stück unterbrochen.

(3) Bei einem Programm über 12 Monate wird in der Summe eine Abwesenheit von mehr als 8 Wochen erreicht (bei 6 Monaten Programm 4 Wochen).

(4) Abwesenheit wird mit einer gewissen Regelmäßigkeit angemeldet, sodass die Terminvergabe durch den Klienten deutlich beeinflusst werden kann. Dies gilt auch, wenn die Verfügbarkeit des Klienten wiederholt und in Folge aus jeweils nachvollziehbaren Gründen für einen längeren Zeitraum eingeschränkt war. In diesem Fall kann kein lückenloser Beleg einer Abstinenz attestiert werden. Davon ist auszugehen, wenn eine Einbestellung in einem Zeitraum von 2 Monaten oder mehr wiederholt versucht wurde, jedoch nicht möglich war (Nichtdurchführbarkeit für Kontrollen).[6]

(5) Eine Abwesenheit aufgrund von geplantem Urlaub/Auslandsaufenthalt etc. wird weniger als 3 Tage im Voraus angemeldet.

(6) Entschuldigungsgründe für ein Nichterscheinen (akute Erkrankung, auswärtige oder kurzfristig anberaumte berufliche Tätigkeit etc.) werden nicht glaubhaft attestiert. Bei einer Erkrankung wird aus dem Attest nicht ersichtlich, dass auch ein Erscheinen zu einer Probenabgabe nicht möglich oder erheblich erschwert war (Fehlen einer Reiseunfähigkeitsbescheinigung); bei arbeitsbedingter Verhinderung wird nicht nachvollziehbar dargelegt, dass ein Erscheinen vor oder nach der Tätigkeit nicht doch möglich war.

24. Eine Medikamenteneinnahme im Zeitraum der Kontrolle wird bei jeder Einbestellung direkt bei der Probennahme erfragt und gegebenenfalls dokumentiert. Ist der bestimmungsgemäße Gebrauch nachvollziehbar, ist dies zu dokumentieren und das Programm kann fortgesetzt werden.

Kontraindikatoren

(1) Es werden zentral wirksame Arzneistoffe oder deren Stoffwechselprodukte mit Relevanz für das Verfahren nachgewiesen und es wird ein bestimmungsgemäßer Gebrauch ohne nachvollziehbare Belege zur Verschreibung akzeptiert.

(2) Eine Medikamenteneinnahme wird nachträglich, also nach Kenntnis des Befundes, angegeben, ohne dass ein ärztliches Attest über die Verschreibung und den erforderlichen Einnahmezeitraum vorliegt.

25. Der Klient, bei dem ein Drogenkontrollprogramm durchgeführt wird, wird auf mögliche Verfälschungen der Laborergebnisse bei Konsum von Mohnsamen, Backwaren, die Mohnsamen enthalten können, von Cannabis-/Hanfprodukten (auch Pflegemittel) sowie bei Aufenthalt in Räumen mit Cannabis- oder Cocainrauch bzw. Cocainstäuben in der Umgebungsluft hingewiesen und zu entsprechenden vorsorglichen Verhaltensweisen aufgefordert. Zudem wird er

6 Da während des Kontrollzeitraums eine ausreichende Verfügbarkeit gewährleistet sein muss, um Zeiten von passagerem Konsum so weit wie möglich auszuschließen, sind auch plausibel erscheinende Begründungen nicht akzeptabel, wenn sie sich häufen. Ausnahmen sind nur dann zulässig, wenn es sich um Zeiten handelt, in denen, etwa aufgrund gravierender Erkrankungen mit stationärer Behandlung, ein Drogen- oder Alkoholkonsum weitgehend ausgeschlossen werden kann. Dies ist in der Abschlussbescheinigung entsprechend zu dokumentieren.

darauf hingewiesen, dass er ohne ärztliche Verordnung keine verschreibungspflichtigen Arzneimittel einnehmen sollte, da er sich von dem Verdacht auf missbräuchliche Einnahme entsprechender Wirkstoffe bei Nachweis nicht entlasten könnte.

26. Der Klient, der einen Alkoholabstinenzbeleg erbringen möchte, wird auf den notwendigen Verzicht auf alkoholhaltige Lebensmittel, Medikamente und Mundhygienemittel, Kosmetika sowie auf sogenanntes alkoholfreies Bier (auch Sekt/Wein) etc. hingewiesen. Personen mit häufiger Verwendung von ethanolhaltigen Desinfektionsmitteln sollten ab der Einbestellung zu einer Urinkontrolle oder einer Blutuntersuchung auf PEth bis zur Probennahme keine ethanolbasierten Mittel mehr verwenden.

27. Ein im Rahmen der eigentlichen MPU durchgeführtes Urin-Drogenscreening bzw. eine PEth-Analyse können nicht als Kontrolle innerhalb eines definierten Programms verwertet werden, da die geforderte kurzfristige Einbestellungsfrist aufgrund des Verfahrensablaufs nicht gewährleistet ist. Es kann allenfalls als ergänzende Bestätigung einer bereits im Vorfeld hinreichend plausibel belegten Drogenabstinenz sowie als Beleg für die Drogenfreiheit am Untersuchungstag (Ausschluss einer Substanzwirkung) gewertet werden (zum Ausschluss einer Substanzwirkung kann alternativ auch eine Blutprobe entnommen und analysiert werden).

Kriterium CTU 2

Die Durchführung der Abstinenz-, Konsum- oder Einnahmekontrollen (Drogen, Medikamente oder Alkohol) bzw. die Probennahme erfolgt durch eine neutrale, qualitätsgesicherte Stelle nach dem Stand von Wissenschaft und Technik. Das Untersuchungsmaterial wird dabei auf eine solche Weise gewonnen und an das Analyselabor übermittelt, dass die toxikologische Untersuchung zur Abstinenzüberprüfung oder zum Nachweis einer aktuellen Alkohol-/Drogenfreiheit am Untersuchungstag den aktuellen Status des Untersuchten zuverlässig wiedergeben kann.

1. Die Durchführung des Programms bzw. die Probennahme (Befunderhebung) sowie die Befundauswertung erfolgt verantwortlich durch einen in Anlage 4a FeV Nr. 6 b) aufgeführten Arzt bzw. Toxikologen (spezifiziert in Kriterium CTU 3, Indikator 1) in einem für forensische Zwecke akkreditierten Labor. Stetige einschlägige Fortbildungen bezüglich Probennahme und Drogenanalytik für forensische Zwecke sind zusätzlich verpflichtend. Zur Überprüfung der Dauermedikation anhand von Blut-/Serumanalysen, nicht aber für Urinscreenings oder Haaranalysen kann neben einem forensisch-toxikologischen Labor auch ein medizinisches Labor mit einer Akkreditierung nach DIN EN ISO 15189 im Bereich des Therapeutic Drug Monitoring (TDM) beauftragt werden.

2. Das Programm wird zwar von keinem der genannten Verantwortlichen, jedoch von einer anderen Stelle durchgeführt, die ihre spezifische Qualifikation für forensische Abstinenzkontrollen durch einschlägige Weiterbildung (z. B. Curriculum der DGVM oder Curriculum der Bundesärztekammer inkl. Modul I und V),

ein dokumentiertes und regelmäßig überprüftes System zur Qualitätssicherung sowie entsprechende Fortbildungen bezüglich Probennahme und Drogenanalytik für forensische Zwecke darlegen kann.

3. Die Durchführungsverantwortung einerseits (Terminvergabe, Identitätsprüfung, Probennahme, Bescheinigung über den Programmverlauf) und die analytische Verantwortung andererseits (toxikologische Analyse und Bewertung des Einzelbefundberichtes in akkreditierten Laboren) können voneinander getrennt werden. Eine weitere Aufspaltung der Verantwortlichkeit für einzelne Prozessschritte darf aber nicht erfolgen.

Kontraindikatoren

(1) Die Terminvergabe erfolgt nicht über die Stelle, die auch die Probennahme durchführt.

(2) Die Bescheinigung über den Programmverlauf wird nicht durch die Stelle erstellt, die einbestellt und die Proben genommen hat.

(3) Die Bestätigung der Identitätskontrolle (vgl. Indikator 6) erfolgt durch das Analyselabor, obwohl dieses die Probennahme nicht selbst durchgeführt hat.

4. Für die Stelle, die eine Urin- oder Haarprobe abnimmt, besteht kein Interessenkonflikt bei Nachweis von Alkohol- bzw. Suchtstoffkonsum. Institutionen, die Suchtberatung oder andere Maßnahmen der Vorbereitung auf eine MPU durchführen, stehen im Interessenkonflikt, wenn die Programmdurchführung und/oder Probennahme von Personal durchgeführt wird, das auch in Beratungsaufgaben eingebunden ist und vertragliche Beziehungen mit der Beratungsstelle hat (vgl. auch Kriterium CTU 1). Dieser Konflikt kann nicht durch eine räumliche Trennung beseitigt werden.

Kontraindikatoren

(1) Die Durchführung des Programms erfolgt durch einen persönlichen Rechtsvertreter.

(2) Die Durchführung des Programms bzw. die Abnahme erfolgt durch den behandelnden Arzt (z. B. Hausarzt), eine (suchttherapeutische) Beratungsstelle, einen Therapeuten, einen Berater des Klienten oder vertraglich mit diesem verbundene Personen oder Stellen, sodass ein Interessenkonflikt im Einzelfall anzunehmen ist.

5. Eine vertragliche Vereinbarung zur Durchführung eines Abstinenzkontrollprogramms erfolgt ausschließlich mit der für die Durchführung verantwortlichen Stelle.

Kontraindikatoren

(1) Die Abstinenzkontrolle wird auf der Basis einer davon getrennten vertraglichen Vereinbarung mit einer Stelle durchgeführt, bei der ein Interessenkonflikt anzunehmen ist.

(2) Eine vertragliche Vereinbarung zur Durchführung eines Abstinenzkontrollprogramms erfolgt nicht über die Stelle, die auch einbestellt, die Probennahme durchführt und den Programmverlauf bescheinigt (Durchführungsverantwortung).

6. Bei jeder Probennahme erfolgt eine Identitätskontrolle mit entsprechender Dokumentation durch die entnehmende Stelle. Es sind nur amtliche Lichtbildausweise zu akzeptieren, wie z. B. Personalausweis, Reisepass oder Aufenthaltstitel. Bild und Unterschrift auf dem vorgelegten Ausweis sind mit dem Probanden und dessen Unterschrift auf dem Entnahmebogen zu vergleichen. In Zweifelsfällen ist die Probennahme abzulehnen, wenn keine amtliche bzw. polizeiliche Klärung der Identität erfolgen kann.

7. Bei externer Probennahme im Fall der Durchführung der Abstinenzkontrolle durch ein akkreditiertes Labor erfolgt eine Begutachtung der Entnahmestelle nach den Vorgaben der Deutschen Akkreditierungsstelle (DAkkS).[7] Dies muss der Akkreditierungsurkunde bzw. seiner Anlage zu entnehmen sein. Die interne Probennahme in den Räumen eines forensisch-toxikologischen Labors muss im Rahmen des Akkreditierungsverfahrens nicht zwingend zusätzlich zur Standardbegehung begutachtet und auf der Urkunde ausgewiesen werden. Für die Einbindung externer Probennehmer bei einem akkreditierten Labor gelten die Vorgaben der DAkkS.

Kontraindikatoren

(1) Externe Probennehmer oder die externe Probennahme sind nicht in das Qualitätsmanagementsystem (QMS) des Prüflaboratoriums eingebunden oder es werden nicht alle relevanten Anforderungen der DIN EN ISO/IEC 17025 erfüllt.

(2) Die Verantwortung für die Einhaltung der im QMS gemäß DIN EN ISO/IEC 17025 festgelegten Regeln sowie die gesamte Verantwortung für die Probennahme (durchgeführt durch den externen Probennehmer) bzw. des Kontrollprogramms liegt nicht bei der Leitung des forensisch-toxikologischen Labors.

(3) Es ist nicht sichergestellt, dass die Unparteilichkeit (Freiheit von Interessenkonflikten) der Labormitarbeiter sowie der externen Probennehmer gewährleistet ist. Es liegt kein (juristisch belastbarer) schriftlicher Vertrag zwischen dem Labor und dem externen Probennehmer bzw. der Anstellungskörperschaft/dem Arbeitgeber des Probennehmers vor, mit dem die genannten Bedingungen/Voraussetzungen sichergestellt werden.

(4) Die Beurteilung der fachlichen Qualifikation des Probennehmers und die regelmäßige Ermittlung des Aus- und Weiterbildungsbedarfs obliegt nicht dem Labor.

(5) Die fachliche Verantwortung und fachliche Weisungsbefugnis für Probennahmetätigkeiten durch externe Personen liegen nicht ausschließlich bei dem akkreditierten Labor.

(6) Die Tätigkeit des Probennehmers inkl. der von ihm benutzten Prüfmittel (z. B. Messgeräte) wird nicht in die internen und externen Qualitätssiche-

7 Es gelten die Bestimmungen gemäß „Merkblatt zur Akkreditierung von Prüflaboratorien für Probennahmen für forensisch-toxikologische Untersuchungen im Rahmen der Fahreignungsdiagnostik" der DAkkS (s. www.dakks.de).

rungsmaßnahmen des Labors einbezogen (z. B. bezüglich der Überwachung der Prüfmittel sowie der Durchführung von internen Audits).

8. Die Urinabgabe erfolgt unter ärztlicher Aufsicht und eine Gewinnung per **vias naturales** ist sichergestellt. In Institutionen mit ausgewiesenem QMS kann nach Erstkontakt mit einem Arzt oder Toxikologen (Befragung und Aufklärung) die eigentliche Probennahme (Urin-/Blut-/Haarabnahme) auch durch nachgeordnetes Personal mit geeigneter Fachausbildung durchgeführt werden. Das heißt, neben einem Arzt oder Toxikologen können z. B. Arzthelfer/MFA oder technische Mitarbeiter (z. B. MTA/CTA/BTA) eingesetzt werden, sofern sie eingewiesen und autorisiert sind. Die ordnungsgemäße Einarbeitung (Qualitätsvoraussetzungen sind zu definieren) und Autorisation sind im QMS dokumentiert. Nicht akzeptabel bei Urinabnahmen ist die Einbeziehung von Verwaltungspersonal oder anderen Personen ohne medizinische bzw. naturwissenschaftliche Ausbildung.

9. Das QMS einer durchführenden Stelle muss das Qualitätsziel angeben und beschreiben, welches Vorgehen für die Sicherung von Proben unter forensischen Gesichtspunkten die Einhaltung der CTU-Kriterien erfüllt. Ferner muss dargestellt werden, dass Aus-, Weiter- und Fortbildung des fachlichen Leiters, seines Vertreters und des autorisierten Personals hinreichende Kenntnisse dauerhaft gewährleisten und interne Kontrollen eingerichtet sind, die zur Überprüfung der Einhaltung geeignet sind (Qualitätsplan). Es muss ein Verantwortlicher benannt sein, der die Überprüfung durchführt, Abweichungen feststellt und nach vorzugebender Zeit prüft, ob Änderungen erfolgt sind; zudem sind alle genannten Schritte nachvollziehbar zu dokumentieren. In nicht-akkreditierten Einrichtungen ist eine Anlehnung an die EN ISO 9001 zu empfehlen.

10. Grundsätzlich erfolgt direkt bei der Probennahme von Urin immer eine Temperaturkontrolle, der aussagekräftige Kreatiningehalt wird immer im Labor bestimmt. Bei Verdacht auf fehlende Verwertbarkeit kann zusätzlich eine Kontrolle des pH-Wertes oder der Dichte des Urins erfolgen.

11. Bei Gewinnung einer Kopfhaarprobe wird unmittelbar über der Kopfhaut (möglichst im Bereich des Hinterhaupthöckers) eine ausreichende Menge an Haaren entnommen, um die Bildung einer Rückstellprobe zu ermöglichen (in der Regel drei Haarbündel von etwa der Stärke eines Bleistiftes). Die verbleibende Restlänge wird dokumentiert und die Haarsträhne fixiert, um ein Verschieben einzelner Haare zu verhindern und gegebenenfalls eine sequenzielle Untersuchung zu ermöglichen. Der hautnahe proximale Teil wird bezeichnet.

12. Körperhaare sollten nur einmalig zu Beginn eines Abstinenzkontrollzeitraums akzeptiert werden. Im weiteren Verlauf sollten dann Kopfhaaranalyse(n) oder Urinkontrollen vorgenommen werden.[8] Sollen auch weiterhin Körperhaare herangezogen werden, muss sichergestellt sein, dass nur anagenes Haar in die

8 Aufgrund des hohen Anteils an telogenem und katagenem Haar in der Körperbehaarung ist keine ausreichende Sicherheit gewährleistet, dass bei einer zweiten Analyse ausreichend anagenes Haar in der Probe vorhanden ist, um mit hinreichender Sensitivität einen zwischenzeitlichen Konsum zu detektieren.

Analyse einfließt. Dies ist z. B. gewährleistet, wenn nach jeder Haarentnahme eine Rasur erfolgt und die zweite und folgende Haarproben von einer Stelle gewonnen werden, bei der nach der vorhergehenden Abnahme eine Rasur erfolgte.

13. Die Haare dürfen nicht gebleicht und sollen nicht in anderer Weise kosmetisch behandelt (z. B. coloriert) sein. In Strähnen gebleichte Haare werden nur akzeptiert, wenn eine Abtrennung und Untersuchung ungebleichter Haare möglich sind. Verantwortlich für die Abtrennung ist die entnehmende Stelle, die eine entsprechende Dokumentation vorzunehmen hat.

14. Stehen nur colorierte Haare (Färbung/Tönung) oder chemisch bzw. thermisch behandelte Haare (Glättung, Dauerwelle) für eine retrospektive Abstinenzkontrolle zur Verfügung, wird diese zur Bestätigung der Abstinenz durch ein Urinkontrollprogramm über ein halbes Jahr im Zeitraum vor der Begutachtung oder alternativ durch unbehandelte Haare ergänzt, sodass in der Zusammenschau der Zeitraum von einem Jahr als hinreichend belegt angesehen werden kann. Bei einem EtG-Programm sind gebleichte und colorierte Haare grundsätzlich nicht als Abstinenzbeleg zu akzeptieren. Wird eine Haarbehandlung durch den Klienten nicht bekannt gemacht bzw. bei der Haarabnahme nicht bemerkt, sondern erst beim Analysengang festgestellt, ist ein negativer Befund nicht als Abstinenzbeleg zu werten.

    (1) Zur Untersuchung stehen nur gebleichte Haare zur Verfügung. Kontraindikatoren

    (2) Gebleichte Haarsträhnen werden in die Untersuchung mit einbezogen.

    (3) Bei der Analyse im Labor wird eine nicht angegebene Coloration oder eine nicht akzeptierte Haarbehandlung festgestellt.

    (4) Über colorierte Haare soll ein retrospektiver Abstinenzbeleg von mehr als 6 Monaten erfolgen.

    (5) Eine EtG-Bestimmung fand an gebleichten oder colorierten Haaren statt.

    (6) Eine EtG-Bestimmung fand an Achselhaaren statt.

15. Versand und Lagerung einer Haarprobe erfolgt in geeigneter Form (Aufbewahrung bei Raumtemperatur trocken und vor Licht geschützt, Versand z. B. in Alufolie als primäres Verpackungsmaterial).

    (1) Die Haarprobe wird vor der Analyse gekühlt oder eingefroren bzw. das Material ist nicht vor Feuchtigkeit geschützt worden (Feuchtigkeit und Kristallbildung führen zu einer Zersetzung von Analyt und Matrix). Kontraindikator

16. Das noch nicht versandfertige Probenmaterial darf sich nach der Gewinnung nicht mehr unbeaufsichtigt außerhalb des Sichtbereichs der Kontrollperson befinden, sodass eine nachträgliche Verfälschung durch den Untersuchten z. B. durch Zufügung von Substanzen ausgeschlossen werden kann.

17. Der Versand des Probenmaterials erfolgt in sauberen, sicher verschlossenen und bruchsicheren Behältnissen, die gegen Hitze und Licht geschützt sind.

18. Ein Versand an ein qualifiziertes Labor erfolgt zeitnah (insbesondere von Blut und Urin), wobei der Probenweg eindeutig dokumentiert wird.

Kontraindikatoren

(1) Mehrere Proben eines Klienten werden über einen längeren Zeitraum gesammelt und erst dann für Analysen weitergeleitet.

(2) Die Probe wird über Zwischenstationen weitergeleitet, was nicht nachvollziehbar dokumentiert ist und der entnehmenden Stelle nicht mitgeteilt wird.

(3) Der Dokumentation ist nicht zu entnehmen, wer eine Einbestellung wann veranlasst hat, durch wen die Probennahme wann vorgenommen wurde und welchen Weg die Probe bis zum Eingang ins Labor genommen hat.

19. Information und Befragung zu aktuellem Konsum von Medikamenten, gegebenenfalls ethanolhaltigen Lebensmitteln oder Mundhygienemitteln, Hanf- bzw. CBD- und Mohnprodukten sowie Passivkonsum bzw. Exposition werden dokumentiert.

20. Die Fragestellung an das untersuchende Labor ist der Laboranforderung eindeutig zu entnehmen; insbesondere ist erkennbar, auf welche Stoffe die Untersuchung stattfinden soll.

21. Besondere, von einem Routineprogramm individuell abweichende Fragestellungen an das untersuchende Labor (z. B. Untersuchungsumfang bei Substitutionspatienten, bestimmter Medikamentennachweis) werden schriftlich nachvollziehbar mitgeteilt und enthalten alle Informationen, die für die Beantwortung der Fragestellung erforderlich sind.

Kriterium CTU 3

Die toxikologische Untersuchung findet in einem nach DIN EN ISO 17025 für forensische Zwecke akkreditierten Labor nach den Standards der Gesellschaft für Toxikologische und Forensische Chemie (GTFCh) statt, ist als Abstinenznachweis, Überprüfung des Konsumverhaltens oder Nachweis einer aktuellen Drogenfreiheit am Untersuchungstag verwertbar und umfasst alle relevanten Stoffgruppen.

1. Das beauftragte Labor verfügt über forensisch-toxikologische Erfahrung und wird verantwortlich von einem Arzt oder Naturwissenschaftler geleitet, der eine entsprechende Weiterbildung und kontinuierliche Fortbildung nachweisen kann. Durch eine Anerkennung als „Forensischer Toxikologe, GTFCh", „Forensischer Chemiker, GTFCh" oder „Forensisch-klinischer Chemiker, GTFCh" gelten diese Anforderungen als nachgewiesen. Ein entsprechender Fachtitel wird nicht zwingend vorausgesetzt, aber andernfalls ist eine gleichartige Weiter- und Fortbildung in Anlehnung an die Gegenstandskataloge der GTFCh zu belegen. Die Qualifikation der Leitung wird im Rahmen der Akkreditierung überprüft. Eine Ausnahme bei den Anforderungen an die Labore kann bei Fragestellungen zur Dauermedikation gemacht werden (vgl. Indikator 5).

2. Das Labor ist nicht nur allgemein nach DIN EN ISO/IEC 17025 akkreditiert, sondern es wurden bei der Akkreditierung vielmehr auch spezielle Anforderungen an forensische Laboratorien basierend auf den Richtlinien der GTFCh überprüft.

3. Dem Auftraggeber wird durch das Labor die Kompetenz durch Vorlage der Akkreditierungsurkunde inkl. der Anlagen bestätigt. In der Anlage müssen bezüglich der in Tabelle C.10 aufgelisteten Analyten alle Untersuchungsmethoden als akkreditiert ersichtlich sein, die im Rahmen der Beauftragung Verwendung finden. Alternativ sind bei einer bereits vorliegenden flexiblen Akkreditierung im Bereich der forensischen Toxikologie Übergangszeiten zu akzeptieren. Eine alleinige Erklärung, dass nach den Richtlinien der GTFCh gearbeitet werde, reicht ohne Akkreditierung nicht aus.
4. Ein polytoxikologisches Screening, gegebenenfalls inkl. Opioide, gemäß dem in Tabelle C.10 beschriebenen Umfang sowie die Bestimmung von EtG oder PEth müssen grundsätzlich im forensisch akkreditierten Bereich erfolgen. Zusätzliche Analysen, z. B. auf bestimmte Arzneistoffe oder Neue psychoaktive Stoffe (NpS), können auch außerhalb des akkreditierten Bereiches in einem akkreditierten forensisch-toxikologischen Labor vorgenommen werden, müssen aber nach dem aktuellen Stand von Wissenschaft und Technik erfolgen.[9]
5. Blut-/Serumanalysen bei Fragestellungen zur Arzneimitteleinnahme bei Dauermedikation (nicht aber Urinscreenings oder Haaranalysen) können auch in einem im Bereich des Therapeutic Drug Monitoring (TDM) nach DIN EN ISO 15189 akkreditierten medizinischen Labor erfolgen.
6. Das Labor nimmt an Ringversuchen teil, die zur Bestätigung der forensischen Beweissicherheit seiner Analyseergebnisse geeignet sind.
7. Hinweisgebende Verfahren (Immunoassays oder einfache chromatographische Verfahren) werden von identifizierenden, chromatographischen Bestätigungsanalysen (beweisende Verfahren wie GC/MS oder LC/MS) unterschieden. Hinweisgebende Verfahren sind per se nur bei Urinanalysen anzuwenden und müssen so sensitiv eingestellt sein (Wahl der laboreigenen Entscheidungsgrenzen für die Differenzierung „positiv" versus „negativ"), dass bei Anwesenheit einer in Tabelle C.10 aufgeführten Zielsubstanz in einer Konzentration ab dem geforderten Cut-off-Wert ein positives Ergebnis angezeigt wird. Dies ist im Rahmen einer Basisvalidierung des hinweisgebenden Verfahrens zu belegen (vgl. Richtlinien der GTFCh). Bei positivem Drogennachweis in einem hinweisgebenden Verfahren ist immer eine Bestätigung mit einem beweisenden Verfahren erforderlich.

   (1) Ein immunchemisches Screening erfolgt mit Streifentests. Kontraindikator

8. Bei Urinanalysen werden grundsätzlich direkt bei der Abnahme die Temperatur und im weiteren Verlauf der Kreatiningehalt bestimmt. Urinproben mit einem

9 Gerade bei Analysen auf NpS muss der Untersuchungsumfang stets angepasst und auf dem aktuellen Stand der Wissenschaft gehalten werden. Werden bei Analysen auf NpS ungerichtete Analyseverfahren ohne Vorlage von Referenzsubstanzen (Non-Target-Analysen z.B. mit HRMS) laborintern festgelegte massenspektrometrische Kriterien zur Identifizierung erfüllt, kann bei einem positiven Befund zumindest von einer hinweisgebenden vorläufigen Identifizierung (Tentative Identification) ausgegangen werden, was nicht ohne Weiteres einen Abstinenzbeleg darstellen kann. Im Bericht ist allerdings anzumerken, dass es sich lediglich um einen Hinweis handelt.

Kreatiningehalt von <20 mg/dl dürfen zur Kompensation des geringen Kreatiningehaltes nicht aufkonzentriert werden.

9. Dient die Analyse der Bestätigung einer Abstinenzangabe nach früherem Betäubungsmittelkonsum, ist sie grundsätzlich polytoxikologisch angelegt. Auf folgende Parameter ist regelmäßig zu testen: Cannabinoide, Opiate, Cocain(metabolite), Amphetamine (inkl. Methamphetamin und Methylendioxy-

Tabelle C.10: Zielanalyten und Cut-off-Werte für chromatographische, identifizierende Verfahren (Urin und Haare sowie Blut) im Rahmen der Fahreignungsbegutachtung

Substanzklasse bzw. Targetanalyt	Urin [ng/ml]	Haare [ng/mg]	Voll-/Kapillarblut [ng/ml]
Cannabinoide			
THC-COOH	7,5 (nach Hydrolyse)		
THC		0,02	
Opiate			
Morphin (Codein, Dihydrocodein und in Haaren 6-Monoacetylmorphin)	25 (nach Hydrolyse)	0,1	
Cocain			
Benzoylecgonin	20		
Cocain		0,1	
Amphetamine			
Amphetamin, Methamphetamin	30		
MDMA, MDEA, MDA	50	0,1	
Methadon			
EDDP	30		
Methadon	(30)	0,1	
*Benzodiazepine**			
Diazepam	(50)	0,05	
Nordiazepam	50	0,05	
Oxazepam	50	0,05	
Alprazolam		0,05	
Hydroxy-Alprazolam	50		
Bromazepam	(50)	0,05	
Hydroxy-Bromazepam	50		
Flunitrazepam		0,05	
7-Aminoflunitrazepam	50	0,05	
Lorazepam	50	0,05	

Tabelle C.10: *(Fortsetzung)*

Substanzklasse bzw. Targetanalyt	Urin [ng/ml]	Haare [ng/mg]	Voll-/Kapillarblut [ng/ml]
Bei Hinweis auf früheren Opiat-/Opioidkonsum erfolgt eine Erweiterung der Analysen zumindest auf folgende Opioide (inkl. Metaboliten)			
Opioide (inkl. Metabolite)			
Buprenorphin	1	0,05	
Norbuprenorphin	1	0,05	
Tilidin	(50)	0,05	
Nortilidin	50	0,05	
Oxycodon	50	0,05	
Tramadol	50	0,05	
O-Desmethyltramadol	50	0,05	
Fentanyl	10	0,05	
Norfentanyl	10		
Alkoholkonsummarker			
Phosphatidylethanol (PEth 18:0/16:1)			20
Ethylglucuronid (EtG)	100	0,005 (entspricht 5 pg/mg)	

* Hier handelt es sich um eine Auswahl der zurzeit am weitesten verbreiteten Analyten. Auch andere Benzodiazepine können von Bedeutung sein und in eine Analyse mit einbezogen werden.

amphetamine), Methadon (bzw. EDDP) und Benzodiazepine. Dies gilt auch für Analysen, die zum Beleg fehlenden Substanzeinflusses am Untersuchungstag durchgeführt werden. Bei den zum Einsatz kommenden chromatographischen Methoden muss im Rahmen einer Validierung belegt worden sein, dass die Bestimmungsgrenze die in Tabelle C.10 aufgelisteten Cut-off-Werte für die jeweiligen Zielanalyten unterschreitet.

10. Die in Tabelle C.10 angeführten Benzodiazepine stellen eine Auswahl der am häufigsten missbrauchten Einzelsubstanzen und damit eine Mindestanforderung dar. Sofern in einem hinweisgebenden Verfahren die Einnahme von Benzodiazepinen positiv angezeigt wird und/oder in einem chromatographischen Suchprogramm andere, nicht in Tabelle C.10 angeführte Benzodiazepine detektiert werden (umfassendere Verfahren können ohne besondere Beauftragung angewandt werden), sind diese ebenfalls mitzuteilen und als positiver Nachweis zu werten.

11. Bei Hinweis auf einen früheren Opiat-/Opioidkonsum erfolgt eine Erweiterung der Analysen auf die in Tabelle C.10 ergänzend genannten Opioide inkl. Metaboliten.

12. Werden Stoffwechselprodukte von THC bzw. Cocain in den Haaren bestimmt, gelten folgende Cut-off-Werte: THC-COOH 0,2 pg/mg; Benzoylecgonin/Norcocain/Cocaethylen jeweils 0,01 ng/mg. Hydroxy-Metabolite von Cocain können zusätzlich bestimmt werden, gegebenenfalls auch nur qualitativ.

13. Bei einer Analyse auf PEth muss auf eine regioisomere Reinheit des verwendeten Referenzmaterials geachtet werden.

14. Bei Hinweisen auf Umgang mit Neuen psychoaktiven Stoffen (NpS) oder Missbrauch von psychoaktiven Arzneistoffen bzw. Suchtverlagerung sind anlassbezogene Beauftragungen des Labors erforderlich.

15. Bei der Fragestellung Dauermedikation (Hypothese M1, Kapitel B.5) ist eine quantitative Bestimmung der Wirkstoffkonzentration am Untersuchungstag im Blut/Serum/Plasma vorzunehmen und abzugleichen, ob sie im therapeutischen Bereich liegt.

16. Bei stabiler Substitutionsbehandlung nach Opioidtherapie (Kriterium M 1.4 N) hat eine Überprüfung auf Beigebrauch von Betäubungsmitteln (polytoxikologisches Screening inkl. Opioide) sowie von NpS (synthetische Cannabinoide, Designer-Stimulanzien, neue synthetische Opioide, Designer-Benzodiazepine u. a.) sowie weiterer fahrsicherheits- bzw. fahreignungsrelevanter Medikamentengruppen im Urin oder alternativ an Haaren zu erfolgen (Opioidanalgetika, Psychopharmaka (Antipsychotika, Antidepressiva), Anxiolytika/Hypnotika/Sedativa, Psychostimulanzien, Antikonvulsiva, Antihistaminika der 1. Generation).

17. Bei Fehlgebrauch/Abhängigkeit von Arzneimitteln (Hypothesen M2 und M3) hat eine Überprüfung auf Beigebrauch von Betäubungsmitteln (polytoxikologisches Screening inkl. Opioide) sowie von weiteren fahrsicherheits- bzw. fahreignungsrelevanten Medikamentengruppen im Urin oder alternativ an Haaren zu erfolgen (Opioidanalgetika, Psychopharmaka (Antipsychotika, Antidepressiva), Anxiolytika/Hypnotika/Sedativa, Psychostimulanzien, Antikonvulsiva, Antihistaminika der 1. Generation); bei weiterer Verschreibung eines fahreignungsrelevanten Medikaments erfolgt zusätzlich eine quantitative Bestimmung der entsprechenden Wirkstoffkonzentration im Blut/Serum/Plasma (bei Cannabismedikation oder Opioidtherapie verzichtbar).

18. Eine evtl. erfolgende Beschränkung oder Erweiterung des Untersuchungsumfangs bei bestimmten Fragestellungen wird vom Auftraggeber der Untersuchung eindeutig definiert.

19. Das Labor dokumentiert die Restmengen der untersuchten Materialien und asserviert sie ausreichend lange und unter geeigneten Bedingungen (Urin tiefgefroren, Referenzprobe von Haaren bei Raumtemperatur trocken und dunkel, PEth-Proben als Dried Blood Spot oder tiefgefroren), um eventuelle Nachanalysen im Verlauf des Drogenkontrollprogramms, des Gerichtsverfahrens bzw. des Verwaltungsaktes durchführen zu können. Die Aufbewahrungsfrist beträgt bei allen Proben mindestens 15 Monate.

Die Bescheinigungen über die durchgeführten Untersuchungen sind transparent und lassen eine Bewertung der Durchführungsbedingungen, eine Zuordnung der Verantwortlichkeiten und eine Interpretation der Befunde vor dem Hintergrund der Fragestellung (Abstinenzkontrolle, kontrollierter Konsum oder aktueller Nachweis der Drogenfreiheit am Untersuchungstag) zu. Kriterium CTU 4

Vorbemerkung: Die toxikologischen Befunde können auf verschiedene Weise und an verschiedene Stellen übermittelt werden. Grundsätzlich hat nur die in Kriterium CTU 2, Indikatoren 1–3 definierte durchführende Stelle einen Befundbericht für den Auftraggeber/Klienten zu erstellen oder weiterzuleiten. Ein Labor hat keinen Befund direkt für einen Klienten zu erstellen, für den es nicht auch selbst die Durchführungsverantwortung trägt. Grundsätzlich zu unterscheiden sind Mitteilungen des Analyselabors an eine verantwortliche durchführende Stelle als Auftraggeber (**Qualifizierte Befundmitteilungen**), sofern das Labor nicht selbst diese Funktion übernommen hat, **Einzelbefundberichte** der durchführenden Stelle an den Klienten (z.B. bei Haaranalysen oder erforderliche Befundvorlagen bei Behörden, Bewährungshilfe etc.) sowie bei Kontrollprogrammen der **abschließende Befundbericht** (Abschlussbericht) für den Klienten. Auch Abschlussberichte werden nur von der Stelle erstellt, bei der die Durchführungsverantwortung liegt und die vom Klienten mit der Durchführung einer Abstinenzkontrolle beauftragt wurde.

1. Grundsätzlich kann nur **ein** Originalbefund erstellt werden. Kopien/Zweitschriften sind als solche zu kennzeichnen. Zu unterscheiden ist dabei zwischen folgenden Mitteilungen/Berichten:

   a) Die **qualifizierte Befundmitteilung** an eine andere durchführende Stelle (Auftraggeber) bezieht sich in ihren Angaben nachvollziehbar auf den erteilten Analyseauftrag und beschränkt sich auf die Attestierung und Interpretation von selbst erhobenen Befunden. Es handelt sich um eine rein informatorische Mitteilung des Befundes und keinen belastbaren Laborbericht im Kontext eines Kontrollprogramms. Aussagen etwa zur Identitätskontrolle oder zum Datum der Einbestellung können vom Labor nicht bescheinigt werden, wenn sie nicht selbst von diesem vorgenommen wurden. Werden erforderliche Befunde vom Auftraggeber mitgeteilt, wie z.B. die Resthaarlänge bei einer Haaranalyse, so wird dies in der Befundmitteilung nachvollziehbar als Fremdangabe dargestellt. Die qualifizierte Befundmitteilung an die durchführende Stelle enthält mindestens folgende Angaben:

      - Bezeichnung des Auftraggebers für die toxikologische Analyse und eindeutig nachvollziehbare Referenznummer für den Auftrag bzw. die eingesandte Probe sowie Datum des Probeneingangs,
      - vom Auftraggeber angegebenes Datum und Ort/Institution der Probennahme gemäß der dem Auftrag beigefügten Dokumentation,
      - Beschreibung des Untersuchungsmaterials bei Haaranalysen (Länge gemessen im Labor), Haarfarbe, Feststellungen des Labors zur Haarkosmetik; bei Urinanalysen genügen Hinweise auf Auffälligkeiten im Einzelfall,

- bei Haaranalysen Angaben des Auftraggebers zur verbliebenen Haarlänge auf dem Kopf sowie Angaben des Klienten bei Probennahme zur Haarbehandlung,
- Untersuchungsumfang mit Angaben zur Methodik und verwendeter Cut-off-Werte,
- bei Urinkontrollen wird jeweils der ermittelte Kreatininwert mit angegeben, zusätzlich die Erfüllung der Temperaturkriterien der Urinprobe kurz nach Abnahme (bei Einsendungen aus Dokumentation des Probennehmers, sofern vorhanden; eine Bestätigung der Einhaltung ist ausreichend, die Temperatur muss nicht mitgeteilt werden),
- eindeutige Ergebnismitteilung, sofern erforderlich mit toxikologischer Interpretation,
- Angabe zur Akkreditierung sowie
- Datum/Unterschrift des verantwortlichen Toxikologen mit Angaben zur Qualifikation.

  Eine eigenhändige Unterschrift ist immer dann zwingend gefordert, wenn beim Labor auch die Durchführungsverantwortung liegt (direkte Übermittlung an Privatpersonen). Bei elektronischen Befundmitteilungen an andere durchführende Stellen ist durch Vereinbarung mit diesem Auftraggeber festzulegen, wie zu erkennen ist, dass der Befund freigegeben ist und wer die vollständige Verantwortung für den Inhalt übernimmt. Es kann anstelle der eigenhändigen Unterschrift in diesen Fällen auch eine elektronische Freigabe vereinbart werden.

b) **Einzelbefundberichte** bei Haaranalysen enthalten alle relevanten Angaben, wie sie in Indikator 8 für den Abschlussbericht beschrieben sind, soweit sie auf Haaranalysen zutreffen. Sie werden grundsätzlich von der durchführenden Stelle erstellt.

c) Bei Urinkontrollprogrammen und Analysen auf PEth sind Einzelbefundberichte nicht zwingend auszustellen, es kann auch ein ausführlicher Abschlussbericht genügen. Werden **Einzelbefundberichte als Zwischenbericht** benötigt (z. B. bei gerichtlichen Auflagen), werden sie von der durchführenden Stelle verfasst. Sie müssen dann zusätzlich zu den unter a) beschriebenen Inhalten der qualifizierten Befundmitteilung, die grundsätzlich als Anlage dem Einzelbefundbericht beigefügt wird, noch folgende Angaben enthalten:

- Name des Klienten und eindeutig zuzuordnende Auftragsnummer,
- Bezeichnung der veranlassenden Stelle (Klient selbst oder andere Institution),
- Datum und Ort/Institution der Probennahme; bei Urinanalysen sowie Analysen auf PEth ist auch das Datum der Einbestellung mit aufzuführen,

- Angabe der laufenden Nummer der Kontrolle (z. B. „2. von mindestens 6 vereinbarten Kontrollen")[10],
- Benennung der wesentlichen forensischen Rahmenbedingungen (Sichtkontrolle, Identitätskontrolle mit Angabe zur Art des geprüften amtlichen Lichtbildausweises, beauftragter Untersuchungsumfang) und der verantwortlichen Stellen für Terminierung, Probennahme und Analytik,
- Ergebnismitteilung sowie
- Datum und eigenhändige Unterschrift des verantwortlichen Arztes/Toxikologen mit Angaben zur Qualifikation.

Ein Begleitschreiben zum qualifizierten Befundbericht des Labors, in dem diese Punkte abgehandelt werden, kann ausreichend sein.

Kontraindikatoren

(1) Es werden nicht nummerierte Einzelbefundberichte oder Einzelbefundberichte von verschiedenen Untersuchungsstellen beigebracht.

(2) Es werden Einzelbefundberichte nicht entsprechend akkreditierter Labore beigebracht.

(3) Es wird ein Einzelbefundbericht von einem Analyselabor ausgestellt, das nicht mit der Durchführung der Abstinenzkontrolle beauftragt wurde und der Daten enthält, die nicht geprüft werden konnten.

2. Am Ende eines Kontrollprogramms wird von der durchführenden Stelle ein Abschlussbericht angefertigt, der den qualifizierten Befundmitteilungen/ Einzelbefundberichten, den abgegebenen Proben und damit dem Untersuchten eindeutig zuzuordnen ist. Bei Haaranalysen ist in der Regel kein zusammenfassender Abschlussbericht notwendig, alle wichtigen Anknüpfungspunkte ergeben sich aus dem Einzelbefundbericht.
3. Bei Abbruch eines Kontrollprogramms wird in der Regel von der durchführenden Stelle eine Abbruchmitteilung angefertigt. Der Grund des Abbruchs ist darin enthalten. Immer mitzuteilen ist ein möglicherweise letzter positiver Befund. Auf besonderen Wunsch kann ebenfalls ein Abschlussbericht erstellt werden, der diese Angaben enthält.
4. Werden Proben zur Analyse von einem akkreditierten Labor an ein anderes weitergeleitet, so ist dies, sofern es den angelegten Befundmitteilungen nicht bereits zu entnehmen ist, aus dem Abschlussbericht nachvollziehbar und es finden sich Angaben zur Qualifikation des mit der Analyse betrauten Labors (spezifische Akkreditierung) und des verantwortlichen Leiters.
5. Zwischenberichte werden in der Regel nicht erstellt. Die bis zu einem bestimmten Zeitpunkt erhobenen Befunde können dem Klienten in Form einer Folge von Einzelbefundberichten jedoch jederzeit zur Verfügung gestellt werden.

10 Ist infolge einer verdünnten Urinprobe eine Wiederholung einer Kontrolluntersuchung erforderlich geworden, wird die nicht verwertbare Probe mitgezählt und es erhöht sich die Summenziffer (nach der „2. von mindestens 6 Kontrollen" folgt eine verdünnte Probe als „3. von mindestens 6 Kontrollen" und daraufhin die „4. von mindestens 7 Kontrollen").

Kontraindikator

(1) Es wird ein Zwischenbericht erstellt, der sich auf Wunsch des Klienten nur über den Zeitraum mit negativen Befunden erstreckt, obwohl zwischenzeitlich ein positiver Befund vorliegt.

6. Der **abschließende Befundbericht** wird frühestens am letzten Tag des vereinbarten Programmzeitraums ausgegeben, auch wenn schon zuvor die vereinbarte Anzahl der Analysen abgeschlossen wurde. Er enthält folgende Punkte, sofern diese nicht gegebenenfalls beigefügten Einzelbefundberichten zu entnehmen sind:
   - Angaben zum Auftraggeber und zum Zeitraum des Kontrollprogramms sowie Anzahl der vereinbarten und aller durchgeführten Untersuchungen (inkl. nicht verwertbarer Proben),
   - Nennung der Tage der Einbestellung und Probennahme,
   - Benennung der wesentlichen forensischen Rahmenbedingungen (Sichtkontrolle, Identitätskontrolle mit Angabe zur Art des geprüften amtlichen Lichtbildausweises, beauftragter Untersuchungsumfang) und der verantwortlichen Stellen für Terminierung, Probennahme und Analytik,
   - Angaben zu Untersuchungsmethoden mit Benennung der jeweiligen Analyten inkl. verwendeter Cut-off-Werte,
   - Angaben zur Verwertbarkeit aufgrund des Kreatiningehaltes (bei Urinkontrollen),
   - Nennung des beauftragten Labors, Bestätigung dessen Akkreditierung und der Prüfung der Einzelbefundberichte durch den Laborleiter,
   - Angaben zu Nichterscheinen bzw. Abwesenheits- und Verhinderungszeiträumen,
   - Dokumentation möglicher Auffälligkeiten oder Besonderheiten (z. B. Nachweis eines indizierten und verschriebenen Medikaments, begründete Wiederholung eines Untersuchungstermins etc.),
   - Gesamtbewertung der Befunde hinsichtlich der angestrebten Überprüfung der Abstinenzangaben durch den verantwortlichen Arzt/Toxikologen (insbesondere wichtig bei Abschlussberichten mit Haaranalysen) sowie
   - Datum und eigenhändige Unterschrift des verantwortlichen Arztes/ Toxikologen mit Namenszug und Hinweis auf Qualifikation. Eine manuelle Unterschrift ist im Hinblick auf die Fälschungssicherheit unverzichtbar.
7. Dem Abschlussbericht sind damit die entsprechenden Angaben zu allen erfolgten Untersuchungen im Rahmen des vereinbarten Programms zu entnehmen und er stellt das eigentliche, entscheidende Dokument zur Verwendung im Begutachtungsverfahren dar. Die einzelnen Befundmitteilungen des Labors oder Einzelbefundberichte können als Anlage beigefügt werden.
8. Alle Befundmitteilungen, Einzelbefundberichte sowie der Abschlussbericht erschweren durch geeignete Vorkehrungen (z. B. Ziffercodes, Wasserzeichen,

holografische Aufkleber, Verwendung spezieller Papierarten) die Erstellung von Fälschungen.

9. Der Abschlussbericht der durchführenden Stelle ist bei der Begutachtung der Fahreignung im Original vorzulegen. Eine Kopie des Abschlussberichtes wird zwecks evtl. notwendiger späterer Abgleiche bei der durchführenden Stelle archiviert.

Literatur

ABOUTARA, N., SZEWCZYK, A., JUNGEN, H., MOSEBACH, A., RODRIGUEZ LAGO, M., VETTORAZZI, E., IWERSEN-BERGMANN, S., MÜLLER, A. & STERNECK, M. (2022). Phosphatidylethanol in patients with liver diseases of different etiologies: Analysis of six homologues and comparison with other alcohol markers. Clin. Chem. Acta 524, 171-178.

AGIUS, R., NADULSKI, T. & MOORE, C. (2012). Validation of LUCIO®-Direct-ELISA kits for the detection of drugs of abuse in urine: Application to the new German driving licence re-granting guidelines. Forensic Sci. Int. 215, 38–45.

ALBERMANN, M. E., MUSSHOFF, F. & MADEA, B. (2011). Comparison of ethyl glucuronide (EtG) and fatty acid ethyl esters (FAEEs) concentrations in hair for testing abstinence. Anal. Bioanal. Chem. 400, 175–181.

ALBERMANN, M. E., MUSSHOFF, F., DOBERENTZ, E., HEESE, P., BANGER, M. & MADEA, B. (2012). Preliminary investigations on ethyl glucuronide and ethyl sulfate cutoffs for detecting alcohol consumption on the basis of an ingestion experiment and on data from withdrawal treatment. Int. J. Legal Med. 126(5), 757–764.

ANDRESEN-STREICHERT, H., MÜLLER, A., GLAHN, A., SKOPP, G. & STERNECK, M. (2018). Alkoholmarker bei klinischen und forensischen Fragestellungen. Dtsch. Ärztebl. Int. 115, 309–315.

APPENZELLER, B. M., AGIRMAN, R., NEUBERG, P., YEGLES, M. & WENNIG, R. (2007). Segmental determination of ethyl glucuronide in hair: a pilot study. Forensic Sci Int. 173(2–3), 87–92.

ARADOTTIR, S., SEIDL, S., WURST, F. M., JÖNSSON, B. A. & ALLING, C. (2004). Phosphatidylethanol in human organs and blood: A study on autopsy material and influences by storage conditions. Alcohol. Clin. Exp. Res. 28(11), 1718–1723.

ARBEITSKREIS QUALITÄTSSICHERUNG DER GTFCh (2021). Erörterung zur Nachweisbarkeitsdauer von Drogen im Rahmen der 60. – 63. Sitzung des Arbeitskreises.

ARNDT, T. (2001). Carbohydrate-deficient transferrin as a marker of chronic alcohol abuse: A critical review of preanalysis, analysis, and interpretation. Clin. Chem. 47(1), 13–27.

ARNDT, T., BEYREISS, R., SCHROFEL, S. & STEMMERICH, K. (2014a). Cross-reaction of propyl and butyl alcohol glucuronides with an ethyl glucuronide enzyme immunoassay. Forensic Sci. Int. 241, 84–86.

ARNDT, T., SCHROFEL, S. & STEMMERICH, K. (2013). Ethyl glucuronide identified in commercial hair tonics. Forensic Sci. Int. 231(1–3), 195–198.

ARNDT, T., SCHROFEL, S., GUSSREGEN, B. & STEMMERICH, K. (2014b). Inhalation but not transdermal resorption of hand sanitizer ethanol causes positive ethyl glucuronide findings in urine. Forensic Sci. Int. 237, 126–130.

AUWÄRTER, V., WOHLFARTH, A., TRABER, J., THIEME, D. & WEINMANN, W. (2010). Hair analysis for Δ9-tetrahydrocannabinolic acid A - new insights into the mechanism of drug incorporation of cannabinoids into hair. Forensic Sci. Int. 196, 10–13.

BARANOWSKI, S., SERR, A., THIERAUF, A., WEINMANN, W., GROSSE PERDEKAMP, M., WURST, F. M. & HALTER, C. C. (2008). In vitro study of bacterial degradation of ethyl glucuronide and ethyl sulphate. Int. J. Legal Med. 122, 389–393.

BASt (2017). Stellungnahme der BASt zu Sichtkontrolle und Markerverfahren. https://www.bast.de/DE/Verkehrssicherheit/Fachthemen/U1-MPU/stellungnahme-marker.pdf?__blob=publicationFile&v=2 (abgerufen am 8.8.2022).

BENDROTH, P., KRONSTRAND, R., HELANDER, A., GREBY, J. STEPHANSON, N. & KRANTZ, P. (2008). Comparison of ethyl glucuronide in hair with phosphatidylethanol in whole blood as postmortem markers of alcohol abuse. Forensic Sci. Int. 176(1), 76–81.

BERGAMASCHI, M. M., KARSCHNER, E. L., GOODWIN, R. S., SCHEIDWEILER, K. B., HIRVONEN, J., QUEIROZ, R. H. C. & HUESTIS, M. A. (2013). Impact of prolonged cannabinoid excretion in chronic daily cannabis smokers' blood on per se drugged driving laws. Clin. Chem. 59(3), 519–526.

BIJLSMA, L., BRONZE, M., GRACIA LOR, E. & SIMOES, S. (2017). Identification and assessment of new psychoactive substances: a European network (NPS-EURONET) – Proposal: criteria for positive identification in LC-MS analysis. www.npseuronet.eu/wp-content/uploads/2017/03/Proposal-ID-criteria-NPS-Euronet.pdf (abgerufen am 11.8.2022).

BINZ, T. M., BAUMGARTNER, M. R. & KRAEMER, T. (2014). The influence of cleansing shampoos on ethyl glucuronide concentration in hair analyzed with an optimized and validated LC-MS/MS method. Forensic Sci. Int. 244, 20–24.

BRENNER-HARTMANN, J., GRAW, M. & MUSSHOFF, F. (2016). Beurteilungskriterien. ZVS – Zeitschrift für Verkehrssicherheit 62, 58–59.

BRENNER-HARTMANN, J., GRAW, M., MUSSHOFF, F., LÖHR-SCHWAAB, S., HOFFMANN-BORN, H., WAGNER, T. & SEIDL, J. (2017). Fahreignungsbegutachtung bei Cannabismedikation – Handlungsempfehlung der Ständigen Arbeitsgruppe Beurteilungskriterien der DGVP und DGVM – StAB. ZVS – Zeitschrift für Verkehrssicherheit 63, 257–262. Auch abgedruckt in Blutalkohol 55, 24–35; Aktualisierte Fassung: https://dgvm-verkehrsmedizin.de/wp-content/uploads/2019/10/Handlungsempfehlung-_Cannabismedikation_v2_Stand-15.08.2018.pdf (abgerufen am 8.8.2022).

BÜTZER, P. (2009). Dermale Aufnahme von Ethanol. https://docplayer.org/32670435-Dermale-aufnahme-von-ethanol.html (abgerufen am 8.8.2022).

CONE, E. J., BIGELOW, G. E., HERRMANN, E. S., MITCHELL, J. M., LODICO, C., FLEGEL, R. & VANDREY, R. (2015a). Nonsmoker exposure to secondhand cannabis smoke. III. Oral fluid and blood drug concentrations and corresponding subjective effects. J. Anal. Toxicol. 39, 497–509.

CONE, E. J., BIGELOW, G. E., HERRMANN, E. S., MITCHELL, J. M., LODICO, C., FLEGEL, R. & VANDREY, R. (2015b). Non-smoker exposure to secondhand cannabis smoke. I. Urine screening and confirmation results. J. Anal. Toxicol. 39, 1–12.

COSTANTINO, A., DIGREGORIO, E. J., KORN, W., SPAYD, S. & RIEDERS, F. (2006). The effect of the use of mouthwash on ethylglucuronide concentrations in urine. J. Anal. Toxicol. 30(9), 659–662.

CRUNELLE, C. L., CAPPELLE, D., YEGLES, M., DE DONCKER, M., MICHIELSEN, P., DOM, G., VAN NUIJS, A. L. N., MAUDENS, K. E., COVACI, A. & NEELS, H. (2016). Ethyl glucuronide concentrations in hair: a controlled alcohol-dosing study in healthy volunteers. Anal. Bioanal. Chem. 408(8), 2019–2025.

CRUNELLE, C. L., YEGLES, M., DE DONCKER, M., DOM, G., CAPPELLE, D., MAUDENS, K. E., VAN NUIJS, A. L. N., COVACI, A. & NEELS, H. (2015). Influence of repeated permanent coloring and bleaching on ethyl glucuronide concentrations in hair from alcohol-dependent patients. Forensic Sci. Int. 247, 18–22.

DALDRUP, T., KÄFERSTEIN, H., KÖHLER, H., MAIER, R.-D. & MUSSHOFF, F. (2000). Entscheidung zwischen einmaligem/gelegentlichem und regelmäßigem Cannabiskonsum. Blutalkohol 37, 39–47.

DESROSIERS, N. A., HIMES, S. K., SCHEIDWEILER, K. B., CONCHEIRO-GUISAN, M., GORELICK, D. A. & HUESTIS, M. A. (2014). Phase I and II cannabinoid disposition in blood and plasma of occasional and frequent smokers following controlled smoked cannabis. Clin. Chem. 60(4), 631–643.

DGVM & GTFCh (2016). Gemeinsame Stellungnahme zur forensisch-toxikologischen Haaranalytik der Deutschen Gesellschaft für Verkehrsmedizin (DGVM) und der Gesellschaft für Toxikologische und Forensische Chemie (GTFCh). https://www.gtfch.org/cms/index.php/mitteilungen/533-stellungnahme-zur-forensisch-toxikologischen-haaranalytik (abgerufen am 10.7.2022).

DUSSY, F., CARSON, N., HANGARTNER, S. & BRIELLMANN, T. (2014) Is one hair lock really representative? Drug Test. Anal. 6 (Suppl 1): 5–8.

ENGELHARDT, M., NEUMANN, G., BERBALK, A. & REUTER, I. (1998). Creatine supplementation in endurance sports. Med. Sci. Sports Exerc. 30, 1123–1129.

EUROPEAN WORKPLACE DRUG TESTING SOCIETY (2015). European guidelines for workplace drug testing in urine. http://www.ewdts.org/data/uploads/documents/ewdts-urine-guideline-2015-11-01-v2.0.pdf (abgerufen am 10.7.2022).

FABRITIUS, M., AUGSBURGER, M., CHTIOUI, H., FAVRAT, B. & GIROUD, C. (2014). Fitness to drive and cannabis: Validation of two blood THCCOOH thresholds to distinguish occasional users from heavy smokers. Forensic Sci. Int. 242, 1–8.

FALLER, A., RICHTER, B., KLUGE, M., KOENIG, P., SEITZ, H. K. & SKOPP, G. (2013). Stability of phosphatidylethanol species in spiked and authentic whole blood and matching dried blood spots. Int. J. Legal Med. 127(3), 603–610.

FALLER, A., RICHTER, B., KLUGE, M., KOENIG, P., SEITZ, H. K., THIERAUF, A., GNANN, H., WINKLER, M., MATTERN, R. & SKOPP, G. (2011). LC-MS/MS analysis of phosphatidylethanol in dried blood spots versus conventional blood specimens. Anal. Bioanal. Chem. 401(4), 1163–1166.

FOSEN, J. T., HØISETH, G., SEMPIO, C., GIARRATANA, N., ENGER, A., MØRLAND, J. & MORINI, L. (2019). Hair EtG: Alterations in segment levels accompanying hair growth. Drug Test. Anal. 11, 112–118.

FRANZ, S., SKOPP, G. & MUSSHOFF, F. (2020). Manipulationen bei der Abgabe einer Urinprobe im Rahmen von Abstinenzkontrollprogrammen – Erfahrungen mit der Sichtkontrolle. ZVS – Zeitschrift für Verkehrssicherheit 66, 18–20.

FRANZ, S., SKOPP, G. & MUSSHOFF, F. (2022). The effect of creatine ingestion on urinary creatinine concentration – does supplementation mask a heavy dilution? Drug Test. Anal. 14(1), 162–168.

FRANZ, S., SKOPP, G., BOETTCHER, M. & MUSSHOFF, F. (2019). Creatinine excretion in consecutive urine samples after controlled ingestion of water. Drug Test. Anal. 11(3), 435–440.

FRANZ, S., SKOPP, G., DAME, T. & MUSSHOFF, F. (2021). Verifying the validity of creatinine measurement in low-concentrated urine spot samples - photospectrometry vs. liquid chromatography-tandem mass spectrometry. Drug Test. Anal. 13(6), 1136–1144.

FRANZ, T., SCHEUFLER, F., STEIN, K., UHL, M., DAME, T., SCHWARZ, G., SACHS, H., SKOPP, G. & MUSSHOFF, F. (2018a). Determination of hydroxy metabolites of cocaine in hair samples and comparison with street cocaine samples. Forensic Sci. Int. 288, 223–226.

FRANZ, T., SKOPP, G., SCHWARZ, G. & MUSSHOFF, F. (2018b). Proof of active cannabis use comparing 11-hydroxy-Δ9-tetrahydrocannabinol with 11-nor-9-carboxy-tetrahydrocannabinol concentrations. Drug Test. Anal. 10(10), 1573–1578.

GARERI, J., APPENZELLER, B., WALASEK, P. & KOREN, G. (2011). Impact of hair-care products on FAEE hair concentrations in substance abuse monitoring. Anal. Bioanal. Chem. 400(1), 183–188.

GESELLSCHAFT FÜR TOXIKOLOGISCHE UND FORENSISCHE CHEMIE (GTFCh) (2009a). Anhang A zur Richtlinie der GTFCh zur Qualitätssicherung bei forensisch-toxikologischen Untersuchungen – Qualitätsanforderungen an die Bestimmung spezieller Analyten aus biologischen Matrices mit Tabellenanhang (aktuelle Vorgaben zu Bestimmungsgrenzen). Toxichem Krimtech 73(3), 177–184.

GESELLSCHAFT FÜR TOXIKOLOGISCHE UND FORENSISCHE CHEMIE (GTFCh) (2009b). Anhang B zur Richtlinie der GTFCh zur Qualitätssicherung bei forensisch-toxikologischen Untersuchungen – Anforderungen an die Validierung von Analysenmethoden. Toxichem Krimtech 73(3), 185–208.

GESELLSCHAFT FÜR TOXIKOLOGISCHE UND FORENSISCHE CHEMIE (GTFCh) (2009c). Anhang C zur Richtlinie der GTFCh zur Qualitätssicherung bei forensisch-toxikologischen Untersuchungen – Anforderungen an die Untersuchung von Haarproben. Toxichem Krimtech 73(3). 209–216.

GESELLSCHAFT FÜR TOXIKOLOGISCHE UND FORENSISCHE CHEMIE (GTFCh) (2018). Richtlinie der GTFCh zur Qualitätssicherung bei forensisch-toxikologischen Untersuchungen. Toxichem Krimtech 85(1), 2–6 unter Bezugnahme auf Toxichem Krimtech 76(3), 142–176.

GESSNER, S., BELOW, E., DIEDRICH, S., WEGNER, C., GESSNER, W., KOHLMANN, T., HEIDECKE, C. D., BOCKHOLDT, B., KRAMER, A., ASSADIAN, O. & BELOW, H. (2016). Ethanol and ethyl glucuronide urine concentrations after ethanol-based hand antisepsis with and without permitted alcohol consumption. Am. J. Infect. Control. 44(9), 999–1003.

GNANN, H. (2011). Phosphatidylethanol – Ein Alkoholkonsummarker auf dem Weg in die klinisch-forensische Routinediagnostik. http://www.freidok.uni-freiburg.de/volltexte/8428/pdf/Diss_Heike_Gnann.pdf. (abgerufen am 10.7.2022).

GNANN, H., WEINMANN, W. & THIERAUF, A. (2012). Formation of phosphatidylethanol and its subsequent elimination during an extensive drinking experiment over 5 days. Alcohol. Clin. Exp. Res. 36(9), 1507–1511.

GNANN, H., WEINMANN, W., ENGELMANN, C., WURST, F. M., SKOPP, G., WINKLER, M., THIERAUF, A., AUWÄRTER, V., DRESEN, S. & FERREIROS BOUZAS, N. (2009). Selective detection of phosphatidylethanol homologues in blood as biomarkers for alcohol consumption by LC-ESI-MS/MS. J. Mass Spectrom. 44(9), 1293–1299.

GRAW, M., MUSSHOFF, F. & SEIDL, J. (2017). Alkohol und Drogen. ZVS – Zeitschrift für Verkehrssicherheit 63(2), 76–78.

GRENZWERTKOMMISSION (2007). Empfehlungen der Grenzwertkommission zur Änderung der Anlage zu § 24a StVG. Blutalkohol 44, 311.

GRENZWERTKOMMISSION (2015). Empfehlung der Grenzwertkommission für die Konzentration von Tetrahydroocannabinol (THC) im Blutserum zur Feststellung des Trennvermögens von Cannabiskonsum und Fahren. Blutalkohol 52, 322–323.

GRESSNER, A.M. & ARNDT, T. (2013) Lexikon der Medizinischen Laboratoriumsdiagnostik. 2. Auflage. Heidelberg: Springer Medizin Verlag.

HALTER, C.C., DRESEN, S., AUWAERTER, V., WURST, F.M. & WEINMANN, W. (2008). Kinetics in serum and urinary excretion of ethyl sulfate and ethyl glucuronide after medium dose ethanol intake. Int. J. Legal Med. 122, 123–128.

HARTWIG, S., AUWÄRTER, V. & PRAGST, F. (2003). Effect of hair care and hair cosmetics on the concentrations of fatty acid ethyl esters in hair as markers of chronically elevated alcohol consumption. Forensic Sci. Int. 131(2–3), 90–97.

HELANDER, A. & DAHL, H. (2005). Urinary tract infection: a risk factor for false-negative urinary ethyl glucuronide but not ethyl sulfate in the detection of recent alcohol consumption. Clin. Chem. 51(9), 1728–1730.

HELANDER, A. & HANSSON, T. (2013). Nationell harmonisering av alkoholmarkören PEth. Läkartidningen 110(39–40), 1747–1748.

HELANDER, A., BÖTTCHER, M., FEHR, C., DAHMEN, N. & BECK, O. (2009). Detection times for urinary ethyl glucuronide and ethyl sulfate in heavy drinkers during alcohol detoxification. Alcohol Alcohol. 44(1), 55–61.

HELANDER, A., OLSSON, I. & DAHL, H. (2007). Postcollection synthesis of ethyl glucuronide by bacteria in urine may cause false identification of alcohol consumption. Clin. Chem. 53(10), 1855–1857.

HELANDER, A., WIELDERS, J., ANTON, R., ARNDT, T., BIANCHI, V., DEENMAMODE, J., JEPPSSON, J.-O., WHITFIELD, J. B., WEYKAMP, C. & SCHELLENBERG, F. (2016). Standardisation and use of the alcohol biomarker carbohydrate-deficient transferrin (CDT). Clin. Chim. Acta 459, 19–24.

HERZOG, J. & MUSSHOFF, F. (2022). Persönliche Mitteilung.

HERZOG, J. (2022). Formation of seven PEth-homologues after excessive use of an ethanol-based hand sanitizer. Presentation at the PEth in Mind Conference, Basel, 19.-20.5.2022.

HERZOG, J., SKOPP, G. & MUSSHOFF, F. (2020). Phosphatidylethanol als Biomarker in der Fahreignungsdiagnostik – Vorstellung eines neuen Alkoholkonsummarkers. ZVS - Zeitschrift für Verkehrssicherheit 66(2): 74–78.

HILL, V. A., SCHAFFER, M. I. & STOWE, G. N. (2016). Carboxy-THC in washed hair. Still the reliable indicator of marijuana ingestion. J. Anal. Toxicol. 40(5): 345–349.

HØISETH, G., BERNARD, J. P., KARINEN, R., JOHNSEN, L., HELANDER, A., CHRISTOPHERSEN, A. S. & MØRLAND J. (2007). A pharmacokinetic study of ethyl glucuronide in blood and urine: applications to forensic toxicology. Forensic Sci. Int. 172: 119–124.

HØISETH, G., MORINI, L., POLETTINI, A., CHRISTOPHERSEN, A. & MØRLAND, J. (2009). Ethyl glucuronide in hair compared with traditional alcohol biomarkers - a pilot study of heavy drinkers referred to an alcohol detoxification unit. Alcohol.: Clin. Exp. Res. 33(5): 812–816.

HØISETH, G., YTTREDAL, B., KARINEN, R., GJERDE, H., MØRLAND, J. & CHRISTOPHERSEN, A. (2010). Ethyl glucuronide concentrations in oral fluid, blood, and urine after volunteers drank 0.5 and 1.0 g/kg doses of ethanol. J. Anal. Toxicol. 34: 319–324.

HUESTIS, M.A. (2007). Human cannabinoid pharmacokinetics. Chem. Biodivers. 4(8): 1770–1804.

KAMBER, M., KOSTER, M., KREIS, R., WALKER, G., BOESCH, C. & HOPPELER, H. (1999). Creatine supplementation - Part I: performance, clinical chemistry, and muscle volume. Med. Sci. Sports Exerc. 31: 1763–1769.

KARSCHNER, E. L., SCHWILKE, E. W., LOWE, R. H., DARWIN, W. D., HERNING, R. I., CADET, J. L. & HUESTIS, M. A. (2009). Implications of plasma Δ9-tetrahydrocannabinol, 11-hydroxy-THC, and 11-nor-9-carboxy-THC concentrations in chronic cannabis smokers. J. Anal. Toxicol. 33(8): 469–477.

KIRSCHBAUM, K. M., MUSSHOFF, F., WILBERT, A., RÖHRICH, J. & MADEA, B. (2011). Direct ELISA kits as a sensitive and selective screening method for abstinence control in urine. Forensic Sci. Int. 207: 66–69.

KRONSTRAND, R., BRINKHAGEN, L. & NYSTROM, F. H. (2012). Ethyl glucuronide in human hair after daily consumption of 16 or 32 g of ethanol for 3 months. Forensic Sci. Int. 215(1-3): 51–55.

KULAGA, V., VELAZQUEZ-ARMENTA, Y., ALEKSA, K., VERGEE, Z. & KOREN, G. (2009). The effect of hair pigment on the incorporation of fatty acid ethyl esters (FAEE). Alcohol Alcohol. 44(3): 287–292.

KUMMER, N., INGELS, A.-S., WILLE, S. M. R., HANAK, C., VERBANCK, P., LAMBERT, W. E. E., SAMYN, N. & STOVE, C. P. (2016). Quantification of phosphatidylethanol 16:0/18:1, 18:1/18:1, and 16:0/16:0 in venous blood and venous and capillary dried blood spots from patients in alcohol withdrawal and control volunteers. Anal. Bioanal. Chem. 408(3): 825–838.

LEE, D., BERGAMASCHI, M. M., MILMAN, G., BARNES, A. J., QUEIROZ, R. H. C., VANDREY, R., & HUESTIS, M. A. (2015). Plasma cannabinoid pharmacokinetics after controlled smoking and ad libitum cannabis smoking in chronic frequent users. J. Anal. Toxicol. 39(8): 580–587.

LUGINBÜHL, M. & WEINMANN W. (2017). Creatinine in urine – a method comparison. Drug Test. Anal. 9(10): 1537–1541.

LUGINBÜHL, M., BEKAERT, B., SUESSE, S. & WEINMANN W. (2019a). Detox shampoos for EtG and FAEE in hair – Results from in vitro experiments. Drug Test. Anal. 11(6): 870–877.

LUGINBÜHL, M., NUSSBAUMER, S. & WEINMANN, W. (2018). Decrease of ethyl glucuronide concentrations in hair after exposure to chlorinated swimming pool water. Drug Test. Anal. 10(4): 689–693.

LUGINBÜHL, M., STÖTH, F., SCHRÖCK, A., GAUGLER, S. & WEINMANN, W. (2021a). Quantitative determination of phosphatidylethanol in dried blood spots for monitoring alcohol abstinence. Nat. Protoc. 16(1): 283–308.

LUGINBÜHL, M., WEINMANN, W. BUTZKE, I. & PFEIFER, P. (2019b). Monitoring of direct alcohol markers in alcohol use disorder patients during withdrawal treatment and successive rehabilitation. Drug Test. Anal. 11(6): 859–869.

LUGINBÜHL, M., YOUNG, R. S. E., STOETH, F., WEINMANN, W., BLANKSBY, S. L. & GAUGLER, S. (2021b). Variation in the relative isomer abundance of synthetic and biologically derived phosphatidylethanols and its consequences for reliable quantification. J. Anal. Toxicol. 45(1): 76–83.

MADEA, B. & MUSSHOFF, F. (2004). Haaranalytik: Technik und Interpretation in Medizin und Recht. Köln, Deutscher Ärzte-Verlag.

MANN, K., HOCH, E. & BATRA, A. (2016). S3-Leitlinie Screening, Diagnose und Behandlung alkoholbezogener Störungen. Berlin, Heidelberg: Springer.

MARTINS FERREIRA, L., BINZ, T. & YEGLES, M. (2012). The influence of ethanol containing cosmetics on ethyl glucuronide concentration in hair. Forensic Sci. Int. 218, 123–125.

MEIER, U., BRIELLMANN, T., SCHEURER, E. & DUSSY, F. (2017). Distribution pattern of ethyl glucuronide and caffeine concentrations over the scalp of a single person in a forensic context. Drug Test. Anal. 9(10), 1594–1603.

MEIER, U., COLLEDGE, F., IMFELD, S., BRIELLMANN, T., MERCER-CHALMERS-BENDER, K., SCHEURER, E. & DUSSY, F. (2019). Distribution pattern of common drugs of abuse, ethyl glucuronide, and benzodiazepines in hair across the scalp. Drug Test. Anal. 11(10), 1522–1541.

MOOSMANN, B., ROTH, N. & AUWÄRTER, V. (2014). Hair analysis for THCA-A, THC and CBN after passive in vivo exposure to marijuana smoke. Drug Test. Anal. 6(1–2), 119–125.

MOOSMANN, B., ROTH, N. & AUWÄRTER, V. (2015). Finding cannabinoids in hair does not prove cannabis consumption. Sci. Rep. 5,14906.

MOOSMANN, B., ROTH, N. & AUWÄRTER, V. (2016). Hair analysis for Δ(9)-tetrahydrocannabinolic acid A (THCA-A) and Δ(9)-tetrahydrocannabinol (THC) after handling cannabis plant material. Drug Test. Anal. 8(1), 128–132.

MORINI, L., POLITI, L. & POLETTINI, A. (2009). Ethyl glucuronide in hair: A sensitive and specific marker of chronic heavy drinking. Addiction 104, 915–920.

MUELLER, A., JUNGEN, H., IWERSEN-BERGMANN, S., RADUENZ, L., LEZIUS, S. & ANDRESEN-STREICHERT, H. (2017). Determination of ethyl glucuronide in human hair samples: A multivariate analysis of the impact of extraction conditions on quantitative results. Forensic Sci. Int. 271, 43–48.

MUSSHOFF, F. (2017). Aktuelles zu Alkoholkonsummarkern in der Fahreignungsdiagnostik. ZVS – Zeitschrift für Verkehrssicherheit 63(4), 125–135.

MUSSHOFF, F. (2019). Aktuelles zur forensisch-toxikologischen Haaranalytik. Rechtsmed. 29, 137–153.

MUSSHOFF, F. & GRAW, M. (2016). Dauerhafte Arzneimitteleinnahme – Frage nach Fahrsicherheit und Fahreignung – Teil II. Möglichkeiten eines analytischen Labors. Blutalkohol 53, 333–346.

MUSSHOFF, F. & MADEA, B. (2007a). Analytical pitfalls in hair testing. Anal. Bioanal. Chem. 388, 1475–1494.

MUSSHOFF, F. & MADEA, B. (2007b). New trends in hair analysis and scientific demands on validation and technical notes. Forensic Sci. Int. 165, 204–215.

MUSSHOFF, F. & MADEA, B. (2011). B 1.5 Die chemisch-toxikologische Analyse. In: MADEA, B., MUSSHOFF, F. & BERGHAUS, G. (Hrsg.): Verkehrsmedizin. 2. Auflage. Köln: Deutscher Ärzte-Verlag. 185–199.

MUSSHOFF, F., ALBERMANN, E. & MADEA, B. (2010). Ethyl glucuronide and ethyl sulfate in urine after consumption of various beverages and foods – misleading results? Int. J. Legal Med. 124, 623–630.

MUSSHOFF, F., SCHWARZ, G., SACHS, H., SKOPP, G. & FRANZ T. (2020). Concentration distribution of more than 100 drugs and metabolites in forensic hair samples. Int. J. Legal Med. 34(3) 989–995.

MUSSHOFF, F., THIEME, D., SCHWARZ, G., SACHS, H., SKOPP, G. & FRANZ, T. (2018). Determination of hydroxy metabolites of cocaine in hair samples for proof of consumption. Drug Test. Anal. 10(4), 681–688.

MUSSHOFF, F., WOLTERS, T., LOTT, S., IPPISCH, J., GRADL, S. & MADEA, B. (2013). Optimization and validation of CEDIA drugs of abuse immunoassay tests in serum and urine on Olympus AU 400. Drug Test. Anal. 5(5), 366–371.

NATIONALE ANTI-DOPING AGENTUR (NADA) (2014). Gemeinsam gegen Doping – Ich werde kontrolliert. https://www.shlv.de/download/Anti-Doping/NADA_IWK_A5.pdf (abgerufen am 8.8.2022).

NEUKAMM, M. A., BAHRAMI, A., AUWÄRTER, V., MEHNE, F. M. P. & HÖSS, E. (2017). Evaluation of KIMS immunoassays on a Cobas c 501 analyzer for drugs of abuse and ethyl glucuronide testing in urine for forensic abstinence control. Drug Test. Anal. 9, 1217–1223.

PIANTA, A., LINIGER, B. & BAUMGARTNER, M. R. (2013). Ethyl glucuronide in scalp and non-head hair: an intra-individual comparison. Alcohol Alcohol. 48(3), 295–302.

PIRRO, V., DI CORCIA, D., SEGANTI, F., SALOMONE, A. & VINCENTI, M. (2013). Determination of ethyl glucuronide levels in hair for the assessment of alcohol abstinence. Forensic Sci. Int. 232(1–3), 229–236.

PÖTSCH, L. & SKOPP, G. (2004). Inkorporation von Fremdsubstanzen in Haare. In: MADEA, B. & MUSSHOFF, F. (Hrsg.): Haaranalytik: Technik und Interpretation in Medizin und Recht. Köln: Deutscher Ärzte-Verlag, 29–98.

PRAGST, F. & BALIKOVA, M. A. (2006). State of the art in hair analysis for detection of drug and alcohol abuse. Clin. Chim. Acta 370, 17–49.

PRAGST, F. & SACHS, H. (2008). Die Haarprobe als Untersuchungsmatrix zur toxikologischen Fahreignungsdiagnostik. In: PRAGST, F. & ADERJAN, R. (Hrsg.): XV. GTFCh-Symposium: Aktuelle Beiträge zur forensischen und klinischen Toxikologie. Bad Vilbel, 84–99.

PRAGST, F. & YEGLES, M. (2008). Determination of fatty acid ethyl esters (FAEE) and ethyl glucuronide (EtG) in hair: a promising way for retrospective detection of alcohol abuse during pregnancy? Ther. Drug Mon. 30(2), 255–263.

PRAGST, F., AUWAERTER, V., SPORKERT, F. & SPIEGEL, K. (2001). Analysis of fatty acid ethyl esters in hair as possible markers of chronically elevated alcohol consumption by headspace solid-phase microextraction (HS-SPME) and gas chromatography-mass spectrometry (GC-MS). Forensic Sci. Int. 121, 76–88.

PRAGST, F., ROTHE, M., MOENCH, B., HASTEDT, M., HERRE, S. & SIMMERT, D. (2010). Combined use of fatty acid ethyl esters and ethyl glucuronide in hair for diagnosis of alcohol abuse: interpretation and advantages. Forensic Sci. Int. 196(1–3), 101–110.

RAMAEKERS, J. G., KAUERT, G., THEUNISSEN, E. L., TOENNES, S. W. & MOELLER, M. R. (2009). Neurocognitive performance during acute THC intoxication in heavy and occasional cannabis users. J. Psychopharmacol. 23(3), 266–277.

RAMAEKERS, J. G., MOELLER, M. R., VAN RUITENBEEK, P., THEUNISSEN, E. L., SCHNEIDER, E. & KAUERT, G. (2006). Cognition and motor control as a function of Δ9-THC concentration in serum and oral fluid: limits of impairment. Drug Alcohol Depend. 85(2), 114–122.

REISFIELD, G. M., TEITELBAUM, S. A., JONES, J. T., MASON, D., BLEIWEIS, M. & LEWIS, B. (2021a). Blood phosphatidylethanol (PEth) concentrations following intensive use of an alcohol-based hand sanitizer. J. Anal. Toxicol. https://doi.org/10.1093/jat/bkab115

REISFIELD, G. M., TEITELBAUM, S. A., JONES, J. T., MASON, D., BLEIWEIS, M. & LEWIS, B. (2021b). Blood phosphatidylethanol concentrations following regular exposure to an alcohol-based mouthwash. J. Anal. Toxicol. 45(9), 950–956.

RÖHRICH, J., SCHIMMEL, I., ZÖRNTLEIN, S., BECKER, J., DROBNIK, S., KAUFMANN, T., KUNTZ, V. & URBAN, R. (2010). Concentrations of Δ9-tetrahydrocannabinol and 11-nor-9-carboxytetrahydrocannabinol in blood and urine after passive exposure to cannabis smoke in a coffee shop. J. Anal. Toxicol. 34(4), 196–203.

ROINE, R. & SALASPURO, M. (1995). Marker für Alkoholismus und alkoholassoziierte Organschäden. In: SEITZ, H. K., LIEBER, C. S. & SIMANOWSKI, U. A. (Hrsg.): Handbuch Alkohol, Alkoholismus, Alkoholbedingte Organschäden. Leipzig, Heidelberg: Barth, 93–120.

ROPERO-MILLER, J. D., HUESTIS, M. A. & STOUT, P. R. (2012). Cocaine analytes in human hair. Evaluation of concentration ratios in different cocaine sources, drug-user populations and surface-contaminated specimens. J. Anal. Toxicol. 36(6), 390–398.

ROPERO-MILLER, J. D., PAGET-WILKES, H., DOERING, P. L. & GOLDBERGER, B. A. (2000). Effect of oral creatine supplementation on random urine creatinine, pH, and specific gravity measurements. Clin. Chem. 46 (2), 295–297.

SACHS, H. & PRAGST, F. (2004). Chemisch-toxikologische Untersuchungen auf illegale Drogen im Rahmen der Fahreignungsprüfung. Blutalkohol 41, 31–38.

SALOMONE, A., BAUMGARTNER, M. R., LOMBARDO, T., ALLADIO, E., DI CORCIA, D. & VINCENTI, M. (2016). Effects of various sample pretreatment procedures on ethyl glucuronide quantification in hair samples: Comparison of positivity rates and appraisal of cut-off values. Forensic Sci. Int. 267, 60–65.

SCHAFFER, M., CHENG, C.-C., CHAO, O., HILL, V. & MATSUI, P. (2016). Analysis of cocaine and metabolites in hair: validation and application of measurement of hydroxycocaine metabolites as evidence of cocaine ingestion. Anal. Bioanal. Chem. 408(8), 2043–2054.

SCHEDEL, J.-M., TANAKA, M., TANAKA, H., KIYONAGA, A., SHINDO, M., TERRIER, P. & SCHUTZ, Y. (2000). Consequences of one-week creatine supplementation on creatine and creatinine levels in athletes' serum and urine. Schweizerische Zeitschrift für Sportmedizin und Sporttraumatologie 48, 111–116.

SCHOLZ, C., BAUMGARTNER, M. R. & MADRY, M. M. (2021). Use of ethanol-based hand desinfectants: Source of increased ethyl glucuronide levels in hair? Alcohol Alcohol. 56(1), 38–41.

SCHRÖCK, A., HERNÁNDEZ REDONDO, A., MARTIN FABRITIUS, M., KÖNIG, S. & WEINMANN, W. (2016a). Phosphatidylethanol (Peth) in blood samples from "driving under the influence" cases as indicator for prolonged excessive alcohol consumption. Int. J. Legal Med. 130(2), 393–400.

SCHRÖCK, A., PFAFFLI, M., KÖNIG, S. & WEINMANN, W. (2016b). Application of phosphatidylethanol (PEth) in whole blood in comparison to ethyl glucuronide in hair (hEtG) in driving aptitude assessment (DAA). Int. J. Legal Med. 130(6), 1527–1533.

SCHRÖCK, A., THIERAUF-EMBERGER, A., SCHURCH, S. & WEINMANN, W. (2017a). Phosphatidylethanol (PEth) detected in blood for 3 to 12 days after single consumption of alcohol – a drinking study with 16 volunteers. Int. J. Legal Med. 131(1), 153–160.

SCHRÖCK, A., WURST, F. M., THON, N. & WEINMANN, W. (2017b). Assessing phosphatidylethanol (PEth) levels reflecting different drinking habits in comparison to the alcohol use disorders identification test - C (AUDIT-C). Drug Alcohol Depend. 178, 80–86.

SCHYMANSKI, E. L., JEON, J., GULDE, R., FENNER, K., RUFF, M., SINGER, H. P. & HOLLENDER, J. (2014). Identifying small molecules via high resolution mass spectrometry: communicating confidence. Environ. Sci. Technol. 48, 2097–2098.

SKOPP, G. & MUSSHOFF, F. (2020). Aktuelles zu Alkoholkonsummarkern bei forensischen und suchtmedizinischen Fragestellungen. Sucht 66(6), 329–338.

SOCIETY OF HAIR TESTING (SoHT) (2019). 2019 Consensus for the use of alcohol markers in hair for supporting the assessment of abstinence and chronic alcohol consumption. https://www.soht.org/images/pdf/Revision_2019_Alcoholmarkers.pdf (abgerufen am 10.7.2022).

SPORKERT, F., KHARBOUCHE, H., AUGSBURGER, M.P., KLEMM, C. & BAUMGARTNER, M.R. (2012). Positive EtG findings in hair as a result of a cosmetic treatment. Forensic Sci. Int. 218, 97–100.

STIBLER, H. (1991). Carbohydrate-deficient transferrin in serum: a new marker of potentially harmful alcohol consumption reviewed. Clin. Chem. 37, 2029–2037.

STÖTH, F. (2022). Phosphatidylethanol – A suitable alcohol biomarker for driving under the influence? Poster anlässlich des 58th Annual Meeting of The International Association of Forensic Toxicologists, 1.–3. Feb. 2022, Onlineveranstaltung.

STÖTH, F. & WEINMANN, W. (2020). Nachweisbarkeitsfenster und Trinkmengen für einen Nachweis von Phosphatidylethanol (PEth). ZVS – Zeitschrift für Verkehrssicherheit 66(2), 99–100.

SUESSE, S., PRAGST, F., MIECZKOWSKI, T., SELAVKA, C. M., ELIAN, A., SACHS, H., HASTEDT, M., ROTHE, M. & CAMPBELL, J. (2012). Practical experiences in application of hair fatty acid ethyl esters and ethyl glucuronide for detection of chronic alcohol abuse in forensic cases. Forensic Sci. Int. 218(1–3). 82–91.

THIERAUF, A., WOHLFARTH, A., AUWÄRTER, V., PERDEKAMP, M. G., WURST, F. M. & WEINMANN, W. (2010). Urine tested positive for ethyl glucuronide and ethyl sulfate after the consumption of yeast and sugar. Forensic Sci. Int. 202(1–3), e45–47.

TOENNES, S. W., RAMAEKERS, J. G., THEUNISSEN, E. L., MOELLER, M. R. & KAUERT, G. F. (2008). Comparison of cannabinoid pharmacokinetic properties in occasional and heavy users smoking a marijuana or placebo joint. J. Anal. Toxicol. 32(7), 470–477.

TSANACLIS, L., KINGSTON, R. & WICKS, J. (2009). Testing for alcohol use in hair. Is ethyl glucuronide (EtG) stable in hair? Ann. Toxicol. Anal. 21(2), 67–71.

ULWELLING, W. & SMITH, K. (2018). The PEth blood test in the security environment: what it is; why it is important; and interpretative guidelines. J. Forensic Sci. 63(6), 1634–1640.

VERSTRAETE, A.G. (2004). Detection times of drugs of abuse in blood, urine, and oral fluid. Ther. Drug Monit. 26, 200–205.

VIEL, G., BOSCOLO-BERTO, R., CECCHETTO, G., FAIS, P., NALESSO, A. & FERRARA, S. D. (2012). Phosphatidylethanol in blood as a marker of chronic alcohol use: a systematic review and meta-analysis. Int. J. Mol. Sci. 13(11), 14788–14812.

WADA (2014). Guidelines for urine sample collection. Version 6.0. https://aorp.wildapricot.org/Resources/Documents/Rules%20and%20Regulations/wada_guidelines_urine_sample_collection_2014_v1.0_en.pdf (abgerufen am 10.7.2022).

WESTIN, A. A., MJONES, G., BUCHARDT, O., FUSKEVAG, O. M. & SLORDAL, L. (2014). Can physical exercise or food deprivation cause release of fat-stored cannabinoids? Basic Clin. Pharmacol. Toxicol. 115(5), 467–471.

WINKLER, M., SKOPP, G., ALT, A., MILTNER, E., JOCHUM, T., DAENHARDT, C., SPORKERT, F., GNANN, H., WEINMANN, W. & THIERAUF, A. (2013). Comparison of direct and indirect alcohol markers with PEth in blood and urine in alcohol dependent inpatients during detoxication. Int. J. Legal Med. 127(4), 761–768.

WURST, F. M., SEIDL, S., LADEWIG, D., MÜLLER-SPAHN, F. & ALT, A. (2002). Ethyl glucuronide: on the time course of excretion in urine during detoxification. Addict. Biol. 7(4), 427–434.

WURST, F.M., SKIPPER, G.E. & WEINMANN, W. (2003). Ethyl glucuronide – the direct ethanol metabolite on the threshold from science to routine use. Addiction 98(Suppl 2), 51–61.

WURST, F. M., THON, N., ARADOTTIR, S., HARTMANN, S., WIESBECK, G. A., LESCH, O., SKALA, K., WOLFERSDORF, M., WEINMANN, W. & ALLING, C. (2010). Phosphatidylethanol: normalization during detoxification, gender aspects and correlation with other biomarkers and self-reports. Addict. Biol. 15(1), 88–95.

YEGLES, M. & PRAGST, F. (2005). Cut-offs for the detection of alcohol abuse by measurement of fatty acid ethyl esters and ethyl glucuronide in hair. Ann. Toxicol. Anal. 17, 121.

YEGLES, M., LABARTHE, A., AUWÄRTER, V., HARTWIG, S., VATER, H., WENNIG, R. & PRAGST, F. (2004). Comparison of ethyl glucuronide and fatty acid ethyl ester concentrations in hair of alcoholics, social drinkers and teetotallers. Forensic Sci. Int. 145, 167–173.

ZINKA, B., EPPLE, S., SCHICK, S., SKOPP, G., GRAW, M. & MUSSHOFF, F. (2019). Can a threshold for 11-nor-9-carboxy-Δ^9-tetrahydrocannabinol in hair be derived when its respective concentration in blood serum indicates regular use? Drug Test. Anal. 11(2), 325–330.

C. 4 Psychologische Testverfahren in der Begutachtung der Fahreignung (PTV)

C. 4.1 Theoretische Einbettung

Die Anwendung objektiver psychologischer Testverfahren zur Überprüfung der kognitiven Leistungsfähigkeit ist ein zentraler Bestandteil der Fahreignungsbegutachtung in Deutschland. Gemessen werden sollen solche Prozesse der Informationsaufnahme, der Informationsverarbeitung und der motorischen Reaktion, die für die Erbringung einer Fahrtätigkeit erforderlich sind. Der Fahrer eines Fahrzeuges muss Informationen über Straße und Umgebungsbedingungen, über andere Verkehrsteilnehmer, das Fahrzeug und die eigene Befindlichkeit in schneller und handlungsadäquater Weise verarbeiten. Hierfür ist eine Vielzahl von Aufmerksamkeits-, Wahrnehmungs-, Steuerungs- und Speicherprozessen notwendig.

Die Effizienz des gesamten Handlungsprozesses hängt hierbei von dem Zusammenspiel aller Teilprozesse ab. Deshalb ist zur Beschreibung der Anforderungen an diese Faktoren ein additives Modell, wonach für jedes einzelne Element Mindestanforderungen definiert werden, die zu erfüllen sind, nicht sinnvoll. Vielmehr ist besser von einem Kompensationsmodell auszugehen, in dem Schwächen in einzelnen Leistungsbereichen durch Stärken in anderen ausgeglichen werden können. Nur bei dieser Betrachtung wird das Fahrverhalten als ein komplexer Steuerungsprozess verstanden, der in seinem „Handlungserfolg" bewertet werden muss, und nur so können individuelle Aussagen über eine sichere Verkehrsteilnahme getroffen werden.

Psychologische Testverfahren in der Fahreignungsbegutachtung erfassen die psychofunktionalen Grundkomponenten, die zur Führung eines Fahrzeuges notwendig sind. Eine umfassende psychologische Theorie des Fahrverhaltens, welche die zur Ausübung einer Fahrtätigkeit erforderlichen Komponenten in einem experimentell verifizierten Modell miteinander verknüpft, ist derzeit noch nicht ausgearbeitet, es existieren aber unterschiedliche theoretische Ansätze zur Erklärung von Teilaspekten. Hier besteht noch spezifischer Forschungsbedarf.

RANNEY (1994) hat z. B. zur Vorhersage der individuellen Wahrscheinlichkeit, in einen Unfall verwickelt zu werden, verschiedene Erklärungsansätze geordnet und bewertet. Bei der Suche nach stabilen Merkmalen zur Vorhersage der Unfallwahrscheinlichkeit habe sich die Forschung demnach auf Aspekte der Informationsverarbeitung, speziell auf Wahrnehmungsstile, selektive Aufmerksamkeit und Reaktionsschnelligkeit konzentriert. Die selektive Aufmerksamkeit erwies sich dabei als der beste Prädiktor. ARTHUR ET AL. (1991) ermittelten in einer Metaanalyse durchschnittliche Korrelationen von $r = -.26$ zwischen der Leistung in Tests zur selektiven Aufmerksamkeit und der Wahrscheinlichkeit, in einen Unfall verwickelt zu sein.

Im Ergebnis der bisherigen verkehrspsychologischen Forschungs- und Entwicklungsarbeiten im deutschsprachigen Raum wurden die Bereiche visuelle Auffassung und Orientierung, Konzentrations- und Aufmerksamkeitsleistung,

Reaktionsverhalten und Belastbarkeit sowie sensomotorische Koordination als von grundlegender Bedeutung für die Fahrtätigkeit herausgestellt. Die auf dieser Grundlage entwickelten psychologischen Leistungstests sprechen diese Faktoren aufgrund des vielschichtigen Zusammenwirkens der kraftfahrspezifischen Leistungsfunktionen nicht völlig isoliert voneinander an. Jeder Test benötigt zu seiner Absolvierung Wahrnehmung, Aufmerksamkeit, zentralnervöse Verarbeitung und zumindest ein Minimum an motorischer Reaktion.

Neuere kognitive Modelle und Testkonstruktionen beziehen sich auf Taxonomien der Aufmerksamkeit, wobei Aufmerksamkeit als eine Leistungskomponente aufgefasst wird, die als Voraussetzung für andere Prozesse stets mehr oder weniger erforderlich ist. Es kann angenommen werden, dass die meisten der für die Fahrtätigkeit erforderlichen Fähigkeiten mit dem Konzept der Aufmerksamkeit in Zusammenhang stehen und damit beschrieben werden können. Diese Feststellung ist bedeutsam für die zukünftige Entwicklung von psychophysischen Leistungstests in der Fahreignungsdiagnostik.

SCHMIDT-ATZERT ET AL. (2008) haben die im deutschen Sprachraum eingesetzten Aufmerksamkeits- und Konzentrationstests geordnet und dazu sowohl theoretische Modelle als auch empirische Befunde gesichtet. Die Tests ließen sich vier Kategorien zuordnen:

- Alertness (gemessen als Reaktionsschnelligkeit),
- Selektivität beim Verarbeiten von Reizen,
- Aufrechterhaltung der Aufmerksamkeit sowie
- Konzentration (oder konzentrierte Aufmerksamkeit).

Die Testleistungen konnten dabei durch viele Aufgaben- und Bearbeitungsmerkmale mit beeinflusst werden, eine „reine" Messung einer bestimmten Aufmerksamkeitsfunktion war bisher in den meisten Fällen nicht ohne Weiteres möglich. Manchmal dienen einfache Aufgabenmerkmale wie die Verwendung von akustischen und visuellen Reizen oder das seltene Auftreten von Zielreizen dazu, auf konzeptueller Ebene den Anspruch zu erheben, eine bestimmte „Form" der Aufmerksamkeit wie geteilte Aufmerksamkeit oder Vigilanz zu messen. Damit wird der Aufmerksamkeits- und Konzentrationsbereich wohl eher überdimensioniert; die vier genannten Kategorien scheinen auszureichen, den Bereich zu ordnen. Wie schwierig es ist, bestimmte Aufmerksamkeitsfaktoren zu messen, lässt sich etwa zeigen, wenn auf die Art der Bearbeitung der Items geachtet wird. Bei Paper-Pencil-Tests arbeitet der Untersuchte in der Regel von einem zum anderen Item so schnell er kann weiter (self-paced), während bei computerbasierten Aufmerksamkeitstests typischerweise die Items vom Computer einzeln dargeboten werden und dadurch kleine Pausen zwischen den Itemdarbietungen entstehen (computer-paced). Die Korrelation der Tests und damit ihre Validität ändern sich zum Teil beträchtlich, wenn man bei Konstanthaltung der Items deren Darbietungsmodus variiert (KRUMM ET AL., 2008). Verstärkte Beachtung wird zukünftig auch die Verarbeitungskapazität des Kurzzeit- und Arbeitsgedächtnisses finden.

Ausgehend vom aktuellen Kenntnisstand können theoretisch fundierte Beziehungen zwischen den verschiedenen Komponenten der Aufmerksamkeit und den in der Fahrerlaubnis-Verordnung bzw. in den Begutachtungsleitlinien zur Kraftfahreignung verankerten Leistungsbereichen

- Belastbarkeit,
- Orientierungsleistung, optische Orientierung,
- Konzentrationsleistung, -fähigkeit,
- Aufmerksamkeitsleistung, Aufmerksamkeit sowie
- Reaktionsfähigkeit

hergestellt werden. Hier sind verschiedene theoretische Zugänge und Verknüpfungsmöglichkeiten denkbar. „Reaktionsfähigkeit" wird implizit mit jedem Test gemessen, bei dem man auf einen Reiz reagiert, sie ist aber besonders durch die allgemeine Reaktionsbereitschaft im Sinne der Alertness repräsentiert. Klassische Reaktionstests fordern zudem selektivere motorische Reaktionen (komplexe Reaktionen) und betonen damit die Messung des Endes der Handlungskette. „Belastbarkeit" lässt sich als eine längerfristig konstante Aufmerksamkeitsbereitschaft bei länger andauernder und wechselnder Beanspruchung auffassen, was der sogenannten Daueraufmerksamkeit entspricht. Am Beispiel der visuellen „Orientierungsleistung" im Sinne von Schnelligkeit und Umfang der Aufnahme und Verarbeitung visueller Informationen zeigen sich jedoch auch Grenzen des Aufmerksamkeitsmodells, das inhaltlichen Identifikationsleistungen (z. B. Situations- oder Gefahrenerkennung) keinen Raum bietet. Aufmerksamkeit stellt zwar die unabdingbare Basis für das Erbringen von Identifikations- und Entscheidungsprozessen dar, die in motorischen Steuerungsreaktionen münden, kann jedoch nicht als vollständige Beschreibung der für das Führen eines Fahrzeugs erforderlichen Leistungskomponenten betrachtet werden.

Die Annahme, dass es sich bei den in den Begutachtungsleitlinien zur Kraftfahreignung verankerten Leistungsbereichen um völlig voneinander unabhängige Konstrukte handelt, ist jedoch nicht haltbar. So zeigen die substanziellen Interkorrelationen zwischen einzelnen Subtests des Wiener Testsystems (vgl. Tabelle C.11), des Corporal Plus (vgl. Tabelle C.12) sowie der Testbatterie TAP-M (Tabelle C.13), dass es zum Teil relevante bzw. signifikante Überschneidungen zwischen den gemessenen Parametern gibt.

RUCKRIEGEL ET AL. (2022) konnten darüber hinaus durch Faktorenanalysen zeigen, dass sich die mit den am häufigsten im Rahmen von MPUs eingesetzten Testverfahren gemessenen Leistungsparameter durch lediglich zwei Faktoren abbilden lassen: durch einen „Geschwindigkeitsfaktor" und einen „Sorgfaltsfaktor". Die Trennung von „Geschwindigkeit" und „Sorgfalt" wird auch gestützt durch frühere Untersuchungen von POSCHADEL ET AL. (2009) am Act and React Testsystem (ART) 2020. In dieser Studie konnte ein Hauptfaktor extrahiert werden, der Geschwindigkeitsaspekte sowie mehrere Fehlerfaktoren erfasst. Auch BÜHNER ET AL. (2001) konnten zeigen, dass Fehler und Tempo unabhängige Kennwerte der Aufmerksamkeitsleistung darstellen.

Tabelle C.11: Interkorrelationen zwischen verschiedenen Testverfahren am Beispiel des WTS (SCHUHFRIED, 2021a)

Korrelationen, die für eine konvergente Validität sprechen, sind fett gedruckt

	ATAVT	COG	DT	LVT	RT
Überblicksgewinnung [ATAVT/S1]		-,382	,305	,190	-,262
Konzentrationsfähigkeit [COG/S11]	-,382		**-,580**	-,373	**,417**
Reaktive Belastbarkeit [DT/S1]	,305	**-,580**		,440	**-,394**
Orientierungsleistung [LVT/S3]	,190	-,373	,440		-,252
Reaktionsfähigkeit [RT/S3]	-,262	**,417**	**-,394**	-,252	

Tabelle C.12: Interkorrelationen Corporal Plus Tests (Reaktionszeiten) (VISTEC AG, 2021)

	AL	SelA	GetA	KonA*	DauA-K	DauA-L	VisSc
Alertness [AL]		.35	.21	-.13	.46	.47	-.17
Selektive Aufmerksamkeit [SelA]			.32	-.35	**.64**	**.63**	.16
Geteilte Aufmerksamkeit [GetA]				-.39	.41	.42	.11
Konzentrierte Aufmerksamkeit [KonA]					-.39	-.41	-.14
Daueraufmerksamkeit Kurz [DauA-K]						.99	.16
Daueraufmerksamkeit Lang [DauA-L]							.15
Visuelles Scanning [VisSc]							

* negative Werte aufgrund gegensätzlicher Polung. Nach einer Mitteilung der VISTEC AG (Produktmanagement Psychometrie) ist es aufgrund der ähnlichen Testkonstruktion (Go-/No-go-Prinzip) denkbar, dass der Selektionsaspekt der Aufmerksamkeit beim Daueraufmerksamkeitstest miterfasst wird.

Tabelle C.13: Interkorrelationen der TAP-M-Untertests (ZIMMERMANN & FIMM, 2021)

	AL-RZ	GA-A	FL-RZ	FL-F	G/N-RZ	G/N-F	VS-RZ	VS-A
Alertness (Mdn RZ) [AL-RZ]								
Get. Aufmerksamkeit (Ausl.) [GA-A]	.218*							
Flexibilität (Mdn RZ) [FL-RZ]	.394**	.134						
Flexibilität (Fehler) [FL-F]	.189*	.295**	.500**					
Go/No-go (Mdn RZ) [G/N-RZ]	.418**	.086	.415**	.075				
Go/No-go (Fehler) [G/N-F]	-.195*	-.040	.084	.182*	-.310**			
Visuelles Scanning (Mdn RZ) [VS-RZ]	.181*	.039	.313**	.074	.160	.067		
Visuelles Scanning (Ausl.) [VS-A]	.195*	.321**	.270**	.308**	.070*	-.070	.118	

Signifikanzen: * = $p < .05$, ** = $p < .01$

Eine Reduzierung auf zwei Faktoren oder gar auf nur einen Hauptfaktor (g-Faktor) könnte Vorteile, aber auch gewisse Nachteile mit sich bringen. Ein Vorteil wäre, dass sich durch die Reduzierung der Zielgrößen auch die Gefahr rein zufallsbedingter Ablehnungen (falsch-negativ-Urteile aufgrund einzelner Grenzwertunterschreitungen) reduzieren ließe (vgl. SCHMIDT-ATZERT ET AL., 2018). Zum anderen könnte eine Gewichtung der einzelnen Subtests entsprechend ihrer Faktorenladungen vorgenommen werden, sodass relevantere, faktordeterminierende Tests auch stärker gewichtet werden können.

Ein Nachteil wäre hingegen, dass unklar ist, ob eine solchermaßen vorgenommene Reduzierung der Dimensionen das Kriterium „Fahreignungsbezogene Leistungsfähigkeit" noch in ausreichendem Maße abbilden könnte. Darüber hinaus ist zu befürchten, dass eine Reduzierung der bislang differenziert beschriebenen Dimensionen nach außen (Kunden, Behörden, Gerichte) wesentlich schwieriger zu kommunizieren wäre und sogar der Eindruck einer nur oberflächlichen Diagnostik entstehen könnte.

SCHÜTZHOFER (2017) schlägt nach einer Literaturauswertung sogar vor, ein Konstrukt der Verkehrsreife zu definieren, das neben den kognitiven und sensorischen Fähigkeiten weitere exekutive Leistungsfaktoren und Persönlichkeitsvariablen berücksichtigt, die im Zusammenwirken eine sichere Verkehrsteilnahme ermöglichen. Als Leistungsparameter, welche die Informationsaufnahme bestimmen, werden demnach selektive und geteilte Aufmerksamkeit sowie Wahrnehmungsgeschwindigkeit in Verbindung mit peripherer visueller Wahrnehmung aufgeführt, als Handlungsparameter Reaktionsschnelligkeit und Reaktionssicherheit. Als weitere Einflussfaktoren werden insbesondere die Risikowahrnehmung und die Gefahrenantizipation als erfahrungsbasierte Komponenten einerseits sowie andererseits inhibitorische Steuerungsfunktionen, etwa die Selbstkontrolle und die emotionale Stabilität, genannt. Dieses komplexe Konstrukt wird sich nur schwerlich als Basis für eine Standard-Leistungstestung eignen, öffnet jedoch den Raum für individuelle Interpretationen – insbesondere, wenn bereits Verhaltensauffälligkeiten in der Vorgeschichte vorliegen und erklärt werden sollen.

Modellhaft kann angenommen werden, dass bei der Leistungstestung stets eine Reiz-Reaktions-Kette abgefragt wird, wobei die Aufgabenstellung darüber entscheidet, welche Leistungskomponente aus dieser Reiz-Reaktions-Kette besonders gefordert wird. Ein umfassendes theoretisches Modell der Fahrtätigkeit könnte ganz im Sinne des Konstrukts der Verkehrsreife von Schützhofer auf einem Handlungsansatz beruhen, der ein entscheidungsmoduliertes Reiz-Reaktions-Regelsystem zur Umsetzung des gewünschten (Fahr-)Verhaltens beschreibt:

- Alertness, selektive Aufmerksamkeit sowie Konzentration bilden als dauerhafte Variablen der Reaktionsbereitschaft die Voraussetzung zur Leistungserbringung.
- Visuell-räumliche Orientierung und Wahrnehmungsfähigkeit steuern als Variablen der Reizaufnahme und Signalerkennung die Informationsaufnahme und -verarbeitung.
- Zentrale Verarbeitungsprozesse dienen einer Gewichtung von wahrgenommenen Reizen in Entscheidungsprozessen und deren Steuerung mit dem Ziel, das angestrebte Fahrverhalten zu erzeugen.

- Motorische Reaktionsleistungen, die ebenfalls unterschiedlich präzise und schnell ausgeführt werden können, resultieren schließlich als sichtbare Handlung.

Diese Prozesse werden in leistungspsychologischen Testverfahren prinzipiell über Reaktionszeiten und Fehlerzahlen operationalisiert. Das messbare Resultat der Reiz-Reaktions-Kette bildet also ein „Leistungsniveau" ab, differenziert nach den zwei Hauptfaktoren Geschwindigkeit und Genauigkeit, ohne per se zu einer differenzierteren Aufklärung der möglichen Ursachen innerhalb der komplexen Reiz-Reaktions-Kette beizutragen. Dies geschieht indirekt über die Spezialisierung der Anforderungen der jeweiligen Testaufgaben. Werden sogenannte adaptive Reizvorgaben in einem Testverfahren angewandt, wird also der Schwierigkeitsgrad einer Aufgabe von den Leistungen der vorherigen Aufgaben abhängig gemacht, ist eine getrennte Auswertung des Testergebnisses nach den Komponenten Tempo und Sorgfalt in der Regel nicht mehr möglich. Eine „Quick and Dirty"-Tendenz, also ein tempoorientiertes Antwortverhalten, führt aufgrund ansteigender Fehlerzahl zu einer Reduktion des Schwierigkeitsgrades der Aufgaben und im weiteren Verlauf damit zu vermehrt richtigen Antworten. Der ermittelte Leistungswert aggregiert dann Tempo- und Sorgfaltskomponenten zu einem Messwert, der zwar eine zuverlässige Aussage über das Leistungsniveau des Klienten bei der vorgegebenen Aufgabenstellung ermöglicht, eine differenziertere Auswertung der Komponenten „Geschwindigkeit" vs. „Genauigkeit" allerdings nicht mehr oder nur unter Berücksichtigung weiterer Nebenvariablen erlaubt.

Außer von der Erfüllung psychofunktionaler Voraussetzungen wird das Führen eines Fahrzeuges ganz wesentlich auch von Motiven, Einstellungen und persönlichkeitspsychologischen Faktoren moderiert. Insbesondere Fahrmotive sowie Einstellungen hinsichtlich einer sicheren Verkehrsteilnahme beeinflussen in hohem Maße das Verhalten und stehen demzufolge bei der Feststellung der Eignung von bereits verkehrsauffällig gewordenen Fahrern im Vordergrund. Die Erfassung der Leistungsvoraussetzungen zum Führen eines Fahrzeuges ist nur ein Bestandteil einer multimethodal angelegten Diagnostik. Bei einer regelmäßigen Überprüfung von Fahrern mit besonderer Verantwortung hingegen (z. B. Personenbeförderung) steht die Beurteilung der psychofunktionalen Leistungsfähigkeit im Vordergrund.

Persönlichkeitspsychologische Faktoren können ebenfalls mit speziellen Tests erfasst werden. Sie spielen jedoch auch implizit bereits in die Leistungstestung mit hinein, wenn man etwa das Verhältnis zwischen Schnelligkeit und Sorgfaltsleistung in der Aufgabenbearbeitung mitberücksichtigt. Beide Komponenten stehen in einer funktionalen Beziehung: Mit zunehmender Reaktionszeit nimmt in der Regel – falls diese Zunahme nicht Ausdruck einer substanziellen Beeinträchtigung ist – die Fehlerzahl ab, bis sie ein nicht mehr zu unterschreitendes Niveau erreicht hat. Für die Beurteilung der Fahreignung ist es unverzichtbar, beide Komponenten der Leistung im Zusammenhang zu betrachten, da gerade bei einem schnellen Reaktionstempo das Risiko einer geringen Sorgfaltsleistung besonders hoch ist.

Neben einer möglicherweise habituell angelegten, eher impulsiven Verhaltenstendenz gegenüber einer eher reflexiven (schnelle, fehlerhafte vs. langsame, dafür sorgfältige Reaktionen) spielen das Alter der Testperson, ihre Vertrautheit mit der Situation, das Instruktionsverständnis und der Lernverlauf während der Testdurchführung eine Rolle. Es ist daher nicht zulässig, aus dem Verhältnis zwischen Schnelligkeit und Sorgfalt in der Aufgabenbearbeitung direkt auf Persönlichkeitsdispositionen der Testperson zu schließen.

Zur expliziten Erfassung von verkehrsspezifischen Persönlichkeits- und Einstellungsfaktoren sind vielmehr gesonderte Tests notwendig. Sie können unter der Voraussetzung, dass die Bedeutung einzelner Testbefunde im Kontext der jeweils diskutierten Beurteilungskriterien und nur als ein Baustein einer multimethodalen Eignungsbeurteilung gewertet wird, ebenfalls einen Beitrag zur Befundbewertung und Prognosestellung leisten. Diese Erhebungsinstrumente evozieren anders als Leistungstests nicht notwendigerweise aktuell beobachtbares und in Mengen- oder Güteparametern beschriebenes Verhalten; vielmehr eröffnen sie Möglichkeiten zur Selbstbeschreibung typischen Verhaltens und Erlebens durch das Individuum. Denkbar wäre z. B. die Bewertung der Normorientierung eines auffälligen Fahrers als Hinweis auf die Erfüllung des Kriteriums V5.2 N (Kapitel B.4) der Beurteilungskriterien.

Gegenwärtig werden zur Beurteilung der Fahreignung in Deutschland psychologische Testverfahren zur Erfassung von verkehrsspezifischen Persönlichkeits- und Einstellungsfaktoren in amtlich anerkannten Begutachtungsstellen für Fahreignung nicht eingesetzt. Aus diesem Grund enthält das hier vorliegende Kapitel sowie auch die Hypothese PTV (Abschnitt C.4.8) nur wenige Ausführungen zu dieser Thematik. Verkehrsspezifische Persönlichkeitstests liegen in anderen deutschsprachigen Ländern aber vor, exemplarisch erwähnt seien der „Verlässlichkeitsbezogene Persönlichkeitstest" (VPT.3)[1] von HUTTER ET AL. (2011), der „Test zur Erfassung verkehrsrelevanter Persönlichkeitsmerkmale" (TVP) von SPICHER & HÄNSGEN (2003) oder die „Konformitäts- und Emotions-Kontroll-Skala" (KEKS) von SCHÜTZHOFER & BANSE (2018), die jeweils als Selbstberichtsverfahren verkehrsrelevante Einstellungen und Persönlichkeitseigenschaften erfassen.

Um die Datenbasis zu verbreitern und diagnostisch weiter abzusichern, kann es von Vorteil sein, psychometrische Persönlichkeitstests in die Methodik zur Beurteilung der Fahreignung einzugliedern (z. B. FPI-R). Voraussetzung ist, dass diese Verfahren den gleichen Gütemaßstäben gerecht werden wie klassische Leistungstests. Im Rahmen einer Untersuchung der Fahreignung muss durch die Gutachter ein Verkehrsbezug der Persönlichkeitsbeschreibung hergestellt werden (vgl. V 2.7 N (8) in Abschnitt C.4.8). Durch spezielle methodische Ansätze wie die Verwendung impliziter Maße zur Persönlichkeitsmessung (z. B. emotionaler Stroop-Test, Aufmerksamkeitsprobe, affektives Priming, impliziter Assoziationstest) und die Konstruktion von Verfahren, die für den Untersuchten eine geringe Augenscheinvalidität besitzen (sogenannte objektive Persönlichkeitstests), können Verfälschungstendenzen,

1 Der VPT.3 ist historisch aus dem „Verkehrspsychologischen Persönlichkeitstest" (VPT 2) entwickelt worden. Er nennt als Fragestellung die Überprüfung der waffenrechtlichen Zuverlässigkeit. Die Validierung basiert jedoch weiterhin auf dem beim VPT 2 verwendeten Unfallkriterium, sodass das Verfahren weiterhin im Kontext der Fahreignungsbegutachtung unter entsprechender einzelfallbezogener Auswertung der erfassten Skalen Anwendung finden kann.

welche Verfahren zur Selbstbeschreibung in besonders hohem Maße aufweisen, minimiert werden (KIESCHKE, 2007).

Um eine Fahrtätigkeit sicher ausführen zu können, ist neben den bisher aufgeführten Voraussetzungen auch das Erreichen eines intellektuellen Mindestniveaus notwendig. Personen mit schweren Beeinträchtigungen in der intellektuellen Leistungsfähigkeit sind nicht in der Lage, ein Kraftfahrzeug sicher zu steuern. Sie dürfen gemäß den Begutachtungsleitlinien zur Kraftfahreignung (SCHUBERT ET AL., 2018) nicht am Straßenverkehr teilnehmen. Die Feststellung von schweren Intelligenzbeeinträchtigungen ist in der Regel nach einem entsprechenden Ergebnis der Leistungsüberprüfung zu treffen, kann sich in Einzelfällen aber auch auf Anknüpfungstatsachen aus dem Verhalten im Straßenverkehr oder bei der Fahrerlaubnisprüfung beziehen. Fahrer der Gruppe 1 müssen gemäß den Begutachtungsleitlinien zur Kraftfahreignung mindestens einen Intelligenzquotienten von über 70, Fahrer der Gruppe 2 von mindestens 85 aufweisen. Bei dem Verdacht auf schwere Beeinträchtigungen in der intellektuellen Leistungsfähigkeit ist ein Leistungstest zur Messung der Intelligenz einzusetzen, der für Erwachsene validiert und normiert ist. Es ist darauf zu achten, dass das angewendete Verfahren weitestgehend sprach- und kulturunabhängig ist (z. B. Matrizentest (SPM) nach J. C. RAVEN (HORN, 2009) bzw. CFT 3 von R. B. CATTELL & R. H. WEISS).

C. 4.2 Anlässe für den Einsatz von psychologischen Testverfahren in der Begutachtung der Fahreignung

Der Umfang des Einsatzes psychologischer Testverfahren in der Begutachtung der Fahreignung ist abhängig von der Fragestellung der Fahrerlaubnisbehörde, von der beantragten Fahrerlaubnisklasse und von personenspezifischen Besonderheiten. Dabei ist immer zu beachten, dass der Klient durch die psychologische Testuntersuchung nicht mehr belastet wird, als dies für die Beantwortung der behördlichen Fragestellung erforderlich ist.

Im Einzelnen sind die in den folgenden Abschnitten dargestellten Einsatzgebiete zu nennen.

C. 4.2.1 Medizinisch-psychologische Begutachtung von verkehrsauffälligen Fahrern

Bei der medizinisch-psychologischen Begutachtung von verkehrsauffälligen Fahrern mit einer Vorgeschichte, die auf Alkohol-, Drogen- bzw. Medikamentenmissbrauch oder Abhängigkeit hinweist, ist der Einsatz von Leistungstests stets angezeigt. Eine Verkehrsvorgeschichte mit Auffälligkeiten im Alkohol- und Drogenbereich deutet auf einen Suchtmittelmissbrauch hin, in dessen Folge chronische Beeinträchtigungen im Bereich der Aufmerksamkeit, der zentralen Verarbeitungsprozesse, insbesondere auch des Arbeitsgedächtnisses, und der sensomotorischen Reaktion eintreten können. Damit sind alle in Abschnitt C.4.1 beschriebenen Leistungsbereiche angesprochen. Auch Verkehrsauffälligkeiten ohne Alkohol-, Drogen-

oder Medikamentenbeteiligung können ihre Ursache in verminderten Aufmerksamkeitsleistungen haben. Die Überprüfung der psychischen Leistungsfähigkeit wird deshalb in der Mehrzahl der Anlässe zur medizinisch-psychologischen Begutachtung der Fahreignung zur Beantwortung der behördlichen Fragestellung notwendig sein.

Das Erfordernis und der konkrete Umfang der durchzuführenden Leistungstest-Untersuchung bei verkehrsauffälligen Fahrern im Rahmen einer medizinisch-psychologischen Untersuchung hängen von den anlassgebenden Auffälligkeiten und deren Ursachen sowie der beantragten Fahrerlaubnisklasse ab (vgl. Begutachtungsleitlinien zur Kraftfahreignung sowie Kriterium A 6.1 N in Kapitel B.2). Auch die Art der Auffälligkeiten in der Vorgeschichte, z. B. das Vorliegen einer Alkohol- oder Drogenabhängigkeit bzw. das Auftreten besonderer verkehrsgefährdender Verhaltensweisen oder das Verhalten in der Begutachtungssituation selbst, können einen Einfluss auf den zu wählenden Umfang der Testung haben. Die konkrete Festlegung des Untersuchungsumfangs liegt letztlich in der Entscheidung der Gutachter.

In den Fällen ohne Alkohol- oder Drogenbeteiligung, in denen es keine Hinweise darauf gibt, dass es zu Verhaltensauffälligkeiten im Zuge der aktiven Verkehrsteilnahme und zu möglicherweise leistungsbedingtem Fehlverhalten im Verkehr gekommen ist, kann auf die Durchführung von Leistungstests verzichtet werden – vorausgesetzt, die Behörde fragt nicht ausdrücklich nach den Leistungsvoraussetzungen. Bei Delikten während der Fahrt, die Fehleinschätzungen oder Fehlreaktionen in Verkehrssituationen als Ursache haben können (z. B. Rotlichtmissachtung, unzureichender Sicherheitsabstand oder Verursachen von Unfällen) oder bei Vorliegen von Straftaten, die im Zusammenhang mit einem Unfallgeschehen oder auch Suchtmittelgebrauch stehen, sind Leistungstests stets durchzuführen.

C. 4.2.2 Vorzeitige Erteilung einer Fahrerlaubnis

Bei Fahrzeugführern vor Erreichen des gesetzlich vorgeschriebenen Mindestalters zur Erteilung einer Fahrerlaubnis ist eine noch nicht voll ausgereifte Leistungsfähigkeit nicht auszuschließen. Deshalb ist hier eine Überprüfung der kraftfahrspezifischen Leistungsfähigkeit angezeigt. Insbesondere ist auf eine ausgeglichene Leistungsbereitschaft und die Ausgewogenheit von Tempo- und Sorgfaltsleistungen zu achten.

C. 4.2.3 Erfüllen von besonderen Anforderungen an die psychophysische Leistungsfähigkeit

Fahrzeugführer, die eine Fahrerlaubnis der Klassen D, D1, DE, D1E (Kraftomnibus und Kraftomnibus mit Hänger) oder zur Fahrgastbeförderung besitzen oder beantragen, tragen eine besondere Verantwortung im Straßenverkehr. Dem wird in der Fahrerlaubnis-Verordnung sowohl durch eine Befristung dieser Fahrerlaubnis auf jeweils fünf Jahre als auch dadurch Rechnung getragen, dass diese Personen erstmalig bei Erteilung einer Fahrerlaubnis dieser Klassen und danach ab einem bestimmten Alter jeweils bei Ablauf der Befristung hinsichtlich der Erfüllung besonderer Anforderungen an die psychophysische Leistungsfähigkeit überprüft werden. Dies gilt für Bewerber um die Verlängerung einer Fahrerlaubnis der Klassen D, D1, DE, D1E ab Vollendung des 50. Lebensjahres sowie für Bewerber um eine Fahrerlaubnis zur Personenbeförderung ab Vollendung des 60. Lebensjahres. Diese Personen müssen in allen fünf Leistungsbereichen, die in der Fahrerlaubnis-Verordnung und in den Begutachtungsleitlinien zur Kraftfahreignung benannt sind, ihre Leistungsfähigkeit nachweisen.

C. 4.2.4 Gesundheitliche Beeinträchtigungen, Dauermedikation und ältere Kraftfahrer

Das Vorliegen bestimmter gesundheitlicher Beeinträchtigungen kann mit Einschränkungen der kraftfahrspezifischen Leistungsfähigkeit einhergehen. Dies gilt insbesondere für Erkrankungen des Nervensystems und für psychische Störungen gemäß Kapitel 3.9 und 3.12 der Begutachtungsleitlinien sowie für alle Suchterkrankungen, kann aber auch bei Einschränkungen des Sehvermögens (Kapitel 3.1. der Begutachtungsleitlinien), Diabetes mellitus (Kapitel 3.5 der Begutachtungsleitlinien) oder auch bei Vorliegen eines ausgeprägten Schlaf-Apnoe-Syndroms (Kapitel 3.11.2 der Begutachtungsleitlinien) angezeigt sein. Bei Vorliegen einer der genannten gesundheitlichen Beeinträchtigungen ist im Einzelfall eine Überprüfung der kraftfahrspezifischen Leistungsfähigkeit angezeigt. Erforderlich ist in diesem Fall die Durchführung einer medizinisch-psychologischen Untersuchung. Die Auswahl der Verfahren ist abhängig von der Symptomatik, eine Absprache mit dem ärztlichen Gutachter über die bei dieser Erkrankung zu erwartenden Leistungsbeeinträchtigungen ist in jedem Fall anzuraten.

Wenn eine Dauermedikation mit psychotrop wirkenden Medikamenten oder anderen Arzneimitteln, welche die Leistungsfähigkeit längerfristig vermindern können, erfolgt, sind mögliche Beeinträchtigungen der Leistungsfähigkeit ebenfalls nicht auszuschließen. Auch hier ist eine Überprüfung der kraftfahrspezifischen Leistungsfähigkeit angezeigt, wenn die betreffenden Personen freiwillig oder in einer behördlich angeordneten ärztlichen bzw. medizinisch-psychologischen Untersuchung ihre Fahreignung überprüfen lassen. Dabei ist zu beachten, dass

- eine Leistungsüberprüfung nach Medikamenteneinnahme zu einem Zeitpunkt erfolgen sollte, zu dem auch eine Verkehrsteilnahme zu erwarten ist bzw. der Klient sich die Verkehrsteilnahme zutraut, und
- die Medikamenteneinnahme nicht angesichts der bevorstehenden Leistungsüberprüfung ausgesetzt wird.

Mit zunehmendem Alter ist mit einer Verringerung der psychofunktionalen Leistungsbereitschaft, insbesondere bei Tests mit hohen Anforderungen an das Leistungstempo und mit hoher Stressbelastung, zu rechnen. Die im höheren Alter abnehmende Fähigkeit, sich schnell auf neue Aufgaben einzustellen, wirkt sich gerade beim Absolvieren unbekannter Leistungsproben aus. Damit ist die Gefahr gegeben, dass ein Test nicht das vorgegebene Konstrukt (z. B. Reaktionsgeschwindigkeit) misst, sondern dass die Lern- und Umstellungsfähigkeit als konfundierende Leistungsparameter dominieren.

Da altersbezogene Leistungseinbußen nachweislich nicht automatisch mit einer erhöhten Unfallbelastung einhergehen, ist davon auszugehen, dass ein hohes Kompensationspotenzial älterer Kraftfahrer vorliegt. Dies ist bei genügend hoher Fahrpraxis auf lebenslang trainierte Fahrfähigkeiten und -fertigkeiten, aber auch auf veränderte Fahrverhaltensmuster, z. B. die Wahl vertrauter Fahrtrouten oder die Vermeidung von Nachtfahrten, zurückzuführen. Eine freiwillige oder, nach Vorliegen von Verkehrsauffälligkeiten, behördlich angeordnete Überprüfung der Fahreignung sollte alle Bereiche der psychischen Leistungsfähigkeit umfassen, die fahrverhaltensrelevant sind, aber auch die Rahmenbedingungen der beabsichtigten Verkehrsteilnahme des Untersuchten, wie z. B. die beabsichtige Beschränkung der Fahrtrouten auf die nähere Umgebung, als eignungsrelevanten Faktor berücksichtigen.

Es ist bei der Auswahl der Testverfahren besonders auf die Anwendbarkeit der Normvergleiche auch bei der Altersgruppe des zu Testenden zu achten. Testverfahren, deren Altersverteilung eine deutliche Verschiebung zugunsten jüngerer und mittlerer Altersgruppen aufweist (keine ausreichende Differenzierung mehr in höheren Altersgruppen), sind nur noch bedingt interpretierbar. Für die Gruppe der über 65-jährigen Kraftfahrer kommt der verkehrspsychologischen Fahrverhaltensbeobachtung als Ergänzung zu den Testverfahren deshalb auch eine besonders große Bedeutung zu.

C. 4.3 Anforderungen an Leistungstests in der Begutachtung der Fahreignung

Prinzipiell sind an die Konstruktion und den Einsatz von Leistungstests in der Begutachtung der Fahreignung die gleichen methodischen Anforderungen wie an alle psychometrischen Testverfahren zu stellen. Obwohl die Grundlagen der Testkonstruktion ständig weiterentwickelt und optimiert werden, ist es notwendig, den jeweils aktuellen Stand grundlegender Anforderungen zu beachten, wie sie in internationalen Standards für den Einsatz von Testverfahren, z. B. den International Guidelines for Test Use (INTERNATIONAL TEST COMMISSION (ITC), 2001) beschrieben sind. Ein Bezug auf die DIN 33430 zu „Anforderungen an Verfahren und deren Einsatz zur berufsbezogenen Eignungsbeurteilung" ist in Teilen möglich, im Ganzen aber nicht geeignet, da diese Norm sich auf berufsbezogene Eignungsdiagnostik im Zusammenhang mit der Berufswahl, der Bewerberauswahl und der Berufslaufbahnplanung bezieht. In diesem Aufgabenbereich dient die Diagnostik demnach der Platzierung, also der Zuordnung von Eignungs- zu Anforderungsprofilen. Der Einsatz von Leistungstests in der verkehrspsychologischen Begutachtung hingegen dient der Beurteilung der Fahreignung, hat also eine Selektion zum Ziel. Die Testung dient damit nur mittelbar einer Beurteilung der beruflichen Leistungsfähigkeit z. B. von Berufskraftfahrern und Personenbeförderern.

Psychologische Testverfahren haben das Ziel, den Ausprägungsgrad eines psychischen Merkmals zu erfassen und damit eine Klassifikation (Diagnose) und/oder eine Vorhersage des Erlebens und Verhaltens zu ermöglichen. Daher sind mit einem psychologischen Testverfahren immer zwei Aspekte verbunden:

a) der Messaspekt, das heißt die Bestimmung des Ausprägungsgrades eines psychischen Merkmals

b) der Klassifikationsaspekt (diagnostischer Aspekt), das heißt die Zuordnung einer Person aufgrund der Messwerte (Testergebnis) zu Klassen von Personen, die sich durch vergleichbares Erleben und Verhalten auszeichnen und damit auch vergleichbare Entwicklungen erwarten lassen.

Beide Aspekte sind mit unterschiedlichen methodischen Anforderungen verbunden, die in ihrer Gesamtheit die Güte der Testanwendung und -durchführung ausmachen. Dabei ist zusätzlich davon auszugehen, dass psychische Prozesse oder Merkmale meistens als theoretische Konstrukte definiert und nicht direkt beobachtbar sind. Die Bestimmung der Merkmalsausprägung ist damit ein indirekter Zugang, das heißt, unter der Annahme eines Messmodells wird versucht, die Entstehung der beobachteten Testergebnisse hypothetisch zu erklären. Das gilt auch für die in der Begutachtung der Fahreignung zu beurteilenden Merkmale der psychophysischen Leistungsfähigkeit. Die Testverfahren müssen deshalb bestimmten methodischen Anforderungen genügen. Diese sind im Folgenden ausführlicher dargestellt, auch unter dem Aspekt, zukünftige Testentwicklungen an diesen Anforderungen auszurichten.

Zur Überprüfung der psychophysischen Leistungsfähigkeit dürfen für alle Anlassgruppen nur Testgeräte und -systeme genutzt werden, deren Eignung für die Beantwortung der Frage nach der Leistungsfähigkeit zum Führen eines Kraftfahrzeuges nachgewiesen ist. Sowohl für den Einsatz im Rahmen einer Fahreignungsbegutachtung in einer Begutachtungsstelle (vgl. Anlage 14 Abs. 2 Nr. 7 FeV) als auch bei Überprüfungen des Leistungsvermögens im Rahmen der Erteilung oder Verlängerung einer Fahrerlaubnis der Klasse D, D1, DE und D1E sowie zur Fahrgastbeförderung (vgl. Anlage 5 Nr. 2 FeV) ist geregelt, dass nur psychologische Testverfahren und -geräte eingesetzt werden dürfen, deren Eignung von einer unabhängigen Stelle für die Bestätigung der Eignung nach § 71a FeV bestätigt worden ist.

Derzeit kommen in den Begutachtungsstellen für Fahreignung überwiegend die computergestützten Testverfahren des Wiener Testsystems (WTS) der Firma SCHUHFRIED GMBH, MÖDLING (Österreich) oder des Testsystems Corporal Plus der Firma VISTEC AG, OLCHING zum Einsatz. Sie decken die bereits dargestellten und in Anlage 5 FeV explizit genannten fünf unterschiedlichen Leistungsbereiche ab. Eine Bestätigung der Eignung haben zudem die Testverfahren des Testsystems TAP-M der Firma PSYTEST VERA FIMM – PSYCHOLOGISCHE TESTSYSTEME, HERZOGENRATH erhalten.

Eine Übersicht über die jeweils durch eine unabhängige Stelle nach § 71a FeV bestätigten Testverfahren und eine Zuordnung zu den nach den Testhandbüchern jeweils damit erfassten Leistungsdimensionen findet sich auf der Homepage der Bundesanstalt für Straßenwesen (BASt, 2022). Mit Stand vom 12. Juli 2021 waren dort die in Tabelle C.14 dargestellten Testverfahren als geeignet aufgelistet.

Tabelle C. 14: Übersicht über die von einer unabhängigen Stelle nach Anlage 14a FeV bestätigten geeigneten Testverfahren

Leistungsdimension	Testverfahren*	Testsystem/Herausgeber
Aufmerksamkeit	Adaptiver Tachistoskopischer Auffassungstest (ATAVT)	WTS / Schuhfried GmbH
	Verteilte Aufmerksamkeit	Corporal Plus / Vistec AG
	Geteilte Aufmerksamkeit	Corporal Plus / Vistec AG
	Geteilte Aufmerksamkeit (Doppelaufgabe)	TAP-M / Psytest Vera Fimm
Belastbarkeit	Determinationstest (DT)	WTS / Schuhfried GmbH
	Daueraufmerksamkeit	Corporal Plus / Vistec AG
	Flexibilität	TAP-M / Psytest Vera Fimm
Konzentration	Cognitrone (COG)	WTS / Schuhfried GmbH
	Konzentrierte Aufmerksamkeit	Corporal Plus / Vistec AG
	Selektive Aufmerksamkeit	Corporal Plus / Vistec AG
	Go / No-go	TAP-M / Psytest Vera Fimm
Orientierung	Linienverfolgungstest (LVT)	WTS / Schuhfried GmbH
	Visuelles Scanning	Corporal Plus / Vistec AG
	Visuelles Scanning	TAP-M / Psytest Vera Fimm
Reaktionsfähigkeit	Reaktionstest (RT)	WTS / Schuhfried GmbH
	Intrinsische Alertness	Corporal Plus / Vistec AG
	Alertness	TAP-M / Psytest Vera Fimm

* WTS ab Version 6.80; Corporal Plus Version 10.2020, ab Softwareversion 2.0.001; TAP-M ab Version 1.3.2.

C. 4.3.1 Methodische Anforderungen

C. 4.3.1.1 Hauptgütekriterien

Bei der Bewertung von Testverfahren werden sogenannte Haupt- und Nebengütekriterien herangezogen. Die Hauptgütekriterien fokussieren auf die technischen Messqualitäten des Verfahrens, während die Nebengütekriterien eher auf die Anwendungspraxis Bezug nehmen. Als Hauptgütekriterien gelten:

- Objektivität (Konkordanz)
- Reliabilität (Zuverlässigkeit)
- Validität (Gültigkeit).

Objektivität

Die Objektivität einer Beobachtungsmethode soll kennzeichnen, in welchem Ausmaß das Beobachtungsergebnis vom Beobachter unabhängig ist. Ein hoher Grad an Objektivität sichert, dass eine erhaltene Befundlage nicht durch den Beobachter induziert ist, sondern auch bei anderen Beobachtern einen gleichen Befund erbringen würde.

Die Objektivität einer Beobachtungsmethode kann hinsichtlich folgender Bestandteile des Beobachtungsprozesses differenziert werden:

- Die **Durchführungsobjektivität** kennzeichnet die Unabhängigkeit der Beobachtungsdurchführung vom Einfluss des Beobachters. Sie wird wesentlich durch einen hohen Grad an Standardisierung der Beobachtungssituation (z. B. strenge Instruktion, Vermeidung sozialer Interaktionen, standardisierter Ablauf) erreicht.
- Die **Auswertungsobjektivität** kennzeichnet die Auswertung des Beobachtungsgeschehens (z. B. die Antwortkodierung) vom Auswerter. Günstig sind klare Kategoriensysteme oder Punktbewertungen des Geschehens, die zu einem Summenscore führen. Bei computergestützten Testverfahren erfolgt dieser Schritt in aller Regel automatisiert.
- Die **Interpretationsobjektivität** kennzeichnet den Grad der Unabhängigkeit der Interpretation der Befundlage vom Untersucher. Unterschiedliche Untersucher sollten zu vergleichbaren Konsequenzen und/oder Beurteilungen des Befundes kommen.

In den Testhandbüchern müssen auf den jeweiligen Test bezogene Aussagen zu diesen drei Arten der Objektivität enthalten sein.

Reliabilität

Die Reliabilität der Ergebnisse einer Beobachtungsmethode soll kennzeichnen, wie gut mit dieser Methode die Beobachtungsdaten bei unabhängiger Wiederholung der Beobachtung reproduzierbar sind. Gute Beobachtungsmethoden sollten eine hohe Reproduktionsrate der Beobachtungswerte bzw. eine geringe Fehlervariation aufweisen. Ein möglicher systematischer Fehler (Bias) ist unabhängig davon durch die Kalibrierung der Beobachtungsmethode auszuschließen.

Im Rahmen der klassischen Testtheorie ist es notwendig, zur Kennzeichnung der Zuverlässigkeit die folgenden drei Eigenschaften zu beurteilen:

- Stabilität des beobachteten psychischen Phänomens (Merkmals) in der Zeit
- Unabhängigkeit der Befundreplikation
- die Parallelität der Beobachtungsmethode zu den beiden Beobachtungszeitpunkten (das heißt, die beiden Beobachtungen sollen den gleichen wahren Wert bei gleicher Fehlervariation ergeben).

Für zeitlich stabile Phänomene ist die Methode der Messwiederholung (Re-Test-Methode) ein geeigneter Zugang zur Reliabilitätsbestimmung.

Ist das psychische Phänomen in der Zeit nicht stabil, treten also beispielsweise Trainings- oder Übungseffekte auf, dann kann die Methode der Messwiederholung nicht angewendet werden. In diesem Fall benötigt man wenigstens zwei (parallele) Messmethoden, die das Gleiche messen und damit zum gleichen Zeitpunkt anwendbar sind. Über beide Methoden wird dann die Übereinstimmung der Befunde beurteilt.

Zugänge für diese Vorgehensweise sind:

- Methoden der Konsistenzanalyse, die z. B. einen Test in parallele Hälften teilen (Halbierungsmethode, Split-half-Methode), oder die Inter-Item-Konsistenzanalyse, bei der die Teilung bis in die einzelnen Items getrieben ist;
- Methode der Paralleltestung, die die Existenz eines geprüften parallelen Tests erfordert.

Sind unabhängige Messwiederholungen und die Eigenschaft ihrer Parallelität gesichert, dann ist der Grad der Zuverlässigkeit durch die gemeinsame Kovariation der Messwerte (Korrelation) bestimmbar. Erweisen sich die Messwiederholungen als nicht-parallel, ermöglicht der a-Koeffizient nach Cronbach die Möglichkeit, eine untere Schranke für die Reliabilität abzuschätzen.

Mit diesem Koeffizienten lässt sich auch die Skalenreliabilität bestimmen, wobei entscheidend ist, dass die einzelnen Komponenten (Items) homogen sind und deren Fehler nicht korrelieren.

Für die Beurteilung der Reliabilität von Testverfahren kann die in Tabelle C.15 dargestellte Zusammenstellung von in verschiedenen Anwendungsbereichen üblicherweise gefundenen Kennwerten hilfreich sein.

In Tabelle C.16 sind die Reliabilitäts-Kennwerte der Hauptvariablen der derzeit anerkannten Testverfahren zum Vergleich zusammengestellt.

Tabelle C. 15: Übersicht über die zu erwartenden Reliabilitätskennwerte in unterschiedlichen psychometrischen Anwendungsbereichen

(SCHMID-ATZERT & AMELANG, 2012, dort S. 138; verkürzt dargestellt)

Retest-Reliabilität verschiedener Testarten			
Testkategorie	M	SD	25.–75.-Perzentil
Klinische Verfahren (Erwachsene)	.74	.18	.64 – .86
Persönlichkeit	.77	.13	.73 – .86
Neuropsychologie	.85	.11	.76 – .94
Intelligenz	.80	.14	.71 – .90
Gesamt	.79	.13	.71 – .86

Tabelle C. 16: Übersicht über die Reliabilitätskennwerte der in der Fahreignungsbegutachtung eingesetzten Tests
(SCHUHFRIED GMBH, 2021b; VISTEC AG, 2022; ZIMMERMANN & FIMM, 2021)

Verfahren	Ermittelte Reliabilitäten	Streubereich
WTS – Wiener Testsystem	Retest-Reliabilität (ATAVT, LVT)	.76 – .87
	Cronbachs Alpha (COG, DT)	.93 – .95
	Guttmanns Lambda (RT)	.96
Corporal Plus	Retest-Reliabilitäten (alle Tests) Guttmanns Lambda (Geteilte Aufmerksamkeit) Cronbachs Alpha (andere Tests)	.71 – .91 .95 .87 – .98
TAP-M	Split-Half-Reliabilität	.73 – .98

Zu beachten ist, dass einzelne Leistungsparameter nicht immer als zeitstabil einzuschätzen sind. Die Messung zu einem Zeitpunkt etwa, zu dem ein Proband übermüdet oder gesundheitlich beeinträchtigt ist, ist deshalb zur Ermittlung des eigentlichen Leistungspotenzials nicht geeignet. Es ist darum im Vorfeld der Leistungsüberprüfung auszuschließen, dass entsprechende Beeinträchtigungen vorliegen.

Validität

Die Gültigkeit der Ergebnisse einer Beobachtungsmethode soll Auskunft darüber geben, für welche latenten Eigenschaftsausprägungen ein solches (manifestes) Beobachtungsergebnis gültig ist. Dabei wird zwischen interner und externer Validität unterschieden:

a) Die interne Validität soll kennzeichnen, in welchem Ausmaß die Ergebnisse in einer Beobachtungsmethode auch im Rahmen der konstituierenden Bedingungen entstanden sind, das heißt, nicht von Störeinflüssen überlagert sind (also z. B. nur die experimentell variierten Bedingungen die Ursachen der beobachteten Verhaltensvariation sind). Interne Validität sichert, dass die Beobachtungsergebnisse möglichst eindeutig interpretierbar sind. Das heißt, jede beobachtete Variabilität der Beobachtungsdaten ist ausschließlich auf die Veränderung in den unabhängigen Variablen zurückzuführen. Plausible alternative Erklärungsansätze oder Variablenkonfundierungen würden die interne Validität senken.

   Die Überprüfung der internen Validität kann über die Methoden der Pfadanalyse bzw. mithilfe von Fehler-in-den-Variablen-Modellen (Strukturgleichungsmodellen) erfolgen (HUMAK, 1983).

b) Die externe Validität gibt an, in welchem Ausmaß Beobachtungsergebnisse auch für andere Situationen gültig sind. Dies ist auch die Frage danach, wie gut von den Beobachtungsergebnissen auf das Verhalten in anderen Situationen generalisiert werden kann. Dies betrifft wesentlich die Verallgemeinerbarkeit der Befunde, also ihren Geltungsbereich.

Die Methodenlehre der externen Validierung befasst sich mit den Kriterien (und ihrer Anwendung) zur Prüfung, also ob aus Beobachtungsdaten gezogene Schlüsse zutreffend sind. Vier Zugänge werden dabei unterschieden:

- die Augenscheinvalidierung, bei der das Beobachtete für die interessierende Eigenschaft evident ist (z. B. die Güte eines Stenogramms für die Beherrschung der Kurzschrift)
- die inhaltliche oder logische Validierung (Kontent-Validität), bei der versucht wird, übergreifende Phänomenzusammenhänge zu beurteilen
- die Konstruktvalidierung, welche der Abgrenzung inhaltlicher (theoretischer) Konstrukte und damit der übergreifenden eigenschaftsbezogenen Gültigkeit dient. Sie erfolgt über den Multitrait-Mulitmessung-Zugang und gestattet es, sowohl die konvergente als auch die diskriminante Validität einer Testmethode abzuschätzen
- die Kriteriumsvalidierung, bei der die Übereinstimmung der Beobachtungsdaten mit einem externen Kriterium (kongruent oder prognostisch) bestimmt wird.

Die Inhaltsvalidität wird üblicherweise nur aufgrund inhaltlicher Betrachtungen der Beobachtungsmethode entschieden. Dies erfolgt häufig über Expertenurteile und deren Übereinstimmung. Die Augenscheinvalidierung ist ein Spezialfall der Inhaltsvalidierung, die insbesondere eine wichtige Rolle im Rahmen des kriteriumsorientierten Testens spielt. Für weitere Testentwicklungen ist es besonders anzustreben, objektive Kriterien zu definieren, die im Rahmen der Fahrtätigkeit eine begründete Relevanz haben, und die Tests an diesen Kriterien zu validieren.

Der Wert der Validität hängt sowohl von der Zuverlässigkeit des Tests als auch der Zuverlässigkeit des Kriteriums ab. Es gilt z. B., dass

- die Validität in hohem Maß von der Reliabilität abhängig ist[2];
- Fahrproben und Fahrverhaltensbeobachtungen als Kriterium eine geringe externe Validität besitzen (kompensatorischer Erklärungsansatz).

C. 4.3.1.2 Übergreifende Gütekriterien einer Untersuchungsmethode (Nebengütekriterien)

Neben den genannten Hauptgütekriterien wird eine Reihe von Nebengütekriterien beschrieben, welche ebenfalls zur Bewertung eines Testverfahrens herangezogen werden können. Diejenigen Nebengütekriterien, denen im Rahmen der Fahreignungsbegutachtung eine besondere Bedeutung zukommt, werden im Folgenden näher erläutert. Andere Nebengütekriterien, wie z. B. Transparenz, Unverfälschbarkeit oder Zumutbarkeit eines Tests, werden hier nicht behandelt.

2 So kann die Validität grundsätzlich nicht größer sein als die Quadratwurzel aus der Reliabilität.

Strenge und Fairness

Strenge und Fairness bezeichnen zwei Eigenschaften einer Untersuchungsmethode, die sich auf das Ergebnis der Untersuchung im Vergleich zur Wirklichkeit beziehen; das heißt, ein Untersuchungsbefund wird mit der Realität verglichen. Der Untersuchung liegt allgemein eine empirische Hypothese (z. B. die Hypothese einer Reaktionsbeeinträchtigung) zugrunde. Aus dem Untersuchungsergebnis wird dann abgeleitet, ob diese empirische Hypothese zutreffend ist oder nicht – das heißt, aus dem Untersuchungsbefund folgt die Akzeptanz oder Nichtakzeptanz der empirischen Hypothese. Dabei kann es Übereinstimmungen (richtige Entscheidungen), aber auch Diskrepanzen (falsche Entscheidungen) geben. Das Merkmal der Strenge ist dann besonders ausgeprägt, wenn in möglichst wenigen Fällen die empirische Hypothese zu Unrecht abgewiesen wird (Vermeidung des Fehlers 1. Art). Fairness eines Tests in diesem Kontext kennzeichnet die Vermeidung des Fehlers 2. Art, das heißt die Akzeptanz des unberechtigten Zurückweisens der empirischen Hypothese.

Strenge und Fairness haben entgegengesetzte Wirkungen: Je strenger die Untersuchung, desto weniger fair ist sie (und umgekehrt). Worauf der Schwerpunkt gesetzt wird, hängt jeweils von der diagnostischen Strategie ab. Besondere Bedeutung hat die Abwägung von Sensitivität (Strenge) und Spezifität bzw. Validität (Fairness) bei der Untersuchung älterer Kraftfahrer. Hier ist zu befürchten, dass sensitive Testverfahren die tatsächliche Leistung der Untersuchten unterschätzen, also Mängel aufdecken, die in der Testsituation zwar objektiv messbar, in der realen Verkehrssituation jedoch nicht relevant sind (BUCHSTALLER, 2007). Eine „faire" Testanwendung setzt zudem voraus, dass das Testverfahren für die untersuchte Altersgruppe auch ausreichend normiert ist, dass also Messartefakte vermieden werden, die nur zustande kommen, weil die Gruppe der Untersuchten höheren Alters unter Umständen unabhängig vom gemessenen Konstrukt besondere Anpassungsprobleme an die spezifische Testsituation aufweist.

Eine weitere Verwendung des Begriffes der Fairness bezüglich einer Untersuchungsmethode bezieht sich darauf, ob unterschiedliche Personengruppen unabhängig z. B. von ihrem Geschlecht oder ihrer kulturellen Zugehörigkeit chancengleich behandelt werden. Kulturelle Unterschiede wirken sich vorzugsweise auf Aspekte der Durchführungsobjektivität aus, etwa wenn sicherzustellen ist, dass geeignete fremdsprachliche Instruktionen vorliegen. Sie können sich jedoch auch auf die Leistungsmotivation und das Verhalten in der Testsituation auswirken und damit die Interpretationsobjektivität betreffen.

Populationsabhängigkeit

Populationsabhängigkeit ist eine Eigenschaft, die die Entstehung der Beobachtungsdaten und Befunde hinsichtlich der Beziehungen zu den Untersuchten und den Testaufgaben kennzeichnet. Populationsabhängigkeit bedeutet für ein Testverfahren, dass das individuelle Testergebnis (Messwert) von der Referenzstichprobe abhängt, die der Testkonstruktion zugrunde liegt. Dies trifft unter anderem auf alle Untersuchungsmethoden zu, die auf der Grundlage der klassischen Testtheorie entstanden sind. Hier ist der individuelle wahre Testpunktwert vom Gruppenmittel der Eichstichprobe abhängig und der Reliabilitätskoeffizient von deren Variabilität. Den zurzeit in der Begutachtung der Fahreignung genutzten leistungspsychologischen Tests liegen unterschiedliche Referenzstichproben zugrunde. Es ist zu fordern, dass die Repräsentativität der Referenzstichprobe für die jeweilige Zielgruppe des Testeinsatzes nachgewiesen ist und dass verbindliche Kriterien für die Zusammensetzung der Normierungsstichprobe festgelegt werden.

Die Normierung eines Tests muss regelmäßig überprüft werden. So wird z. B. die demografische Entwicklung der nächsten Jahre durch eine deutliche Zunahme älterer Menschen gekennzeichnet sein. Vorausgesetzt, es besteht ein Zusammenhang zwischen dem Alter und der Leistungsfähigkeit als Fahrzeugführer, so hat dieser Prozess einen Einfluss auf die Ergebnisse der verteilungsabhängigen Normierung. Jüngere, die heute wegen schlechter Testergebnisse noch als nicht geeignet eingestuft werden, könnten später bei erfolgter neuer Normierung geeignet sein, weil viele Ältere möglicherweise noch schlechtere Werte aufweisen. Bei zukünftigen Testentwicklungen sollte daher die bisher übliche populationsabhängige durch eine kriteriumsorientierte Normierung abgelöst werden.

Utilität (Nützlichkeit) und Ökonomie einer Untersuchungsmethode

Utilität (Nützlichkeit) einer Untersuchungsmethode ist immer nur hinsichtlich der bestehenden Untersuchungsfragestellung zu kennzeichnen. Sie wird als zweckgerichtete Treffsicherheit bezeichnet (GRUBITZSCH, 1991). Man kann diese Treffsicherheit hinsichtlich der Konsequenzen der nachfolgenden Entscheidungen oder Maßnahmen in dem Sinne konkretisieren, dass sie „mehr Nutzen als Schaden bewirken" sollen. Nützlichkeit wird also von Strenge und Fairness einer Untersuchungsmethode beeinflusst. Einen entscheidungstheoretisch begründeten Koeffizienten der Utilität haben CRONBACH & GLESER (1965) vorgestellt.

Die Ökonomie einer Untersuchungsmethode lässt sich am Kosten-Nutzen-Verhältnis ihres Einsatzes bestimmen. Merkmale der Ökonomie einer Methode sind die Durchführungszeit, der Materialverbrauch, die Handhabbarkeit, die Gruppentauglichkeit und der Auswertungsaufwand. Ein Kennwert wurde dafür nicht entwickelt.

C. 4.3.2 Methodische Anforderungen an psychologische Tests zur Klassifikation (Diagnose)

Der Klassifikationsaspekt umfasst die Bedeutungszuordnung und Interpretation der gemessenen Eigenschaftsausprägungen. Dabei gibt es drei Zugänge, um einem Testpunkt eine Bedeutung zuzuordnen: den auf eine Population bezogenen normorientierten Zugang, den zu bevorzugenden kriteriumsorientierten Zugang und den selbstbezogenen ipsativen Zugang.

Die entstehenden Diagnoseklassen sollten wenigstens folgende Eigenschaften aufweisen:

- Personen, die einer Klasse aufgrund ihres Skalenwertes zugeordnet werden, sollten hinsichtlich der betrachteten Eigenschaft vergleichbar sein, es sollten also homogene Klassen entstehen;

- für die Personen einer Klasse sollten vergleichbare Verhaltensprognosen gelten;
- jede Person sollte genau einer Klasse zuordenbar sein (Eindeutigkeit der Klassifikation).

Das Grundproblem der Klassifikation besteht darin, dass das Messergebnis für sich allein genommen meist wenig hinsichtlich der Fragestellung aussagt. So ist ein Testergebnis von 5 Sekunden Reaktionszeit in einem Reaktionstest natürlich für sich genommen eine (individualspezifische) Aussage, allerdings gestattet sie im Allgemeinen keine Bedeutungskennzeichnung der psychischen Eigenschaftsausprägung der Reaktionsfähigkeit. Bedeutung erhält sie erst, wenn sie auf einen Referenzpunkt beziehbar ist. Liegt das Gruppenmittel dieser betrachteten Personen bei 2 Sekunden Reaktionszeit, dann kann das individuelle Ergebnis von 5 Sekunden als stark verlangsamt beurteilt werden. Das individuelle Beobachtungsergebnis erhält seine Bedeutung durch den Bezug auf die Verteilungsfunktion in der Population (Grundgesamtheit). Dies ist der Grundgedanke der populationsbezogenen Normierung (Zugang 1).

Alternativ hätte man z. B. im Bereich der Reaktionsbereitschaft ein notwendiges Kriterium von 3 Sekunden setzen können, das für eine Schadensvermeidung erforderlich ist. In diesem Fall hätte das individuelle Ergebnis von 5 Sekunden bedeutet, dass der Untersuchte nicht geeignet ist, das geforderte Verhalten zu garantieren. In diesem Fall spricht man von einer kriteriumsorientierten Normierung (Zugang 2). Eine weitere Alternative der Bedeutungszuordnung entsteht, wenn das Testergebnis „5 Sekunden" mit dem Ergebnis einer früheren Testung, z. B. dem Testwert „3 Sekunden", verglichen wird. Durch Bezug auf den früheren Wert des Untersuchten entsteht die Aussage einer Veränderung (hier einer Verlangsamung) der Reaktion. Bezugspunkt ist also ein früherer Wert der Person, ein Selbstbezug. Dies ist die Form der ipsativen Messung (Zugang 3).

C. 4.3.2.1 Formen der populationsbezogenen Normierung von Beobachtungsmethoden

Für die populationsbezogene Normierung werden zwei Prinzipien unterschieden:

- Das Äquivalenzprinzip, bei dem man davon ausgeht, dass die Population in Teilpopulationen, z. B. nach dem Alter, unterscheidbar ist. In diesem Fall werden für jede Teilpopulation die erwarteten Verhaltensantworten bestimmt und ergeben die Klassenäquivalente jeder Teilpopulation. Eine Testperson wird dann nach ihrer Verhaltensantwort der wahrscheinlichsten Klasse (Teilpopulation) zugeordnet. Voraussetzung dafür ist die a-priori-Kenntnis der Teilpopulationen, wie das z. B. bei der IQ-Skala durch das Alter erfolgt und damit die Definition und Feststellung des Intelligenzalters (z. B. eines 5-jährigen Kindes) ermöglicht.
- Das Variationsprinzip, bei dem der Abstand zum Erwartungswert einer Population (Eichstichprobe) entscheidend wird. Je weiter ein individueller Messwert vom Gruppenmittel abweicht, desto deutlicher ist seine individuelle Normabweichung. Als Zugänge unterscheidet man Standardnormen,

die eine Normalverteilung der Messwerte über der Population voraussetzen, von Nicht-Standardnormen.

Standardnormen begründen sich allgemein aus dem Zentralen Grenzwertsatz in der Mathematischen Statistik, der besagt, dass die Summe beliebig verteilter Zufallsgrößen asymptotisch normalverteilt ist, was für viele psychische Phänomene zutreffend ist. Normalverteilte Zufallsgrößen sind durch ihren Erwartungswert und ihre Standardabweichung eindeutig beschrieben, eine besonders ausgezeichnete Form ist die Normalverteilung. Sie ist durch ihren Erwartungswert (μ) und ihre Standardabweichung (σ) eindeutig beschrieben (BORTZ & SCHUSTER, 2010). Es gibt die Standardnormalverteilungen mit dem Erwartungswert 0 und der Standardabweichung 1. Bei normierten Kennwerten (z. B. IQ-Verteilung) finden sich häufig jedoch auch Verteilungen um einen Erwartungswert von 100. Die Normalverteilung ist die Grundform der Standardnormen und dadurch gekennzeichnet, dass 68,26 % der Messergebnisse im Bereich einer Standardabweichung (1σ-Bereich) liegen. Im 2σ-Bereich kommen dann noch jeweils 13,59 % nach oben und nach unten dazu, im 3σ-Bereich jeweils weitere 2,14 % und im 4σ-Bereich noch einmal jeweils 0,13 %.

Aus der Grundform der Standardnormalverteilung (meist mit z oder u bezeichnet) sind (aus pragmatischen Gründen) unterschiedliche Normen abgeleitet worden, die sich im Wesentlichen durch unterschiedliche Erwartungswerte und Standardabweichungen der Messwertverteilung kennzeichnen lassen. Häufig verwendete Testnormen sind:

- Die **C-Norm** (Skala): $C = 5 + 2\,z$. Sie hat den Mittelwert 5 und die Standardabweichung 2, wobei nur die Werte 0, 1, ... 10 möglich sind. Bei Zusammenfassung der beiden äußeren Klassen entsteht eine neunstufige Skala, die STANINE-Norm (nach GUILFORD).
- Die **T-Norm** (Skala): $T = 50 + 10\,z$ (MCALL, 1939; im Zusammenhang mit der Flächentransformation zur Normalisierung genutzt). Sie hat den Mittelwert 50 und die Standardabweichung 10.
- Die **Z-Norm** (Skala): $Z = 100 + 10\,z$, hat einen Mittelwert von 100 und eine Standardabweichung von 10.
- Die **IQ-Norm** (Skala): $IQ = 100 + 15\,z$, die im Intelligenzquotienten (nach WECHSLER) verwendet wird. Sie hat einen Mittelwert von 100 und eine Standardabweichung von 15.

Alle diese Standardnormen sind zueinander äquivalent.

Als Nicht-Standardnormen finden vor allem die Schulnotenskala und die Prozentrangnorm Verwendung. Die Schulnotenskala ist eine reine Ratingskala und damit eine direkte Messmethode, die (populationsbezogene) Prozentrangskala ergibt sich aus der kumulativen Häufigkeitsverteilung. Der Prozentrang PR eines Messwertes x_0 ergibt sich nach der folgenden Formel:

$$PR\,(x_0) = \frac{anz\,(x \leq x_0)}{n} \cdot 100\,\%$$

wobei anz $(x \leq x_0)$ die Anzahl von Personen bezeichnet, die höchstens den Wert der Testperson (x_0) erreicht haben. Damit entsteht das Problem, dass alle Personen mit dem Messwert x_0 in den Prozentrang eingehen, obwohl es wahrscheinlich ist, dass die Hälfte davon besser als die Testperson ist. Daher verwendet man in der Testtheorie die korrigierten Prozentränge nach

$$PR^* (x_0) = \frac{\text{anz}(x < x_0) + 12 - \text{anz}(x = x_0)}{n} \cdot 100\,\%$$

Ein PR-Wert gibt somit an, wie hoch der Anteil der Population in Prozent ist, der im Leistungsbereich unterhalb des ermittelten PR-Wertes liegt. Ein PR von 50 entspricht damit dem Median der Verteilung.

C. 4.3.2.2 Die kriteriumsorientierte Normierung und das kriteriumsorientierte Testen

Eine alternative Form der Normierung (Bedeutungszuordnung) liegt dann vor, wenn es für die betrachtete psychische Eigenschaft begründete Kriteriumswerte gibt, die zu erreichen sind. Wir finden dies bei geforderten Verhaltensnormen, wie z. B. Olympianormen oder auch Eignungsnormen. Entscheidend für die Bedeutungszuordnung eines individuellen Messwertes wird dann die Relation zum Kriteriumswert.

Für das Messproblem ist entscheidend, dass die verwendete Itemmenge die gleiche psychische Eigenschaftsdimension erfasst („content validity"). Sie zu sichern und zu überprüfen ist ein methodisches Problem. Entscheidend ist ausschließlich, dass im Ergebnis der Messung ein zuverlässiger Fähigkeitsparameter der Eigenschaft begründet ist. Dazu sind alle Möglichkeiten der hier bereits diskutierten Zugänge der Zustandsdiagnostik anwendbar. Für das Entscheidungsproblem, also den Vergleich eines individuellen Messwertes mit dem Kriteriumswert, sind die folgenden Prinzipien einsetzbar:

- das deterministische Entscheidungsprinzip: Übersteigt der individuelle Messwert den Kriteriumswert, dann ist der Untersuchte ein „Könner"
- das probabilistische Entscheidungsprinzip, das auf den Vertrauensbereich für den wahren Eigenschaftsparameter Bezug nimmt: Übersteigt die obere Grenze des Vertrauensbereichs für den individuellen Messwert den Kriteriumswert, dann ist der Untersuchte ein Könner. Dies bedeutet, dass der Kriteriumswert im Vertrauensbereich der Fähigkeitsausprägung des Probanden liegt
- der Zweischrankentest von LINDNER (1979), der die beiden Grenzen des Vertrauensintervalls für die wahre Eigenschaftsausprägung berücksichtigt.

In allen Bereichen der Begutachtung ist ein Bezug zu objektiven Kriterien entscheidend, so auch in der Frage der Begutachtung der Fahreignung. Deshalb ist in zukünftigen Entwicklungen eine Orientierung an der sogenannten kriteriumsorientierten Testung (SCHMIDT-ATZERT & AMELANG, 2012) nahezulegen bzw. zu favorisieren, zumal die gemessene Leistung sich an der Bewältigung von Aufgaben im Straßenverkehr orientiert (Kriteriumsorientierung) und nicht allein an einem Vergleich mit der Leistungsfähigkeit der anderen Verkehrsteilnehmer (Normorientierung). So setzt das rechtzeitige Anhalten in einer Gefahrensituation eine bestimmte Reaktionszeit voraus, die, wenn sie eingehalten werden kann, als ausreichend anzusehen wäre. Dabei ist es relativ unerheblich, welchen Prozentrang eine solche Reaktionszeit besitzt. Eine solche Vorgehensweise stellt in der Praxis allerdings eine idealtypische Zielvorstellung dar, da die Schwierigkeit besteht, entsprechende Kriterien für die einzelnen Leistungsfunktionen zu definieren. Bei einfach zu operationalisierenden Zielgrößen wie der Reaktionszeit erscheint es noch vorstellbar, entsprechende Kriterien zu ermitteln (vgl. SCHMIDT-ATZERT ET AL., 2018), bei komplexeren Kriterien wie der generellen Leistungsfähigkeit, die zum sicheren Führen eines Kraftfahrzeuges erforderlich sind, dürfte dieses Unterfangen auch forschungstechnisch auf erhebliche Schwierigkeiten bzw. Grenzen stoßen. Insofern dürfte das kriteriumsorientierte Testen derzeit noch eine idealtypische Zielvorstellung darstellen.

C. 4.4 Anforderungen an den Anwender psychologischer Tests in der Verkehrspsychologie

Wer als Diagnostiker mit Testbefunden arbeitet, muss bei der Urteilsbildung neben den messtechnischen Eigenschaften des Verfahrens auch den Untersuchungsanlass, -kontext und -verlauf sowie die Bedürfnisse und Rechte aller Beteiligten berücksichtigen. Bereits im Vorfeld einer Testung sind Vorkehrungen für einen adäquaten Verfahrensdurchlauf zu treffen. Ein solcher ist dann gewährleistet, wenn der Testanwender ausreichend über die konzeptuellen und anwendungstechnischen Hintergründe des einzusetzenden Instruments informiert ist. Ist dies nicht der Fall, muss mit Einschränkungen der Durchführungsobjektivität gerechnet werden. Testanwender müssen demzufolge durch eine entsprechende Berufsausbildung dazu qualifiziert sein, wissenschaftliche Tests auszuwählen, anzuwenden und auszuwerten und die Testergebnisse kritisch zu würdigen. Sie müssen wissen, welche der Kennwerte bedeutsam sind und wie sie interpretiert werden müssen, denn sie sollen aus der im Gutachtenauftrag verankerten Fragestellung konkrete Prüfhypothesen ableiten. Sie stehen damit vor der Herausforderung, den einzelnen Aspekten des zu klärenden Sachverhalts gegenstandsrelevante Verfahren zuzuordnen.

Testanwender sollen die Bedeutsamkeit eines Tests im Beurteilungs- und Entscheidungsprozess genau beschreiben können. Sie sind ebenfalls gefordert, über Kompensationschancen für ein festgestelltes Eignungsdefizit zu urteilen und derartige Chancen gezielt durch zusätzliche Leistungstestungen auszuloten. Zu achten ist dabei nicht allein auf thematische Stimmigkeit in der Testauswahl – ins Gewicht fällt darüber hinaus, ob die eingesetzten Verfahren auf der Höhe gegenwärtiger Entwicklungen in Diagnostik und psychologischer Grundlagenforschung sind. Ausgeschlossen werden sollte, dass die gewählten Instrumente deutlich vom State of the Art abweichen, also z. B. in Bezug auf Normwerte, Testziele oder technische Implementierung als veraltet angesehen werden müssen.

Es liegt in der Verantwortung des Testanwenders, die für eine bestimmte Fragestellung eingesetzten Tests nach ihrer Verlässlichkeit (Reliabilität) und nach ihrer Aussagegültigkeit (Validität) fachlich qualifiziert zu bewerten, wobei die Bedeutung eines Tests für die Beantwortung einer Fragestellung im Gutachten beschrieben werden sollte. Testanwender müssen demzufolge die verfügbare schriftliche Dokumentation zur Validität und Reliabilität eines Tests für die beabsichtigte spezifische Verwendung bewerten können. Wenn ein Test für einen Zweck verwendet werden soll, für den er noch nicht validiert wurde oder für den kein abgesicherter Anspruch auf Validität besteht, ist der Benutzer für den Nachweis der Validität verantwortlich. Testanwender sollten von der Verwendung von Interpretationen (auch computergestützter Interpretationen) von Testergebnissen absehen, wenn ihnen kein Handbuch für diese Tests vorliegt, aus dem Informationen zur Validität der Interpretationen für die vorgesehenen Anwendungen sowie die zugrunde liegenden Stichproben hervorgehen.

Auch zeichnet der Testanwender selbst für die Interpretation der Testwerte verantwortlich. Die im Testhandbuch oder gegebebenfalls in einem EDV-Programm vorgegebenen Angaben allein sind nicht ausreichend. Insbesondere bei einer computergestützten Testung können ein voll organisierter Testablauf mit automatisierter Auswertung und direktem Normwertvergleich sowie Interpretation einer Anwendbarkeit für jedermann vortäuschen und auch unqualifizierte Anwender dazu verführen, Aussagen zu treffen, die durch die Testbefunde nicht abgesichert sind und deren Bedeutung im Gesamtzusammenhang sie nicht abschätzen können. Testanwender sind gehalten, die Ergebnisse der Untersuchung an den Betroffenen in konstruktiver, sprachlich angemessener und inhaltlich verständlicher Form zurückzumelden. Neben Erläuterungen zu den Resultaten werden im Bedarfsfall spezifische Empfehlungen ausgesprochen. Der Testanwender ist zudem in der Pflicht, die Testdaten sicher und für unbefugte Dritte unzugänglich zu verwahren.

Ohne fachliche Grundqualifikationen sind die genannten Anforderungen an Testanwender nicht zu erfüllen. Testverfahren dürfen deshalb nur von hierfür ausgebildeten Personen angewandt werden. Dies gilt ausdrücklich auch für den Fall, dass die Test-Durchführung nicht von den Gutachtern selbst, sondern von einer Testassistenz vorgenommen wird. Diese muss für die Aufgabe fachlich fundiert eingewiesen sein. Die Verantwortung für Testanwendungen soll nur von Personen wahrgenommen oder an Personen delegiert werden, die eine ausreichende Ausbildung und Erfahrung vorweisen können, um dieser Verantwortung in fachlich und technisch angemessener Weise zu entsprechen.

C. 4.5 Anforderungen an die Testdurchführung und -auswertung

Um die Durchführungs- und Auswertungsobjektivität der in der Begutachtung der Fahreignung eingesetzten Leistungstests zu gewährleisten, sind Standards zu beachten und einzuhalten. Der Informationsgehalt eines Testergebnisses hängt nicht allein von der psychometrischen Güte des Erhebungsinstruments, sondern auch von der Qualität der Verfahrensanwendung ab. Erst wenn ein wissenschaftlich geprüfter Test in sachgerechter, einzelfallangemessener und ethisch korrekter Weise gehandhabt wird, sind die gewonnenen Daten als aussagekräftig und entscheidungsrelevant einzustufen. Um diesem Anspruch genügen zu können, sind bei Durchführung und Auswertung eines Tests bestimmte Handlungsrichtlinien zu befolgen.

C. 4.5.1 Testdurchführung

Bevor die Testung beginnt, ist der Untersuchte klar über Zweck und Ablauf der Prozedur zu unterrichten. Vor der Durchführung der Testung sind Auskünfte zur momentanen Verfassung des Untersuchungsteilnehmers, das heißt Angaben zu aktuellen Erkrankungen und Einschränkungen, Hinweise auf Medikamenten-, Drogen- oder Alkoholeinfluss, Ermüdung etc., einzuholen. Ferner ist vor dem Teststart zu ermitteln, ob der Untersuchte mit dem eingesetzten Testverfahren schon vertraut ist, z. B. also zum wiederholten Male das Verfahren absolviert. Wenngleich dieser Fall in aller Regel ausgeschlossen werden sollte, lässt er sich doch nicht gänzlich vermeiden, z. B. im Falle einer wiederholten medizinisch-psychologischen Untersuchung, wobei hier mit keinen größeren Auswirkungen gerechnet werden muss, da sich Testwiederholungseffekte mit zunehmender Zeitdauer verlieren.

Falls im Rahmen eines Begutachtungsvorgangs eine Testwiederholung begründet erfolgte, muss grundsätzlich die Trainierbarkeit einer Aufgabe beachtet werden – der Testanwender muss also einschätzen können, wie groß die Trainingseffekte sind. Insbesondere bei adaptiven Testverfahren, deren Aufgaben sich flexibel an das jeweilige Leistungsniveau des Durchführenden anpassen, wird von einem eher geringen Übungseffekt ausgegangen, da keine Wiederholung derselben Aufgaben stattfindet. Es ist jedoch zu beachten, dass Vertrautheitseffekte auftreten, die umso ausgeprägter sein können, je komplexer ein Test ist, je mehr also die Aufgabenstellung als solche „gelernt" werden muss. Im Idealfall liefert das Testhandbuch Auskünfte zu Wiederholungs- und Übungseffekten bzw. gesonderte Normen für Wiederholungsuntersuchungen. Falls dies nicht der Fall ist, sind Testwiederholungen nicht das Mittel der Wahl. Auch der Einsatz von Parallelformen des Tests erscheint problematisch, da hier ebenfalls Transfereffekte zu erwarten sind. Vielmehr sollte anstatt einer Wiederholung oder einer Parallelform des Tests der Einsatz eines Verfahrens erfolgen, welches dasselbe Konstrukt erfasst, jedoch eine andere Aufgabenstellung beinhaltet.

Große praktische Bedeutsamkeit kommt der äußeren Gestaltung der Untersuchungssituation zu. Etwaige Störquellen (z. B. Mobiltelefon, Umweltlärm) sind weitgehend auszuschalten. Generell sollte alles getan werden, um eine Testung in einer ablenkungsfreien und angenehmen Umgebung zu ermöglichen. Das betrifft auch solche Faktoren wie Raumtemperatur, Beleuchtungsverhältnisse, Anordnung der Untersuchungsmaterialien und Anpassung der Sitzhöhe des Untersuchten. Das Testmaterial ist nach den Vorgaben des zugehörigen Handbuchs anzubieten. Bei computerbasierten Messungen ist besonderes Augenmerk auf die akkurate Einrichtung des Testplatzes und die Funktionstüchtigkeit des Untersuchungsapparates zu legen. Es ist darauf zu achten, dass die im Manual vermerkten Hard- und

Software-Voraussetzungen erfüllt werden. Sowohl die benutzte Hard- als auch auf dem jeweiligen Testgerät zusätzlich installierte Software können Einfluss auf die Ergebnisse der Leistungsmessung haben. Es ist deshalb notwendig, ausschließlich die vom Testhersteller vorgegebene Hard- und Software zu benutzen. Sie müssen eindeutig im Handbuch definiert sein. Zukünftig wäre als Voraussetzung zu fordern, dass diese Konfigurationen getestet wurden und auch danach regelmäßig überprüft werden. Während der Anwendung des jeweiligen Testprogramms müssen andere Programme geschlossen sein, um eine Beeinflussung der Prozessorleistung zu vermeiden. (vgl. dazu SCHNEIDER & SCHUBERT, 2007)

Um zu belastbaren und vertrauenswürdigen Daten zu gelangen, sind eine genaue Beachtung der Instruktion und die exakte Einhaltung vorgeschriebener Bearbeitungszeiten unverzichtbar. Jede Abweichung von diesen Vorgaben ist im Testprotokoll zu dokumentieren und später im Hinblick auf Implikationen für die gewonnenen Resultate kritisch zu würdigen. Erfolgt eine Anwesenheit des Testleiters während des kompletten Testdurchlaufs – um etwa Verfälschung oder Täuschung zu verhindern –, ist darauf zu achten, dass das Beobachtetwerden nicht zu einem störenden Einfluss wird. Der Untersuchte sollte nach der Testung zu Besonderheiten der Prüfsituation befragt werden.

C. 4.5.2 Testauswertung

Die Auswertung des Tests ist mittels standardisierter Methoden vorzunehmen. Bei Paper-Pencil-Tests geschieht dies meist mithilfe von Auswertungsschablonen, bei computergestützten Verfahren kann das Ergebnis sofort abgerufen werden. Ein wesentlicher Vorteil computerbasierter Tests besteht darin, dass die Auswertungsprozedur gegen Zufalls- oder Flüchtigkeitsfehler abgeschirmt ist, damit eine hohe Auswertungsobjektivität garantiert ist. Erfahrungen im Umgang mit Daten unterschiedlicher Skalenniveaus und Kenntnisse in Methoden zur Transformation von Rohwerten sind aber auch dann unabdingbar, wenn die Ergebniszusammenstellung computergestützt erfolgt. Testanwender müssen in der Lage sein, die ermittelten Roh- und Normwerte auf Plausibilität hin zu prüfen, um unwahrscheinliche oder unsinnige Scores zu entdecken. Von dem Testanwender ist außerdem zu erwarten, dass er die Testauswertung bei Bedarf dem Untersuchungsteilnehmer erläutern und damit transparent machen kann.

Bei der Interpretation sind ungerechtfertigte Übergeneralisierungen zu vermeiden. Das bedeutet: Man äußert sich zum konkret erfassten Merkmal, ohne die Aussagen in unbegründeter Weise auf andere Beschreibungsfelder auszudehnen. Der Testanwender muss überdies immer vor Augen haben, dass Testergebnisse nicht absolut, sondern jeweils relativ zu anderen Informationsquellen zu gewichten sind. Dies gilt insbesondere im Bereich der medizinisch-psychologischen Untersuchungen, wo auf eine Vielzahl Daten verschiedenen inhaltlichen und methodischen Ursprungs zugegriffen wird. Hier nutzen die Gutachter außer den Leistungstests Daten aus der Aktenanalyse, psychologische Explorationsdaten sowie medizinische Anamnese- und Erhebungsdaten. Es gilt, das gesamte Spektrum verfügbarer Angaben auszuschöpfen und die Vielfalt des empirischen Materials zu einem nachvollziehbaren Urteil zu verdichten.

Besonders in die Interpretation der Testergebnisse müssen Kenntnisse über die Reliabilität und Validität des Verfahrens einfließen. So sollten den Gutachtern über die berichteten Messresultate hinaus auch Angaben zu Vertrauensintervallen vorliegen, deren Berechnung auf den Reliabilitätskennwerten der Skalen beruht (vgl. auch Abschnitt C.4.3.1.1). Bei Aussagen zur Relevanz und zur Tragweite eines Befundes ist zu berücksichtigen, was im Testhandbuch zur Validität einer Skala ausgeführt ist. Norm- oder Vergleichswerte sind für etwaige Schlussfolgerungen nur dann sinnvoll zu interpretieren, wenn ihre wissenschaftliche Fundierung für den untersuchten Probanden wirklich gesichert ist. Sollen Untersuchungsteilnehmer aufgrund von Testergebnissen spezifischen Kategorien (z. B. „Zweifel an der Fahreignung" vs. „keine Zweifel an der Fahreignung") zugewiesen werden, sind idealerweise für die verwendeten kritischen Trennwerte (Cut-off-Werte) Validitätsbelege zu fordern. Für verkehrspsychologische Leistungstests ist der Nachweis zu führen oder doch mindestens zu fordern, dass sie im unteren Leistungsbereich, das heißt im entscheidungsrelevanten Abstufungsbereich, tatsächlich gut differenzieren.

C. 4.6 Die Bewertung der Ergebnisse des Einsatzes von Leistungstests

Die Entscheidung darüber, ob eine Anforderung erfüllt wird oder nicht, orientiert sich an den Vorgaben in den Begutachtungsleitlinien zur Kraftfahreignung und den vorliegenden Beurteilungskriterien (vgl. Kriterien A 6.1 N und A 6.2 N in Kapitel B.2 mit den zugehörigen Indikatoren). Hier ist festgelegt, dass ein Kraftfahrer der Fahrerlaubnisgruppe 1 in den anlassspezifisch durchgeführten Tests mindestens den Prozentrang 16 und ein Kraftfahrer der Gruppe 2 in der Mehrzahl der Testverfahren mindestens den Prozentrang 33 sowie ausnahmslos einen Prozentrang 16 erreichen muss.

Wenn unter Ausnutzung kompensatorischer Überlegungen nicht festgestellt werden kann, ob die notwendige Leistung erbracht wird, ist eine Verkehrspsychologische Fahrverhaltensbeobachtung (FVB) indiziert. Da es hier um die Überprüfung von kompensatorischen Leistungen und nicht um die Abschätzung von Fahrfertigkeiten geht, kann die FVB auch bei einem Fahrer, welcher eine Fahrerlaubnis der Gruppe 2 (Lkw oder Bus) beantragt hat, mit einem Fahrzeug entsprechend der Gruppe 1 (Pkw) durchgeführt werden, sofern keine spezifische Anordnung durch die Behörde anderes festlegt. Es ist dabei jedoch zu beachten, dass an das Führen von Fahrzeugen der Gruppe 2 erhöhte Anforderungen zu stellen sind. In jedem Fall bleibt die Durchführung der Verkehrspsychologischen Fahrverhaltensbeobachtung einer Begutachtungsstelle für Fahreignung vorbehalten, die im Rahmen ihres Qualitätsmanagementsystems über die notwendigen Verfahrensanweisungen verfügt.

Es muss festgestellt werden, dass zurzeit noch keine allgemein verbindlichen Standards darüber existieren, wie die erhobenen Testparameter auf wissenschaftlich nachvollziehbarer Basis zueinander gewichtet und im Einzelnen in ihrer Relevanz bewertet werden können. Eine solche Gewichtung ist gegenwärtig weder theoretisch ableitbar noch empirisch hinreichend belegt. Hier besteht Forschungsbedarf, der perspektivisch z. B. in die Erstellung von Leistungsprofilen münden könnte, die dann als Gesamt-Profile mit jeweils einer Anzahl unterschiedlicher Leistungsdimensionen validiert werden müssten. SOMMER ET AL. (2005) sowie RISSER ET AL. (2007) berichten, dass eine optimale Verrechnung von Prädiktoren durch sogenannte neuronale Netze eine starke Erhöhung der Validität zur Folge haben kann – insbesondere gegenüber den ansonsten üblichen linearen Kombinationen. Welches Potenzial neuronale Netze im Bereich der Verkehrseignungsdiagnostik haben, kann gegenwärtig noch nicht beurteilt werden. Leistungsprofile sollten in dem Sinne kriteriumsvalidiert sein, dass nicht einzelne Leistungsdimensionen mit einem Kriterium in Beziehung gesetzt werden, sondern Profile mit einer Anzahl unterschiedlicher Leistungsdimensionen. Dadurch wäre auch abschätzbar, welche Leistungsdefizite in einzelnen Bereichen kompensiert werden können. Hier besteht noch beträchtlicher Forschungsbedarf. Insbesondere ist auch die Plausibilität und Konsistenz des gewählten Außenkriteriums sowie dessen Beitrag zur Aufklärung der Varianz des Verhaltens im Straßenverkehr von besonderer Bedeutung.

Die Begutachtungsleitlinien zur Kraftfahreignung legen als Normskala zur Einordnung der Ergebnisse von Leistungstests die Prozentrang-Skala fest. Allerdings ist die Prozentrangskala keine metrische Skala, die Prozentrangnorm entspricht lediglich der Fläche unter der Rohwertverteilung (vgl. Abschnitt C.4.3.2.1). Sie vergrößert oder verkleinert damit den Unterschied zwischen zwei Rohwerten – je nachdem, ob sich diese Rohwerte im mittleren oder im extremen Bereich der Verteilung befinden – und verzerrt somit die realitätsgerechte Abbildung der wahren Verhältnisse der Messwerte. Die Ableitung von Vertrauensintervallen, die dem Testanwender die Möglichkeit geben, eine Aussage über die Wahrscheinlichkeit der tatsächlichen Unterschreitung eines Grenzwertes zu treffen, ist auf dieser nicht-metrischen Skala nicht möglich. Eine solche Aussage kann aber im Zusammenhang mit der Diskussion von Kompensationsmöglichkeiten bei grenzwertigen Fällen sinnvoll sein. Darum wird empfohlen, bei der Darstellung von Leistungstestergebnissen zukünftig auch in der Verkehrspsychologie – wie in vielen anderen Bereichen – metrische Skalen zu verwenden. Hier wäre z. B. die Verwendung von T-Werten denkbar.

Im Unterschied zum Prozentrangwert ist die T-Skala eine metrische Skala der Messwerte und bietet den Vorteil, dass der bei jedem Testverfahren stets vorhandene Messfehler berechenbar ist. Dieser kann somit nicht fälschlich der Testperson angelastet werden. Ein T-Wert von $T = 20$ steht für die geringste, $T = 80$ für die bestmögliche Leistung. Der sogenannte „Normalbereich" ist als Mittelwert plus/minus Standardabweichung ($T = 50 \pm 10$) eindeutig definiert. T-Werte zwischen 40 und 60 stehen somit für eine durchschnittliche Leistung. Ferner wird zum T-Wert der Standardmessfehler CL(T) angegeben. Dieser zeigt an, in welcher Bandbreite der erreichte Testwert einer Messungenauigkeit unterliegen kann. Voraussetzung für die Anwendung einer metrischen Skala ist die Normalverteilung der empirischen Werte; hierfür ist die Wahl der Normstichprobe mit entscheidend.

Abschließend sei noch einmal betont, dass die Ergebnisse von psychologischen Tests in der Beurteilung der Fahreignung lediglich einen Bestandteil innerhalb einer multimethodalen Untersuchung darstellen und immer im Kontext der im Rahmen der Gesamtuntersuchung erhobenen Befunde zu bewerten und interpretieren sind.

C. 4.7 Kompensationsüberprüfung mit der Verkehrspsychologischen Fahrverhaltensbeobachtung

Falls in der testpsychologischen Untersuchung die Mindestnormen nicht erreicht werden, kann mithilfe einer zusätzlich durchgeführten Verkehrspsychologischen Fahrverhaltensbeobachtung (FVB) überprüft werden, ob der Untersuchte in der Lage ist, die festgestellten Leistungsdefizite durch fahrpraktische Erfahrungen zu kompensieren. Die FVB stellt daher eine Sonderform eines psychologischen „Test"-Verfahrens dar, bei dem zur Diagnostik der psychischen Leistungsfähigkeit die Beobachtung des konkreten Fahrverhaltens herangezogen wird.

SCHUBERT & WAGNER (2003) definieren die Verkehrspsychologische Fahrverhaltensbeobachtung wie folgt:

> *„Eine Verkehrspsychologische Fahrverhaltensbeobachtung ist eine psychologische Methode, bei der in Ergänzung von Leistungstestverfahren in einer standardisierten Verkehrssituation die Ausprägung von verkehrsrelevanten Leistungsvoraussetzungen hinsichtlich der psychischen Leistungsfähigkeit unter realen Verkehrsbedingungen erfasst wird, wobei im Ergebnis festgestellt werden soll, ob der beobachtete Kraftfahrer noch hinreichend in der Lage ist, den Anforderungen für ein sicheres Führen von Kraftfahrzeugen gerecht zu werden."*

Die FVB entspricht somit als Verfahren einer standardisierten bzw. systematischen Beobachtung (vgl. GREVE, 1997). Diesem methodischen Ansatz liegt der Gedanke zugrunde, dass Fahrerfahrung und praktische Übung im Verkehrsverhalten gewisse Mängel ausgleichen können (BRENNER-HARTMANN & BUKASA, 2001; BRENNER-HARTMANN, 2002), sodass den Forderungen nach einer ressourcenorientierten Diagnostik auch bei dieser methodischen Vorgehensweise Rechnung getragen wird. Die FVB wird aufgrund der realitätsnahen Datenerhebung von den Untersuchten stärker akzeptiert als herkömmliche Testverfahren und besitzt auch für weitere Entscheidungsträger (Behörden, Gerichte usw.) eine hohe Augenscheinvalidität. Dabei wird im Vergleich mit herkömmlichen Testverfahren allerdings übersehen, dass der Grad der möglichen Standardisierung der Fahraufgaben aufgrund des realen und nicht vorhersehbaren Verkehrsgeschehens den hohen Standards bei psychometrischen Testverfahren nicht entsprechen kann. Auch stellen Testverfahren die ökonomischere Methode dar, um orientierend zu prüfen, ob psychofunktionale Leistungseinschränkungen überhaupt vorliegen.

Die Zuverlässigkeit der Verhaltensbeobachtung während einer Fahrverhaltensbeobachtung ist jedoch nach empirischen Erkenntnissen als hinreichend hoch zu betrachten. Der Vergleich der Fehlerbestimmung zu zwei verschiedenen Beobachtungszeitpunkten (Retest-Reliabilitäten) liegt mit einem Korrelationswert von .86 bis .97 im Bereich sehr hoher Reliabilität und entspricht auch in etwa vergleichbaren Indizes bei klassischen Testverfahren (DE RAEDT, 2000). Um dies zu gewährleisten, müssen wesentliche Merkmale einer Fahrverhaltensbeobachtung wie der Standardisierungsrad der Aufgabeninstruktion (z. B. Standardinstruktion) und der Beobachtungsstrecke (festgelegte Beobachtungspunkte, die das Spektrum der Zielanforderungen repräsentativ abdecken), der Protokollierung (Fahraufgaben als Soll-Anforderung und Ist-Ausprägung des jeweiligen Beobachtungsergebnisses) und der Auswertung (Orientierung an normierte, verkehrsrelevante Stichprobe unter Verwendung der Grundannahmen der Verteilungsstatistik) erfüllt sein. Darüber hinaus muss auch festgelegt werden, wie mit auffälligen Leistungen umgegangen werden soll (zusammenfassend zum Aspekt der Standardisierung siehe auch BRENNER-HARTMANN, 2002; SCHUBERT & WAGNER, 2003; DGVP, 2019).

Die DGVP bewertet die Fahrverhaltensbeobachtung wie folgt:

> *„Insbesondere ältere Fahrer zeigen sich bei apparativen Leistungsmessungen häufig überfordert: Hier kommt zum einen die mit zunehmendem Alter verringerte psychofunktionale Leistungsbereitschaft verbunden mit der mangelnden Kompensationsmöglichkeit während der Testung zum Tragen (z. B. bei Tests mit hohen Anforderungen an das Leistungstempo und die daraus resultierende hohe Belastung). Zum anderen nimmt bei Älteren die Fähigkeit ab, sich schnell auf neue Aufgaben einzustellen, und es besteht die Gefahr, dass ein Test nicht das vorgegebene Konstrukt misst (z. B. Reaktionsgeschwindigkeit), sondern eher die Lern- und Umstellungsfähigkeit und damit jüngere von älteren Probanden scheidet. Die Fahrverhaltensbeobachtung hat demgegenüber auf den ersten Blick den Vorteil, genau das Verhalten zu beobachten und zu bewerten, um das es geht und das im Verhaltensrepertoire verankert ist: Fahrverhalten im realen Verkehr"* (DGVP, 2019).

Einen Überblick über verschiedene Studien bei älteren Kraftfahrern, die an einer Fahrverhaltensbeobachtung teilnahmen, geben GSTALTER & FASTENMEIER (2013). KROLL ET AL. (2003) berichten schwache Zusammenhänge zwischen Testergebnissen aus Leistungstests und der Beurteilung des Fahrverhaltens durch einen Fahrlehrer auf einer standardisierten Teststrecke. Die Beurteilung der Fahrleistung erfolgte nach einer Notenskala. SMUC ET AL. (2002) ziehen aus einer Studie mit 123 Versuchspersonen, die sowohl eine verkehrspsychologische Testbatterie als auch eine Testfahrt absolvierten, den Schluss, dass ein Beobachter essenzielle Informationen während der FVB erheben könne, die derzeit apparativ nicht erfassbar sind (z. B. wann eine Geschwindigkeitswahl unangepasst ist).

Grundsätzlich ist bei der Durchführung einer FVB vorauszusetzen, dass keine erheblichen Befähigungsmängel im Sinne des § 2 Abs. 2 Nr. 5 StVG vorliegen, welche die Beurteilung der Fahreignung erschweren würden. Die Vorbereitung auf die FVB bei einer Fahrschule beschränkt sich zwar in der Regel auf das Sich-vertraut-machen mit dem Fahrschulfahrzeug und bedarf keiner gesonderten „Schulung". Diese wäre sogar befundverfälschend, wenn etwa Verkehrssituationen auf der Standardfahrstrecke gezielt eingeübt werden. Befähigungsmängel, die sich in Regelunkenntnis hinsichtlich aktualisierter Verkehrsvorschriften deutlich machen (z. B. Verhalten im Kreisverkehr oder bei „Grünpfeil"), sollten jedoch durch die begleitende Fahrschule im Sinne einer Auffrischung der Befähigung vor der FVB behoben werden.

In einer FVB zur Überprüfung der Kompensation wird nur ein Teil der verkehrsrelevanten Leistungsvoraussetzungen betrachtet. Diese lassen sich in einen überwiegend funktionalen Kompetenzbereich („Können"/„skills") und einen persönlich motivationalen Kompetenzbereich („Wollen"/„wills") unterteilen, wobei die zweite Komponente auch die stabile Umsetzungsfähigkeit eigener Vorsätze zum Fahrverhalten miteinschließt. Bei der Kompensationsprüfung wird vorwiegend die erste Komponente in den Blick genommen, es soll also beantwortet werden, ob die verfügbaren Leistungsvoraussetzungen des Kraftfahrers zum sicheren Führen von Kraftfahrzeugen noch ausreichen. Deshalb konzentriert sich die Kompensationsprüfung auf Beobachtungsdimensionen in den Bereichen sensomotorischer Fertigkeiten, der Informationsverarbeitung (unter anderem rasche Orientierung im Raum, Auswahl erforderlicher Fahrhandlungen, Erkennen von Gefahrenreizen) sowie der Fahrzeugbedienung.

Der motivationale Kompetenzbereich hingegen fokussiert überwiegend Aspekte der Antriebsregulation und ist stärker auf die Überprüfung von persönlichkeitsabhängigen Faktoren, die mit dem Fahrverhalten zusammenhängen, ausgerichtet. Bei verkehrsauffällig gewordenen Kraftfahrern, die den diagnostischen Hypothesen V2 oder V3 (vgl. Kapitel B.4) zuzuordnen sind, wird das Fahrverhalten erheblich von Persönlichkeitsmerkmalen wie emotionale Labilität, mangelnde Impulskontrolle, Risikoneigung (Sensation Seeking), unzureichende soziale Anpassung, verzerrte verkehrsrelevante Einstellungen oder eine besondere emotionale Bedeutung des Autofahrens („Fahrspaß"; Möglichkeit zur Selbstdarstellung) geprägt. Diese Anforderungen an Verantwortungsübernahme, soziale Anpassung, emotionale Belastbarkeit, realistische Wahrnehmung der eigenen Person, Selbstkontrolle und Toleranz gegenüber anderen Verkehrsteilnehmern ist Teil der Begutachtung in der medizinisch-psychologischen Untersuchung und wird in den V-Hypothesen beschrieben. Grundsätzlich handelt es sich hierbei jedoch um Angaben zu Einsichten und Verhaltensvorsätzen, deren konkrete Umsetzung insbesondere bei Personen, die nicht Inhaber einer Fahrerlaubnis sind, nur bedingt erprobt werden konnte. Hier könnte eine verkehrspsychologische FVB in einzelnen Fällen durch Verhaltensbeobachtung weitere aufschlussreiche Befunde beitragen. Dieser Anwendungsbereich der FVB ist in der Literatur jedoch weniger beschrieben und muss als Einzelfallanwendung gesehen werden. Verhaltensbeobachtungen, wie etwa beim unzureichend angezeigten Fahrspurwechsel, beim Sicherheitsabstand zu anderen Verkehrsteilnehmern, bei der Geschwindigkeitsanpassung an die Fahrbahnverhältnisse, im Zusammenhang mit der Rücksichtnahme auf Fußgänger/Radfahrer oder beim Durchsetzen des Vorfahrtsrechts haben ihre Ursachen gegebenenfalls in beiden Leistungskomponenten, sodass eine entsprechende Ursachenattribution vom Beobachter sorgfältig abgewogen und begründet werden muss.

C. 4.8 Hypothese und Kriterien PTV

Im Folgenden werden die in diesem Kapitel dargestellten Überlegungen als Hypothese mit zugeordneten Kriterien und Indikatoren zusammengefasst. Kriterium PTV 6 beschreibt die verkehrspsychologische Fahrverhaltensbeobachtung im Sinne der Kompensationsprüfung bei vorliegenden Leistungsmängeln (vgl. Abschnitt C.4.7). Andere Anwendungsfelder, etwa mit dem Ziel einer Verhaltensbeobachtung im Zusammenhang mit der Beurteilung von Verhaltensauffälligkeiten im Bereich der V-Hypothesen, sind hier nicht beschrieben. Sie bedürften einer Begründung im Einzelfall und einer Standardisierung durch den Träger der BfF, sofern dieser dies als Methode anwenden sollte.

Die im Rahmen der Begutachtung verwendeten psychologischen Testverfahren sind nach wissenschaftlich anerkannten Grundsätzen entwickelt, anlassbezogen ausgewählt worden und zur Beantwortung der zugrunde liegenden Fragestellung geeignet. Die Ergebnisse der ausgewählten Tests wurden fachkundig erhoben, ausgewertet und interpretiert.

Hypothese PTV

Kriterium PTV 1

Die Auswahl der eingesetzten Testverfahren ist aus dem Untersuchungsanlass und der Fragestellung der Behörde ableitbar. Eventuelle Erweiterungen sind aus der Fragestellung der Behörde oder in Abhängigkeit von der konkreten Befundlage nachvollziehbar begründet.

1. Mit Bewerbern um eine oder Inhabern einer Fahrerlaubnis der Gruppe 1 oder 2 wurden verschiedene Leistungstestverfahren durchgeführt, mit denen mindestens drei der in Anlage 5 FeV genannten Leistungsbereiche erfasst werden. Bevorzugt werden Verfahren ausgewählt, die eine geringe Interkorrelation aufweisen und somit verschiedene Leistungsbereiche erfassen.

2. Mit Bewerbern um eine oder Inhabern einer Fahrerlaubnis der Klasse D, D1, D1E oder zur Personenbeförderung wurde eine adäquate Testung durchgeführt, welche gemäß Anlage 5.2 FeV die Leistungsbereiche der visuellen Orientierungsleistung, der Konzentrations- und Aufmerksamkeitsleistung, der Reaktionsfähigkeit und der Belastbarkeit vollständig erfassen.

3. Mit Bewerbern um eine oder Inhabern einer Fahrerlaubnis, bei denen im Zusammenhang mit einer chronischen Erkrankung oder einer Dauermedikation eine ausreichende Leistungsfähigkeit überprüft werden soll, wird eine adäquate Testung durchgeführt, welche die Leistungsbereiche der visuellen Orientierungsleistung, der Konzentrations- und Aufmerksamkeitsleistung, der Reaktionsfähigkeit und der Belastbarkeit umfasst. Gegebenenfalls sind, abhängig von der Vorgeschichte, der Krankheitssymptomatik und der aktuellen Medikamenteneinnahme andere Leistungsaspekte zusätzlich oder alternativ zu einzelnen, weniger relevanten Leistungsbereichen zu berücksichtigen (z. B. Monotonietoleranz, Arbeitsgedächtnis, visuell-motorische Koordination).

4. Erfolgt die Anordnung einer Überprüfung des Leistungsvermögens durch die Verkehrsbehörde, sind die in der Fragestellung genannten und aus der Vorgeschichte abzuleitenden Leistungsbedenken besonders zu beachten. In der Regel erfolgt eine vollständige Überprüfung der in Anlage 5 FeV genannten Leistungsbereiche.

5. Ein erfolgter Verzicht auf die Durchführung von Leistungstests bei Klienten ohne Alkohol-, Drogen- bzw. Medikamentenbeteiligung ist begründet. Es liegen z. B. nur sogenannte Halterdelikte und keine Delikte im Zuge der aktiven Verkehrsteilnahme vor. Andernfalls ist auszuschließen, dass Fehleinschätzungen oder Fehlreaktionen in Verkehrssituationen als Ursache der Verkehrsauffällig-

keit (z. B. Rotlichtmissachtung, unzureichender Sicherheitsabstand oder Verursachen von Unfällen) in Betracht kommen.

6. Mit Bewerbern um eine oder Inhabern einer Fahrerlaubnis, deren Fahreignung wegen eines Antrags auf vorzeitige Erteilung einer bestimmten Fahrerlaubnisklasse überprüft wird, wurden Leistungstests durchgeführt, die den Leistungsanforderungen an die beantragte Fahrzeugklasse entsprechen und sich an der Populationsnorm der Verkehrsteilnehmer orientieren.
7. Der Einsatz von ergänzenden Tests im Zusammenhang mit der Überprüfung von Kompensationsmöglichkeiten ist begründet und dokumentiert.
8. Sofern in begründeten Ausnahmefällen (z. B. bei Testabbruch oder gravierenden Störungen des Testdurchlaufs) zu einem späteren Zeitpunkt Testwiederholungen vorgenommen wurden, sind die Angaben des Testentwicklers zur Stabilität von Testwiederholungen berücksichtigt. Liegen Normen für die Testwiederholung vor, werden diese angewendet. In der Bewertung der Testbefunde wird der Lerneffekt bei Testwiederholung angemessen berücksichtigt.

Kriterium PTV 2

Es werden ausschließlich psychologische Testverfahren eingesetzt, die in Bezug auf die psychophysischen Grundkomponenten der Fahrtätigkeit theoretisch begründet sind. Die Testverfahren erfüllen nachvollziehbar die methodischen Anforderungen, die an die Konstruktion derartiger Verfahren gestellt werden müssen und befinden sich auf einem aktuellen Entwicklungsstand.

1. Die eingesetzten Testverfahren wurden von einer unabhängigen Stelle nach Anlage 14a FeV überprüft und als geeignet eingestuft.
2. Sie erlauben somit valide Aussagen über mindestens einen der folgenden Leistungsbereiche: Belastbarkeit, Orientierungsleistung, Konzentrationsleistung, Aufmerksamkeitsleistung, Reaktionsfähigkeit.
3. Ein eventuell zusätzlich eingesetztes Testverfahren zur Erfassung von Persönlichkeits- und Einstellungsfaktoren erfasst Merkmale, die einen Bezug zum Verhalten im Straßenverkehr aufweisen. Die Testergebnisse können den für diese Fallgruppe zu prüfenden Hypothesen und Kriterien zugeordnet werden.
4. Es ist beschrieben, inwieweit das Verfahren sprach- und kulturunabhängig ist.
5. Es gibt Vorgaben zur Durchführung des Testverfahrens, insbesondere zur Standardisierung der Umgebungsbedingungen und der Instruktion.
6. Testmaterialien, insbesondere Hard- und Softwarekonfiguration, sind handlungsleitend beschrieben.
7. Dem Anwender stehen Angaben über die (Alters-)Verteilung der Rohwerte, über die Zuordnung der Rohwerte zu Normwerten (Skalierung) und möglichst über die Messgenauigkeit des Verfahrens zur Verfügung.
8. Die zugrunde gelegte Normstichprobe ist ausreichend groß und entspricht in der Alters- und Geschlechtsverteilung hinreichend der Vergleichspopulation

der Führerscheininhaber, um eine differenzierte Aussage über die Bedeutung eines Testwerts zu ermöglichen.

9. Werden Tests bei Personen im höheren Alter eingesetzt, liegen hinreichend differenzierte Darstellungen der Normwertverteilung für Testpersonen in höheren Altersgruppen vor, sodass eine Bewertung der Geeignetheit des Verfahrens für die Durchführung mit älteren Klienten ebenso möglich ist wie eine angemessene Auswertung der Ergebnisse. Der Auswertung selbst ist die Gesamtnorm zugrunde gelegt.

10. Die verwendeten Vergleichsnormen und die eingesetzte Version eines Testverfahrens sind nicht veraltet. Davon kann ausgegangen werden, wenn das Testverfahren und/oder die Auswertungstabellen innerhalb der letzten zehn Jahre aktualisiert worden sind.

11. Werden ältere, bewährte Testverfahren, für die keine aktuelle Fassung verfügbar ist, trotzdem eingesetzt, wird die Bedeutung der veralteten Normstichprobe angemessen berücksichtigt. Bei Intelligenztests ist der sogenannte Flynn-Effekt (Zunahme der Leistungen um durchschnittlich drei IQ-Punkte pro Dekade im Bereich der Abstraktionsfähigkeit) bei Testverfahren, die auf ältere Normstichproben zurückgreifen, zu berücksichtigen.

Die Durchführung der Testung erfüllt die Anforderungen an die Objektivität und Standardisierung der Bedingungen, sodass die Befunde für eine Verkehrsverhaltensprognose verwertbar sind. Kriterium PTV 3

1. Vor Durchführung der Messung wird sichergestellt, dass der Klient nicht übermüdet oder gesundheitlich beeinträchtigt ist. Andernfalls ist der Befund zur Ermittlung des eigentlichen Leistungspotenzials nicht geeignet und wird gegebenenfalls zu einem anderen Zeitpunkt wiederholt.

2. Die Testinstruktion erfolgt nach dem vom Testentwickler vorgegebenen standardisierten Verfahren.

3. Das Verhalten der Testassistenz beeinflusst nicht die Vergleichbarkeit der Befunde. Hilfestellungen beschränkten sich darauf, objektive Durchführungsbedingungen herzustellen und sicherzustellen, dass die Testdurchführung verstanden wird. Darüber hinausgehende, unterstützende Hilfestellungen, die es dem Klienten erleichtern sollen, den Test „zu bestehen", unterbleiben.

   Kontraindikatoren

   (1) Es wird bei auffälligen Befunden, die nicht durch objektivierbare Störeinflüsse oder Instruktionsmissverständnisse zustande kamen, eine Testwiederholung angeboten („Wollen Sie es nochmal probieren?").

   (2) Die Testdurchführung wird ausführlicher eingeübt, als dies vom Testentwickler vorgesehen ist, oder die Instruktionsphase wird wiederholt, um einen Übungseffekt zu erzielen.

4. Die Testdurchführung erfolgt ohne äußere Störeinflüsse. Insbesondere ist die Konzentration nicht durch Unterbrechungen oder ablenkende Reize gestört.

Kontraindikatoren

(1) Die Testassistenz betritt während der Testdurchführung den Raum und nimmt Kontakt zum Klienten auf oder übt ablenkende andere Tätigkeiten aus.

(2) Die Testdurchführung wird durch die Anwesenheit weiterer Klienten gestört, die nicht ausreichend optisch und akustisch getrennt ebenfalls eine Testung durchführen.

5. Es ist sichergestellt, dass sich kulturelle und Bildungsunterschiede nicht auf die Durchführungsobjektivität auswirken. So liegen etwa geeignete fremdsprachliche Instruktionen vor oder sie wurden mithilfe eines nach Anlage 4a FeV bestellten Dolmetschers übersetzt. Bei auffälligen Befunden wird im Gespräch mit dem/der psychologischen Gutachter:in geklärt, inwieweit sich Verunsicherungen oder ein fehlendes Sprachverständnis auf die Leistungsmotivation und das Verhalten in der Testsituation ausgewirkt haben und gegebenenfalls die Verwertbarkeit der Befunde beeinflussten.

6. Liegen bei einer bestimmten chronischen Krankheitssymptomatik oder bei Dauermedikation leistungsbeeinträchtigende Bedingungen vor, orientiert sich die Entscheidung, eine Leistungstestung durchzuführen und die Befunde im Gutachten zu verwerten, daran, ob die Beeinträchtigungen in vergleichbarer Weise auch bei einer Verkehrsteilnahme zu erwarten wären und der Klient sich eine sichere Verkehrsteilnahme in diesem Zustand zutraut. Dies ist im Gutachten zu dokumentieren (vgl. hierzu auch Anl. 4, Vorbemerkung, Nr. 3 FeV).

Kontraindikator

(1) Bei einem Klienten, der auf eine Dauermedikation angewiesen ist, wird eine leistungsbeeinträchtigende Medikation bewusst kurzzeitig ausgesetzt oder es werden leistungssteigernde Medikamente oder Stoffe vor der Begutachtung eingenommen.

Kriterium PTV 4 **Die erforderlichen Testverfahren werden von einem hierfür qualifizierten Testanwender ausgewählt und eingesetzt.**

1. Der Testanwender ist durch eine entsprechende Ausbildung dafür qualifiziert, psychologische Testverfahren auszuwählen, anzuwenden und auszuwerten. Durch einen Studienabschluss als Diplom-Psychologe oder einen Masterabschluss in Psychologie gilt diese Anforderung als erfüllt.

2. Der Testanwender, der kein Studium der Psychologie absolviert hat und Gutachten nach den §§ 11 Abs. 2 und 3 oder 48 FeV erstellt, ist durch eine geeignete berufliche Fortbildung nachweislich dafür qualifiziert, abhängig von der Fragestellung geeignete Tests auszuwählen, sie hinsichtlich ihrer Validität fachlich zu bewerten, angemessen durchzuführen und auszuwerten.

3. Der Testanwender ist ausreichend über die konzeptuellen und anwendungstechnischen Hintergründe der ausgewählten Tests informiert und kann Kennwerte bezüglich ihrer Bedeutsamkeit und Interpretation einordnen.

4. Der Testanwender kann Kompensationsmöglichkeiten für ein festgestelltes Eignungsdefizit beurteilen und derartige Möglichkeiten gezielt durch den Einsatz zusätzlicher Testungen prüfen.

5. Der Testanwender, der kein Studium der Psychologie absolviert hat, verweist bei Unterschreiten kritischer Testergebnisse zur Klärung des Kompensationsvermögens (z. B. durch Durchführung einer Verkehrspsychologischen Fahrverhaltensbeobachtung) an eine amtlich anerkannte Begutachtungsstelle für Fahreignung.
6. Der Testanwender kann die verfügbare schriftliche Dokumentation zu den Testkennwerten eines Tests für die beabsichtigte spezifische Verwendung bewerten.
7. Sofern bei der Testdurchführung Hilfskräfte zur Unterstützung des fachlich verantwortlichen Testanwenders eingesetzt wurden, geschah dies ausschließlich zur Testdurchführung. Die Hilfskräfte verfügen über eine fundierte Einweisung in die Testdurchführung. Diese Einweisung ist dokumentiert.

Die Testauswertung und -interpretation erfolgt nach festgelegten Standards. **Kriterium PTV 5**

1. Die Übertragung der Rohwerte in die Normwerte erfolgt, sofern sie nicht automatisiert stattfindet, nach Vorgaben des Testkonstrukteurs.
2. Die Hard- und Softwarekonfiguration ist in der Weise gestaltet, dass dadurch evtl. bedingte Messwertungenauigkeiten vermieden werden bzw. in ihrem Einfluss eindeutig abschätzbar sind.
3. Der Auswertung der Tests ist die Gesamtnorm zugrunde gelegt.
4. Die Definition von Entscheidungsgrenzen erfolgt nach den Vorgaben der Begutachtungsleitlinien zur Kraftfahreignung und den zu Kriterium A 6.1 N dargestellten Indikatoren (vgl. Kapitel B.2). Danach muss ein Kraftfahrer der Gruppe 1 in den anlassspezifisch durchgeführten Tests mindestens den Prozentrang 16 und ein Kraftfahrer der Gruppe 2 in der Mehrzahl der Testverfahren mindestens den Prozentrang 33 sowie ausnahmslos einen Prozentrang 16 erreichen.
5. Wurde anstatt der hier benannten Prozentrangskala eine metrische Skala benutzt, so ist diese bezüglich ihrer Eigenschaften beschrieben und der Bezug zu den Entscheidungsgrenzen ist eindeutig herstellbar. Hierbei ist der sogenannte „Normalbereich" als Mittelwert plus/minus einer Standardabweichung (bei der Verwendung von T-Werten: $T = 50 \pm 10$) eindeutig definiert. Ferner kann zu dem Standardwert auch der Standardmessfehler (z. B. CL(T)) angegeben werden. Dieser zeigt an, in welcher Bandbreite der erreichte Testwert einer Messungenauigkeit unterliegt.
6. Bei Unterschreitung von Entscheidungsgrenzen erfolgt eine Rücksprache mit dem Klienten zum Ausschluss von Störvariablen.
7. Bei Unterschreitung von Entscheidungsgrenzen in einem Testverfahren bzw. bei einzelnen Testvariablen wurde die Frage der Kompensierbarkeit gegebenenfalls unter Einbeziehung weiterer Tests geprüft.
8. Bei Unterschreitung von Entscheidungsgrenzen in der Mehrzahl der Testverfahren wurde auf die Notwendigkeit der Durchführung einer Verkehrspsychologischen Fahrverhaltensbeobachtung zur Kompensationsprüfung verwiesen.

Gegebenenfalls wird begründet, warum der Einsatz einer Fahrverhaltensbeobachtung nicht sinnvoll ist.

Kriterium PTV 6

Einer zur Kompensationsprüfung durchgeführten Verkehrspsychologischen Fahrverhaltensbeobachtung liegt ein nachvollziehbares, auf wissenschaftlichen Erkenntnissen basierendes Konzept zugrunde und die beschriebene Methode sowie die Rahmenbedingungen gewährleisten eine möglichst standardisierte Durchführung und Auswertung vor dem Hintergrund der Gesamtbefundlage.

1. Die zu beobachtenden kraftfahrspezifischen Leistungsvoraussetzungen sind aus der wissenschaftlichen Literatur abgeleitet. Sie sind konkreten Beobachtungsvariablen zugeordnet, die in einer standardisierten Verhaltensregistrierung erfasst werden.
2. Die Konzeption der Fahrverhaltensbeobachtung lässt insbesondere hinsichtlich der zu beobachtenden Verhaltensweisen erkennen, dass es sich um eine Eignungsüberprüfung und keine Befähigungsprüfung handelt und dass ein Bezug zu den festgestellten Leistungsdefiziten hergestellt wird.

Kontraindikator

(1) Die Verfahrensbeschreibung beschränkt sich im Wesentlichen auf Verweise auf oder die Übernahme von Regelungen zur Befähigungsprüfung.

3. Die Einheitlichkeit des Schwierigkeitsgrades der Fahraufgaben wird trotz unterschiedlicher örtlicher Gegebenheiten durch definierte, in ihrer Komplexität bewertete Streckenelemente bzw. Aufgabenstellungen sichergestellt, aus denen sich eine standardisierte Fahrstrecke ableitet. Die Beschreibung der Fahraufgaben erfolgt getrennt von der Beschreibung der Beobachtungsvariablen bei der FVB. Es liegt zusätzlich zur Standardstrecke pro Standort zumindest eine beschriebene Variante vor, die bei Wiederholungen von Fahrverhaltensbeobachtungen am selben Ort eingesetzt werden kann. Andernfalls sind kurzfristige Wiederholungen der FVB an diesem Standort nicht möglich.
4. Die zeitliche Dauer und zurückgelegte Distanz der zu bewältigenden Fahrstrecke tragen dem Umstand Rechnung, dass von Inhabern einer unbeschränkten Fahrerlaubnis auch die längerfristige Aufrechterhaltung eines ausreichenden Leistungsniveaus zu gewährleisten ist. Von einer ausreichender Beobachtungsdauer kann bei einer von der Verkehrslage abhängigen Fahrzeit von mind. 50 bis max. 70 Minuten ausgegangen werden.
5. Es liegen standardisierte Vorgaben für die Instruktion während des Fahrtverlaufs vor.
6. Es liegen Regelungen zum Verhalten des Fahrlehrers vor, die nicht nur die Beobachtungsfahrt selbst, sondern auch die Vorbereitung darauf umfassen.
7. Es liegen Regelungen zur Einweisung neuer verkehrspsychologischer Gutachter:innen als Beobachter vor, die sicherstellen, dass diesen das Konzept der FVB im Detail bekannt ist und von ihnen umgesetzt werden kann, sodass insbesondere die Beobachtungsobjektivität sichergestellt wird. Das Weiterbildungs-

angebot oder die Fachinformationen des Trägers stellen sicher, dass die Beobachter über aktuelle Entwicklungen im Verkehrsrecht informiert sind.

8. Die Verkehrspsychologische Fahrverhaltensbeobachtung wird von einem/einer erfahrenen psychologischen Gutachter:in durchgeführt, welche/r die Anforderungen nach Anlage 14 Abs. 2 FeV erfüllt.

9. Die Fahrt wird in der Regel mit einem für die Fahrprüfung zugelassenen Fahrzeug der Fahrerlaubnisklasse B mit Doppelbedieneinheit und entsprechend den Anforderungen des § 2 Abs. 15 StVG in Begleitung eines Fahrlehrers durchgeführt. Bei Betätigung der zweiten Bedieneinheit wird dies durch ein akustisches Signal angezeigt.

10. Verfügt das Fahrschulfahrzeug über Fahrerassistenzsysteme, die sich regelmäßig auf die Fahrzeugbedienung auswirken und eine Beobachtung des Fahrverhaltens des Klienten selbst erschweren (z. B. Abstandsassistent, Spurhalteassistent), sind diese bei der Beobachtungsfahrt auszuschalten. Nicht davon betroffen sind Assistenzsysteme, die nur in Gefahrensituationen reagieren und der Unfallverhütung dienen (z. B. Notbremsassistent).

11. Werden FVB (z. B. aufgrund landesspezifischer Vorgaben wie Erlasse oder Verwaltungsvorschriften oder Spezifikationen im Zusammenhang mit der Fragestellung der Behörde) auch mit anderen Fahrzeugklassen als der Klasse B absolviert, ist dem Konzept zu entnehmen, wie durch Anpassung der Anforderungen trotzdem eine ausreichende Standardisierung erreicht wird.

12. Die den Leistungsvoraussetzungen zugeordneten Beobachtungsvariablen sind so differenziert beschrieben, dass durch eine einheitliche Registrierung unabhängig von der Beobachtervariable die Objektivität der Datenerhebung sichergestellt wird.

13. Der Klient wird über die Notwendigkeit informiert, sich vor der FVB angemessen mit dem Fahrschulfahrzeug vertraut zu machen. Der Umfang der Vorbereitung wird vor Durchführung der Fahrt erfragt und dokumentiert.

14. Vor Durchführung einer FVB findet eine Identitätskontrolle mithilfe eines gültigen Ausweisdokuments statt. Sofern der Klient Inhaber der Fahrerlaubnis ist, muss ein gültiger Führerschein mitgeführt werden (Ausschluss des Fahrens während eines Fahrverbots).

15. Die Instruktionen im Fahrtverlauf sind standardisiert und erfolgen in der Regel durch den verkehrspsychologischen Beobachter selbst. Wird im Einzelfall davon abgewichen (z. B. Unterstützung der Instruktion durch fremdsprachigen Fahrlehrer), ist dies im Bericht über die FVB nachvollziehbar begründet und beschrieben. Falls der Beobachter regelmäßig die Unterstützung einer Assistenzkraft benötigt, kann er auf dafür geschulte Mitarbeiter zurückgreifen.

16. Die Registrierung der beobachteten (auffälligen) Verhaltensweisen erfolgt mit nachvollziehbarem Bezug zum Streckenverlauf. Dazu gehören auch deutliche Fehler, die nicht an einem gegebenenfalls definierten Beobachtungspunkt

gezeigt wurden, jedoch den definierten Beobachtungsdimensionen zuzuordnen sind (z. B. kein Schulterblick bei riskantem Fahrstreifenwechsel).

17. Besonderheiten im Verlauf einer Beobachtungsfahrt, welche die Standardaufgabe beeinflussen (z. B. Veränderungen im Streckenverlauf durch Baustellen), werden protokolliert.

18. Es liegen nachvollziehbare, an einer empirischen Auswertung von Verhaltensbeobachtungen begründete Richtlinien für die Auszählung und Gewichtung der Auffälligkeiten und die Auswertung der Beobachtungsergebnisse vor. Aus den Entscheidungsgrenzen geht eindeutig hervor, wann eine Kompensation der testpsychologisch festgestellten Leistungsdefizite nicht mehr angenommen werden kann. Bei der Bewertung ist zu unterscheiden, ob im Verlauf der FVB innerhalb einer Beobachtungsdimension immer wieder gleichartige Fehlverhaltensmuster auftreten oder ob sich Fehlertypen bei verschiedenen Beobachtungsdimensionen zeigen.

Kontraindikatoren

(1) Es wird nur eine summarische, abschließende Eindrucksbildung des Beobachters als Ergebnis festgehalten.

(2) Es erfolgt keine qualitative Beschreibung der beobachteten Fehler/Unsicherheiten, sodass ein Bezug zu den festgestellten Leistungsmängeln nicht möglich ist.

(3) Die Bewertung des Ergebnisses der FVB erfolgt durch den Fahrlehrer.

19. Eine FVB wird vorzeitig abgebrochen bei

- einem erheblichen Verkehrsverstoß, der eine völlige Verkennung der Verkehrssituation deutlich macht (z. B. Rotlichtverstoß bei guten Sichtverhältnissen),
- Eingriff des Fahrlehrers oder des eingeschalteten Assistenzsystems zur Gefahrenabwehr, um einen Unfall oder Verkehrskonflikt abzuwenden,
- einer Gefährdung anderer Verkehrsteilnehmer oder einem Unfall, der einen zu regulierenden Schaden zur Folge hat,
- einer Häufung von Fehlern bereits in der Anfangsphase der FVB, die erkennen lassen, dass eine Kompensation der Leistungsbeeinträchtigungen nicht möglich ist,
- einem erheblichen Fehlverhalten, welches eine Ordnungswidrigkeit darstellt, die ein Fahrverbot zur Folge hätte, oder
- bei Anzeichen für Fahruntüchtigkeit des Klienten.

20. Die Ergebnisse der FVB werden in einem Bericht zusammengefasst, der den Umfang der Vorbereitung, die Beschreibung der Durchführungsbedingungen, die Häufigkeit und Art der Auffälligkeiten und das abschließende Ergebnis enthält. Besonderheiten (z. B. Gründe für den Abbruch der FVB) sind qualitativ zu beschreiben.

21. Ergeben sich bei der FVB Hinweise auf eine bedingte Eignung, wird dies im Bericht erkennbar dargestellt, um dem Gutachter die Entscheidung über eine Verbesserung der Eignungsvoraussetzungen durch geeignete Auflagen oder Beschränkungen zu ermöglichen. Im Einzelfall kann es sinnvoll sein, ausdrücklich auf die fehlende Möglichkeit der Verbesserung der Verkehrssicherheit durch die Annahme der bedingten Eignung hinzuweisen.

    (1) Die Ursache für eine Fehlerhäufung liegt erkennbar in Unsicherheiten beim Befahren eines Autobahnabschnitts, ohne dass eine eingeschränkte Eignung (Ausschluss von Autobahnen durch Schlüsselzahl 67 (Anlage 9 Abschnitt B FeV)) diskutiert wurde. Kontraindikator

22. Liegt der überwiegende Schwerpunkt der Auffälligkeiten im Bereich der Fahrzeugbedienung oder der Kenntnis von Verkehrsvorschriften, wird im Bericht deutlich gemacht, dass Hinweise auf Befähigungsmängel vorliegen. Die Befunde sind gegebenenfalls differenziert hinsichtlich ihrer Aussage zur Fahreignung zu bewerten.

23. Aufgrund der Art der beobachteten Fehler sowie einer Nachbefragung des Klienten zur Selbstbeobachtung, Motivlage und zur Ursachenattribution hinsichtlich der Auffälligkeiten wird eine Zuordnung der Auffälligkeiten zu Eignungs- oder Befähigungsmängeln vorgenommen.

24. Der Bericht ist Bestandteil des Gutachtens (Anlage zum Gutachten oder Wiedergabe im Text des Gutachtens). Zwischen Ergebnisdarstellung und abschließender Bewertung vor dem Hintergrund der Fragestellung wird unterschieden. Das Ergebnis der FVB ist dabei qualitativ beschrieben und enthält Aussagen zur Kompensierbarkeit der in der testpsychologischen Leistungsüberprüfung festgestellten Leistungsdefizite. Besonderheiten, die zum Abbruch der FVB führten (vgl. Indikator 19), sind ebenso aufgeführt wie die Ergebnisse der Nachbefragung (vgl. Indikator 23) im Falle einer ungenügenden Kompensationsfähigkeit.

25. Dient die FVB konsiliarisch der Ergänzung der Befunde in einem ärztlichen Gutachten, wird sie von einer/einem in der Methode ausgebildeten Verkehrspsychologin/Verkehrspsychologen durchgeführt. Die Durchführung ist im Bericht hinsichtlich Datenerhebung, Bewertung und abschließender Stellungnahme im Sinne eines eigenständigen beigestellten Befundes vollumfänglich dokumentiert.

    (1) Der/Die Gutachter:in führt die Fahrverhaltensbeobachtung selbst durch oder wertet sie eigenständig aus, ohne über die entsprechende psychologische Qualifikation zu verfügen. Kontraindikator

Die Darstellung der Testdurchführung, der Testergebnisse und deren Bewertung im Gutachten ist nachvollziehbar und vollständig. **Kriterium PTV 7**

1. Die eingesetzten Testverfahren werden beschrieben.
2. Die gewählte Normierung und Entscheidungsgrenzen werden beschrieben.
3. Die Testergebnisse werden als Normwerte vollständig dargestellt.

4. Kompensationsüberlegungen werden nachvollziehbar begründet.
5. Die Ergebnisse einer gegebenenfalls durchgeführten FVB werden im Kontext der Testbefunde und der Vorgeschichte des Klienten interpretiert. Kompensationsmöglichkeiten werden nachvollziehbar abgeleitet und erforderliche Beschränkungen der Fahrerlaubnis aus den Befunden begründet.
6. Wenn Konfidenzintervalle zur Interpretation herangezogen werden, wird dies nachvollziehbar begründet.
7. Die Interpretation widerspricht nicht den vorgegebenen Entscheidungsgrenzen. Abweichungen sind nachvollziehbar begründet.
8. Die Bewertung der Testbefunde ist im Gesamtkontext des Gutachtens und hinsichtlich des Stellenwertes für die Beantwortung der Fragestellung nachvollziehbar.
9. Die Darstellung der Verfahren, der angewendeten Normen und Entscheidungsgrenzen sowie die Bewertung der Ergebnisse im Hinblick auf die Fragestellung erfolgt in einer auch für fachliche Laien verständlichen Sprache.

Literatur

ARTHUR, W., BARRET, G. V. & ALEXANDER, R. A. (1991). Prediction of vehicular accident involvement: A meta-analysis. Human Performance 4(2), 89–105.

BORTZ, J. & SCHUSTER, C. (2010). Statistik für Human- und Sozialwissenschaftler. 7. Auflage. Berlin, Heidelberg: Springer-Verlag.

BRENNER-HARTMANN, J. (2002). Durchführung standardisierter Fahrverhaltensbeobachtungen im Rahmen der medizinisch-psychologischen Untersuchung (MPU). Regensburg, 38. BDP-Kongress für Verkehrspsychologie. https://psydok.psycharchives.de/jspui/handle/20.500.11780/3461 (abgerufen am 18.7.2022).

BRENNER-HARTMANN, J. & BUKASA, B. (2001). Psychologische Leistungsüberprüfung bei der Fahreignungsüberprüfung. Zeitschrift für Verkehrssicherheit 47, 1–8.

BUNDESANSTALT FÜR STRASSENWESEN (2022). Geeignete Testverfahren und -geräte im Rahmen der Fahreignungsbegutachtung oder einer Eignungsuntersuchung nach § 11 Absatz 9 der Fahrerlaubnis-Verordnung (FeV). https://www.bast.de/DE/Verkehrssicherheit/Qualitaetsbewertung/Anerkennung/u3-anerkennung/geeignete-Verfahren.html (abgerufen am 18.7.2022).

BÜHNER, M., SCHMIDT-ATZERT, L., GRIESHABER, E. & LUX, A. (2001). Faktorenstruktur verschiedener neuropsychologischer Tests. Zeitschrift für Neuropsychologie 12(3), 181–187.

CATTELL, R. B. & WEISS, R. H. (1971). CFT 3. Grundintelligenztest Skala 3. 3. Auflage. Göttingen: Hogrefe.

CRONBACH, L. J. & GLESER, G. C. (1965). Psychological tests and personnel decisions. 2. Auflage. Urbana: University of Illinois Press.

DE RAEDT, R. (2000). Cognitive/neuropsycholocical functioning and compensation related to car driving performance in older adults. Brussels: Free University.

DEUTSCHE GESELLSCHAFT FÜR VERKEHRSPSYCHOLOGIE e. V. (DGVP) (2019). Fahrverhaltensbeobachtung als „Gold-Standard" der Leistungsüberprüfung? Positionspapier 06/2019. Erstellt von FASTENMEIER, W. & STROHBECK-KÜHNER, P. https://www.dgvp-verkehrspsychologie.de/wp-content/uploads/2020/07/DGVP_Positionspapier-06-2019_Fahrverhaltensbeobachtung.pdf (abgerufen am 18.7.2022).

GREVE, W. (1997). Wissenschaftliche Beobachtung: Eine Einführung. 2. Auflage. Weinheim: Beltz.

GRUBITZSCH, S. (1991). Testtheorie, Testpraxis. Psychologische Tests und Prüfverfahren im kritischen Überblick. Reinbek: Rowohlt Verlag.

GSTALTER, H. & FASTENMEIER, W. (2013). Ältere Fahrer und Verkehrssicherheit – Bestandsaufnahme und mögliche Maßnahmen. Zeitschrift für Verkehrssicherheit 1, 5–13.

HORN, R. (2009). Standard Progressive Matrices (SPM). (Deutsche Bearbeitung und Normierung nach C. J. RAVEN.) 2. Auflage. Frankfurt: Pearson Assessment.

HUMAK, K. M. S. (1983). Statistische Methoden der Modellbildung. Berlin: Akademie-Verlag.

HUTTER, M., BUKASA, B., WENNINGER, U. & BRANDSTÄTTER, C. (2011). VPT.32 – Verlässlichkeitsbezogener Persönlichkeitstest – Version 3. Manual. Testautor: Kuratorium für Verkehrssicherheit, Wien. Mödling: Schuhfried GmbH.

INTERNATIONAL TEST COMMISSION (ITC) (2001). International Guidelines for Test Use. International Journal of Testing 1(2), 93–114. Auch verfügbar unter: http://www.intestcom.org/page/15 (abgerufen am 18.7.2022).

KIESCHKE, U. (2007). Anwendungsprofile verkehrspsychologischer Diagnostik. In: SCHUBERT, W., MATTERN, R. & NICKEL, W.-R. (Hrsg.): Prüfmethoden der Fahreignungsbegutachtung in der Psychologie, Medizin und im Ingenieurwesen. Tagungsband zum 3. Gemeinsamen Symposium der Deutschen Gesellschaft für Verkehrspsychologie e. V. und der Deutschen Gesellschaft für Verkehrsmedizin e. V. Bonn: Kirschbaum Verlag.

KROLL, G., KAISER, A., KRONE, M., MONNING, M., GRIESE, H., MACEK, C. ET AL. (2003). Die praktische Fahrprobe im mittleren und höheren Lebensalter. Zeitschrift für Neuropsychologie 14(2), 81–87.

KRUMM, S., SCHMIDT-ATZERT, L. & ESCHERT, S. (2008). Investigating the structure of attention: How do test characteristics of paper-pencil sustained attention tests influence their relationship with other attention tests? European Journal of Psychological Assessment 24(2), 108–116.

POSCHADEL, S., FALKENSTEIN, M., PAPPACHAN, P., POLL, E. & VON HINKELDEY, K. W. (2009). Testverfahren zur psychometrischen Leistungsprüfung der Fahreignung. Berichte der Bundesanstalt für Straßenwesen Heft M 203.

RANNEY, T. A. (1994). Models of driving behavior: A review of their evolution. Accident Analysis and Prevention 26(6), 733–750.

RISSER, R., SOMMER, M., GRUNDLER, W., CHALOUPKA, C. & KAUFMANN, C. (2007). Validierung des Expertensystems Verkehr an verkehrsauffälligen Kraftfahrern. Zeitschrift für Verkehrssicherheit 53(4), 195–200.

RUCKRIEGEL, A., BANSE, R. & SCHUBERT, W. (2022). Wie geeignet sind gängige verkehrspsychologische Testverfahren zur Erfassung der Fahreignung bei älteren Kraftfahrern? Ergebnisse einer Retrodiktionsstudie. Zeitschrift für Verkehrssicherheit 68(1), 34–42.

SCHMIDT-ATZERT, L. & AMELANG, M. (2012). Psychologische Diagnostik – 5. Auflage. Berlin, Heidelberg: Springer-Verlag.

SCHMIDT-ATZERT, L., KRUMM, S. & BÜHNER, M. (2008). Aufmerksamkeitsdiagnostik: Ableitung eines Strukturmodells und systematische Einordnung von Tests. Zeitschrift für Neuropsychologie 19(2), 59–82.

SCHMIDT-ATZERT, L., STROHBECK-KÜHNER, P. & SCHUBERT, W. (2018). Anforderungen an die psychische Leistungsfähigkeit (Kap. 2.5) In: SCHUBERT, W., HUETTEN, M., REIMANN, C., GRAW, M., SCHNEIDER, W. &, STEPHAN, E. (Hrsg.): Begutachtungsleitlinien zur Kraftfahreignung – Kommentar. 3. Auflage. Bonn: Kirschbaum Verlag.

SCHNEIDER, W., SCHUBERT, W. ET AL. (2007). Stellungnahme der Deutschen Gesellschaft für Verkehrspsychologie zu dem Themenkomplex „Objektivität, Validität und Fairness der im Rahmen der Fahreignungsdiagnostik eingesetzten psychologischen Testprogramme; Ungenauigkeiten bei der Bestimmung von Reaktions- oder Latenzzeiten". https://www.dgvp-verkehrspsychologie.de/objektivitat-validitat-und-fairness-der-im-rahmen-der-fahreignungsdiagnostik-eingesetzten-psychologischen-testprogramme/ (abgerufen am 2.8.2022).

SCHUBERT, W., HUETTEN, M., REIMANN, C., GRAW, M., SCHNEIDER, W. & STEPHAN, E. (2018). Begutachtungsleitlinien zur Kraftfahreignung – Kommentar. 3. Auflage. Bonn: Kirschbaum Verlag.

SCHUBERT, W. & WAGNER, T. (2003). Die psychologische Fahrverhaltensbeobachtung: Grundlagen, Methodik, Anwendungsmöglichkeiten. Zeitschrift für Verkehrssicherheit 49(3), 119–127.

SCHÜTZHOFER, B. (2017). Verkehrsreife – Theoretische Fundierung, Entwicklung und Erprobung der Testbatterie zur Erfassung der Verkehrsreife TBVR 14+. Bonn: Kirschbaum Verlag.

SCHÜTZHOFER, B. & BANSE, R. (2018). Konformitäts- und Emotions-Kontroll-Skala (KEKS). Software und Manual. Mödling: SCHUHFRIED GmbH.

SCHUHFRIED GmbH (2021a). Handbuch ATAVT Rev. 2, Oktober 2021, S. 33. Mödling: SCHUHFRIED GmbH.

SCHUHFRIED GmbH (2021b). Manuale des DT, RT, ATAVT, COG und LVT. Mödling: SCHUHFRIED GmbH.

SMUC, M., CHRIST, R. & GATSCHA, M. (2002). SAF (System zur Analyse des Fahrverhaltens). https://psydok.psycharchives.de/jspui/handle/20.500.11780/3471?msclkid=820a6125cc7511ec919f00d395954c2e (abgerufen am 18.7.2022).

SOMMER, M., ARENDASY, M., SCHUHFRIED, G. & LITZENBERGER, M. (2005). Diagnostische Unterscheidbarkeit unfallfreier und mehrfach unfallbelasteter Kraftfahrer mit Hilfe nicht linearer Auswertemethoden. Zeitschrift für Verkehrssicherheit 51(2), 82–86.

SPICHER, B. & HÄNSGEN, K.-D. (2003). Test zur Erfassung verkehrsrelevanter Persönlichkeitsmerkmale (TVP). Göttingen: Hogrefe.

VISTEC AG (2022). Testmanuale Corporal Plus (Version 04.22). Olching: Vistec AG.

ZIMMERMANN, P. & FIMM, B. (2021). TAP-M. Testbatterie zur Aufmerksamkeitsprüfung – Version Mobilität. Version 1.3.2. Herzogenrath: Psytest.

Weiterführende Literatur

AMELANG, M. & SCHMIDT-ATZERT, L. (2006). Psychologische Diagnostik und Intervention. Heidelberg: Springer.

BRÄHLER, E. HOLLING, H., LEUTNER, D. & PETERMANN, F. (2002). Brickenkamp – Handbuch psychologischer und pädagogischer Tests – Band 1. 3. Auflage. Göttingen: Hogrefe.

BUCHSTALLER, R. (2007). Entwicklung einer altersfairen Strategie zur Überprüfung der psychischen Leistungsfähigkeit älterer Kraftfahrer an Begutachtungsstellen für Fahreignung. Düsseldorf: VDI Verlag.

BURGARD, E. (2005). Fahrkompetenz im Alter. Dissertation an der Medizinischen Fakultät der Ludwig-Maximilians-Universität zu München. https://doi.org/10.5282/edoc.4478

HÄCKER, H., LEUTNER, D. & AMELANG, M. (1998). Standards für pädagogisches und psychologisches Testen. Supplementum 1 der Diagnostica sowie der Zeitschrift für Differentielle und Diagnostische Psychologie.

HANNEN, P., HARTJE, W. & SKRECZEK, W. (1998). Beurteilung der Fahreignung nach Hirnschädigung: Neuropsychologische Diagnostik und Fahrprobe. Nervenarzt 69, 864–872.

HELLER, K., KRATZMEIER, H. & LENGFELDER, A. (1998). Matrizen-Test-Manual, Band 1. Ein Handbuch mit deutschen Normen zu den Standard Progressive Matrices von J. C. Raven. 1. Auflage. Göttingen: Hogrefe.

HOFSTÄTTER, P. R. (1957). Psychologie. Frankfurt: S. Fischer Verlag.

JACOBSHAGEN, W. (2005). Leistungstests für Berufskraftfahrer. Zeitschrift für Verkehrssicherheit 3, 125–131.

KAISER, H. J. & OSWALD, W. D. (1999). Altern und Autofahren – Kontroversen und Visionen zur Verkehrssicherheit Älterer. Bern: Huber.

LIENERT, G. A. (1989). Testaufbau und Testanalyse. 4. Auflage. Weinheim: Psychologie Verlags Union.

MEILI, R. (1961). Lehrbuch der psychologischen Diagnostik. Bern, Stuttgart: Huber.

MCCALL, W. A. (1939). Measurement. New York: Macmillan Company.

MOOSBRUGGER, H. & HÖFLING, V. (2006). Testdurchführung und -auswertung. In: PETERMANN, F. & EID, M. (Hrsg.): Handbuch der Psychologischen Diagnostik. Göttingen: Hogrefe. 449–456.

MOOSBRUGGER, H. & HÖFLING, V. (2007). Standards für psychologisches Testen. In: MOOSBRUGGER, H. & KEVALA, A. (Hrsg.): Testtheorie und Fragebogenkonstruktion. Heidelberg: Springer. 193–214.

NEUMANN, O. (1992). Theorien der Aufmerksamkeit: von Metaphern zu Mechanismen. Psychologische Rundschau 43, 83–101.

PLANT, R. R. (2007). Accuracy and Precision – Is there a difference, and if there is, why is it important? In: SCHUBERT, W., MATTERN, R. & NICKEL, W.-R. (Hrsg.): Prüfmethoden der Fahreignungsbegutachtung in der Psychologie, Medizin und im Ingenieurwesen. Tagungsband zum 3. Gemeinsamen Symposium der Deutschen Gesellschaft für Verkehrspsychologie e. V. und der Deutschen Gesellschaft für Verkehrsmedizin e. V. Bonn: Kirschbaum Verlag.

RASCH, G. (1960). Probabilistic models for some intelligence and attainment tests. Kopenhagen: Nielson & Lycliche.

ROST, J. (1996). Lehrbuch Testtheorie Testkonstruktion. Bern: Huber.

SCHELLING, D., HEINEMANN, D., SCHÄCHTELE, B. & STURM, W. (2018). Handbuch neuropsychologischer Testverfahren – Band 2. Göttingen: Hogrefe.

SCHMIDT-ATZERT, L. & KRUMM, S. (2008). Zur Validität von Aufmerksamkeits- und Konzentrationstests. Report Psychologie 33, 126–138.

SCHUBERT, W. (2007). Grenzwerte aus verhaltenswissenschaftlicher/verkehrspsychologischer Sicht. In: SCHUBERT, W., MATTERN, R. & NICKEL, W.-R. (Hrsg.): Prüfmethoden der Fahreignungsbegutachtung in der Psychologie, Medizin und im Ingenieurwesen. Tagungsband zum 3. Gemeinsamen Symposium der Deutschen Gesellschaft für Verkehrspsychologie e.V. und der Deutschen Gesellschaft für Verkehrsmedizin e.V. Bonn: Kirschbaum Verlag.

WESTHOFF, K., HORNKE, L. F. & WESTMEYER, H. (2003). Richtlinien für den diagnostischen Prozess. Report Psychologie 28, 504–517.

C. 5 Fahreignungsfördernde Interventionen (FFI) zur Veränderung von Einstellung und Verhalten

C. 5.1 Einleitung

Im Vorfeld einer Fahreignungsbegutachtung werden häufig vorbereitende Maßnahmen in Anspruch genommen. Oft ist es für Betroffene schwierig, eine passende Maßnahme zu finden, die ihnen bei ihrer individuellen Problemlage weiterhelfen kann. Die Ursachen für eine nicht vorhandene Fahreignung oder für behördlichen Zweifel sind vielfältig und reichen von körperlichen Erkrankungen über Suchterkrankungen, den Missbrauch psychoaktiver Substanzen oder kriminelle Handlungen bis hin zu Anpassungsproblemen im alltäglichen Verkehrsverhalten. Diesen unterschiedlichen Ursachen von Eignungszweifeln entsprechend, können verschiedene unterstützende, die Fahreignung fördernde Maßnahmen hilfreich und indiziert sein.

Handlungen und Taten von auffälligen Verkehrsteilnehmern liegen häufig jahrelange und verfestigte Entwicklungen zugrunde. Diese Kraftfahrer haben nicht selten maladaptive Verhaltensgewohnheiten und Haltungen gegenüber den Risiken im Straßenverkehr entwickelt, die eng mit ihrer Person und Persönlichkeit verbunden sind. Es handelt sich in der Regel nicht um irrtümlich ausgeführtes Verhalten, das durch Aufklärung zukünftig vermieden, oder um einen Mangel an Regelkenntnis, der durch Schulung behoben werden könnte. Gerade das Mobilitätsverhalten ist in hohem Maß habituiert und automatisiert und damit auch besonders änderungsresistent (HAUTZINGER ET AL., 2011). Anders wären die geringe Wirksamkeit von Bußgeldern und Strafen sowie die – ohne entsprechende Interventionen – hohen Zahlen von Wiederauffälligkeiten kaum zu erklären. SCHADE (2005) spricht in seiner Auswertung des Verkehrszentralregisters von **habituellem Verkehrsrisiko**. Nicht weniger verfestigt sind Verhaltensgewohnheiten im Zusammenhang mit Suchtmittelmissbrauch, die oftmals einer therapeutischen Intervention bedürfen, um stabil verändert werden zu können.

Es ist deshalb nachvollziehbar, dass insbesondere fahreignungsfördernde Maßnahmen im Vorfeld einer medizinisch-psychologischen Untersuchung (MPU), die eine Veränderung eines derart gewohnheitsmäßig verfestigten Verhaltens unterstützen sollen, in hohem Maß auf individuelle Fehlhaltungen und -entwicklungen eingehen können müssen. Sie erfordern aus diesem Grund auch – entsprechend der Vielfalt und dem Ausprägungsgrad der Delinquenz und der zugrunde liegenden Verhaltensstörungen – einen hohen Grad an Spezialisierung und Professionalität der Durchführenden. An die Fahreignungsfördernden Interventionen (FFI) sind deshalb ähnliche Qualitätsanforderungen zu stellen wie an die gesetzlich geregelten Seminare, Kurse und Beratungen. Im Fahreignungsrecht verankert sind

- Aufbauseminare und besondere Aufbauseminare (§§ 35 und 36 FeV),
- Fahreignungsseminare (§ 42 FeV),

- Kurse zur Wiederherstellung der Fahreignung (§ 70 FeV),
- Verkehrspsychologische Beratungen (§ 71 FeV),

die allesamt das Ziel haben, die Teilnehmer durch Analyse und Korrektur verkehrssicherheitsgefährdender Verhaltensweisen sowie durch Aufzeigen der Bedingungen und Zusammenhänge des regelwidrigen Verkehrsverhaltens zu einer rücksichtsvollen und risikovermeidenden Fahrweise zu veranlassen.

Die Qualitätsanforderungen, welche an die Methodik der Interventionen zu stellen sind, sollen eine qualitativ hochwertige Diagnostik, geeignete und evaluierte Interventionskonzepte und eine hohe Qualifikation der Durchführenden sicherstellen.

Der in diesem Kapitel verwendete Begriff der Fahreignungsfördernden Intervention fokussiert auf professionell von Verkehrspsychologen, Psychotherapeuten oder Suchttherapeuten durchgeführte Maßnahmen im Vorfeld einer MPU mit dem Ziel der Verbesserung der Eignungsvoraussetzungen (vgl. Abschnitt C.5.1.2).

C. 5.1.1 Stellung der FFI-Kriterien in den Beurteilungskriterien

Die FFI-Kriterien beschreiben Qualitätskriterien für die Fahreignungsfördernden Interventionen. Psychologische Gutachter sollen dabei unterstützt werden, Fahreignungsfördernde Interventionen anhand der Bescheinigungen über solche Maßnahmen nachzuvollziehen und ihre Angemessenheit und potenzielle Wirksamkeit einzuschätzen. Es ist dabei nicht ihre Aufgabe, diese Maßnahmen einer Prüfung zu unterziehen oder zu bewerten. Die Verantwortung des Gutachters beschränkt sich darauf, die im Einzelfall faktisch erfolgten Einstellungs- und Verhaltensänderungen des Klienten im Hinblick auf die behördliche Fragestellung hin zu bewerten. Die Inanspruchnahme und die erfolgreiche Teilnahme an einer fachlich fundierten FFI ist jedoch ein Aspekt, der für eine tiefer greifende Problemaufarbeitung und damit eine stabilere Verhaltensänderung spricht. Deshalb ist es wichtig, dass der Gutachter die Faktoren, welche die Wirksamkeit einer Fahreignungsfördernden Intervention beeinflussen, kennt und beurteilen kann.

Neben der Verwendung durch Gutachter im beschriebenen Sinn richten sich die FFI-Kriterien auch an professionelle Anbieter Fahreignungsfördernder Interventionen, die auf dieser Grundlage insbesondere die Qualität sowie die Transparenz der Darstellung ihrer Maßnahmen überprüfen sollten und verbessern können. Zudem bieten sie für alle Interessierten ein Orientierungsschema für die Bewertung und Auswahl von FFI und tragen damit zu einer im Sinne des Verbraucherschutzes transparenteren Einschätzung von angebotenen Unterstützungsmaßnahmen im Vorfeld der MPU bei. Somit ist dieses Kapitel im Vergleich zu den anderen Methoden-Kapiteln untypisch, da keine unmittelbar bei der Begutachtung der Fahreignung angewandten Methoden beschrieben werden und auch keine Erfüllung von in Teil B explizit beschriebenen Anforderungen zu prüfen ist. Es soll jedoch den aktuellen Kenntnisstand im Bereich der verkehrspsychologischen und suchttherapeutischen Förderung der Fahreignung zusammenfassen.

C. 5.1.2 Anwendungsbereich der FFI-Kriterien

Mit Fahreignungsfördernden Interventionen im Sinn der FFI-Kriterien sind theoriegeleitete, evidenzbasierte Maßnahmen von Verkehrspsychologen oder qualifizierten Suchttherapeuten gemeint, die eine Einstellungs- und Verhaltensänderung zum Ziel haben, welche die Voraussetzungen für eine sichere und regelkonforme Verkehrsteilnahme (wieder-)herstellen soll. Nicht davon umfasst sind medizinisch indizierte Therapiemaßnahmen, etwa stationäre Therapien in Suchtkliniken oder ambulante Maßnahmen nach Anerkennung durch die Deutsche Rentenversicherung und Kostenübernahme durch die Krankenkassen in Suchtberatungsstellen oder psychotherapeutische und psychiatrische Behandlungen von Störungen mit Krankheitswert.

Ebenfalls nicht von den Kriterien für FFI erfasst sind andere unterstützende Angebote, die Teilaspekte einer Eignungsproblematik durchaus günstig beeinflussen können (z. B. Antiaggressionstraining, verkehrspädagogische Schulungen, Ratgeberliteratur etc.), ohne jedoch den Anspruch haben zu können, die persönliche Fahreignungsproblematik des Betroffenen insgesamt zu erfassen.

Auch beratende Unterstützung kann vielfältig in Anspruch genommen werden und die Entwicklung des Klienten günstig beeinflussen. Dies gilt nicht zuletzt für den Kontakt zu Betroffenen- bzw. Selbsthilfegruppen, die sich stützend auf die Aufrechterhaltung eingeleiteter Verhaltensänderungen auswirken. Auf diese Hilfestellungen wird im vorliegenden Kapitel ebenfalls nicht näher eingegangen.

Die Wirksamkeit anderer unterstützender Maßnahmen ist im Rahmen der Prüfung der anlassbezogenen Hypothesen in Teil B der Beurteilungskriterien in die Gesamtentwicklung des Klienten einzuordnen, zu gewichten und zu bewerten. Dies gilt gleichermaßen für Impulse zu Einstellungs- und Verhaltensänderungen, welche ohne Inanspruchnahme fachlicher Hilfe erfolgt sind (z. B. Spontanremission, Fachlektüre, Unterstützung im privaten Umfeld).

C. 5.2 Formen von Interventionen zur Förderung der Fahreignung

In der Broschüre „Informationen zur MPU" der BUNDESANSTALT FÜR STRASSENWESEN (2016) heißt es :

> *„Interventionen zur Förderung der Fahreignung unterstützen Kraftfahrer, die mit Alkohol-, Drogendelikten oder durch Verstöße gegen straf- oder verkehrsrechtliche Bestimmungen aufgefallen sind. Betroffene, deren Kraftfahreignung nicht besteht oder durch behördliche Zweifel in Frage gestellt wurde, erhalten in diesen Maßnahmen professionelle Hilfe, sich systematisch mit ihren Verkehrsauffälligkeiten, Hintergründen und Konsequenzen auseinanderzusetzen."*

Ergänzen ließe sich hier, dass FFI zudem Verhaltensänderungen einleiten und stabilisieren, die Grundlage der Wiederherstellung ihrer Fahreignung sind.

Einen Einstieg in die Fahreignungsförderung bietet die verkehrspsychologische Fahreignungsberatung, die das Ziel hat, einen diagnostischen Befund gemäß den Begutachtungsleitlinien zur Kraftfahreignung (BASt, 2022) und den Beurteilungskriterien zu erstellen und darauf aufbauende Empfehlungen abzugeben, wie die Fahreignung wiederhergestellt werden kann. Im Folgenden wird somit zwischen Fahreignungsberatung als diagnostischem Einstieg und verkehrspsychologischer FFI unterschieden. Dabei ist zu beachten, dass die Fahreignungsberatung einerseits bereits Interventionscharakter haben kann und dass andererseits auch während des Verlaufs der fahreignungsfördernden Intervention weitere diagnostische Erkenntnisse den Befund aus der Fahreignungsberatung ergänzen bzw. korrigieren können.

C. 5.2.1 Verkehrspsychologische Fahreignungsberatung

Zunächst kann bei Beratungsangeboten – neben der den Juristen vorbehaltenen Rechtsberatung – unterschieden werden zwischen rein informatorischen Beratungen und Beratungen mit diagnostischem Anspruch. Informationen zu den Grundlagen der Eignungsüberprüfung, zum Ablauf einer Begutachtung, zu möglichen Ansprechpartnern etc. können bei verschiedenen Quellen bezogen werden, wobei die Recherche oft auch im Internet beginnt und nicht selten zu Anbietern mit unklarer Qualifikation führt.

Bei der verkehrspsychologischen Fahreignungsberatung hingegen handelt es sich um ein in der Regel einstündiges Beratungsgespräch bei einem qualifizierten Berater, das beide Elemente beinhaltet. Es dient nicht nur der Informationsvermittlung rund um das Thema MPU, sondern stets auch der diagnostischen Einschätzung der Problematik und daraus abgeleitet der Erkenntnis über gegebenenfalls notwendige Schritte zur erfolgreichen Problembewältigung.

In der Beratung wird zunächst das Ausmaß der Problemausprägung eingeschätzt. Je nach Anlass für die Fahreignungsberatung (A-, D- oder V-Hypothese) wird zum Beispiel erhoben: Welche Suchtmittel wurden/werden konsumiert? Ist der Ratsuchende in der Lage, kontrolliert zu trinken? Gibt es Hinweise auf verfestigte Verhaltensmuster bei verminderter Anpassungsfähigkeit? Ratsuchende erfahren in diesem Zusammenhang auch, ob und wann welche medizinischen Befunde/Belege für eine positive Begutachtung beigebracht werden müssen, wie eine MPU im Allgemeinen abläuft, wie sie sich für die MPU anmelden und welche Fristen sie einhalten müssen (vgl. PIRKE & BRIELER, 2016).

Zudem werden vom Beratenden bereits vorgenommene Schritte zur Problembewältigung erfasst: Hat der Ratsuchende die Ursache seines Problemverhaltens erkannt? Hat er Veränderungen vorgenommen, um sein Problemverhalten zukünftig zu vermeiden? Sind die vorgenommenen Verhaltensveränderungen zielführend und ausreichend? Sind die Veränderungen aufgrund eines ausreichenden Veränderungszeitraums als stabil zu bewerten? Aber auch: Gibt es vielleicht Gründe, die gegen die hinreichende Wirksamkeit einer FFI sprechen, wie etwa der Verdacht auf das Vorliegen einer Alkoholabhängigkeit oder einer psychiatrischen Auffälligkeit?

Auf der Basis eines Soll-Ist-Vergleiches zwischen den bereits vorgenommenen Einstellungs- und Verhaltensänderungen und den zur Erfüllung der Kriterien für eine angemessene Problembewältigung notwendigen Einstellungs- und Verhaltensänderungen wird mit dem Ratsuchenden ein Maßnahmenplan entwickelt. Dieser Plan beinhaltet die Maßnahmen, die es dem Ratsuchenden ermöglichen, seine Fahreignung (wieder-)herzustellen. Das können zum Beispiel sein:

- die weitere Umsetzung konkreter, schon im Beratungsgespräch erarbeiteter Verhaltensänderungen,
- eine weiterführende verkehrspsychologische Intervention,
- die Konsultation eines Fachanwalts für Verkehrsrecht,
- Kontakt zur Fahrerlaubnisbehörde,
- Konsultation eines Verkehrsmediziners,
- eine Psychotherapie,
- Kontaktaufnahme zu einer Suchtberatungsstelle,
- Besuch einer Info-Veranstaltung einer Begutachtungsstelle für Fahreignung (BfF),
- Besuch einer Selbsthilfegruppe oder
- der Beleg der Abstinenz im Rahmen eines Abstinenzkontrollprogramms.

Die Projektgruppe „MPU-Reform" der Bundesanstalt für Straßenwesen fasst die beschriebenen Aufgaben der Verkehrspsychologischen Fahreignungsberatung zusammen: Es

> *„soll gemäß den jeweils gültigen Standards (z. B. Beurteilungskriterien Fahreignung) eine diagnostische Momentaufnahme erfolgen, in der der Schweregrad des den Verkehrsauffälligkeiten zu Grunde liegenden Problemverhaltens erfasst sowie mögliche bereits vollzogene Veränderungsschritte des Klienten identifiziert werden. [...] Darüber hinaus soll der Klient bei noch vorhandenen Defiziten dazu motiviert werden, sich mit seinen individuellen Einstellungs- und Veränderungsaspekten auseinanderzusetzen."* (ALBRECHT ET AL., 2015)

C. 5.2.2 Verkehrspsychologische Fahreignungsfördernde Intervention

Verkehrspsychologische Fahreignungsfördernde Interventionen werden indikationsgeleitet als Einzel- oder Gruppenmaßnahme angeboten und basieren zumeist auf verhaltenstherapeutischen oder tiefenpsychologischen Interventionskonzepten mit den Bestandteilen

- Wissensvermittlung,
- Deliktbearbeitung,
- Motivationsförderung,

- Kompetenzaufbau sowie
- Rückfallprophylaxe und -bearbeitung.

Die FFI ist somit keine „Sachberatung", bei der es allein um das Übermitteln von Informationen geht. Beratung ist hier zu verstehen als

> *„zwischenmenschlicher Prozess (Interaktion), in welchem eine Person (der Ratsuchende oder Klient) in und durch die Interaktion mit einer anderen Person (dem Berater) mehr Klarheit über eigene Probleme und deren Bewältigung gewinnt"* (RECHTIEN, 2004).

Beratung und auch Fahreignungsberatung sind eine

> *„Form einer interventiven und präventiven helfenden Beziehung, in der ein Berater mittels sprachlicher Kommunikation und auf der Grundlage anregender stützender Methoden innerhalb eines vergleichsweise kurzen Zeitraums versucht, bei einem desorientierten, inadäquat belasteten oder entlasteten Klienten einen auf kognitiv-emotionale Einsicht fundierten aktiven Lernprozess in Gang zu bringen, in dessen Verlauf seine Selbsthilfebereitschaft, seine Selbststeuerungsfähigkeit und seine Handlungskompetenz verbessert werden können"* (DIETRICH, 1983).

Sind Fahreignungsfördernde Interventionen verhaltenspsychologisch ausgerichtet, reflektieren die Teilnehmer ihr Verhalten, identifizieren das Bedingungsgefüge für die Aufrechterhaltung ihres regelwidrigen Verhaltens und erarbeiten und etablieren neue Verhaltens- und Kognitionsmuster, die sie befähigen, zukünftig Verkehrsdelikte zu vermeiden. In der Regel betrifft die notwendige Veränderung auch Lebensbereiche außerhalb des Verkehrs. Moderne verhaltenstherapeutische Ansätze der sogenannten dritten Welle, wie zum Beispiel die Achtsamkeitsbasierte Kognitive Therapie oder die Schematherapie, haben Eingang in verkehrspsychologische Interventionskonzepte gefunden.

Das Ziel analytischer Arbeit in der tiefenpsychologischen FFI (zumeist nach individualpsychologischen Konzepten) ist die Verdeutlichung des Zusammenhangs zwischen den Auffälligkeiten im Straßenverkehr auf der einen und der persönlichen Lebensgestaltung im Ganzen auf der anderen Seite. Verkehrsauffälligkeiten werden als Symptome betrachtet, die eine zumeist unbewusste Vermeidung innerer und äußerer Konflikte ermöglichen. Dabei ist unbewusst das Ziel des Verhaltens häufig die Überwindung von negativen Gefühlen wie Unterlegenheit, Überforderung, Frustration oder Ohnmacht. Ist individualpsychologisch eine Einsicht in die individuellen Strategien zur Alltagsbewältigung und deren Zusammenhang mit den Regelverstößen gewonnen, kann der Prozess des Umfinalisierens beginnen. Das bedeutet einerseits, zu erkennen, dass man zuvor – unbewusst – Ziele verfolgt hatte und dass diese falsch und unrealistisch waren, sowie andererseits die Suche, Erprobung und schließlich Festigung neuer zielführender Strategien.

Psychoedukative Elemente, wie zum Beispiel die Vermittlung von Wissen zur Verhaltensanalyse oder Psychodynamik, zu Möglichkeiten der Stressreduktion sowie die Vermittlung der Zielsetzungen von Verkehrsregeln und des Verkehrsrechts ergänzen die Fahreignungsfördernden Interventionen.

C. 5.2.3 Angebote an Psychosozialen Beratungsstellen und Suchtberatungsstellen

Auch an psychosozialen Beratungsstellen (PSB) bzw. Suchtberatungsstellen, die von den Landkreisen, den Kommunen oder Städten, von der Diakonie oder von der Caritas, also kirchlichen Trägern, unterhalten werden, haben sich sogenannte „Führerscheingruppen" etabliert. Neben der eigentlichen Aufgabe dieser Stellen, also der Erstberatung von Betroffenen und ihren Angehörigen bei Suchtproblemen, der Diagnose von Abhängigkeitserkrankungen, der Vermittlung stationärer oder der Durchführung ambulanter Entwöhnungsbehandlungen etc., verstehen sich diese „Führerscheingruppen" als eigenständiges niederschwelliges Angebot. Die Teilnahme an diesen Gruppen ist dann nicht Teil des von der öffentlichen Hand finanzierten Beratungsangebotes, sondern muss von den Teilnehmern selbst bezahlt werden.

Bei den großen Trägern haben sich in einzelnen Regionen definierte Schulungsmodelle etabliert. Zu nennen sind hier z. B. die Modelle SCHALK oder DRAK[1] an Beratungsstellen des Deutschen Caritasverbands oder Modelle nach dem Konzept „Führerschein und Alkohol" der Diakonie der Evangelischen Fachverbände für Suchtkrankenhilfe Rheinland und Westfalen-Lippe, für die auch katamnestische Studien durchgeführt wurden (vgl. BUNDESANSTALT FÜR STRASSENWESEN, 2008). Angebote für verkehrsauffällige Kraftfahrer gibt es jedoch nur an einem Teil der Suchtberatungsstellen und sie haben oft auch den Charakter von „Motivationsgruppen", die der Selbstreflexion und ersten Problemaufarbeitung dienen, den Einzelnen häufig aber auch für eine ambulante Suchttherapie gewinnen sollen. Die Zielsetzung der Gruppenteilnahme ist dabei häufig nicht individuell festgelegt, sondern bleibt per definitionem offen.

Um eine Führerscheingruppe als FFI im Sinne der in diesem Kapitel gewählten Definition zu werten, muss sichergestellt sein, dass die Eingangsdiagnostik, die individuelle Definition des angestrebten Erfolgs der Maßnahme (Therapieziel) und die Durchführung der Maßnahme jeweils durch Personal mit der erforderlichen diagnostischen und therapeutischen Qualifikation (vgl. Abschnitt C.5.4.2.1) erfolgt und dass die mit diesen Maßnahmen betrauten Ärzte, Psychologen oder Suchtberater in regelmäßige Fortbildungsangebote eingebunden sind.

Andere Angebote der PSB oder offene Führerscheingruppen haben, auch wenn sie nicht als FFI zu werten sind, oft eine wichtige Funktion im Rahmen des Wiedererwerbs der Fahreignung. Die sozialpädagogische Funktion mit Hilfen zur Lebensgestaltung (Angehörigengruppen, Schuldenberatung etc.) können einerseits als Voraussetzung für eine Therapiefähigkeit gewertet werden und sind andererseits ein wichtiger Faktor für die Stabilisierung einer Verhaltensänderung. Dies gilt auch für die Teilnahme an Selbsthilfegruppen.

1 SCHALK ist ein Akronym für „Schulung für alkoholauffällige Kraftfahrer", DRAK für „Drogenauffällige Kraftfahrer"; Lizenzgeber dieser Modelle ist die IDRAS gGmbH.

C. 5.2.4 Fahreignungsfördernde Intervention als Zugang zum Gesundheitssystem

Der Führerscheinentzug kann als kritisches Lebensereignis (KIESCHKE ET AL., 2010) verstanden werden und ist wegen seiner Auswirkung auf die gesellschaftliche Teilhabe oftmals ein bedeutender Anstoß und Motivation zur Reflexion und Verhaltensänderung. Der für die Betroffenen notwendige Veränderungsprozess kann von ihnen selbstständig vorgenommen werden oder zur Inanspruchnahme von unterstützenden Dienstleistungen innerhalb und außerhalb des Gesundheitssystems führen. Fahreignungsberatung und Fahreignungsfördernde Interventionen haben dabei eine zentrale Funktion.

Im Folgenden sind die Schnittstellen zwischen Verkehrspsychologie und anderen psychosozialen Hilfsangeboten skizziert: Sind über die verkehrspsychologische FFI hinaus Maßnahmen des psychosozialen Hilfesystems indiziert, können diese zum Beispiel suchttherapeutisch und psychotherapeutisch sein (vgl. Positionspapier Nr. 1 **Fahreignungsberatung** der Deutschen Gesellschaft für Verkehrspsychologie – DGVP, 2015). Die Indikation für diese Maßnahmen ist bei einer Fahreignungsfragestellung auf Basis der qualifizierten Diagnostik in der Fahreignungsberatung zu stellen. Abhängig von der verkehrspsychologischen Diagnose und der Feststellung der Problemausprägung nach den vorliegenden Beurteilungskriterien können je nach Schweregrad unterschiedliche ergänzende Maßnahmen aus dem System psychosozialer Hilfen indiziert sein.

Für die Kraftfahrer mit den Problemausprägungen gemäß den Hypothesen A4 bis A2 (Kapitel B.2) sowie D4 bis D2 (Kapitel B.3) ist in der Regel eine FFI die indizierte Maßnahme. In den Grenzbereichen zwischen A2 und A1, D2 und D1 sowie bei Abhängigkeitsdiagnosen (A1 und D1) ist die FFI häufig auch eine Ergänzung zu einer suchttherapeutischen Maßnahme. Angebote des Suchthilfesystems, Selbsthilfegruppen und gegebenenfalls ambulante oder stationäre Entwöhnungsbehandlungen sollten wahrgenommen werden, um Substanzkonsumstörungen dieses Schweregrads zu behandeln. Aber auch niedrigschwellige Beratungsangebote des Suchthilfesystems können von Kraftfahrern mit substanzbedingten Verkehrsauffälligkeiten zielführend genutzt werden.

Ist eine suchttherapeutische Maßnahme indiziert, so ist es aber nicht selten, dass der Betroffene erst über die verkehrspsychologische Maßnahme Zugang zum Hilfesystem findet. Die Aufgabe in der FFI ist es in diesen Fällen, die Klärung der Indikation für eine suchttherapeutische Maßnahme anzuregen, dem Klienten also die Möglichkeit der Erkrankung zu erläutern, ihm organisatorische Wegweisungen zu geben und ihn zu einer weiteren Abklärung zu motivieren.

Für die Intervention für Kraftfahrer mit allgemeinen Verkehrsdelikten ohne Bezug zu psychoaktiven Substanzen gilt Vergleichbares. Bei Kraftfahrern mit einer Problemausprägung entsprechend der Hypothese V1 (z. B. Persönlichkeitsstörung) oder V4 (psychiatrische Erkrankung) (Kapitel B.4) ist über die verkehrspsychologische Intervention hinaus oftmals eine Psychotherapie oder eine andere Behandlung der Hintergrundproblematik indiziert. Zur Bearbeitung der spezifischen Ursachen des auffälligen Verhaltens bei der Verkehrsteilnahme und zur Klärung der spezifischen Fragen im Rahmen der anstehenden Eignungsbegutachtung kann jedoch eine ergänzend durchgeführte FFI unterstützen.

Außerdem sollten Ärzte, Psychotherapeuten und Suchttherapeuten im Gesundheitssystem bei Patienten mit Fahreignungsproblemen diese auf die Möglichkeit der Unterstützung durch Angebote verkehrspsychologischer Fahreignungsförderung hinweisen. Auch nach Symptomlinderung oder Gesundung kann die Fahreignung gegebenenfalls noch nicht wieder vollumfänglich hergestellt sein, wenn z. B. verkehrsspezifische Fehlhaltungen nicht Gegenstand der Therapie waren. Damit kann durch die FFI ein Beitrag geleistet werden, die weitere Gesundung des Patienten zu unterstützen und durch die Herstellung der Fahreignung soziale Teilhabe und berufliche Integration zu ermöglichen.

Sowohl Selbstheiler als auch Heilbehandelte nehmen Fahreignungsfördernde Interventionen oft unmittelbar vor der MPU oder dem Führerscheinneuantrag in Anspruch. Schwerpunkte dieser Art von beratenden Interventionen können nur die Überprüfung der grundsätzlichen Angemessenheit des Entwicklungswegs in Relation zu den diagnostischen und rehabilitativen Maßstäben der MPU sowie ein reflektierendes und gewichtendes Nachvollziehen der Erkenntnisse, Vorsätze und Erfahrungen bei der Umsetzung sein.

C. 5.3 Empirische Daten zum Erfolg und zur Wirksamkeit Fahreignungsfördernder Interventionen

Da Fahreignungsfördernde Interventionen keine Rechtsfolgen haben, unterliegen sie weder der Notwendigkeit der Anerkennung durch staatliche Stellen noch der damit im Zusammenhang stehenden Pflicht, ihren Erfolg oder ihre Wirksamkeit zu belegen. Um die individuelle Wirksamkeit einer FFI für den Kompetenzaufbau verkehrssicherheitsrelevanter Einstellungen, Bewertungsdispositionen und Verhaltensweisen dennoch zutreffend abschätzen zu können, kann die Kenntnis wirksamkeitsfördernder Rahmenbedingungen aus verfügbaren Evaluationsstudien nützlich sein. Dabei kann die absolute Wirksamkeit einer Intervention von der Effektivität einzelner Interventionsmerkmale unterschieden werden.

Die absolute Wirksamkeit bezieht sich auf die Auswirkungen einer Behandlung gegenüber keiner Behandlung und wird in der Regel durch ein Forschungsdesign erschlossen, das die Teilnehmenden an der Intervention mit einer Kontrollgruppe ohne Behandlung vergleicht. Die Effektivität einzelner Maßnahmenelemente zielt hingegen auf den potenziellen Beitrag der eingesetzten Methoden (darunter z. B. Übungen, dynamische Interaktionsformen, Hausaufgaben), des Settings (Einzel- oder Gruppenform) sowie auf inhaltliche Aspekte der Maßnahme (z. B. Wissensvermittlung) ab.

Überprüft werden die absolute Wirksamkeit sowie die Effektivität einzelner Maßnahmenelemente mithilfe von Evaluationsstudien, die in der Regel unterschiedliche Datenebenen analysieren und kombinieren. Eine gute Orientierung für die

Bewertung der Wirksamkeit von Maßnahmen gibt das hierarchische 4-Stufen-Modell von KIRKPATRICK & KIRKPATRICK (2006). Unterschieden wird zwischen

1. Akzeptanz und Zufriedenheit mit der Maßnahme
2. Veränderung von Einstellungen und Bewertungsdispositionen (inkl. Wissenszuwachs)
3. Auswirkungen auf das Verhalten
4. Erfolg der Maßnahme (Wirksamkeit).

Der Erfolg einer Maßnahme im Sinne der vierten Hierarchiestufe bemisst sich am Endergebnis, z. B. Rückfälligkeit vs. Legalbewährung. Welche spezifischen Charakteristika einer Maßnahme aber tatsächlich wirksam sind, ist eine Frage der Nützlichkeit einzelner Elemente des Maßnahmenkonzepts und dessen Umsetzung durch das eingesetzte Fachpersonal. Dieser Blickwinkel berührt daher eher die Kausalität der Wirkungsbeziehungen.

Sowohl zur Erfolgskontrolle als auch zur Frage der Effektivität einzelner Elemente des Maßnahmenkonzepts wurden in den letzten Jahrzehnten Meta-Analysen und Literaturübersichten publiziert. Bei der Interpretation solcher Studien ist einschränkend zu beachten, dass sich die Kraftfahrer-Rehabilitationsprogramme in Bezug auf Ziele, Rechtsfolgen, Kompetenz der Durchführenden, Umfang (Themen, Anlassbezug), Methodik bei der Durchführung, Dauer sowie der Zuweisung und Überwachung unterscheiden. Hinzu kommt, dass in vielen Fällen eine Wahlfreiheit bezüglich der Maßnahme und des Anbieters besteht, sodass eine randomisierte Zuordnung von Teilnehmenden auf die Art einer Maßnahme nicht möglich ist. Dies reduziert die Generalisierbarkeit der Ergebnisse. Dennoch lässt sich aus den verfügbaren Publikationen eine Reihe nützlicher Schlussfolgerungen für die Gestaltung und Beurteilung einer Maßnahme ziehen.

C. 5.3.1 Legalbewährung (Erfolg) im geregelten Bereich verkehrspsychologischer Interventionen

Gemessen wird der Erfolg von einzelnen Programmen am harten Kriterium der Legalbewährung, also der einschlägigen Wiederauffälligkeitsquote einer zufällig gezogenen Stichprobe von Teilnehmenden im Beobachtungszeitraum (z. B. Eintrag wegen erneuten Alkoholdelikts im Verlauf von drei Jahren nach Neuerteilung der Fahrerlaubnis).

Im Bereich der Alkoholdelinquenz konnte in den letzten Jahrzehnten ein erheblicher Fortschritt beim Erfolg der Maßnahmen für Personen, die mit Alkohol auffielen, festgestellt werden. Hier liegen die Rückfallquoten bei 7 – 8 % (BRIELER ET AL., 2016, S. 322). Legalbewährungsquoten für „§-70-Kurse“[2] im Bereich Drogen

2 Gemeint sind Kurse zur Wiederherstellung der Fahreignung, die von nach § 70 FeV anerkannten Trägern durchgeführt werden und deren Teilnahme nach § 10 Abs. 10 FeV eine erneute Begutachtung erübrigt, wenn die Teilnahme zuvor in einem Fahreignungsgutachten empfohlen wurde und die Verkehrsbehörde dieser Empfehlung gefolgt war.

entsprechen denen im Bereich Alkohol. Die Rückfallzahlen liegen hier zwischen 5,2 und 8,8 % (BRIELER ET AL., 2016, S. 63; PIRKE ET AL., 2019).

Demnach haben verkehrspsychologische Maßnahmen ihre generelle Wirksamkeit belegt. Die Rückfallquoten lagen weit unter den Erwartungswerten aus früheren Studien, die sich in den 1980er- und 1990er-Jahren noch im Bereich von 25 % bewegten (HILGER ET AL., 2012). Für die Evaluation des Kurserfolgs wurden nach Auswertung von Legalbewährungsdaten aus dem Verkehrszentralregister (VZR) deshalb auch sehr ehrgeizige Maßstäbe vorgeschlagen. So sollen die Quoten der erneuten einschlägigen Entziehung der Fahrerlaubnis nach Kursteilnahme beim Anlass Alkohol zwischen 5,1 und 6,9 % liegen und beim Anlass Drogen zwischen 4,5 und 6,0 % (KÜHNE & HUNDERTMARK, 2016).

Anzumerken ist allerdings, dass die Kursteilnehmer zuvor bereits begutachtet wurden, wobei diese „Eingangsdiagnostik" mit der Einordnung der Schwere der verkehrsspezifischen Anpassungsproblematik (gemäß A-, D- oder V-Hypothesen) verbunden war und auch eine Überprüfung der Kursfähigkeit und der Bestätigung einschlägiger Empfehlungskriterien umfasste. Es handelt sich mithin bei §-70-Kursteilnehmern um eine weitgehend homogene Zielgruppe, die in der individuellen Auseinandersetzung mit ihrer Deliktvorgeschichte in der Regel bereits Fortschritte erzielt hatte und nicht erst am Anfang ihrer Aufarbeitung stand. Daher sind Teilnehmer an §-70-Kursen nur bedingt mit der FFI-Zielgruppe vergleichbar.

C. 5.3.2 Wirksamkeit von Maßnahmen und Effektivität von Interventionselementen

Da das deutsche System der Fahreignungsüberprüfung weltweit ein Unikat ist, existieren auch keine internationalen Studien, welche speziell auf die Wiederherstellung der Fahreignung abzielen. Zur Wirksamkeit von Maßnahmen bei Kraftfahrern nach einer Alkohol- oder Drogenauffälligkeit liegt eine Vielzahl an Studien vor. Wirksamkeitsanalysen von Kursmaßnahmen für sogenannte Punktetäter, also verkehrsauffällige Kraftfahrer ohne substanzgebundene Auffälligkeiten, findet man dagegen äußerst selten. Der nachfolgende Überblick umfasst sowohl Arbeiten zur Erfolgskontrolle von Maßnahmen als auch zur Effektivität einzelner Interventionselemente.

WELLS-PARKER ET AL. (1995) berichten in einer Meta-Analyse über Trunkenheitstäter (Alkohol) einen Rückgang der Wiederauffälligkeit um 8–9 %. Eine Meta-Analyse von verkehrsauffälligen Kraftfahrern ohne Alkohol- oder Drogeneinfluss wurde von MASTEN & PECK (2004) vorgelegt. In diese Analyse gingen 35 Studien ein, die 106 Interventionsprogramme zwischen 1970 und 1997 bei verkehrsauffälligen Punkte-, Straf- und Unfalltätern umfassten und in mehreren Staaten der USA angewandt wurden. Im Vergleich zu Kontrollgruppen ohne Intervention ermittelten die Autoren für Kursprogramme im Gruppenverfahren Rückgänge an Unfallraten und erneuten Verkehrsverstößen um 5 bzw. 8 %. Im Vergleich zu den im deutschsprachigen Bereich zu messenden Erfolgen von Maßnahmen ist dies als enttäuschend zu werten. Die in den Reviews von MASTEN & PECK (2004) sowie von WELLS-PARKER ET AL.

(1995) analysierten Maßnahmen mussten allerdings auch ohne verkehrspsychologische Kompetenz auskommen. Sie markieren daher den Bodeneffekt des Erfolgs von Interventionen unabhängig von fachlichen Qualitätsanforderungen.

In den letzten Jahrzehnten wurden europaweit mehrere verkehrspsychologische Rehabilitationsprogramme in zahlreichen Forschungsprojekten zusammengefasst. Evaluationsstudien haben gezeigt, dass die Teilnahme an einem solchen Programm die Rückfälligkeit um ca. 50 % im Vergleich zu denjenigen Verkehrsauffälligen reduziert, die keine solche Intervention erhalten haben (BARTL ET AL., 2002; KACENA ET AL., 2014). In einer meta-analytischen Übersicht zeigten KACENA ET AL. (2014), dass die mittlere Rückfallquote in vierzehn Ländern zwischen 1988 und 2011 bei 11,6 % lag. Nach den Ergebnissen dieser Studien ist der Erfolg einer verkehrspsychologisch basierten Maßnahme stark an hohe, einheitliche Mindeststandards in Bezug auf die Rahmenbedingungen und das Maßnahmen-Setting sowie an die Arbeit an den Defiziten der Teilnehmenden gekoppelt. Eine besondere Qualifizierung der Durchführenden ist ebenso dafür ausschlaggebend wie regelmäßige Evaluierungen und Erfahrungsaustausch unter den Kursleitern, sodass deren Ergebnisse wieder theoretisch – über neue wissenschaftliche Erkenntnisse und besseres Verständnis der Zielgruppe – und praktisch – über Adaptierungen und Erweiterungen der Interventionstools – in das Rehabilitationsmodell einfließen.

In einer anderen Meta-Analyse zeigten MILLER ET AL. (2015), dass Mehrkomponentenprogramme, die sich zusammensetzen aus Modulen zur Wissensvermittlung, klinischen Elementen einer Substanzkonsumbehandlung und einem elektronisch gestützten Stabilisierungsprozess (z. B. Feedback via Mobiltelefon oder PC), durchweg eine signifikante Verringerung der Rückfälligkeit bei Alkohol am Steuer bewirken. Auch in dieser Arbeit erwiesen sich solche Programme, die auf Interaktion der Teilnehmer und gruppendynamische Effekte setzen, als erfolgreicher im Vergleich zu rein edukativen Angeboten.

WAGNER, BRIELER & PIRKE (2020) konnten zeigen, dass Teilnehmende an einer psychologisch basierten Intervention im Vergleich zu Angeboten nicht-psychologischer Anbieter mit höherer Wahrscheinlichkeit ein positives Ergebnis in einer MPU erreichen. Auch im Hinblick auf die fachliche Fundierung, gemessen an der Anzahl der implementierten theoriegeleiteten Bausteine, unterscheiden sie sich von anderen Interventionen. So wurden bei den A3-Fällen die Interventionsmodule Deliktbearbeitung, Motivationsförderung, Kompetenzaufbau und Rückfallbearbeitung häufiger angewandt.

Zwischen 2002 und 2012 wurden in Europa mit ANDREA (BARTL ET AL., 2002), SUPREME (WINKELBAUER & MACHATA, 2008) und DRUID (SCHULZE ET AL., 2012) große Forschungsvorhaben im Bereich Driver Improvement veröffentlicht. Diese

> *„verfolgten unter anderem das Ziel, wissenschaftliche Grundlagen für harmonisierte Empfehlungen zu schaffen, die eine Basis für verkehrspolitische Entscheidungen über Rehabilitationsmaßnahmen für auffällige Fahrer bilden können"* (KLIPP ET AL., 2018, S. 13).

Diese Forschungsvorhaben enthalten Metaanalysen verschiedener Wirksamkeitsuntersuchungen, die die Praxis der Rehabilitation für auffällige Kraftfahrende in Europa überblicken und Kriterien benennen,

> *„die einen positiven Einfluss auf die Einstellung und das Verhalten von auffälligen Kraftfahrenden haben"* (KLIPP ET AL., 2018, S. 15).

Förderliche Faktoren, die verkehrspsychologische Interventionen grundsätzlich erfolgreich und wirksam machen, finden sich laut KOLLBACH (2013) im Wesentlichen in den Kategorien Programm, Kursleiter, Methodik, Eckdaten, Rahmenbedingungen, Evaluation und Qualitätsmanagement.

Im Rahmen von DRUID wurde das Erhebungsinstrument DRET (Driver Rehabilitation Evaluation Tool) entwickelt (BUKASA ET AL., 2009). Mit seiner Hilfe können

> *„die für Interventionsprogramme Verantwortlichen [...] Kursprogramme anhand der DRUID-Rehabilitationsstandards mithilfe eines Ampel-Systems bewerten (evaluieren) und so Anregungen für die Erarbeitung neuer oder für die Verbesserung bestehender Programme finden"* (KLIPP ET AL., 2018, S. 16).

C. 5.3.3 Katamnesen und Erfolgsstudien zu Maßnahmemodellen

Fahreignungsberatung oder Fahreignungsfördernde Interventionen stehen im Kontext der medizinisch-psychologischen Begutachtung (MPU). Daher

> *„stellt die intendierte positive Verkehrsverhaltensprognose ein wichtiges Interventionsziel dar und damit ein erstes Wirksamkeitskriterium. Eine positiv bestandene MPU ist ein Nachweis einer hinreichend und auf qualitativ hohem Niveau erfolgten Einzel- oder Gruppenintervention"* (KOLLBACH & RESCHKE, 2016, S. 320).

Für 384 Absolventen einer „Verkehrspsychologischen Therapie" (Einzel- oder Gruppensetting) benennen etwa SEIDL & FEUSTEL-SEIDL (2019) ein günstiges MPU-Ergebnis mit 86 %, eine Kurszuweisung mit 8 % und ein uneingeschränkt negatives Ergebnis mit 6 %. Von 219 Absolventen aus den Jahren 2013 bis 2015 seien fünf erneut einschlägig auffällig geworden. Die Verkehrspsychologen konnten den Einzelfall offenbar im Hinblick auf die zu prüfenden Beurteilungskriterien angemessen einordnen, passende Interventionsziele ableiten und eine im Ergebnis der MPU sichtbar werdende Einstellungs- und Verhaltensänderung erreichen. Das langfristige Ziel dieser Maßnahmen muss allerdings in der nachhaltigen Verhaltensänderung und somit im Behalten der Fahrerlaubnis bestehen.

MEYER (2010) gibt einen heute noch aktuellen Überblick der vorhandenen Legalbewährungsstudien Fahreignungsfördernder Intervention in Deutschland, die für IVT-Hö (siehe HÖCHER, 1994 und ECHTERHOFF, 1998), den BUNDESVERBAND NIEDERGELASSENER VERKEHRSPSYCHOLOGEN (siehe Born, 2004) und Pro-Non (siehe MEYER, 2005) unternommen wurden. Die Rückfallraten binnen dreier Jahre nach Fahrerlaubnisneuerteilung lagen jeweils unter 4 %. Diese Werte allein erlauben keine klare Bewertung der Interventionsstärke, da keine Kontrollgruppen gebildet werden konnten. Unkontrolliert blieben auch die Einflüsse von Selbstselektion der

Teilnehmer (denen zumindest Erfolgserwartung und eine ausreichende finanzielle Leistungsfähigkeit unterstellt werden muss) und der Selektion durch die Interventionsanbieter. Die Selektionseffekte sind allerdings unschädlich bei einer Bewertung im Rahmen einer Fahreignungsbegutachtung, sofern es keinen Anlass zur Vermutung gibt, dass der Klient anders selektiert wurde als die Mitglieder der legalbewährten Gruppen.

Problematischer ist der selektierende Einfluss der MPU, da sie für quasi alle Klienten der benannten Interventionen obligatorisch war und zu einer günstigen Prognose kommen musste, bevor eine neue Fahrerlaubnis erteilt wurde. Die Legalbewährungsdaten messen somit die kombinierten Effekte von Intervention und MPU auf die Rückfallraten und berücksichtigen nicht das Verhalten derjenigen Absolventen einer Intervention, die keine Fahrerlaubnis erlangten. Dies hat zur Folge, dass ungünstige Verhaltensprognosen im Gutachten über den Selektionseffekt zu den guten Legalbewährungsquoten beitragen, da der negativ Begutachtete kein Mitglied der untersuchten Kohorte ist.

C. 5.3.4 Grenzen von Wirksamkeit

Die Wirksamkeit einer Intervention wird im Einzelfall durch Transferbarrieren begrenzt, die verhindern, dass der Therapeut seinen Klienten angemessen erreichen kann oder die den Klienten an der dauerhaften Umsetzung des im Interventionssetting erworbenen Verhaltens in den Lebensalltag hindern.

Rückfälle trotz Intervention und Hürden während der Durchführung derselben sind zwar ein empirisch bekanntes Phänomen, stellen jedoch auch einen Anlass zur Überprüfung der grundsätzlichen Wirksamkeit dar. Daneben können therapieunabhängige Einflüsse die Annahme einer therapeutischen Verbesserung scheinbar belegen, obwohl diese fehlt. Dazu gehören Placebo-Effekte, Spontanremissionen, Regressionen zum Mittelwert oder Interferenz bei Mehrfachbehandlung.

Aus der psychologischen Therapieforschung lassen sich jedoch basale und gut abgesicherte Befunde durchaus auf die Wirksamkeitsabschätzung von Interventionen bei Verkehrsauffälligen übertragen, auch wenn die Analogie zwischen einer FFI und einer Psychotherapie nur teilweise gegeben ist. Ganz allgemein lässt sich demnach feststellen, dass nach MOHR (1995) in etwa 15–25 % der Fälle kein messbarer Erfolg einer Psychotherapie festgestellt werden konnte, bei 5–10 % der Fälle trat sogar eine Verschlechterung des Zustandes ein. Mitentscheidend für den Erfolg einer therapeutischen Maßnahme sind dabei Patientenmerkmale wie die Schwere des Störungsbildes, Komorbiditäten, die Anzahl bereits absolvierter therapeutischer Maßnahmen, die Therapiemotivation und das Vorhandensein personaler Ressourcen (vgl. KRANICH, MÜLLER & FRIEDRICH, 2015). Die gleichen Autoren nennen weitere Einflussvariablen: Persönlichkeitsmerkmale von Patient und Therapeut, Qualität der therapeutischen Beziehung, Setting-Einflüsse und eingesetzte therapeutische Methoden.

Widerstände des Therapeuten gegenüber evidenzbasierter Therapieforschung und die Priorisierung informeller „Evidenz" auf der Basis eigener klinischer Erfahrungen gegenüber Forschungsevidenz aus gut kontrollierten Studien sind bekannte

Phänomene, die auch beforscht werden (im Überblick siehe LILIENFELD ET AL., 2013). Evidenzbasierte Praxis (EBP) ist ein Ansatz zur klinischen Entscheidungsfindung mit Schwerpunkt auf der wissenschaftlichen Bewertung von Evidenz. Aus wissenschaftlicher und ethischer Sicht verlangt die EBP daher, dass klinische Psychologen anlassbezogen ihre langjährigen Praktiken zugunsten anderer aufgeben oder modifizieren sollten. Es ist daher nicht verwunderlich, dass Bemühungen um die Verbreitung von EBP häufig auf Widerstand stoßen. Auf Verkehrspsychologische Interventionen bezogen bedeutet dies: Die Wirksamkeit kann beeinträchtigt werden, wenn Neuerungen, z. B. die diagnostische Abklärung von Ausschlusskriterien für die Anwendung des Kriteriums A 2.7, nicht beachtet werden oder eine Maßnahme umgesetzt wird, die vor allem auf der Anwendung eigener Kompetenzfelder beruht, ohne die Problematik des Klienten differenziert zu erfassen und angemessen auf sie einzugehen.

C.5.4 Ableitung von Erfolgskriterien für Interventionsmaßnahmen

C.5.4.1 Wirksamkeitsfördernde Faktoren

Es kann als gesichert gelten, dass Kraftfahrer-Rehabilitationsprogramme mit einem klientenzentrierten Ansatz, der sich auf die Defizite der Teilnehmer konzentriert, mit psychologisch qualifizierten Kursleitern, die in Gruppensitzungen arbeiten und die Selbstreflexion und Introspektion fördern und mit modernen Interventionstechniken wie Motivational Interviewing arbeiten, eine höhere Wirksamkeit entfalten als Programme, die sich nicht auf solche Qualitätsstandards stützen (BARTL ET AL., 2002; BARTL & WILLMES-LENZ, 2002; BEADNELL ET AL., 2015; MILLER ET AL., 2015; BRIELER ET AL., 2016). Außerdem sollte eine Maßnahme über mehrere Wochen laufen, um die Zeit zwischen den Sitzungen zur Erprobung und Korrektur nutzen zu können. Denn Einstellungs- und Verhaltensänderungen brauchen Zeit. Ein Qualitätsmanagement ist eine hilfreiche Voraussetzung für die Struktur der Intervention, deren Standardisierung, zielgerichtete Durchführung und die effektive Steuerung der Face-to-Face-Kommunikation (WAGNER & DEVOL, 2020).

Empfehlenswert ist auch ein schriftliches Handbuch, in dem die Grund-, Fach- und Weiterbildung des Personals sowie regelmäßige Schulungen und Supervisionen festgelegt sind. Differenzierte Ausführungen zur Qualitätssicherung im psychosozialen Bereich finden sich auch im Forschungsbericht Psychologische Rehabilitations- und Therapiemaßnahmen für verkehrsauffällige Kraftfahrer der BASt (BUNDESANSTALT FÜR STRASSENWESEN, 2008). Ein Wirksamkeitsnachweis durch regelmäßige Evaluationsstudien ist ebenfalls ratsam (BARTL ET AL., 2002; KOLLBACH, 2013, mit einer tabellarischen Übersicht zu den Ergebnissen der europäischen Forschungsprojekte).

Zusammenfassend haben folgende Faktoren Einfluss auf die Wirksamkeit gezeigt:

- Spezifische **verkehrspsychologische Grundqualifikation** der ausübenden Psychologen sowie regelmäßige **Fort- und Weiterbildungen**, um hohe Fachkompetenz zu erhalten (bei Verkehrspsychologen, die als Kursleiter für Seminare nach §§ 36, 70 FeV sowie nach § 4a StVG oder als Berater nach § 71 FeV anerkannt sind, bestehen gesetzliche Aus- und Fortbildungspflichten).

- Die Maßnahme ist auf **wissenschaftlicher Basis** unter Beachtung von psychologischen und gegebenenfalls psychotherapeutischen Ansätzen begründet und schriftlich ausformuliert (Manual). Sie enthält zusätzlich edukative Elemente. Zielgruppenspezifische Ziele sind definiert und werden mit dem Teilnehmer vereinbart.
- Die **Eingangsdiagnostik** vor der Intervention ist den Anforderungen an die Fahreignung, insbesondere an die Beurteilungskriterien angepasst. Bei verschiedenen Problemausprägungen (z. B. Verdacht auf Substanzabhängigkeit) wird interdisziplinäre Diagnostik und Behandlung empfohlen.
- Ein **klientenzentrierter Ansatz** wird verfolgt: Schwerpunkte stellen Selbstbeobachtung und -reflexion, Verhaltensänderung, Konfrontation und Diskussion dar. Unerlässlich ist die Herstellung einer professionellen Arbeitsbeziehung, gegebenenfalls im Rahmen eines offenen Gruppenklimas.
- Die **Eckdaten** sind beschrieben: Anzahl der Teilnehmenden, Dauer des (mehrwöchigen) Interventionszeitraums und gegebenenfalls der Stabilisierungsphase, Anzahl und Frequenz der Gespräche bzw. Sitzungen, Aufgaben zwischen den Sitzungen.
- Die Teilnahmebedingungen sind durch **vertragliche Regelungen** verbindlich. Es gibt Ausschlusskriterien für die Nichtteilnahme bzw. vorzeitige Beendigung der Maßnahme.
- Die Rahmenbedingungen und die Anforderungen sind durch die Anbindung an ein **Qualitätsmanagementsystem** standardisiert und werden regelmäßigen Überprüfungen unterzogen.
- Es liegen Erfolgskriterien vor. Auf eine **Erfolgsmessung** (Legalbewährungsstudie, Katamnesestudie) kann Bezug genommen werden. Üblich sind zudem Evaluationsbögen zu Rückmeldungen (Feedback-Bogen der Teilnehmenden) über die Durchführung der Maßnahme und über den subjektiv erlebten Erfolg. Diese sollen die Zufriedenheit und erreichte Veränderungen erfragen.

C. 5.4.2 Kompetenzen der Durchführenden

Bei der Gestaltung eines wirkungsvollen Interventionsprozesses fällt dem Moderator oder Therapeuten als Experten für deviantes Verhalten und Katalysator eines fachlich fundierten Veränderungsprozesses eine Schlüsselrolle zu. Aus der psychologischen Therapieforschung lassen sich basale und gut abgesicherte Befunde durchaus auf die Interventionen bei Verkehrsauffälligen übertragen. WAMPOLD, IMEL & FLÜCKINGER (2018) betonen die Bedeutung von Therapeuteneffekten als therapeutischen Faktor (z. B. Herstellen eines konstruktiven Arbeitsbündnisses, Empathie, Zielkonsens, positive Wertschätzung, Authentizität) für die Wirksamkeit einer Intervention gegenüber der Erfolgsrelevanz verschiedener Behandlungsformen oder einzelner Bausteine einer Maßnahme.

Es liegt auf der Hand, dass die professionelle Durchführung einer verkehrstherapeutischen Intervention sowohl die Aktivierung relevanter Ressourcen zur effektiven Selbststeuerung, darunter z. B. die Stärkung von Kontrollüberzeugungen und Selbstwirksamkeitserwartungen, als auch die Vermittlung eines für den Klienten verständlichen Erklärungsmodells bezüglich seines Fehlverhaltens verbindet. Letzteres erwarten Patienten sogar von ihrem Therapeuten. Der Therapeuteneffekt wirkt jedoch nicht unabhängig von der angewandten Behandlungsmethode. Vielmehr erweisen sich Therapeuten dann als besonders effizient, wenn sie eine wissenschaftlich anerkannte Methode anwenden, von der sie selbst überzeugt sind. WAMPOLD, IMEL & FLÜCKINGER sprechen hier von der „Allegiance des Psychotherapeuten zur Behandlung" (2018, S. 228).

Berater bzw. Therapeuten in verkehrspsychologischen Fahreignungsfördernden Interventionen benötigen somit

> *„allgemeine Kompetenzen der Beratungsmethoden, Gesprächsführung, diagnostisches Wissen und ein Wissen um Kommunikationsmodelle, Interaktionsprozesse und Beziehungsaufbau"* (NUSSBECK, 2006).

Im Speziellen müssen die Berater über Fähigkeiten verfügen, die oft zunächst nur rudimentär vorhandene Veränderungsbereitschaft des Ratsuchenden zu fördern und eine stabile Motivation für die notwendigen Veränderungsprozesse zu erzeugen. Weitere Kompetenzanforderung ist die Fähigkeit, mit Ratsuchenden die Funktionalität des Verhaltens sowie die Einsicht in Zusammenhänge zwischen Lebensgestaltung und Verhalten im Straßenverkehr zu erarbeiten. Notwendig sind dazu umfassende Kenntnis und Kompetenz in der Diagnostik des Suchtmittelkonsums, aber auch – und nicht nur im Falle allgemeiner Verkehrsdelikte – der Diagnostik des abweichenden (Sozial-)Verhaltens.

Erforderlich sind damit allgemeine psycho- oder suchtdiagnostische Kompetenzen, Kenntnisse der Begutachtungsleitlinien und Beurteilungskriterien für die Diagnostik der Fahreignung sowie Grundkenntnisse zur Einordnung medizinischer Befunde und chemisch-toxikologischer Untersuchungsergebnisse. Außerdem sind Fachkenntnisse zur diagnostischen Einschätzung einer angemessenen Problembewältigung inklusive gegebenenfalls notwendiger Drogenabstinenz oder Alkoholverzichts-/-abstinenznachweise notwendig sowie Kenntnisse des psychosozialen Versorgungs- und Suchthilfesystems:

> *„Beratung im psychosozialen Feld braucht Kompetenzen in allen Teildisziplinen der Psychologie, also der Entwicklungspsychologie, der Differentiellen Psychologie oder Diagnostik, in der Sozialpsychologie und der allgemeinen Psychologie"* (SCHRÖDER, 2004).

Für gesetzlich geregelte fahreignungsfördernde Maßnahmen sind die Qualifikationsanforderungen für die durchführenden Psychologen unter anderem geregelt in den Richtlinien über die Anforderungen an Träger von Kursen zur Wiederherstellung der Kraftfahreignung (BUNDESANSTALT FÜR STRASSENWESEN, 2020), ferner in den §§ 4a Abs. 4 StVG, 71 Abs. 2 FeV. Es empfiehlt sich, die Qualifikationsvoraussetzungen für Fahreignungsfördernde Interventionen im Vorfeld der MPU analog diesen Regelungen zu gestalten.

Zentrale Forderungen an die Qualifikation von Kursleitern und Beratern sind in diesem Kontext zum einen ein abgeschlossenes Hochschulstudium mit Abschluss in Psychologie sowie eine angemessene verkehrspsychologische Ausbildung und Erfahrungen in der Verkehrspsychologie. Zum anderen werden regelmäßige Weiterbildungen sowie das Angebot von Supervisionen durch erfahrene Kursleiter vorausgesetzt. Will ein interessierter Betroffener fachlich fundierte und neutrale Angebote finden, empfiehlt es sich, die Qualifikation des Anbieters und der bei ihm tätigen Berater/Therapeuten zu erfragen. Weitere Informationen für Interessenten zur Unterscheidung von qualifizierten und im hier genannten Sinne nicht qualifizierten Anbietern finden sich auch in den Informationen zur MPU (BUNDESANSTALT FÜR STRASSENWESEN, 2016, S. 15–16).

Grundsätzlich kann zwischen der diagnostischen und der therapeutischen Qualifikation eines Beraters bzw. Therapeuten unterschieden werden. Im Folgenden sind die Qualifikationsmerkmale zusammengestellt, über die in Fachkreisen Konsens besteht.

C. 5.4.2.1 Diagnostische Qualifikation

Eine angemessene Kompetenz des diagnostischen Beraters kann grundsätzlich angenommen werden bei Psychologen mit Diplom oder einem gleichwertigen Master-Abschluss in Psychologie ergänzt durch eine verkehrspsychologische Fortbildung. Diese kann etwa an einer Universität oder gleichgestellten Hochschule oder in einer Stelle, die als Träger von Begutachtungsstellen für Fahreignung (BfF) oder als Träger für Kurse zur Wiederherstellung der Kraftfahreignung anerkannt ist, erfolgen. Gleichermaßen kann eine fachpsychologische Qualifikation, die grundlegende Kenntnisse über das Fahreignungsrecht, Kenntnisse über die Verfahren der Fahreignungsbegutachtung, Kenntnisse über die Anforderungen der Begutachtungsleitlinien zur Kraftfahreignung vermittelt, auch durch eine Fortbildung und Zertifizierung als Fachpsychologin/Fachpsychologe für Verkehrspsychologie (BDP)[3] erworben werden (KLIPP ET AL., 2015).

Liegt der Problematik eine Substanzgebrauchsstörung zugrunde, ist die Kompetenz zur Problemabklärung an einer entsprechenden Suchthilfeeinrichtung auch bei den dort tätigen Psychologen mit suchttherapeutischer Fortbildung oder Ärzten mit suchtmedizinischer Qualifikation anzunehmen.

Zur Diagnostik von Störungen mit Krankheitswert, welche die Fahreignung beeinträchtigen, sind regelmäßig auch Ärzte und Psychologische Psychotherapeuten, gegebenenfalls aufgrund einschlägiger Spezialisierungen oder Fortbildungen, qualifiziert.

---

3 Fachtitel des Berufsverbands Deutscher Verkehrspsychologen und Verkehrspsychologinnen e.V. zertifiziert durch die Deutsche Psychologen Akademie.

C. 5.4.2.2 Qualifikation zur Durchführung von Fahreignungsfördernden Interventionen

Eine Qualifikation zur Durchführung Fahreignungsfördernder Interventionen ist grundsätzlich bei den genannten Verkehrspsychologen anzunehmen, sofern diese zusätzlich über angemessene Interventionskompetenzen verfügen.[4] Diese können in einer Ausbildung bei Trägern von anerkannten Schulungsmaßnahmen, dem Erlernen spezieller Therapiemethoden bei verkehrspsychologischen Organisationen oder einer Ausbildung in einschlägigen psychotherapeutischen Behandlungsmethoden erworben worden sein.

Zu Interventionen bei Eignungszweifeln, die ausschließlich aufgrund einer Substanzkonsumproblematik entstanden sind, sind auch Sozialarbeiter und -pädagogen qualifiziert, sofern sie

- über eine tätigkeitsfeldspezifische Qualifikation entsprechend den Auswahlkriterien gemäß Anlage 1 und 2 der Vereinbarung „Abhängigkeitserkrankungen" der Rentenversicherungsträger und Krankenkassen für das Tätigkeitsfeld der medizinischen Rehabilitation Abhängigkeitskranker (VERBAND DEUTSCHER RENTENVERSICHERUNGSTRÄGER, 2011) verfügen sowie
- über Weiterbildungsmaßnahmen die grundlegenden Kenntnisse über das Fahreignungsrecht, Kenntnisse über die Verfahren der Fahreignungsbegutachtung und Kenntnisse über die Anforderungen der Begutachtungsleitlinien zur Kraftfahreignung und Grundlagen der Fahreignungsbegutachtung erworben haben und
- wenn sie vertraglich an Fachstellen Sucht oder Fachkliniken für Abhängigkeitserkrankungen angebunden sind und die FFI in diesem Rahmen stattfindet sowie
- wenn sie regelmäßige Weiterbildungsangebote wahrnehmen.

C. 5.5 Anforderungen an die Transparenz einer Intervention

C. 5.5.1 Rahmenbedingungen und berufliches Selbstverständnis

Die professionelle Umsetzung der Berufsrolle als Psychologischer Sachverständiger erfordert in Anlehnung an allgemeine prozessuale Vorschriften (z. B. § 26 VwVfG, §§ 72 ff. StPO, §§ 402 ff. ZPO) vor allem Unparteilichkeit im Sinne von Neutralität und Unabhängigkeit. Dies unterscheidet den Gutachter in seiner Rolle vom Therapeuten/Fahreignungsförderer, der einen Patienten/Klienten unterstützt und hilft, dessen Anliegen zu verwirklichen. Erfolgsraten von Psychotherapie sind dort höher, wo Therapeut und Klient sich über Ziele einig und beide zuversichtlich sind (WAMPOLD ET AL., 2018).

4 Bezogen auf Substanzkonsumstörungen sind hier auch die qualifizierten Suchttherapeuten an Suchthilfeeinrichtungen zu nennen.

Das prominente Anliegen eines Klienten einer FFI im Umfeld der Begutachtung ist häufig beschränkt auf das Motiv, „den Führerschein zu bekommen", bzw. „die MPU zu bestehen". Dies ist per se kein therapeutisches Ziel. Der Königsweg zur Befriedigung dieses Anliegens mit therapeutischen Mitteln ist das Herstellen der Fahreignung. Dadurch werden zwei weitere unter das vordergründige Motiv subsumierte Anliegen des Klienten erfüllt, die diesem oft erst im Rahmen der Intervention bewusst werden, nämlich durch eine verringerte Wahrscheinlichkeit erneuter Verkehrsauffälligkeiten Unfälle und einen erneuten Führerscheinverlust zu vermeiden. Die „Selbstverständnis-Erklärung – Berufspolitische und berufsethische Grundsätze der Klinischen Verkehrspsychologie" (Arbeitskreis „KLINISCHE VERKEHRSPSYCHOLOGEN", 1998) formuliert in diesem Sinn:

> *„Wir müssen als Therapeuten den Arbeitsauftrag unserer Klienten ‚Ich will meinen Führerschein wiederhaben' ernst nehmen, aber wir können ihn nur mit der Ergänzung annehmen ‚... und ich will ihn auf Dauer behalten'. Wir machen keine vordergründige ‚Testvorbereitung'. Im Regelfall sind bei unseren Klienten tiefgehende Verhaltens- und Einstellungsänderungen nötig, um einen Rückfall auf Dauer zu vermeiden."*

Durch „tiefgehende Verhaltens- und Einstellungsänderungen" die Fahreignung zu erlangen, ist für den Klienten und für den Anbieter (Therapeuten, Kursleiter) der Intervention fachlich und menschlich fordernder als die „vordergründige Testvorbereitung". Es ist aber weder im Sinne des Klienten noch dem der anderen Verkehrsteilnehmer, wenn diese Anstrengungen unterlassen werden.

Soweit vom Klienten zu Beginn der Interventionsmaßnahme diese nachhaltigen Anliegen nicht formuliert werden und er sich für ihre Erlangung somit nicht anstrengen würde, ist es Aufgabe des Anbieters (Therapeuten, Kursleiters), sie im Rahmen der Besprechung möglicher Therapieziele zu erläutern und den Klienten für sie zu gewinnen. Andernfalls wird eine Zusammenarbeit in der Regel nicht möglich sein, da dies angesichts der damit verbundenen Verkehrssicherheitsrisiken ethisch vertretbaren Verhaltenszielen widerspräche. Die Gefahren, dass der Anbieter es bei einer Zielvereinbarung auf das vordergründige Ziel des Klienten – die Erlangung einer Fahrerlaubnis – bewenden lässt, sind im unregulierten Markt vielfältig. Sie reichen von Marktpositivismus („Der Kunde will das so.") über mangelnde psychologische Kompetenz bis hin zu übermäßiger Identifikation eigentlich gut ausgebildeter Therapeuten mit ihren Patienten (zum Themenkomplex Rollenkonfusion, Interessenskonflikte sowie Pflichten eines Therapeuten und eines Gutachters siehe im Überblick SCHUBERT, 2016). Für den eigentlich gut ausgebildeten Therapeuten kann es ein Warnhinweis sein, wenn er sich motiviert sieht, auf den Begutachtungsprozess Einfluss zu nehmen. Die professionelle Reaktion auf solche Impulse wird in der Regel sein, diese kritisch zu reflektieren und gegebenenfalls die Therapieziele neu zu besprechen.

Ein klientenzentriertes Verhalten in der Berufsrolle des Therapeuten darf die Ausübung der gutachterlichen Tätigkeit des Fachkollegen nach dem „Third-Party-Prinzip" nicht zugunsten von unreflektierten Klienten-Interessen beeinflussen wollen. Dies sollte im Hinblick auf eine Begutachtung der Leitgedanke im beruflichen

Selbstverständnis des Therapeuten bei jeder FFI sein. Insbesondere die öffentliche Darstellung des Unterstützungsangebots, z. B. in der Angebotsaufmachung auf der Homepage, bei Werbeaktivitäten, aber auch die Formulierungen in schriftlich fixierten vertraglichen Vereinbarungen bis hin zur abschließenden Bescheinigung über die erbrachten Leistungen sollten von diesem Gedanken der gegenseitigen professionellen Anerkennung getragen sein.

Zur Wahrung der gebotenen Professionalität gegenüber dem Klienten sowie des begutachtenden Berufskollegen bieten berufsethische Richtlinien, wie sie z. B. von der Deutschen Gesellschaft für Psychologie (DGPs) und dem BERUFSVERBAND DEUTSCHER PSYCHOLOGINNEN UND PSYCHOLOGEN E. V. gemeinsam herausgegeben werden (FÖDERATION DEUTSCHER PSYCHOLOGENVEREINIGUNGEN, 2016), nützliche Orientierungshilfen und Leitplanken. Zu diesen Standards gehören unter anderem folgende Forderungen (auszugsweises Zitat):

„Psychologinnen und Psychologen[5]

- *erbringen Dienstleistungen eigenständig nur in den Tätigkeitsfeldern, für die sie durch eine wissenschaftlich fundierte Ausbildung, fachliche Fortbildung und berufliches Handeln qualifiziert sind;*
- *orientieren sich bei neuen beruflichen Ansätzen und Methoden am Grundsatz wissenschaftlicher Redlichkeit, überprüfen systematisch die Wirkungen ihres Handelns;*
- *informieren über ihre Dienstleistungen in sachlicher Form und verzichten auf Erfolg versprechende, irreführende oder vergleichende Werbung;*
- *gestalten im Rahmen ihrer Dienstleistungen die beruflichen Beziehungen mit großer Aufmerksamkeit und besonderem Verständnis für die wechselseitigen Rollen;*
- *gehen während ihrer beruflichen Beziehungen mit beteiligten Personen keine anderweitigen wirtschaftlichen oder privaten Beziehungen ein;*
- *akzeptieren, dass von ihnen den ethischen Anforderungen zuwiderlaufende und nicht fachgerecht zu erfüllende Aufgaben nicht erledigt werden können;*
- *schulden ihren Berufskolleginnen und Berufskollegen Respekt, bleiben bei kritischen Stellungnahmen zu ihrer Berufsausübung sachbezogen und führen den Diskurs darüber in einer professionellen und wertschätzenden Art und Weise;*
- *beenden professionelle Beziehungen, wenn sie keine genügende Vertrauensbasis oder keine angestrebten Erfolge in der Betreuung wahrnehmen, und vermitteln Klientinnen und Klienten erforderlichenfalls weiter*

5 Die Berufsbezeichnung „Psychologe" kann von Personen geführt werden, die durch den Abschluss eines grundständigen Bachelor- und eines konsekutiven Masterstudiengangs über ein abgeschlossenes Hochschulstudium der Psychologie mit mind. 240 Punkten (à 30 Stunden Workload) nach dem ECTS verfügen [oder] ... wer ein Diplomstudium entsprechend der Rahmenprüfungsordnung im Studiengang Psychologie an einer deutschen Hochschule abgeschlossen hat (vgl. FÖDERATION DEUTSCHER PSYCHOLOGENVEREINIGUNGEN, 2016, S. 11).

- *fertigen [...] Untersuchungsberichte so an, dass sie für die Adressaten inhaltlich nachvollziehbar sind."*

Übertragen in den Kontext der FFI bedeutet dies, dass

- die Information zum Dienstleistungsangebot sachlich und ausgewogen erfolgt (dazu gehört, dass auf Erfolgsversprechen im Sinne von „Rundum-Sorglos-Paketen", gegebenenfalls mit „Erfolgs- und Geld-zurück-Garantie", ebenso verzichtet wird wie auf Hinweise über eine vermeintliche enge Kooperation mit einer BfF);
- nicht mit einer präjudizierenden Auslegung von prognostisch relevanten Anforderungen geworben wird („Bei uns benötigen Sie bei einer Drogenauffälligkeit nur einen Nachweis über die Teilnahme an einem Abstinenzkontrollprogramm über 6 Monate");
- akzeptiert und sichergestellt wird, dass dem Klienten die volle Wahlfreiheit bezüglich der zu beauftragenden BfF verbleibt und dieser selbst die gewählte BfF mit der Begutachtung beauftragt;
- das Dienstleistungsportfolio weder die Vermittlung von Abstinenzkontrollprogrammen (toxikologische Analyse von Urin, Haaren oder Blut) noch deren Durchführung in Eigenregie umfasst;
- auf allen Ebenen der Kundenkommunikation und der Angebotspräsentation (z. B. auf der Homepage) keine vordergründige Interessensübernahme im Sinne einer verfälschenden Beeinflussung relevanter Befunde stattfindet (dazu gehören etwa Angebote wie das probeweise Durchführen und Einüben von Leistungstests, Hinweise und Empfehlungen zum „richtigen" Ausfüllen von Fragebögen oder Persönlichkeitstests);
- die Verpflichtungen aus dem Telemediengesetz eingehalten werden.

Transparenzfördernd könnte sich eine Konformitätserklärung im Sinne einer Selbstverpflichtung zu fachlichen und berufsethischen Behandlungsgrundsätzen auswirken, die z. B. in den Geschäftsbedingungen oder als Guidelines in einem gesonderten Merkblatt oder auf der Homepage der Praxis bzw. der Firma nachlesbar sind. Erklärungswürdig wäre unter anderem, dass der behandelnde Verkehrspsychologe im Hinblick auf Diagnostik und praktische Durchführung der Intervention keinen Weisungsbefugnissen durch Dritte unterliegt, die Intervention mit keinem Garantieversprechen im Hinblick auf die Erteilung einer Fahrerlaubnis verbunden ist, keine Interessenskonflikte im Zusammenhang mit der Vermittlung oder dem Angebot von Abstinenzkontrollprogrammen bestehen, eine transparente und standardisierte Abrechnungspraxis bestätigt wird und die Intervention nach den Anforderungen der Hypothese FFI der Beurteilungskriterien nachvollziehbar dokumentiert wird.

C. 5.5.2 Anforderungen an die Beschreibung der Maßnahme und deren Zielsetzung

Es besteht Konsens in der Psychologie, dass Veränderungsmaßnahmen zielgerichtet, systematisch und bedarfsgerecht geplant und umgesetzt werden sollen. Ausgangspunkt ist stets die Feststellung der gegenwärtigen Erlebens- und Verhaltensausstattung des Betroffenen. Im zweiten Schritt sind die Veränderungsziele zu bestimmen. Im Falle einer Diskrepanz zwischen objektiven Anforderungen und subjektiver Verarbeitung sollte der Therapeut im Zuge der Eingangsdiagnostik diese Diskrepanz als Veränderungspotenzial identifizieren und eine geeignete Modifikationsstrategie vorschlagen, damit die Lücke zwischen Ist und Soll geschlossen wird. Dieses fachlich fundierte Vorgehen gilt für verschiedene Einsatzfelder in der angewandten Psychologie und lässt sich auch auf verkehrspsychologische Interventionen übertragen, wie von BRIELER ET AL. (2016) in der Publikation „Leitlinien verkehrspsychologischer Intervention" ausgeführt (S. 157 ff.).

Die individuelle Auseinandersetzung mit der Deliktvorgeschichte und deren Hintergründen ist häufig von psychischem Widerstand und Abwehr geprägt. Manch einer will sich nicht ändern, andere schaffen es nicht und wieder andere wollen nicht etliche Monate auf ihre Fahrerlaubnis warten müssen, um in dieser Zeit zusätzlich und kostenintensiv fachliche Interventionen zu absolvieren. Verkehrsauffällige neigen auch zu Schutzbehauptungen und beschönigenden Verarbeitungsmustern bezüglich des Deliktgeschehens. Daher erscheint die Abklärung der Hypothese 0 (vgl. Kapitel B.1) als Voraussetzung für einen adäquaten diagnostischen Prozess, aber auch als Vorbedingung eines produktiven Arbeitsbündnisses „auf Augenhöhe" wesentlich.

Die Vereinbarkeit der Zielvorstellungen des Betroffenen mit den Angeboten der gewünschten FFI zur Problemaufarbeitung sowie Einstellungs- und Verhaltensänderung ist folglich unbedingt zu Beginn der Maßnahme abzuklären. Die Maßnahme muss erkennbar auf einer im Konsens getroffenen Zielvereinbarung fußen. Es ist ebenfalls essenziell, dass sich der Betroffene der neutralen und professionellen Rolle des Durchführenden bewusst ist und keine falschen Erwartungen an die Form der Unterstützung entwickelt.

Damit Diagnostik und Intervention „lege artis" stattfinden können, ist die Beachtung der folgenden Grundsätze bei der Durchführung einer verkehrspsychologischen Intervention sicherzustellen:

- Im Rahmen der Intervention werden die Kunden nicht trainiert, auf Fragen in der MPU die vermeintlich „richtigen" oder erwarteten Antworten zu geben, und es werden keine „redaktionellen Leistungen" angeboten, wie z. B. das Verfassen und Einüben erfundener Geschichten und Fallbiografien.
- Eine proaktive Kontaktaufnahme mit dem Gutachter vor oder kurz nach dem Begutachtungstermin findet nicht statt, es sei denn, die Begutachtungsstelle für Fahreignung (BfF) sieht im Einzelfall noch weiteren Klärungsbedarf.
- Am Untersuchungstag erfolgt keine persönliche „Betreuung" des Klienten in den Räumen der BfF.

- Eine Interessensvertretung im Sinne der Übernahme formaler oder rechtlicher Vorgänge findet nicht statt – dies ist einer anwaltlichen Vertretung vorbehalten.
- Reklamationen am Gutachten im Rahmen des Werkvertrags werden nur vom Klienten selbst an die zuständige BfF gerichtet.

Die hier beschriebenen Versuche der Einflussnahme auf das Ergebnis einer Begutachtung finden sich allerdings sehr selten bei Fahreignungsfördernden Interventionen, die von Verkehrspsychologen oder Suchtberatungsstellen verantwortlich durchgeführt werden, sind allerdings bei sogenannten „MPU-Vorbereitern" ohne standesrechtliche Verpflichtungen häufiger zu beobachten. Ein Überblick über Manipulationen im Kontext der Fahreignungsbegutachtung einschließlich der ergangenen Rechtsprechung findet sich bei KOEHL ET AL. (2019).

C. 5.5.3 Anforderungen an die Bescheinigungen

Bescheinigungen über Fahreignungsfördernde Interventionen sollen die wesentlichen Aspekte der Maßnahme zusammenfassen. Aufgeführt sein soll, welche Ziele vereinbart und welche Bereiche bearbeitet wurden, sodass dies im Rahmen der Begutachtung nachvollzogen werden kann.

In einer qualifizierten Bescheinigung wird kein „Erfolg" im Hinblick auf den Erwerb der Fahreignung oder das Erfüllen der in den Kapiteln B.1 bis B.5 beschriebenen Anforderungen bestätigt, es kann und sollte jedoch dazu Stellung genommen werden, inwieweit die vereinbarten Arbeitsschritte vollständig absolviert und die vereinbarten konkreten Zielsetzungen erreicht wurden.

Die in vorangegangen Abschnitten vorgenommenen Ausführungen zur Wirksamkeit Fahreignungsfördernder Interventionen zeigen den hohen Beitrag der Durchführenden am Erfolg der Intervention. Folgerichtig sollen alle Durchführenden und deren berufliche Qualifikation und ihre Arbeitsanteile in der Bescheinigung benannt sein.

Die in FFI 4 beschriebenen Daten (siehe den folgenden Abschnitt C.5.6) sollten der Bescheinigung zu entnehmen sein. Um einordnen zu können, inwieweit eine Maßnahme den Anforderungen der FFI-Kriterien entspricht, kann es hilfreich sein, wenn neben der individuellen Bescheinigung über den Umfang, die Zielsetzung und den Erfolg der Maßnahme eine allgemeine Beschreibung der bei der Maßnahme zugrunde gelegten Methodik, der Einbindung in ein Qualitätssicherungssystem und Hinweise auf etwaige vorliegende Evaluationsergebnisse gegebenenfalls auf Nachfrage verfügbar ist. Dies zu prüfen ist jedoch nicht Gegenstand der Fahreignungsbegutachtung.

C. 5.6 Hypothese und Kriterien FFI

Vorbemerkung: Die im Folgenden in der bewährten Form als Kriterien und Indikatoren zusammengestellten „Anforderungen" an Fahreignungsfördernde Interventionen sollen in strukturierter Form die aus den in den Abschnitten C.5.1 bis C.5.5 abgeleiteten zielführenden Merkmale für eine erfolgreiche und transparente Maßnahme zur Unterstützung der Bemühungen des Betroffenen um die Verbesserung seiner Fahreignung darstellen. Eine „Überprüfung" der Kriterien ist jedoch nicht Teil des Begutachtungsauftrags im Rahmen der anlassbezogenen behördlichen Fragestellung (vgl. auch die Ausführungen in den Abschnitten C.5.1.1 und C.5.1.2). Ihre Funktion besteht – wie weiter vorne bereits ausgeführt – darin, den Gutachter bei der Beurteilung der individuellen Wirksamkeit einer Maßnahme zu unterstützen.

Hypothese FFI

Eine Maßnahme zur Förderung der Fahreignung unterstützt eine günstige Prognose, wenn

- **sie individuell problemangemessen war,**
- **grundsätzlich als wirksam anzusehen ist,**
- **ein der Problemausprägung entsprechendes Ziel verfolgt und erreicht hat und**
- **nachvollziehbar belegt ist.**

Kriterium FFI 1

Der fahreignungsfördernden Maßnahme lag eine adäquate Diagnostik zugrunde.

1. Es wurde durch eine hierzu qualifizierte Person (Psychologe mit Hochschulabschluss und verkehrspsychologischer Fortbildung) eine diagnostische Einordnung der Fahreignungsproblematik vorgenommen. Liegt der Problematik eine Substanzgebrauchsstörung zugrunde, kann eine Problemabklärung an einer entsprechenden Suchthilfeeinrichtung auch durch einen Psychologen mit suchttherapeutischer Fortbildung oder einen für die Fragestellung zuständigen Facharzt erfolgt sein. Das Ergebnis der Diagnostik lässt eine Einschätzung der Problemausprägung zu und die Maßnahme angeraten sein.

Kontraindikatoren

(1) Die Auswahl der Teilnehmer an einer Maßnahme erfolgt ohne eine qualifizierte Diagnostik zur Problemausprägung.

(2) Die Beurteilung der Eignung der Maßnahme erfolgt durch eine Person, die zu deren Durchführung nicht fachlich qualifiziert ist.

(3) Die Entscheidung über die Eignung der Maßnahme erfolgt erst im Zuge der bereits fortgeschrittenen Durchführung.

(4) Die Diagnostik beschränkt sich auf eine Bewertung einzelner Merkmale der Vorgeschichte (z. B. Höhe der Blutalkoholkonzentration).

(5) Eine eigenständige Diagnostik hat nicht stattgefunden, vielmehr wurde die vom Klienten vorgenommene diagnostische Einordnung ungeprüft übernommen („Ich muss zwölf Monate abstinent bleiben.").

2. Wurde in einer vorangegangenen MPU eine Problemausprägung aus den A-, D-, oder V-Hypothesen beschrieben, kann diese aktuell in der Eingangsdiagnostik bestätigt werden. Die Zielsetzung der absolvierten fahreignungsfördernden Maßnahme entspricht den jeweiligen Kriterien für eine angemessene Problembewältigung.

3. Sofern die Maßnahme konkret in einem Vorgutachten formulierte Empfehlungen zur Erfüllung der Voraussetzungen aus den A-, D-, oder V-Hypothesen umsetzen soll, kann auf eine zusätzliche Eingangsdiagnostik verzichtet werden.

4. Konnte in einer vorangegangenen MPU aufgrund nicht verwertbarer Befunde keine Problemausprägung diagnostiziert werden (H0) oder dominieren Abwehrtendenzen im Erstkontakt, liegt vor der Entscheidung über die Eignung der Maßnahme eine Phase der Entwicklung einer angemessenen Problemsicht.

Kontraindikatoren

(1) Die Maßnahme wird in der Hoffnung aufgenommen, dass sich die Problemsicht schon im Laufe der Durchführung entwickeln werde, ohne dass dies im Weiteren einer Überprüfung unterzogen worden wäre.

(2) Es findet eine Solidarisierung mit der Sichtweise des Klienten auf der Basis nicht objektivierter Tatsachenbehauptungen statt („Die Blutalkoholkonzentration (BAK) kann nicht stimmen, da muss eine Verwechslung vorliegen"; „Schreibfehler im Strafbefehl"; „Messfehler bei der Blutanalyse"; „Ich bin gar nicht gefahren, die Polizei wollte mich reinlegen"; „Unbewusste Einnahme einer größeren Menge an alkoholfreiem Bier hat zu messbar erhöhter BAK geführt"; „Darmpilze führten zu erhöhter Alkoholisierung"; „Einnahme einer größeren Menge an Erkältungspräparaten").

5. Im Rahmen einer ärztlichen oder psychotherapeutischen Behandlung gestellte klinische Diagnosen werden hinsichtlich ihrer Bedeutung für die Fahreignungsproblematik und die Eignung der geplanten Maßnahme bewertet. Die Ziele der Maßnahme sind damit vereinbar (z. B. Kompetenzvermittlung bezüglich des Verkehrsverhaltens auch nach Psychotherapie).

Kontraindikatoren

(1) Trotz Vorliegen einer Abhängigkeitsdiagnose wird eine Maßnahme zum kontrollierten Trinken vereinbart.

(2) Es liegt eine nicht behandelte psychische Erkrankung vor. Die Diagnostik vor der geplanten Maßnahme beschränkt sich auf die isolierte Einordnung der Alkoholproblematik, ohne den Einfluss der Komorbidität zu berücksichtigen.

(3) Trotz bekannter Entgiftungsbehandlung erfolgte keine weitere abklärende Diagnostik zum Ausschluss eines Abhängigkeitssyndroms.

(4) Bekannte Komorbiditäten oder damit im Zusammenhang stehende Therapien oder Therapieempfehlungen werden ignoriert.

6. Der fachlichen Diagnostik lagen alle relevanten, verwertbaren Verhaltensauffälligkeiten oder Störungen zugrunde. Der Klient hat dem Therapeuten gegenüber keine für die Fahreignung bedeutsamen Tatsachen verschwiegen (Dissimulation).

7. War es nach einer vorausgegangenen FFI erneut zu einer Auffälligkeit gekommen, ist nachvollziehbar, warum die erneut durchgeführte Maßnahme nun eher Erfolg versprechend sein dürfte.

Die Fahreignungsfördernde Intervention ist bei der vorliegenden Problematik als angemessen und grundsätzlich wirksam anzusehen. Es ist darüber hinaus kein Interessenkonflikt beim Durchführenden zu erkennen, der dem Erreichen des Ziels der zukünftig sicheren Verkehrsteilnahme entgegenstünde. Kriterium FFI 2

1. Die Maßnahme ist in ihren wesentlichen Elementen (Indikation, Methoden, Inhalte, Dauer, Qualifikation der durchführenden Personen) wissenschaftlich begründet.
2. Die Maßnahme oder eine nahe Variante hat sich in einer Studie zur Legalbewährung als wirksam erwiesen. Hilfsweise liegen aussagekräftige Daten aus einer Katamneseerhebung vor.
3. Die Therapieziele und die angewandten Methoden sind vor dem Hintergrund des diagnostischen Befundes angemessen und Erfolg versprechend.

   (1) Die Maßnahme ist überwiegend als allgemeine Lebenshilfe und zur Selbstwertstärkung angelegt, ohne dem diagnostischen Befund angemessen Rechnung zu tragen. Kontraindikatoren

   (2) Der Anbieter der Maßnahme zielt primär darauf ab, Methoden seiner eigenen Kompetenzfelder anzuwenden, ohne angemessen auf die Problematik des Klienten einzugehen.

   (3) Die Maßnahme dient nicht dazu, die Problematik des Klienten aufzuarbeiten, sondern beschränkt sich auf die Vermittlung von Methoden zum „Bestehen" einer MPU (z. B. fiktive biografische Skripte; Auswendiglernen von Fragenkatalogen; vordergründige, sich bei den Klienten wiederholende Einsichtsnarrative etc.).
4. Die Qualifikation des Durchführenden lässt erkennen, dass er zur Anwendung verkehrspsychologischer und/oder (sucht-)therapeutischer Methoden in der Lage ist. Dies kann angenommen werden, wenn eine geeignete Hochschulausbildung und eine einschlägige Weiterbildung vorliegt (vgl. Abschnitt C.5.4.2).
5. Der fahreignungsfördernde Charakter der Maßnahme steht im Vordergrund. Anteile, die auf das Verhalten im Rahmen der Fahreignungsbegutachtung bezogen sind, sind nachgeordnet.

   (1) Es handelt sich um einen Informations- und/oder Motivationskurs, der weitere Schritte vorbereitet. Kontraindikatoren

   (2) Es wird ein „Rundum-Sorglos-Paket" mit organisatorischer Unterstützung und dem Erfolgsversprechen des Bestehens einer MPU in Anspruch genommen.
6. Nach Abschluss der Maßnahme hat der Klient, sofern nicht bewusst andere (Teil-)Ziele vereinbart wurden, alle für einen stabilen Änderungsprozess erforderlichen Elemente durchlaufen. Dies sind insbesondere

- **Deliktaufarbeitung** (Deliktanalyse einschließlich der eigenen aktiven Verhaltensanteile, Aufbau eines zur Aktenlage widerspruchsfreien Deliktverständnisses),
- **Einsichtsbildung** (Problemanalyse insbesondere hinsichtlich aus ösender und aufrechterhaltender Bedingungen; Entwicklung eines plausiblen Erklärungsmodells früheren Verkehrsverhaltens),
- **Kompetenzaufbau** (Schutzfaktoren verbessern, Risikofaktoren abbauen, Stärkung einer sicherheitsorientieren Grundhaltung, realistische Selbsteinschätzung hinsichtlich eigener Kompetenzen; Durchsetzungsverhalten gegenüber äußeren Einflüssen),
- **Stabilisierung und Rückfallprophylaxe** (Erkennen von Risikosituationen, konkretes Einüben neuer Verhaltensweisen; Strategien zum Umgang mit „Scheitern"),
- **Wissenserwerb** (psychoedukative Elemente).

7. Die Maßnahme beschränkt sich nicht auf die bei den einzelnen Terminen geführten Gespräche, sondern umfasst auch Elemente der Vor- und Nachbereitung („Hausaufgaben").
8. Die Maßnahme erlaubt es vom zeitlichen Umfang, die erforderlichen therapeutischen Elemente ausreichend zu bearbeiten.

Kontraindikatoren

(1) Der Klient nimmt die Maßnahme erst kurz vor einer anstehenden Begutachtung in Anspruch.

(2) Die Maßnahme erlaubt keine Erprobungsphasen und Phasen der Selbstreflexion, da sie in Form eines kompakten „Crashkurses" durchgeführt wird.

9. Der Teilnehmer war von seinen sprachlichen Fähigkeiten her in der Lage, die Maßnahme durchzuführen und von ihr zu profitieren.
10. Sowohl der Anbieter als auch der Durchführende der Maßnahme sind frei von Interessenkonflikten wirtschaftlicher oder rechtlicher Art, welche die Zielsetzung und Wirksamkeit der Maßnahme infrage stellen.

Kontraindikatoren

(1) Der Anbieter vermittelt toxikologische Screening-Programme oder führt diese selbst durch.

(2) Der Umfang der angebotenen Dienstleistung umfasst Testtrainings mit psychologischen Leistungstestverfahren.

(3) Die Maßnahme wird unabhängig von der individuellen Problematik als „Pauschalangebot bis zum Erfolg" angeboten, sodass der Anbieter ein Interesse an einer schnellen „Erledigung" hat.

11. Der Durchführende der Maßnahme oder die anbietende Stelle beschränken sich auf die therapeutisch-unterstützenden Aufgaben und nehmen keine Partei für „ihren Mandanten" ein. Insbesondere wird kein Einfluss auf die Entscheidungsfreiheit der Gutachter genommen, worin ein fehlendes Vertrauen in die Ergebnisse der eigenen Arbeit zu erkennen wäre.

Kontraindikatoren

(1) Der Durchführende oder die anbietende Stelle nimmt vor der Untersuchung Kontakt zur Begutachtungsstelle auf, um die Auswahl der Gutachter zu beeinflussen.

(2) Der Durchführende oder ein Vertreter der anbietenden Stelle begleitet den Klienten zur Begutachtung und „betreut" ihn zwischen den einzelnen Untersuchungsschritten oder begehrt, beim Untersuchungsgespräch dabei zu sein.

(3) Der Durchführende oder die anbietende Stelle versuchen, nach der Begutachtung noch Einfluss auf die Interpretation der Befunde zu nehmen („Mein Patient kann sich nicht richtig ausdrücken, er hat das ganz anders gemeint.").

Kriterium FFI 3

Die fahreignungsfördernde Maßnahme wurde vollständig absolviert. Es ist erkennbar, dass das vereinbarte Ziel sowohl aus Sicht des Durchführenden als auch des Klienten erreicht worden ist.

1. Der Klient kann nachvollziehbar erläutern, welche Zielsetzung erreicht werden sollte und woran er erkennt, dass dies auch erfolgreich geschehen ist.
2. Die Maßnahme wurde im erforderlichen Umfang absolviert. Abweichungen vom ursprünglich vereinbarten Zeitrahmen sind begründet.

Kontraindikatoren

(1) Auf einseitigen Wunsch des Klienten erfolgte eine vorzeitige Beendigung.

(2) Ein Sekundärmotiv des Klienten (z. B. schneller Führerscheinbedarf) hat zur Vereinbarung eines nur kurzen, wenig Erfolg versprechenden zeitlichen Umfangs geführt.

(3) Trotz auftretender Komplikationen oder einer Befundverschlechterung wurde der Umfang der Maßnahme nicht angepasst und vielmehr nach Absolvieren des vereinbarten Umfangs als abgeschlossen angesehen, ohne dass gegebenenfalls erforderliche weitere Maßnahmen empfohlen werden.

3. Die Maßnahme ist hinsichtlich der geplanten Ziele vollständig abgeschlossen. Der Klient hat wesentliche persönliche Beweggründe und Auslöser seines problematischen Verhaltens erkannt, Strategien und Vorsätze zu alternativem Verhalten entwickelt und diese erprobt und stabilisiert.
4. Die Maßnahme ist hinsichtlich aller psychischen Bedingungen für das früher auffällige Verhalten als abgeschlossen zu werten. Insbesondere werden vom Therapeuten keine weiteren, zwischenzeitlich nicht erfolgten Maßnahmen für erforderlich gehalten, die Veränderungen in Bereichen herbeiführen sollen, die ursächlich im Zusammenhang mit der Auffälligkeit im Straßenverkehr und/oder dem Alkohol- oder Drogenmissbrauch zu sehen sind (z. B. Selbstsicherheitsproblematik, Aggressionspotenzial).
5. Auch wenn nach Abschluss der Maßnahme noch gelegentliche Nachsorgekontakte bestanden, dienten diese nicht mehr dem Erreichen des Therapieziels, insbesondere der erforderlichen Einstellungs- und Verhaltensänderung, sondern hatten ausschließlich stabilisierenden bzw. rückfallprophylaktischen Charakter.

Kriterium FFI 4 **Die Fahreignungsfördernde Intervention ist hinsichtlich aller relevanter Eckdaten nachvollziehbar belegt.**

1. Es ist der Bescheinigung zu entnehmen, welches Ergebnis der Eingangsdiagnostik der Maßnahme zugrunde gelegt wurde.
2. Es ist der Bescheinigung zu entnehmen, wer die Maßnahme oder Teile davon in welchem Umfang durchgeführt hat. Alle beteiligten Personen sind namentlich genannt und es ist jeweils angegeben, über welche berufliche Qualifikation sie verfügen.
3. Die Rahmenbedingungen der Durchführungen sind nachvollziehbar beschrieben. Der Zeitraum, in dem die Intervention stattfand, die Anzahl der Sitzungen, die Dauer in Zeitstunden und der Ort der Durchführung sind bescheinigt. Es ist für die jeweiligen Kontakte ersichtlich, ob es sich um Einzel- oder um Gruppensitzungen handelte.
4. Sofern an die Maßnahme eine Phase mit Nachsorgecharakter anschließt, ist dies nachvollziehbar beschrieben und der Zeitpunkt des Übergangs benannt.
5. Es ist der Bescheinigung zu entnehmen, dass die Maßnahme als abgeschlossen gelten kann und dass keine weiteren Behandlungsschritte empfohlen werden, die relevante Voraussetzungen für die Fahreignung betreffen.
6. Die Bescheinigung beschränkt sich auf Angaben zu den Rahmenbedingungen, zur Eingangsdiagnostik und zu den die Intervention betreffenden Aspekten.

Kontraindikatoren

(1) Die Bescheinigung nimmt das erwartete Ergebnis der Begutachtung vorweg.

(2) In der Bescheinigung wird betont, dass der Klient mit Absolvieren der Maßnahme alle Voraussetzungen für eine günstige Beurteilung seiner Fahreignung erfüllt hat.

(3) Der Therapeut lobt den Klienten auf distanzlose Weise als in ungewöhnlichem Maße einsichtig, reumütig oder sicherheitsbewusst.

7. Die Bescheinigung liegt im Original vor und weist die eigenhändige Unterschrift des Therapeuten oder eines Vertreters der durchführenden Stelle auf. Die Unterschriftszeile beinhaltet zudem in lesbarer Form den Namen, den Titel und die Qualifikation des Unterzeichnenden.

Literatur

ALBRECHT, M., EVERS, C., KLIPP, S. & SCHULZE, H. (2015). Projektgruppe MPU-Reform. Berichte der Bundesanstalt für Straßenwesen, Mensch und Sicherheit Heft M 257.

ARBEITSKREIS KLINISCHE VERKEHRSPSYCHOLOGEN DER BDP-SEKTION VERKEHRSPSYCHOLOGIE (1998). Selbstverständnis-Erklärung – Berufspolitische und berufsethische Grundsätze der Klinischen Verkehrspsychologie. www.bnv.de/BasisInf/selbstve.htm (abgerufen am 26.7.2022).

BARTL, G., ASSAILLY, J.-P., CHATENET, F., HATAKKA, M., KESKINEN, E. & WILLMES-LENZ, G. (2002). EU-Project „ANDREA" – Analysis of Driver Rehabilitation Programmes: Final Report. Wien: Kuratorium für Verkehrssicherheit, Institut für Verkehrspsychologie.

BARTL, G. & WILLMES-LENZ, G. (2002). EU-Projekt „ANDREA" – Analyse von Fahrernachschulungsprogrammen. In: Kuratorium für Verkehrssicherheit (Hrsg.): Driver Improvement 7 – Internationaler Kongress, ausgewählte Beiträge, 8. bis 10. Oktober 2001 in Salzburg. Wien: Kuratorium für Verkehrssicherheit. 371–388.

BEADNELL, B., CRISAFULLI, M. A., STAFFORD, P. A., ROSENGREN, D. B. & DICLEMENTE, C. C. (2015). Operating under the influence: Three year recidivism rates for motivation-enhancing versus standard care programs. Accident Analysis and Prevention 80, 48–56.

BORN, R. (2004). Ergebnisse der BNV-Evaluation. Verkehrstherapie – Schriftenreihe des BNV. https://www.bnv.de/vkth/Verkehrstherapie_01_2005.pdf (abgerufen am 26.7.2022).

BRIELER, P., KOLLBACH, B., KRANICH, U. & RESCHKE, K. (2016). Leitlinien verkehrspsychologischer Interventionen – Beratung, Förderung und Wiederherstellung der Fahreignung. Bonn: Kirschbaum Verlag.

BUKASA, B. (2009). „DRET" (Driver Rehabilitation Evaluation Tool) https://www.bast.de/EN/Traffic_Safety/Subjects/Druid/deliverales-list/downloads/Deliverable_5_2_4.pdf?__blob=publicationFile&v=1 (abgerufen am 26.7.2022).

BUNDESANSTALT FÜR STRASSENWESEN (Hrsg.) (2008). Psychologische Rehabilitations- und Therapiemaßnahmen für verkehrsauffällige Kraftfahrer. Bericht zum Forschungsprojekt FE 82/213/2001. Berichte der Bundesanstalt für Straßenwesen Heft M 196.

BUNDESANSTALT FÜR STRASSENWESEN (2016). Informationen zur MPU. https://www.bast.de/DE/Presse/Mitteilungen/2016/presse-05-2016.html (abgerufen am 26.7.2022).

BUNDESANSTALT FÜR STRASSENWESEN (2020). Richtlinie über die Anforderungen an Träger von Kursen zur Wiederherstellung der Fahreignung (§ 70 FeV) und deren Begutachtung durch die Bundesanstalt für Straßenwesen vom 27. Januar 2014 (VkBl. S. 110), zuletzt geändert durch Verlautbarung vom 11. März 2020 (VkBl. S. 215). https://www.bast.de/DE/Verkehrssicherheit/Qualitaetsbewertung/Begutachtung/pdf/Rili-Kurs.pdf?__blob=publicationFile&v=4; (abgerufen am 26.7.2022).

BUNDESANSTALT FÜR STRASSENWESEN (2022). Begutachtungsleitlinien zur Kraftfahreignung – Fassung vom 17.2.2021 (VkBl. S. 198), in Kraft getreten am 1.6.2022 mit der Fünfzehnten Verordnung zur Änderung der Fahrerlaubnis-Verordnung und anderer straßenverkehrsrechtlicher Vorschriften (BGBl. I Nr. 11 vom 25. März 2022. https://www.bast.de/DE/Verkehrssicherheit/Fachthemen/U1-BLL/BLL-Download.html (abgerufen am 27.7.2022)

DEUTSCHE GESELLSCHAFT FÜR VERKEHRSPSYCHOLOGIE (2015). Die verkehrspsychologische Fahreignungsberatung und fahreignungsfördernde Interventionsangebote. Positionspapier der Deutschen Gesellschaft für Verkehrspsychologie 01/2015. https://www.dgvp-verkehrspsychologie.de/positionspapier-0115-zur-fahreignungsberatung/ (abgerufen am 14.12.2021).

DIETRICH, G. (1983). Allgemeine Beratungspsychologie. Eine Einführung in die psychologische Theorie und Praxis der Beratung. Göttingen: Hogrefe.

ECHTERHOFF, W. (1998). Legalbewährung von alkoholauffälligen Kraftfahrerinnen und Kraftfahrern fünf Jahre nach Abschluss der Verkehrstherapie IVT-Hö. Zeitschrift für Verkehrssicherheit 3, 113–118.

FÖDERATION DEUTSCHER PSYCHOLOGENVEREINIGUNGEN GbR (Hrsg.) (2016). Berufsethische Richtlinien des Berufsverbandes Deutscher Psychologinnen und Psychologen e. V. (BDP) und der DEUTSCHEN GESELLSCHAFT FÜR PSYCHOLOGIE e. V. (DGPs) in der von der Delegiertenkonferenz des BDP am 4.6.2016 und von der Mitgliederversammlung der DGPs am 21.9.2016 beschlossenen Fassung. https://www.bdp-verband.de/binaries/content/assets/beruf/berfoederation-2016.pdf (abgerufen am 26.7.2022).

HAUTZINGER, H., MANSSEN, G., SCHLAG, B., MÜLLER, H., PFEIFFER, M., RÖSSGER, L. & SCHADE, J. (2011). Regelverstöße im Straßenverkehr – Häufigkeit – Schadenfolgen – Sanktionen – Prävention. https://www.udv.de/resource/blob/78144/2690223db99b945b06e0f8735d70a540/08-regelverstoesse-im-strassenverkehr-data.pdf (abgerufen am 26.7.2022).

HILGER, N., ZIEGLER, H., RUDINGER, G., DEVOL, D., JANSEN, J., LAUB, G., MÜLLER, K. & SCHUBERT, W. (2012). EVA-MPU – Zur Legalbewährung alkoholauffälliger Kraftfahrer nach einer medizinisch-psychologischen Fahreignungsbegutachtung (MPU). Zeitschrift für Verkehrssicherheit 58 (Sonderdruck).

HÖCHER, G. (1994). Alkoholauffällige Kraftfahrer nach Abschluss einer Langzeitrehabilitation Modell IVT-Hö. Blutalkohol 31, 201–221.

KACENA, S., KNESSL, G., RISSER, R. & SCHÜTZHOFER, B. (2014). Die verkehrspsychologische Nachschulung – Eine Erfolgsgeschichte. https://www.boep.or.at/download/553f353164613526f0210000/Verkehrspsychologische_Nachschulung_-_Eine_Erfolgsgeschichte_FINAL.pdf (abgerufen am 26.7.2022).

KIESCHKE, U., KIESCHKE, T., & SCHUBERT, W. (2010). Fahrerlaubnisentzug als kritisches Lebensereignis. Zeitschrift für Verkehrssicherheit 56(3), 143–148.

KIRKPATRICK, D. L. & KIRKPATRICK, J. D. (2006). Evaluating Training Programs. San Francisco: Berett-Koehler Publishers.

KLIPP, S., BISCHOF, B., BORN, R., DEVOL, D., DREYER, B., EHLERT, B., HOFSTÄTTER, T., KALWITZKI, K.-P., SCHATTSCHNEIDER, J. & VELTGENS, U. (2015). Qualität in Fahreignungsberatung und fahreignungsfördernden Maßnahmen. Berichte der Bundesanstalt für Straßenwesen, Mensch und Sicherheit Heft M 262.

KLIPP, S., BRIELER, P., FRENZEL, T., KÜHNE, M., KOLLBACH, B., LABITZKE, P. & UHLE, A. (2018). Anforderungen an die Evaluation der Kurse zur Wiederherstellung der Kraftfahreignung gemäß § 70 FeV. Berichte der Bundesanstalt für Straßenwesen, Mensch und Sicherheit Heft M 288.

KOEHL, F., WAGNER, T., SCHMIDT, A. & KRAUSE, R. (2019). Betrug und Manipulation bei Personenprüfungen im Fahrerlaubnisrecht. Teil 1: SVR 10, 364–369; Teil 2: SVR 11, 1–4.

KOLLBACH, B. (2013). Evaluation in der verkehrspsychologischen Intervention. Bonn: Kirschbaum Verlag.

KOLLBACH, B. & RESCHKE, K. (2016). Evaluation. In: BRIELER, P., KOLLBACH, B., KRANICH, U. & RESCHKE, K. (Hrsg.): Leitlinien verkehrspsychologischer Interventionen – Beratung, Förderung und Wiederherstellung der Fahreignung. Bonn: Kirschbaum Verlag.

KRANICH, U., MÜLLER, D. & FRIEDRICH, T. (2015). Jenseits der (erfolgreichen) Rehabilitation und Therapie – zu Entscheidungsgrundlagen im Bereich der Fahreignungsbegutachtung bei „austherapierten" Trunkenheitsfahrern. Zeitschrift für Verkehrssicherheit 3, 158–165.

KÜHNE, M. & HUNDERTMARK, T. (2016). Legalbewährung verkehrsauffälliger Kraftfahrer nach Neuerteilung der Fahrerlaubnis. Berichte der Bundesanstalt für Straßenwesen Heft M 265.

LILIENFELD, S. O., RITSCHEL, L. A., LYNN, S. J., CAUTIN, R. L. & LATZMAN, R. D. (2013). Why many clinical psychologists are resistant to evidence-based practice: Root causes and constructive remedies. Clinical Psychology Review 33, 883–900.

MASTEN, S. V. & PECK, R. C. (2004). Problem driver remediation: A meta-analysis of the driver improvement literature. Journal of Safety Research 35(4), 403–425.

MEYER, H. (2005). Ergebnisevaluation bei PRO-NON – die Erhebung der Legalbewährung beim Kraftfahrt-Bundesamt Flensburg. PRO-NON Jahresbericht 2005, 4–10.

MEYER, H. (2010). Verkehrs-Intervention in Deutschland – Empirische Befunde und Zukunftsperspektiven. Blutalkohol 47, 68–81.

MILLER, P. G., CURTIS, A., SØNDERLUND, A., DAY, A. & DROSTE, N. (2015). Effectiveness of interventions for convicted DUI offenders in reducing recidivism: a systematic review of the peer-reviewed scientific literature. The American Journal of Drug and Alcohol Abuse 41(1), 16–29.

MOHR, D. C. (1995). Negative outcome in psychotherapy. A critical review. Clinical Psychology. Science and practice 2, 1–27. Zitiert nach KRANICH, U., MÜLLER, D. & FRIEDRICH, T. (2015).

NUSSBECK, S. (2006). Einführung in die Beratungspsychologie. München: Ernst Reinhardt.

PIRKE, T. & BRIELER, P. (2016). Fahreignungsfördernde Maßnahmen. Verkehrszeichen 32(2), 31–35.

PIRKE, T., KALWITZKI, K.-P. & WUCHERPFENNIG, F. (2019). Evaluation des Kurses DRUGS zur Wiederherstellung der Fahreignung drogenauffälliger Kraftfahrer. Zeitschrift für Verkehrssicherheit 5, 335–340.

RECHTIEN, W. (2004). Beratung. Theorien, Modelle und Methoden. 2. Auflage. München: Profil.

SCHADE, F.-D. (2005). Lebt gefährlich, wer im Verkehrszentralregister steht? – Das VZR als Prädiktor des habituellen Verkehrsrisikos. Zeitschrift für Verkehrssicherheit 1, 7–13.

SCHRÖDER, A. (2004). Psychologie und Beratung. In: NESTMANN, F. ENGEL, F. & SICKENDIEK, U. (Hrsg.): Das Handbuch der Beratung. Band 1: Disziplinen und Zugänge. Tübingen: DGVT, 49–60.

SCHUBERT, W. (2016). Auswahl der Begutachtungsstelle bzw. des Gutachters – Rollenkonfusion, Befangenheit, Interessenskonflikt. In: PATERMANN, A., SCHUBERT, W. & GRAW, M. (Hrsg.): Handbuch des Fahreignungsrechts – Leitfaden für Gutachter, Juristen und andere Rechtsanwender. Bonn: Kirschbaum Verlag. 88–94.

SCHUBERT, W., HUETTEN, M., REIMANN, C., GRAW, M., SCHNEIDER, W. & STEPHAN, E. (2018). Begutachtungsleitlinien zur Kraftfahreignung – Kommentar. 3. Auflage. Bonn: Kirschbaum Verlag.

SCHULZE, H., SCHUMACHER, N., URMEEW, R. & AUERBACH, K. (2012). DRUID Final report. https://www.bast.de/Druid/EN/Dissemination/downloads_and_links/Final_Report.pdf?__blob=publicationFile&v=1#:~:text=The%20DRUID%20Final%20Report%20presents%20main%20results%20of,and%20Member%20States%20policy%20makers.%20The%20basis%20for (abgerufen am 8.8.2022).

SEIDL, J. & FEUSTEL-SEIDL, P. (2019). Evaluating Individual Psychological Rehabilitation of Offenders. Part 2: Recidivism Rate After Intervention and Assessment. In: ICADTS (Hrsg.): 22nd International Council on Alcohol, Drugs and Traffic Safety Conference, Edmonton, August 18–21, 2019. Conference Proceedings. 103–105. www.zora.uzh.ch/id/eprint/183992/1/ICADTS-Conference-Proceedings.pdf (abgerufen am 26.7.2022).

VERBAND DEUTSCHER RENTENVERSICHERUNGSTRÄGER (2011). Auswahlkriterien zur Prüfung von Weiterbildungen für Gruppen- und Einzeltherapeuten im Tätigkeitsfeld der medizinischen Rehabilitation Abhängigkeitskranker gemäß den Anlagen 1 und 2 der Vereinbarung „Abhängigkeitserkrankungen". www.deutsche-rentenversicherung.de/SharedDocs/Downloads/DE/Experten/infos_fuer_aerzte/fort_und_weiterbildung/sucht_anlage_1_2012.pdf (abgerufen am 26.7.2022).

WAGNER, T. & DEVOL, D. (2020). Driver improvement. In: SUCHA, M., KLUPPELS, L., RISSER, R., DEVOL, D., HERLE, M. (Hrsg.) Selected Topics in Psychology and Traffic Safety. Bonn: Kirschbaum Verlag.

WAGNER, T., PIRKE, T. & BRIELER, P. (2020). Wirksamkeit von Interventionsmaßahmen vor einer MPU – ein Vergleich zwischen Berufsgruppen (Verkehrspsychologen, Suchtberater und Sonstige). Blutalkohol 57, 7–22.

WAMPOLD, B. E., IMEL, Z. E. & FLÜCKINGER, C. (2018). Die Psychotherapie-Debatte: Was Psychotherapie wirksam macht. Bern: Hogrefe.

WELLS-PARKER, E., BANGERT-DROWNS, R. L., MCMILLEN, R. & WILLIAMS, M. (1995). Final results from a meta-analysis of remedial interventions with drink/drive offenders. Addiction 90(7), 907–926.

WINKELBAUER, M. & MACHATA, K. (2008). Best Practices for Road Safety in Europe: A systematic Approach. https://www.researchgate.net/publication/298588103_Best_practices_for_road_safety_in_Europe_A_systematic_approach (abgerufen am 26.7.2022).

Weiterführende Literatur

BUCHARDT, I. & BRIELER, P. (2011). Wegfall der Kurse nach § 70 FeV für Punktetäter. Straßenverkehrsrecht 11, 401–407.

FLÜCKIGER C., DEL RE, A. C., WAMPOLD B. E. & HORVATH A. O. (2018). The Alliance in Adult Psychotherapy: A Meta-Analytic Synthesis. Psychotherapy 55(4), 316–340.

GLITSCH, E., BORNEWASSER, M. & DÜNKEL, F. (2012). Rehabilitationsverlauf verkehrsauffälliger Kraftfahrer. Berichte der Bundesanstalt für Straßenwesen, Mensch und Sicherheit Heft M 226.

GLITSCH, E, & BORNEWASSER, M., STURZBECHER, D., BREDOW, B., KALTENBAEK, J. & BÜTTNER, M. (2013). Interventionen für punkteauffällige Fahrer – Konzeptgrundlagen des Fahreignungsseminars. Teile 1–3. Berichte der Bundesanstalt für Straßenwesen, Mensch und Sicherheit Heft M 241.

KLIPP, S. (2013). Warum Eignung nicht gleich Eignung ist: das Sicherheitsrisiko nach Wiedererlangung der Fahreignung. In: BUNDESANSTALT FÜR STRASSENWESEN (Hrsg.): 8. ADAC/BASt-Symposium „Sicher Fahren in Europa" – Referate. Berichte der Bundesanstalt für Straßenwesen, Mensch und Sicherheit Heft M 233.

PROCHASKA, J. O. & DICLEMENTE, C. C. (1982). Trans-theoretical therapy: Toward a more integrative model of therapy. Psychotherapy: Theory, Research, and Practice 19, 267–288.

PROCHASKA, J. O. & DICLEMENTE, C. C. (1986). Toward a comprehensive model of change. In: MILLER, W. R. & HEATHER, N. (Hrsg.). Treating addictive behaviors: Processes of change. New York: Plenum Press. 3–17.

REIMANN, C., HOFFMANN-BORN, H., GRAW, M., MUSSHOFF, F. & SCHUBERT, W. (2015). Therapiebescheinigungen bzw. Befundberichte. In: PATERMANN, A., SCHUBERT, W. & GRAW, M. (Hrsg.): Handbuch des Fahreignungsrechts. Bonn: Kirschbaum Verlag.

SCHADE, F.-D. & HEINZMANN, H.-J. (2004). Risikogruppen im VZR als Basis für eine Prämiendifferenzierung in der Kfz-Haftpflicht. Bremerhaven: Wirtschaftsverlag NW.

STEPHAN, E., BRENNER-HARTMANN, J. & BARTL, G. (2009). Verkehrspsychologische Nachschulung und Verkehrspsychologische Therapie. In: KRÜGER, H.-P. (Hrsg). Anwendungsfelder der Verkehrspsychologie – Verkehrspsychologie Band 2. Enzyklopädie der Psychologie. Göttingen, Bern, Toronto, Seattle: Hogrefe – Verlag für Psychologie.

SOHN, J.-M. (2010). Einführung zur Podiumsdiskussion. Leitsätze Verkehrspsychologische Therapie. In: RESCHKE, K., KRANICH, U. & SCHUBERT, W. (Hrsg.): Mensch im Verkehr. Bonn: Kirschbaum Verlag. Ausführlicher abrufbar unter www.verkehrstherapie.de (abgerufen am 8.8.2021).

Stichwortverzeichnis

Seitenzahlen, die sich vorrangig mit dem genannten Stichwort befassen, sind hier **fett** gedruckt

I

K

L

M

N

O

P